污泥处理技术与应用丛书

污泥无害化与资源化的化学处理技术

廖传华　王小军　高豪杰　周　玲　著

中国石化出版社

内 容 提 要

《污泥无害化与资源化的化学处理技术》是"污泥处理技术与应用丛书"之一。本书分别对污泥的常温化学氧化技术(包括臭氧氧化、过氧化氢氧化、芬顿氧化、光催化氧化、高锰酸钾氧化、高铁酸钾氧化)、高温化学氧化技术(包括焚烧、湿式空气氧化、超临界水氧化)、热化学能源化利用技术(包括热解、气化、液化、炭化等)和热化学建材化利用技术(包括制吸附材料技术和制建筑材料技术)进行了详细的介绍。

本书不仅适用于石油、化工、生物、制药、食品、医药、市政、环保等专业的高等院校师生阅读,也可作为污水、污泥处理领域的管理人员、技术人员、设计人员和调试人员的参考用书。

图书在版编目(CIP)数据

污泥无害化与资源化的化学处理技术/廖传华等著.
—北京:中国石化出版社,2019.3
《污泥处理技术与应用丛书》
ISBN 978-7-5114-5244-3

Ⅰ.①污… Ⅱ.①廖… Ⅲ.①污泥处理-化学处理
Ⅳ.①X703

中国版本图书馆 CIP 数据核字(2019)第 045130 号

未经本社书面授权,本书任何部分不得被复制、抄袭,或者以任何形式或任何方式传播。版权所有,侵权必究。

中国石化出版社出版发行
地址:北京市朝阳区吉市口路9号
邮编:100020 电话:(010)59964500
发行部电话:(010)59964526
http://www.sinopec-press.com
E-mail:press@sinopec.com
北京富泰印刷有限责任公司印刷
全国各地新华书店经销

*
787×1092 毫米 16 开本 22.25 印张 554 千字
2019 年 5 月第 1 版 2019 年 5 月第 1 次印刷
定价:120.00 元

Preface 前言

随着世界各国工业生产的发展、城市人口的增加，城市工业废水与生活污水的排放量日益增多，在城市污水的处理过程中，必然产生大量的污泥。这些污泥中含有大量有害物质和有机物质，大量未经处理的污泥任意堆放和排放，不但会对环境造成新的污染，而且还会浪费污泥中的有用资源。随着污泥海洋处理的禁止和严格填埋标准以及日益严格的农用标准的制定与实施，如何将产量巨大、成分复杂的污泥，经过科学处理使其减量化、稳定化、无害化和资源化，已成为一个世界性的社会和环境问题。

污泥化学处理是采用化学的方法使污泥中所含有的有机质降解转化为无机小分子物质，或使污泥的组分在高温条件下发生化学转化生成其他物质。污泥的化学处理不仅可实现污泥的稳定化与无害化，也是实现污泥资源化利用的一种有效途径。污泥化学处理技术有多种，对于不同成分和特性的污泥，利用的方式不同，适用的方法也各异。一般来说，污泥的化学处理与资源化利用主要包括污泥能源化利用和污泥建材化利用两个方面。污泥能源化利用是使污泥中所含的有机物在一定的温度、压力及特定的装置中进行热化学反应，放出热能或转化为能源物质；污泥建材化利用是利用污泥中的无机物成分制作建筑材料。

本书分别对污泥焚烧、污泥湿式空气氧化、污泥超临界水氧化、污泥常温化学氧化、污泥热解制燃料油、污泥气化制燃料气、污泥液化制油、污泥热化学处理制活性炭和污泥热化学处理制建材等各种污泥化学处理技术进行了介绍。全书共分9章。第1章概述性地介绍了污泥的来源、分类、性质、危害，我国污泥处理处置的原则及相关政策与标准；第2章详细介绍了污泥焚烧处理技术及设备；第3章分别介绍了湿式空气氧化、催化湿式氧化和超临界水氧化这三种污泥热化学氧化处理技术及设备；第4章分别介绍了臭氧氧化、过氧化氢氧化、Fenton氧化、高锰酸钾氧化和高铁酸钾氧化这五种污泥常温化学氧化处理技术；第 5 章详细介绍了污泥热解制燃料油的过程及各态产物的特性与应用前景；第 6 章分别介绍了污泥气化剂气化制燃料气技术和超临界水气化制燃料气技术；第 7 章分别介绍了污泥液化制油、污泥碳化和污泥制合成燃料这三种污泥燃料化利用技术；第 8 章介绍了污泥热化学处理制活性炭；第 9 章介绍了污泥的各种热化学处理建材化利用技术。

全书由南京工业大学廖传华、南京水利科学研究院王小军、盐城工学院高豪杰和南京凯盛国际工程有限公司周玲著写，其中第 1 章、第 3 章、第 7 章由廖传华、王小军著写，第 2 章、第 6 章由廖传华著写，第 4 章、第 8 章由王小军著写，第 5 章由高豪杰著写，第 9 章由周玲著写。全书由廖传华统稿。

在编写过程中，南京三方化工设备监理有限公司的赵清万、许开明等提出了大量宝贵的建议，研究生赵忠祥、王太东、闫正文、李洋、廖玮、陈厚江、洪至康等在资料收集与处理方面提供了大量的帮助，在此一并表示衷心的感谢。

本书先后得到国家自然科学基金(项目编号：51722905)、中央财政水资源节约、管理与保护项目(项目编号：126302001000160081)、中央分成水资源费项目(项目编号：1261530210031)等支持，在此表示诚挚感谢！

本书著写历时三年，虽经多次审稿、修改，但污泥处理过程涉及的知识面广，由于作者水平有限，不妥及疏漏之处在所难免，恳请广大读者不吝赐教，作者将不胜感激。

Contents 目录

第1章 绪论

- 1.1 污泥基础知识 …………………………………………………………… 1
  - 1.1.1 污泥的来源与分类 ………………………………………………… 1
  - 1.1.2 污泥的性质 ………………………………………………………… 4
  - 1.1.3 污泥的危害 ………………………………………………………… 11
- 1.2 污泥处理处置原则及相关政策与标准 …………………………………… 13
  - 1.2.1 污泥处理处置的原则 ……………………………………………… 13
  - 1.2.2 污泥处理与资源化法规及标准 …………………………………… 15
- 1.3 污泥的化学处理方法 …………………………………………………… 19
- 参考文献 ……………………………………………………………………… 21

第2章 污泥焚烧处理

- 2.1 污泥焚烧的基本原理及其影响因素 …………………………………… 23
  - 2.1.1 污泥焚烧的基本原理 ……………………………………………… 23
  - 2.1.2 污泥焚烧过程 ……………………………………………………… 26
  - 2.1.3 污泥焚烧的影响因素 ……………………………………………… 28
- 2.2 污泥焚烧工艺 …………………………………………………………… 29
  - 2.2.1 污泥单独焚烧工艺 ………………………………………………… 29
  - 2.2.2 污泥混烧工艺 ……………………………………………………… 33
  - 2.2.3 污泥焚烧最佳可行技术 …………………………………………… 39
- 2.3 污泥焚烧炉的类型 ……………………………………………………… 39
  - 2.3.1 多膛式焚烧炉 ……………………………………………………… 39
  - 2.3.2 流化床焚烧炉 ……………………………………………………… 42
  - 2.3.3 回转窑式焚烧炉 …………………………………………………… 45
  - 2.3.4 炉排式焚烧炉 ……………………………………………………… 46
  - 2.3.5 电加热红外焚烧炉 ………………………………………………… 47
  - 2.3.6 熔融焚烧炉 ………………………………………………………… 47
  - 2.3.7 旋风焚烧炉 ………………………………………………………… 49

- 2.4 焚烧炉的设计 ... 50
  - 2.4.1 质量平衡分析原理 ... 50
  - 2.4.2 能量平衡分析原理 ... 51
  - 2.4.3 流化床焚烧炉的设计 ... 51
  - 2.4.4 多膛焚烧炉的设计 ... 53
  - 2.4.5 电炉的设计 ... 54
- 2.5 焚烧炉的运行 ... 54
  - 2.5.1 焚烧炉运行的目标 ... 54
  - 2.5.2 过程控制 ... 55
  - 2.5.3 自动控制 ... 56
  - 2.5.4 维护 ... 57
  - 2.5.5 安全性 ... 57
- 2.6 污泥焚烧污染控制 ... 57
  - 2.6.1 污染物排放 ... 57
  - 2.6.2 烟气排放控制 ... 61
  - 2.6.3 气味控制技术 ... 68
  - 2.6.4 焚烧飞灰和炉渣的处理与资源化 ... 69
  - 2.6.5 噪声控制技术 ... 70
  - 2.6.6 污泥焚烧的经济性分析 ... 70
- 2.7 特种污泥的焚烧 ... 72
  - 2.7.1 造纸污泥的焚烧 ... 72
  - 2.7.2 电镀污泥的焚烧 ... 78
  - 2.7.3 制革污泥的焚烧 ... 79
  - 2.7.4 含油污泥的焚烧 ... 80
  - 2.7.5 污染河湖底泥的焚烧 ... 81
- 参考文献 ... 82

第3章 污泥热化学氧化处理

- 3.1 湿式空气氧化 ... 86
  - 3.1.1 湿式空气氧化技术及其特点 ... 86
  - 3.1.2 湿式空气氧化的机理 ... 88
  - 3.1.3 湿式空气氧化的动力学 ... 89
  - 3.1.4 湿式空气氧化的影响因素 ... 89
  - 3.1.5 湿式空气氧化的工艺流程 ... 92
  - 3.1.6 湿式空气氧化的主要设备 ... 96
  - 3.1.7 湿式空气氧化在污泥处理中的应用 ... 97
- 3.2 催化湿式氧化技术 ... 98
  - 3.2.1 催化湿式氧化常用的催化剂 ... 99

3.2.2 均相催化湿式氧化 ... 100
3.2.3 非均相催化湿式氧化 ... 101
3.2.4 催化湿式氧化的特点 ... 105
3.3 超临界水氧化技术 ... 105
3.3.1 超临界水及其特性 ... 105
3.3.2 超临界水氧化的分类 ... 109
3.3.3 超临界水氧化的反应动力学 ... 112
3.3.4 超临界水氧化的反应路径和机理 ... 114
3.3.5 超临界水氧化的需氧量及反应热 ... 117
3.3.6 活性污泥的超临界水氧化处理 ... 118
3.3.7 超临界水氧化反应器 ... 119
3.3.8 基于超临界水氧化的多联产能源系统流程 ... 126
参考文献 ... 132

第4章 污泥常温化学氧化处理

4.1 臭氧氧化 ... 137
4.1.1 臭氧的理化性质 ... 137
4.1.2 臭氧氧化降解有机物的机理 ... 140
4.1.3 臭氧的制备 ... 141
4.1.4 臭氧发生器 ... 143
4.1.5 臭氧接触氧化反应器 ... 145
4.1.6 臭氧接触反应装置设计 ... 148
4.1.7 O_3/H_2O_2 氧化工艺 ... 150
4.1.8 UV/O_3 氧化工艺 ... 152
4.2 过氧化氢氧化 ... 155
4.2.1 过氧化氢的主要物理化学性质 ... 155
4.2.2 过氧化氢的制备 ... 156
4.2.3 UV/H_2O_2 氧化工艺 ... 158
4.2.4 $UV/H_2O_2/O_3$ 氧化工艺 ... 161
4.3 Fenton 氧化 ... 162
4.3.1 Fenton 试剂的催化机理及氧化性能 ... 162
4.3.2 Fenton 试剂的类型 ... 163
4.3.3 影响 Fenton 氧化性能的因素 ... 165
4.3.4 UV/Fenton 氧化工艺 ... 166
4.4 高锰酸钾氧化 ... 167
4.4.1 高锰酸钾的主要物理化学性质 ... 167
4.4.2 高锰酸钾的制备 ... 168

- 4.5 高铁酸钾氧化 … 168
  - 4.5.1 高铁酸钾的物理化学性质 … 169
  - 4.5.2 高铁酸钾的制备 … 170
  - 4.5.3 高铁酸钾氧化处理苯酚的机理 … 172
- 参考文献 … 173

第5章 污泥热解制燃料油

- 5.1 污泥热解制油的发展与应用 … 178
- 5.2 污泥热解过程的机理及反应动力学 … 181
  - 5.2.1 污泥的热解过程 … 181
  - 5.2.2 污泥热解反应动力学 … 182
  - 5.2.3 反应动力学方程的求解 … 183
- 5.3 污泥热解过程的影响因素 … 189
- 5.4 污泥热解制油工艺与条件控制 … 195
- 5.5 液体产物的特性及应用前景 … 198
  - 5.5.1 液体产物的物理性质 … 198
  - 5.5.2 液体产物的化学组成 … 198
  - 5.5.3 液体产物的燃料特性分析 … 199
  - 5.5.4 热解液加工产品 … 203
- 5.6 气体产物与固体产物的特性及应用前景 … 207
  - 5.6.1 气体产物的特性及应用前景 … 207
  - 5.6.2 固体产物的特性及其应用前景 … 208
- 5.7 污泥热解焦油的利用 … 208
  - 5.7.1 污泥热解焦油的产生机理 … 208
  - 5.7.2 污泥热解焦油的产量及化学组成 … 208
  - 5.7.3 污泥焦油的处理方法 … 209
- 5.8 污泥微波热解技术 … 210
  - 5.8.1 污泥微波热解工艺 … 210
  - 5.8.2 污泥微波热解的影响因素 … 211
  - 5.8.3 污泥微波热解机制 … 214
  - 5.8.4 微波热解城市污泥的 H_2S 释放 … 215
- 5.9 污泥微波高温热解制富氢气体 … 217
  - 5.9.1 污泥在不同粒径下的产气规律 … 217
  - 5.9.2 不同含水率污泥的产气规律 … 218
  - 5.9.3 不同热解温度下的产气规律 … 219
  - 5.9.4 不同形态微波吸收剂作用下的产气规律 … 220
- 参考文献 … 220

第6章 污泥气化制燃料气

6.1 污泥气化 …… 224
6.1.1 污泥气化过程的机理 …… 224
6.1.2 污泥气化过程的分类 …… 226
6.1.3 污泥气化过程的影响因素 …… 228
6.1.4 燃气特性 …… 229
6.1.5 污染控制 …… 230
6.1.6 气化炉 …… 231
6.1.7 工业化应用 …… 234

6.2 污泥超临界水气化 …… 235
6.2.1 污泥超临界水气化的原理 …… 235
6.2.2 污泥超临界水气化过程的影响因素 …… 236
6.2.3 无机絮凝剂氯化铝对脱水污泥超临界水气化产氢的影响 …… 237
6.2.4 污泥超临界水气化技术的发展与应用 …… 239

参考文献 …… 241

第7章 污泥热化学转化制燃料

7.1 污泥液化制油 …… 243
7.1.1 污泥制油技术的研究现状 …… 244
7.1.2 生物质液化制油的典型工艺 …… 245
7.1.3 污泥液化制油工艺 …… 247
7.1.4 连续运行条件与控制要求 …… 248
7.1.5 污泥液化制油设备 …… 249
7.1.6 污泥液化制油过程的影响因素 …… 250
7.1.7 污泥液化的产物分析 …… 251
7.1.8 污泥低温热解制油技术与液化制油技术的比较 …… 252
7.1.9 污泥液化制油技术的发展趋势 …… 253

7.2 污泥碳化 …… 253
7.2.1 污泥碳化的分类 …… 254
7.2.2 污泥碳化技术的发展现状 …… 254
7.2.3 污泥低温碳化工艺过程及设备 …… 256

7.3 污泥制合成燃料 …… 256
7.3.1 污泥制合成燃料技术的发展 …… 257
7.3.2 污泥脱水预处理 …… 258
7.3.3 污泥合成固态燃料技术 …… 259
7.3.4 污泥质废弃物衍生燃料技术 …… 263

7.3.5 污泥合成浆状燃料技术 ················· 264
7.3.6 污泥合成燃料技术的优势 ················· 265
参考文献 ················· 265

第8章 污泥热化学处理制吸附材料

8.1 污泥制吸附材料的原理 ················· 269
 8.1.1 污泥的组成 ················· 269
 8.1.2 污泥制活性炭的机理 ················· 270
8.2 污泥吸附剂的研究进展 ················· 275
 8.2.1 单一污泥为原料制备吸附材料 ················· 275
 8.2.2 污泥添加生物质废弃物制备吸附剂 ················· 276
 8.2.3 污泥添加矿物材料制备吸附剂 ················· 276
8.3 污泥基活性炭的制备方法 ················· 277
 8.3.1 $ZnCl_2$活化法制备污泥基活性炭 ················· 277
 8.3.2 H_2SO_4活化法制备污泥基活性炭 ················· 279
 8.3.3 KOH活化法制备污泥基活性炭 ················· 280
 8.3.4 微波-H_3PO_4活化法制备污泥基活性炭 ················· 280
 8.3.5 水蒸气活化法制备污泥基活性炭 ················· 281
 8.3.6 热解法制备污泥基活性炭 ················· 282
8.4 制备污泥基活性炭的影响因素 ················· 283
 8.4.1 污泥基活性炭的表征 ················· 283
 8.4.2 制备污泥基活性炭的影响因素 ················· 283
8.5 污泥基活性炭在污染治理中的应用 ················· 286
 8.5.1 废水处理 ················· 286
 8.5.2 大气污染防治 ················· 293
参考文献 ················· 296

第9章 污泥热化学处理制建材

9.1 污泥建材利用的途径与发展 ················· 300
 9.1.1 污泥建材利用的途径与技术动向 ················· 300
 9.1.2 国内外技术发展状况 ················· 302
9.2 污泥烧结制砖 ················· 303
 9.2.1 烧结黏土多孔砖对黏土的要求 ················· 303
 9.2.2 污泥替代黏土烧结制砖的技术难点 ················· 306
 9.2.3 污泥制砖发展现状 ················· 307
 9.2.4 烧结砖生产工艺 ················· 308

- 9.2.5 产品质量检测 ... 309
- 9.2.6 污泥烧结制砖的优缺点分析 ... 310
- 9.3 污泥制免烧砖 ... 310
  - 9.3.1 生产免烧砖的原料 ... 310
  - 9.3.2 免烧砖生产工艺 ... 312
  - 9.3.3 免烧砖强度形成原因 ... 312
  - 9.3.4 免烧砖制作优势与注意事项 ... 314
  - 9.3.5 国内免烧砖制作技术相关研究 ... 314
  - 9.3.6 存在的问题 ... 316
- 9.4 污泥烧制陶粒 ... 317
  - 9.4.1 陶粒焙烧基本工艺 ... 317
  - 9.4.2 烧胀陶粒的膨胀理论 ... 318
  - 9.4.3 烧制烧胀陶粒的工艺要求 ... 320
  - 9.4.4 污泥烧制陶粒的方法 ... 321
  - 9.4.5 污泥烧制陶粒的工艺路线 ... 322
- 9.5 污泥生产水泥 ... 325
  - 9.5.1 污泥生产水泥的预处理 ... 326
  - 9.5.2 水泥窑协同处理污泥的工艺流程 ... 327
  - 9.5.3 产品性能分析 ... 328
  - 9.5.4 污染物控制 ... 329
  - 9.5.5 水泥窑协同处置污泥的优势 ... 329
- 9.6 污泥制生化纤维板 ... 330
  - 9.6.1 污泥制生化纤维板的反应机理 ... 330
  - 9.6.2 偶联剂的增强作用 ... 331
- 9.7 污泥制作人工轻质填充料和轻质发泡混凝土 ... 331
  - 9.7.1 污泥制作人工轻质填充料 ... 332
  - 9.7.2 污泥制作轻质泡沫混凝土 ... 332
- 9.8 污泥熔融石料化 ... 333
  - 9.8.1 污泥熔融石料化的工序 ... 333
  - 9.8.2 污泥熔融石料化使用情况 ... 334
- 9.9 污泥制聚合物复合材料 ... 335
  - 9.9.1 污泥聚合物复合材料的制备工艺 ... 335
  - 9.9.2 影响污泥聚合物复合材料强度的因素 ... 336
  - 9.9.3 污泥聚合物复合材料的微孔化 ... 336
- 9.10 污泥制木塑复合材料 ... 337
- 参考文献 ... 339

第1章 绪 论

随着世界各国工业生产的发展、城市人口的增加，城市工业废水与生活污水的排放量日益增多，在城市污水的处理过程中，必然产生大量的污泥。污泥通常是指主要由各种微生物以及有机、无机颗粒组成的絮状物，是城市污水处理和废水处理不可避免的副产品。据统计，我国每年的污水排放量已达 5.11×10^{12} t，污水处理过程中产生的污泥量约占处理水量的 0.3%~0.5%（以含水率为 97% 计），如水进行深度处理，污泥量还可能增加 0.5~1 倍。这些污泥中含有大量有害物质，如寄生虫卵、病原微生物、细菌、病毒、合成有机物及重金属离子等，也含有一些有用物质如植物营养元素（氮、磷、钾）、有机物及水分等。因此，在其产生、储存、处理处置及资源化利用过程中应予以特别注意。目前，随着污泥海洋处理的禁止和严格填埋标准以及日益严格的农用标准的制定与实施，污泥的处理处置已成为一个世界性的社会和环境课题，主要表现为：侵占土地、易腐变质、易污染土壤和地下水，也可能污染河流、湖泊及海洋等地表水体，其中的重金属和毒性有机物容易通过生态系统中的食物链迁移富集，对生态环境和人类健康具有长期潜在的危害性，因此需要引起高度重视。另外，污水污泥的处理处置费用较高，在我国污水处理厂的全部建设费用中，污泥处理费用占 20%~50%，甚至达 70% 左右，因此污泥处理是废水处理系统中的重要组成部分，不能忽视。大量未经处理的污泥任意堆放和排放，不但会对环境造成新的污染，而且还会浪费污泥中的有用能源。因此，如何将产量巨大、成分复杂的污泥，经过科学处理后使其减量化、稳定化、无害化、资源化，已成为我国乃至世界环境界广泛关注的课题之一。

1.1 污泥基础知识

1.1.1 污泥的来源与分类

污泥是在污水处理过程中产生的，它是由有机残片、细菌体、无机颗粒和胶体等组成的非均质体，而污水是由居民生活污水、市政污水、工业污水与地下水、地表水和雨水混合而成，污水中包含有机物、无机物、毒性有机质和病毒微生物，废水中的有机成分主是蛋白质、碳水化合物、脂肪酸和废油。

1.1.1.1 污泥的来源

污水未经处理不能排放有几方面的原因，首先，有机物的分解需要消耗氧，这样会减少水中生物新陈代谢所需氧量，而且有机物分解时会散发大量有臭味的气体。其次，未经处理的污水中含有大量对人体有毒的微生物。第三，废水中含有有毒物质，尤其是重金属物质，会对植物和动物的生长造成破坏，而废水中的磷酸盐和含氮化合物则会导致植物的疯长。因此，废水必须经过处理减少其中的有机物、含氮和含磷化合物、有毒物质及病毒微生物后才能排放。

各国制定了相应的污水排放标准，主要是限制排放污水中的五日生化需氧量（BOD_5）、化学需氧量（COD）、固体悬浮物（SS）、磷酸盐、氮、汞、酚类的含量。现代各国对污染物的排放标准要求越来越严格，污水必须经过机械处理、生化处理、脱氮脱磷三个处理阶段后才能达到污水排放标准要求。

机械处理是对污水进行初步净化，未经处理的污水先流过格栅，粗颗粒被分离出来，然后进入沉淀池进行沉淀，在这一阶段，可沉物质和悬浮物被分离。在机械处理阶段，50%～70%的悬浮物、25%～40%的BOD_5被脱除，分离出来的物质形成初级污泥，其成分为30%的无机物和70%的有机物。

污水生物处理过程是指利用微生物的新陈代谢，把污水中存在的各种溶解态或胶体状态的有机污染物转化为稳定的无害化物质，这些转化的无害化物质密度大于水的密度，可以通过沉淀作用沉淀下来形成污泥，这一阶段的污泥称为二级污泥。

第三处理阶段是把氮和磷除去。脱氮经过两个阶段：硝化阶段和脱硝阶段。废水中的氮首先被氧化成硝酸盐，然后通过化学方法把硝酸盐转变成单质氮，在这一过程中，脱硝阶段是实现氮循环的关键性一步，通过脱硝阶段把氮化合物转变成氮气排放到大气中，就完成了废水的脱氮。废水的脱磷是通过在沉淀池添加化学添加剂或通过生物的生化作用把磷转变为能够沉淀的含磷化合物而脱除。在此阶段，产生了含氮、含磷的污水污泥。

1.1.1.2 污泥的分类

城市污水处理厂污泥可按不同的分类标准分类，其中常见的分类方法有以下几种。

（1）按污水的来源特性分类

按污水的来源特性可将污泥分为生活污水污泥和工业废水污泥。

生活污水污泥是生活污水处理过程中产生的污泥，其有机物含量一般相对较高，重金属等污染物的浓度相对较低；工业废水污泥是工业废水处理过程中产生的污泥，其特性受工业废水性质的影响较大，所含有机物及各种污染物成分变化较大。

（2）按污泥性质分类

根据污泥的性质，可分为以下四种：

① 有机污泥 主要含有机物，典型的有机污泥是剩余活性污泥，如废水经活性污泥法和生物膜法、厌氧消化处理后的消化污泥等，此外还有油泥及废水中固相有机污染物沉淀后形成的污泥。有机污泥的特点是污泥颗粒细小，往往呈絮凝体状态，密度小，持水能力强，含水率高，不易下沉，压密脱水困难。同时，有机污泥稳定性差，容易腐败和产生恶臭。但有机污泥常含有丰富的氮、磷等养分，流动性好，便于管道输送。

② 无机污泥　主要含无机物，如利用石灰中和酸性废水产生的沉渣、用混凝沉淀法去除污水中的磷、用化学沉淀法去除污水中的重金属离子等产生的污泥，其主要成分是金属化合物（包括重金属化合物）。这种污泥密度大，固相颗粒大，易于沉淀、压密和脱水，颗粒持水能力差，含水率低，流动性差，污泥稳定不腐化，而且还可能出现重金属离子再溶出。

③ 亲水性污泥　主要由亲水性物质构成，这类污泥往往不易于浓缩和脱水。

④ 疏水性污泥　主要由疏水性物质构成，这类污泥的浓缩和脱水性能较好。

(3) 按污水的来源分类

根据污泥的来源，可将污泥分成以下几类：

① 栅渣　污水中用筛网或格栅截留的悬浮物质、纤维织品、动植物残片、木屑果壳、纸张、毛发等物质。

② 沉砂池沉渣　是废水中含有的泥砂、煤屑炉渣等，它们以无机物质为主，但颗粒表面多黏附着有机物质，平均相对密度约为2.0，容易沉淀，可用沉砂池沉淀去除。

③ 浮渣　是不能被格栅清除而漂浮于初次沉淀池表面的物质，其相对密度小于1，如动植物油与矿物油、蜡、表面活性剂泡沫、果壳、细小食物残渣和塑料制品等。二次沉淀池表面也会有浮渣，它们主要源于池底局部沉淀物或排泥不当、池底积泥时间过长、厌氧消化后随气体（CO_2、CH_4等）上浮至池面而成。

④ 初沉污泥　是初次沉淀池中沉淀的物质。初沉污泥是依靠重力沉降作用沉淀的物质，以有机物为主（约占总干重的65%），含水率高（一般在95%~97%）、易腐烂发臭，极不稳定，色呈灰黑，胶状结构，亲水性，相对密度约为1.02，需经稳定化处理。

⑤ 剩余活性污泥　污水经活性污泥法处理后沉淀在二次沉淀池中的物质称为活性污泥，其中排放的部分为剩余活性污泥。剩余活性污泥以有机物为主（占60%~70%），相对密度在1.004~1.008之间，不易脱水。

⑥ 腐殖污泥　污水经生物膜法处理后沉淀在二次沉淀池中的物质称为腐殖污泥。腐殖污泥主要含有衰老的生物膜与残渣，有机成分占60%左右（占干固体质量），相对密度约为1.025，呈褐色絮状，不稳定易腐化。

初沉污泥、剩余活性污泥和腐殖污泥可统称为生污泥，生污泥经过消化池消化处理后为熟污泥或消化污泥。

⑦ 化学污泥　用化学沉淀法处理污水后产生的沉淀物称为化学污泥或化学沉渣，如用混凝沉淀法去除污水中的磷；投加硫化物去除污水中的重金属离子；投加石灰中和酸性污水产生的沉渣以及酸、碱污水中和处理产生的沉渣均称为化学污泥或化学沉渣。

(4) 按污泥处理的不同阶段分类

按污泥处理的不同阶段可分为以下几类：

① 生污泥或新鲜污泥　是指未经任何处理的污泥。

② 浓缩污泥　是指经浓缩处理后的污泥。

③ 消化污泥　是指经厌氧消化或好氧消化稳定处理的污泥。厌氧消化可使45%~50%的有机物被分解成CO_2、CH_4和H_2O；好氧消化是利用微生物的内源呼吸而使自身氧化分解为CO_2和H_2O，且消化污泥易脱水。

④ 脱水污泥　是指经脱水处理后的污泥。

⑤ 干化污泥　是指经干化处理后的污泥。

1.1.2 污泥的性质

污泥的来源不同,其物理、化学和微生物学特性存在差异,了解污泥的各种性质是选择合适的污泥处理处置方法的基础。

1.1.2.1 污泥的物理性质

表示污泥物理性质的指标主要有污泥含水率、污泥浓度、污泥体积、挥发性固体与灰分、污泥密度、污泥的脱水性能与污泥比阻、污泥的臭气、污泥的传输性、污泥的毒性和污泥的热值等。

(1) 污泥含水率

污泥中所含水分按其存在形式可大致分为四类:空隙水、毛细水、吸附水和内部水等四类,如图1-1所示。空隙水是指被大小污泥颗粒包围的水分,约占污泥中总水分的70%,由于空隙水不直接与固体结合,因而很容易分离,此类水在调节池停留数小时后即可显著减

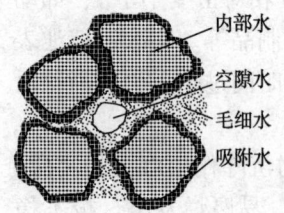

图1-1 污泥水分分布图

少,是污泥浓缩的主要对象;毛细水是指在固体颗粒接触面上由毛细压力结合,或充满于固体与固体颗粒之间或充满于固体本身裂隙中的水分,约占污泥水分的20%,此类水的去除需施以与毛细水表面张力的合力相反方向的作用力,如离心机的离心力、真空过滤机的负压力、电渗力或热渗力等,方可达到脱水目的;吸附水是吸附在污泥小颗粒表面的水分,占污泥水分的7%左右,污泥常处于胶体颗粒状态,比表面积大,在表面张力作用下能吸附较多的水分,表面吸附水的去除较难,不能用普通的浓缩或脱水方法去除,需采用混凝剂辅助进行分离或采用加热法脱除;内部水是指微生物细胞内部的液体,占污泥水分的3%左右,去除内部水必须破坏细胞膜,使用机械方法难以奏效,可采用高温加热或冷冻等措施将其转变成外部水,也可通过生物分解手段,如好氧氧化、堆肥化、厌氧消化等予以去除。

污泥含水率(P)指污泥中所含水分的质量与污泥总质量之比的百分数:

$$P = \frac{W}{W+S} \times 100\% \tag{1-1}$$

式中 P——污泥的含水率,%;
W——污泥中水分质量,kg;
S——污泥中总固体质量,kg。

污泥的含水率一般都较高,相对密度接近于1。

(2) 污泥浓度

污泥浓度也称污泥固体浓度,表示污泥中所含固体物质的质量与污泥总质量之比的百分数,即

$$C = \frac{S}{W+S} \times 100\% \tag{1-2}$$

式中 C——污泥浓度,%。

(3) 污泥体积

污泥的体积为污泥中水的体积与固体体积两者之和,即

$$V = \frac{W}{\rho_w} + \frac{S}{\rho_s} \qquad (1-3)$$

式中　V——污泥体积，m^3；
　　　W——污泥中水分质量，kg；
　　　S——污泥中总固体质量，kg；
　　　ρ_w——污泥中水的密度，kg/m^3；
　　　ρ_s——污泥中干固体密度，kg/m^3。

污泥的体积、质量及所含固体物质浓度之间的关系，可用式(1-4)表示：

$$\frac{V_1}{V_2} = \frac{W_1}{W_2} = \frac{100 - P_2}{100 - P_1} = \frac{C_2}{C_1} \qquad (1-4)$$

式中　P_1、V_1、W_1、C_1——污泥含水率为 P_1 时的污泥体积（m^3）、质量（kg）及固体浓度（mg/L）；
　　　P_2、V_2、W_2、C_2——污泥含水率为 P_2 时的污泥体积（m^3）、质量（kg）及固体浓度（mg/L）。

（4）挥发性固体（或称灼烧减重）与灰分（或称灼烧残渣）

挥发性固体近似等于有机物含量；灰分表示无机物含量。二者可通过"600℃高温减重法"试验测定。

（5）湿污泥相对密度与干污泥相对密度

湿污泥质量等于污泥所含水分质量与干固体质量之和。湿污泥相对密度等于湿污泥质量与同体积水的质量之比值。由于水的相对密度为1，所以湿污泥的相对密度 γ 可用下式计算：

$$\gamma = \frac{P + (100 - P)}{P + \frac{100 - P}{\gamma_s}} = \frac{100\gamma_s}{P\gamma_s + (100 - P)} \qquad (1-5)$$

式中　γ——湿污泥相对密度；
　　　P——湿污泥含水率，%；
　　　γ_s——污泥中干固体平均相对密度。

干固体中有机物（即挥发性固体）所占百分比及其相对密度分别用 P_v、γ_v 表示，无机物（即灰分）的相对密度用 γ_a 表示，则干污泥的平均相对密度 γ_s 可计算为

$$\frac{100}{\gamma_s} = \frac{P_v}{\gamma_v} + \frac{100 - P_v}{\gamma_a} \qquad (1-6)$$

由式(1-6)可得

$$\gamma_s = \frac{100\gamma_a\gamma_v}{100\gamma_v + P_v(\gamma_a - \gamma_v)} \qquad (1-7)$$

有机物的相对密度一般等于1，无机物的相对密度一般约为2.5~2.65，以2.5计，式(1-7)可简化为

$$\gamma_s = \frac{250}{100 + 1.5P_v} \qquad (1-8)$$

则湿污泥的相对密度 γ 为

$$\gamma = \frac{25000}{250P + (100 - P)(100 + 1.5P_v)} \tag{1-9}$$

确定湿污泥的相对密度和干污泥的相对密度，对于浓缩池的设计、污泥运输及后续处理都有实际意义。

(6) 污泥的脱水性能与污泥比阻

污泥的含水率一般都很高，为了使污泥便于输送、处理和处置，必须对污泥进行脱水处理。但不同性质污泥的脱水性能差别很大，脱水的难易程度也不同。污泥比阻 r 常用来衡量污泥的脱水性能，它反映了水分通过污泥颗粒所形成的泥饼时所受阻力的大小，其物理意义是：单位质量的污泥在一定压力下过滤时，单位过滤面积上的阻力即单位过滤面积上滤饼单位干重所具有的阻力，即

$$r = \frac{2FA^2b}{\mu\omega} \tag{1-10}$$

式中 r ——污泥比阻，m/kg；

F ——过滤压力，N/m²；

A ——过滤面积，m²；

b ——污泥性质系数，s/m²；

μ ——滤液动力黏度，Pa·s。

ω ——单位体积滤液产生的干滤饼质量，kg/m³。

(7) 污泥的臭气

污泥本身是有气味的，如果处理不当可释放出难闻的臭气和其他有害污染物，因此，臭气的控制是污泥处理和管理中必须重视的问题之一。

在分解污水中有机物质的过程中微生物会利用一些元素，如碳、氮以及其他元素，形成新的有机化合物并释放出二氧化碳、水、硫化氢、氨、甲烷和相当数量的中间产物。这些有机化合物中的相当一部分都是严重的臭味污染物。因此，控制臭气的最有效方法是阻止或者控制有机物的分解循环。

臭味污染物的浓度低，分子结构复杂，在空气中的停留时间短，来源和存在条件多变。大体上可将它们分成两类：含硫有机化合物和含氮有机化合物。含硫有机化合物包括硫醇（通式为 C_xH_ySH）、有机硫（C_xH_yS）和硫化氢（H_2S）等；在含氮有机化合物中，各种复杂的胺（C_xH_yNH）、氨（NH_3）和其他含 N 和 NH_2 原子团的有机物都是恶臭污染物。大多数臭气污染物（除胺和氨以外）的臭味阈值浓度都非常低。

(8) 污泥的传输性

液体污泥（大约6%的总固体）通常是牛顿流体，其物理性质与水极为相近，在层流状态下，压力的减少与速度和黏度成比例，可以很容易地通过离心泵、皮碗泵、谐振器、膜式泵、活塞泵和其他类型的传送方式实现输送。

浓缩污泥（特别是脱水污泥）是非牛顿流体，其随着固体含量的增加还会变成塑性流体。浓缩污泥特别是脱水污泥通常更难运输、计量和储存，因此，对污泥泵、运输工具和储存位置的选择要非常重视。

管道系统的设计也是非常关键的因素。污泥输送管线的管径一般都不小于 150mm。污泥在输送管内经常发生沉积，结果导致传输耗损增加，如果不安装管道清淘措施，污泥输送

管最终会堵死。

动力传送带、无轴螺杆传送带、特殊的容积式真空泵和活塞泵已开始用于输送脱水污泥。封闭式传送带和输送泵在含臭味污泥的输送过程中有非常明显的优越性。

(9) 污泥的储存性

污泥的储存需要适应污泥产生率的变化,并要充分考虑污泥处理设备不工作(周末或停产)时的堆放问题。污泥的储存对保证污泥均匀供给每一处理过程(如脱水、干化、焚烧等热化学处理等)非常重要。

短时间的液体污泥储存可以在沉淀和浓缩池内完成;长时间的污泥储存需要在好氧和厌氧消化池内完成,特别是要储存在隔离储存池或地下储存池内。

(10) 污泥的燃烧值

废水污泥尤其是剩余污泥、油泥等,含有大量的有机物质,因此具有一定的发热值。若有机成分单一,可通过有关资料直接查取该组分的氧化反应方程式及发热值。污泥中可燃组分主要是 C、H、S,如果已知有机组分各元素的含量,可根据下式来计算污泥的低位发热值 Q_{dw} (kJ/kg)。

$$Q_{dw} = 337.4C + 603.3\left(H - \frac{O}{8}\right) + 95.13S - 25.08P \tag{1-11}$$

式中 C、H、O、S——污泥中碳、氢、氧、硫的质量分数,%;
P——污泥的含水率,%。

然而,污泥组成很复杂,较难确定各组分的含量。比较便利和常用的分析方法是测量污泥的 COD 值,它可以间接表征有机物的含量,与污泥的发热值存在着必然的联系。对大多数有机物而言,燃烧时每去除 1g COD 所放出的热量平均约为 14kJ。利用这一平均值计算污泥的低位发热值所产生的最大相对误差约为 10%,在工程计算时是允许的。这样,有机污泥的低位发热量 Q_{dw} (kJ/kg) 可利用下式进行估算:

$$Q_{dw} = 14COD - 25.08P \tag{1-12}$$

式中 COD——有机污泥的 COD 值,g/kg。

一般有机污泥的热值相当于劣质煤,见表 1-1。用焚烧法处理污泥时,辅助燃料的消耗量直接关系到处理成本的高低。对于有机污泥,因其热值较高(一般达 6300kJ/kg),如果选用适合燃用低热值污泥的流化床焚烧炉,可不加辅助燃料进行处理,从而大大降低其运行费用。

表 1-1 有机污泥发热量与燃料对比

污泥类别	原污泥	活性污泥	纸浆污泥	酪朊	煤	燃料油
平均热值/(kJ/kg)	18180	14750	11870	24540	20900	45020

1.1.2.2 污泥的化学性质

污泥的化学性质包括污泥的基本理化特性、可消化程度、污泥的肥分、污泥中所含的重金属物质等。

(1) 污泥的基本理化特性

城市污水处理厂污泥的基本理化成分见表 1-2。可以看出,城市污水处理厂污泥以有机物为主，有一定的反应活性，理化特性随处理状况的变化而变化。挥发分是污泥最重要的化学性质，决定了污泥的热值及其可消化性。

表1-2　城市污水处理厂污泥的基本理化成分

项目	初次沉淀污泥	剩余活性污泥	厌氧消化污泥
pH值	5.0~8.0	0.5~0.8	6.5~7.5
干固体总量/%	3~8	0.5~1.0	5.0~10.0
挥发性固体总量(以干重计)/%	60~90	60~80	30~60
固体颗粒密度/(g/cm^3)	1.3~1.5	1.2~1.4	1.3~1.6
容重	1.02~1.03	1.0~1.005	1.03~1.04
BOD_5/VS	0.5~1.1	—	—
COD/VS	1.2~1.6	2.0~3.0	—
碱度(以$CaCO_3$计)/(mg/L)	500~1500	200~500	2500~3500

(2) 污泥的化学构成

污水的来源和处理方法在很大程度上决定着污泥的化学组成。一般说来，污泥的化学构成包含植物营养元素、无机营养物质、有机物质、微量营养物质等。

① 植物营养元素

污泥中含有植物生长所必需的常量营养元素和微量营养元素，其中氮、磷和钾在污泥的资源化利用方面起着非常重要的作用。

② 无机营养物质

污泥的无机物组成可按其与污染控制有关的各个方面进行描述，其中包含毒害性无机物组成、植物养分组成、无机矿物组成等三个主要方面。

a. 植物养分组成，是按氮、磷、钾3种植物生长所需要的宏量元素含量对污泥组成进行描述，既是对污泥肥料利用价值的分析，也是对污泥进入水体的富营养化影响的分析。对污泥植物养分组成的分析，除了总量外还必须考虑其化合状态。因此，氮可分为氨氮（NH_3-N）、亚硝酸盐氮、硝酸盐氮和有机氮；磷一般分为颗粒磷和溶解性磷两类；钾则按速效和非速效分为两类。

b. 污泥的无机矿物组成，主要是铁、铝、钙、硅元素的氧化物和氢氧化物。这些污泥中的无机矿物通常对环境是惰性的，但它们对污泥中重金属的存在形态有较大影响。

c. 无机毒害性元素，主要包括砷、镉、铬、汞、铅、铜、锌、镍等8种元素。

③ 有机物质

研究城市污水污泥的组成是选择污泥处理和利用技术的依据。由于城市污水中含有各种成分，因此污泥的组成也很复杂，含有多种有机相和无机相物质。

污泥有机物的组成首先是元素组成，一般按C、H、O、N、S、Cl等6种元素的构成关系来考察污泥的有机元素组成。另一种组成描述方式是化学组成。由于污泥有机物的分子结构状况十分复杂，因此按其与污染控制及利用有关的各方面来描述其化学组成，其中主要包括：毒害性有机物组成、有机生物质组成、有机官能团化合物组成和微生物组成等。

a. 毒害性有机物组成。所谓的毒害性有机物是按其在环境生态体系中的生物毒性达到一定的程度来定义的，各国均已公布的所谓环境优先控制物质目录中可以找到相应的特定物质。污泥中主要的毒害性有机物有多氯联苯(PCBs)、多环芳烃(PAHs)等。

b. 有机生物质组成。有机生物质组成是按有机物的生物活性及生物质结构类别对生物污泥有机物组成进行描述，前者可将污泥有机物划分为生物可降解性和生物难降解性两大类，后者则以可溶性糖性、纤维素、木质素、脂肪、蛋白质等生物质分子结构特征为分类依据。这两种生物质组成描述方式能有效地提供污泥有机质的生物可转化性依据。

c. 有机官能团化合物组成。有机官能团化合物组成是按官能团对污泥有机物组成进行描述的方法，一般包括醇、酸、酯、醚、芳香化合物、各种烃类等，其组成状况与污泥有机物的化学稳定性有关。

d. 微生物组成。为了表征污泥的卫生学安全性，一般采用指示物种的含量来描述污泥的微生物组成。我国一般采用大肠杆菌、粪大肠杆菌菌落数和蛔虫卵等生物指标。国外为了能间接检查病毒的无害化处理效果，多将生物生命特征与病毒相似的沙门氏菌列入组成分析范围。

污泥中含有的有机物组成见表1-3。有机物质可以对土壤的物理性质起到很大的影响，如土壤的肥效、腐殖质的形成、容重、聚集作用、孔隙率和持水性等。污泥中含有的可生物利用有机成分包括纤维素、脂肪、树脂、有机氮、硫和磷化合物、多糖等，这些物质有利于土壤腐殖质的形成。

表1-3 污泥中含有的有机物组成

有机物种类	初次沉淀污泥	二次沉淀污泥	厌氧消化污泥
有机物含量/%	60~60	60~80	—
纤维素含量(占干重)/%	8~15	5~10	30~60
半纤维素含量(占干重)/%	2~4	—	8~15
木质素含量(占干重)/%	3~7	—	—
油脂和脂肪含量(占干重)/%	6~35	5~12	5~20
蛋白质含量(占干重)/%	20~30	32~41	15~20
碳氮比(C/N)	(9.4~10):1	(4.6~5.0):1	—

④ 微量营养元素

污泥中包括的微量营养元素，如铁、锌、铜、镁、硼、钼(作为氮固定作用)、钠、钡和氯等，都是植物生长所少量需要的，但它们对植物的生长非常重要。氯除了有助于植物根系的生长以外，其他方面的作用还不十分清楚。

土壤和污泥的pH值能影响微量元素的可利用性。

(3) 污泥的肥分

污泥中含有大量植物生长所必需的肥分，如氮、磷、钾、微量元素及土壤改良剂如有机腐殖质。我国城市污水处理厂各种污泥所含肥分见表1-4。

表1-4 我国城市污水处理厂各种污泥肥分含量表

污泥类别	初次沉淀污泥	消化污泥		活性污泥
		初沉池污泥消化后	生物膜法污泥消化后	
总氮/%	2.0	1.6~3.44	2.8~3.14	3.51~7.15
磷/%(以P_2O_5计)	1.0~3.0	0.55~0.77	1.03~1.98	3.3~4.97

续表

污泥类别	初次沉淀污泥	消化污泥		活性污泥
		初沉池污泥消化后	生物膜法污泥消化后	
钾/%（以 K_2O 计）	0.1~0.3	0.24	0.11~0.79	0.22~0.44
有机质/%	50~60	25~30	—	60~70
灰分/%	50~40	75~70	—	—
脂肪酸（$[H^+]$）/10^{-3}mol/L	16~20	4~5	—	—

（4）污泥中重金属离子含量

污泥中的重金属离子含量决定于城市污（废）水中工业废水所占比例及工业性质。（污）废水经二级处理后，污（废）水中重金属离子约有50%以上转移到污泥中，因此污泥中的重金属离子含量一般都较高。当污泥用作肥料使用时，需要考虑重金属离子含量是否符合《城镇污水处理厂污泥处置 农用泥质》（CJ/T 309—2009）的相关规定，必要时需要进行处理。

1.1.2.3 污泥的生化性质

污泥的生化性质主要包括污泥的可消化程度和致病性两个方面。

（1）可消化程度

污泥中的有机物是消化处理的对象。有些有机物可被消化降解或称可被气化、无机化，另一些有机物如脂肪和纤维素等不易被消化降解。可消化程度用来表示污泥中可被消化降解的有机物量，如式（1-13）：

$$R_d = \left(1 - \frac{P_{s1}P_{v2}}{P_{s2}P_{v1}}\right) \times 100\% \qquad (1-13)$$

式中　R_d——可消化程度，%；

P_{s1}、P_{s2}——生污泥及消化污泥的无机物含量，%；

P_{v1}、P_{v2}——生污泥及消化污泥的有机物含量，%。

因此，消化污泥量可用式（1-14）计算：

$$V_d = \frac{(100-P_1)V_1}{100-P_d}\left[\left(1-\frac{P_{v1}}{100}\right)+\frac{P_{v1}}{100}\left(1-\frac{R_d}{100}\right)\right] \qquad (1-14)$$

式中　V_d——消化污泥量，m^3/d；

P_d——消化污泥含水率，%，取周平均值；

V_1——生污泥量，m^3/d，取周平均值；

P_1——生污泥含水率，%，取周平均值；

P_{v1}——生污泥有机物含量，%；

R_d——可消化程度，%，取周平均值。

（2）致病性

大多数废水处理工艺将污水中的致病微生物去除后，将其转移到污泥中，因此污泥中包含多种微生物群体。污泥中的微生物群可以分为细菌、放线菌、病毒、寄生虫、原生动物、轮虫和真菌，这些微生物中相当一部分是致病的（如它们可以导致很多人和动物的疾病）。污泥处理的一个主要目的就是去除病原微生物，使其达到合格标准。

未处理的污泥施用到农田会将微生物和病毒的污染传播给庄稼作物以及地表和地下水。污水处理厂、污泥处理设施、污泥堆肥、污泥土地填埋和污泥土地利用等如果操作不当，都可能产生大气和工农业产品的致病体污染。污泥资源化利用和处置之前的有效处理对于防止致病体带来的疾病是十分重要的。

致病微生物可以通过物理加热法（高温）、化学法和生物法破坏。足够长的加热时间可以将细菌、病毒、原生动物胞囊和寄生虫卵降低到可以检测的水平以下（热处理对寄生虫卵的去除效率是最低的）；使用消毒剂（如氯、臭氧和石灰等）的化学处理方法同样可以减少细菌、病毒和带菌体的数量，例如高 pH 值可以完全破坏病毒和细菌，但对寄生虫卵却作用很小或几乎无作用，病毒对 γ 射线和高能电子束辐射处理的抗性最大。致病微生物的去除可由微生物直接检测或监测无致病性的指标生物来衡量。

1.1.3 污泥的危害

污泥中有机物含量高，易腐烂，有强烈的臭味，并且含有寄生虫卵、致病微生物和铜、锌、铬、汞等重金属以及盐类、多氯联苯、二噁英、放射性核素等难降解的有毒有害物质，如不加以妥善处理，任意排放，将会造成二次污染。

1.1.3.1 污泥对水环境的影响

目前，城市污水处理厂普遍采用活性污泥法及其各种变形工艺，进厂污水中的大部分污染物是通过生物转化为污泥去除的，污水成分及其处理工艺的不同直接影响污泥组成。随着污水处理要求的日益严格，污泥成分会更加复杂。在人们的日常生活中，大量废弃物随污水进入城市污水管网，据文献报道大约有 8.0×10^4 种化学物质进入到污水中，在污水处理过程中，有些物质被分解，其余的大部分被直接转移到污泥中。根据文献记录，污水污泥中的有机物分为 15 类共 516 种，其中包含 90 种优先控制物和 101 种目标污染物，而且污泥中经常含有 PCBs、PAHs 等剧毒有机物以及大量的重金属和致病微生物，以及一般的耗氧性有机物和植物养分（N、P、K）等。因此，城市污水厂污泥中含有覆盖面很广的各类污染物质，并且污水处理厂均有大量工业废水进入，经过污水处理，污水中重金属离子约有 50% 以上转移到污泥中。

污泥的处置方式不同，对水体环境的污染情况也不相同。当污泥与城市垃圾一起填埋于垃圾场时，污泥中的病原物会随雨水下渗，污染地下水。土地利用被认为是最有前景的污泥处置方式，但施用与保护不当，病原物不仅会污染土壤环境，而且还会经由地表径流和渗滤液污染地表水和地下水。污泥的集中堆置不仅将严重影响堆置地附近的环境卫生状况（臭气、有害昆虫、含致病生物密度大的空气等），也可能使污染物由表面径流向地下径流渗透，引起更大范围的水体污染问题。因此，选择合适的处置场所和方法，避免病原物引起的水体环境二次污染是污泥土地安全处置中的重要环节。

1.1.3.2 污泥对土壤环境的影响

污泥中含有大量的 N、P、K、Ca 及有机质，这些有机养分和微量元素可以明显改变土壤的理化性质，增加氮、磷、钾的含量，同时可以缓慢释放许多植物所必需的微量元素，具有长效性。因此，污泥是有用的生物资源，是很好的土壤改良剂和肥料。污泥用作肥料，可以减少化肥施用量，从而降低农业成本，减少化肥对环境的污染。但是，由于污水种类繁多、性质各异，各污水处理厂的污泥在化学成分和性质上有很大的差异，由许多工厂排出的污水合流而成的城市污水处理厂的污泥成分就更加复杂。在污泥中，除含有对植物有益的成分外，还可能含有盐类、酚、氰、3,4-苯并芘、镉、铬、汞、镍、砷、硫化物等多种有害物质。当污泥施用量和有害物质含量超过土壤的净化能力时，就可能毒化土壤，危害作物生长，使农产品质量降低，甚至在农产品中的残留超过食用卫生标准，直接影响人体健康。因此，对污泥施肥应当慎重。

造成土壤污染的有害物质主要是重金属元素。农田受重金属元素污染后，表现为土壤板结、含毒量过高、作物生长不良，严重的甚至没有收成。根据对农业环境的污染程度，可将污泥中的重金属元素分为两类：一类对植物的影响相对小些，也很少被植物吸收，如铁、铅、硒、铝等；另一类污染比较广泛，对植物的毒害作用重，在植物体内迁移性强，有些对人体的毒害大，如镉、铜、锌、汞、铬等。

（1）锌。锌是植物正常生长不可缺少的重要微量元素，锌在植物体内的生理功能是多方面的。缺乏锌时，生长素和叶绿素的形成受到破坏，许多酶的活性降低，破坏光合作用及正常的氮和有机酸代谢，进而引起多种病害。如玉米的花白叶病、柑橘的缩叶病。过量的锌会使植株矮小、叶退绿、茎枯死，质量和产量下降。锌在土壤中的含量一般为 $20\sim95\mu g/g$，最高允许含量为 $250\mu g/g$。

（2）镉。镉是一种毒性很强的污染物质，它对农业环境的污染已在日本引起了举世闻名的"骨痛病"。镉对植物的毒害主要表现在破坏正常的磷代谢，叶绿素严重缺乏，叶片退绿，并引起各种病害，如大豆、小麦的黄萎病。试验证明，土壤含镉 $5\times10^{-6}\mu g/m^3$ 可使大豆受害，减产 25%。镉属累积性元素，在植物体内迁移性强，生长在镉污染土壤上的农产品含镉量可达 $0.4\times10^{-6}\mu g/m^3$ 以上。在正常环境条件下，人平均日摄取的镉量超过 $300\mu g$，就有得"骨痛病"的危险。土壤中镉的含量通常在 $0.5\times10^{-6}\mu g/m^3$ 以下，最高含量不得超过 $1\times10^{-6}\mu g/m^3$。

（3）铬。铬也是植物需要的微量元素。在缺乏铬的土壤加入铬，能增强植物光合作用能力，提高抗坏血酸、多酚氧化酶等多种酶的活性，增加叶绿素、有机酸、葡萄糖和果糖含量。而当土壤中的铬过多时，则会严重影响植物生长，干扰养分和水分的吸收，使叶片枯黄、叶鞘烂、茎基部肿大、顶部枯萎。土壤铬的含量一般在 $250\times10^{-6}\mu g/m^3$ 以下，最高含量不得超过 $500\times10^{-6}\mu g/m^3$。六价铬含量达 $1000\times10^{-6}\mu g/m^3$ 时，可造成土壤贫瘠，大多数植物不能生长。

（4）汞。汞是植物生长的有害元素，可使植物代谢失调、降低光合作用、影响根、茎、叶和果实的生长发良，过早落叶。汞也属于累积性元素，当土壤中含可溶性汞量达 $0.1\times10^{-6}\mu g/m^3$ 时，稻米中含汞量可达 $0.3\times10^{-6}\mu g/m^3$。土壤中汞的含量一般在 $0.2\times10^{-6}\mu g/m^3$ 以下，最高含量不得超过 $0.5\times10^{-6}\mu g/m^3$。

（5）铜。铜是植物生长的必需元素。土壤缺乏铜时，会破坏植物叶绿素的生成，降低多种氧化还原酶的活性，影响碳水化合物和蛋白质的代谢，进而引起尖端黄化病、尖端萎缩病等症状。但过量铜会产生铜害，主要表现在根部，新根生长受到阻碍，缺乏根毛，植物根部呈珊瑚状。土壤的含铜量一般在 $(10\sim50)\times10^{-6}\mu g/m^3$，可溶性铜的最高允许含量为 $125\times10^{-6}\mu g/m^3$。据报道，土壤含铜量达 $200\times10^{-6}\mu g/m^3$ 时，将使小麦枯死。

1.1.3.3 污泥对大气环境的影响

污泥中含有的病原微生物可通过以下种途径对大气环境产生危害：①在污水处理过程中，由于操作流程不规范，产生的污泥没有直接送入密闭装置，污泥颗粒会进入周围的大气环境；②施用液体污泥时，将污泥注射入土壤产生的强大压力使少量污泥溅出，形成细小颗粒进入大气；③污泥表层施用或混施进入土壤后，在耕作或收获作物和刮大风时会形成气溶胶或粉尘，病原物随这些气溶胶或粉尘进入大气。大气中的病原物既可通过呼吸作用直接进入人体内，也可吸附在皮肤或果蔬表面间接地进入人体内，危害人类健康。

污泥中含有部分带臭味的物质，如硫化氢、氨、腐胺类等，任意堆放会向周围散发臭气，对大气环境造成污染，不仅影响堆放区周边居民的生活质量，也会给工作人员的健康带来危害。同时，臭气中的硫化氢等腐蚀性气体会严重腐蚀设备，缩短其使用寿命。另外，污泥中有机组分在缺氧储存、堆放过程中，在微生物作用下会发生降解生成有机酸、甲烷等。甲烷是温室气体，其产生和排放会加剧气候变暖。

1.2 污泥处理处置原则及相关政策与标准

1.2.1 污泥处理处置的原则

1.2.1.1 城镇污水污泥处理处置原则

参考国内外的经验和教训，我国污泥处理处置应符合"安全环保、循环利用、节能降耗、因地制宜、稳妥可靠"的原则。

安全环保是污泥处理处置必须坚持的基本要求。污泥中含有病原体、重金属和持久性有机物等有毒有害物质，在进行污泥处理处置时，应根据必须达到的污染控制标准，对所选择的处理处置方式进行环境安全评价，并采用相应的污染控制措施，确保公众健康与环境安全。

循环利用是污泥处理处置时应努力实现的重要目标。污泥的循环利用体现在污泥处理处置过程中充分利用污泥中所含有的有机质、各种营养元素和能量。污泥循环利用的途径主要有两条：一是土地利用，将污泥中的有机质和营养元素补充到土地；二是通过厌氧消化或焚烧等热化学转化技术回收污泥中的能量。

节能降耗是污泥处理处置应充分考虑的重要因素，应避免采用消耗大量优质清洁能源、物料和土地资源的处理处置技术，以实现污泥低碳处理处置。鼓励利用污泥厌氧消化过程中产生的沼气热能、垃圾和污泥焚烧余热、发电厂余热或其他余热作为污泥处理处置的热源。

因地制宜是污泥处理处置方案比较选择的基本前提，应综合考虑污泥泥质特征及未来的变化、当前的土地资源及特征、可利用的水泥厂或热电厂等工业窑炉状况，以及经济和社会发展水平等因素，确定本地区的污泥处理处置技术路线和方案。

稳妥可靠是污泥处理处置贯穿始终的必要条件。在选择处理处置方案时，应优先采用先进成熟的技术；对于研发中的新技术，应经过严格的评价、生产性应用以及工程示范，确认可靠后方可采用。在制订污泥处理处置规划方案时，应根据污泥处理处置的阶段性特点，同时考虑应急性、阶段性和永久性三种方案，最终应保证永久性方案的实现。在永久性方案完成前，可把充分利用其他行业资源进行污泥处理处置作为阶段性方案，并应具有应急的处理处置方案，防止污泥随意弃置，保证环境安全。

通常，在工程中，要求污泥的处理处置满足"减量化、稳定化、无害化、资源化"原则。

(1) 减量化。城市污水处理厂的污泥减量化就是通过采用过程减量化的方法减少污泥体积，以降低污泥处理及最终处置的费用。从污水厂出来的污泥体积非常大，这给污泥的后续处理造成困难，要把它变得稳定、方便利用，必须首先要对其进行减量处理。

由于污泥的含水量很高、体积很大且呈流动态，不利于储存、运输和消纳，减量化十分重要。污泥的体积随含水量的降低而大幅度减少，且污泥呈现的状态和性质也有很大变化，如含水率在85%以上的污泥可用泵输送；含水率为70%~75%的污泥呈柔软状；含水率为60%~65%的污泥几乎成为固体状态；含水率为34%~40%的污泥已呈现为可离散状态；含水率为10%~15%的污泥则呈现为粉末状态。因此，可以根据不同的污泥处理工艺和装置要求，确定合适的减量化程度。

污泥减量通常分为质量减少、体积减少和过程减量。质量减少的方法主要是通过稳定和焚烧，但由于焚烧所需的费用很高且存在烟气污染问题，因此主要适用于难以资源化利用的部分污泥。污泥体积的减少主要是通过污泥浓缩、污泥脱水两个步骤来实现。污泥过程减量可通过超声波技术、臭氧法、膜生物反应器、生物捕食、微生物强化、代谢解耦联及氯化法等方法实现。

(2) 稳定化。污泥稳定化是降解污泥中的有机物质，进一步减少污泥含水量，杀灭污泥中的细菌、病原体，消除臭味，使污泥中的各种成分处于相对稳定状态的一种过程。污泥中有机物含量为60%~70%，随着堆积时间的加长及外部环境的影响，污泥将发生厌氧降解，并极易腐败及产生恶臭，需要采用生物好氧或厌氧消化工艺，或添加化学药剂等方法，使污泥中的有机组分转化为稳定的最终产物，进一步消解污泥中的有机成分，避免在污泥的最终处置过程中造成二次污染。

(3) 无害化。污泥无害化处理的目的是采用适当的工程技术去除、分解或者"固定"污泥中的有毒、有害物质(如有机有害物质、重金属)及消毒灭菌，使处理后的污泥在污泥最终处置中不会对环境造成冲击和意想不到的污染物在不同介质之间的转移，更具有安全性和可持续性，不会对环境造成危害。污泥处理处置时应将各种因素结合起来，综合考虑。

(4) 资源化。污泥是一种资源，含有丰富的氮、磷、钾等有机物及热量，其特点和性质决定了污泥的根本出路是资源化。污泥资源化是指在处理的同时回收其中的有用物质或回收能源，达到变害为宝、综合利用、保护环境的目的。污泥资源化的特征是环境效益高、生产成本低、生产效率高、能耗低。

1.2.1.2 污泥处理处置设施规划建设的原则

污泥处理处置设施建设应首先编制污泥处理处置规划。污泥处理处置规划应与本地区的土地利用、环境卫生、园林绿化、生态保护、水资源保护、产业发展等有关专业规划相协调，符合城乡建设总体规划，并纳入城镇排水或污水处理设施建设规划。污泥处理处置设施应与城镇污水处理厂同时规划、同时建设、同时投入运行。

污泥处理处置应包括处理与处置两个阶段。处理主要是指对污泥进行稳定化、减量化和无害化处理的过程；处置是对处理后污泥进行消纳的过程。污泥处理设施的方案选择及规划建设应满足处置方式的要求。在一定的范围内，污泥的稳定化、减量化和无害化等处理设施宜相对集中设置，污泥处置方式可适当多样。污泥处理处置设施的选址应与水源地、自然保护区、人口居住区、公共设施等保持足够的安全距离。

应根据城镇排水或污水处理设施建设规划，结合现有污水处理厂的运行资料，确定并预测污泥的泥量与泥质，作为合理确定污泥处理处置设施建设规模与技术路线的依据。必要时，还应在污水处理厂服务范围内开展污染源调查，分析未来城镇建设以及产业结构的变化趋势，更加准确地掌握泥量和泥质资料。

污泥处理处置设施的规划建设应视当地的具体情况和所确定的应急方案、阶段性方案和永久性方案制定具体的实施方案，并处理好三种方案的衔接，同时应加快永久性方案的实施。污泥处理处置设施还应预先规划备用方案，以保证污泥的稳定处理与处置，应急处理处置方案可视情况作为备用方案。利用其他行业资源确定的污泥处理处置方案宜作为阶段性方案，不宜作为永久性方案。

污泥处理处置应根据实际需求，建设必要的中转和储存设施。污泥中转和储存设施的建设应符合《环境卫生设施设置标准》(CJJ 27—2012)等规定。污泥处理处置设施建设时，相应安全设施的建设也必须执行同时规划、同时建设、同时投入运行的原则，确保污泥处理处置设施的安全运行。污泥处理设施的工艺及建设标准应满足相应污泥处置方式的要求。污泥处理设施还没有满足污泥处置要求的，应加快改造，确保污泥安全处置。

<u>1.2.1.3 污泥处理处置过程管理的原则</u>

污泥处理处置应执行全过程管理与控制原则，应从源头开始制定全过程的污染物控制计划，包括工业清洁生产、厂内污染物预处理、污泥处理处置工艺的强化等环节，加强污染物总量控制。

工业废水排入市政污水管网前必须按规定进行厂内预处理，使有毒有害物质达到国家、行业或者地方规定的排放标准。在污泥处理处置过程中，可采用重金属析出及钝化、持久性有机物的降解转化及病原体灭活等污染物控制技术，以满足不同污泥处置方式的要求，实现污泥的安全处置。

污泥运输应采用密闭车辆和密闭驳船及管道等输送方式。加强运输过程中的监控和管理，严禁随意倾倒、偷排等违法行为，防止因暴露、洒落或滴漏造成对环境的二次污染。城镇污水处理厂、污泥运输单位和各污泥接收单位应建立污泥转运联单制度，并定期将转运联单统计结果上报地方相关主管部分。

污泥处理处置运营单位应建立完善的检测、记录、存档和报告制度，对处理处置后的污泥及其副产物的去向、用途、用量等进行跟踪、记录和报告，并将相关资料保存5年以上。应由具有相应资质的第三方机构定期就污泥土地利用对土壤环境质量的影响、污泥填埋场对场地周围综合环境质量的影响、污泥焚烧对周围大气环境质量的影响等方面进行安全性评价。

污泥处理处置运营单位应严格执行国家有关安全生产法律法规和管理规定，落实安全生产责任制；执行国家相关职业卫生标准和规范，保证从业人员的卫生健康；制定相关的应急处置预案，防止危及公共安全的事故发生。

1.2.2 污泥处理与资源化法规及标准

（1）污泥处理处置过程中的恶臭污染物防治

《恶臭污染物排放标准》(GB 14554—1993)定义恶臭为：一切刺激嗅觉器官引起人们不

愉快及损坏生活环境的气体物质。恶臭广泛产生于市政污水及污泥处理处置过程中。不同的处理设施及过程会产生各种不同的恶臭气体。污水处理厂的进水提升泵产生的主要臭气为硫化氢；初沉池污泥厌氧消化过程中产生的臭气以硫化氢及其他含硫气体为主；污泥稳定过程中会产生氨气和其他易挥发物质；堆肥过程中会产生氨气、胺、含硫化合物、脂肪酸、芳香族和二甲基硫等臭气；好氧消化及污泥干化过程中可能产生很少量的硫化氢，但主要有硫醇和二甲基硫气体产生。

（2）稳定化处理

我国《城市污水处理及污染防治技术政策》(建成〔2000〕124号)和《城镇污水处理厂污染物排放标准》(GB 18918—2002)均规定要对城镇污水处理厂污泥进行稳定化处理。

污泥厌氧消化是一种使污泥达到稳定状态的非常有效的处理方法。污泥厌氧消化产生的消化气（沼气）一般由60%～70%的甲烷、25%～40%的二氧化碳和少量的氮硫化物和硫化氢组成，燃烧热值为18800～25000kJ/m³。大中型污水处理厂对消化产生的沼气进行回收利用，可达到节约能耗、降低运行成本的目的。但是空气中沼气含量达到一定浓度时会具有毒性；沼气与空气以1∶(8.6～20.8)(体积比)混合时，如遇明火会引起爆炸。因此，污水处理厂沼气利用系统如果设计或操作不当将会有很大的危险。厌氧消化污泥的稳定化程度可通过监测进泥量(V)、进泥浓度(C)、进泥中挥发性有机物含量(f)、沼气产生量和甲烷含量进行计量，也可通过监测厌氧消化池每次（天）的进、出泥量，测定进、出泥含水率和干污泥固体（含水率为0%）中挥发性有机物的含量百分比进行计量。由此获得了两种对厌氧消化污泥进行稳定化判定的公式：一种是基于沼气产生的计量公式，另一种是基于污泥物料平衡的计算公式。考虑到我国污泥中挥发性有机质含量较低、降解性较差，因此规定：污泥厌氧消化挥发性有机物降解率应大于40%。若经厌氧消化处理后，污泥中挥发性有机物的降解率达不到40%，则取部分消化后的污泥试样于实验室在温度为30～37℃的条件下继续消化40天，在第40天末，若污泥中挥发性有机物与取样相比，减量小于20%，则认为污泥已达到稳定化要求。采用各种生物稳定化工艺要达到的稳定化控制指标见表1-5。

表1-5 污泥稳定化控制指标

稳定化方法	控制项目	控制指标
厌氧消化	有机物降解率/%	>40
好氧消化	有机物降解率/%	>40
好氧堆肥	含水率/%	<65
	有机物降解率/%	>50
	蠕虫卵死亡率/%	>95
	粪大肠菌群菌值	>0.01

（3）污泥干化

污泥干化分为两种类型，即污泥自然干化和热干化。污泥自然干化可以节约能源、降低运行成本，但要求降雨量少、蒸发量大，可使用的土地多、环境要求相对宽松等条件，因此受到一定的限制。

自然干化过程中会产生恶臭等污染物质，对厂区及周边环境造成危害，需要确定安全的卫生防护距离，《城市污水处理及污染防治技术政策》(建成〔2000〕124号)要求自然干化场的卫生防护距离不应小于1000m。

热干化是使用人工能源当热源,主要去除污泥中难以采用机械方式去除的间隙水和结合水,但污泥干化能耗相当高,设备投资和运行成本也非常高,去除每千克水的能耗为3000~3500kJ。污泥热干化厂在污泥储存、输送、处理过程中会产生恶臭污染物质,同时在干化过程中,由于部分挥发性有机物的挥发,使干化尾气中存在部分恶臭污染物;此外,干化污泥储存时也会有恶臭产生。为了防止恶臭污染厂区及周边环境,根据《大气污染物综合排放标准》(GB 16297—2017)和《恶臭污染物排放标准》(GB 14554—1993)的要求,必须采取恶臭防治措施。

(4) 堆肥

《城镇污水处理厂污泥处置 园林绿化用泥质》(GB/T 23486—2009)对城镇污水处理厂的污泥用于园林绿化等相关方面做了明确的规定,具体体现在:外观和嗅觉;理化指标和营养指标;安全指标(污染物浓度限值、卫生防疫安全);种子发芽指数;污泥用于园林绿化面积较大且比较集中时的施用率;污泥园林绿化面积较小时的施用率;污泥施用地点;污泥施用季节;取样和监测等方面。

《城镇污水处理厂污泥处理技术规程》(CJJ 131—2009)规定:建设集中污泥堆肥中心的城镇污水处理厂,其堆肥场选址时必须首先征得当地环境保护行政主管部门和交通运输管理部门的意见。在规划建设污泥堆肥场时,如果采用自然通风静态堆或强制通风静态堆工艺,必须要满足卫生防护距离大于1000m的要求。同时厂区应采取恶臭防治措施,尾气应收集统一进行处理。堆肥中的卫生指标和重金属指标满足《城镇污水处理厂污染物排放标准》(GB 18918—2002)和《农用污泥中污染物控制标准》(GB 4284—1984)。

(5) 农田利用和土地利用

美国、欧洲早在20世纪70年代就提出重金属的限量标准,以后不断予以修正。美国环保署1993年制定了503条例(USEPA 503),美国联邦政府对城市污泥土地利用有严格的规定,在《有机固体废弃物(污泥部分)处置规定》中,将污泥分为A和B两大类:经脱水、高温堆肥无菌化处理后,各项有毒有害物质指标达到环境允许标准的为A类污泥,可作为肥料、园林植土、生活垃圾填埋场覆盖土等;经脱水或部分脱水简单处理的为B类污泥,只能作为林业用土,不能直接用于改良粮食作物耕地。欧盟在1996年制定了欧盟污泥农用条件(EC条例),对污泥中重金属含量进行了规定。

《农用污泥中污染物控制标准》(GB 4284—1984)规定:"施用符合本标准污泥时,一般每年每亩用量不超过200kg(以干污泥计)"。卫生指标应满足粪大肠菌群菌数大于0.01,参考《城镇污水处理厂污染物排放标准》(GB 18918—2002)中对粪大肠菌群菌值的规定。

结合美国EPA标准和我国相关标准,统筹考虑,经稳定化处理后的污泥有机物降解率须小于40%,肠道病毒小于1MPn/4gTS,寄生虫卵小于1个/4gTS,蛔虫卵死亡率大于95%。

(6) 污泥填埋

目前污泥填埋的方式主要是混合填埋和专用填埋。

污泥专用填埋场的选址主要是参考《生活垃圾填埋污染控制标准》(GB 16889—2008)的规定:"生活垃圾填场地应设在当地夏季主导风向的下风向,在人畜居栖点500m以外。"

混合填埋的卫生填埋场建设标准参考《生活垃圾卫生填埋处理技术规范》(GB 50869—2013),必须有效控制进场的污泥含水率,经调查后确认,污泥含水率控制在60%以下最好。

《上海市污水污泥处置技术指南与管理政策研究》规定填埋的污泥含水率必须小于60%,才能在很大程度上减少渗滤液的产生,同时便于操作。污泥填埋场达到设计使用寿命后封场,封场工作应在填埋污泥上覆盖黏土或其他人工合成材料,黏土渗透系数应小于1.0×10^{-7}cm/s,厚度为20~30cm,其上再覆盖20~30cm的自然土作为保护层,并均匀压实。填埋场排放的甲烷气体的含量不得超过5%;建(构)筑物内,甲烷气体含量不得超过1.25%,以确保污泥填埋场的安全。

(7) 焚烧

我国目前污泥焚烧所采用的工艺技术为干化焚烧、与生活垃圾混合焚烧、利用水泥窑掺烧、利用燃煤热电厂掺烧。干化焚烧厂通常建在城镇污水处理厂内;后三种焚烧方式通常需要将污泥输送到相应的处理厂与其他物料混合焚烧。以污泥在焚烧物料中所占质量比的多少来判定,将干化焚烧定义为单独焚烧,而将后三种焚烧方式定义为混合焚烧。

《生活垃圾焚烧处理技术规范》(CJJ 90—2009)中规定,进炉垃圾的月平均低位热值不得小于5MJ/kg。因此,对于生活垃圾焚烧发电厂,掺混焚烧污泥时,同样也做此规定。

《城镇污水处理厂污泥处置 单独焚烧用泥质》(GB/T 24602—2009)规定了单独焚烧污泥时,最终排入大气的烟气中污染物最高排放浓度限值,见表1-6。

表1-6 污泥焚烧烟气排放标准

控制项目	单位	数值含义	限值	控制项目	单位	数值含义	限值
烟尘	mg/m³	测定均值	65	氯化氢	mg/m³	小时均值	75
排气黑度	格林曼黑度	测定值	I级	汞	mg/m³	测定均值	0.2
一氧化碳	mg/m³	小时均值	150	镉	mg/m³	测定均值	0.1
氮氧化物	mg/m³	小时均值	400	铅	mg/m³	测定均值	1.0
二氧化碳	mg/m³	小时均值	260	二噁英类	TEQ mg/m³	测定均值	0.1

(8) 利用水泥生产线掺烧

《城镇污水处理厂污泥处理技术规程》(CJJ 131—2009)规定利用水泥生产线掺烧污泥的,入窑混合物料的含水率应控制在35%以下,粒度应大于75mm。我国脱水污泥的含水率大致在80%左右,具有一定的黏性,但属于塑性流体。生料粉的含水率一般在10%~30%。污泥在窑炉内的停留时间宜大于30min,污泥焚烧残留物质量应小于水泥产量的5%。排入大气的烟气中污染物最高排放浓度按照《水泥工业大气污染物排放标准》(GB 4915—2013)中相关限值要求。为保持水泥产品质量,要求对水泥产品进行浸出毒性试验,产品中重金属和其他有毒有害成分的含量不应超过相关水泥质量要求限值。

(9) 利用燃煤热电厂掺烧

《城镇污水处理厂污泥处理技术规程》(CJJ 131—2009)规定:利用燃煤热电厂掺烧污泥的,每台75t/h以上燃煤锅炉直接掺烧脱水污泥(含固率20%)的量不宜超过燃煤量的10%,且燃煤火力发电厂应有不少于两座75t/h以上的燃煤锅炉,以保证发电厂正常运行。

《生活垃圾焚烧污染控制标准》(GB 18485—2014)中要求循环流化床燃煤锅炉直接掺烧脱水污泥时,应确保炉膛内烟气在850℃以上的温度条件下停留时间大于2s,必要时,可通过加大二次风量保持烟气温度。二次风可引自脱水污泥储存区。

（10）综合利用

《城镇污水处理厂污泥处理技术规程》（CJJ 131—2009）规定：进厂污泥含水率须小于80%，臭度小于2级（最高6级臭度）。综合利用的污泥必须经脱水、除臭、去除重金属等无害化处理后方可综合利用。我国污泥建材利用重金属浸出限制标准及灰渣中限制建议值见表1-7。

表1-7 我国污泥建利用重金属浸出限制标准及灰渣中限制建议值

元素	浸出液最高允许浓度/(μg/L)			灰渣中允许的最高含量/(mg/kg)	
	Z0	Z1	Z2	Z1	Z2
Hg	0.2	0.5	10	0.2	2.0
Cd	2.0	10	50	0.6	2.0
As	10	10	100	20	30
Cr	15	30	350	50	100
Pb	20	40	100	20	200
Cu	50	100	300	100	1000
Zn	50	100	300	300	1000
Ni	4	50	200	40	200
Be	0.5	1.0	20	—	—
F	50	100	300	—	—

在利用前污泥须进行无害化处理，没有进行无害化处理前，应避免与人体的直接接触。污泥综合利用混掺的污泥量不得对生产工艺和产品的质量造成污染和影响，生产的产品必须符合相关的标准和规范。

1.3 污泥的化学处理方法

目前普遍采用的城镇污水二级处理工艺为活性污泥法，产生的污泥中含有重金属、微量高毒性有机物、大量的致病微生物及一般耗氧有机物N、P、K等。为了避免污水污泥对环境造成更严重的危害，必须对污泥进行适当的处理和处置，以使污泥稳定、减量和无害。污泥处理和处置过程会影响到其资源化利用。

目前我国对污泥的处理和处置没有太严格的区分，一般将对污泥进行稳定化、减量化和无害化处理的过程称为处理，而将无害化后污泥的最终消纳称为处置。

（1）污泥处理

污泥处理主要通过固化、加热干化和焚烧等方式，促使污泥稳定、浓缩和减量。《生活垃圾填埋场污泥控制标准》（GB 16889—2008）规定，污泥含水率小于60%才可进入生活垃圾填埋场进行填埋处置。混入生石灰可以显著降低污泥含水率，且有杀菌和稳定作用，但这使处理成本显著增加，同时还增加了污泥处理量。干化后污泥体积显著降低，当有机质含量较高时还可以作为燃料使用，或者重金属含量低时可作为肥料使用，但这同样使综合处理成本明显增加，而且作为燃料和肥料使用时均存在环境隐患。焚烧是最为彻底的后处理方式，但污泥焚烧成本非常高，设备投资巨大，同时焚烧过程中的间接污染控制也存在较大难度。

(2) 污泥处置

污泥处置的目的是使污泥无害回归自然，并降低对环境的影响。污泥处置主要包括卫生填埋、土地利用和干化堆肥、建材利用等途径。污泥卫生填埋方法简单，处置污泥量大，是很多国家常用的方法，但这种方法运行成本较高，特别是污泥含水率较高时会影响填埋场的运转。污泥利用途径相对比较多，但污泥通常需先经过特殊的处理工序才能利用，如干化后作为肥料，生石灰稳定后作为回填材料，焚烧后灰渣用于水泥混凝土等。由于担心污泥回用的次生环境问题，这类处置方式难以大量消纳迅速增加的污泥，绝大部分污泥仍需卫生填埋进行处置。

无论采用何种处理处置方法，都必须遵循"减量化、稳定化、无害化、资源化"的处置原则，从"无害化"走向"资源化"，"资源化"是以"无害化"为前提的，"无害化"和"减量化"应以"资源化"为条件，将"无害化"作为污泥处置的重点，把"资源化"作为污泥处置的最终目标。为有效、彻底地解决污泥的环境污染问题，可以通过技术开发将大量的废物变为可用物质，对污泥进行综合利用，取得良好的经济效益和环境效益。

污泥化学处置是指采用化学的方法，使污泥中所含有的有机质降解转化为无机小分子物质或使污泥的组分在高温条件下发生化学转化生成其他物质。污泥的化学处置不仅可实现污泥的稳定化与无害化，也是实现污泥资源化利用的一种有效途径。

一般说来，污泥的化学处置与资源化利用主要包括污泥能源化利用与污泥建材化利用两个方面。

污泥能源化利用是使污泥中所含的有机物在一定的温度、压力及特定的装置中进行热化学反应，转化为 CO_2、H_2O 等小分子的物质，并放出大量的热能，通过对热量实现回收而实现污泥的能源化利用，如焚烧、湿式氧化、超临界水氧化等；或者是使污泥中所含的有机物转化为小分子的气态或液态燃料，从而实现污泥的能源化利用，如热解油化、热解气化、超临界气化和液化制油；或通过热化学处理提高其燃料品质后直接用作燃料，如碳化、合成固体燃料和直接作为燃料使用。

污泥的建材化利用是由于污泥中除含有机物外，主要的无机物成分硅铝质与建筑材料常用的黏土原料组分相近而发展起来的。经稳定处理和干化后的污泥焚烧所产生的焚烧灰具有吸水性、凝固性，可用于制建材；污泥制建材可利用污泥的焚烧热量减少其他燃料的消耗，并可节省黏土等资源。污泥的建材化利用技术主要包括污泥制吸附材料、污泥制陶粒、污泥制砖等。目前，污泥建材化利用可直接利用脱水污泥（含水率80%左右），也可利用干化后的污泥，还能利用污泥焚烧后的灰渣。

表 1-8 所示是各种污泥化学处置方法的特点。

表 1-8 污泥的化学处置方法

方法		特点
常温氧化	臭氧氧化	利用臭氧的强氧化性去除污泥中的有机物及有害成分
	过氧化氢氧化	利用过氧化氢的强氧化性去除污泥中的有机物及有害成分
	Fenton 氧化	采用 Fenton 试剂法去除污泥中的有机物及有害成分
	光催化氧化	利用光催化氧化法去除污泥中的有机物及有害成分
	高锰酸钾氧化	利用高锰酸钾的强氧化性去除污泥中的有机物及有害成分
	高铁酸钾氧化	利用高铁酸钾的强氧化性去除污泥中的有机物及有害成分

续表

	方法		特　点
热化学法	能源化	焚烧	使污泥中的可燃组分与空气中的氧进行剧烈的化学反应，将其中的有机物转化为水、二氧化碳等无害物质，同时释放能量，产生固体残渣
		(催化)湿式氧化	以空气为氧化剂，将污泥中的溶解性物质(包括无机物和有机物)通过氧化反应转化为无害的新物质或容易分离排除的形态(气体或固体)，从而达到处理的目的
		超临界水氧化	利用超临界水的特性，氧化去除污泥中的有机物及有害成分
		热解	利用污泥中有机物的热不稳定性，在无氧或缺氧条件下将污泥加热至500℃以上，对其加热干馏，使有机物产生热裂解，经冷凝后产生利用价值较高的燃气、燃油及固体半焦
		气化	在缺氧条件下，在一定的温度和压力及特定的装置中，污泥中的有机成分在还原性气氛下与气化剂(水蒸气、空气等)发生一系列连续和并行的反应，包括分子键断裂、分子聚合和异构化等，最终转化为可燃气体(含 CO、H_2 和烃类)
		超临界水气化	利用超临界水作为反应介质，进行热解、氧化、还原等热化学反应，主要产物是氢气、二氧化碳、一氧化碳、甲烷、含 $C_2 \sim C_4$ 的烷烃等混合气体
		直接液化	利用污泥含有大量有机物和营养元素这一特点使污泥中有机质转化为油制品
		碳化	将污泥中的细胞裂解，强制脱出污泥中的水分，使污泥中碳含量比例大幅度提高的过程。根据碳化温度的高低，可将污泥碳化过程分为高温碳化、中温碳化和低温碳化三种
		制合成燃料	提高污泥的燃烧热值，在满足污泥自持燃烧要求的基础上，提高其燃烧性能。根据污泥合成燃料状态的不同，分为污泥合成固体燃料技术和污泥合成浆状燃料技术两类
	建材化	制吸附材料	将污泥经碳化、活化后制成污泥基活性炭
		制建筑材料	经稳定处理和干化后的污泥焚烧所产生的焚烧灰具有吸水性、凝固性，可用于制陶粒、砖、聚合物复合材料等建筑材料；污泥制建材可利用污泥的焚烧热量减少其他燃料的消耗，并可节省黏土等资源

参 考 文 献

[1] 廖传华，米展，周玲，等．物理法水处理过程与设备[M]．北京：化学工业出版社，2016．
[2] 廖传华，朱廷风，代国俊，等．化学法水处理过程与设备[M]．北京：化学工业出版社，2016．
[3] 廖传华，韦策，赵清万，等．生物法水处理过程与设备[M]．北京：化学工业出版社，2016．
[4] 张辰，王国华，谭学军．城镇污水厂污泥厌氧消化工程设计与建设[J]．北京：化学工业出版社，2015．
[5] 姬爱民，崔岩，马劲红，等．污泥热处理[M]．北京：冶金工业出版社，2014．
[6] 张大群．污泥处理处置适用设备[M]．北京：化学工业出版社，2012．
[7] 李兵，张承龙，赵由才．污泥表征与预处理技术[M]．北京：冶金工业出版社，2010．
[8] 王罗春，李雄，赵由才．污泥干化与焚烧技术[M]．北京：冶金工业出版社，2010．
[9] 王星，赵天涛，赵由才．污泥生物处理技术[M]．北京：冶金工业出版社，2010．

[10] 李鸿江,顾莹莹,赵由才.污泥资源化利用技术[M].北京:冶金工业出版社,2010
[11] 曹伟华,孙晓杰,赵由才.污泥处理与资源化应用实例[M].北京:冶金工业出版社,2010.
[12] 王郁,林逢凯.水污染控制工程[M].北京:化学工业出版社,2008.
[13] 朱开金,马忠亮.污泥处理技术及资源化利用[M].北京:化学工业出版社,2007.
[14] 王绍文,秦华.城市污泥资源利用与污水土地处理技术[M].北京:中国建筑工业出版社,2007.
[15] 刘亮,张翠珍.污泥燃烧热解特性及其焚烧技术[M].长沙:中南大学出版社,2006.

第 2 章 污泥焚烧处理

城市污泥中含有大量的有机物和一定量的纤维素、木质素，焚烧正是利用污泥中有机成分较高、具有一定热值等特点来处置污泥的。

污泥的焚烧法处理是在高温条件下，使污泥中的可燃组分与空气中的氧进行剧烈的化学反应，将其中的有机物转化为水、二氧化碳等无害物质，同时释放能量，产生固体残渣。如将热量加以回收利用，可达到废物综合利用的目的。同时焚烧处理还具有有机物去除率高（99%以上）、适应性广等特点，所以在发达国家已得到广泛应用。

焚烧过程是集物理变化、化学变化、反应动力学、催化作用、燃烧空气动力学和传热学等多学科于一体的综合过程。有机物在高温下分解成无毒无害的 CO_2、水等小分子物质，有机氮化物、有机硫化物、有机氯化物等被氧化成硫氧化物、氮氧化物和氯氧化物等酸性气体，但可以通过尾气吸收塔对其进行净化处理，净化后的气体能够满足《大气污染物综合排放标准》（GB 16297—2017）。同时，焚烧产生的热量可以回收或供热。因此，焚烧法是一种使污泥实现减量化、无害化和资源化的处理技术。

2.1 污泥焚烧的基本原理及其影响因素

焚烧可使污泥等废弃物在 600~850℃ 的高温条件下热解燃烧，并有效地减容、解毒和资源化。在焚烧过程中，污泥显示出与煤燃烧不同的性质。污泥的干燥、挥发分的释放和燃烧、含碳组分的燃烧将明显影响污泥燃烧的整个过程。

2.1.1 污泥焚烧的基本原理

污泥焚烧是在一定温度、气相充分有氧的条件下，使污泥中的有机质发生燃烧反应，转化为 CO_2、H_2O、N_2、NO_x、SO_2 等，并放出热量。焚烧过程包括蒸发、挥发、分解、烧结、熔融和氧化还原反应，以及相应的传质传热等物理变化和化学反应过程。

（1）理论耗氧量

污泥焚烧是对污泥中存在的所有有机质的完全燃烧，完全燃烧的需氧量由组成成分决定。污泥中挥发性物质（糖、脂肪和蛋白质）的主要组成元素有 C、H、O 和 N，假设 C 和 H

都氧化成完全燃烧产物 CO_2 和 H_2O，则燃烧反应为

$$C_aO_bH_cN_d + (a + 0.25c - 0.5b)O_2 \Longrightarrow aCO_2 + 0.5cH_2O + 0.5dN_2 \tag{2-1}$$

理论空气消耗量是耗氧量计算值的 4.35 倍，因为空气中氧气的质量分数约为 23%。为了确保完全燃烧，还需要 50% 的过剩空气量。

采用上式计算理论耗氧量虽然可以得到较为精确的结果，但有时却无法进行，因为无法得知有机物的准确化学式及其在污泥中所占的比例，因此也可采用污泥的化学耗氧量（COD）近似代替有机物的含量而计算理论耗氧量。污泥焚烧时的理论空气量与 COD 值的关系式为

$$COD = K_{O_2} V° \rho_{O_2} \tag{2-2}$$

式中　K_{O_2}——空气中氧气的体积比，约为 0.21；

　　　$V°$——污泥焚烧时的理论空气量（标准状态下），m^3/kg；

　　　ρ_{O_2}——氧气在标准状态下的密度，g/m^3，其值为 1429.1。

所需的理论空气量计算式为

$$V° = \frac{COD}{K_{O_2} \times \rho_{O_2}} = \frac{COD}{0.21 \times 1429.1} = \frac{COD}{300.111} \tag{2-3}$$

（2）焚烧所需的热量

焚烧所需的热量 Q 为飞灰的热焓 Q_s 加上将烟气加热至有机物完全氧化及臭味完全消除的温度所需的热焓，再减去回收的热量。

$$Q = \sum Q_s + Q_1 = \sum c_p W_s (T_2 - T_1) + W_w \lambda \tag{2-4}$$

式中　Q——焚烧所需的热量；

　　　Q_s——飞灰的热焓；

　　　Q_1——污泥中所有水分蒸发所需的热量；

　　　c_p——飞灰和烟气中各种物质的比热容；

　　　W_s——各种物质的质量；

　　　T_1、T_2——初始温度和最终温度；

　　　λ——水分蒸发相变焓。

（3）焚烧炉渣

焚烧处理的产物是炉渣（灰）和烟气。炉渣主要由污泥中不参与反应的无机矿物质组成，同时也会含有一些未燃尽的残余有机物（可燃物），炉渣无腐败、发臭、含致病菌等产生卫生学危害的因素；污泥中在焚烧时不挥发的重金属是炉渣影响环境的主要来源。污泥焚烧的另一部分固相产物是在燃烧过程中被气流挟带至出炉烟气中的固体颗粒，即飞灰。这些飞灰通过烟气除尘设备（如旋风分离器、静电除尘器或袋式过滤器）被分离。飞灰中的无机物，除了污泥中的矿物质外，还可能包括处理烟气的药剂（如干式、半干式除酸烟气净化工艺中使用的石灰粉、石灰乳等），其中的无机污染物以挥发性重金属 Hg、Cd、Zn 为主，这些挥发再沉积的重金属一般比炉渣中的重金属有更强的迁移性。飞灰是浸出毒性超标的有毒废物，飞灰中的有机物多为耐热化学降解的毒害性物质，气相再合成产生的二噁英类高毒性物质也可吸附于飞灰之上，飞灰的安全处置是污泥焚烧环境安全性的重要组成环节。

(4) 焚烧烟气

污泥焚烧的烟气，以对环境无害的 N_2、O_2、CO_2、H_2O 等为主要组成，所含常规污染物为悬浮颗粒物(TSP)、NO_x、HCl、SO_2、CO 等。

烟气中的微量毒害性污染物包括重金属(Hg、Cd、Zn 及其化合物)和有机物(耐热降解有机物和二噁英等)，焚烧烟气净化是污泥焚烧工艺的必要组成部分。

① 理论烟气量

理论烟气量由四部分组成：有机物燃烧产物(主要为二氧化碳、二氧化硫、产生的水蒸气和生成的氮氧化物)、理论空气量中原有的氮气和水蒸气、污泥中水分蒸发产生的水蒸气所组成，如式(2-5)：

$$V_y^\circ = V_{yj} + 0.79V^\circ + 0.0161V^\circ + 1.24P/100 \tag{2-5}$$

式中 V_y°——污泥焚烧的理论烟气量(标准状态下)，m^3/kg；

V_{yj}——污泥中有机质焚烧产物的体积，Nm^3/kg；

P——污泥的含水量，%。

将 $V_{yj} = 1.163COD/1000$ 代入式(2-3)和式(2-5)，整理得

$$V_y^\circ = 0.003849COD + 0.0124P \tag{2-6}$$

② 理论烟气焓

理论烟气焓是污泥焚烧产生的理论烟气量所具有的焓值，是焚烧炉设计时热力计算必需的参数。通常情况下某一温度的理论烟气焓是根据烟气的成分和各种组分的比热计算确定，如式(2-7)：

$$I_y^\circ = V_{RO_2}^\circ (CT)_{RO_2} + V_{N_2}^\circ (CT)_{N_2} + V_{H_2O}^\circ (CT)_{H_2O} \tag{2-7}$$

式中 I_y°——理论烟气焓，kJ/kg；

$V_{RO_2}^\circ$——烟气中三原子气体(CO_2和SO_2)的量，m^3/kg(标准状态)；

$V_{N_2}^\circ$——烟气中理论氮气的量，m^3/kg(标准状态)；

$V_{H_2O}^\circ$——烟气中理论水蒸气的量，m^3/kg(标准状态)；

C——气体的比热，$kJ/(Nm^3 \cdot ℃)$，可根据气体种类和温度计算或查表获得；

T——烟气的温度，℃。

由于污泥的组成复杂，焚烧后产生的烟气成分难以确定，所以利用上述计算理论烟气焓的方法难以实现，而是采用污泥 COD 值来估算理论烟气焓。平均来说，焚烧 1g COD 产生 $0.00058664m^3$(标准状态)的三原子气体、$0.00054727m^3$(标准状态)的水蒸气、$0.000066763m^3$(标准状态)的氮气，同时每消耗 1g COD 就从空气带入焚烧产物 $0.00263237m^3$(标准状态)的氮气和 $0.000053648m^3$(标准状态)的水蒸气。考虑到污泥本身所含的水量 P 在焚烧时也产生水蒸气进入理论烟气量中，所以 COD 与理论烟气量所具有的焓值的关系如下：

$$I_y^\circ = COD \times [5.8664 \times 10^{-4} (CT)_{RO_2} + 26.9913 \times 10^{-4} (CT)_{N_2}] + (6.00918 \times 10^{-4}COD + 0.0124P)(CT)_{H_2O} \tag{2-8}$$

在污泥焚烧炉设计的适用温度和 COD 浓度范围内，水分含量在>42%的情况下，由上式计算的理论烟气焓所产生的相对误差≤15%，这对于焚烧炉设计时的热力计算是能够接受的。

③ 污泥的发热量

污泥焚烧还产生能量,表现为高温烟气的显热。烟气热回收系统也是污泥焚烧的组成部分。

若污泥中的有机成分单一,可通过有关资料直接查取该组分的氧化方程及发热值。如果已知污泥有机组分各元素的含量,也可根据下式来计算污泥的低位发热值:

$$Q_{dw}^y = 337.4C + 603.3(H - O/8) + 95.13S - 25.08P(kJ/kg) \qquad (2-9)$$

式中 C、H、O、S、P——有机物中碳、氢、氧、硫的质量分数和污泥的含水率。

然而,污泥是生产过程中产生的废弃物,组分复杂、不易点燃,利用对煤进行工业分析的方法确定污泥的元素组成和发热值是难以实现的。通常采用 COD 值来计算污泥的发热值。不少学者通过对一些有代表性有机物的标准燃烧热值进行分析发现,虽然它们的标准燃烧热值相差很大,但燃烧时每消耗 1gCOD 所放出的热量却比较接近,通常认为约等于 14kJ/g。利用这一平均值计算污泥的高位发热值所产生的最大相对误差为-10%和+7%,这样的误差在工程计算时是允许的。

污泥在焚烧前应首先测定污泥的低位发热值或通过测定 COD 值以估算出其热值。污泥焚烧时,辅助燃料的消耗量直接关系到处理成本的高低,对于 COD<235g/L 左右的污泥,其低位热值为 3300kJ/kg,所具有的热量不足以自身蒸发所需的热量,此时焚烧过程的辅助燃料耗量很大,从经济上分析采用焚烧的方法进行处理将是不利的,对于低位热值可达 6300kJ/kg 的污泥,如果采用适合燃用低热值废料的流化床焚烧炉就可在点燃后不加辅助燃料进行焚烧处理。

2.1.2　污泥焚烧过程

污泥焚烧过程比较复杂,通常由干燥、热解、蒸发和化学反应等传热、传质过程所组成。一般根据不同可燃物质的种类,分为分解燃烧(即挥发分燃烧)和固定碳燃烧两种。而从工程技术的观点来看,又可将污泥的焚烧分为三个阶段:干燥加热阶段、焚烧阶段、燃尽阶段,即生成固体残渣的阶段。由于焚烧是一个传质、传热的复杂过程,因此这三个阶段没有严格的划分界限。从炉内实际过程来看,送入的污泥中有的物质还在预热干燥,而有的物质已开始燃烧,甚至已燃尽了。从微观角度上来讲,对同一污泥颗粒,颗粒表面已进入焚烧阶段,而内部可能还在加热干燥。这就是说上述三个阶段只不过是焚烧过程的必由之路,其焚烧过程的实际工况将更为复杂。

(1) 干燥加热阶段

从污泥送入焚烧炉到污泥开始析出挥发分着火这一阶段,都认为是干燥加热阶段。污泥送入炉内后,其温度逐步升高,水分开始逐步蒸发,此时,物料温度基本稳定。随着不断的加热,水分开始大量析出,污泥开始干燥。当水分基本析出完后,温度开始迅速上升,直到着火进入真正的燃烧阶段。在干燥加热阶段,污泥中的水分是以蒸汽形态析出的,因此需要吸收大量的热量——水的汽化热。

污泥是有机物和无机物的综合,含水率较高,因此,焚烧时的预热干燥任务很重。污泥的含水率越大,干燥阶段也就越长,从而使炉内温度降低。水分过高,炉温将大大降低,着火燃烧就困难,此时需投入辅助燃料燃烧,以提高炉温,改善干燥着火条件。有时也可采用干燥段与焚烧段分开设计的办法,一方面使干燥段的大量水蒸气不与燃烧的高温烟气混合,以维持燃烧段烟气和炉墙的高温水平,保证燃烧段有良好的燃烧条件;另一方面,干燥吸热是取自完全燃烧后产生的烟气,燃烧已经在高温下完成,再取其燃烧产物作为热源,就不致影响燃烧段本身了。

(2) 焚烧阶段

物料基本完成干燥过程后,如果炉内温度足够高,且又有足够的氧化剂,物料就会顺利进入真正的焚烧阶段。焚烧阶段包括强氧化反应、热解、原子基团碰撞三个同时发生的化学反应模式。

① 强氧化反应

燃烧是包括产热和发光的快速氧化反应。如果用空气作氧化剂,则可燃元素(C)、氢(H)、硫(S)的燃烧反应为

$$C + O_2 = CO_2$$
$$2H_2 + O_2 = H_2O$$
$$S + O_2 = SO_2$$

在这些反应中,还包括若干中间反应,如:

$$2C + O_2 = 2CO$$
$$2CO + O_2 = 2CO_2$$
$$C + H_2O = CO + H_2$$
$$C + 2H_2O = CO_2 + 2H_2$$
$$CO + H_2O = CO_2 + H_2$$

② 热解

热解是在无氧或近乎无氧的条件下,利用热能破坏含碳化合物元素间的化学键,使含碳化合物破坏或者进行化学重组。尽管焚烧时有 50%~150% 的过剩空气量,可提供足够的氧气与炉中待焚烧的污泥有效接触,但仍有部分污泥没有机会与氧接触。这部分污泥在高温条件下就会发生热解。热解后的组分常是简单的物质,如气态的 CO、H_2O、CH_4,而 C 则以固态形式出现。

在焚烧阶段,对于大分子的含碳化合物而言,其受热后总是先进行热解,随即析出大量的气态可燃成分,诸如 CO、CH_4、H_2 或者分子量较小的挥发分成分。挥发分析出的温度区间在 200~800℃ 范围内。

③ 原子基团碰撞

焚烧过程出现的火焰实质上是在高温下富含原子基团的气流的电子能量跃迁,以及分子的旋转和振动产生的量子辐射,它包括红外线、可见光及波长更短的紫外线的热辐射。火焰的形状取决于温度和气流组成。通常温度在 1000℃ 左右就能形成火焰。气流包括原子态的 H、O、Cl 等元素,双原子的 CH、CN、OH、C_2 等,以及多原子的 HCO、NH_2、CH_3 等极其复杂的原子基团气流。

干化污泥的热值相当于低品位的煤,但污泥通常含有很高比例的挥发分和较少的固定碳,因此在焚烧时会产生更多的挥发分火焰。

(3) 燃尽阶段

燃尽阶段的特点可归纳为:可燃物浓度减少,惰性物增加,氧化剂量相对较大,反应区

温度降低。

然而，由于污泥中固体分子是紧密靠在一起的，要使它的有机物分子和氧充分接触进行氧化反应较困难。有机物在焚烧炉中充分燃烧的必要条件有：①碳和氢所需要的氧气(空气)能充分供给；②反应系统有良好搅动(即空气或氧气能与废物中的碳和氢良好接触)；③系统温度必须足够高。这三个因素对于污泥焚烧过程很重要，也是最基本的条件。因此，为改善燃尽阶段的工况，常采用翻动、拨火等办法减少物料外表面的灰尘或控制稍多一点的过剩空气，增加物料在炉内的停留时间等。该过程与焚烧炉的几何尺寸等因素直接相关。

需注意的是，污泥的成分变化较大，如不同处理阶段的污泥、不同来源的污泥，焚烧过程也不一样。

2.1.3 污泥焚烧的影响因素

影响污泥焚烧过程的因素有许多，主要因素有污泥的性质、停留时间、燃烧温度、焚烧传递条件、空气过量系数等。

(1) 污泥的性质

污泥的性质主要包含污泥的含水率和污泥中挥发分的含量。污泥的含水率或污泥本身含有水分的多少直接影响污泥焚烧设备的运行和处理费用。因此，应降低污泥的水分，以降低污泥焚烧设备的运行及处理费用。通常情况下，当污泥含水率与挥发分含量之比小于3.5时，污泥能够维持自燃，可节约燃料。污泥挥发分含量通常能够反映污泥潜在热量的多少，如果污泥潜在热量不够维持燃烧，则需补充热能。

(2) 污泥焚烧的工艺操作条件

污泥焚烧的工艺操作条件是影响污泥焚烧效果和反映焚烧炉工况的重要技术指标，主要有污泥焚烧温度和时间以及焚烧传递条件。焚烧温度和时间形成了污泥中特定的有机物能否被分解的化学平衡条件；焚烧炉中的传递条件则决定了焚烧结果与平衡条件的接近程度。

最佳燃烧条件控制措施包括：通过优化一次风、二次风供给计量系数和分配，控制空气供给速率；通过优化燃烧区停留时间、温度、紊流度和氧浓度，增加二燃室扰动度，控制燃烧温度分布及烟气停留时间；防止出现会使部分燃料露出燃烧室的过冷或低温区域等。

① 污泥的焚烧温度

污泥的焚烧温度越高，燃烧速率越大，污泥焚烧越完全，焚烧效果也就越好。

一般来说，提高焚烧温度不仅有利于污泥的燃烧和干燥，还有利于分解和破坏污泥中的有机毒物。但过高的焚烧温度不仅增加了燃料消耗量，而且会增加污泥中金属的挥发量及烟气中氮氧化物的数量，引起二次污染。因此，不宜随便确定较高的焚烧温度。

② 污泥焚烧的停留时间

污泥在焚烧炉内停留时间的长短直接影响焚烧的完善程度，停留时间也是决定炉体容积尺寸的重要依据。为了使污泥能在炉内完全燃烧，污泥需要在炉内停留足够的时间。污泥的停留时间意味着燃烧烟气在炉内所停留的时间，燃烧烟气在炉内停留时间的长短决定气态可燃物的完全燃烧程度。

污泥焚烧的气相温度达到800~850℃、高温区的气相停留时间达到2s时，即可分解污泥中绝大部分的有机物，但污泥中一些来自工业源的耐热分解有机物需在温度为1100℃、停留时间为2s的条件下才能完全分解。污泥固相中有机物充分分解的温度和停留时间与其焚烧时的传递条件有极大的关系。污泥颗粒越小，有机物完全分解所需的停留时间越短，如当污泥粒径为毫米级时（如在流化床中），则其停留时间在 0.5~2min 即已足够。

③ 污泥焚烧的传递条件

污泥焚烧的传递条件包括污泥颗粒和气相的湍流混合程度，湍流越充分，传递条件越有利。一般采用 50%~100% 的过量空气作为焚烧的动力。

(3) 过剩空气系数

过剩空气系数（α，%）为实际供应空气量与理论所需空气量的比值，

$$\alpha = \frac{V}{V°} \tag{2-10}$$

式中　$V°$——理论所需空气量；
　　　V——实际供应空气量。

过剩空气系数对污泥的燃烧状况有很大的影响，供给适量的过剩空气是有机可燃物完全燃烧的必要条件。合适的过剩空气系数有利于污泥与氧气的接触混合，强化污泥的干燥、燃烧，但过剩空气系数过大又有一定的副作用：既降低了炉内燃烧温度，又增大了燃烧烟气的排放量。

2.2　污泥焚烧工艺

污泥焚烧是利用焚烧炉高温氧化污泥中的有机物，使污泥完全矿化为少量灰烬的处理方法。根据焚烧时的进料状态，污泥焚烧可分为污泥单独焚烧和污泥与其他物料的混合焚烧两种工艺。

▶ 2.2.1　污泥单独焚烧工艺

污泥单独焚烧是指污泥作为唯一原料进入焚烧炉进行焚烧处理，其工艺流程如图 2-1 所示，一般包括预处理、燃烧、烟气处理与余热锅炉利用三个子系统。

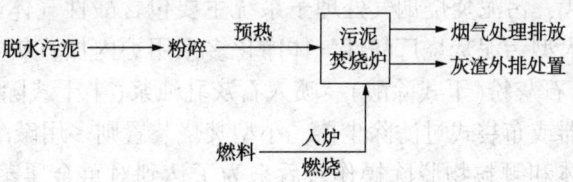

图 2-1　污泥焚烧的工艺流程

(1) 预处理子系统

预处理子系统包括污泥的前置处理和预干燥。污泥焚烧系统的原料一般以脱水污泥饼为主，前置处理过程包括浓缩、调理、消化和机械脱水等。考虑到焚烧对污泥热值的要求，一般拟焚烧的污泥应不再进行消化处理。在选用污泥脱水的调理剂时，既要考虑其对污泥热值的影响，也要考虑其对燃烧设备安全性和燃烧传递条件的影响，因此，腐蚀性强的氯化铁类调理剂应慎用，石灰有改善污泥焚烧传递性的作用，适量（量过大会使可燃分太低）使用是有利的。

污泥单独焚烧工艺又可分为两类：一类是将脱水污泥直接送焚烧炉焚烧；另一类是将脱

水污泥干化后再焚烧。预干燥对污泥自持燃烧条件的达到有很大的帮助，大型污泥焚烧设施都应采用预干燥单元技术。

(2) 燃烧子系统

对于污泥燃烧子系统，主要是考虑污泥焚烧炉型的选择，焚烧炉型的不同直接影响污泥焚烧的热化学平衡和传递条件。污泥焚烧设备主要有回转式焚烧炉(回转窑)、立式多段焚烧炉、流化床焚烧炉等。从污泥性状来看，污泥焚烧会阻塞炉排的透气性，影响燃烧效果，因此炉排炉不适于焚烧污泥。

在污泥焚烧工业化的初期，多采用多膛炉，但多膛炉燃烧的固相传递条件较差，污泥燃尽率通常低于95%，同时，辅助燃料成本的上升和气体排放标准的更加严格，使得多膛炉逐渐失去了竞争力。目前应用较多的污泥焚烧炉主要是流化床和卧式回转窑两类。

流化床焚烧炉于20世纪60年代开始出现于欧洲，70年代出现于美国和日本。流化床焚烧炉包括沸腾流化床和循环流化床两种，其共同特点是气、固相的传递条件良好，气相湍流充分，固相颗粒小，受热均匀，所以流化床焚烧炉已成为城市污水处理厂污泥焚烧的主流炉型。流化床炉的缺点是炉内的气流速度较高，为维持床内颗粒物的粒度均匀性，不宜将焚烧温度提升过高(一般为900℃左右)。

污泥卧式回转窑焚烧炉，结构与水平水泥窑十分相似，污泥在窑内因窑体转动和窑壁抄板的作用下翻动、抛落，动态地完成干燥、点燃、燃尽的焚烧过程。回转窑焚烧炉的污泥固相停留时间较长(一般大于1h)，且很少会出现"短流现象"；气相停留时间易于控制，设备在高温下操作的稳定性较好(一般水泥窑烧制最高温度大于1300℃)，特别适合含特定耐热性有机物的工业污水处理厂污泥(或工业与城市污水混合处理厂污泥)。其缺点是逆流操作的卧式回转窑，尾气中含臭味物质较多，另有部分挥发性的有毒有害物质，需配置消耗辅助燃料的二次燃烧室(除臭炉)进行处理；顺流操作的回转窑则很难利用窑内烟气热量实现污泥的干燥与点燃，需配备炉头燃烧器(耗用辅助燃料)使燃烧空气迅速升温，达到污泥干燥与点燃的目的。因此，水平回转窑焚烧炉的成本一般较高。

(3) 烟气处理子系统

在20世纪90年代，污泥焚烧烟气处理子系统主要包含酸性气体(SO_2、HCl、HF)和颗粒物净化两个单元。大型污泥焚烧厂酸性气体净化多采用炉内加石灰共燃(仅适用于流化床焚烧)、烟气中喷入干石灰粉(干式除酸)、喷入石灰乳浊浆(半干式除酸)3种方法。颗粒物净化采用高效电除尘器或布袋式过滤除尘器。小型焚烧装置则多用碱溶液洗涤和文丘里除尘方式分别进行酸性气体和颗粒物脱除操作。后来为了达到对重金属蒸气、二噁英类物质和NO_x进行有效控制的目的，逐步加入了水洗(降温冷凝洗涤重金属)、喷粉末活性炭(吸附二噁英类物质)和尿素还原脱氮等单元环节。这些烟气净化技术的联合应用可以在污泥充分燃烧的前提下，使尾气排放达到相应的排放标准。

污泥焚烧烟气的余热利用，主要方向是用于自身工艺过程(以预干燥污泥或预热助燃空气为主)，很少有余热发电的实例。焚烧烟气余热用于污泥干燥时，既可采用直接换热方式，也可通过余热锅炉转化为蒸汽或热油的能量而间接利用。

2.2.1.1 污泥流化床焚烧炉单独焚烧

流化床焚烧特别适合焚烧污水处理厂污泥和造纸污泥，流化床焚烧炉通常分为固定式(鼓泡式)、回转式和循环式三种类型，常用工艺为固定式和循环式。脱水污泥和干化污泥均可在流化床中焚烧。循环流化床比鼓泡床对燃料的适应性更好，但是需要旋风除尘器来保留床层物质。鼓泡式可能会存在被一些污水污泥堵塞设备的危险，但可从工艺中回收热量促进污泥的干燥，进而降低对辅助燃料的需求。鼓泡式适用于处理热值较低的污泥，往往需要加入一定的辅助燃料，一般可焚烧多种废物，如树皮、木材废料等，也可加入煤或天然气作为辅助燃料，处理能力为 1~10t/h。旋转式适用于污泥与生活垃圾混合焚烧，处理能力为 3~22t/h；循环式特别适合焚烧高热值的污泥，主要是全干化污泥，处理能力为 1~20t/h（大多数大于 10t/h）。炉膛下部有耐高温的布风板，板上装有载热的惰性颗粒，通过床下布风，使惰性颗粒呈沸腾状，形成流化床段，在流化床段上方设有足够高的燃尽段（即悬浮段）。污泥在焚烧炉中混合良好，热值范围广，燃烧效率高，负荷调节范围宽。

流化床焚烧炉的污染物排放浓度低，热强度高。飞灰具有良好浸出性，灰渣燃尽率高。对于鼓泡式流化床焚烧炉（BFB）、旋转流化床焚烧炉（RFB）和循环流化床焚烧炉（CFB），灰渣中的残余碳均可小于 3%，其中 RFB 通常在 0.5%~1% 之间；烟气残留物产生量少，焚烧装置内烟气具有良好的混合度和高紊流度。NO_x 含量可降至 $100mg/m^3$ 以下。废水产生量少，炉渣呈干态排出，无渣坑废水，亦无需处理重金属污水的设备。通常需对污泥进行严格的预处理，将污泥破碎成粒径较小、分布均匀的颗粒，因此飞灰产生量较多，操作要求较高，烟气处理投资和运行成本较高。

流化床既可以直接燃烧湿污泥，也可以燃烧半干污泥（干燥物质的质量分数为 40%~65%）。当污泥的水分含量高于 50% 时，水分蒸发过程往往贯穿于燃烧过程的始终，在燃烧过程中占有显著地位，并明显不同于一般化石燃料的燃烧。污泥着火时间（污泥燃烧产生火焰时的开始时间）随床温的增加而减小，随水分的增大而增大，当床温超过一定值（≥850℃）或水分低于一定值（≤43%）时，着火时间的差别相差很小。对流化床燃烧而言，燃料在炉内的停留时间通常达几十分钟，因此，高水分污泥的着火延迟不会对污泥在流化床内的燃尽有实质影响。

由于水分蒸发具有初期速率极快的特点，在流化床焚烧含水量大的污泥时，必须有足够的措施来保证大量析出的水分不会使床层熄火。首先要保证给料的稳定性和均匀性。给料的波动会造成床温的波动，这给运行带来不利的影响。另外，还要保证燃烧初期污泥与床料较好地混合。与煤相比，污泥是较轻的一种燃料，大量潮湿污泥堆积在床层表面会使流化床上部温度急剧下降而导致熄火。

在流化床中污泥干燥和脱挥发分两个过程是平行发生的，此过程中颗粒的中心温度相对比较低，但在炭燃烧过程中，温度快速增加，达到峰值温度 1000℃。干燥和脱挥发分过程中的低颗粒温度表明，初期强干燥将产生由颗粒内部到外表面的低温蒸汽流，这使表面温度保持很低。低脱挥发分温度使湿污泥的脱挥发分时间比干污泥颗粒脱挥发分的时间长。

污泥中可燃物的绝大部分都是挥发分，污泥中 80% 以上的碳随着挥发分析出。

湿污泥在原始直径降到较小时，颗粒物主要漂浮在流化床表面，干燥时有时会沉降至较低位置挥发和燃烧。挥发分以某种脉动的方式析出，以短的明焰燃烧，火焰不连续，时有时无。对于更小的颗粒而言（直径在 10mm 以下），则观察不到火焰。与湿污泥燃烧相比，干污泥的燃烧火焰是长而黑的，火焰的高低取决于析出挥发分的强度。

挥发分的析出在燃烧初期比较缓慢，随着燃烧过程的进行，挥发分的析出速率逐渐增大，并在一定时间内保持不变，最后随着燃烧接近尾声，挥发分的析出速率又降低为零。污泥中的可燃物在燃烧中大部分以气态挥发分的形式出现，必须组织好炉内的动力场以有效地对这些气体成分进行燃烧破坏。适当地在床内加一部分二次风，不但可以增加炉内的湍流度，而且还可以延长燃料在炉内的停留时间。

在污泥干燥和脱挥发分后，剩下的污泥焦会继续和氧反应直到被烧掉为止。由于污泥中的固定碳很少，炭焦的燃烧时间比挥发分析出和燃烧的时间要短或者差不多。对于湿污泥而言，脱挥发分的时间更长。在湿污泥燃烧中可以忽略炭焦燃烧的影响。污泥燃烧以很少的碳载荷为特征，而且在床内的炭焦浓度与燃料中的固定碳含量完全关联。

污泥的含湿量和挥发分含量高，对污泥燃烧特性影响大。污泥中挥分发含量高确定了干燥和挥发分的脱析在燃烧过程中的主导地位，与其对应的炭焦燃烧处于次要地位，在设计干燥器和燃烧炉时要考虑这一点。污泥干燥的位置、挥发分析出和燃烧的位置确定了焚烧炉中的温度分布，当用流化床燃烧时，这种现象格外明显。

污泥在流化床中失重的同时伴随着污泥球粒径的减少，在整个燃烧过程中，污泥密度变化范围很大，但粒度变化相对较小。采用流化床焚烧处理污泥时，选取合适的床料，保证在燃烧的大部分过程中，污泥均能很好地在床层内混合均匀，具有重要的意义。

当污泥以较大体积的聚集态送入流化床时，往往会迅速形成具有一定强度和耐磨性的较大块团，还会通过包覆或黏连床内的其他颗粒而形成较大的块团，这种现象称为凝聚结团现象，这能有效减少扬析损失，是一个能提高燃烧效率、减轻二次污染的有利因素。污泥与柴油混烧时，污泥结团强度变小，而污泥与煤混烧时，其结团强度能得到大大增强。

2.2.1.2 喷雾干燥和回转式焚烧炉联合处理工艺

北京市环境保护科学研究院和浙江环兴机械有限公司在杭州市萧山区临浦工业园区建成了一座处理能力为60t/d的污泥喷雾干燥-回转窑焚烧工艺的示范工程（污泥含水率为80%），用来处理萧山污水处理厂的脱水污泥，其工艺流程如图2-2所示。

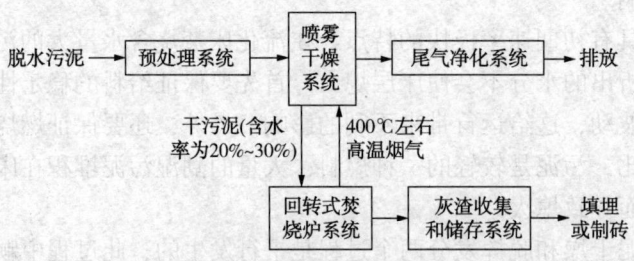

图2-2 污泥喷雾干燥-回转窑焚烧工艺流程

在含水率为64.5%和28.9%的情况下，污泥的低位热值分别为2.8MJ/kg和7.2MJ/kg，当污泥被干燥到含水率为30%以下时，污泥不但能够维持燃烧，而且可以有大量的热量富余，这些热量可用来干燥污泥等。脱水污泥经预处理系统处理后，通过高压泵进入喷雾干燥塔顶部，经过充分的热交换，污泥得到干化，干化后含水率为20%~30%的污泥从干燥塔底直接进入回转式焚烧炉焚烧，产生的高温烟气从喷雾干燥系统顶部导入，直接对雾化污泥进行干燥，排出的尾气分别经过旋风分离器和生物填料除臭喷淋洗涤塔处理后，经烟囱排放。焚烧灰渣送往砖厂制砖或附近的水泥厂作为生产水泥的原料。该示范工程的主要设备包括一台喷雾干燥器（$\phi \times H = 3.5m \times 7m$），一台回转式焚烧炉[$\phi \times H$（筒身）=1.7m×9.0m，内径为1.0m，倾角为2°]，一个热风炉，一个二燃室（6m×1.85m×2.0m），一个旋风除尘器

($\phi1320mm\times5727mm$)和两个生物除臭喷淋洗涤塔($\phi5.0m\times5.0m$)。此工艺具有以下特点：

① 采用微米级粉碎设备将含水率为75%~80%的脱水污泥破碎，使污泥中的部分结合水转变为间隙水，在提高污泥流动性和均质度以利于泵输送的同时，能够最大限度地使污泥得到有效雾化，在与焚烧炉高温烟气直接接触时不仅使干燥速率最大化，而且使经气固分离后得到的干化污泥的松密度、流动性和粒径分布更为合理。

② 通过调整喷嘴雾化粒径，使污泥形成300~500μm的液滴，在吸附并积聚焚烧烟气中颗粒物质及重金属氧化物以及减少粉尘产生量的同时降低安全隐患，减少后续尾气处理难度，节约处理成本，并使干燥污泥的粒度分布在0.125~0.250mm，利于焚烧。

③ 烟气在温度大于850℃条件下的停留时间在2s以上，可有效消减二噁英及其前驱物的产生。同时，将进入喷雾干燥塔的烟气温度控制在400℃左右，可防止二噁英及其前驱物的再生。

④ 使喷雾干燥塔具有烟气预处理功能，可有效降低后续烟气净化设施的处理负荷。400℃的高温烟气进入喷雾干燥器与雾化污泥并流接触后，烟气中的粉尘和重金属氧化物吸附在雾化污泥中，烟气中的酸性气体也溶解在其中，并随水蒸气进入后续烟气净化系统。

⑤ 利用焚烧高温烟气直接对雾化污泥进行干燥，避免了复杂换热器的热损失，干燥器高温烟气进口温度(400℃)高，废气排放温度(70~80℃)低，因此热效率(>75%)高。采取一些热能循环利用措施后，其热利用效率可以提高到80%以上。

⑥ 系统结构简单，投资成本仅为流化床干化系统的30%~40%。

⑦ 系统安全可靠，污染风险低。污泥焚烧采用煤作为辅助燃料，利用污泥本身的热能燃烧产生热风供应干燥塔，在污泥焚烧中实现回转炉焚烧尾气的零排放，同时在焚烧炉设置二燃室、干燥塔和旋风除尘器、活性炭吸附设备，彻底避免尾气的烟尘污染、臭气和可能存在的二噁英问题。

系统以煤作为辅助燃料，热值为5000kJ/kg的燃煤平均消耗量为44.84kg/m³(含水率为80%的湿污泥)；处理单位湿污泥(含水率为80%)的电耗为62.98kW·h/t，单位水耗为2.33m³/t，系统中消耗化学试剂的主要单元为生物填料除臭喷淋洗涤塔，其平均单位碱消耗量为2.5kg/m³(含水率为80%湿污泥)。通过对系统进行能量平衡分析(图2-3)可知，系统的热能综合利用效率高达80%以上，因此具有良好的热能综合利用效率和节能效果。

系统烟气监测结果表明，在连续运行过程中排放的各种大气污染物质，经旋风除尘和生物填料除臭喷淋洗涤塔处理后，均远低于《生活垃圾焚烧污染控制标准》(GB 18485—2014)中大气污染物排放限值的要求。

2.2.2 污泥混烧工艺

相对于投海、填埋、堆肥等处理方法，焚烧法处理污泥可消灭病原体、大幅减小污泥体积、回收部分能量，在无害化、减量化、资源化方面优势明显。但是，单独建设大型污泥焚烧厂存在投资大、运行成本高、建设周期长、运输成本高等问题。如果利用污水处理厂附近的电厂、水泥厂、垃圾焚烧厂现有的燃烧设备就近焚烧处理污泥，不仅可节省大量的湿污泥运输费用，而且投资少、运行成本低、见效快，在经济效益和环境保护上均具有显著的优点。

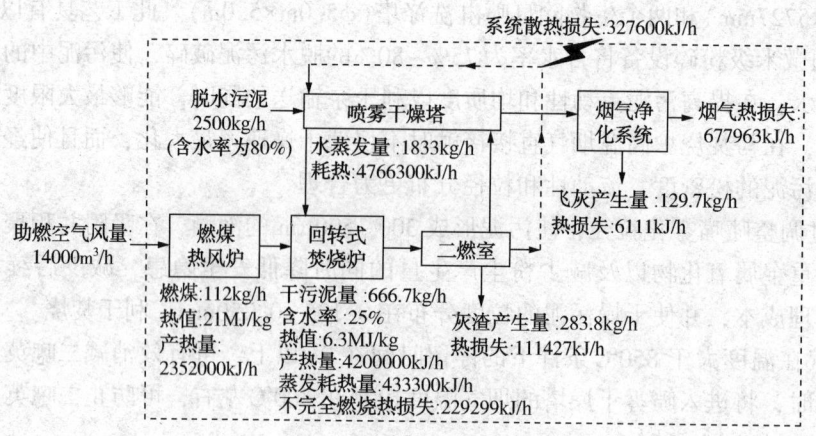

图 2-3 系统能量平衡分析

2.2.2.1 燃煤电厂污泥混烧工艺

(1) 煤粉炉中的污水污泥混烧

实践证明,当污泥占燃煤总量的 5% 以内时,对于尾气净化以及发电站的正常运行无不利影响。过高的混烧比例(如 7.6% 干污泥)会造成尾部烟气净化装置,特别是静电除尘器产生严重的结灰现象。火电厂煤粉炉混烧污泥的主要优点是:可以除臭,病原体不会传染,卫生;装车运输方便;仓储容易,与未磨碎煤的混合性及其燃烧性都得以改善。对于煤粉炉中的污泥和煤的混烧,需要考虑燃料的制备、燃烧系统的改造和燃烧产生的污染物处理等。首先,污泥必须预先干燥,并在干燥后磨制成粉末;其次,电厂还须增加处理凝结物、臭气、粉尘和 CO 的设备,并考虑污泥干燥过程中的能源损耗以及干燥后的污泥还存在自燃、风粉混合物的爆燃等隐患。煤粉炉长期进行污泥和煤混烧,应严格控制污泥中 Cl、S 及碱金属的含量,因为碱性硫化物容易凝结在受热面管上,并与氧化层进行反应形成复杂的碱性铁硫化合物 $[(K_2Na_2)_3Fe(SO_4)_3]$,使过热器产生高温腐蚀。污泥中的氮、硫和重金属含量较高,还会导致混烧过程中 NO_x、SO_2 和重金属排放增加,由此会受到更严格的污染排放标准的约束。

(2) 流化床锅炉中的污水污泥混烧

近年来,利用热电厂的循环流化床锅炉将污泥与煤混烧已逐渐成为重要的污泥处置方式。燃煤流化床锅炉中污水污泥的混烧又可分为湿污泥直接混烧和污泥干化混烧。湿污泥直接混烧是将湿污泥直接送入电厂锅炉与煤混烧,污泥干化混烧则是将湿污泥经干化后再送入电厂锅炉与煤混烧。按照热源和换热方式来分,典型的污泥干化方法包括两类:一类是利用锅炉烟道抽取的高温烟气或锅炉排烟直接加热湿污泥;另一类是利用低压蒸汽作为热源,通过换热装置间接加热污泥。湿污泥的含水率约为 80%,干化污泥的含水率为 20%~40%。

湿污泥直接混烧的典型工艺流程如图 2-4 所示。含水率为 80% 左右的污泥经喷嘴喷入炉膛,迅速与大量炽热床料混合后干燥燃烧,随烟气流出炉膛的床料在旋风分离器中与烟气分

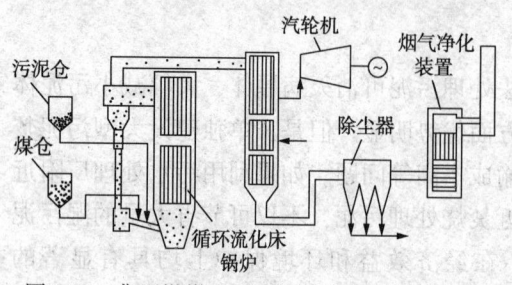

图 2-4 典型燃煤电厂湿污泥直接混烧工艺流程

离，分离出来的颗粒再次送回炉膛循环利用，炉膛内的传热和传质过程得到强化。炉膛内温度能均匀保持在850℃左右，由旋风分离器分离出的烟气引入锅炉尾部烟道，对布置在尾部烟道中的过热器、省煤器和空气预热器中的工质进行加热，从空气预热器出口流出的烟气经除尘净化后，由引风机排入烟囱，排向大气。

这种处理处置方式在经济和技术上存在的问题是：①污泥的含水率和掺混率对焚烧锅炉的热效率有很大影响。污泥含水率越高，热值越低，含水率为80%的污泥对发电的热贡献率很低，为保证良好的混烧效果，其混烧的量不能很大，否则会对电厂的运行造成不良影响。②污泥掺入会影响锅炉的焚烧效果。由于混烧工况下烟气流速会增大，对烟气系统造成磨损，烟气流速的上升会导致燃料颗粒的炉内停留时间缩短，可能产生停留时间小于2s的工况，不符合避免二噁英产生的基本条件。③污泥焚烧处理所需的过剩空气系数大于燃煤，因此污泥混烧会导致电厂烟气排量大，热损失大，锅炉热效率降低。④混烧对锅炉的尾气排放也会带来较大影响。由于污泥中含有较高浓度的污染物（如汞浓度数十倍于等质量的燃煤），焚烧后烟气中有害污染物浓度明显增加，但由于烟气量大幅度增加，烟气中污染物被稀释，其浓度可能低于非混烧烟气污染物的浓度，目前无法严格合理地界定并控制排入大气的污染物浓度。

2.2.2.2 水泥厂回转窑污泥混烧工艺

水泥生产中，原料中K_2O+Na_2O的绝对含量宜控制在1.0%以下，硫碱比$n(S)/n(R)$在0.6~1.0，Cl^-含量不大于0.015%。对于卤素含量高的含镁、碱、硫、磷等的污泥，应该控制其焚烧喂入量。通常加入的干污泥占正常燃料（煤）的15%。若1kg干污泥汞含量超过3mg，则不宜入窑焚烧。

污泥与水泥原料粉混合或分别送入水泥窑，通过高温焚烧至2000℃，污泥中的有机有害物质被完全分解，在焚烧中产生的细小水泥悬浮颗粒会高效吸附有毒物质；回转窑的碱性气氛很容易中和污泥中的酸性有害成分，使它们变为盐类固定下来，如污泥中的硫化氢（H_2S）因氧的氧化和硫化物的分解而生成SO_2，又被CaO、R_2O吸收，形成SO_2循环，在回转窑的烧成带形成$CaSO_4$、R_2SO_4而固定在水泥中。污泥中的重金属在进窑燃烧的过程中被固定在熟料矿物晶格里。污泥灰分成分与水泥熟料成分基本相同，污泥焚烧残渣可以作为水泥原料使用，混烧即为最终处理，灰渣无需处理。

水泥窑具有燃烧炉温高和处理物料量大的特点，而且水泥厂均配备大量的环保设施，是环境自净能力强的装备，利用水泥窑系统混烧污泥具有如下优点：

① 可以利用水泥熟料生产中的余热烘干污泥的水分，从而提高水泥厂的能量利用率；

② 污泥可以作为辅助燃料应用于水泥熟料煅烧，从而降低水泥厂对煤等一次能源的需求；

③ 水泥窑内的碱性物质可以和污泥中的酸性物质化合成稳定的盐类，便于其废气的净化脱酸处理，而且还可以将重金属等有毒成分固化在水泥熟料中，避免二次污染，对环境的危害降到最小；

④ 污泥可以部分替代黏土质原料，从而降低水泥生产对耕地的破坏；

⑤ 投资小，具有良好的经济效益，只需要增加污泥预处理设备，投资及运行成本均低于单独建设焚烧炉，上海某水泥厂污泥混烧示范工程的综合运行成本仅为60元/t（污泥含水

率为80%）；

⑥ 回转窑的热容量大，工艺稳定，回转窑内气体温度通常为1350～1650℃；窑内物料停留时间长，高温气体湍流强烈，有利于气固两相的混合、传热、分解、化合和扩散，有害有机物分解率高；

⑦ 燃烧即为最终处理，省却了后续的灰渣处理工序，节约了填埋场用地和资金。

其缺点是：①恶臭气体和渗滤液等若未经合适处理会使厂区环境恶化；②脱水污泥进厂后要进行脱水和调质等预处理，增加了资源和能量消耗；③水泥窑中过高的焚烧温度会导致NO_x等污染物排放的增加，从而增加了尾气处理成本。

利用水泥厂干法（回转窑进行污泥混烧）处理污泥有以下两种方法：

① 污泥脱水后直接运至水泥厂，在水泥厂进行湿污泥直接燃烧，即储存污泥通过提升输送设备，采用给料机进行计量后，输送到分解炉或烟室进行处置。直接燃烧处理工艺环节少、流程简单、二次污染可能性小，但所需燃料量大，水泥厂应充分利用回转窑废气余热烘干湿污泥后焚烧。该方法在污水处理厂与水泥厂距离较远时污泥运输费用高，同时水泥厂需要进行必要的设备改造。

② 污水处理厂污泥脱水后，通过适当的措施进行干化或半干化，然后运至水泥厂。该方法的优点是焚烧相对简单，容易得到水泥厂的配合，运输费用低，污泥可作为水泥生产的辅助燃料提供热量，缺点是污水处理厂需要设置干化设备，没有充分利用水泥厂的余热进行干化，导致污泥干化费用较高。

对于湿法直接焚烧处理工艺，水泥厂也可采取两条技术路线：一条是污泥从湿法搅拌机进入，经过均化、储存、粉磨后从窑尾喂入窑内焚烧；另一条是污泥与窑灰搅拌混合、均化后，从窑中喂入窑内焚烧。一般而言，污泥含水率高，更适合湿法水泥窑处理，直接作为生料配料组分加以利用。

利用水泥厂的干法水泥窑进行污泥混烧，污泥的进料位置可以为生料磨、分解炉底部、窑尾和窑头冷却机，如图2-5所示。

① 从生料磨进料

对于水分含量较低的污泥，如干化后含水率达到8%左右，可以作为水泥生产的辅助原料直接加入生料磨中和其他物料一起粉磨；若污泥的含水率为65%～80%，由于污泥的处理量相对于水泥生料量很小，也可以将污泥直接加在生料磨上，利用热风和粉磨时产生的热量去除污泥中残存的少量水分。

在生料磨中加入污泥对水泥窑整个生产线的影响最小，对分解炉和回转窑的运行没有什么影响，充分利用了烟气余热，增加的煤耗很少，所以是首选的进料方式。

② 从分解炉底部进料

从分解炉底部进料，可利用窑头箅冷机所产生的热风（二次风）作为污泥预干化的热源和助燃空气，能保证污泥的水分蒸发及燃烧，流态化分解炉的温度为850～900℃，气体停留时间为2s左右，污泥中的有机物和气体中的有害成分可以完全燃尽，物料焚烧后通过窑尾的旋风除尘器进入水泥生成系统，系统简单安全。生料中的石灰石能吸收污泥中的硫化物，不需要设置脱硫装置。

从分解炉底部进料的方式不适合处理氯含量高的污泥，因为飞灰中含有的高浓度氯离子容易腐蚀分解炉的炉体和回流管的耐火材料，形成结皮和结圈，使系统无法使用。

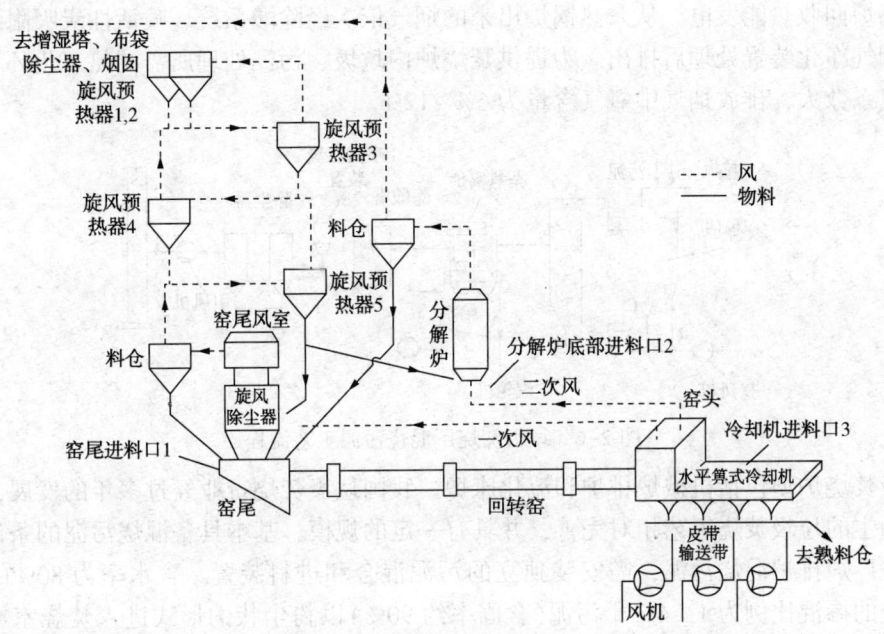

图 2-5 水泥回转窑利用市政污泥煅烧生态水泥熟料的工艺流程

分解炉底部进料的缺点是：污泥量不能太大，污泥量太大可能导致炉底局部温度下降过快，使得煤不能完全燃烧，耗煤量增加。

③ 从窑尾进料

某水泥厂干法水泥窑熟料生产能力为 1050t/d，每吨熟料的煤耗为 163kg。2.3t/h 未干化的市政污泥（含水率为 80%）从窑尾投加到回转窑中，窑尾的温度很快从 900℃下降至 850℃左右。自控系统立即指令进料的计量泵转速降低，从而使得熟料的产量下降 10% 左右，喂煤量保持不变。

④ 从窑头冷却机进料

某水泥厂的窑头冷却机为水平箅式冷却机，熟料从窑头出料，温度从 1100℃ 降低到 190℃左右，在应急的情况下，可以直接将污泥用抓斗或者布料管均匀分布在水平箅上，利用熟料的高温使污泥中的水分蒸发掉，并使有机物分解。

根据对水泥窑生产的影响和热能消耗的比较，从生料磨加入污泥是最安全、最节能的方式。主要原因是水泥生产线的生料磨本来就是利用水泥窑的余热进行生料的加热，不需对回转窑进行热能的重新平衡，而且生料磨和回转窑、分解炉关联性不大，不会因为局部温度骤降而影响运行，也避免了污泥中的污染物质可能导致的水泥窑结皮和结圈。从窑尾和分解炉底部加污泥都需要限制投加量，保证局部温度不要骤降而导致熟料产量下降或增加煤耗。从窑头冷却机进料可以作为应急措施，但不能作为长期的措施，因为烟气不能达标排放，并可能造成熟料质量的不稳定。

2.2.2.3 垃圾焚烧厂污泥混烧技术

(1) 垃圾焚烧厂直接混烧污泥技术

典型垃圾焚烧厂混烧污泥的工艺流程如图 2-6 所示。垃圾和污泥加入焚烧炉，烟气出口温度不低于 850℃，烟气停留时间不小于 2s，可控制焚烧过程中二噁英的形成，高温烟气经余热锅炉回收热能发电。从余热锅炉出来的烟气依次经除酸系统、喷活性炭吸附装置、除尘器等烟气净化装置处理后排出。为提供焚烧炉内垃圾、污泥处理所需的热氧化环境，炉内过剩空气系数大，排放烟气中氧气含量为6%~12%。

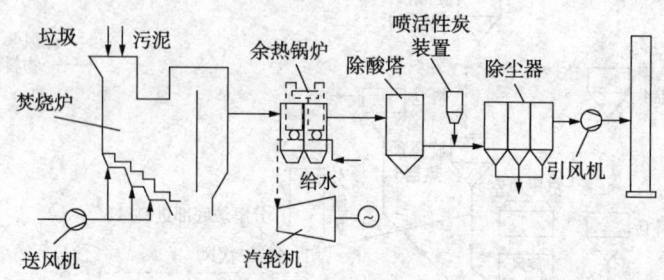

图2-6 垃圾焚烧厂混烧污泥工艺流程

垃圾焚烧炉型包括机械炉排炉和流化床炉。我国垃圾焚烧行业经过多年的发展，以机械炉排炉为主的垃圾焚烧工艺相对完善，并具有一定的规模，基本具备混烧污泥的条件。利用垃圾焚烧厂炉排炉混烧污泥，需安装独立的污泥混合和进料装置。含水率为80%的污泥与生活垃圾的掺混比例为1:4，干污泥（含固率约90%）以粉尘状的形式进入焚烧室或者通过进料喷嘴将脱水污泥（含固率为20%~30%）喷入燃烧室，并使之均匀分布在炉排上。

污泥与生活垃圾直接混烧需考虑以下问题：①污泥和垃圾的着火点均比较滞后，在焚烧炉排前段的着火情况不好，可造成物料燃尽率低；②焚烧炉助燃风通透性不好，物料焚烧需氧量不充分，可造成燃烧温度偏低；③污泥与生活垃圾在炉排上混合不理想时，会引起焚烧波动；④燃烧工况不稳定。城市生活垃圾成分受区域和季节的影响较大，垃圾含水率和灰土含量的大小将直接影响污泥处理量。⑤为保证混烧效果，往往需要向炉膛添加煤或喷入油助燃，消耗大量的常规能源，运行成本高。

目前为止，我国已有多座示范工程，如深圳盐田垃圾焚烧厂，每天处理40t脱水污泥。

（2）垃圾焚烧厂富氧混烧污泥

我国垃圾和污泥的热值普遍偏低，单纯混烧污泥将不利于垃圾焚烧发电系统的正常运行，天津某环保有限公司开发了污泥掺混垃圾的富氧焚烧发电技术，其工艺流程如图2-7所示。先将湿污泥脱水，使含水率降低至50%左右，干化后再与秸秆（5:1）~（3:1）混合制成衍生燃料，以保证焚烧的经济性并兼顾污泥的入炉稳定燃烧。衍生燃料和垃圾一

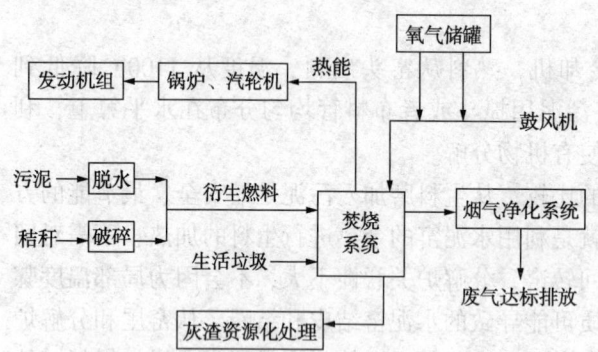

图2-7 垃圾焚烧厂富氧混烧污泥发电工艺流程

起入炉焚烧，将一定纯度的氧气通过助燃风管路送到垃圾焚烧炉内助燃，实现生活垃圾混烧污泥的富氧焚烧，产生的热能通过锅炉、汽轮机和发电机转化成电能。富氧焚烧所需氧气量根据城市生活垃圾含水率、灰土成分的不同和污泥的热值变化而不断调整，助燃风含氧量为21%~25%。

垃圾焚烧厂富氧混烧污泥工艺具有如下特点：①污泥混烧生活垃圾，提高了燃烧物料的热值，解决了垃圾焚烧中热值低、不易燃烧的问题。②混合物料着火点提前，改善垃圾着火

的条件，提高燃烧效率和燃烧温度，保证垃圾焚烧处理效果。③提高垃圾燃烧工况稳定性。根据混合物料的热值和水分、灰土含量等实际情况及时调整富氧含量，改善垃圾着火情况，从而解决燃烧工况不稳定的问题。④增加焚烧炉内助燃风氧气含量，有效降低锅炉整体空气过剩系数，获得更好的传热效果，降低排烟量，从而减少排烟损失，有助于提高锅炉效率，减少环境污染。⑤提高烟气排放指标。富氧燃烧能使炉内垃圾剧烈燃烧，从而降低烟气中 CO 和二噁英等有害物质的浓度。⑥减少灰渣热灼减率。富氧燃烧使助燃风中氧气含量提高，充分满足垃圾焚烧所需助燃氧气，提高垃圾燃烧效率，从而减少炉渣热灼减率。

垃圾焚烧厂富氧混烧垃圾的缺点是烟气和飞灰产生量增加，烟气净化系统的投资和运行成本增加，并降低生活垃圾发电厂的发电效率和焚烧厂的垃圾处理能力。

2.2.2.4 污泥与重油在流化床锅炉中的混烧

浙江大学在 500mm×500mm 的大型流化床上开展了油与污泥混烧试验，研究了油和污泥的混烧特性，以录求最佳的油枪布置位置和验证燃油系统的可靠性。试验结果表明，采用高料层、低风速运行非常有助于燃烧及床温的稳定。污泥的给料粒度在较大范围内均能正常燃烧，大粒度给料不会影响运行稳定；油与污泥混烧时的料层高度逐渐下降，床层的上、中、下部温差增大，加入床料后，运行状况得到明显改善；油与污泥混烧时床温稳定，但料层阻力逐渐下降，应适时补充床料。

2.2.3 污泥焚烧最佳可行技术

我国目前推荐的污泥焚烧最佳可行技术为干化+焚烧，其中干化工艺以利用烟气余热的间热式转盘干燥工艺为最佳，常规污水污泥焚烧的炉型以循环流化床炉为佳，重金属含量较多且超标的污水污泥焚烧的炉型以多膛炉为佳，具体的工艺流程如图 2-8 所示。

污泥焚烧的关键设备包括：干燥器、干污泥储存仓、焚烧炉、烟气处理系统、烟气再循环系统、废水收集处理系统、灰渣及飞灰收集处理系统等，同时包括污泥干化预处理和污泥焚烧余热利用等设施。具体的运行要求有：①优化空气供给计量系数，一次风和二次风的供给和分配优化；优化燃烧区域内停留时间、温度、紊流度和氧浓度等，防止过冷或低温区域。②主焚烧室有足够的停留时间（≥2s）和湍流混合度，气相温度在 850~950℃ 为宜，以实现完全燃烧。③焚烧炉不运行期间（如维修），应避免污泥储存过量，通过选择性的气味控制系统而采用相关措施（如采用掩臭剂等）控制储存区臭气（包括其他潜在的逸出气体）。④安装自动辅助燃烧器使焚烧炉启动和运行期间燃烧室中保持必要燃烧温度。⑤安装火灾自动监测及报警系统。⑥建立对关键燃烧参数的监测系统。⑦安装自动辅助燃烧器。

2.3 污泥焚烧炉的类型

在污泥焚烧设备中，流化床焚烧炉（FBC）和多膛焚烧炉（MIF）是应用最广泛的主要炉型，尽管其他炉型，如旋转炉窑、旋风炉和各种不同形式的熔炼炉也在使用，但所占份额不大。

2.3.1 多膛式焚烧炉

多膛式焚烧炉又称为立式多段焚烧炉，是一个垂直的圆柱形耐火衬里钢制设备，内部有

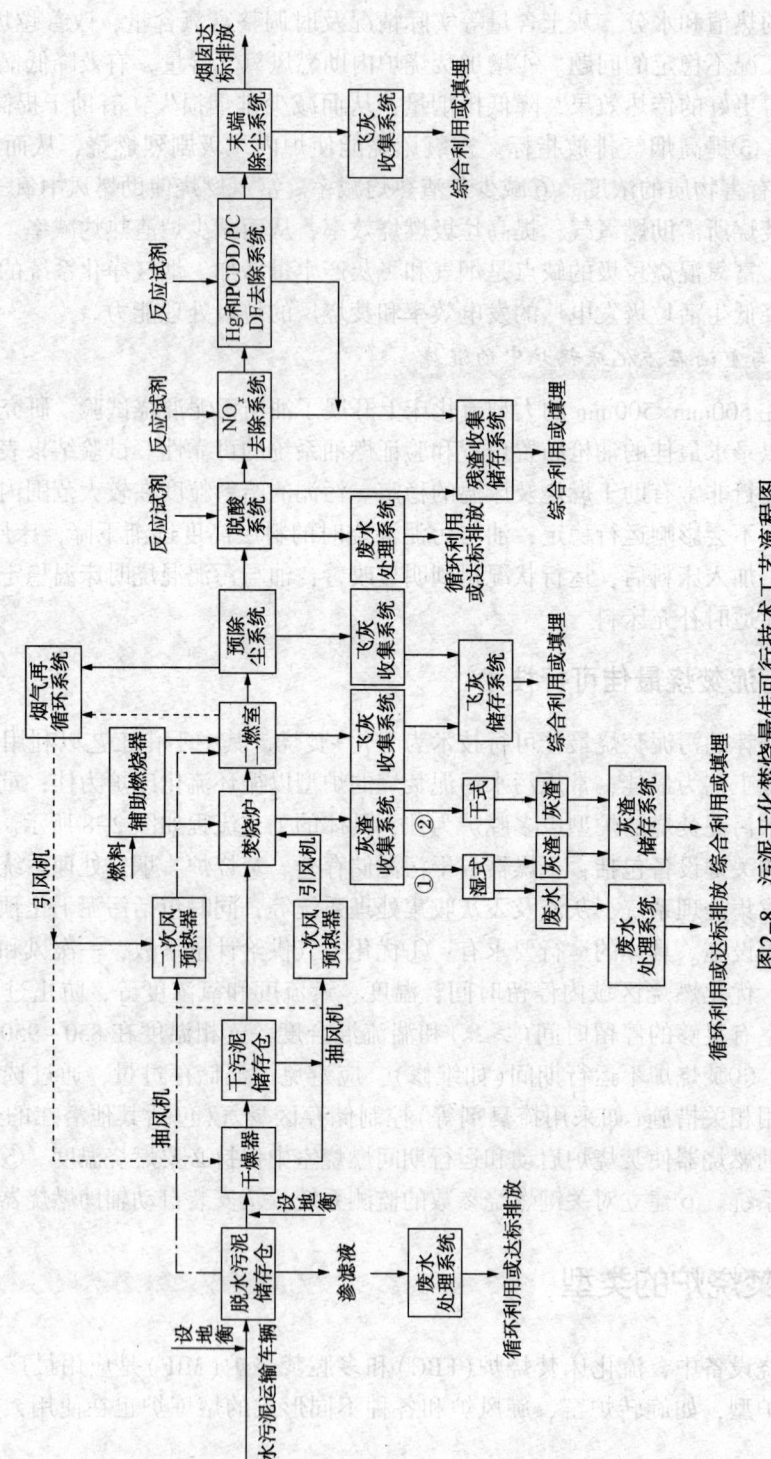

图2-8 污泥干化焚烧最佳可行技术工艺流程图

许多水平的由耐火材料构成的炉膛,自上而上布置有一系列水平的绝热炉膛,一层一层叠加。一段多膛焚烧炉可含有4~14个炉膛,从炉子底部到顶部有一个可旋转的中心轴,如图2-9所示。

多膛式焚烧炉的横截面如图2-10所示,各层炉膛都有同轴的旋转齿耙,一般上层和下层的炉膛设有四个齿耙,中间层炉膛设有两个齿耙。经过脱水的泥饼从顶部炉膛的外侧进入炉内,依靠齿耙翻动向中心运动并通过中心的孔进入下层,而进入下层的污泥向外侧运动并通过该层外侧的孔进入再下面的一层,如此反复,使得污泥呈螺旋形路线自上而下运动。铸铁轴内设套管,空气由轴心下端鼓入外套管,一方面使轴冷却,另一方面空气被预热,经过预热的部分或全部空气从上部回流至内套管进入到最底层炉膛,再作为燃烧空气向上与污泥逆向运动焚烧污泥。

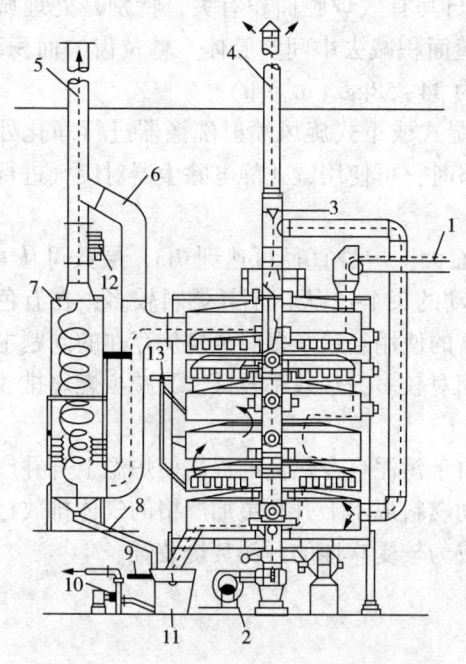

图 2-9 立式多段焚烧炉
1—泥饼;2—冷却空气鼓风机;3—浮动风门;
4—废冷却气;5—清洁气体;6—无水量旁路通道;
7—旋风喷射洗涤器;8—灰浆;9—分离水;10—砂浆;
11—灰斗;12—感应鼓风机;13—轻油

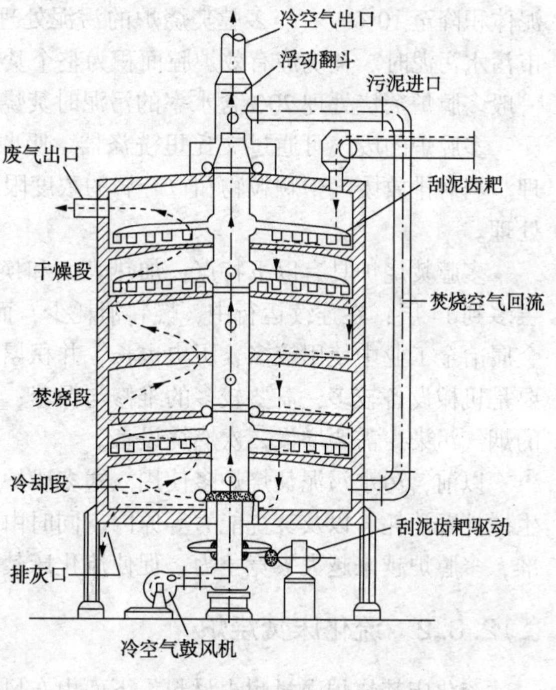

图 2-10 立式多膛焚烧炉的横截面

从污泥的整体焚烧过程来看,多膛炉可分为三个部分。顶部几层为干燥区,起污泥干燥作用,温度约为425~760℃,可使污泥含水率降至40%以下。中部几层为污泥焚烧区,温度为760~925℃。其中上部为挥发分气体及部分固态物燃烧区,下部为固定碳燃烧区。多膛炉最底部几层为缓慢冷却区,主要起冷却并预热空气的作用,温度为260~350℃。

该类设备以逆流方式运行,分为三个工作区,热效率很高。气体出口温度约为400℃,而上层的湿污泥仅为70℃或稍高。脱水污泥在上部可干燥至含水50%左右,然后在旋转中心轴带动的刮泥器的推动下落入到燃烧床上。燃烧床上的温度为760~870℃,污泥可完全着火燃烧。燃烧过程在最下层完成,并与冷空气接触降温,再排入冲水的熄灭水箱。燃烧气含尘量很低，可用单一的湿式洗涤器把尾气含尘量降到200mg/m³以下。进空气量不必太高，一般为理论量的150%～200%。

根据经验，燃烧热值为17380kJ/kg的污泥，当含水量与有机物之比为3.5∶1时，可以自燃而无需辅助燃料，否则，多膛炉应采用辅助燃料。辅助燃料由煤气、天然气、消化池沼气、丙烷气或重油等组成。多膛炉焚烧时所需辅助燃料的多少与污泥的自身热值和水分大小有关。

正常工况下，空气过剩系数为50%～100%才能保证燃烧充分，如氧供应不充足，则会产生不完全燃烧现象，排放出大量的CO、煤油和碳氢化合物，但过量的空气不仅会导致能量损失，而且会带出大量灰尘。

多膛焚烧炉的规模多为5～1250t/d不等，可将污泥的含水率从65%～75%降至约0，污泥体积降至10%左右。多膛焚烧炉的污泥处理能力与其有效炉膛面积有关，特别是处理城市污水污泥时。焚烧炉有效炉膛面积为整个焚烧炉膛面积减去中间空腔体、臂及齿的面积。一般多膛炉焚烧处理20%含水率的污泥时焚烧速率为34～58kg/(m³·h)。

多膛炉的废气可通过文丘里洗涤器、吸收塔、湿式或干式旋风喷射洗涤器进行净化处理。当对排放废气中颗粒物和重金属的浓度限制严格时，可使用湿式静电除尘器对废气进行处理。

多膛焚烧炉具有以下特点：加热表面和换热表面大，炉身直径可达到7m，层数可从4层多到14层；在连续运行中，燃料消耗少，而在启动的头1～2天内消耗燃料较多；在有色金属冶金工业中使用较多，历史也长，并积累了丰富的使用经验。多膛焚烧炉存在的问题主要是机械设备较多，需要较多的维修与保养；耗能相对较多，热效率较低，为减少燃烧排放的烟气污染，需要增设二次燃烧设备。

以前，污水污泥焚烧炉多使用立式多段炉，但由于污泥自身热值的提高使炉温上升并产生搅拌臂消耗，以及焚烧能力等原因，同时由于辅助燃料成本上升和更加严格的气体排放标准，多膛炉越来越失去竞争力，促使流化床焚烧炉成为较受欢迎的污泥焚烧装置。

2.3.2 流化床焚烧炉

流化床焚烧炉内衬耐火材料，下面由布风板构成燃烧室。燃烧室分为两个区域，即上部的稀相区（悬浮段）和下部的密相区。其工作原理是：流化床密相区床层中有大量的惰性床料（如煤灰或砂子等），其热容量很大，能够满足污泥水分的蒸发、挥发分的热解与燃烧所需热量的要求。由布风装置送到密相区的空气使床层处于良好的流化状态，床层内传热工况良好，床内温度均匀稳定维持在800～900℃，有利于有机物的分解和燃尽。焚烧后产生的烟气夹带着少量固体颗粒及未燃尽的有机物进入流化床稀相区，由二次风送入的高速空气流在炉膛中心形成一旋转切圆，使扰动强烈，混合充分，未燃烬成分继续进行燃烧。

按照流化风速及物料在炉膛内的运动状态，流化床焚烧炉可分为沸腾式流化床和循环式流化床两大类，如图2-11所示。

流化床焚烧炉的横断面如图2-12所示。高压空气（20～30kPa）从炉底部耐火栅格中的鼓风口喷射而上，使耐火栅格上约0.75m厚的硅砂层与加入的污泥呈悬浮状态。干燥破碎的污泥从炉下端加入炉中，与灼热硅砂剧烈混合而焚烧，流化床的温度控制在725～950℃。污泥在循环流化床和沸腾流化床焚烧炉中的停留时间分别为数秒和数十秒。焚烧灰与气体一起从炉顶部排出,经旋风分离器进行气固分离后,热气体用于预热空气,热焚烧灰用于预热干燥污泥,以便回收热量。流化床中的硅砂也会随着气体流失一部分,每运行300h,应补充流化床中硅砂量的5%,以保证流化床中的硅砂有足够的量。

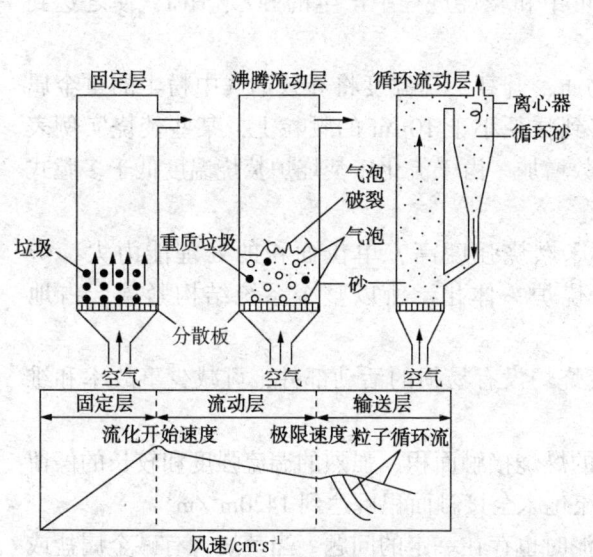

图 2-11 流化床焚烧炉炉型

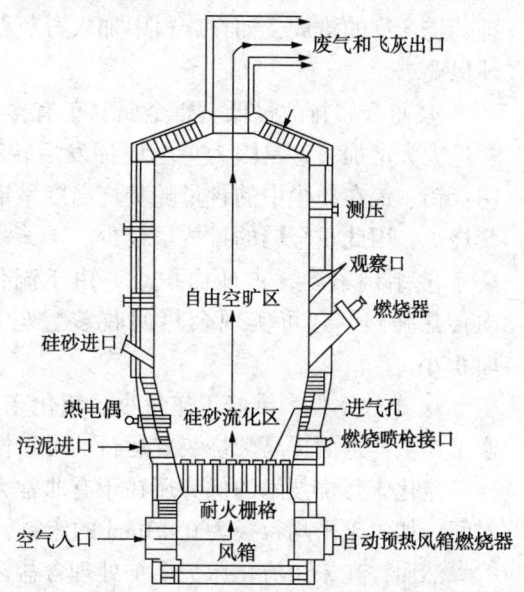

图 2-12 沸腾式流化床焚烧炉的横断面

污泥在流化床焚烧炉中的焚烧在两个区完成。第一个区为硅砂流化区,污泥中水分的蒸发和有机物的分解几乎同时发生在这一区中;第二区为硅砂层上部的自由空旷区,这一区相当于一个后燃室,污泥中的碳和可燃气体继续燃烧。

流化床焚烧炉排放废气的净化处理可以采用文丘里洗涤器和/或吸收塔。

污泥流化床焚烧炉的焚烧温度一般为660~830℃(辅助燃料采用煤时,该温度区域可扩大为850℃),在该区域可有效消除污泥臭味。如图2-13所示为焚烧温度与尾气臭味排放水平的关系。焚烧温度在730℃以上时,臭味的排放接近于零。此温度可由设在炉床处的辅助烧嘴及热风予以调节控制。

与多膛式焚烧炉相比,流化床焚烧炉具有以下优点:

① 焚烧效率高。流化床焚烧炉由于燃烧稳定,炉内温度场均匀,加之采用二次风增加炉内的扰动,炉内的气体与固体混合强烈,污泥的蒸发和燃烧在瞬间就可以完成。未完全燃烧的可燃成分在悬浮段内继续燃烧,使得燃烧非常充分。热容量大,停止运行后,每小时降温不到5℃,因此在2天内重新运行,可不必预热载体,可连续或间歇运行;操作可用自动仪表控制并实现自动化。

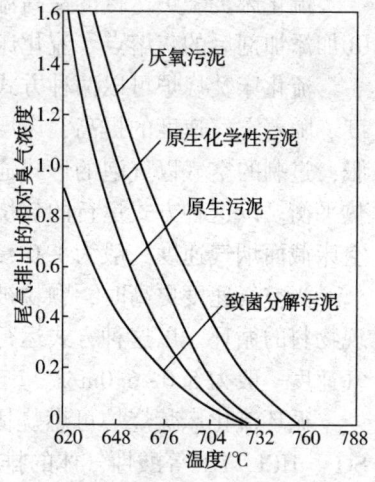

图 2-13 焚烧温度与尾气臭味排放水平的关系

② 对各类污泥的适应性强。由于流化床层中有大量的高温惰性床料,床层的热容量大,能提供低热量高水分污泥蒸发、热解和燃烧所需的大量热

量，所以流化床焚烧炉适合焚烧各种污泥。

③ 环保性能好。流化床焚烧炉将干燥与焚烧集成在一起，可除臭；采用低温燃烧和分级燃烧，焚烧过程中 NO_x 的生成量很小，同时在床料中加入合适的添加剂可以消除和降低有害焚烧产物的排放，如在床料中加入石灰石可中和焚烧过程中产生的 SO_x、HCl，使之达到环保要求。

④ 重金属排放量低。重金属属于有毒物质，升高焚烧温度将导致烟气中粉尘的重金属含量大大增加，这是因为重金属挥发后转移到粒径小于 $10\mu m$ 的颗粒上，某些焚烧实例表明：铅、镉在粉尘中的含量随焚烧温度呈指数增加。由于流化床焚烧炉焚烧温度低于多膛式焚烧炉，因此重金属的排放量较少。

⑤ 结构紧凑，占地面积小。由于流化床燃烧强度高，单位面积的处理能力大，炉内传热强烈，还可实现余热回收装置与焚烧炉一体化，所以整个系统结构紧凑，占地面积小。

⑥ 事故率低，维修工作量小。流化床焚烧炉没有易损的活动部件，可减少事故率和维修工作量，进而提高焚烧装置运行的可靠性。

流化床焚烧技术的优势还在于有非常大的燃烧接触面积、强烈的湍流强度和较长的停留时间。如对于平均粒径为 0.13mm 的床料，流化床全接触面积可达到 $1420m^2/m^3$。

然而，在采用流化床焚烧炉处理含盐污泥时也存在一定的问题。当焚烧含有碱金属盐或碱土金属盐的污泥时，在床层内容易形成低熔点的共晶体（熔点在 635~815℃ 之间），如果熔化盐在床内积累，则会导致结焦、结渣，甚至流化失败。如果这些熔融盐被烟气带出，就会黏附在炉壁上固化成细颗粒，不容易用洗涤器去除。解决这个问题的办法是：向床内添加合适的添加剂，它们能够将碱金属盐类包裹起来，形成熔点在 1065~1290℃ 之间的高熔点物质，从而解决了低熔点盐类的结垢问题。添加剂不仅能控制碱金属盐类的结焦问题，而且还能有效控制污泥中含磷物质的灰熔点。

流化床焚烧炉运行的最高温度通常决定于：① 污泥组分的熔点；② 共晶体的熔化温度；③ 加添加剂后的灰熔点。流化床污泥焚烧炉的运行温度通常为 760~900℃。

流化床焚烧炉可以两种方式操作，即鼓泡床和循环床，这取决于空气在床内空截面的速度。随着空气速度的提高，床层开始流化，并具有流体特性。进一步提高空气速度，床层膨胀，过剩的空气以气泡的形式通过床层，这种气泡将床料彻底混合，迅速建立烟气和颗粒的热平衡。以这种方式运行的焚烧炉称为鼓泡流化床焚烧炉，如图 2-14 所示。鼓泡流化床内空床截面烟气速度一般为 1.0~3.0m/s。

当空气速度更高时，颗粒被烟气带走，在旋风筒内分离后，回送至炉内进一步燃烧，实现物料的循环。以这种方式运行的称为循环流化床焚烧炉，如图 2-15 所示。其空床截面烟气速度一般为 5.0~6.0m/s。

循环流化床焚烧炉可燃烧固体、气体、液体和污泥，可采用向炉内添加石灰石来控制 SO_x、HCl、HF 等酸性气体的排放，而不需要昂贵的湿式洗涤器，HCl 的去除率可达 99% 以上，主要有害有机化合物的破坏率可达 99.99% 以上。在循环流化床焚烧炉内，污泥处于高气速、湍流状态下焚烧，其湍流程度比常规焚烧炉高，因而不需雾化就可燃烧彻底。同时，由于焚烧产生的酸性气体被去除，避免了尾部受热面遭受酸性气体的腐蚀。

循环流化床焚烧炉排放烟气中 NO_x 的含量较低，其体积分数通常小于 100×10^{-6}。这是由于循环流化床焚烧炉可实现低温、分级燃烧，从而降低了NO_x的排放。

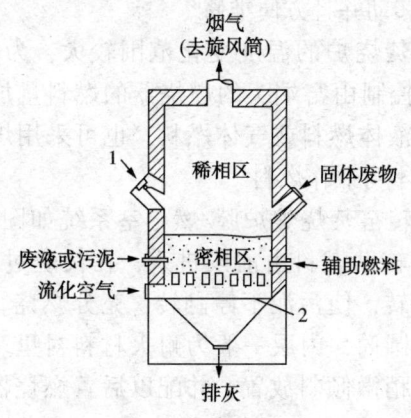
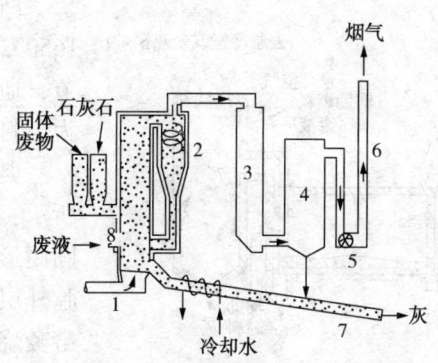

图2-14 鼓泡流化床焚烧室
1—预热燃烧器；2—布风装置
工艺条件：焚烧温度760~1100℃；平均停留
时间1.0~5.0s；过剩空气100%~150%

图2-15 循环流化床焚烧炉系统
1—进风口；2—旋风分离器；3—余热利用锅炉；
4—布袋除尘器；5—引风机；6—烟囱；
7—排渣输送系统；8—燃烧室

循环流化床焚烧炉运行时，污泥与石灰石可同时进入燃烧室，空床截面烟气速度为5~6m/s，焚烧温度为790~870℃，最高可达1100℃，气体停留时间不低于2s，灰渣经水间接冷却后从床底部引出，尾气经废热锅炉冷却后，进入布袋除尘器，经引风机排出。

流化床焚烧炉的缺点是运行效果不及其他焚烧炉稳定；动力消耗较大；飞灰量很大，烟气处理要求高，采用湿式收尘的水要专门的沉淀池来处理。

2.3.3 回转窑式焚烧炉

回转窑式焚烧炉是采用回转窑作为燃烧室的回转运行的焚烧炉。回转窑采用卧式圆筒状，外壳一般用钢板卷制而成；内衬耐火材料（可以为砖结构，也可为高温耐火混凝土预制），窑体内壁是光滑的，也有布置内部构件结构的。窑体的一端以螺旋加料器或其他方式进行加料，另一端将燃尽的灰烬排出炉外。污泥在回转窑内可逆向与高温气流接触，也可与气流一个方向流动。逆向流动时高温气流可以预热进入的污泥，热量利用充分，传热效率高。排气中常携带污泥中挥发出来的有毒有害气体，因此必须进行二次焚烧处理。顺向流动的回转窑，一般在窑的后部设置燃烧器，进行二次焚烧。如果采用旋流式回转窑，那么顺向流动的回转窑不一定必须带二次燃烧室。

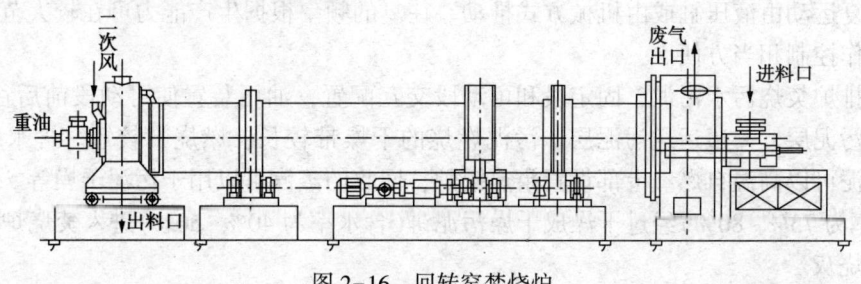

图2-16 回转窑焚烧炉

污泥回转窑焚烧炉如图 2-16 所示。炉衬为混凝土砖结构，混凝土部分设置内部构件结构，回转窑所配置的燃烧室做成带滚轮的结构，可移动并且方便维修。

回转窑式焚烧炉的温度变化范围较大，为 810~1650℃，温度控制由窑端头的燃烧器的燃料量加以调节，通常采用液体燃料或气体燃料，也可采用煤粉作为燃料或废油本身兼作燃料。

典型的回转窑焚烧炉炉膛/燃尽室系统如图 2-17 所示，污泥和辅助燃料由前段进入，在焚烧过程中，圆筒形炉膛旋转，使污泥不停翻转，充分燃烧。该炉膛外层为金属圆筒，内层一般为耐火材料衬里。回转窑焚烧炉通常稍微倾斜放置，并配以后置燃烧器。一般炉膛的长径比为 2~10，转速为 1~5r/min，安装倾角为 1°~3°，操作温度上限为 1650℃。回转窑的转动将污泥与燃气混合，经过预燃和挥发将污泥转化为气态和残态，转化后气体通过后置燃烧器的高温(1100~1370℃)进行完全燃烧。气体在后置燃烧器中的平均停留时间为 1.0~3.0s，空气过剩系数为 1.2~2.0。

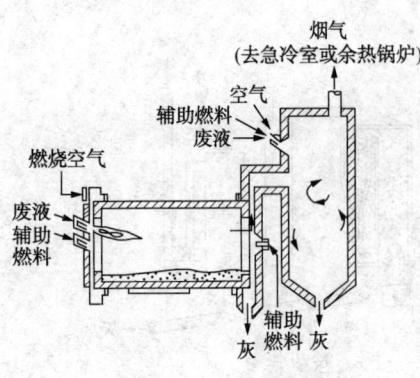

图 2-17 典型的回转窑焚烧炉炉膛/燃尽室系统

回转窑焚烧炉的平均热容量约为 $63×10^6$kJ/h。炉中焚烧温度(650~1260℃)的高低取决于两方面：一方面取决于污泥的性质，对于含卤代有机物的污泥，焚烧温度应在 850℃以上，对于含氰化物的污泥，焚烧温度应高于 900℃；另一方面取决于采用哪种除渣方式(湿式还是干式)。

回转窑焚烧炉内的焚烧温度由辅助燃料燃烧器控制。在回转窑炉膛内不能有效去除焚烧产生的有害气体，如二噁英、呋喃等，为了保证烟气中有害物质的完全燃烧，通常设有燃尽室，当烟气在燃尽室内的停留时间大于 2s、温度高于 1100℃时，上述物质均能很好地消除。燃尽室出来的烟气通过余热锅炉回收热量，用以产生蒸汽或发电。

2.3.4 炉排式焚烧炉

污泥送入炉排上进行焚烧的焚烧炉简称为炉排型焚烧炉。炉排焚烧炉因炉排结构不同，可分为阶梯往复式、链条式、栅动式、多段滚动式和扇形炉排。可使用在污泥焚烧中的通常为阶梯往复式炉排焚烧炉。

阶梯往复式炉排焚烧炉的结构如图 2-18 所示。一般该焚烧炉炉排由 9~13 块组成，固定和活动炉排交替放置。前几块为干燥预热炉排，后为燃烧炉排，最下部为出渣炉排。活动炉排的往复运动由液压缸或由机械方式推动。往复的频率根据生产能力可在较大范围内进行调节，操作控制相当方便。

用炉排炉焚烧污水污泥，固定段和可动段交互配置，油压装置使可动段前后往返运动，一边搅拌污泥层，一边运送污泥层。污泥燃烧的干燥带较长，燃烧带较短。含水率在 50%以下的污泥可以高温自燃。上部设置余热锅炉，回收的蒸汽可以用于污泥干燥等。脱水污泥饼(含水率为 75%~80%)经过干燥成干燥污泥饼(含水率为 40%~50%)进入焚烧炉排炉，最终形成焚烧灰。

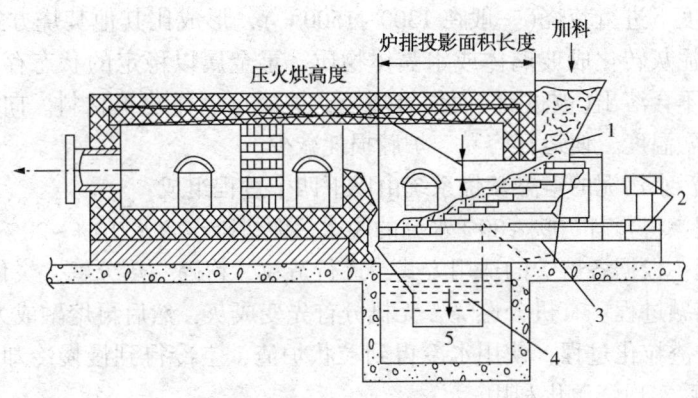

图 2-18　阶梯往复式炉排焚烧炉

1—压火烘；2—液压缸；3—盛料斗；4—出灰斗；5—水封

2.3.5　电加热红外焚烧炉

电加热红外焚烧炉如图 2-19 所示，其本体为水平绝热炉膛，污泥输送带沿着炉膛长度方向布置，红外电加热元件布置在焚烧炉输送带的顶部，由焚烧炉尾端烟气预热的空气从焚烧炉排渣端送入，供燃烧用。

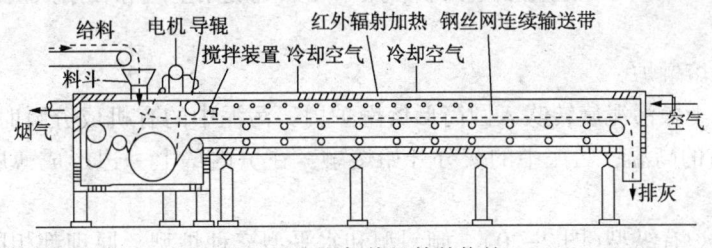

图 2-19　电加热红外焚烧炉

电加热红外焚烧炉一般由一系列预制件组合而成，可以满足不同焚烧长度的要求。脱水污泥通过输送带一端送入焚烧炉内，入口端布置有滚动机构，使污泥以近 12.5mm 的厚度布满输送带。

在焚烧炉中，污泥先被干化，然后在红外加热段焚烧。焚烧灰排入到设在另一端的灰斗中，空气从灰斗上方经过焚烧灰层的预热后从后端进入焚烧炉，与污泥逆向而行。废气从污泥的进料端排出。电加热红外焚烧炉的空气过剩系数为 20%~70%。

电加热红外焚烧炉的特点是投资小，适合于小型的污泥焚烧系统。缺点是运行耗电量大，能耗高，而且金属输送带的寿命短，每隔 3~5 年就要更换一次。

电加热红外焚烧炉排放废气的净化处理可采用文丘里洗涤器和/或吸收塔等湿式净化器进行。

2.3.6　熔融焚烧炉

很多炉型的运行温度低于污泥中灰分的熔点，灰渣中含有大量高浓度的污染环境的重金属，要处理处置这种污染物，费用很高，并且需要特殊的填埋地点。

污泥熔融处理的目的主要是控制污水污泥中含有的有害重金属排放。预先干燥的污泥在超过灰熔点的温度下进行焚烧(一般在1300~1500℃),形成比其他焚烧方式密度大2~3倍的融化灰,将污泥灰转化成玻璃体或水晶体物质,重金属以稳定的状态存在于SiO_2等玻璃体或水晶体中,不会溶出(被过滤)而损害环境,炉渣可用作建筑材料。向污泥中加入石灰和硅石可降低熔融温度,使运行容易、炉膛损耗减少。

一般来说,污水污泥的熔融焚烧系统由以下四个过程组成:

① 干燥过程:将含有70%~80%水分的脱水污泥饼降至含水10%~20%的干燥污泥饼。

② 调整过程:根据各熔炉的适用方式,进行造粒、粉碎、热分解、炭化等。

③ 燃烧、熔融过程:有机分燃烧,无机分首先变成灰,然后再熔融成为炉渣。

④ 冷却、炉渣粒化过程:使用水冷得到粒状炉渣,空冷得到慢慢冷却的炉渣,然后将结晶炉渣渣粒化后实现资源化利用。

用于污泥处理的熔融炉有许多种,如表面熔融炉(膜熔融炉)、焦炭床式熔融炉、电弧式电熔融炉、旋流式熔融炉。

(1) 表面熔融炉(膜熔融炉)

表面熔融炉的构造有方形固定式和圆形回转式两种。熔融污泥时,有机成分首先热分解燃烧,焚烧灰在炉表面以膜状熔流滴下,形成粒状炉渣。如果污泥的发热量在14654kJ/kg(3500kcal/kg)以上,能够自然熔融。由于主燃烧室温度为1300~1500℃,炉膛出口的烟气温度为1100~1200℃,可以进行热量回收,用来加热燃烧用空气和在余热锅炉中产生用于干燥污泥的蒸汽。

(2) 旋流式熔融炉

将细粉化的干燥污泥旋转吹入圆筒形熔融炉内,污泥中的有机成分瞬时热分解、燃烧,形成1400℃左右的高温,污泥中的灰分开始熔融,在炉内壁上一边形成薄层一边流下,从炉渣口排出。

旋流式熔融炉有纵型(图2-20)、倾斜型和水平型三种炉型,原理都相同,具有旋风炉的特性,但污泥送入熔融炉的前处理过程可能不同,有蒸汽干燥、流动干燥、流动热分解等。

(3) 焦炭床式熔融炉

如图2-21所示,填充焦炭为固定层,由风口吹入一次空气,在床内形成1600℃左右的灼热层。这里,含水率为35%~40%的干燥粒状污泥和焦炭、石灰或碎石交互被投入。灰分和碱度调整剂一起在焦炭床内边熔融边移动,生成的炉渣在焦炭粒子间流下。炉膛出口烟气温度为900℃左右,在500℃左右加热空气,然后进一步进行热回收产生锅炉蒸汽,蒸汽被送入桨式污泥干燥机。焦炭的消耗量受投入污泥的含水率、发热量及投入量影响较大,填充的焦炭必须保证一定的量。炉内容易保持较高的温度,同样适用于发热量较低的污泥或熔点较高的污泥。对于发热量较高的污泥,不会节省焦炭,因此必须进行积极的热回收。

(4) 电弧式电熔融炉

这种方式需先将污泥干燥到含水率为20%左右。电炉的电弧热使干燥污泥饼中的有机物分解,变成可燃气体,无机物作为熔融炉渣被排出。用高压水喷射流下来的炉渣,使其粉碎后形成人工砂状物。粒状炉渣经沉降分离后由泵送到料斗中储存。熔融炉中产生的热分解气体在脱臭炉中直接燃烧,干燥机排气在750℃左右脱臭,然后经除尘装置以及排气洗涤塔处理后排放到大气中。这种方式由于使用电能，成本较高，使用剩余能量不如城市垃圾焚烧炉那样优点突出。

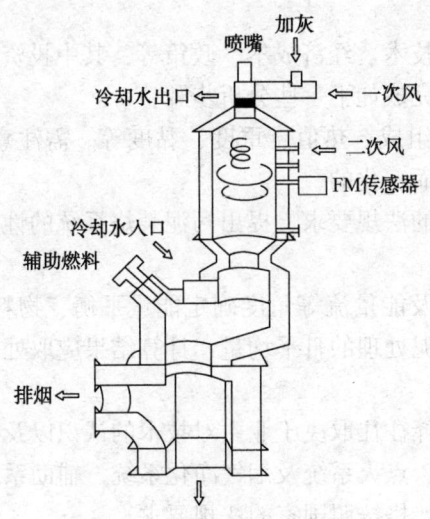

图 2-20 纵型旋流式熔融炉

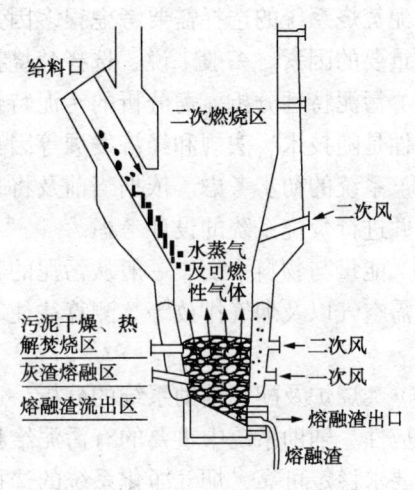

图 2-21 焦炭床式熔融炉

2.3.7 旋风焚烧炉

旋风焚烧炉是单个炉膛，炉膛可动，齿耙固定（图 2-22）。

空气被带进燃烧器的切线部位。焚烧炉是由耐火材料线性排列的圆顶圆柱形结构，以即时燃料补充的方式加热空气，形成了一个提供污泥和空气混合良好的强漩涡形式。空气和烟气在螺旋气流中顺着圆顶中心位置排出的烟气回旋垂直上升。污泥由螺旋给料机供给，在回转炉膛的外围沉积，并被耙向炉膛中心排出。螺杆抽油泵用来供给污泥。焚烧炉内的温度为 815~870℃。这类焚烧炉相对较小，在操作温度下，可在 1h 内启动。

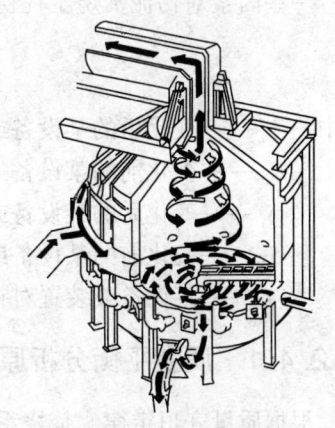

图 2-22 旋风焚烧炉

旋风焚烧炉的一个改型如图 2-23 所示，这是一种卧式焚烧炉。飞灰通过烟气排出。污泥从炉壁沿切线方向由泵打进焚烧炉，空气被带进燃烧器的切线部位形成旋风效果。这种焚烧炉没有炉膛，只有炉壳和耐火材料，污泥在炉内的停留时间不超过 10s。燃烧产物在 815℃ 下从涡流中排出，确保完全燃烧。

旋风焚烧炉适用于污水日处理量小于 9000t/d 的污水处理厂污泥的焚烧。这种处理方式相对便宜，机组结构简单。卧式焚烧炉可以作为一个完全独立的设备单独安装，适用于现场焚烧污泥，运行时仅需配备进料系统和烟囱。

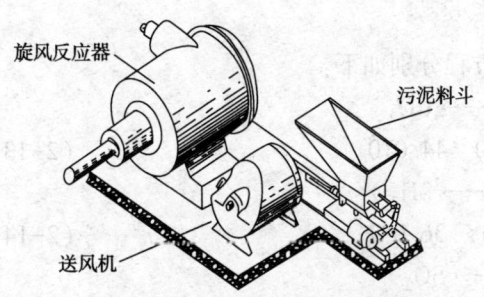

图 2-23 单独安装的旋风反应器

2.4 焚烧炉的设计

污泥焚烧系统的选择需要考虑很多因素，如技术、经济成本、政策等，其中投资与成本是非常重要的因素。一般来说，选择焚烧技术需完成如下一些分析步骤：

(1) 污泥特性分析。需分析的污泥特性包括组成、热值、重度、黏度等。需注意的是，上述特性是随技术、法规和经济发展等因素变化而变化的。

(2) 系统的初步考虑。依据当前及将来可能的法规要求，提出污泥焚烧系统的性能指标要求，并进行焚烧系统的设计考虑。

(3) 能量与物料平衡。一般从污泥的物质流及能量流等角度确定能量平衡、物料平衡、燃烧所需空气以及烟气排放等。测算往往基于污泥处理的日平均量，计算结果应取处理能力最大值。

(4) 焚烧炉及配套辅助系统的分析。这一选择往往取决于业主对技术的认识以及技术本身的适应性。辅助系统中重要的有污泥给料系统、点火系统及烟气净化系统。辅助系统的选择必须要求稳定可靠，烟气净化系统的选择还应严格按照国家的法规要求。

(5) 焚烧系统经济性分析。主要包括两部内容：初投资及运行成本。

一些因素对污泥焚烧工程初投资的影响可以采用式(2-11)来估算：

$$C_i = C_0 \left(\frac{S_i}{S_0}\right)^n \tag{2-11}$$

式中 C_i——变化后的某设备或装置的投资额；
C_0——变化前的某设备或装置的投资额；
S_i——变化后的某设备或装置某一特征值；
S_0——变化前的某设备或装置某一特征值；
n——某设备或装置对初投资的影响指数。

2.4.1 质量平衡分析原理

根据质量守恒定律，焚烧系统输入的物料质量应等于输出的物料质量，即

$$M_a + M_f - M_g - M_r = 0 \tag{2-12}$$

式中 M_a——进入焚烧系统助燃空气的质量；
M_f——进入焚烧系统污泥的质量；
M_g——排出焚烧系统烟气的质量；
M_r——排出焚烧系统飞灰的质量。

污泥中的主要可燃元素为 C、H、S，其燃烧方程分别如下：

$$\begin{array}{cccc} C & + & O_2 \longrightarrow & CO_2 \\ 12.010 & & 32.000 & 44.010 \end{array} \tag{2-13}$$

$$\begin{array}{cccc} 2H_2 & + & O_2 \longrightarrow & 2H_2O \\ 4.032 & & 32.000 & 36.032 \end{array} \tag{2-14}$$

$$\begin{array}{cccc} S & + & O_2 \longrightarrow & SO_2 \\ 32.066 & & 32.000 & 64.066 \end{array} \tag{2-15}$$

根据以上反应式计算可得，污泥中每 1kg C 燃烧需 O_2 量为 2.6644kg，生成 CO_2 的量为 3.6644kg；污泥中的 H_2 燃烧需 O_2 量为 7.9365kg/kg，生成水蒸气的量为 8.9365kg/kg；污泥中的 S 燃烧需 O_2 量为 0.9979kg/kg，生成 SO_2 的量为 1.9979kg/kg。即 1kg 干污泥燃烧所需的总 O_2 量为

$$需 O_2 量 = 2.6644w(C) + 7.9365w(H_2) + 0.9979w(S) - 燃料中含 O_2 量 \quad (2-16)$$

换算为空气，则有

$$需空气量 = 需氧量 \times 4.3197 \quad (2-17)$$

1kg 干污泥燃烧生成的水蒸气量为

$$生成的水蒸气量 = 8.9365w(H_2) \quad (2-18)$$

1kg 干污泥燃烧生成的干气体量为

$$生成的干气体量 = 3.6644w(C) + 1.9979w(S) + 需氧量 \times (4.3197 - 1) + 燃料中含 N_2 量 \quad (2-19)$$

根据 Dulong 方程，1kg 干污泥燃烧释放的热量为

$$Q = 33829w(C) + 144277[w(H_2) - 0.125w(O_2) + 9420w(S)] \quad (2-20)$$

以上各式中 C、H_2、S、O_2、N_2 的质量分数单位为%；Q 的单位为 kJ/kg；需氧量、需空气量、生成水蒸气量和生成干气体量的单位均为 kg/kg。

2.4.2 能量平衡分析原理

从能量转换的观点来看，焚烧系统是一个能量转换设备，它将污泥燃料的化学能通过燃烧过程转化成烟气的热能，烟气再通过辐射、对流、导热等基本传热方式将热能分配交换给工质或排放到大气环境。在稳定工况条件下，焚烧系统输入输出的热量是平衡的，即：

$$Q_f + M_a h_a - M_g h_g - M_r h_r = 0 \quad (2-21)$$

式中　Q_f——污泥燃烧放出的热量；
　　　h_a——单位质量助燃空气的焓；
　　　h_g——单位质量烟气的焓；
　　　h_r——单位质量飞灰的焓。

2.4.3 流化床焚烧炉的设计

2.4.3.1 污泥给料系统的考虑

一般来说，首先应确定该系统需要的给料量、污泥成分、污泥含固率、干基污泥中的可燃量、污泥燃烧值及污泥中一些化学物质如石灰的含量等。

输送方式的选择将依据输送装置的尺寸、运行成本、安装位置及维修难易程度等来定。一般可用于输送污泥的方式有带式、泵送式、螺旋式以及提升式。带式输送机械结构简单而可靠，通常可倾斜到 18°。

许多情况下，湿污泥可通过泵进行输送和给料，通常采用的有柱塞泵、挤压泵、隔膜泵、离心泵等。泵送可实现稳定的给料速率，减少污染排放，有利于焚烧炉的稳定运行；系统易于布置，对周围布置条件要求低；可充分降低污泥臭味对环境的影响。不足的是，泵送污泥的压力损失较大。对于泵送污泥，其所需的起始压力为

$$\Delta p = \frac{4L\tau_0}{d_0} \tag{2-22}$$

式中　L——输送长度，m；

　　　τ_0——起始剪切力，10^{-5}Pa；

　　　d_0——管道直径，m。

在采用泵送方式时，起始剪切力可随着污泥在输送管道内静止停留时间的增长而增加。比较而言，刮板式输送机械输送污泥更为适宜，这种方式有调节松紧装置，但需考虑污泥的触变特性，即污泥在受到一定剪切力时，其表面黏性力可急剧下降，使原来硬稠的污泥变为液体状的污泥。污泥的水平输送通常使用螺旋输送机械，输送距离应不超过 6m，以防止机械磨损和方便机械的检修和维护。

给料量的范围主要取决于焚烧炉处理的最小负荷和最大负荷。

辅助燃料的添加可以有多种不同的方案，大多数装置采用将污泥和辅助燃料（煤或油）分别给入床内的办法，例如将污泥由炉顶自由落入炉内，煤由床层上方负压给料口给入，辅助油通过在床层内布置的油枪，或将其雾化后与一次风一起送入流化床。也可以将辅助燃料通过一些特殊设备事先与污泥混合，然后一起加入。这样可避免床内的燃烧不均匀，有利于污泥的燃烧稳定和锅炉的安全运行。

2.4.3.2　污泥流化床焚烧炉的主要设计原则

(1) 污泥流化床内径的确定

所选流化床的内径取决于焚烧炉进料污泥中所含的水分量。

(2) 污泥流化床静止床高的确定

典型的污泥流化床焚烧炉膨胀床高与静止床高之比一般介于 1.5~2.0，而静止床高可为 1.2~1.5m。污泥流化床焚烧处理能力与污泥水分之间的关系可表示为

$$Q = 4.9 \times 10^{2.7-0.0222P} \tag{2-23}$$

式中　Q——污泥处理量，kg/(m²·h)；

　　　P——污泥水分含量，%。

焚烧速率为

$$I_v = 2.71 \times 10^{5.947-0.0096P} \tag{2-24}$$

当污泥水分介于 70%~75% 时，Q 为 53~69kg/(m²·h)，I_v 为 (1.81~2.04)×10⁶kJ/(m²·h)。

流化床焚烧炉的热负荷为 (167~251)×10⁴kJ/(m³·h)（以炉床断面为基准）。若床层高度为 1m，炉子容积热强度高达 (167~251)×10⁴kg/(m³·h)。因此，即使污泥进料量有所变动，炉内流化温度的波动幅度也不大。焚烧炉一般采用连续运行方式，但由于焚烧炉的蓄热量很大，停炉后的温度下降很慢，再启动较容易，所以焚烧炉有时也可采用间歇操作。

(3) 床料粒度的选择

污泥流化床混合试验研究表明，对于二组元流化床，两种物料的颗粒粒度和密度对物料在床内分布产生的影响最大。一般来说，污泥在床内为低密度、大粒度物料，需选用小颗粒、大密度物料作为基本床料，此时床内颗粒的分布规律将主要受密度的影响。污泥流化床采用石英砂为床料，其粒径的选择取决于其临界流化速度。为达到较低的流化风速，选取的床料平均粒径在 0.5~1.5mm 之间。

（4）污泥流化床防止床料凝结的措施

如何防止床料凝结，避免其对正常流化的影响，是流化床焚烧污泥的技术关键之一。污泥特别是城市污泥和一些工业污泥，本身带有一定量的低熔点物质，如铁、钠、钾、磷、氯和硫等成分，这些物质的存在极易导致灰高温熔结成团，如磷与铁可以进行反应：$PO_4^{3-} + Fe^{3+} \longrightarrow FePO_4$，并产生凝结现象。一种简单有效的方法是在流化床中添加 Ca 基物质，通过 $3Ca^{2+} + 2FePO_4 \longrightarrow Ca_3(PO_4)_2 + 2Fe^{3+}$ 反应来克服 $FePO_4$ 的影响。

另外，碱金属氯化物可与床料发生以下反应：

$$3SiO_2 + 2NaCl + H_2O \longrightarrow Na_2O \cdot 3SiO_2 + 2HCl \quad (2\text{-}25)$$

$$3SiO_2 + 2KCl + H_2O \longrightarrow K_2O \cdot 3SiO_2 + 2HCl \quad (2\text{-}26)$$

反应生成物的熔点可低至 635℃，从而影响灰熔点。

添加一定量的 Ca 基物质可使得上述反应生成物进一步发生以下反应：

$$Na_2O \cdot 3SiO_2 + 3CaO + 3SiO_2 \longrightarrow Na_2O \cdot 3CaO \cdot 6SiO_2 \quad (2\text{-}27)$$

$$Na_2O \cdot 3SiO_2 + 2CaO \longrightarrow Na_2O \cdot 2CaO \cdot 3SiO_2 \quad (2\text{-}28)$$

生成高灰熔点的共晶体，防止碱金属氯化物对流化的影响。

将高岭土应用于流化床中也可有效防止床料玻璃化和凝结恶化。高岭土在流化床中可以发生以下脱水反应：

$$Al_2O_3 \cdot 2SiO_2 \cdot 2H_2O \longrightarrow Al_2O_3 \cdot 2SiO_2 + 2H_2O \quad (2\text{-}29)$$

$$Al_2O_3 \cdot 2SiO_2 + 3NaCl + H_2O \longrightarrow Na_2O \cdot Al_2O_3 \cdot 2SiO_2 + 2HCl \quad (2\text{-}30)$$

而共晶体 $Na_2O \cdot Al_2O_3 \cdot 2SiO_2$ 的熔点高达 1526℃。高岭土与碱金属的比例，一般为 3.3（对 K 而言）和 5.6（对 Na 而言），以避免 Al_2O_3 和 SiO_2 过量。

考虑到污泥以挥发分为主，为防止流化恶化现象的产生，还可通过其他方式来控制，如低燃烧温度和异重流方式。

2.4.4 多膛焚烧炉的设计

2.4.4.1 焚烧炉尺寸设计

首先，焚烧炉的有效处理能力必须与污泥的产生量相匹配；其次，焚烧必须能适应污泥和补充燃料燃烧释放的热量。如图 2-24 所示为一典型多膛焚烧炉。

通常，多膛焚烧炉有如下特征：①干燥时，单位面积单位时间炉膛湿空气产生量为 48.87kg/($m^2 \cdot h$)；②燃烧时，单位面积单位时间炉膛污泥的焚烧量为 48.87kg/($m^2 \cdot h$)；③释放热量为 3.73×10^5 kJ/m^3。多膛焚烧炉的尺寸可根据有关图表进行估计。

为了确定设备的尺寸和特性，必须通过一系列的计算测定焚烧炉的进气流量、烟气量、补充燃料和冷却水需要量。首先进行质量平衡计算，然后进行热平衡计算，最后得到系统排放物的特性。

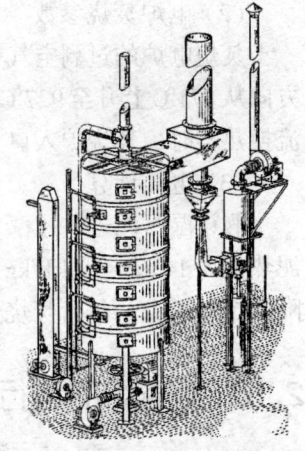

图 2-24 多膛焚烧炉系统

2.4.4.2 焚烧炉的结构

多膛焚烧炉的处理能力与搅拌速率和炉的大小有关。可根据相关资料确定多膛焚烧炉的搅拌能力和停留时间。在很多情况下，焚烧炉的组件必须能经得起烟气的高温和腐蚀影响。

2.4.5 电炉的设计

如图 2-25 所示是一个带同流换热器电炉焚烧污泥时物料和能量的流向图。通入系统的空气/气体是由引风机引入的。热辐射炉的特点是排放物很少，不需要高能耗的洗涤系统。干污泥置于传送带上，不进行机械或其他形式搅动，选择适当的传送速率使污泥的最初厚度为 2.54cm，这个厚度能确保污泥达到传送带的另一端之前燃烧完全。

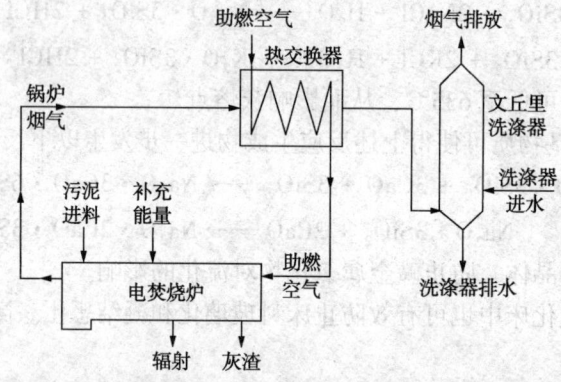

图 2-25 电炉中污泥焚烧时物料和能量的流向图

电炉的制造和操作相对简单，但电耗高，仅适用于电价较低的地区。

(1) 电炉尺寸确定

电炉尺寸可根据湿污泥负荷按有关资料进行选用，从 1.22m 宽 6.10m 长到 2.90m 宽 31.7m 长不等。常采用多单元形式而不是单个大单元形式。采用多单元形式可以减少设备电力启动和降低电耗，可同时运行两个或三个单元但无需同时启动一个以上的单元。

(2) 电炉焚烧参数

焚烧电炉的过剩空气量一般为 10%~20%。污泥进料与气流方向相反，温度沿污泥进料方向从 871℃ 上升至 927℃。焚烧炉烟气出口温度大约为 649℃。当使用一个空气加热器或同流换热器时，焚烧炉入口空气温度不超过 316℃。

(3) 电耗计算

假设湿污泥进料速率为 5443kg/h，湿污泥的含水率为 78%，干污泥灰分为 43%，干污泥热值为 $14.63×10^3$kJ/kg，电炉热辐射损失率为 4%，使用一个换热器时，污泥焚烧电耗可降低 50% 以上。尽管焚烧炉启动时电耗很高，但启动过程仅需 1~2h。

2.5 焚烧炉的运行

现代焚烧设备都要求安全有效的运行，当操作参数改变时，应通过自动控制系统马上作出相应的调整。

2.5.1 焚烧炉运行的目标

焚烧炉运行有四个目标：

(1) 无毒的灰渣

燃烧良好的情况产生的剩余未燃碳量小于3%。如果形成炉渣，应将其粉碎后再分析。内核深褐色炉渣的形成是因为焚烧炉燃烧区域加热不充分或者炉温不够。表面黑色而呈玻璃的坚硬炉渣表明在焚烧炉内部发生了热解作用，形成了热解炉渣，热解作用发生的条件是炉内存在970℃以上的热点，且热点部位的助燃空气供应不足。污泥中的部分碳在热解过程中被熔化了而不是被燃烧掉了，所形成的熔融体在搅拌或转移至焚烧炉温度较低的区域过程中转变成为固化体，此固化体是无毒的。

(2) 烟气排放最小化

任何焚烧炉的排放气体应该是无色的。在高负荷情况和/或不利的气候条件(较高的相对湿度)下将形成烟缕。烟气的颜色越深，说明烟气中的颗粒物含量越高。

(3) 辅助燃料使用量最小化

每天应记录下燃料用量、污泥产量和特性，将燃料用量与燃料理论需求量作比较。这个比值应保持相对稳定。如果有显著的变化，表明燃料补给系统出了问题，或者焚烧炉需要彻底的清洁处理。

(4) 运行和设备维护费用最小化

在降低运行成本上，预防性的维护是最重要的因素。每半年或每个季节必须安排一次停机，对焚烧炉进行检修和清理。每年安排的停机检修和清理时间为2~4周，否则会导致突然的不定期运行中断，从而需要更多的停机时间。

2.5.2 过程控制

两个最重要的控制系统是气流调节和炉温调节。与多膛焚烧炉相比，由于流化床焚烧炉配备厚重的底座和密封的反应器，其过程控制可靠性和连续性更好。

在焚烧炉内部接近烟道出口处测量焚烧炉气流，其值受ID鼓风机或流化鼓风机的功率、二级补给空气、焚烧炉膛个数、鼓风机节气阀位置和洗涤系统内部压降的影响。

操作者应当有一个为气流流经设备设置的参数表格，参数包括洗涤塔的压降(通过改变通风口叶轮或阀塞调节)和焚烧炉气流量(通过改变ID鼓风机或流化鼓风机上节气阀的位置调节)。通过调节气流量，确保在消耗最小量的燃料加热助燃空气的情况下，使污泥燃烧完全(流化床焚烧炉内的气流量是正数，其他焚烧炉内的气流量是负数，表明其他类型的焚烧炉内有轻微的空气吸入)。

操作人员可以简单地通过测量氧气含量来判断气流是否适当。污泥的组成不同，所需要的氧气含量也不相同。也可以通过测定烟道气中的二氧化碳分数来确定空气过剩系数。

对于不能维持燃烧的污泥炉温的控制，是通过改变补给燃料的燃烧量来实现的。大多数焚烧炉是燃油和/或燃气的，污泥与辅助燃料质量之比已经从4:1降低到10:1。增加燃料量或增加燃气量，将增加炉温。用燃油燃烧，初级助燃空气过剩率应设置为大约15%，燃气过剩率应设置为5%。热辐射焚烧炉可通过任意改变热输出利用电流加热至最高温度。对于能维持燃烧的污泥，则不需要补给燃料，炉温由进入焚烧炉的空气控制。多膛焚烧炉内空气的量及其分布将影响温度的分布。

焚烧炉操作要求焚烧炉内的温度保持相对不变。对于多膛焚烧炉和热辐射焚烧炉，进料速率必须保持不变以保持温度的稳定。进料速率急剧减小，出口温度将会上升，将不可避免地引起炉内温度的瞬间波动。可以尝试补充二次助燃空气,然而,从故障的识别、鼓风机节气阀的打开以及污泥初始进料速率的恢复到炉内温度的稳定,存在一个时间上的滞后。二次助燃空气流量的控制可以通过检测烟气中氧和二氧化碳的分数来实现。

2.5.3 自动控制

污泥焚烧的自动控制包括燃烧控制、温度控制、气流调节、洗涤器控制、燃烧空气控制和轴驱动控制。

（1）燃烧控制

焚烧炉必须配备自动燃烧控制系统,以确保在主要燃料点燃前烟气排放和引燃已完成。烟气排放、引燃、主要燃料点燃由控制系统设置为自动依次进行,由光电、红外或紫外探测器对火焰进行自动探测。

烟气排放周期设置为 1~5min,保证有足够的时间排出焚烧炉中残余燃气以避免爆炸的可能。

（2）温度控制

在多膛焚烧炉的炉膛上方(流化床焚烧炉或热辐射焚烧炉纵向的特定部位)安装热电偶检测温度并传递给中心控制室的控制器。当炉膛温度(工艺参数)低于设定值时,补给燃料的流量会自动地增加。随着燃料燃烧的进行和温度上升并接近设定值,燃烧速率将会降低。一旦达到设定值,燃烧速率将降低至其最小值或零,这取决于使用的设备类型。初级助燃空气与燃料的比值是不变的,当燃料流量增加时,初级助燃空气流量应自动增加。

（3）气流调节

焚烧炉内轻微的变化,如燃烧器的点火、熄火或进料的变化,都会显著改变焚烧炉的气流量。气流量是由 ID 鼓风机来调节的,可通过 ID 鼓风机节气阀调节通过焚烧炉、烟道、洗涤器、烟囱等的气流量。通常,ID 鼓风机节气阀是由焚烧炉气流调节装置控制的。随着气流量的增加(负压增大),节气阀将会关闭。同样,节气阀将会在气流量减少(负压减小)的情况下打开。气流量的控制实际上是瞬间的,节气阀轻微的活动会立即改变焚烧炉内的气流量。气流自动控制系统可将焚烧炉的气流量控制到很小的水平。在手动模式下,要保持气流量为一个恒定值几乎是不可能的。

（4）洗涤器控制

洗涤系统的主要目的是净化烟道气,有效的清除是通过调节文丘里管的压降实现的。在文丘里管或文丘里洗涤器入口和出口烟道安装压差计,结合温度控制器,将差压与设定值作比较。通过文丘里管叶片和塞子的开闭将压差保持在最佳烟气颗粒物去除效果的压差设定值上。有的装置利用烟囱中的不透明性指示计来控制文丘里管的压降。不透明度越高,烟气中颗粒物含量越大,则需要更高的文丘里管压降。然而这种方法的误差较大。如洗涤器排出的烟气含有水珠,指示计会将这些粒子错误地判断为不透明。

（5）燃烧空气控制

污泥滤饼的燃烧需要二级燃烧气体(初级燃烧气体用于燃烧炉中的辅助燃料)。在多膛焚烧炉中,可采用两种二级燃气自动控制模式:第一种,将污泥进料设置一个值,当进入焚烧炉的污泥量增加时,气流调节鼓风机的节气阀打开。污泥进料量低于设置值时,节气阀关闭。这种控制方法涉及定时问题,如果叶轮控制电路存在 10~15 min 的滞后,即进料污泥的增加与所需助燃空气的增加在时间上存在 0~15 min 的滞后。第二种是测定烟气中的氧气含量,将氧气含量设定为一个值,当烟道气中氧气过少时 ID 鼓风机节气阀将打开,而在氧气过多时关闭。

(6) 轴驱动控制

多膛焚烧炉的中心轴采用自动控制技术,随着轴速增加,焚烧炉燃烧区域下降。

2.5.4 维护

焚烧炉操作的预防性维护是很重要的。

流化床焚烧炉中,关键部件是污泥进料器、风箱和洗涤系统。进料器必须保持整洁,这是焚烧炉连续运行的决定因素。污泥可能在进料器内干燥和结块,使其进料速率下降或进料受阻。风箱必须定期检查。风箱底部过量的沙粒意味着支持沙床的压盘破裂引起了沙粒渗漏,或者意味着流化空气鼓风机的控制不合理。如果鼓风机立即停止,炉中余压会促使载沙空气下降到风箱里。

多膛焚烧炉必须定期彻底清洗,尤其是炉膛的下部。炉渣会形成悬挂在耐火材料上的沉积物,特别是在炉内进行辅助燃料直接点火的。这些沉积物会使焚烧炉内循环空气无法冷却隐藏的炉膛区,使耐火材料上的热点变大。另外,灰渣会与炉膛耐火材料发生化学反应。如果这些沉积物大量聚积,炉膛的寿命会显著减少。环绕火炉开口会形成炉渣,尤其是以燃油为辅助燃料时,沉积的炉渣会阻碍燃油的自由流动。燃烧区也必须清洁。

对于热辐射焚烧炉和其他焚烧炉,污泥滤饼传送带必须保持整洁,皮带也必须天天冲洗。带下的区域必须保持干净,不能有污泥累积,因为污泥滤饼有气味并且难看。如果掉下来,最终会失去大部分水分而可能引起火灾。

洗涤系统,特别是冲击板会被弄脏,必须一个月至少检查一次。沉积物妨碍气流流动时,洗涤器中的压差将会上升。操作员应当了解洗涤器中的压差标准范围,以确定何时清洗塔盘和冲击板。定期检测也是重要的方法。

焚烧设备的用水需用双筒过滤器过滤,用压差计显示通过过滤器的压差。同样的,操作员应当知道正常的压差标准值,当显示的范围超过正常值时,必须清洗过滤器。

为了评估焚烧炉的运行情况,必须记录污泥和燃料的数量和质量,焚烧炉的操作参数也要记录下来。

2.5.5 安全性

污泥滤饼是易燃的,在超过 760℃温度下会被焚烧,从而引起火灾。污泥滤饼的易燃性要求在污泥传送器和其他处理设备采取严格的防火措施。有必要进行燃烧控制以防止炉内发生大火。工厂必须有燃油或燃气的存储设施。

2.6 污泥焚烧污染控制

2.6.1 污染物排放

污泥焚烧工艺各产污环节如图 2-26 所示。

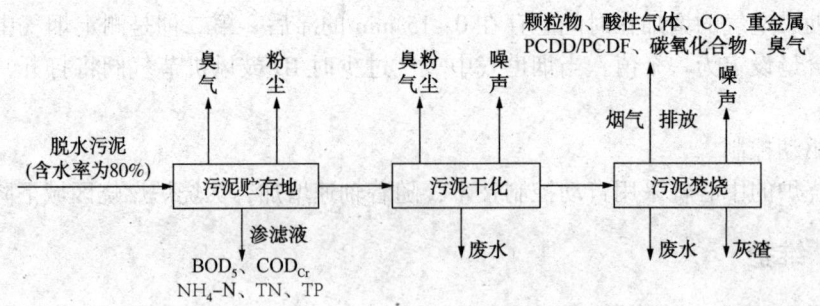

图 2-26 污泥焚烧工艺各产污环节

污泥焚烧过程有大量的烟气产生,每吨污泥产生的烟气体积(O_2 占 11%)一般在 4500~6000 m^3,其组成为颗粒物质、酸性和其他性质的气体(包括 HCl、HF、HBr、HI、SO_2、NO_x、NH_3)、重金属(包括 Hg、Cd、Tl、As、Ni、Pb 等)、含碳化合物[包括 CO、碳氢化合物(VOCs)、二噁英(PCDDs/PCDFs)等]、臭气等。排放的烟气特性与所焚烧的物质组成和焚烧的技术条件有关。表 2-1 列出了不同流化床焚烧炉和多膛焚烧炉焚烧工艺排放的烟气特性。

表 2-1 污泥焚烧烟气特性

项 目	流化床焚烧炉(100t/d)	多膛焚烧炉(180t/d)
过剩空气率	1.3~1.5	1.5~2.5
烟尘浓度/(g/m^3)	20~50	2~10
$w(NO_x)/10^{-4}$%	约 50(聚合物泥饼) 200~500(石灰泥饼)	150~250
$w(SO_x)/10^{-4}$%	500~1000(聚合物泥饼) 200~500(石灰泥饼)	500~1000(聚合物泥饼) 200~500(石灰泥饼)
$w(CO)/10^{-4}$%	约 100	1000~5000(聚合物泥饼) 约 500(石灰泥饼)
臭味浓度/10^{-4}%	500~100(SO_x,臭味)	5000~10000(聚合物泥饼) 1000~5000(石灰泥饼)

污泥焚烧厂产生的废水通常包括湿式或半湿式烟气净化装置产生的废水、锅炉排水、湿式冷却装置产生的冷却水、道路和其他路面冲洗水和雨水、进厂脱水污泥储存及转运区产生的渗滤液和污泥水、灰渣处理和储存产生的各种废水。这些废水多数含有很高浓度的盐、重金属和有机物。

污泥焚烧厂产生的固体残留物主要有三类:一是直接由焚烧炉产生的飞灰和灰渣;二是由烟气处理设施产生的残留物;三是由废水处理过程中产生的污泥等。

噪声源主要包括:污泥运输和卸载噪声,机械预处理(如破碎、输送等)噪声,抽风机设备噪声,冷却系统噪声,涡轮产生的噪声,恶臭和烟气处理设备噪声,固体残留物的处理等设备产生的噪声。

(1) 灰渣

污泥种类、污泥化学性质及污泥焚烧方式决定飞灰特性及飞灰量。表 2-2 为飞灰各组成成分的含量。

表 2-2　污泥焚烧飞灰成分　　　　　　　　　　　　　　　　　　　　　　%

污泥焚烧飞灰成分	质量分数			
	资料一	资料二	资料三	资料四
SiO_2	29~31.5	20.3	26~37	30.3
Fe_2O_3	10.7~11.8	20.0	3~6	17.2
Al_2O_3	4.5~8.7	6.8	6~7	9.7
CaO	24.2~41.0	21.8	24~25	16.3
MgO	0.7~4.0	3.2	2~3	3.0
P_2O_5	4.0~12.8	22.5	17~23	17.7
SO_3	0.5~3.3	0.5	2	没有测定
Na_2O	3.0~9.5	0.5	0.4	没有测定
K_2O	1.4~1.5	1.3	0~3	没有测定

灰渣的主要成分是不溶性的硅酸盐、磷酸盐、硫酸盐和难治理的金属氧化物，其中有些物质可能能够溶解。一些焚烧灰渣中的金属含量见表2-3。

表 2-3　污泥焚烧飞灰中的重金属含量

重金属成分	含量(6个焚烧炉数据)/(mg/kg)	含量(10个焚烧炉数据)/(mg/kg)
Cd	70~145	4~900
Cr	505~7000	350~6560
Cu	1500~5719	1500~7000
Pb	830~3300	90~2080
Hg	1(1个焚烧厂数据)	2~9
Ni	255~1831	270~3900
Zn	4000~16700	900~23800

表2-4为流化床污泥焚烧炉飞灰粒径分布及各粒径排放量的情况。一般说来，在不考虑砂石等固体时，湿污泥的飞灰量占干基污泥量的20%~40%，而消化污泥的飞灰量将提高到35%~50%。污泥中含有的灰分成分导致污泥焚烧烟气中含有高浓度的飞灰，流化床焚烧污泥的特点是灰分100%作为飞灰排出焚烧炉。

表 2-4　污泥流化床焚烧炉飞灰粒径分布及各粒径排放量

粒径/μm	小于该粒径的累积量/%	排放因子/(kg/t)
0.625	32	0.7264
1.0	60	0.1362
2.5	71	0.1589
5.0	78	0.1771
10.0	86	0.1952
15.0	92	0.2088

飞灰中对环境影响最大的是重金属，其次是一定量的二噁英等有机污染物。

（2）重金属

重金属的排放取决于金属的类型和燃烧温度。

在高的焚烧温度下,大部分金属都蒸发而进入烟气中,当烟气冷却时,它们凝固在飞灰的颗粒表面。研究表明:78%~98%的 Cd、Cr、Cu、Ni、Pb 和 Zn 固定在飞灰中,98%的 Hg 随着烟气排放到大气中。金属在飞灰中的分布没有规律可言,Pb、Cd、Cr、Cu 和 Ni 等重金属固定在飞灰颗粒核心的周围,Si 和轻金属 Al、Ca、Na、K 等则分布在飞灰颗粒的表面。焚烧炉温度在低于870℃时,对挥发分重金属的排放量影响很小。污泥中氯含量的提高促进了焚烧温度对 Pb 和 Cd 排放的影响,这主要是由于高挥发性物质 $PbCl_2$ 和 $CdCl_2$ 的作用。一般来说,氯离子在干基污泥中的含量低于 0.5%,但如果污泥采用石灰和氯化铁进行脱水,氯离子在干基污泥中的含量可提高到 7%~9%。处理这样的污泥,Pb 和 Cd 的排放量将大大提高,有的提高达 6 倍。

污泥焚烧过程中重金属的分配规律见表 2-5。

表 2-5　污泥焚烧过程中重金属的分配　　　　　　　　　　%

重金属	飞灰中重金属比例	洗涤水中重金属比例	烟气中重金属比例
Zn	79	20	1
Cu	78	21	1
Pb	87	12	1
Cr	95	4	1
Ni	80	20	未测
Hg	0.4	2	97.6
Cd	80	20	未测

（3）二噁英

多氯代二苯并二噁英和多氯代二苯并呋喃是两类稳定而没有使用价值的超痕量有机污染物,它们表现出相似的物化性质,统称为二噁英(PCDDs/PCDFs)。PCDDs/PCDFs 共含有 75 种氯代二苯并二噁英和 135 种氯代二苯并呋喃,不同 PCDDs/PCDFs 的毒性随氯原子的位置和数目的不同存在差异,含有 0~3 个氯原子的 PCDDs/PCDFs 没有明显毒性;含有 4~8 个氯原子的 PCDDs/PCDFs 才有毒,其中 2,3,7,8-PCDD 的毒性最强,随氯原子的增加,毒性将会减弱,最大相差 1000 倍以上。

二噁英是一类急性毒性物质,其中 2,3,7,8-PCDD 是目前已知有机物中毒性最强的化合物。

在污泥焚烧过程中,影响 PCDDs 和 PCDFs 的形成和排放的主要因素包括:污泥的成分及特性、燃烧条件、烟气成分、烟气中微粒的含量、烟气温度分布、粉尘去除装置的运行温度以及酸性气体的控制方式。

污泥焚烧过程中 PCDDs 和 PCDFs 的形成有三个可能的途径:①包含 PCDDs/PCDFs 的化合物在燃烧室中不完全裂解;②通过炉膛中的氯酚和氯苯等氯化物形成;③由无机氯化物与有机物综合反应的产物,通常是在有催化剂存在的条件下发生,如温度范围为 250~400℃ 的余热锅炉及除尘器中的飞灰,所含的金属化合物一般有铜的氯化物、氧化物、硫酸盐以及铁、锌、镍、铝的氧化物。以 $CuCl_2$ 的催化作用为例:

$$CuCl_2 + 1/2O_2 \longrightarrow CuO + Cl_2 \tag{2-31}$$

$$CuO + 2HCl \longrightarrow CuCl_2 + H_2O \qquad (2-32)$$
$$2HCl + 1/2O_2 \longrightarrow H_2O + Cl_2 \qquad (2-33)$$

影响 PCDDs 和 PCDFs 排放的两个主要参数是氯的含量和污泥中 $x(S)/x(Cl)$ 比值。SO_2 可消除催化反应中氯的形成，使它难以与有机化合物反应并形成 PCDDs 和 PCDFs。研究表明，随着 $x(S)/x(Cl)$ 比值的增加，污泥焚烧后烟气中 PCDDs 和 PCDFs 的浓度降低。

由于污泥中的 $x(S)/x(Cl)$ 比值一般比其他废物中的高 7~10 倍，焚烧生成的 PCDDs 和 PCDFs 通常低于规定值。采用流化床焚烧炉时的 PCDDs 和 PCDFs 生成量往往要低于多膛焚烧炉。

PCDDs 和 PCDFs 大部分存在于飞灰和气体中，采取以下措施可使多氯化合物的生成量减少：①将低碳含量的飞灰深度燃烧；②降低废物中的铜含量；③减少飞灰在临界温度区的停留时间。

(4) 其他污染物

污泥焚烧时还会产生 NO、SO_2、HCl、HF、N_2O 和 CO 等气体污染物。这些污染物的排放与污泥中的 S、N、Cl 等元素有关。污泥中的 S 含量和煤炭中的含量相当，在焚烧过程中以 SO_2 形式排出；N 含量是煤炭中的几倍，因此，污泥焚烧有可能排放出高浓度的 NO_x 和 N_2O。

氯化氢的产生是废水中存在氯化物的原因。在一些可能排放氯化氢废物工业较为集中的地区，氯化氢的最大排放量甚至可达 $(1 \sim 12) \times 10^{-4}$，但此浓度范围氯化氢的排放并不重要，尽管氯化氢可能腐蚀设备。

二氧化硫的排放较少，烟气中二氧化硫含量通常低于 20×10^{-4}。污泥中硫的含量非常低，其中大部分以硫酸盐的形式存在。硫酸盐将随飞灰排出，烟气中的二氧化硫含量符合环保要求。

如果设备设计合理，使空气均匀分布整个锅炉，烟气中是不会存在一氧化碳的。

氮氧化物主要来自于燃烧空气中的高含量氮，一氧化氮的产生量随温度的升高而增大，当温度下降时，一氧化氮会转变为二氧化氮。

2.6.2 烟气排放控制

2.6.2.1 颗粒物控制技术

在通过洗涤系统前，不同类型焚烧炉所排放烟气中颗粒物浓度不一样，流化床焚烧炉最高。多膛焚烧炉烟气中颗粒物浓度是可变的，但一般低于流化床焚烧炉。电炉烟气中颗粒物含量最小。

颗粒物的去除按照去除原理有湿法（洗涤法）或干法（静电除尘器、布袋过滤器、旋风除尘器），可去除至（标准状态）$10 mg/m^3$。

(1) 文丘里洗涤器

文丘里洗涤器净化系统通常分三部分：预冷器、文丘里管和低温冷却分离器。进入文丘里管前，烟气中的颗粒物在预冷器中吸收水分达到初步冷却。冷却分离器将水喷入室内，烟气在室内冷却到 40~80℃并保持水分饱和，烟气中冷凝出来的水分和为冷却气体而添加的水都得到去除。气体被低温冷却并饱和，完全达到排入大气的要求。在较冷且高湿度的气候条件下，当排出的烟气进入大气时，因烟气中的饱和水蒸气冷凝，而形成蒸汽羽。这种现象可以通过对低温冷却器的排气进行再加热而避免。对于多膛焚烧炉，可将冷却搅拌臂的热空气与低温冷却器的排气混合，从而很经济地解决此问题。

文丘里洗涤除尘器是一种具有高除尘效率的湿式除尘器。文丘里洗涤器又称文丘里管除尘器，由文丘里管凝聚器和除雾器组成。实际应用的文丘里除尘器是一套系统设备，由文丘里洗涤器、除雾器(或气液分离器)、沉淀池和加压循环水泵等多种装置组成。文丘里管包括收缩段、喉管和扩散段。文丘里洗涤除尘器对粉尘的捕集机理主要是惯性碰撞，扩散沉降机理只对小于 0.1μm 的细小粉尘才有明显的作用。

文丘里洗涤除尘器的除尘包括雾化、凝聚反应和分离除尘三个过程：含尘气流由收缩管进入喉管，流速急剧增大，气流的压力能转变为动能，在喉管入口处，气速达到最大，一般为 50~180m/s，洗涤液(一般为水)通过沿喉管周边均匀分布的喷嘴喷入，液滴被高速气流冲击，进一步雾化为更小的水滴，气体湿度达到饱和，尘粒被水润湿，此过程称为雾化过程；在喉管中，气液两相得到充分混合，粉尘粒子与水滴碰撞沉降效率很高。进入扩张管后，气流速度降低，静压逐渐增大，以尘粒为凝结核的凝聚作用加快，凝聚成直径较大的含尘液滴，易于在除雾器内被捕集，这一过程称为凝聚过程。气体随后进入除雾器，实现了气液分离，达到除尘目的，这一过程称为分离除尘过程。雾化过程和凝聚过程是在文丘里管内进行的；分离除尘过程是在除雾器或其他分离装置中完成的。净化后的气体从除雾器顶部排出，从烟羽的控制和设备的大小考虑，一般将排出烟气的温度降至约 50℃。如图 2-27 所示为常用于颗粒物控制和降温的文丘里/板式洗涤器。颗粒物中的水分一般要进行分离。通常采用密封件或挡板突然改变气流方向，利用惯性去除水滴。含尘废水由除雾器锥形底部排至沉淀池，文丘里洗涤器排出灰渣的脱水可以有多种方法(蓄水池、沉淀池、真空过滤器等)。

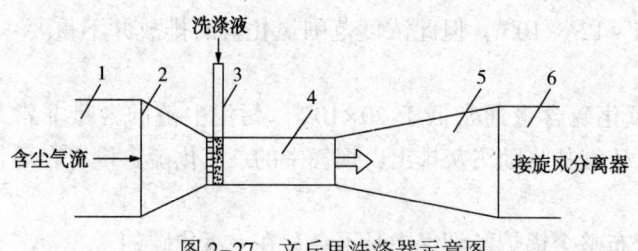

图 2-27 文丘里洗涤器示意图
1—进气管；2—收缩管；3—喷嘴；4—喉管；5—扩散管；6—连接管

文丘里管的构造有多种形式。按断面形状分为圆形和方形两种；按喉管直径的可调节性分为可调的和固定的两类；按液体雾化方式可分为预雾化型和非雾化型；按供水方式可分为径向内喷、径向外喷、轴向喷水和溢流供水等四类。文丘里管适用于去除粒径 0.1~100μm 的尘粒，除尘效率为 80%~90%，压力损失范围为 1.0~9.0kPa，液气比取值范围为 0.3~1.5L/m³。文丘里管如带有调节喉管直径的装置，在处理气体的流量变化时，可通过调节洗涤器的压降来保证除尘效率不降低。蒸汽和热水湿式除尘器，除尘效率高达 99.9%，而且可以利用工厂的余热。

文丘里洗涤除尘器的主要特点是：①结构简单紧凑，体积小，占地少，价格低；②既可用于高温烟气降温，高温、高湿和易燃气体的净化，也可净化含有微米和亚微米粉尘及易于被洗涤液吸收的有毒有害气体；③高速气流的动能要用于雾化和加速液滴，因而压力损失大于其他湿式和干式除尘器，压力损失高，处理的气体量相对较少，因而目前仅应用于小型焚烧炉。

澄清的洗涤水应重复回用，净化含有腐蚀性的气态污染物时，洗涤水具有一定程度的腐蚀性,因此要特别注意设备和管道的腐蚀问题,不适用于净化含有憎水性和水硬性粉尘的气体。寒冷地区使用湿式除尘器容易结冻,应采取防冻措施。

(2) 袋式除尘器

袋式除尘器的最大优点就是除尘效率高,在实际应用中达到99%,粉尘排放浓度可达到10mg/m³以下。

袋式除尘器属过滤除尘器,通过过滤材料将粉尘分离、捕集。含尘气体从下部引入圆筒形滤袋,在穿过滤布的空隙时,尘粒因惯性、接触和扩散等作用而被拦截下来。若尘粒和滤料带有异性电荷,则尘粒吸附于滤料上,除尘效率更高,但清灰较困难;若带有同性电荷,则除尘效率低,但清灰较容易。袋式除尘器可清除粒径0.1μm以上的尘粒,除尘效率达99%,气流压力损失为980~1960Pa。滤袋材料可为天然纤维或合成纤维的纺织品或毡制品,净化高温气体时,可用玻璃纤维作为过滤材料。

袋式除尘器的工作原理如图2-28所示,包括:①重力沉降作用。含尘气体进入布袋除尘器时,颗粒大、相对密度大的粉尘在重力作用下沉降下来,这和沉降室的作用完全相同。②筛滤作用。当粉尘的颗粒直径较滤料的纤维间的空隙或滤料上粉尘间的间隙大时,粉尘在气流通过时即被阻留下来,此即称为筛滤作用。当滤料上积存粉尘增多时,这种作用就比较显著。③惯性力作用。气流通过滤料时,可绕纤维而过,而较大的粉尘颗粒在惯性力的作用下,仍按原方向运动,遂与滤料相撞而被捕获。④热运动作用。粒径较小的粉尘(1μm以下)随气流运动,非常接近于气流流线,能绕过纤维,但它们在受到做热运动(即布朗运动)的气体分子的碰撞之后,便改变原来的运动方向,这就增加了粉尘与纤维的接触机会,使粉尘能够被捕获。滤料纤维直径越细,孔隙率越小,其捕获率就越高,所以越有利于除尘。

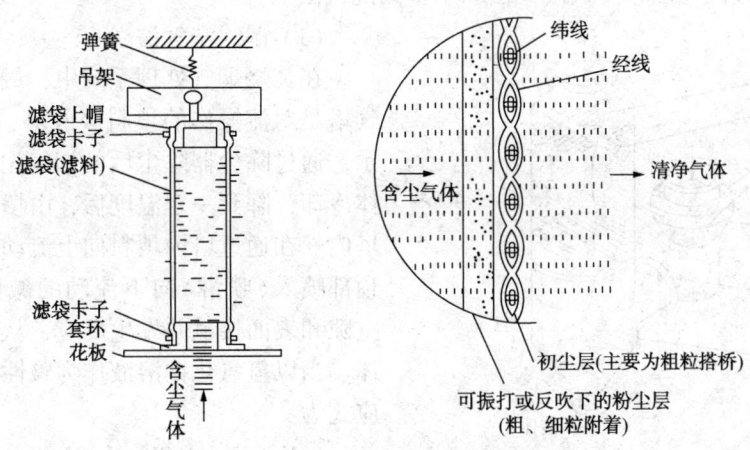

图2-28 袋式除尘器工作原理

袋式除尘器的除尘效率非常高,可去除的颗粒物粒径范围非常宽,可清除粒径0.1μm以上的尘粒,除尘效率达99%,粉尘排放浓度可达到10mg/m³以下,气流压力损失为980~1960Pa,直径通常为16~20cm,长约10m。袋式除尘器还兼有一定的重金属、二噁英和NO_x的去除能力,对重金属的去除效率在80%以上。如果注入活性炭,对金属Hg的去除效率通常可以超过95%。如将其与石灰或碳酸氢钠等碱性试剂一起注入,二噁英排放可降到0.1ng/m³以下的水平。采用褐煤焦炭作为催化过滤袋吸附剂,PCDD/PCDF的去除效率可达到99.9%,并可降低NO_x水平。采用活性炭试剂时,需与其他试剂相混合(如将90%的石灰和10%的活性炭混合)。采用催化反应袋吸附剂时,温度范围在180~260℃之间。

袋式除尘器的优点是装置简单、除尘效率高、回收的干粉尘能直接利用。其缺点是能耗高,活性炭和碱性试剂消耗量大;温度控制和系统维护要求高;要求烟气分布均匀,每一室的压降需独立监测;注入活性炭有自燃/着火的风险,会使Hg排放增加,烟气处理残留物中PCDD/PCDF和Hg含量增加;设备对冷凝水敏感,存在酸露点问题,会造成腐蚀;灰渣储存罐有着火风险;采用催化过滤袋时,需增加去除Hg的装置;对通过的气体不起冷却作用,占地面积较大。

袋式除尘器广泛用于污泥焚烧烟气处理系统,滤袋上的残留物层充当额外的滤料,也起到吸附反应器的作用。常作为烟气净化系统的末端设备,用于粉尘、重金属、二噁英等去除率要求较高的情况,与选择性催化还原法(Selective Catalytic Reduction,SCR)协同使用时,可使PCDD/PCDF的排放水平小于0.1ng/m³和粉尘排放量小于2mg/m³。

(3)旋风除尘器

旋风除尘器是污泥焚烧烟气预除尘技术,可去除粗颗粒以降低后续处理设备的负荷。

旋风除尘器工作时,气流从上部沿切线方向进入除尘器,在其中做旋转运动,尘粒在离心力的作用下被抛向除尘器圆筒部分的内壁上并降落到集尘室。旋风除尘器适用于净化粒径大于5~10μm的非黏性、非纤维的干燥粉尘,结构简单、操作方便、耐高温、设备费用和阻力(780~1560Pa)较低,除尘效率约70%~90%。

2.6.2.2 酸性气体控制技术

在污泥焚烧厂中,燃烧后形成的酸性气体主要有SO_2、HCl、HF。目前控制酸性气体的方法主要有湿式洗气法、干式洗气法和半干式洗气法三种。

(1)湿式洗气法

在焚烧烟气处理系统中,最常用的湿式洗气塔是对流操作的填料吸收塔,如图2-29所示。通过除尘器除尘后的烟气先经冷却部的液体冷却,降到一定温度后,由填料塔下部进入塔内。在通过塔内填料向上流动过程中,与由顶部喷入(喷淋)向下流动的碱性溶液在填料空隙和表面接触并发生反应,从而去除酸性气体。当以氢氧化钠溶液作为碱性药剂时,其反应式为

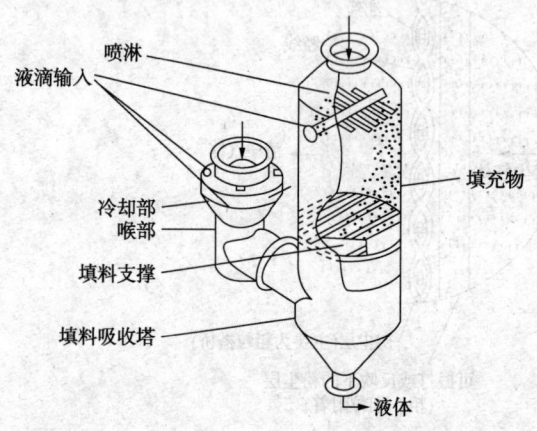

图2-29 湿式洗气塔的构造

$$NaOH + HCl \longrightarrow NaCl + H_2O \quad (2-34)$$
$$NaOH + SO_2 \longrightarrow Na_2SO_3 + H_2O \quad (2-35)$$

填料对吸收效率的影响很大,应尽量选用耐久性与防腐性好、比表面积大、对空气流动阻力小以及单位体积质量轻和廉价的填料。近年来,最常使用的填料是由高密度聚乙烯、聚丙烯或其他热塑性材料制成的不同形状的特殊填料,如螺旋环等,较传统的陶瓷或金属制成的填料质量轻、防腐性高、液体分配性好。使用小粒径的填料可提高单位高度填料的吸收效率,但压差较大。一般为说,气体流量超过14.2m³/min以上时,不宜使用直径在25.4mm以下的填料;超过56.6m³/min以上,则不宜使用直径低于50.8mm的填料。同时,填料的

直径不宜超过填料塔直径的 1/20。

吸收塔的构造材料必须能抗酸气或酸水的腐蚀，常用方法是在碳钢表面衬橡胶或聚氯乙烯等防腐材料。近年来，玻璃纤维强化塑料(FRP)的应用逐渐得到推广。玻璃纤维强化塑料不仅质量轻，可以防止酸碱腐蚀，还具有高韧性及高强度等特点，适于用来制造吸收塔的外设及内部附属设备。

洗涤药剂对酸性气体的去除起着非常重要的作用。常用的碱性药剂有苛性钠(NaOH)溶液(质量分数为15%~20%)或石灰($Ca(OH)_2$)溶液(质量分数为10%~30%)。石灰价格较低，但在水中的溶解度不高，且有许多悬浮氧化钙粒子，易导致液体分配器、填料及管线的堵塞及结垢。苛性钠较石灰贵，但苛性碱和酸性气体的反应速率较石灰快，吸收效率高，其去除效果较好且用量较少，也不会产生管线结垢等问题，因此一般均采用NaOH溶液为碱性中和剂。碱性洗涤溶液常采用循环使用方式，当pH值或盐度超过一定标准时，应排出部分并补充一些新的NaOH溶液，洗涤溶液继续循环使用，以节约处理成本并维持一定的酸性气体去除效率。排出液中通常含有很多可溶的重金属盐类(如$HgCl_2$、$PbCl_2$等)，氯盐浓度可高达3%，必须予以适当处理，以避免对环境的二次污染。

湿式洗气塔的最大优点是对酸性气体的去除效率高，对HCl的去除率为98%，对SO_2的去除率为90%以上，还具有去除高挥发性重金属物质(如Hg)的潜力；其缺点是造价较高，耗电量及用水量也较高。此外，为避免烟气排放后产生白烟，需另加装废气再热器，产生的含重金属和高浓度氯盐的废水需要进行处理。目前改良型湿式洗气塔多分为两阶段洗气，第一阶段针对SO_2，第二阶段针对HCl，主要原因是二者在最佳去除效率时的pH值不同。

(2) 干式洗气法

干式洗气法是用压缩空气将碱性固体粉末(消石灰或碳酸氢钠)直接喷入烟管或反应器内，使之与酸性废气充分接触和发生反应，从而达到中和酸性气体并加以去除的目的。其反应过程如下：

$$2x\text{HCl} + y\text{SO}_2 + (x+y)\text{CaO} \longrightarrow x\text{CaCl}_2 + y\text{CaSO}_3 + x\text{H}_2\text{O} \tag{2-36}$$

$$y\text{CaSO}_3 + y/2\text{O}_2 \longrightarrow y\text{CaSO}_4 \tag{2-37}$$

或

$$x\text{HCl} + y\text{SO}_2 + (x+y)\text{NaHCO}_3 \longrightarrow x\text{NaCl} + y\text{Na}_2\text{SO}_3 + (x+2y)\text{CO}_2 + (x+y)\text{H}_2\text{O} \tag{2-38}$$

实际碱性固体的用量约为反应需求量的3~4倍，停留时间应在1s以上。

为提高干式洗气法对一些难去除污染物质的去除效率，可用硫化钠(Na_2S)及活性炭粉末混合石灰粉末一起喷入，以有效吸收气态Hg及二噁英。

干式洗气塔也常与除尘器组合在一起使用，可同时去除粉末和酸性气体。图2-30所示就是一种干式洗气塔与布袋除尘器组合的处理工艺系统。焚烧烟气经气体冷却塔降温后进入干式洗气塔，在塔中与干石灰粉接触和发生反应，酸性气体得到去除。之后，烟气进入布袋除尘器去除粉尘。

干式洗气塔的优点是设备简单，维修容易，造价便宜，消石灰输送管线不易堵塞；缺点是由于固相与气相的接触时间有限且传质效果不佳，常需超量加药，药剂的消耗量大，整体的去除效率低于其他两种方法，产生的固体残渣较多，需要进行最终处置。

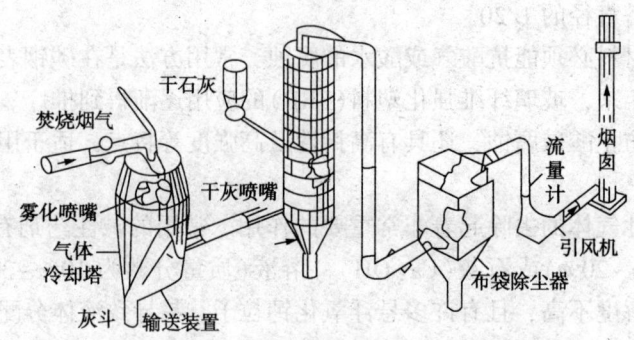

图 2-30 Flank 干法组合洗气系统

(3) 半干式洗气法

半干式洗气塔实际上是一个喷雾干燥系统，利用高效雾化器将消石灰泥浆从塔底向上或从塔顶向下喷入干燥吸收塔中。烟气与喷入的泥浆可以同向流动或逆向流动，充分接触并产生中和作用，如图 2-31 所示。

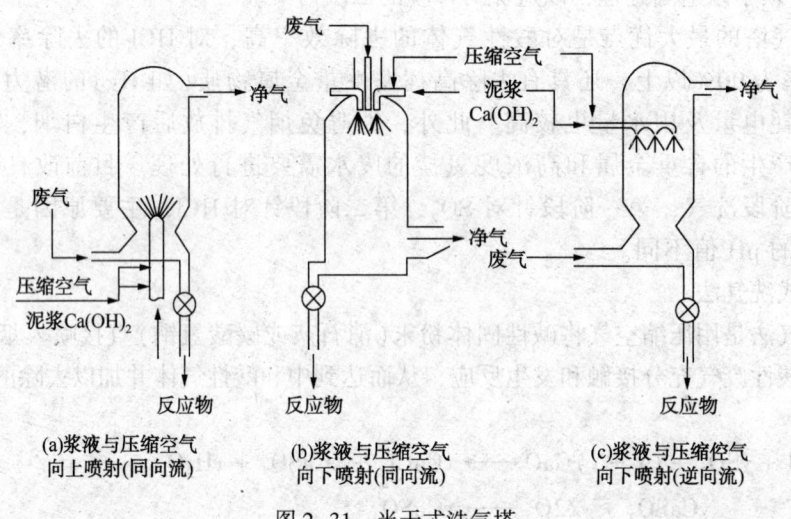

(a) 浆液与压缩空气向上喷射(同向流)　　(b) 浆液与压缩空气向下喷射(同向流)　　(c) 浆液与压缩空气向下喷射(逆向流)

图 2-31 半干式洗气塔

反应过程可表示如下：

$$CaO + H_2O \longrightarrow Ca(OH)_2 \tag{2-39}$$

$$Ca(OH)_2 + SO_2 \longrightarrow CaSO_3 + H_2O \tag{2-40}$$

$$Ca(OH)_2 + 2HCl \longrightarrow CaCl_2 + 2H_2O \tag{2-41}$$

或

$$SO_2 + CaO + 1/2H_2O \longrightarrow CaSO_3 \cdot 1/2H_2O \tag{2-42}$$

雾化效果佳(液滴的直径可低至 30μm 左右)，气、液接触面积大，不仅可以有效降低气体的温度，中和气体中的酸性气体，并且喷入的消石灰泥浆中的水分可在喷雾干燥塔内完全蒸发，不产生废水。

目前使用较为普遍的有旋转雾化器和双流体喷雾器。旋转雾化器为一个由高速马达驱动的雾化器，转速可达 10000~20000r/min，液体由转轮中间进入，然后扩散至转轮表面，形成一层薄膜。由于高速离心作用，液膜逐渐向转轮外缘移动，经剪力作用将薄膜分裂成 30~100μm 大小的液滴。塔的大小取决于液滴喷雾的轨迹及散体面。旋转雾化器的酸性气体去除效率较高，碱性反应剂使用量较低；但构造复杂，容易堵塞，价格及维护费用皆高，多用在废气流量较大时（一般 $Q>340000\mathrm{m}^3/\mathrm{h}$）。双流体喷嘴由压缩空气或高压蒸汽驱动，液滴直径为 $70\sim200\mu\mathrm{m}$，雾化面远较旋转雾化面小，喷淋室直径也相应降低。双流体喷雾构造不易阻塞，但液滴尺寸不均匀。

半干式洗气塔与袋式除尘器等均有很好的兼容性，可用于各种类型、各种规模的污泥焚烧厂，但当入口烟气浓度变化很大时，处理能力受限。

大多数半干式烟气处理系统仅由一套试剂混合单元（试剂加水）、一套喷雾塔和一套袋式过滤器组成，可同时去除粉尘和酸性气体，通常要求袋式过滤器的入口气体温度不高于 $130\sim140$℃。使用预除尘设备可降低半干式系统中所用反应器和袋式过滤器操作的复杂程度。

图 2-32 所示为 Flank 半干法组合洗气系统。它包含一个冷却气体及中和酸性气体的干/湿洗涤塔及除尘用的布袋除尘器。高温气体由干/湿洗涤塔顶端呈螺旋或漩涡状进入。石灰浆经转轮高速旋转作用由切线方向散布出去，气体的停留时间为 $10\sim15\mathrm{s}$，气、液体在塔内充分接触，可有效去除酸性气体，同时还可降低气体温度，蒸发所有的水分，中和后产生的固体残渣由塔底或集尘设备收集。单独使用石灰浆时对酸性气体的去除效率在 90% 左右，利用反应药剂在布袋除尘器滤布表面进行二次反应，可提高整个系统对酸性气体的去除效率（对 HCl 的去除率达 98%，对 SO_x 的去除率达 90% 以上）。

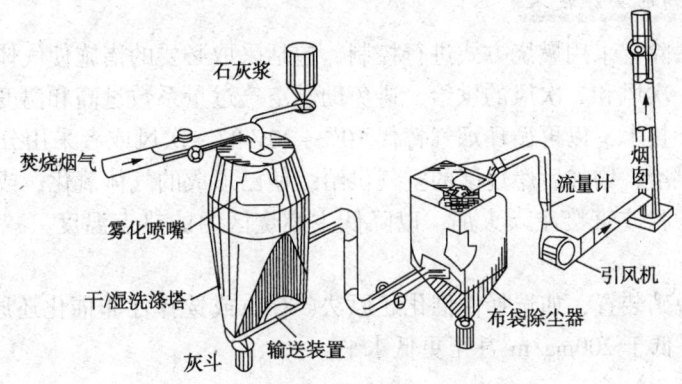

图 2-32　Flank 半干法组合洗气系统

半干式洗气法结合了干式法与湿式法两者的优点，其特点是：构造简单、投资少；压差小、能耗低、运行费用低；耗水量远低于湿式法，产生的废水量少；雾化效果好，气液接触面积大，去除效率高于干式法；操作温度高于气体饱和温度，尾气不产生白烟。缺点是喷嘴易堵塞；塔内壁易为固体化学物质附着及堆积；设计和操作时，对加水量的控制要求比较严格。

半干式烟气处理系统中的废水均循环使用，因此无废水排放；脱酸效率高达 98%，HCl、HF 和 SO_2 的排放水平（日均值）分别达到 $3\sim10\mathrm{mg/m}^3$、小于 $1\mathrm{mg/m}^3$ 和小于 $20\mathrm{mg/m}^3$。固体残留物可综合利用。投加活性炭可使二噁英排放浓度低于 $0.1\mathrm{ng/m}^3$。半干式烟气处理系统通常要求吸附剂过量系数为 $1.5\sim2.5$，这样会产生大量烟尘，加大颗粒物去除负荷。半干式烟气处理系统的能耗相对较低，与选择性催化还原法（Selective Catalytic Reduction，SCR）联用时，需再热烟气，以保证烟气出口温度在 $120\sim170$℃范围内。

2.6.2.3 重金属控制技术

采用湿法洗涤器除尘或湿式和半干式洗气塔去除酸性气体，烟气处理系统的温度一般会降至重金属(汞除外)的露点温度。此外，净化系统对除汞以外的重金属去除效果较好，其最终排放烟气中的浓度均低于排放标准。所以烟气中重金属的控制主要是考虑烟气中金属汞的去除，目前主要有活性炭吸附法和化学药剂法。

（1）活性炭吸附法：元素汞可以通过活性炭或者木炭的吸附加以除去，掺入硫黄的活性炭具有很强的吸附能力，不仅具有物理吸附能力，也具有化学吸附能力。

（2）化学药剂法：在除尘器前喷入能与汞发生反应生成不溶物的化学药剂，可去除汞金属。例如，喷入 Na_2S 使其与汞反应生成 HgS 颗粒，然后再通过除尘系统去除掉 HgS 颗粒。在湿式洗气塔的洗涤液内添加催化剂(如 $CuCl_2$)，促进更多水溶性的 $HgCl_2$ 生成，再加入螯合剂固定已吸收汞的循环液，其去除汞的效果也较好。

2.6.2.4 二噁英的去除技术

活性炭对 Hg 和 PCDD/PCDF 有很高的吸附率。烟气到达喷雾干燥器-袋式除尘器/ESP 的组合工艺以前，向烟气中投加活性炭，将 PCDD/PCDF(以及汞)吸附到活性炭上，再用布袋除尘器或 ESP 将其从气流中过滤出来。加入活性炭可使烟气中 PCDD/PCDF 的去除效率提高到 75%，这种技术也被称作"废气抛光"。

2.6.2.5 氮氧化物的去除技术

氮氧化物的去除宜采用燃烧方式进行控制，包括采取必要的措施使气体有效混合和控制温度及良好分配一次风和二次风的供给，避免助燃空气过量系数过高和温度梯度不均匀，或者采用烟气再循环技术，以再循环烟气替代 10%~20% 的二次风或者采用分段燃烧技术，减少主反应区氧气供给，增加后燃烧区的空气供给，使已形成的气体氧化，或者采用合适的喷水装置将水注入炉膛或直接注入火焰，以降低主燃烧区内的热点温度，减少热力型 NO_x 的形成。

设置专门的脱硝装置，如选择性催化还原法(SCR)或选择性非催化还原法(SNCR)，可使 NO_x 的排放水平低于 $200mg/m^3$ 甚至更低水平。

2.6.3 气味控制技术

烟气中带气味的有机物产生于进料污泥中有机物分子的不完全燃烧。气味的控制方法有如下几种：

① 化学氧化：引起气味的未完全燃烧有机物能通过强氧化剂(高锰酸钾、次氯酸钾)的洗涤来氧化。这些氧化剂以液体的形式从塔顶由重力作用下流到塔槽，有气味的气体由塔底进入，与洗涤液逆流通过。调节气液的停留时间可保证有气味的有机物尽可能地被氧化。

② 吸附：活性炭的比表面积很大。有气味的有机化合物被吸附到活性炭的表面，与气流分离。通常用装满活性炭的塔来控制/吸附气味。当活性炭表面吸附饱和时，可以通过加热再生。当加热温度超过705℃时，有气味的有机物将会被破坏，活性炭将会得到再生而能继续使用。

③ 稀释：高烟囱可用外界大气来稀释有气味的气体，使其浓度降低。这个方法不能改变带气味的化学成分，只是稀释成无味道而已。然而，气象条件往往使得有气味物质向周围

大气环境扩散不充分，有气味的有机物可能在离排放源数千米外落到地面。

④ 掩蔽：有时可通过添加无活性的蒸气来抵消气味。理想条件下，气味的强度可降至0，但这种情况很少发生。最好的结果是两种气味混合变成更好闻的气味，最糟的情况是两种气味混合变成一种更难闻的气味。

⑤ 燃烧：最有效的气味控制方法是通过焚烧的方法完全破坏有气味的混合物。760℃足以完全破坏污水污泥中所有带气味的混合物。普遍认为完全燃烧的停留时间为0.5s。相比之下，工业废水污泥中的某些有机混合物在1370℃完全燃烧和消除气味所需的停留时间为2s。污泥焚烧中的气味控制要特别注意焚烧温度。流化床焚烧炉(FBC)排放烟气的气味要比多膛焚烧炉(MHF)小得多，FBC的运行温度为760℃，悬浮燃烧区的温度更高，停留时间大于0.5s；而MHF中心炉膛的温度超过760℃，但停留时间达不到要求，必须以MHF延伸顶炉膛或单独设备形式安装一个再燃器，以确保其在760℃的停留时间达到0.5s。

2.6.4 焚烧飞灰和炉渣的处理与资源化

飞灰主要是由无机物质组成的，通常可以用作生产砖块的添加剂或用作波特兰水泥混凝土的填充物。如果污水处理厂采用化学方法去除磷酸盐，污泥中磷酸盐含量会较高。飞灰在大于1100℃温度下与碳酸钠共热，飞灰中的磷酸盐可以转换为可溶态，从而可用作磷酸盐肥料，但必须严格控制飞灰中重金属的含量。

(1) 飞灰处理技术

污泥焚烧飞灰一般可采用水泥固化法处理。将残留物与矿物质或水硬性胶凝材料(如水泥、煤炭、飞炭等)混合，控制水泥的性质，添加足够的水以确保水与水泥发生水合反应并将水泥黏合起来。残留物与水和水泥反应形成金属氢氧化物或金属碳酸盐，这两种物质通常比残留物中原先的金属化合物更难溶解。

采用水泥固化法处理污泥焚烧飞灰，添加的水泥和添加剂增加了废弃物体积，使固化产物干重增加了50%；添加的水使干重增加了30%～100%；降低了难溶性金属氢氧化物或金属碳酸盐形成的可能性，短期内固化产物重金属浸出性较低，但依然有沥出的风险，且高pH值的水泥固化系统会使两性金属(Pb和Zn)的浸出性显著增加。

(2) 飞灰和炉渣资源化技术

① 污泥焚烧灰制造结晶玻璃：结晶玻璃系指在玻璃质(非结晶)中均匀地析出适量的结晶，使本来的脆性玻璃改性为均质的半结晶体，具有很高的抗压性能和抗弯性能。

利用污水污泥焚烧灰中的铁和硫，可生成硫化铁作为成核添加剂。利用污泥焚烧灰制造的结晶玻璃具有良好的物理性质，抗弯强度为50MPa，是大理石的4.5倍、花岗岩的3倍以上；抗酸性是大理石的100倍、花岗石的10倍；硬度与花岗石相同，而且可以磨出光泽；外观上与大理石、花岗石相比毫不逊色。由于从结晶玻璃中不会溶出重金属，所以作为建设材料使用是安全的。

② 污泥焚烧灰渣作为混凝土填料：污泥焚烧灰渣的化学性质呈惰性，当灰渣中不含硫酸盐和氯化物或其含量很小时，可作为混凝土填料。在尺寸为100mm×100mm的模子中浇注成混凝土，混凝土配比为水泥：砂：粗骨料=1:2:4，水灰比为0.6。水泥为普通波特兰(硅酸盐)水泥，砂粒有效直径为0.32mm，均匀系数为5.50。粗骨料的粒径小于20mm，以粒径小于150μm的污泥焚烧灰部分取代水泥制取混凝土。当取代比例高至20%时，混凝土

的离析现象、凝结时间、收缩应变及吸水性能都没有很大的影响。

值得注意的是污泥焚烧灰的吸水性和干燥收缩比较大，当作为混凝土混合材料和陶瓷材料大量使用时，会使强度降低。此外，当污水污泥含有较多的磷时，会影响混凝土的凝聚反应，使强度降低。

一般认为，使用无机混凝剂的焚烧灰，其pH值高，且平均单位吸水量比在100%以下，可以作为砂浆和混凝土的混合材料使用。而使用高分子混凝剂的焚烧灰，pH值为中性且单位吸水量比都在100%以上，不适合用作砂浆和混凝土的混合材料。

③ 将污泥焚烧灰加工成球状焚烧灰作为高流动混凝土的混合材料：利用污水污泥焚烧灰的热化学特性，将焚烧灰向高温（约1200~1500℃或者约2100℃）火焰雾状喷射，使其成为熔融状态，并靠粉体本身的表面张力成为球状（以下称球状焚烧灰）。球状焚烧灰的吸水量随着孔隙的减少而降低，同时，由于表面为玻璃质所覆盖，重金属、磷、硒、砷等有害成分的溶析受到抑制。利用球状焚烧灰作为高流动混凝土的混合材料所得流动混凝土的坍落度、孔隙强度和抗压试验均符合要求，且未出现材料离析现象。

④ 利用污泥焚烧灰制成砖石：施加100MPa的压力使污泥焚烧灰成形，并在约1040℃的高温进行烧结制成。砖石可用于人行道、广场和公园等的通道建筑材料。

⑤ 利用污泥焚烧灰作为抑制污泥膨胀添加剂：采用活性污泥法处理废水的过程中，活性污泥发生污泥膨胀时，通过添加焚烧灰能够在短时间内提高活性污泥的沉降性。

2.6.5 噪声控制技术

污泥焚烧设施噪声的形成通常是由空气或气体的移动所引起的。风扇和鼓风机的噪声最大，其次是气流通过导管、烟道和喷嘴形成的噪声。除了厂内噪声，噪声还会传播到工厂周围远离焚烧设备的地方。

厂内噪声通常能通过设备选择、使用吸音设备、在产生噪声设备周围封以减音或吸音材料等方法处理。厂外的噪声能传播很远的距离，通常导致噪声传播的是ID风扇的振动。典型ID风扇的噪声频率可按下式计算，假设ID风扇为12叶片，转速为800r/min；

每分钟拍击空气次数为800r/min×12叶片=9600次/min，每秒钟拍击空气次数为160次/s。

拍击频率或噪声的最小频率是160次/s，也可能产生此基准频率整数倍的频率噪声，即320次/s、480次/s、640次/s等，频率增大，声强度变小。

声音控制设备的尺寸与声音波长成正比，频率越低，波长越大，声音控制设备就越大。在控制ID风扇的噪声传播时，首先要增加振动频率。如果可能，应增大风扇速度；不能增大风扇速度时，应增加叶片个数。ID风扇与烟囱应近距离连接，适当扩大导管可吸收一些潜在传播的噪声。

有两种内置式声音控制设备可用来减少传播噪声，即安装在烟囱里面或在风扇和烟囱之间的排气消声器。在某些情况下，他们是共振装置，能产生与ID风扇相差为180°且大小相等的振动频率，从而抵消ID风扇的振动。最理想的结果是能消除振动频率和谐音。

2.6.6 污泥焚烧的经济性分析

G. Mininni等比较了流化床焚烧炉和多膛焚烧炉及不同配置条件下的系统合理性和可行

性。焚烧炉处理对象分别为湿污泥和干污泥等两种形式，余热回收方式有产生或不产生电能两种方式。辅助燃料采用 CH_4 气体。G. Mininni 等比较了如图 2-33 所示的四种不同方案。

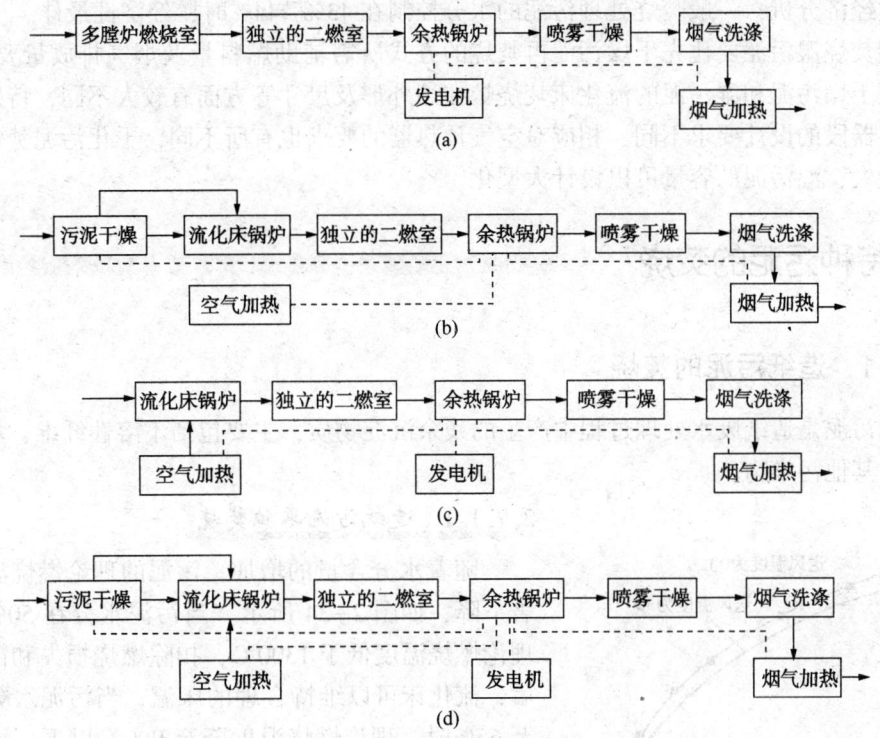

图 2-33　以 CH_4 为辅助燃料的四种污泥焚烧方案

方案 a：污泥焚烧采用多膛焚烧炉结合独立的后燃室，后燃室内产生的高温烟气由余热锅炉进行余热回收，余热锅炉产生的蒸汽一方面用于发电，另一方面用于尾部烟气再热。烟气经过喷雾干燥烟气净化装置处理后进入布袋除尘器，然后排入烟囱。

方案 b：先对污泥进行干燥，然后采用流化床焚烧炉进行焚烧处理，助燃空气经余热锅炉产生的蒸汽加热后进入锅炉，同样设有独立的后燃室，余热回收产生的蒸汽不进行发电，而是用于加热助燃空气和尾部烟气的再热。烟气经过喷雾干燥烟气净化装置处理后进入布袋除尘器，然后排入烟囱。

方案 c：不对污泥进行干燥，直接采用流化床焚烧炉结合独立的后燃室进行焚烧处理，燃烧空气经余热锅炉产生的蒸汽加热后进入锅炉，利用余热回收产生的蒸汽进行发电、加热助燃空气和尾部烟气的再热。烟气经过喷雾干燥烟气净化装置处理后进入布袋除尘器，然后排入烟囱。

方案 d：对污泥进行干燥后，采用流化床焚烧炉结合独立的后燃室进行焚烧处理，燃烧空气经余热锅炉产生的蒸汽加热后进入锅炉，利用余热回收产生的蒸汽进行发电、加热空气和尾部烟气的再热。烟气经过喷雾干燥烟气净化装置处理后进入布袋除尘器，然后排入烟囱。

焚烧炉的处理能力为 35t/d，污泥含固率为 25%，其中挥发分(干基)为 65%。由于干燥污泥所需的热能较多，用多膛焚烧炉或流化床焚烧炉这两种方式直接处理湿污泥，其热能产出要大于先干燥再去流化床处理的方式。具体而言，考虑污泥本身热能和辅助燃料的热值，处理干燥污泥的焚烧发电效率极低,仅为4.6%,而处理湿污泥的流化床焚烧方式发电效率可达14.6%~16.3%,尽管处理相同量的污泥,辅助燃料量不一样。

通过经济分析,一般焚烧处理污泥的水分控制在43%~44%时,经济性最佳。

直接焚烧湿污泥要比先干燥污泥再焚烧的方式所需辅助燃料量及烟气排放量要大得多,因而处理干燥污泥和湿污泥的流化床焚烧炉在炉外形及尺寸等方面有较大不同,特别是对流段和省煤器段的设计要求不同,相应对空气预热器的要求也有所不同,干化污泥焚烧炉的容量不宜过大,湿污泥的容量可以设计大型化。

2.7 特种污泥的焚烧

2.7.1 造纸污泥的焚烧

造纸污泥是造纸废水处理过程中产生的残余沉淀物质,主要包括不溶性纤维、填料、絮凝剂以及其他污染物。

2.7.1.1 造纸污泥单独焚烧

随着水分含量的增加,污泥的理论燃烧温度会显著下降,如图2-34所示。当污泥水分在50%时,其理论燃烧温度低于1300℃,扣除燃烧损失和散热损失后,流化床可以维持合理的床温;当污泥水分含量升至65%时,理论燃烧温度降至900℃以下,纯烧污泥不能维持床温,采用热空气送入,情况也改善不多。

造纸污泥进入流化床焚烧炉后,并不是破碎成细粒,而是会形成一定强度的污泥结团,这是污泥流化床焚烧炉稳定运行和高效燃烧的基础。

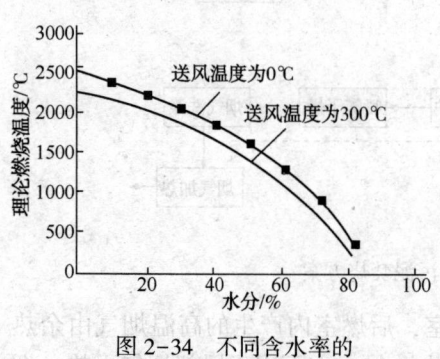

图2-34 不同含水率的造纸污泥的理论燃烧温度

不同水分含量的造纸污泥在不同床温下燃烧时,形成一定强度的污泥结团,能减少飞灰损失。在各种含水量和床温下,造纸污泥都能很好地结团,并且存在最大的强度,经过一定时间后,各强度都趋于一较小值(图2-35、图2-36)。

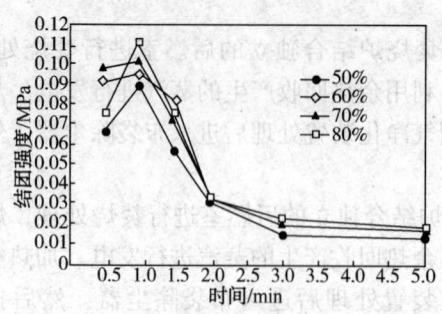

图2-35 造纸污泥的结团强度与水分含量的关系
(温度为900℃,进料污泥尺寸 $d=12mm$)

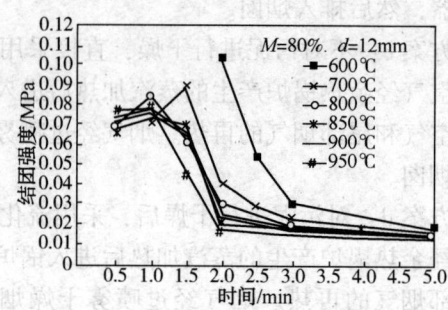

图2-36 造纸污泥的结团强度与床温的关系

如图2-37所示为与图2-36相应的污泥颗粒在流化床焚烧炉中水分蒸发、挥发分析出并燃烧以及固定碳燃烧的过程曲线。结合图2-37和图2-36可以很明显地看出，在污泥中固定碳、挥发分燃烧时，有着较高的结团强度，从而减少了飞灰损失。同时，当污泥中可燃物燃尽时，结团强度也急剧减小，此时污泥灰壳易被破碎成细粉并以飞灰形式排出床层，从而实现无溢流稳定运行和获得较高的燃烧效率。

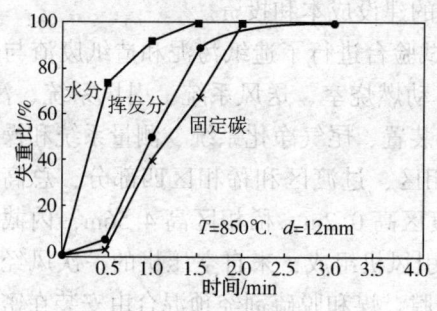
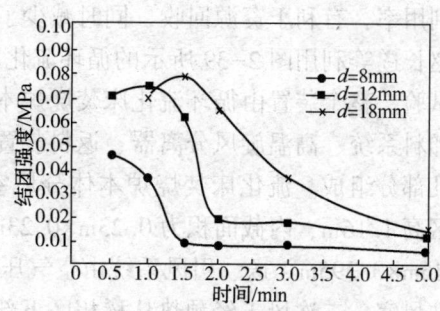

图2-37　造纸污泥的水分蒸发、挥发分析出并
　　　　燃烧以及固定碳燃烧的过程曲线

图2-38　给料粒度对造纸污泥结团强度的影响

如图2-38所示为含水率为80%的造纸污泥在床温为900℃时三种不同粒径的污泥团在流化床焚烧炉中凝聚结团的抗压强度。由于小粒径的污泥团的水分蒸发和挥发分析出的速度均比大粒径的污泥团要快得多，其凝聚结团的内部较为疏松，结团强度因而相对较弱。因此，在实际污泥焚烧操作中可以选用较大的给料粒度而不必担心污泥的燃烧不完全，可简化给料系统。

从造纸污泥的灰渣的熔融特性看，其灰变形温度和灰流动温度的温差只有80℃，属短渣。流化床焚烧炉的运行床温一般不超过850℃，远低于灰变形温度1270℃，正常运行时不会结焦。

造纸污泥采用流化床焚烧炉焚烧时，只用造纸污泥作为床料进行流化，床层会发生严重的沟流现象，必须与石英砂等惰性物料混合构成异比重床料后才能获得理想的流化。当石英砂的粒径为0.425~0.850mm、平均粒径d_p=0.653mm时，床料能得到良好的流化，当流化数(气固流化床操作速度与最小流化速度之比值)在2.5~2.8之间时，床层流化十分理想，污泥在床层均匀分布，无分层和沟流现象发生。

造纸污泥的焚烧行为与其含水率密切相关，在无辅助燃料的情况下，水分含量大于50%的造纸污泥无法在流化床焚烧炉内稳定燃烧。水分含量降至40%时，造纸污泥能在流化床内稳定燃烧，平均床温约830℃，床内燃烧份额为45%，悬浮段燃烧份额为55%。焚烧炉出口烟气中CO_2、CO、O_2、NO_x、N_2O和SO_2的浓度分别为14.8%、0.46%、5.92%、0.0047%、0.0029%和0.0065%，满足环保要求。

造纸污泥单独焚烧，其飞灰中Zn、Cu、Pb、Cr、Cd的含量分别为295.8mg/kg、44.4mg/kg、28.9mg/kg、31.6mg/kg和0.36mg/kg，低于农用污泥中有害物质的最高允许浓度。

2.7.1.2　造纸污泥与煤混烧

(1) 造纸污泥和造纸废渣与煤在循环流化床焚烧炉中的混烧

以回收废旧包装箱为主要原料生产瓦楞纸的造纸工艺所产生的废弃物包括造纸污泥和造

纸废渣两部分。其中,造低污泥是造纸过程废水处理的终端产物,除含有短纤维物质外,还含有许多有机质和氮、磷、氯等物质。造纸废渣中含有相当成分的木质、纸头和油墨渣等有机可燃成分。此外,两种废弃物中都含有重金属、寄生虫卵和致病菌等。采用煤与废弃物混烧来发电或供热将是一种很好的选择。与纯烧废弃物相比,混烧技术能够保持燃烧稳定,提高热利用率,有利于资源回收,同时减少了焚烧炉的建设成本和投资。

赵长遂等利用图2-39所示的循环流化床热态试验台进行了造纸污泥和造纸废渣与煤混烧的试验。整个装置由循环流化床焚烧炉本体、启动燃烧室、送风系统、引风系统、污泥/废渣加料系统、高温旋风分离器、返料装置、尾部装置、尾气净化系统、测量系统和操作系统等几部分组成。流化床焚烧炉本体分风室、密相区、过渡区和稀相区四部分,总高7m。密相区高1.16m,内截面积为0.23m×0.23m;过渡区高0.2m,稀相区高4.56m,内截面积为0.46m×0.395m。送、引风系统由空气压缩机和引风机组成,来自空压机的一次风经预热后送往风室,二次风未经预热从稀相区下部送入炉膛。煤和脱硫剂经预混合由安装在密相区下部的螺旋给煤系统加入焚烧炉。造纸污泥、废渣的混合物采用如图2-40所示的容积式叶片给料器由调速电机驱动进料,以确保试验过程中加料均匀、流畅、稳定和调节方便。

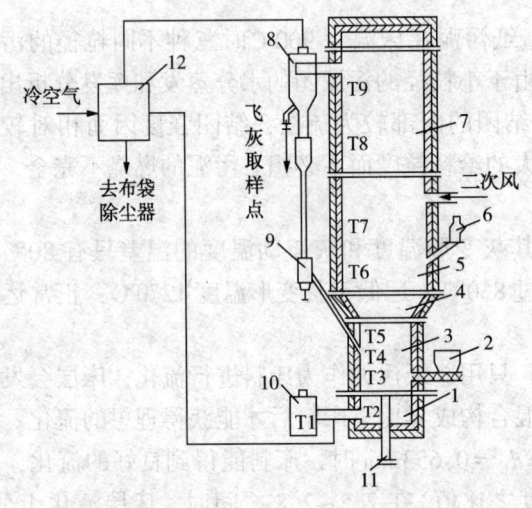
图2-39 试验台流化床焚烧炉结构简图
1—风室;2—加煤系统;3—密相区;4—过渡段;5—稀相区;
6—废弃物加料器;7—稀相区;8—旋风分离器;9—返料器;
10—启燃室;11—排渣装置;12—换热器;T1～T9—各测温点

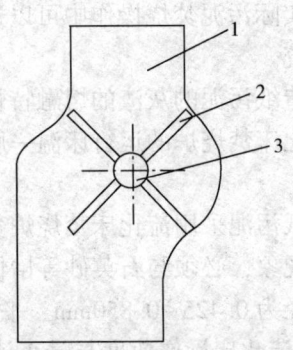
图2-40 污泥/废渣加料器示意图
1—外壳;2—叶片;3—轴

流化床焚烧试验台采用床下点火启动方式。轻柴油在启动燃烧室燃烧,产生的高温烟气经风室和布风板通入密相床内,流化并加热床料,在床料达到煤的着火温度后开始向床内加煤。当煤在流化床内稳定燃烧、密相床温达到900℃以后,向返料器通入松动风,使高温旋风分离器分离的飞灰在炉内循环,待物料循环正常且炉膛上下温度均匀后,即可向床内加入造纸污泥和造纸废渣,并调节加煤量,使流化床在设定工况下稳定一定时间后开始进行焚烧试验。

将废渣与污泥按质量比2.2∶1混合好后(以后简称为泥渣),再与烟煤混烧。试验所采用的脱硫剂为石灰石,其中CaO的质量分数为54.29%,平均粒径为0.687mm,各试验工况中，钙硫摩尔比保持为3.0。

试验结果表明，二次风率、过剩空气系数和泥渣与煤的掺混比对炉温和焚烧效果影响较大。

① 二次风率对炉温和焚烧效果的影响

一方面，在总风量不变的条件下，随着二次风率的增加，密相区氧浓度降低，其燃烧气氛由氧化态向还原态转移，使得密相区燃烧份额减小，燃烧放热量变小，使炉内温度降低；同时，密相区流化速度变小，扬析夹带量减小，有使密相区燃烧份额变大、稀相区燃烧份额减小的趋势，不利于温度场的均匀分布。

另一方面，在总风量不变的情况下，二次风率增大，流化速度减小，从整体上延长了颗粒在炉内的停留时间，增加了悬浮空间的大尺度扰动，加速了其中各个烟气组分对氧的对流、扩散及其与固体颗粒间的传质过程，从而改善气、固可燃物的燃烧环境，促进其进一步燃尽。

② 空气过剩系数对炉温和焚烧效果的影响

随着空气过剩系数的增加，密相区氧浓度变大，同时由于泥渣的挥发分析出比较迅速，因而导致密相区的燃烧份额增加，密相区的温度呈上升趋势。但空气过剩系数对稀相区温度的影响比较复杂，随着空气过剩系数的增加，稀相的温度先会有所上升，待到达某一值后又呈下降趋势。因为起初增大空气过剩系数时，流化速度变大，增强了炉内的扰动和热质传递，温度分布趋于均匀，有利于固体、气态可燃物在稀相区的燃尽。但进一步增大空气过剩系数后，流化速度增大较多，固体、气态可燃物在稀相区的停留时间明显缩短，稀相区燃烧份额减小，导致了稀相区温度下降。

对于燃烧效率，空气过剩系数存在一最佳值，开始时，随着空气过剩系数的增大，炉内氧浓度增大，流化速度逐渐增大，混合效果增强，因而燃烧效率先呈上升趋势。但当空气过剩系数过大时，颗粒在炉内的停留时间缩短，扬析现象严重，使燃烧效率降低。

③ 泥渣与煤的掺混比对炉温和焚烧效果的影响

随着掺混质量比的增大，由泥渣带入炉内的水分变大，由于泥料的给料点离密相区较近，当泥渣进入密相区后，水分蒸发吸收了大量的热量，从而导致了密相区温度下降。而泥渣中的水分最终以气态形式排放到大气中，带走了大量的热值，使炉内的整体温度下降。

随着泥渣与煤掺混质量比的增大，混合燃料的热值降低，燃料中的水分相应增加，燃料燃烧时，水分析出降低了燃料周围的温度，使其低于床层温度，从而燃烧效率降低。

当掺混质量比为1时，最佳空气过剩系数为1.3左右。试验结果应用于某纸业公司一台蒸发量为45t/h的造纸污泥/废渣掺煤循环流化床焚烧锅炉的设计中，投产后燃烧稳定，运行可靠。

(2) 造纸污泥与煤在循环流化床化焚烧炉中的混烧

孙昕等采用如图2-39所示的试验台和同一脱硫剂和烟煤与造纸污泥进行了混烧试验，试验中Ca/S摩尔比为3.0。实验得出，二次风率、空气过剩系数和污泥与煤的掺混比对炉温和焚烧效果的影响与污泥与煤的混烧实验完全一致。同时试验结果还表明，采用流化床混烧污泥和煤时，钙硫摩尔比取3的情况下，SO_2、NO_x等的排放都达到国家标准，随着空气过剩系数和床层温度的升高，SO_2的排放量相应增大。NO的排放随着空气过剩系数的增加而增加，却随着二次风率的增加而减少。空气过剩系数的减小，二次风率和床层温度的增大将抑制N_2O的排放。

2.7.1.3 造纸污泥与树皮在循环流化床焚烧炉中的混烧

1985年，日本Oji纸业公司的Tomakomai厂投运了世界上第一台以造纸污泥为主燃料（以树皮为辅助燃料）的流化床锅炉，如图2-41所示。

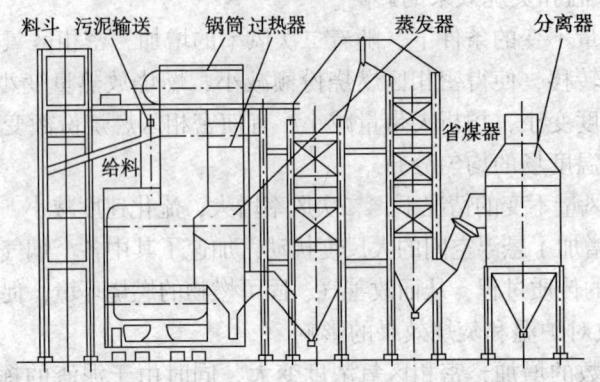

图2-41　日本Oji纸业公司造纸污泥FBC锅炉

采用单锅筒，自然循环和强制循环。最大连续蒸发量为42t/h。蒸汽压力为3.4MPa，蒸汽温度为420℃，给水温度为120℃。采用炉顶给料方式，给料量为250t/d。床料为石英砂，平均粒径为0.8mm。

污泥以脱水泥饼形式给入炉内，树皮的给料量根据污泥性质而作调整，当二者的热值不够维持床温时，自动加入重油助燃。点火启动时的初始流化风速为0.4m/s，运行时的流化风速控制在1~1.5m/s，床温维持在800~850℃。NO_x排放浓度为$(50~100)\times 10^{-6}$，负荷可降至70%左右。

2.7.1.4 造纸污泥与草渣和废纸渣在炉排炉中的混烧

造纸工业的固体废物主要由草渣（包括麦草、稻草、芦苇等各种生物质废渣）、废纸渣（废塑料皮）和造纸污泥3大类组成。

（1）草渣

草渣主要是由原料稻草、麦草和芦苇中的碎叶片和麦糠、稻壳等组成。这类生物质燃料密度小，一般平均密度为150~200kg/m³，挥发物含量为60%~80%，发热量在8000~10000kJ/kg之间。其燃烧特点是着火温度低，挥发物析出速率快，挥发物的燃烧和固定碳的燃烧分两个阶段进行。

（2）废纸渣

废纸渣（废塑料皮）的主要成分是打包塑料封带及部分短纤维，一般含水率在50%~70%，热值在8000~10000kJ/kg之间。塑料皮的主要成分是聚氯乙烯和氯代苯，在燃烧过程中，当烟气中产生过多的未燃尽物质或燃烧温度不高时，会产生二噁英等有害物质。炉膛设计时必须保证炉膛温度在850℃以上，炉膛要有一定的高度，使烟气在炉内有足够的停留时间。

（3）制浆造纸污泥

制浆造纸污泥的成分随原料的不同而变化，化学浆、脱墨浆和经过二次处理产生的活性污泥成分稍有差异。造纸废水处理污泥主要是细小纤维与填料和化学药品的混合物，含水量在70%左右，热值约为2300kJ/kg，密度为1200kg/m³以上。与市政污泥相比，N和P的含量低，而 Ca^{2+} 和 Al^{3+} 的含量却高得多，且漂白化学浆废水处理污泥中含有聚氯联苯化合物（PCB）和二噁英（PCDD）。

山东临沂某锅炉厂开发研制出日焚烧60t造纸工业固体废物的焚烧锅炉，专门用于造纸厂固体废物如草渣、废纸渣（废塑料皮）和干燥后污泥的焚烧，已在40多家企业投入运行，状况良好。该系统的投运不但可以使纸厂的固体废物得到减量化、无害化处理，减轻环境污染，减少固体废物的运输费用，而且还具有非常显著的节能效果。以日焚烧量60t下脚料计，每天可节煤约25t。

整个系统包含进料系统、燃烧设备、汽水系统、烟气处理等。

① 进料系统

焚烧系统采用分别进料方法，草渣通过皮带输送机由料场输送到螺旋给料机的料仓，然后通过螺旋给料机在二次风的帮助下喷向炉膛。废纸渣具有缠绕性，需通过皮带输送机由料场输送到煤斗，在推料机的作用下输送到往复炉排上。污泥经适当干燥后，混入废纸渣一起输送到往复炉排上燃烧，但不能将大块泥团送入炉内，以免大块泥团无法燃尽。焚烧炉采用悬浮室燃烧加往复炉排燃烧的组合技术。对于草渣，采用风力吹送的炉内悬浮燃烧加层燃的燃烧方式。草渣进入喷料装置，依靠高速喷料风喷射到炉膛内，调节喷料风量的大小和导向板的角度，以改变草渣落入炉膛内部的分布状态，合理组织燃烧。在喷料口的上部和炉膛后墙布置有三组二次风喷嘴，喷出的高速二次风具有较大的动能和刚性，使高温烟气与可燃物充分搅拌混合，保证燃料的完全充分燃烧。废纸渣通过推料机送入炉内的往复炉排上，难燃烧的固定碳下落到炉膛底部的往复炉排上，对刚刚进入炉排口的废纸渣有加热引燃作用，有利于废塑料的及时着火燃烧。而着火后的废塑料很快进入高温主燃区，形成高温燃料层，为下落在炉排上的大颗粒燃料及固定碳提供良好的高温燃烧环境，有利于这部分大颗粒物及固定碳的燃烧及燃尽。往复炉排采用倾斜15°角的布置方式，燃料从前向后推动的同时有一个下落翻动过程，起到自拨火作用。由于草渣及废纸渣的挥发物含量高，固定碳含量相对较少，往复炉干燥阶段风量仅占一次风量的15%，主燃区风量占75%以上，燃尽区风量仅占10%左右。二次风量必须占15%～20%以上，以保证废纸渣挥发分大量集中析出时的充分燃烧。

② 炉膛结构

锅炉炉膛设计成细高型，高度为7.7m，宽度为1.65m，平均深度为3m，以保证废纸渣焚烧烟气在炉内有足够的停留时间。上部炉膛布有水冷壁，下部有绝热炉膛，以减少吸热量，提高炉膛温度。锅炉采用低而长的绝热后拱，以利于燃料的燃尽。在后拱出口上部设有一组二次风喷嘴，这组二次风的作用是将从后拱出来的高温烟气及从喷料口下落的燃料吹向前墙处，有利于物料的干燥着火燃烧，也促使从喷料口下落的燃料落到炉排前端，增加燃料在炉排上的停留时间，有利于燃料的燃烧。锅炉受热面可根据灰量大小采用合理的烟速，以防止对流受热面的磨损。在管束的前区和炉膛部位布置检修门，便于清灰和检修，必要时加装防磨和自动清灰装置。尾部采用空气预热器，物料燃烧的一次风和二次风均来自空气预热器产生的热风。为防止空气预热器的低温腐蚀，采用较高的排烟温度和热风温度。

③ 烟气的处理和净化

该焚烧系统的烟气特点是飞灰量大、颗粒细、质量轻，且含有HCl等有害气体。对烟气分两级处理：烟气首先进入半干式脱酸塔，酸性有害气体在塔内得到综合处理；脱酸烟气再进入布袋除尘器进行除尘处理，最后由烟囱排入大气。

2.7.1.5 造纸污泥与木材废料在炉排炉中的混烧

造纸污泥可按照15%的比例投入到燃烧木材废料的炉排炉中焚烧，可以得到较好的处理，但往往会形成大量氯化物污染环境。焚烧造纸污泥会对设备产生不利影响，如：①较湿的污泥会堵塞炉排，影响炉子燃烧；②污泥中的灰分含量较高，容易堵塞炉排；③污泥的燃烧热值较低，从而造成蒸汽产生量较少；④污泥焚烧带出来的杂质较多，容易造成锅炉管束及灰斗的堵塞。

▶ 2.7.2 电镀污泥的焚烧

电镀工业使用了大量强酸、强碱、重金属溶液，甚至包括镉、氰化物、铬酐等有毒有害化学品。电镀污泥成分十分复杂，含有大量的 Cu、Ni、Pb、Zn 等有毒重金属，是一种典型的危险废物。电镀废水的最常用处理方法是用氢氧化钠或氧化钙中和，使废水中的重金属生成氢氧化物沉淀转入到电镀污泥中。电镀污泥的颜色有棕黑色、红色、紫色等，主要取决于产生的工艺；含水率都很高，大多数在 75%~90% 之间；灰分含量都在 76% 以上；pH 值大多接近 8.0，属于偏碱性物质。

电镀污泥中的常规化合物主要有 Al_2O_3、Fe_2O_3、CuO、SiO_2、CaO、SO_3、Na_2O、MgO 等，其他的有 Co_2O_4、SrO、Nb_2O_5、ZrO_2 等。试样中 Al_2O_3、Fe_2O_3、CaO、CuO、SiO_2、SO_3 等含量均比较高，Pb、Cd、Cr、Ni、Cu、Zn 等主要来自电镀溶液，其余则主要来自电镀废水处理过程中投加的化学药剂。电镀污泥的组成十分复杂且分布极不均匀，属于结晶度比较低的复杂混合体系。

由于电镀污泥中通常含有一些重金属如 Cu、Ni、Cr、Fe、Zn 等，含量较高，它们又是一种廉价的二次可再生资源，因此，回收重金属的电镀污泥处理技术已成为当前研究的重点。但电镀污泥中含有大量的水分，经传统的浓缩和脱水工艺处理后，污泥的含水率不可能达到 60% 以下，机械脱水泥饼含水率为 75% 左右。如此高的水分给电镀污泥的处理带来了很大的困难，特别是在酸浸回收重金属的过程中，需要消耗大量的硫酸，导致处理成本明显增加。

焚烧法是回收电镀污泥中重金属的有效预处理方法。通过焚烧，污泥中的大部分水分及有机物都能被去除，使污泥的质量和体积都大幅度地减少，既达到了减量的目的，又提高了酸浸原料的金属含量，从而能提高重金属的回收率，获得更好的经济效益。

焚烧处理的效果主要取决于焚烧温度，焚烧温度直接决定了电镀污泥在焚烧过程中重金属的损失率和后继的焚烧污泥渣在酸提取过程中重金属的浸出率（即吸收率）。赵永超利用回转窑对广东中山电镀污泥分别在 200℃、400℃、600℃ 和 800℃ 条件下进行了焚烧试验，结果表明，经过 600℃ 焚烧后，污泥中 Cu^{2+}、Ni^{2+}、Fe^{3+}、Cr^{3+} 的含量分别从原来的 1.52%、1.14%、0.32% 和 0.75% 提高到 7.92%、8.77%、2.46% 和 5.77%，富集比高达 8 左右，有助于提高后续处理工艺的经济效益。

焚烧污泥渣的硫酸提取试验结果表明，随着焚烧温度的升高，焚烧渣中镍的浸出率呈上升趋势，但相差不大。而铜的浸出率在焚烧温度为 200℃、400℃ 和 600℃ 时呈上升趋势，但上升幅度较小，当焚烧温度达到 800℃ 时，铜浸出率则明显下降，这说明电镀污泥合适的焚烧温度应该为600℃。

刘刚等进行了电镀污泥焚烧试验。在试验中不断通入800mL/min的瓶装空气，模拟焚烧炉内的氧化环境。试验温度分别设定为500℃、600℃、700℃、800℃和900℃，焚烧时间设定为1h。在焚烧过程中，重金属元素除了留在焚烧的渣中外，其余的均随烟气散发到大气中。可用重金属的析出率来表示散发到大气中重金属元素，计算公式为

$$R = \left(1 - \frac{A}{C}\right) \times 100\% \tag{2-43}$$

式中　　R——析出率；

　　　　A——渣中的重金属含量，mg/L；

　　　　C——电镀污泥中的重金属含量，mg/L。

通过分析焚烧温度对电镀污泥中重金属的析出特性得知，在 Cd、Cr、Cu、Zn、Ni、Pb 等6种重金属元素中，Ni和Cr是典型的非挥发性重金属，Ni在各种试验工况下都没有析出；Cr的析出率虽然随着焚烧温度的上升而略有提高，但总的来说Cr的析出量还是相当低的；Zn的开始析出温度范围在500~700℃之间；Cd属于半挥发性元素，在500℃焚烧时的析出率最高，为16.25%，随着温度的升高，析出率呈减小趋势，在900℃时已经为零；Cu 与Pb的析出率受焚烧温度的影响较小，Cu的析出率是6种重金属元素中最高的，达到 67%~69%，Pb次之，为26%~30%。综合考虑焚烧过程中重金属的析出率和焚烧污泥渣中重金属的酸浸出率，电镀污泥合适的焚烧温度为600℃左右。

2.7.3　制革污泥的焚烧

据统计，每加工1t生皮约产生150kg的制革污泥。制革污泥主要有：水洗污泥，成分以氯化物、硫化物、酚类、细菌等为主；脱毛浸灰污泥，成分以硫化物、毛浆、蛋白质、石灰为主；含铬污泥、铬鞣废液碱沉淀法回收的铬泥以及用物理、化学和生化法处理废水所剩的污泥。制革污泥的成分为：蛋白质，油脂化合物，铬、钙、钠的氯化物、硫化物、硫酸盐以及少量的重金属盐等。制革污泥还含有大量水分(90%~98%)，即使脱水后的污泥也含有 50%~80%的水分。

与其他处理方法相比，焚烧法具有无害化、减容化、资源化的优点，而且污泥的含水率和可燃质含量都比较高，焚烧后只有少量的灰烬。对制革污泥进行焚烧处理，可彻底消除其中的大量有害有机物和病原体(如细菌、病毒、寄生虫卵等)。制革污泥焚烧后，剩余的灰分可回收铬再利用，其余的灰分可用作肥料。对不同成分的污泥应严格控制其焚烧条件；焚烧废气中含有 SO、NO_x、铬尘、HCl 等有害物质，必须进行净化；焚烧产生的热能应转化成制革厂的能源，以降低焚烧费用。当焚烧灰渣中六价铬含量较高时，必须回收其中的铬，含量较低时，灰渣必须作为危险废物进行二次处理。

S. Swarnalatha 等采用图2-42所示的贫氧焚烧及固化系统处理制革污泥，在分解其中的有机物和杀灭其中的病原体的同时，阻止其中的 Cr^{3+} 在焚烧过程中被氧化成 Cr^{6+}，使石灰渣中的铬全部以 Cr^{3+} 存在。以涂 Ni 陶瓷颗粒为催化剂，在450℃温度下将经碱液吸收酸性气体后的烟气进行彻底氧化分解，然后用水泥或石膏对焚烧灰渣进行固化处理，所得固化体的强度和浸出毒性均满足建筑用砖要求。

具体焚烧方法如下：将干化的制革污泥研磨成600μm的粉末，置于炉中，通入体积比

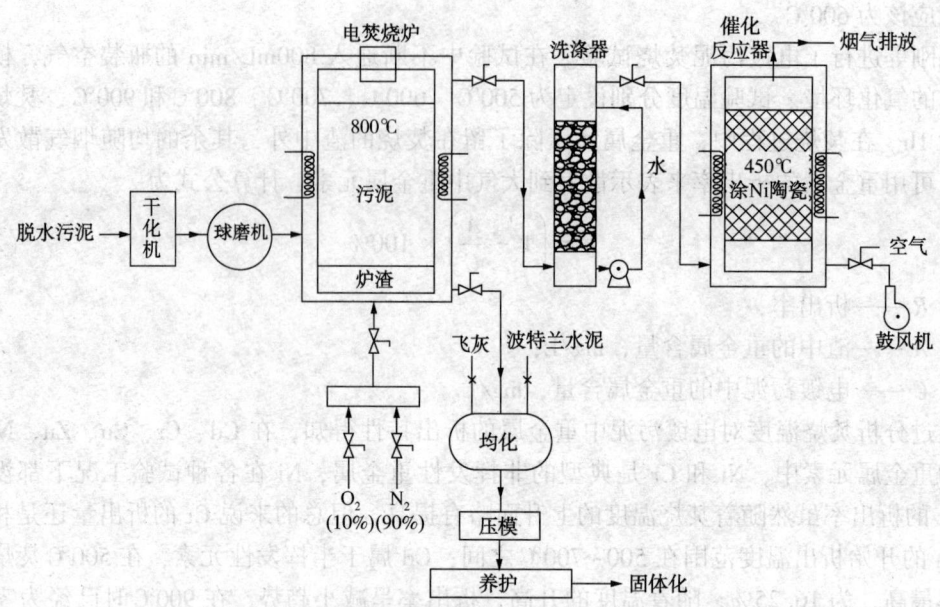

图 2-42 制革污泥贫氧焚烧及固化系统示意图

为 90:10 的 N_2 和 O_2 的混合气,然后按以下步骤焚烧 9h:①以 270℃/h 的速率将焚烧炉从室温升至 300℃;②以 50℃/h 的速率从 300℃升至 500℃;③以 100℃/h 的速率从 500℃升至 600℃;④以 200℃/h 的速率从 600℃升至 800℃;⑤在 800℃下恒温焚烧 2h。

2.7.4 含油污泥的焚烧

2.7.4.1 含油污泥的分类及物理化学特性

油气田勘探开发、石油炼制及石油化工行业的生产过程都会产生含油污泥,这些含油污泥中含有苯系物、酚类、蒽、芘等具有恶臭味和毒性的物质,是国家明文规定的危险废物。

含油污泥主要分为以下几类:

(1) 油田开采过程中产生的含油污泥,如落地泥、钻井泥。在石油开采过程的钻井、试喷以及作业等过程中,有大量的原油降落到地面,与泥土、沙石、水等混合后,形成油土混合物。一般含油量在 10%~30% 之间,其中所含油品质量较好,同时落地油泥中还可能带有玻璃瓶等其他固体废弃物。

(2) 油品集输过程产生的含油污泥,如油品储罐在储存油品时,油品中的少量机械杂质、沙粒、泥土、重金属盐类以及石蜡和沥青质等重油性组分沉积在油罐底部形成的罐底油泥。此类含油污泥中脂肪烃及环烷烃的含量范围较宽,特别是碳原子数低于 5 的脂肪烃在含油污泥中含量较高,极性化合物和脂肪酸化合物其次。芳香烃化合物溶解于水中形成含油污泥中的溶解性有机物。另外,在采油及原油处理过程中投加了大量的化学药剂,如缓蚀剂、阻垢剂、清防蜡剂、杀菌剂、破乳剂等,这些化学药剂在罐底含油污泥中均有不同程度的残留。罐底含油污泥的泥质粒径大于 10μm 的组分在 90% 以上。

(3) 炼油厂以及污水处理厂产生的含油污泥,如炼油厂的"三泥"(污水处理厂浮渣、剩余活性污泥、池底泥)等。此类含油污泥中原油分 5 种形式存在:

① 悬浮油:油珠颗粒较大,一般为 15μm,大部分以连续相形式存在。

② 分散油：粒径大于1μm，一般分散于水相中，不稳定，可聚集成较大的油珠而转化为浮油，也可以在自然和机械作用下转化为乳化油。

③ 乳化油：由于表面活性剂的存在，油在水中形成水包油（O/W）型乳化颗粒，因双电层的存在，体系稳定，不易浮到水面。

④ 溶解油：油以分子状态或化学方式分散于水体中形成油-水均相体系，非常稳定，浓度一般低于5~15mg/L，难于分离。

⑤ 油-固体物：即由油黏附在固体表面而形成的。

浮渣中黏土矿物的机械组成为伊利石、高岭石、绿泥石、蒙脱石等。浮渣中的絮凝团小于0.6μm，由于单个颗粒的表面积太大，加之样品中原油的黏结作用，使得多个颗粒聚集在一起，导致表观粒度变大，致使浮渣呈现为黏稠的半流态固体，其中所含的水分不能依靠重力的方式脱出。

2.7.4.2 含油污泥的焚烧

焚烧法适用于各种性质不同的含油污泥，有利于油泥的大规模处理。该技术的原理是：利用污泥中石油类物质的可燃性，在不改变目前燃煤锅炉工况的条件下进行燃烧，在回收含油污泥中热量的同时，利用燃煤锅炉的烟气处理系统，确保排放废气达标；废渣按燃煤废渣的处理方式处理，可用于建筑材料。

含油污泥与燃煤混烧的方式有两种：一种是将含油污泥干化成粉状后与煤粉混烧，另一种是直接将含油污泥与煤水浆混入流化床锅炉内焚烧。

含油污泥的含油率一般在2%~20%之间，含水率在70%~90%之间，含渣率在4%~15%之间。油泥中的油和水处于油包水状态，水分得不到蒸发，因此，焚烧前应加入破乳剂，使含油污泥迅速破乳，让游离状态的水分子变成水合状态，将油包水中的水游离出来，易于干燥。但破乳后的含油污泥还有明显的水分，且成团不松散，不易与燃煤混合燃烧，因此还有必要加入疏散剂、引燃剂和催化剂。疏散剂可提高含油污泥的孔隙率，使易干化、不结团、易燃烧；引燃剂可提高含油污泥的挥发分，使其易燃；催化剂能加快反应速率，提高反应的热值。

当添加剂与油泥的比例为1:4时，添加药剂后的油泥在室外（温度30℃左右）放置3天后，可得到粉状的含油污泥。干化后的含油污泥是黑色的颗粒，粒径为0.5~3cm，燃煤锅炉煤粉粒径约为20μm，干化物经粉碎后可混入燃煤进行焚烧处理，以不改变燃煤锅炉的工况条件为原则，根据干化物与燃煤的热值确定其掺混比例。

Liu Jianguo 等利用一台蒸汽产量为15~20t/h的流化床焚烧炉，以平均粒径为1.62mm的石英砂为床料，控制含油污泥和煤水浆的进料速率分别为120~50t/d和240t/d，进行了含油污泥与煤水浆的混烧试验。其中，含油污泥为胜利油田的罐底油泥，含水率为16.95%，低位热值为8530kJ/kg，煤水浆的含水率为32.90%，煤粒的平均粒径（质量加权）为40μm，低位热值为18877kJ/kg。结果表明，流化床焚烧炉运行良好，烟气处理后符合环保要求，灰渣可作为农用土壤利用。

2.7.5 污染河湖底泥的焚烧

与黏土相比，污染河湖底泥的有机物和重金属（Cu、Pb、Zn、Ni、Cr）含量偏高，但其主要成分含量与黏土相当，可作为黏土质原材料，利用水泥厂现有的回转窑烧制水泥熟料。

以苏州河底泥为例，其主要化学成分及其含量范围为：SiO_2 50.00%~87.00%，Fe_2O_3 1.00%~5.00%，Al_2O_3 2.50%~11.00%，MgO 1.20%~7.00%，CaO 1.50%~13.00%，K_2O 1.00%~2.50%，Na_2O 1.00%~2.50%。其主要化学成分波动范围较大，与黏土相比烧失量较高，SiO_2和Al_2O_3含量较低。底泥中的污染物主要以有机物为主，重金属Cu、Pb、Zn、Cd、Ni、Cr的含量较高。底泥中存在的重金属污染可能会影响水泥熟料的烧成过程及水泥使用范围，而且底泥中含有的有机污染物在煅烧过程中可能会造成空气污染。

工业化试生产采用苏州河底泥全部替代黏土质原材料的方案，苏州河底泥取自污染状况较严重的彭越浦口河段和西藏路桥河段，掺量为12.5%~20.0%，在ϕ2.5m×78m的窑上煅烧，台产熟料9.65t/h，共生产熟料450 t。将熟料在ϕ2.4m×13m的水泥磨上磨制成525号普通水泥600t。

试验结果表明，用苏州河底泥生产的水泥熟料，其凝结时间正常，安定性合格。熟料3天抗压强度达到30MPa以上，28天抗压强度大于60MPa，可满足生产525号水泥的技术要求。

熟料的XRD分析表明，苏州河底泥配料烧制的熟料主要矿物成分与硅酸盐熟料相同，C_2S、C_3S和C_4AF为主导矿物。熟料岩相结构分析表明，苏州河底泥配料烧制的熟料和普通熟料岩相结构基本相同，C_3S颗粒直径在25μm左右，颗粒大小均齐。C_3S晶体多为六方板状，边缘整齐无熔蚀现象；表面光滑，有少量C_2S包裹体，发育良好。C_2S晶体呈圆形，表面光滑并有明显的交叉双晶纹，边缘整齐无熔蚀情况。苏州河底泥配料烧制的熟料中，fCaO和方镁石很少，黑色中间相呈树枝状分布，具有优良熟料的特征。水化产物XRD图谱分析表明，苏州河底泥配料的水泥水化产物主要有水化硅酸钙、钙矾石、氢氧化钙及未水化熟料矿物，与一般水泥水化产物基本相同。苏州河底泥配料的水泥和一般水泥3天、14天水化产物的扫描电镜（SEM）形貌表明，两种水泥试样的水化产物分布、形貌基本相同。

烧制过程排放烟气中SO_2、NO_x、HCl、Cl_2和H_2S的浓度分别为525mg/m³、473mg/m³、18.5mg/m³、0.11mg/m³和1.47mg/m³，均小于允许排放浓度。熟料中有害重金属（As、Pb、Cd、Cr）的浸出毒性分析结果表明浸出液中这几种重金属含量远小于国家标准规定。

参 考 文 献

[1] 廖传华，王重庆，梁荣，等．反应过程、设备与工业应用[M]．北京：化学工业出版社，2018．
[2] 廖传华，耿文华，张双伟，等．燃烧技术、设备与工业应用[M]．北京：化学工业出版社，2018．
[3] 周玲，廖传华．污泥混合焚烧处理工艺的现状[J]．中国化工装备，2018，20(1)：4~10．
[4] 周玲，廖传华．污泥焚烧设备的比较与选择[J]．中国化工装备，2018，20(2)：13~22．
[5] 周玲，廖传华．污泥单独焚烧工艺的应用现状[J]．中国化工装备，2017，19(6)：16~22．
[6] 林莉峰，王丽花．上海市竹园污泥干化焚烧工程设计及试运行总结[J]．给水排水，2017，43(1)：15~21．
[7] 侯海盟．污泥焚烧过程中Cd迁移转化的热力学平衡分析[J]．科学技术与工程，2017，17(6)：322~326．
[8] 梁冰，胡学涛，陈亿军，等．不同级配垃圾焚烧底渣固化市政污泥工程特性分析[J]．环境工程学报，2017，11(2)：1117~1122．
[9] 卢闪，赵斌，武志飞，等．污泥半干化焚烧系统㶲分析[J]．热力发电，2017，46(2)：55~60，74．
[10] 徐晓波，孙卫东，吕金明，等．日本的典型污泥焚烧工程案例及启示[J]．中国给水排水，2017，33

(12)：135～138.
[11] 李文兴，郑秋鹏，廖建胜，等．温州市污泥干化焚烧处理工程技术改造[J]．中国给水排水，2017，33(2)：90～95.
[12] 方平，唐子君，钟佩怡，等．城市污泥焚烧渣中重金属的浸出特性[J]．化工进展，2017，36(6)：2304～2310.
[13] 许少卿，王飞，池涌，等．污泥干燥焚烧工程系统质能平衡分析[J]．环境工程学报，2017，11(1)：515～521.
[14] 海云龙，阎维平．鼓泡床锅炉富氧焚烧含油污泥技术[J]．环境工程学报，2017，11(7)：4313～4319.
[15] 海云龙，阎维平，张旭辉．流化床富氧焚烧含油污泥技术经济性分析[J]．化工环保，2016，36(2)：211～215.
[16] 孙明华，王凯军，张耀峰，等．污泥干化协同焚烧的环境影响实例研究[J]．环境工程，2016，34(3)：128～132.
[17] 闻哲，王波，冯荣，等．城镇污泥干化焚烧处置技术与工艺简介[J]．热能动力工程，2016，31(9)：1～8.
[18] 侯海盟．生物干化污泥衍生燃料流化床焚烧试验研究[J]．科学技术与工程，2016，16(28)：303～307.
[19] 肖汉敏，黄喜鹏，黄伟豪，等．造纸污泥干燥焚烧的生命周期评价[J]．中国造纸，2016，3：38～42.
[20] 廖传华，朱廷风，代国俊，等．化学法水处理过程与设备[M]．北京：化学工业出版社，2016.
[21] 唐世伟，纵建，陆勤玉，等．城市污泥流化床焚烧技术研究和影响分析[C]．2016清洁高效燃煤发电技术交流研讨会论文集，合肥，444～445.
[22] 滕文超．污泥流化床焚烧过程中磷的富集机理[D]．沈阳：沈阳航空航天大学，2016.
[23] 王筵辉．污泥焚烧飞灰重金属提取的实验研究[D]．杭州：浙江大学，2016.
[24] 袁言言，黄瑛，张冬，等．污泥焚烧能量利用与污染物排放特性研究[J]．动力工程学报，2016，36(11)：934～940.
[25] 李云玉，欧阳艳艳，许泓，等．循环流化床一体化污泥焚烧工艺运行成本影响因素分析[J]．给水排水，2016，42(4)：45～48.
[26] 崔广强，孙家国．垃圾焚烧底灰和石灰固化污水污泥性质的试验研究[J]．武夷学院学报，2016，35(9)：57～60.
[27] 曾小红，陈晓平，梁财，等．温度对污泥流化床焚烧飞灰重金属迁移的影响[J]．东南大学学报（自然科学版），2015，45(1)：97～102.
[28] 桂轶．城市生活污水污泥处理处置方法研究[D]．合肥：合肥工业大学，2015.
[29] 吴智勇．城市污泥脱水焚烧新工艺研究[D]．大连：大连理工大学，2015.
[30] 李畅．城市污泥焚烧及污染物排放特性研究[D]．北京：华北电力大学，2015.
[31] 孟联宇，宋春涛．污水污泥焚烧处理工艺应用探讨[J]．建筑与预算，2015，7：40～42.
[32] 靖丹枫，耿震．石化污泥干化焚烧工程设计[J]．中国给水排水，2015，31(8)：61～63.
[33] 王锦，龚春辰，刘德民，等．铁路含油污泥的焚烧特性[J]．中国铁道科学，2015，36(2)：130～135.
[34] 魏国侠，武振华，徐仙，等．污泥衍生燃料在流化床垃圾焚烧炉混烧试验[J]．环境科学与技术，2015，38(5)：130～133.
[35] 胡学清，梁冰，陈亿军，等．不同粒径垃圾焚烧底渣对固化市政污泥工程特性的影响[J]．环境工程学报，2015，9(1)：5567～5572.
[36] 徐佳媚，黄瑛，姚一思，等．南京市污泥深度脱水－干化－焚烧处置规划研究[J]．环境工程，2015，33(A1)：515～519.
[37] 张幸福．污泥焚烧过程中铬等重金属的迁移转化特性研究[D]．杭州：浙江大学，2015.

[38] 李怡娟,徐竟成,李光明.城市污水处理厂污泥中能源物质利用的研究进展[J].净水技术,2015,34(S1):9~15.
[39] 杨宏斌,冼萍,杨龙辉,等.广西城镇污泥掺烧利用组分特性的分析[J].环境工程学报,2015,9(3):1440~1444.
[40] 李庄,李金林,赵凤伟.含油污泥焚烧技术及其在海外油田项目的应用[J].中国给水排水,2015,31(16):76~79.
[41] 刘磊,罗跃,刘清云,等.江汉油田含油污泥焚烧处理技术研究[J].石油与天然气化工,2014,43(2):200~203.
[42] 龚春辰.铁路含油污泥焚烧资源化处理研究[D].北京:北京交通大学,2014.
[43] 刘家付.污泥干化与电站燃煤锅炉协同焚烧处置的试验研究[D].杭州:浙江大学,2014.
[44] 方平.城镇污泥焚烧烟气污染控制技术研究[D].北京:中国科学院大学,2014.
[45] 涂兴宇.市政污泥处理处置技术评价及应用前景分析[D].上海:上海交通大学,2014.
[46] 胡中意.苏州工业园区污泥干化焚烧系统工艺设计[J].中国给水排水,2014,30(12):88~90.
[47] 邱锐.深圳市污泥干化焚烧工艺运行成本分析[J].给水排水,2014,40(8):30~32.
[48] 李博,王飞,朱小玲,等.污泥干化焚烧联用系统最佳运行工艺研究[J].环境污染与防治,2014,36(8):29~33,42.
[49] 钱炜.污泥干化特性及焚烧处理研究[D].广州:华南理工大学,2014.
[50] 李辉,吴晓芙,蒋龙波,等.城市污泥焚烧工艺研究进展[J].环境工程,2014,32(6):88~92.
[51] 姬爱民,崔岩,马劲红,等.污泥热处理[M].北京:冶金工业出版社,2014.
[52] 王美清,郁鸿凌,陈梦洁,等.城市污水污泥热解和燃烧的实验研究[J].上海理工大学学报,2014,36(2):185~188.
[53] 兰盛勇,廖发明.成都市第一城市污水污泥处理厂干化焚烧系统调试[J].水工业市场,2014,7:67~69.
[54] 刘敬勇,孙水裕,陈涛,等.污泥焚烧过程中Pb的迁移行为及吸附脱附[J].中国环境科学,2014,34(2):466~477.
[55] 洪建军.污泥低温碳化焚烧处理技术与应用[J].中国给水排水,2014,30(8):61~63.
[56] 郭艳.污水污泥焚烧技术现状分析[J].资源节约与环保,2013,10:67.
[57] 彭洁,袁兴中,江洪炜,等.城市污水污泥处置方式的温室气体排放比较分析[J].环境工程学报,2013,7(6):2285~2290.
[58] 贾新宁.城镇污水污泥的处理处置现状分析[J].山西建筑,2012,38(5):220~222.
[59] 宋丽华.固体垃圾与污水污泥混烧中重金属迁移特性的研究[J].安徽化工,2012,38(3):61~63.
[60] 李博,王飞,严建华,等.污水处理厂污泥干化焚烧可行性分析[J].环境工程学报,2012,6(10):3399~3404.
[61] 向文川.城市污水污泥干化焚烧工艺的碳排放研究[D].成都:西南交通大学,2011.
[62] 张萌,张建涛,杨国录,等.污泥焚烧工艺研究[J].工业安全与环保,2011,37(8):46~48.
[63] 李欢,金宜英,李洋洋.污水污泥处理的碳排放及其低碳化策略[J].土木建筑与环境工程,2011,33(2):117~131.
[64] 李国建,胡艳军,陈冠益,等.城市污水污泥与固体垃圾混烧过程中重金属迁移特性的研究[J].燃料化学学报,2011,39(2):155~160.
[65] 林丰.污水污泥焚烧处理技术及其应用[J].环境科技,2011,24(A1):84~86.
[66] 王罗春,李雄,赵由才.污泥干化与焚烧技术[M].北京:冶金工业出版社,2010.
[67] 陈涛.广州市污水污泥特性及其焚烧过程中重金属排放与控制研究[D].广州:广东工业大学,2010.
[68] 陈涛,孙水裕,刘敬勇,等.城市污水污泥焚烧二次污染物控制研究进展[J].化工进展,2010,29

(1): 157~162.
- [69] 廖艳芬,漆雅庆,马晓茜.城市污水污泥焚烧处理环境影响分析[J].环境科学学报,2009,29(1): 2359~2365.
- [70] 史骏.城市污水污泥处理处置系统的技术经济分析与评价(上)[J].给水排水,2009,35(8): 32~35.
- [71] 史骏.城市污水污泥处理处置系统的技术经济分析与评价(下)[J].给水排水,2009,35(9): 56~59.
- [72] 郑师梅,韩少勋,解立平.污水污泥处置技术综述[J].应用化工,2008,37(7):819~821.
- [73] 朱开金,马忠亮.污泥处理技术及资源化利用[M].北京:化学工业出版社,2007.
- [74] 王国华,孙晓,张辰,等.污水污泥送火力发电厂焚烧的环境风险研究进展[J].给水排水,2006,32(6):20~24.
- [75] 邱天,张衍国,吴占松.城市污水污泥燃烧特性试验研究[J].热力发电,2003,32(3):19~22.
- [76] 张衍国,奉华,邓高峰,等.城市污水污泥焚烧过程中的重金属迁移特性[J].环境保护,2000,28(12):35~36.

第3章 污泥热化学氧化处理

污泥的热化学氧化处理是在一定温度条件下利用空气中的氧气与污泥发生剧烈的氧化反应，使其中所含的有机污染物和无机污染物氧化而去除、同时回收热量的一种污泥热化学氧化处理技术。采用该技术可以达到的目的有：

(1) 稳定化和无害化。通过加热使污泥中的有机物发生化学反应，氧化有毒有害污染物(如PAHs、PCBs)等，杀灭致病菌等微生物。

(2) 减量化。通过加热破坏细胞结构，使污泥中的内部水释放出来而被脱除，实现减量化。

(3) 资源化。通过热化学氧化，在将污泥中大量有机物转化为稳定无害无机物的同时，会放出大量的热量，可通过回收热量的形式而实现资源化利用。

实际上，除了焚烧这种热化学氧化处理技术外，湿式空气氧化和超临界水氧化也属于热化学氧化范畴。

3.1 湿式空气氧化

湿式空气氧化(Wet Air Oxidation，WAO)是以空气为氧化剂，将污泥中的溶解性物质(包括无机物和有机物)通过氧化反应转化为无害的新物质或容易分离排除的形态(气体或固体)，从而达到处理的目的。通常情况下氧气在水中的溶解度非常低(0.1MPa、20℃时氧气在水中的溶解度为9mg/L左右)，因而在常温常压下，这种氧化反应的速率很慢，尤其是利用空气中的氧气进行高浓度污染物的氧化反应就更慢，需借助各种辅助手段促进反应的进行(通常需要借助高温、高压和催化剂的作用)。一般来说，在10~20MPa、200~300℃条件下，氧气在水中的溶解度会增大，几乎所有污染物都能被氧化成二氧化碳和水。

3.1.1 湿式空气氧化技术及其特点

湿式空气氧化工艺是美国F. J. Zimmer Mann于1944年提出的一种用于有毒、有害、高浓度有机废水的处理方法，它是在高温(125~320℃)和高压(0.5~20MPa)条件下，以空气中的氧气为氧化剂(后来也使用其他氧化剂，如臭氧、过氧化氢等)，在液相中将有机污染

物氧化为 CO_2 和水等无机物或小分子有机物的化学过程。

高温、高压及必须的液相条件是这一过程的主要特征。在高温高压下，水及作为氧化剂的氧的物理性质都发生了变化，如表 3-1 所示。由表 3-1 可知，从室温到 100℃ 范围内，氧的溶解度随温度的升高而降低，但在高温状态下，氧的这一性质发生了改变，当温度大于 150℃ 时，氧的溶解度随温度升高反而增大，氧在水中的传质系数也随温度升高而增大。因此，氧的这种性质有助于高温下进行氧化反应。

表 3-1 不同温度下水和氧的物理性质

性 质	温度/℃							
	25	100	150	200	250	300	320	350
水								
蒸气压/MPa	0.033	1.05	4.92	16.07	41.10	88.17	116.64	141.90
黏度/Pa·s	922	281	181	137	116	106	104	103
密度/g·mL^{-1}	0.944	0.991	0.955	0.934	0.908	0.870	0.848	0.828
氧(5atm, 25℃)								
扩散系数/m^2·s^{-1}	22.4	91.8	162	239	311	373	393	407
亨利常数/(1.01MPa/mol)	4.38	7.04	5.82	3.94	2.38	1.36	1.08	0.9
溶解度/mg·L^{-1}	190	145	195	320	565	1040	1325	1585

湿式空气氧化过程大致可分为两个阶段：前半小时内，因反应物浓度很高，氧化速率很快，去除率增加快，此阶段受氧的传质控制。此后，因反应物浓度降低或产生的中间产物更难以氧化，使氧化速率趋缓，此阶段受反应动力学控制。

温度是湿式空气氧化过程的关键影响因素，温度越高，化学反应速率越快；温度的升高还可以增加氧的传质速率，减小液体的黏度。压力的主要作用是保证氧的分压维持在一定的范围内，以确保液相中有较高的溶解氧浓度。

湿式空气氧化是针对高浓度有机废水(含有毒有害物质)处理的一种污水处理技术，因而具有其独特的技术特点和运行要求。WAO 的主要特点有：

(1) 它可以有效地氧化各类高浓度的有机废水和污泥，特别是毒性较大、常规方法难降解的废水和污泥，应用范围较广；

(2) 在特定的温度和压力条件下，WAO 对 COD 的去除效率很高，可达到 90% 以上；

(3) WAO 处理装置较小，占地少，结构紧凑，易于管理；

(4) WAO 处理有机物所需的能量几乎就是进出物料的热焓差，因此可以利用系统的反应热加热进料，能量消耗少；

(5) WAO 氧化有机污染物时，C 被氧化成 CO_2，N 被氧化成 NO_2，卤化物和硫化物被氧化为相应的无机卤化物和硫氧化物，因此产生的二次污染较少。

正因为此，WAO 在处理浓度太低而不能焚烧、浓度太高而不能进行生化处理的有机污泥时具有很大的吸引力。但是，湿式氧化法的应用也存在一定的局限性：①该法要求在高温、高压条件下进行，系统的设备费用较大，条件要求严格，一次性投资大；②设备系统要求严，材料要耐高温、高压，且防腐蚀性要求高；③仅适用于小流量的高浓度难降解有机污泥或作为某种高浓度难降解有机污泥的预处理，否则很不经济；④对某些有机物如多氯联苯、小分子羧酸等难以完全氧化去除。

目前，湿式氧化技术在国外已广泛用于各类高浓度废水及污泥的处理，尤其是毒性大、难以用生化方法处理的农药废水、染料废水、制药废水、煤气洗涤废水、造纸废水、合成纤维废水及其他有机合成工业废水的处理，也用于还原性无机物（如 CN^-、SCN^-、S^{2-}）和放射性废物的处理。

3.1.2 湿式空气氧化的机理

湿式空气氧化处理污泥是将污泥置于密闭容器中，在高压条件下通入空气或氧气当氧化剂，按水力燃烧原理将污泥中的有机物在高温条件下氧化分解成无机物的过程。湿式空气氧化包括水解、裂解和氧化等过程。

国外学者提出了湿式空气氧化法去除有机物的机理，认为氧化反应属于自由基反应，通常分为三个阶段，即链的引发、链的引发或传递以及链的终止。

第一阶段，链的引发。由反应物分子生成最初自由基，活性分子断裂产生自由基需要一定的能量，为此常采用三种方法引发自由基，即利用引发剂、特殊光谱和热能。反应历程为

$$RH + O_2 \longrightarrow R\cdot + HOO\cdot \tag{3-1}$$

$$2RH + O_2 \longrightarrow 2R\cdot + H_2O_2 \text{（RH 为有机物）} \tag{3-2}$$

$$H_2O_2 + M \longrightarrow 2HO\cdot \text{（M 为催化剂）} \tag{3-3}$$

第二阶段，链的引发或传递。即自由基与分子相互作用的交替过程，此过程易于进行。

$$RH + HO\cdot \longrightarrow R\cdot + H_2O \tag{3-4}$$

$$R\cdot + O_2 \longrightarrow ROO\cdot \tag{3-5}$$

$$HO_2\cdot + RH \longrightarrow ROOH + R\cdot \tag{3-6}$$

第三阶段，链的终止。自由基经过碰撞生成稳定分子，消耗自由基使链中断的过程。

$$R\cdot + R\cdot \longrightarrow R\text{—}R \tag{3-7}$$

$$ROO\cdot + R\cdot \longrightarrow ROOR \tag{3-8}$$

$$ROOH + ROO\cdot \longrightarrow ROH + RO\cdot + O_2 \tag{3-9}$$

反应中生成的 $HO\cdot$、$RO\cdot$、$ROO\cdot$ 等自由基攻击有机物 RH，引发一系列的链式反应，生成其他低分子酸和二氧化碳。式(3-2)中 H_2O_2 的生成说明湿式氧化反应属于自由基反应机理，但自由基的生成并不仅仅只通过上述反应生成，还有许多不同的解释。Li 等认为，有机物的湿式氧化反应是通过下列自由基的生成而进行的。

$$O_2 \longrightarrow O\cdot + O\cdot \tag{3-10}$$

$$O\cdot + H_2O \longrightarrow 2HO\cdot \tag{3-11}$$

$$RH + HO\cdot \longrightarrow R\cdot + H_2O \tag{3-12}$$

$$R\cdot + O_2 \longrightarrow ROO\cdot \tag{3-13}$$

$$ROO\cdot + RH \longrightarrow R\cdot + ROOH \tag{3-14}$$

从式(3-10)~式(3-14)可以看出，首先是形成羟基自由基 $HO\cdot$，然后羟基自由基 $HO\cdot$ 与有机物 RH 反应生成低级酸 ROOH，ROOH 再进一步氧化成 CO_2 和 H_2O。

尽管式(3-1)~式(3-9)中 $HO\cdot$ 的作用并不明显，但主张这一反应机理的 Shibaeva 等都证实了反应式(3-12)的存在，并认为羟基自由基 $HO\cdot$ 的形成促进了 $R\cdot$ 自由基的生成。由

上述反应可知，氧化反应的速率受制于自由基的浓度，初始自由基形成的速率及浓度决定了氧化反应"自动"地进行的速率。由此可以得到启发，在反应初期加入双氧水或一些含C—H键的化合物作为启动剂，或加入过渡金属化合物作催化剂，可加速氧化反应的进行。

3.1.3 湿式空气氧化的动力学

湿式空气氧化过程的反应动力学模型归纳起来可分为半经验模型和理论模型两大类。

（1）半经验模型

Jean-Noel Foussard 等提出了湿式空气氧化的半经验模型，认为污泥的湿式氧化为一级反应，其反应动力学模型为

$$-\frac{da}{dt} = k_a a \tag{3-15}$$

$$-\frac{db}{dt} = k_b b \tag{3-16}$$

式中　a——易氧化有机物浓度；

　　　b——不易氧化有机物浓度；

　　k_a、k_b——反应速率常数，一般采用实测的方法确定。

（2）理论模型

湿式空气氧化过程的理论模型的基本形式为

$$-\frac{dc}{dt} = k_0 \exp\left(\frac{-E_a}{RT}\right) [C]^m [O]^n \tag{3-17}$$

式中　k_0——指前因子；

　　　E_a——反应活化能，kJ/mol；

　　　T——反应温度，K；

　　　$[C]$——有机物浓度，mol/L；

　　　$[O]$——氧化剂的浓度，mol/L；

　　　t——反应时间，s；

　　m、n——反应级数；

　　　R——气体常数，8.314J/(mol·K)。

Shanablen 于1990年对活性污泥的湿式氧化进行动力学求解，得

$$k_0 = 1.5 \times 10^2, \ E_a = 54, \ m = 1, \ n = 0, \ T = 576 \sim 273\text{K}, \ p = 24 \sim 35\text{MPa}$$

反应动力学研究对设计湿式氧化工艺是很有必要的。由于湿式氧化涉及反应形式复杂、参数多、中间产物多，要根据基元反应推导精确反应速率方程还不可能，习惯上常用COD来表征有机物含量，并且假设反应是一级反应。这一假设对大多数废水而言是可行的。

3.1.4 湿式空气氧化的影响因素

湿式空气氧化的处理效果取决于废水性质和操作条件（温度、氧分压、时间、催化剂等），其中反应温度是最主要的影响因素。

（1）反应温度

大量研究表明，反应温度是湿式氧化系统处理效果的决定性影响因素，温度越高，反应

速率越快，反应进行得越彻底。温度升高，氧在水中的传质系数也随着增大，同时，温度升高使液体的黏度减小，表面张力降低，有利于氧化反应的进行。不同温度下的湿式氧化效果如图 3-1 所示。

从图 3-1 可以看出：

① 温度越高，时间越长，有机物的去除率越高。当温度高于 200℃ 时，可以达到较高的有机物去除率。当反应温度低于某个限定值时，即使延长反应时间，有机物的去除率也不会显著提高。一般认为湿式氧化的温度不宜低于 180℃，通常操作温度控制在 200~340℃。

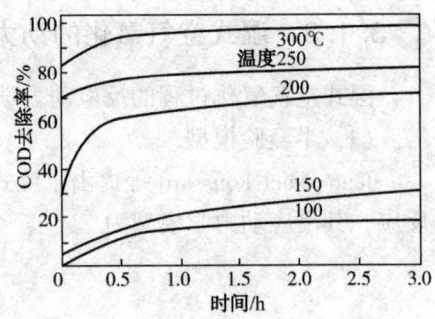

图 3-1 温度对湿式氧化效果的影响

② 达到相同的有机物去除率，温度越高，所需的时间越短，相应的反应器容积越小，设备投资也就越少。但过高的温度是不经济的。对于常规湿式氧化处理系统，操作温度在 150~280℃ 范围内。

③ 湿式氧化过程大致可以分为两个速率阶段。前半小时，因反应物浓度高，氧化速率快，去除率增加快，此后，因反应物浓度降低或中间产物更难以氧化，致使氧化速率趋缓，去除率增加不多。由此分析，若将湿式氧化作为生物氧化的预处理，则以控制湿式氧化时间为半小时为宜。

（2）反应时间

对于不同的污染物，湿式氧化的难易程度不同，所需的反应时间也不同。对湿式氧化工艺而言，反应时间是仅次于温度的一个影响因素。反应时间的长短决定着湿式氧化装置的容积。

实验与工程实践证明，在湿式氧化处理装置中，达到一定的处理效果所需的时间随着反应温度的提高而缩短，温度越高，所需的反应时间越短；压力越高，所需的反应时间也越短。根据污染物被氧化的难易程度以及处理的要求，可确定最佳反应时间。一般而言，湿式氧化处理装置的停留时间在 0.1~2.0h 之间。若反应时间过长，则耗时耗力，去除率也不会明显提高。

（3）反应压力

气相氧分压对湿式氧化过程有一定影响，因为氧分压决定了液相中的溶解氧浓度。若氧分压不足，供氧过程就会成为湿式氧化的限速步骤。研究表明，氧化速率与氧分压成 0.3~1.0 次方关系，增大氧分压可提高传质速率，使反应速率增大，但整个过程的反应速率并不与氧传质速率成正比。在氧分压较高时，反应速率的上升趋于平缓。但总压影响不显著，控制一定总压的目的是保证呈液相反应。温度、总压和气相中的水汽量三者是耦合因素，其关系如图 3-2 所示。

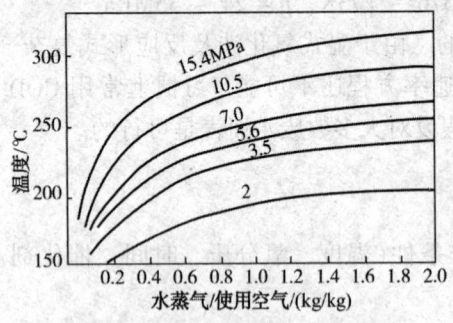

图 3-2 每公斤干燥空气的饱和水蒸气量与温度、压力的关系

由此可知，在一定温度下，压力愈高，气相中水汽量就愈小，总压的低限为该温度下水的饱和蒸

气压。如果总压过低，大量的反应热就会消耗在水的汽化上，当进水量低于汽化量时，反应器就会被蒸干。湿式氧化系统应保证在液相中进行，总压力应不低于该温度下的饱和蒸汽压，一般不低于 5.0~12.0MPa。如果压力过低，大量的反应热就会消耗在水的蒸发上，这样不但反应温度得不到保证，而且反应器有蒸干的危险。因此，随着反应温度的提高，必须相应地提高反应压力。

(4) 污泥中有机物的结构及浓度

大量的研究表明，有机物的氧化与物质的电荷特性和空间结构有很大的关系，不同的污泥有各自的反应活化能和不同的氧化反应过程，因此湿式空气氧化的难易程度也不相同。

对于有机物，其可氧化性与氧元素含量(O)或者碳元素含量(C)在分子量(M)中的比例具有较好的线性关系，即 O/M 值愈小，C/M 值愈大，氧化愈容易。研究表明，低分子量有机酸(如乙酸)的氧化性较差，不易氧化；脂肪族和卤代脂肪族化合物、氰化物、芳烃(如甲苯)、芳香族和含非卤代基团的卤代芳香族化合物等的氧化性较好，易氧化；不含非卤代基团的卤代芳香族化合物(如氯苯和多氯联苯等)的氧化性较差，难氧化。另一方面，不同的废水有各自不同的反应活化能和氧化反应过程，因此湿式氧化的难易程度也大不相同。

污泥中的有机物必须被氧化为小分子物质后才能被完全氧化。一般情况下湿式空气氧化过程中存在大分子氧化为小分子中间产物的快速反应期和继续氧化小分子中间产物的慢速反应期两个过程。大量研究发现，中间产物苯甲酸和乙酸对湿式空气氧化的深度氧化有抑制作用，其原因是乙酸具有较高的氧化值，很难被氧化，因此乙酸是湿式空气氧化常见的累积的中间产物，在计算湿式空气氧化处理污泥的完全氧化效率时，很大程度上依赖于乙酸的氧化程度。

(5) 进料的 pH 值

在湿式氧化工艺中，由于不断有物质被氧化和新的中间体生成，使反应体系的 pH 值不断变化，其规律一般是先变小，后略有回升。因为 WAO 工艺的中间产物是大量的小分子羧酸，随着反应的进一步进行，羧酸进一步被氧化。温度越高，物质的转化越快，pH 值的变化越剧烈。pH 值对湿式氧化过程的影响主要有 3 种情况：

① 对于有些废水和污泥，pH 值越低，其氧化效果越好。例如王怡中等在湿式空气氧化农药废水的实验中发现，有机磷的水解速率在酸性条件下大大加强，并且 COD 去除率随着初始 pH 值的降低而增大。

② 有些废水和污泥在湿式氧化过程中，pH 值对 COD 去除率的影响存在一个极值点。例如，Sadana 等采用湿式空气氧化法处理含酚废水，pH 值为 3.5~4.0 时，COD 的去除率最大。

③ 对有些废水和污泥，pH 值越高，处理效果越好。例如 Imamure 发现，在 pH>10 时，NH_3 的湿式空气氧化降解显著。Mantzavions 在湿式空气氧化处理橄榄油和酒厂废水时发现，COD 的去除率随着初始 pH 值升高而增大。

因此，pH 值可以影响湿式空气氧化的降解效率，调节 pH 值到适合值，有利于加快反应的速率和有机物的降解，但是从工程的角度来看，低 pH 值对反应设备的腐蚀增强，对反应设备(如反应器、热交换器、分离器等)的材质要求高，需要选择价格昂贵的材料，使设备投资增加。同时，低 pH 值易使催化剂活性组分溶出和流失，造成二次污染，因此在设计湿式空气氧化流程时要两者兼顾。

(6) 搅拌强度

在高压反应釜内进行反应时，氧气从气相至液相的传质速率与搅拌强度有关。搅拌强度影响传质速率，当增大搅拌强度时，液体的湍流程度也越大，氧气在液相中的停留时间越长，因此传质速率就越大。当搅拌强度增大到一定时，搅拌强度对传质速率的影响很小。

(7) 燃烧热值与所需的空气量

湿式氧化通常也称湿式燃烧。在湿式氧化反应系统中，一般依靠有机物被氧化所释放的氧化热维持反应温度。单位质量被氧化物质在氧化过程中产生的热值即燃烧值。湿式氧化过程中还需要消耗空气，所需空气量可由降解的 COD 值计算获得。实际需氧量由于受氧利用率的影响，常比理论值高出 20% 左右。虽然各种物质和组分的燃烧热值和所需空气量不尽相同，但它们消耗每千克空气所能释放的热量大致相等，一般为 2900~3500kJ。

(8) 氧化度

对有机物或还原性无机物的处理要求，一般用氧化度来表示。实际上多用 COD 去除率表示氧化度，它往往是根据处理要求选择的，但也常受经济因素和物料特性所支配。

(9) 反应产物

一般条件下，大分子有机物经湿式氧化处理后，大分子断裂，然后进一步被氧化成小分子的含氧有机物。乙酸是一种常见的中间产物，由于其进一步氧化较困难，往往会积累下来。如果进一步提高反应温度，可将乙酸等中间产物完全氧化为二氧化碳和水等最终产物。选择适宜的催化剂和优化工艺条件，可以使中间产物有利于湿式空气氧化的彻底氧化。

(10) 反应尾气

湿式空气氧化系统排放气体的成分随着处理物质和工艺条件的变化而不同。湿式空气氧化气体的组成类似于重油锅炉烟道气，其主要成分是氮和二氧化碳。氧化气体一般具有刺激性臭味，因此应进行脱臭处理。排出的氧化气体中含有大量的水蒸气，其含量可根据其工作状态确定。

3.1.5 湿式空气氧化的工艺流程

湿式空气氧化法是在高温(150~350℃)和高压(0.5~20MPa)条件下，利用氧气或空气(或其他氧化剂，如 O_3、H_2O_2、Fenton 试剂等)将废水中的有机物氧化分解成为无机物或小分子有机物的过程。高温可以提高 O_2 在液相中的溶解性能，高压的目的是抑制水的蒸发以维持液相，而液相的水可以作为催化剂，使氧化反应在较低的温度下进行。

湿式空气氧化自 1958 年开始，经多年发展和改进，对于处理不同的有机物，出现了不同的工艺流程。

(1) Zimpro 工艺

Zimpro 工艺是应用最广泛的湿式氧化工艺流程，是由 F. J. Zimmermann 在 20 世纪 30 年代提出、40 年代在实验室开始研究，于 1950 年首次正式工业化的。到 1996 年大约有 200 套装置投入使用，大约一半用于城市活性污泥处理，大约有 20 套用于活性炭再生，50 套用于工业废水的处理。

Zimpro 工艺流程如图 3-3 所示。反应器是鼓泡塔式反应器，内部处于完全混合状态，在反应器的轴向和径向完全混合，因而没有固定的停留时间，这一点限制了其在对废水水质要求很高场合时的应用。虽然在废水处理方面，Zimpro 流程不是非常完善的氧化处理技术，但可以作为有毒物质的预处理方法。废水和压缩空气混合后流经热交换器，物料温度达到一定要求后，废水从下向上流经反应器，废水中的有机物被氧化，同时反应释放出的热量使混合液体的温度继续升高。反应器流出液体的温度、压力均较高，在热交换器内被冷却，反应过程中回收的热量用于提供大部分废水的预热。冷却后的液体经过压力控制阀降压后，液体在分离器分离为气、液两相。反应温度通常控制在 420~598K，压力控制在 2.0~12MPa 的范围内，温度和压力与所要求的氧化程度和废水的情况有关。用于污泥脱水的温度一般控制在 420~473K 范围内，473~523K 的温度范围比较适宜活性炭的再生和生物难降解废水的处理。废水在反应器内的平均停留时间为 60min，在不同的应用中停留时间可从 40min 到 4h。

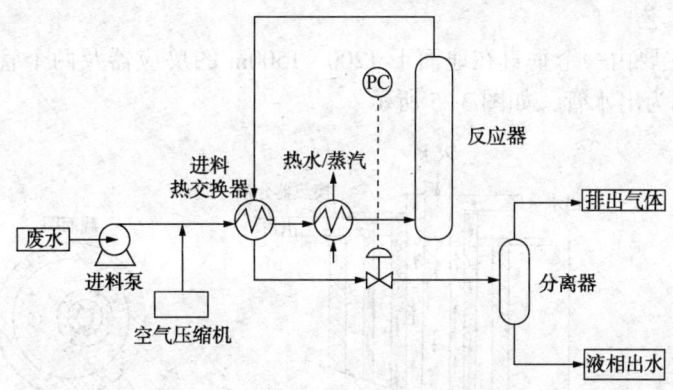

图 3-3　湿式氧化的 Zimpro 工艺流程

（2）Wetox 工艺

Wetox 工艺是由 Fassell 和 Bridges 在 20 世纪 70 年代设计成功的由 4~6 个有连续搅拌小室组成的阶梯水平式反应器，如图 3-4 所示。此工艺的主要特点是每个小室内都增加了搅拌和曝气装置，因而有效改善了氧气在废水中的传质情况，这种改进是从以下 5 个方面进行的：

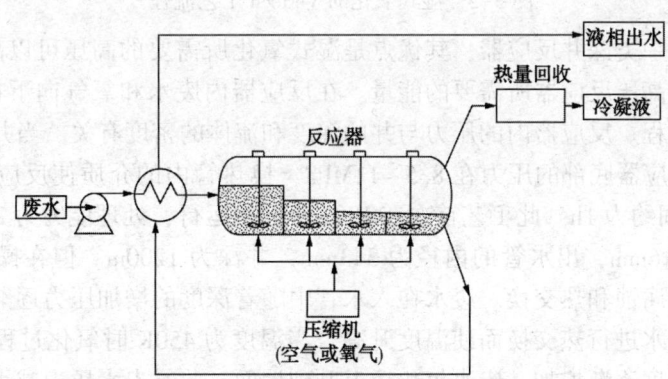

图 3-4　湿式氧化的 Wetox 工艺流程

① 通过减小气泡的体积，增加传质面积；
② 改变反应器内的流形，使液体充分湍流，增加氧气和液体的接触时间；
③ 由于强化了液体的湍流程度，气泡的滞膜厚度有所减小，从而降低了传质阻力；
④ 反应室内有气液相分离设备，因而有效增加了液相的停留时间，减少了液相的体积，提高了热转化的效率；

⑤ 出水液体用于进水液体的加热，蒸气通过热交换器回收热量，并被冷却为低压的气体或液相。

该装备的主要工作温度在 480～520K 之间，压力在 4.0MPa 左右，停留时间在 30～60min 的范围内，适用于有机物的完全氧化降解或作为生物处理的预处理过程。Wetox 工艺广泛用于处理炼油、石油化工废液、磺化的线性烷基苯废液等，而且也可用于电镀、造纸、钢铁、汽车工业等的废液处理。

Wetox 工艺的缺点是使用机械搅拌的能量消耗、维修和转动轴的高压密封问题。此外，与竖式反应器相比，反应器水平放置将占用较大的面积。

(3) Vertech 工艺

Vertech 工艺主要由一个垂直在地面下 1200～1500m 的反应器及两个管道组成，内管称为入水管，外管称为出水管，如图3-5 所示。

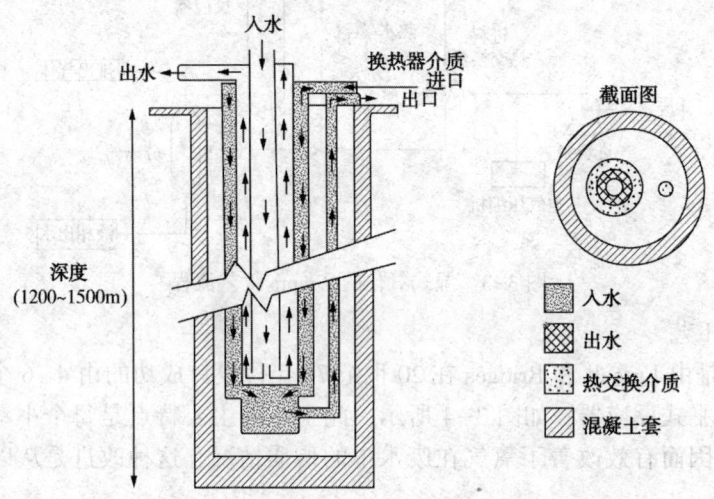

图3-5　湿式氧化的 Vertech 工艺流程

可以认为这是一类深井反应器，其优点是湿式氧化所需要的高压可以部分由重力转化，因而减少物料进入高压反应器所需要的能量。在反应器内废水和氧气向下在管道内流动时，进行传质和传热过程。反应器内的压力与井的深度和流体的密度有关。当井的深度在 1200～1500m 之间时，反应器底部的压力在 8.5～11MPa，换热管内的介质使反应器内的温度可达到 550K，停留时间约为 1h。此工艺首次在 1993 年开始运行，处理能力为 23000t/a，反应器入水管的内径为 216mm，出水管的内径为 343mm，井深为 1200m。但在操作过程中有一些困难，例如深井的腐蚀和热交换。废水在入水管中随着深度的增加压力逐渐增加，内管的入水与外管的热的出水进行热交换而使温度升高。当温度为 450K 时氧化过程开始，氧化释放的热量使入水的温度逐渐增加。废水氧化后上升到地面，此时出水压力减小，与入水和热交换管的液体进行热交换后降低，从反应器流出的液体温度约为 320K。虽然此工艺有较好的降解效果，但流体在反应器内需要一定的停留时间才能流出较长的反应器。

(4) Kenox 工艺

该工艺的新颖之处在于是一种带有混合和超声波装置的连续循环反应器，如图3-6 所示。该装置的主反应器由内外两部分组成，废水和空气在反应器的底部混合后进入反应器，先在内筒体内流动，之后从内、外筒体间流出反应系统。内筒体内设置有混合装置，便于废水和空气的接触。当气、液混合物流经混合装置时，有机物与氧气充分接触，有机物被氧化。超声波装置安装在反应器的上部，超声波穿过有固体悬浮物的液体，利用空化效应在一定范围内瞬间产生高温和高压，从而可加速反应进行。反应器的工作条件为：温度控制在473~513K之间，压力控制在4.1~4.7MPa之间，最佳停留时间为40min。通过加入酸或碱，使进入第一个反应器的废水的pH值在4左右。此工艺的缺点是使用机械搅拌，能耗过高，高压密封易出现问题，设备维护困难。

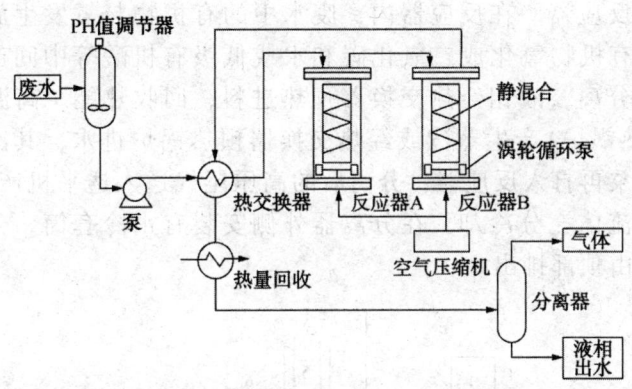

图3-6 湿式氧化的Kenox工艺流程

(5) Oxyjet工艺

Oxyjet工艺流程如图3-7所示。此工艺采用射氧装置，极大地提高了两相流体的接触面积，因而强化了氧在液体中的传质。在反应系统中气液混合物流入射流混合器内，经射流装置作用，使液体形成了细小的液滴，产生大量的气液混合物。液滴的直径仅有几个微米，因此传质面积大大增加，传质过程被大大强化。此后气液混合物流过反应器，在此有机物快速的被氧化。与传统的鼓泡反应器相比，该装置可有效缩短反应所需的停留时间。在反应管之后，又有一射流反应器，使反应混合物流出反应器。

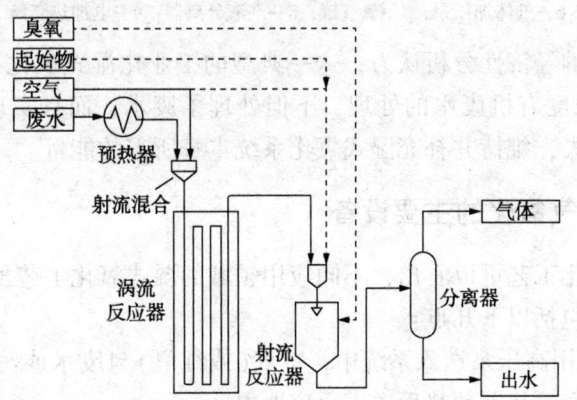

图3-7 湿式氧化的Oxyjet工艺流程

Jaulin和Chornet使用射流混合器和反应管系统氧化苯酚，工作温度为413~453K，停留时间为2.5s，苯酚的降解率为20%~50%。Gasso等研究使用射流混合器和反应管系统，并加入一个小型的用于辅助氧化的反应室。在温度为573K、停留时间为2~3min时，处理纯苯酚和液体，TOC降解率为99%。他们又发现，此工艺适用于处理农药废水、含酚废水等。

归纳起来,湿式空气氧化技术的发展有三个方向:第一,开发适于湿式氧化的高效催化剂,使反应能在比较温和的条件下,在更短的时间内完成;第二,将反应温度和压力进一步提高至水的临界点以上,进行超临界湿式氧化;第三,回收系统的能量和物料。

由于湿式氧化为放热反应,因此反应过程中还可以利用其产生的热能。目前应用的WAO废水处理的典型工艺流程如图3-8所示,废水通过储罐由高压泵打入换热器,与反应后的高温氧化液体换热后,使温度升高到接近反应温度后进入反应器。反应所需的氧由压缩机打入反应器。在反应器内,废水中的有机物与氧发生放热反应,在较高温度下将废水中的有机物氧化成二氧化碳和水或低级有机酸等中间产物。反应后的气液混合物经分离器分离,液相经热交换器预热进料,回收热能。高温高压的尾气首先通过再沸器(如废热锅炉)产生蒸汽或经热交换器预热锅炉进水,其冷凝水由第二分离器分离后通过循环泵再打入反应器,分离后的高压尾气送入透平机产生机械能或电能。为保证分离器中热流体充分冷却,在分离器外侧安装有水冷套筒。分离后的水由分离器底部排出,气体由顶部排出。

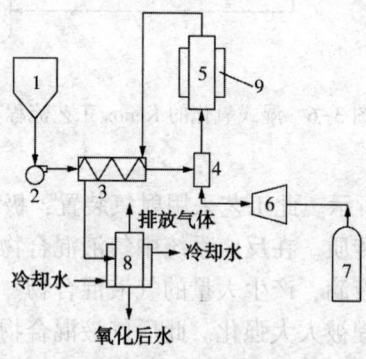

图 3-8 湿式氧化工艺流程
1—污水储罐;2—加压泵;3—热交换器;4—混合器;5—反应器;
6—气体加压泵;7—氧气罐;8—气液分离器;9—电加热套筒

从湿式氧化工艺的经济性分析认为,这一典型的工业化湿式氧化系统适用于COD浓度为 10~300g/L 的高浓度有机废水的处理,不但处理了废水,而且实现了能量的逐级利用,减少了有效能量的损失,维持并补充湿式氧化系统本身所需的能量。

3.1.6 湿式空气氧化的主要设备

从以上各湿式氧化工艺可以看出,不同应用领域的湿式氧化工艺虽然有所不同,但基本流程极为相似,主要包括以下几点:

① 将废水或污泥用高压泵送入系统中,空气(或纯氧)与废水或污泥混合后,进入热交换器,换热后的液体经预热器预热后送入反应器内。

② 氧化反应是在氧化反应器内进行的,反应器是湿式氧化的核心设备。随着反应器内氧化反应的进行,释放出来的反应热使混合物的温度升高,达到氧化所需的温度。

③ 氧化后的反应混合物经过控制阀减压后送入换热器,与进料换热后进入冷凝器。液体在分离器内分离后,分别排放。

完成上述湿式氧化过程的主要设备包括:

(1) 反应器

反应器是湿式氧化过程的核心部分，湿式氧化的工作在高温、高压下进行，而且所处理的废水或污泥通常有一定的腐蚀性，因此对反应器的材质要求较高，需要有良好的抗压强度，且内部的材质必须耐腐蚀。

(2) 热交换器

废水或污泥进入反应器之前，需要通过热交换器与排出的处理后液体进行热交换，因此要求热交换器有较高的传热系数、较大的传热面积和较好的耐腐蚀性，且必须有良好的保温能力。对于含悬浮物多的物料常采用立式逆流套管式热交换器，对于含悬浮物少的物料常采用多管式热交换器。

(3) 气液分离器

气液分离器是一个压力容器。当氧化后的液体经过换热器后温度降低，使液相中的氧气、二氧化碳和易挥发的有机物从液相进入气相而分离。分离器内的液体再经过生物处理或直接排放。

(4) 空气压缩机

在湿式氧化过程中，为了减少费用，常采用空气作为氧化剂。当空气进入高温高压的反应器之前，需要使空气通过热交换器升温和通过压缩机提高空气的压力，以达到需要的温度和压力。通常使用往复式压缩机，根据压力要求来选定段数，一般选用3~6段。

3.1.7 湿式空气氧化在污泥处理中的应用

湿式空气氧化法的关键在于产生足够的自由基供给氧化反应。虽然该法可以降解几乎所有的有机物，但由于反应条件苛刻，对设备的要求很高（需要高温高压），燃料消耗大，因而不适合大量污泥的处理。

(1) 活性污泥的处理

生物法处理废水后，会产生大量的活性污泥，这些活性污泥的处理是一个很困难的问题，通常的方法是活性污泥经过干燥床或真空过滤脱水后，填埋或焚烧。采用填埋法会产生新的污染问题且需有较大的污泥回收面积；焚烧法将需要大量的能源费用。

城市污泥的湿式氧化处理是湿式氧化技术最成功的应用领域，目前有50%以上的湿式氧化装置用于活性污泥的处理。将湿式氧化用于城市污水处理厂剩余污泥的处理，可以强化对微生物细胞的破坏，提高可生化性，提高后续污泥的厌氧消化效果，改善脱水性能，便于填埋，且污泥量大大减少，处理费用明显降低。湿式氧化过程的操作温度和压力对活性污泥的氧化程度有很大的影响，氧化的终产物依赖氧化的程度。

在湿式氧化处理活性污泥方面，许多研究人员对污泥中的一些特定结构物的氧化进行了大量的研究，发现了一些规律性的东西。例如Telezke等用湿式氧化技术处理不同的活性污泥，发现淀粉很容易被降解；木质素在200℃以下不易降解，在200℃以上和淀粉一样易降解；蛋白质和粗纤维素在200℃以下不易被氧化，在200℃以上它们与淀粉一样容易被氧化。在活性污泥中少量的糖可以在150~175℃被氧化，并且多糖的水解作用起了很重要的作用。在湿式氧化处理后，除粗纤维素以外，其他物质都能在滤液中被发现。

对低压下的湿式氧化研究表明，大部分硫被氧化为硫酸盐，不在滤液中；有机氮转化为硝酸盐和氨，大部分存于滤液中。在低压下，大部分的固体还存在，通过各种干燥方式，固体物被分离出来。

Wilhelmi 和 Knopp 对含有六氯五价化合物和八氯五价化合物等有毒化合物的高污染市政污泥采用湿式氧化处理进行研究，经低温低压的湿式氧化系统处理后，其有毒化合物可去除99%左右。

（2）应用湿式氧化产能

有机物湿式氧化过程中会产生热量，可以利用这些能量来产生蒸汽。湿式氧化产能的优点是不会产生对大气有污染的 N、S 化合物，而且湿式氧化回收能量的效率也高于传统的煤炭燃烧炉的效率。湿式氧化还可以将没有能量利用价值的污泥和废水转化为能量更低的物质，同时回收能量。Flynn 等探讨了湿式氧化中不同形式的能量回收方式，其中以热回收的能量最为有效，可以将热量转化为蒸汽、锅炉热的入水和其他的用途。除此之外，利用反应放出的气体使涡轮机膨胀产生机械能或电能，虽然能量转化率有些低，但也是能量转化的一种有效方式。

大量研究和工业应用已经证明湿式氧化是一种处理特殊废水和污泥的有效方法，湿式氧化在处理污泥方面具有以下主要特点：

① 适应性强，能处理低发热量的污泥，也能处理高发热量的污泥。对于一般处理系统难降解的有机物有很好的处理效果，因此特别适用于高浓度难降解有毒有机废水及污泥。

② 反应过程迅速，反应时间通常在 1h 以内，而且反应进行的较彻底，残留物数量和体积均较小。

③ 湿式氧化和生物处理法联用，可以解决其他处理流程难以处理的一些困难问题。

④ 湿式氧化装置是系统化的运行设备，布置紧凑，易于调节，管理方便，反应在密闭容器内进行，空气污染等易控制。

3.2 催化湿式氧化技术

由于传统的湿式氧化技术需要较高的温度和压力，相对较长的停留时间，尤其是对于某些难氧化的有机化合物反应要求更为苛刻，致使设备投资和运行费用都较高。为降低湿式空气氧化的反应温度和反应压力，同时提高处理效果，在传统湿式氧化技术的基础上进行了一些改进，主要有：

（1）催化化学的发展为湿式氧化提出了一条新的发展思路，即可以使用催化剂降低反应的活性能，从而在不降低处理效果的情况下，降低反应温度和压力。为了降低反应所需的温度和压力，并且提高处理效果，发展了使用高效、稳定的催化剂的催化湿式氧化法（Catalytic Wet Air Oxidation，CWAO）。

（2）将废液或污泥的温度升高至水的临界温度以上，利用超临界水良好的特性来加速反应进程，即超临界湿式氧化技术（Supercritical Wet Oxidation，SCWO）或超临界水氧化技术（Supercritical Water Oxidation，SCWO）。

（3）在反应中加入比氧气氧化能力更强的氧化剂，如过氧化氢、臭氧等，这种湿式氧化技术也叫过氧化物氧化技术（Wet Peroxide Oxidation，WPO）。

这些改进技术受到了广泛重视并且已经开展了大量的研究和应用工作，其中最为成熟和广泛应用的是催化湿式空气氧化技术，它是在传统的湿式空气氧化处理工艺中，加入适当的催化剂来降低反应的温度和压力，提高氧化分解的能力，缩短反应的时间，缓解了设备的腐蚀，降低了成本。

催化湿式氧化是依据污泥中的有机物在高温高压下进行催化燃烧的原理来净化处理污泥的，其最显著的特点是以羟基自由基为主要氧化剂与有机物发生反应，反应中生成的有机自由基可以继续参加 HO· 的链式反应，或者通过生成有机过氧化物自由基后进一步发生氧化分解反应直至降解为最终产物 CO_2 和 H_2O，从而达到氧化分解有机物的目的。

催化湿式氧化法在各种高浓度难降解有毒有害废水和污泥的处理中非常有效，具有较高的实用价值。

3.2.1 催化湿式氧化常用的催化剂

高活性催化剂的应用是催化湿式氧化反应的重要因素。催化剂的运用大大提高了湿式氧化的速率和程度，这是因为加入的催化剂能降低反应的活化能，并改变反应的历程。

(1) 催化剂的筛选

由于催化剂具有选择性，有机化合物的种类和结构不同，适用的催化剂也不同，因此需要对催化剂进行筛选评价。

对有机物湿式氧化，多种金属具有催化活性，目前用于湿式氧化法的催化剂主要包括过渡金属及其氧化物、复合氧化物和盐类。已有多种过渡金属氧化物被认为具有湿式氧化催化活性，其中贵金属系（如以 Pt、Pd 为活性成分）催化剂的活性高、寿命长、适应性强，但价格昂贵，应用受到限制，所以在应用研究中一般比较重视非贵金属催化剂，其中过渡金属如 Cu、Fe、Ni、Co、Mn 等在不同的反应中都具有较好的催化性能。表 3-2 列出了一些催化湿式氧化法中常用的催化剂。

表 3-2 催化湿式氧化法常用的催化剂

类别	催化剂
均相催化剂	$PdCl_2$、$RuCl_3$、$RhCl_3$、$IrCl_4$、K_2PtO_4、$NaAuCl_4$、NH_4ReO_4、$AgNO_3$、$Na_2Cr_2O_7$、$Cu(NO_3)_2$、$CuSO_4$、$CoCl_2$、$NiSO_4$、$FeSO_4$、$MnSO_4$、$ZnSO_4$、$SnCl_2$、Na_2CO_3、$Cu(OH)_2$、$CuCl$、$FeCl_2$、$CuSO_4\text{-}(NH_4)_2SO_4$、$MnCl_2$、$Cu(BF_4)_2$、$Mn(AC)_2$
非均相催化剂	WO_3、V_2O_5、MoO_3、ZrO_4、TaO_2、Nb_2O_5、HfO_2、OsO_4、CuO、Cu_2O、Co_2O_3、NiO、Mn_2O_3、CeO_2、Co_3O_4、SnO_2、Fe_2O_3
非均相催化剂复合氧化物	$CuO\text{-}Al_2O_3$、$MnO_2\text{-}Al_2O_3$、$CuO\text{-}SiO_2$、$CuO\text{-}ZrO\text{-}Al_2O_3$、$RuO_2\text{-}CeO_2$、$RuO_2\text{-}Al_2O_3$、$RuO_2\text{-}ZrO_2$、$RuO_2\text{-}TiO_2$、$Mn_2O_3\text{-}CeO_2$、$Rh_2O_3\text{-}CeO_2$、$IrO_2\text{-}CeO_2$、$PdO\text{-}TiO_2$、$Co_3O_4\text{-}BiO(OH)$、$Co_3O_4\text{-}CeO_2$、$Co_3O_4\text{-}BiO(OH)\text{-}CeO_2$、$Co_3O_4\text{-}BiO(OH)\text{-}Lu_2O_3$、$CuO\text{-}ZnO$、$SnO_2\text{-}Sb_2O_4$、$SnO_2\text{-}MoO_3$、$Fe_2O_3\text{-}Sb_2O_4$、$SnO_2\text{-}Fe_2O_3$、$Fe_2O_3\text{-}Cr_2O_3$、$Fe_2O_3\text{-}P_2O_5$、Cu-Mn-Fe 氧化物、Cu-Mn 氧化物、Cu-Mn-Zn 氧化物、Co-Mn 氧化物、Co-Cu 氧化物、Cu-Mn-Co 氧化物

(2) 催化剂性能的主要评价指标

催化剂的性能与其化学结构和物理结构密切相关，与主催化剂和载体的化学成分、配比以及结合状态有关。催化剂的性能主要有以下几个方面：

① 活性。催化剂的活性是催化剂加快化学反应速率能力的一种量度，常以催化反应的比速率常数来表示。

② 选择性。催化剂对复杂化学反应有选择地发生催化作用的性能称为催化剂的选择性。选择性有两种表示方法，一种是主产物的产率，一种是主副反应速率常数之比。

③ 稳定性。指催化剂在使用条件下维持一定活性水平的时间，通常以寿命表示，包括耐热稳定性、机械稳定性和抗毒稳定性等。

④ 流通性。即催化剂在使用中的流体力学特性和传质状态。

在试验研究过程中，催化剂的活性与稳定性是最应关心的问题。

根据所用催化剂的状态，可将催化剂分为均相催化剂和非均相催化剂两类。均相催化剂与反应物处于同一物相之中，而非均相催化剂多为固体，与反应物处于不同的物相之中，因此，催化湿式氧化也相应地分为均相催化湿式氧化和非均相催化湿式氧化。均相催化剂一般比非均相催化剂活性高，反应速率快，但流失的金属离子会造成二次污染。

3.2.2 均相催化湿式氧化

均相催化湿式氧化是通过向反应溶液中加入可溶性的催化剂，在分子或离子水平上对反应过程进行催化。均相催化的特点是反应温度更为温和，反应性能更专一，有特定的选择性。

催化湿式氧化的最初研究集中在均相催化剂上，当前最受重视的均相催化剂都是可溶性过渡金属的盐类，其中铜盐效果较为理想。这是由于在结构上，Cu^{2+}外层具有d^9电子结构，轨道的能级和形状都使其具有显著的形成络合物的倾向，容易与有机物和分子氧的电子结合形成络合物，并通过电子转移使有机物和分子氧的反应活性提高。

对于铜的催化湿式氧化机理，Sandana等通过催化氧化苯酚，提出了如下自由基反应机理：

(1) 链的引发

$$HO-R-H+Cu\text{-}cat \xrightarrow{k_1} O=R\cdot-H+\cdot H-Cu\text{-}cat$$

(2) 链的传递

$$O=R\cdot-H+O_2 \xrightarrow{k_2} O=RH-OO\cdot$$

$$O=RH-OO\cdot+HO-R-H \xrightarrow{k_3} HO-R-OOH+O=R\cdot-H$$

(3) 过氧化氢物分解

$$HO-R-OOH+2Cu\text{-}cat \xrightarrow{k_4} Cu\text{-}Cat\cdots R(OH)-O\cdot+HO\cdot\cdots Cu\text{-}Cat$$

(4) 链的终止

$$Cu\text{-}Cat\cdots R(OH)-O\cdot+R(OH)-H \xrightarrow{k_5} R(OH)-OH+O=R\cdot-H+Cu\text{-}cat$$

$$HO\cdots Cu\text{-}Cat+R(OH)-H \xrightarrow{k_6} O=R\cdot-H+Cu\text{-}cat$$

式中，OH—R—H、O=R—H、O=RH—OO·分别代表酚、酚氧基、过氧基。—OO·处于邻位和对位，酚氧基可通过脱去一个电子或氢形成。实验中发现酚盐离子不起作用，自由基主要通过脱氢形成。因此，铜离子的加入主要是通过形成中间络合产物，脱氢以引发氧化反应自由基链。

在均相湿式氧化系统中，催化剂与反应物是混溶的。为了避免催化剂流失所造成的经济损失和对环境的二次污染，需进行后续处理以便从反应物中回收催化剂。因此，流程会比较复杂，提高了污泥的处理成本。因此，人们开始研究催化剂的固定问题，即非均相催化湿式氧化技术。

3.2.3 非均相催化湿式氧化

(1) 非均相催化湿式氧化机理

对非均相催化湿式氧化机理的研究也大多将湿式氧化归结在自由基氧化这一范畴。Sadana 等以负载型 CuO 为催化剂除酚时发现，酚的催化氧化是一自由基反应过程，且这种自由基反应存在诱导期，反应速率受 pH 值影响。这一过程的大致经历如下过程：链引发—链传递—过氧化氢物分解。研究还发现自由基主要通过底物脱氢而形成，底物首先与铜离子形成中间络合物，脱氢后生成自由基，以引发氧化反应。

Mantzavinors 等以负载型过渡金属和贵金属氧化物为催化剂氧化聚乙二醇时认为自由基氧化反应包括引发期、传递期和终止期三个阶段。在引发期氧攻击有机物 RH 形成 R·，在传递期 R·与氧结合形成过氧化物自由基 ROO·，它使原始有机物 RH 脱氧形成新的自由基 R·和过氧化氢物，这是限速步骤。过氧化氢物分解生成低分子醇、酮、酸和 CO_2 等，大多数情况下，两个过氧化物自由基相遇产生链中止。非均相催化剂 $Me^{(n-1)+}$ 和 Me^{n+} 通过下式的氧化-还原催化循环引起过氧化氢物分解：

还原： $ROOH + Me^{(n-1)+} \longrightarrow RO· + Me^{n+} + OH^-$

氧化： $ROH + Me^{n+} \longrightarrow ROO· + Me^{(n-1)+} + H^+$

非均相氧化机理与均相氧化机理一样，尚有很多未被发现的领域，新的氧化机理的发现及现有氧化机理的试验验证均尚有大量工作。

(2) 非均相催化湿式氧化用催化剂

在非均相催化湿式氧化中，催化剂以固态存在，与污泥分离方便，而且催化剂具有活性高、易分离、稳定性好等优点，因此，自 20 世纪 70 年代开始，催化湿式氧化的研究重点集中在高效稳定的非均相催化剂上。

非均相催化剂主要有贵金属系列、铜系列和稀土系列三大类。

① 贵金属系列催化剂

在多相催化氧化中，贵金属对氧化反应具有高活性和稳定性，已经被大量应用于石油化工和汽车尾气治理行业。其典型制备方法是：用浸渍法负载（浸涂）贵金属，如含 Pt 催化剂是将 H_2PtCl_3 溶于 0.2ml/L 盐酸中，然后用水稀释得到一定浓度的含 Pt 溶液，将预先处理过的活性氧化铝载体浸于含 Pt 的溶液中，取出在空气条件下于 120℃ 干燥，并在 450℃ 焙烧 4h，然后用氢气在 500℃ 还原 8h。

用 Pt、Pd 等贵金属为活性组分制成的催化剂不仅有合适的烃类吸附位，而且还有大量的氧吸附位，随表面反应的进行，能快速发生氧活化和烃吸附。而由过渡元素等非贵金属组成的催化剂则通过晶格氧传递达到氧化有机物的目的，液相中的氧不能及时得到补充，需在较高的温度条件下才能加速氧的循环，因此，一般非贵金属催化剂的起燃温度要比贵金属的起燃温度高得多。大量的研究表明贵金属系列催化剂的活性和稳定性较好，如 Imamura 等用几种金属（Ru、Rh、Pt、Ir、Pd、Cu、Mn）与载体（NaY沸石、$\gamma-Al_2O_3$、ZrO_2、TiO_2、CeO_2）制备的催化剂处理丙醇、丁酸、苯酚、乙酰胺、乙酸、甲酸等有机废水，发现Ru的催化活性最好，CeO_2是最优的载体，而且$Ru/\gamma-Al_2O_3$的TOC降解率超过了Cu系均相催化剂。Okitsu等对不同的贵金属Pt、Pd、Ru、Rh、Ag等，以Al_2O_3和TiO_2为载体处理p-氯苯酸，实验发现Pt/Al_2O_3的降解效率最好，可在150℃，反应30min，TOC的去除率达90%。Gomes等采用Pt/C催化剂降解羧酸，如乙酸、丙酸、丁酸，在200℃、0.9MPa氧分压下反应2h，COD的去除率为60%。Klinghoffer等采用Pt/Al_2O_3催化剂在鼓泡反应器内以乙酸为模型化合物进行研究，发现此催化剂中贵金属Pt的溶解低于0.01%，具有良好的稳定性。Rivas等在氧气和氮气情况下，用0.5%的Pt/Al_2O_3催化剂降解马来酸，当Pt/Al_2O_3在氮环境下，170℃反应1h，马来酸的去除率在50%以上，研究发现氧气的压力对马来酸的降解率没有起到直接的作用，而且在实验中催化剂没有出现溶解现象。Maugans等采用4.45%的Pt/TiO_2催化剂降解苯酚，在150~200℃、3.5~8.4kPa、催化剂用量为0~4g/L时，反应120min后，发现苯酚几乎全部被降解，只有少量稳定的有机酸存在，并且氧浓度增加使反应速率降低。Qin等采用RuO_2/Al_2O_3催化剂在230℃、1.5MPa压力下，反应2h后，此催化剂对氨的降解有明显的活性，最后产物为N_2和少量的NO_3^-。Dobrykin等采用$CeO_2/\gamma-Al_2O_3$、$Fe_2O_3/\gamma-Al_2O_3$、$MnO_2/\gamma-Al_2O_3$、Zn-Mn-Al-O、Pt/Al_2O_3、Ru/CeO_2、Ru/C催化剂对含N的有毒有害有机废水进行降解研究，发现Ru/C的催化活性最好，且无NO_x和NH_3产生，处理后废水的有毒组分小于1%。

在催化湿式氧化研究及应用方面，日本位于世界前列，其中大阪瓦斯公司的催化剂制备和应用技术已相当成熟。他们开发的催化剂以TiO_2或ZrO_2为载体，在其上负载百分之几的Fe、Co、Ni、Ru、Rh、Pd、Ir、Pt、Au、Tu中的一种或多种活性组分。催化剂有球形和蜂窝状两种，可用于处理制药、造纸、印染等工业废水。

② 铜系列催化剂

贵金属系列的催化剂已得到实际应用。为降低价格，目前研究的重点为非贵金属催化剂。由于Cu系催化剂在均相催化氧化过程中表现出的高活性，人们对非均相Cu系催化剂进行了大量的研究。Levec和Pintar在130℃和低压的情况下研究了$CuO-ZnO/Al_2O_3$为催化剂处理含酚废水。实验表明，酚的去除率与酚的浓度成正比，与氧分压成0.25次方的关系，活化能为84kJ/mol。Sadana等以$\gamma-Al_2O_3$为载体，在其上负载10%CuO的催化剂处理酚，在290℃、氧分压为0.9MPa的条件下，反应9min后，有90%的酚转化为CO_2和H_2O；此催化剂对顺丁烯二酸和乙酸的氧化也有很好的催化活性。Kochetkoa等采用各种工业催化剂，如Ag/沸石、Co/沸石、Bi/Fe、Bi/Sn、Mn/Al_2O_3、Cu/Al_2O_3等来氧化含酚废水，发现Cu/Al_2O_3的催化活性最高。他们在Al_2O_3载体上加入碱性的TiO_2和CoO来加强催化效果，结果表明，其催化活性与Co的含量有密切关系。Fortuny等以苯酚为目标物，分别用2%CoO、Fe_2O_3、MnO、ZnO和10%CuO作活性成分，用$\gamma-Al_2O_3$作载体，制备出两种金属共负载型催化剂，于140℃、0.9MPa氧分压下，在反应器内反应8d，实验表明几种催化剂的降解效果都较好，其中$ZnO-CuO/\gamma-Al_2O_3$的催化活性最好。

国内也对铜系催化剂进行了一些研究，尹玲等考察了铜、锰、铁复合物催化剂的催化效果，发现Cu:Mn:Fe=0.5:2.5:0.5催化剂(摩尔比)，对高浓度的丁烯氧化脱氢酸洗废水的湿式氧化处理有很好的催化活性，而且此催化剂对丙烯腈、乙酸、乙酸联苯胺、硝基酚都有好的处理效果。Lei 等在 2L 的高压釜中进行了静态的催化湿式氧化处理纺织废水的研究，发现 CuO 的催化活性最好。宾月景等对比 Cu、Ce、Cd 和 Co-Bi 四类催化剂降解染料中间体 H-酸，其中 Cu/Ce（3∶1）催化剂的效果最好，在 200℃、3.0MPa 氧分压下，pH=12，反应 30min 后，COD 的去除率在 90% 以上。谭亚军等在 200~230℃、3.0MPa 氧分压下对染料中间体 H-酸配水进行了研究，发现 Cu 系催化剂的活性明显优于其他过渡金属氧化物，且稳定性也较好。

大量研究表明，非均相 Cu 系催化剂在处理多种工业废水的催化湿式氧化中已经显示出较好的催化性能，但是催化剂在使用过程中存在着严重的催化剂活性组分溶出现象。这种溶出将造成催化剂流失、活性下降，不能重复使用，同时还会造成二次污染。

③ 稀土系列催化剂

稀土元素在化学性质上呈现强碱性，表现出特殊的氧化还原性，而且稀土元素离子半径大，可以形成特殊结构的复合氧化物，在催化湿式氧化过程中可以减少溶出量，稳定性好，目前正在开展较多的研究。

CeO_2 是催化湿式氧化过程中应用最广泛的稀土氧化物，其作用表现在以下几个方面：

a. 提高贵金属的表面分散度，其出色的"储氧"能力可起到稳定晶型结构和阻止体积收缩的作用。

b. CeO_2 能改变催化剂的电子结构和表面性质，从而提高催化剂的活性和稳定性。

Oliviero 等以苯酚和丙烯酸为研究对象，研究加入 CeO_2 对 Ru/C 催化剂的活性是否有促进作用，实验发现 CeO_2 具有"储氧"作用，并且 Ru 微粒与 CeO_2 之间作用的多少是处理苯酚和丙烯酸效果的关键。日本科学家用含 Ce 的氧化物催化剂降解 NH_3，发现 Co/Ce（20%）和 Mn/Ce（20%~50%）降解 NH_3 效果较好，而且 Mn/Ce 的催化活性优于均相 Cu 系催化剂。Leitenburg 等以乙酸为研究对象，使用催化剂 CeO_2-ZrO_2-CuO 和 CeO_2-ZrO_2-MnO，发现 Cu（或 Mn）与 CeO_2 的协同作用能提高催化活性，并且使催化剂的溶出量少，催化剂的稳定性较好。Yao 等研究了多种 Ce 的化合物处理含环己烷和环己酮废水，发现 CeO_2/γ-Al_2O_3 催化剂的催化性能最好，Ce 基化合物催化剂具有许多催化剂无法比拟的在酸性介质中稳定的特点。

④ 催化剂载体

催化活性组分要负载在高比表面积的载体上才能很好地发挥作用，载体的选择对催化剂的活性有很大影响。普遍采用的载体形式是 γ-Al_2O_3 晶体，γ-Al_2O_3 作为载体不仅能提供大的表面积，而且还可以增强活性成分的催化能力。另一种载体是将不锈钢箔压成波状而制成的整体型合金载体，比 γ-Al_2O_3 载体有更高的热稳定性。

另外，人们还对其他高比表面积的载体材料进行了广泛的研究，如以 TiO_2 和 CeO_2 为载体的贵金属催化剂都有很高的比表面积，表现出良好的催化性能。Fornasiero 等研究了以 CeO_2-ZrO_2 固溶体为载体的 Pt、Rh 催化剂，发现加入 ZrO_2 后，催化活性相应提高。

(3) 非均相催化剂的制备

催化剂的制备与预处理过程对于催化剂的性质起着非常关键的作用，制备过程应选择适宜的条件并协调各参数。常用的催化剂制备方法有沉淀法、浸渍法、离子交换、机械混合法、熔融法、金属有机络合物法和冷冻干燥法等。另外材料科学的许多制备方法，如溶胶凝胶法、共沉淀法、高温溶胶分解法等，经一定的改进均可成为制备非均相催化湿式氧化用催化剂的方法，共沉淀法和浸渍法是最常用的两种制备非均相催化湿式氧化用催化剂的方法。

① 沉淀法

沉淀法借助于沉淀反应，用沉淀剂将可溶的催化剂组分转化为难溶的化合物，经过滤、洗涤、干燥、焙烧成型等工艺，制备成品催化剂。沉淀法是广泛应用的一种制备多相催化剂的方法，几乎所有的固体催化剂至少有一部分是由沉淀法制备的。如：用浸渍法制备负载型催化剂时，其中载体就是由沉淀法制备而来的。沉淀法可使催化剂各组分均匀混合，易于控制孔径大小和分布而不受载体形态的限制。

沉淀法中最常用的沉淀剂是氨水和$(NH_4)_2CO_3$，这是由于NH_4^+盐在洗涤和热处理时易于去除，而用KOH和NaOH做沉淀剂常会遗留下K^+和Na^+于沉淀中，且KOH的价格也很昂贵。

② 浸渍法

制备金属或金属氧化物催化剂时，最简单且常用的方法是浸渍法。浸渍法是将固体载体浸泡到含有活性成分的溶液中，当多孔载体与溶液接触时，由于表面张力作用而产生的毛细管压力使溶液进入毛细管内部，然后溶液中的活性组分再在毛细管内表面上吸附。达到平衡后将剩余液体除去(或将溶液全部浸入固体)，再经干燥、焙烧、活化等步骤即可得到成品催化剂。浸渍法广泛用于负载型催化剂的制备，尤其是低含量的贵金属负载型催化剂。该法省去了过滤、成型等工序，还可选择适宜的催化剂载体为催化剂提供所要求的物理结构(如比表面积、孔径分布、机械强度等)。此外，采用该法制备催化剂可以使金属活性组分以尽可能细的形式铺展在载体表面，从而提高金属活性组分的利用率，降低金属的用量，减少制备成本。

浸渍法分为过量浸渍和等体积浸渍法。前者有利于活性组分在载体上的均匀分布，后者有利于控制活性组分在载体上的负载量，尤其适用于低含量、贵金属负载型催化剂的制备。

催化剂浸渍的时间、pH值、干燥和焙烧时间、涂层的先后顺序对催化剂性能都有影响。以Pt/Al_2O_3为例，在Al_2O_3上浸渍H_2PtCl_4水溶液，H_2PtCl_4水溶液的pH值不同，对Pt的吸附量有影响，当pH>4时，Pt的吸附量降低；pH=7~9时，Pt的吸附量降低到0；pH<4时，Al_2O_3会溶解；pH=4时，Pt在Al_2O_3上的吸附达到最大。因此，最好的吸附条件是pH=4。

控制制备条件可以改变双金属催化剂中金属离子在载体上的分布。金属离子在载体上的分布对催化剂的活性、选择性和稳定性有很大影响，控制双金属离子分布的方法有：

a. 改变浸渍溶液的pH值、浓度和浸渍时间；

b. 采用先涂内层，后涂外层的方法制得分层催化剂；

c. 两种溶液共浸渍。

溶液浓度高，pH值低，浸渍时间长，有利于金属离子向Al_2O_3内部扩散和分布；反之，金属离子愈趋于在表面富集。

Nuan研究了Pt-Rh和Pd-Rh双金属催化剂的表面贵金属相互作用对催化性能的影响，将单铂、单钯催化剂分别与单铑催化剂机械混合，与相应的共浸渍催化剂进行比较，前者有更好的催化活性。

(4) 催化剂的失活

催化湿式氧化中催化剂的流失主要是由于受pH值的影响，使催化剂的活性组分溶出造成的。Levec和Pinta在实验中发现，废水的pH值对氧化液相中的有机物有重要影响。Miro等用CuO/Al_2O_3催化剂在不同的pH值情况下处理苯酚废水，发现pH值对催化剂的失活起了决定性作用。Zhang 等用 Pd/Al_2O_3 和 $Pd-Pt/Al_2O_3$ 处理酸性的漂白废水,发现催化剂在不同的 pH 值条件下,反应 3h,Pd 和 Pt 的溶出量与 pH 值有密切关系。在酸性条件下,反应速率低,失活率高;当 pH=7 时,Pd 和 Al_2O_3 的流失最小。他们又对 $Pd-Pt-Ce/Al_2O_3$ 催化剂进行了研究,当 pH=7 时,催化剂没有流失,因此催化剂的流失可以通过调节合适的 pH 值减少或避免。

催化湿式氧化催化剂的积炭失活即催化剂的污染失活,是由于反应过程中产生的 C、N 等物质在催化剂的表面沉积引起的。Belkacermi 等用催化剂 Mn/Ce、Cu/沸石降解高浓度的乙醇发酵废水,在一定的时间内,Mn/Ce 催化剂降解率很高,然后催化剂出现失活现象。ESCA 扫描催化剂的表面,发现有碳沉积现象,因而阻碍了液相中反应物与催化剂表面的接触。

3.2.4 催化湿式氧化的特点

由上述可以看出,催化湿式氧化的特点可归纳为:

① 催化湿式氧化是一种有效的处理高浓度、有毒、有害、生物难降解废水和污泥的高级氧化技术;

② 由于非均相催化剂具有好的活性、稳定性、易分离等优点,已成为催化湿式氧化研究开发和实际应用的重要方向;

③ 在非均相催化剂中,贵金属系列催化剂具有较高的活性,能氧化一些很难处理的有机物,但是催化剂成本高,通过加入稀土氧化物可降低成本,而且能够提高催化剂的活性和稳定性;Cu 系催化剂活性较高,但是存在严重的催化剂流失问题。催化剂在使用过程中有失活现象;

④ 大量研究表明,催化湿式氧化有广泛的应用前景,催化湿式氧化催化剂向多组分、高活性、廉价、稳定性的方向发展。

3.3 超临界水氧化技术

超临界水氧化(Supercritical Water Oxidation,SCWO)工艺是美国麻省理工学院 Medoll 教授于 1982 年提出的一种能完全、彻底地将有机物结构破坏的深度氧化技术。当水的温度和压力升高到临界点以上时,水就会处于既不同于气态、也不同于液态或固态的超临界态。超临界水的介电常数与常温常压下的极性有机溶剂相似,可与一些有机物以任意比例互溶。同时,一般在水中溶解度不大的气体也可与超临界水互溶,以均相状态存在。在水的超临界状态下,通过氧化剂(氧气、臭氧等)可在几秒钟内将废水中的有毒有害物质彻底氧化分解为 CO_2、H_2O 和无机盐,具有有机污染物降解彻底、热能可回收利用、无二次污染等特点,特别适用于高浓度难降解有毒有害废水的处理。

3.3.1 超临界水及其特性

3.3.1.1 超临界水

通常情况下,水以蒸汽、液态和冰三种常见的状态存在,且属极性溶剂,可以溶解包括盐类在内的大多数电解质,但对气体则大不相同,有的气体溶解度高,有的气体溶解度微小，对有机物则微溶或不溶。液态水的密度几乎不随压力升高而改变，但是如果将水的温度和压力升高到临界点（$T \geq 374.3℃$，$p \geq 22.1MPa$）以上，则会处于一种不同于液态和气态的新的状态——超临界态，该状态的水即称为超临界水，水的存在状态如图3-9所示。在超临界条件下，水的性质发生了极大的变化，其密度、介电常数、黏度、扩散系数、电导率和溶解性能都不同于普通水。

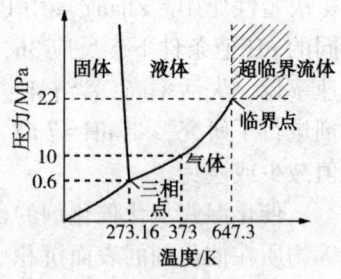

图3-9 水的存在状态

3.3.1.2 超临界水的特性

（1）超临界水的密度

超临界水可以通过改变压力和温度使其控制在气态和液态之间。临近临界点时，水的密度随温度和压力的变化而在液态水（密度为$1g/cm^3$）和低压水蒸气（密度小于$0.0011g/cm^3$）之间变化，临界点的密度为$0.326g/cm^3$。典型的超临界水氧化是在密度近似$0.1g/cm^3$时进行的。超临界水的密度与温度、压力的变化关系如图3-10所示。

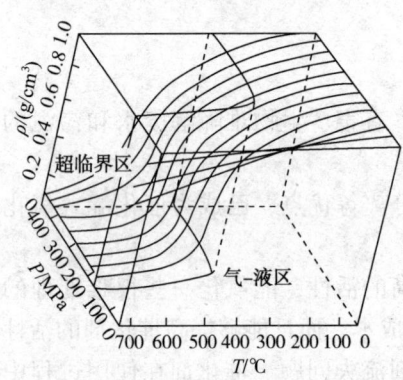

图3-10 超临界水的密度与温度和压力的关系

（2）超临界水的氢键

水的一些宏观性质与水的微观结构有密切联系，它的许多独特性质是由水分子之间的氢键的键合性质来决定的，因此，要研究超临界水，应该对处于超临界状态下的水中的氢键进行研究。

Kalinichev等通过对水结构的大量计算机模拟得到了水的结构随温度、压力和密度的变化而变化的规律，温度对氢键的总数的影响极大，使其速率降低，并破坏了水在室温下存在的氢的化学结构；在室温下，压力的影响只是稍微增加了氢键的数量，同时稍微降低了氢键的线性度。Ikushima认为，当水的温度达到临界点时，水中的氢键相比亚临界区时有一个显著的降低；Walrafen等提出，当温度上升到临界温度时，饱和水蒸气中氢键的增加值等于液相中氢键的减少值，此时液相中的氢键约占总量的17%。Gorbuty等利用IR光谱研究了高温水中氢键度X与温度T的关系，其关系式为

$$X = -8.68 \times 10^4 (T + 273.15) + 0.581 \tag{3-18}$$

式（3-18）描述了在温度为280~800K和密度为$0.7~1.9g/cm^3$范围内X的数值。该式表征了氢键对温度的依赖性，在298~773K的范围内，X与温度大致呈线性关系。在298K时，水的X值约为0.55，意味着液体水中的氢键约为冰的一半，而在673K时，X约为0.3，甚至到773K时，X值也大于0.2。这表明在较高的温度下，氢键在水中仍可以存在。

（3）超临界水的介电常数

在常温、常压水中，由于存在强的氢键作用，水的介电常数较大，约为80。但随着温度、压力的升高，水的介电常数急剧下降。在温度为130℃、密度为$900kg/m^3$时，水的介电常数为50；在温度为260℃、密度为$800kg/m^3$时，水的介电常数为25；而在临界点时，水的介电常数约为5，与己烷（介电常数为2）等弱极性溶剂的值相当。

总的来说，水的介电常数随密度的增加而增大，随压力的升高而增加，随温度的升高而

减少。介电常数 $\varepsilon(p)_T$ 和 $\varepsilon(T)_p$ 的变化是单调的，它们的偏微分在临界区呈指数增加，而在临界点趋向无穷。水的介电常数的负倒数 $(-1/\varepsilon)$ 对温度和压力的偏微分，既限定了影响高温高压溶质热力学行为的溶剂的静电性质，又控制着临界区溶质的热力学行为。

介电常数的变化会引起超临界水溶解能力的变化。当水在超临界状态时，如 673.15K 和 30MPa 时，其介电常数为 1.51。这样，超临界水的介电常数大致相当于标准状态下一般有机物的值，此时水就难以屏蔽掉离子间的静电势能，溶解的离子便以离子对形式出现。超临界水表现出更近似于非极性有机化合物的性质，成为对非极性有机化合物具有良好溶解能力的溶剂。相反，它对于无机物质的溶解度则急剧下降，导致原来溶解在水中的无机物从水中析出。

（4）超临界水的离子积

水的离子积与密度和温度有关，但密度对其影响更大。密度越大，水的离子积越大，在标准条件下，水的离子积是 10^{-4}，在超临界点附近，由于温度的升高，使水的密度迅速下降，导致离子积减小。比如在 450℃ 和 25MPa 时，密度为 $0.17 g/cm^3$，此时离子积为 $10^{-21.6}$，远小于标准条件下的值。而在远离临界点时，温度对密度的影响较小，温度升高，离子积增大，因此在 100℃ 和密度为 $1 g/cm^3$ 时，水将是高度导电的电解质溶液。

（5）超临界水的黏度

液体中的分子总是通过不断地碰撞而发生能量的传递，主要包括：①分子自由平动过程中发生碰撞所引起的动量传递；②单个分子与周围分子间发生频繁碰撞所导致的动量传递。黏度反映了这两种碰撞过程中发生动量传递的综合效应。正是这两种效应的相对大小不同，导致不同区域内水黏度的大小变化趋势不同。一般情况下，液体的黏度随温度的升高而减少，气体的黏度随温度的升高而增大。常温、常压液态水的黏度约为 $0.001 Pa \cdot s$，是水蒸气黏度的 100 倍。而超临界水（450℃、27MPa）的黏度约为 $0.298 \times 10^{-2} Pa \cdot s$，这使得超临界水成为高流动性物质。

（6）超临界水的热导率

液体的热导率在一般情况下随温度的升高略有减小，常温常压下水的热导率为 $0.598 W/(m \cdot K)$，临界点时的热导率约为 $0.418 W/(m \cdot K)$，变化不是很大。

热导率与动力黏度具有相似的函数形式，但热导率的发散特征比动力黏度强，并且没有局部最小值。

（7）超临界水的扩散系数

超临界水的扩散系数虽然比过热蒸汽的小，但比常态水的大得多，如常态水（25℃、0.1MPa）和过热蒸汽（450℃、1.35MPa）的扩散系数分别为 $7.74 \times 10^{-6} cm^2/s$ 和 $1.79 \times 10^{-3} cm^2/s$，而超临界水（450℃、27MPa）的扩散系数为 $7.67 \times 10^{-4} cm^2/s$。

根据 Stocks 方程，在密度较高的情况下，水的扩散系数与黏度成反比关系。高温、高压下水的扩散系数除与水的黏度有关外，还与水的密度有关。对于高密度水，扩散系数随压力的增加而增加，随温度的增加而减少；对低密度水，扩散系数随压力的增加而减少，随温度的增加而增加，并且在超临界区内，扩散系数出现最小值。

（8）超临界水的溶解度

重水的 Raman 光谱结果表明在超临界状态下水中只剩下少部分氢键，这意味着水的行为与非极性压缩气体相近，而其溶剂性质与低极性有机物近似，因而碳氢化合物在水中通常有很高的溶解度。如：在临界点附近，有机化合物在水中的溶解度随水的介电常数减小而增大。在25℃时，苯在水中的溶解度为0.07%（质量分数），在295℃时上升为35%，在300℃即超越苯-水混合物的临界点，只存在一个相，任何比例的组分都是互溶的。同时，在375℃以上，超临界水可与气体（如氮气、氧气或空气）及有机物以任意比例互溶。

无机盐在超临界水中的溶解度与有机物的高溶解度相比非常低，随水的介电常数减小而减小，当温度大于475℃时，无机物在超临界水中的溶解度急剧下降，无机盐类化合物则析出或以浓缩盐水的形式存在。一些常见无机盐类和氧化物在超临界水中的溶解度见表3-3。如图3-11所示为有机物和无机物在超临界水氧化条件下的溶解度曲线。

表3-3 常见无机盐和氧化物在超临界水中的溶解度

化合物	压力/MPa	温度/℃	溶解度/(mg/kg)
Al_2O_3	100	500	1.8
$CaCO_3$	24.0	440	0.02
CuO	31.0	620	0.015
	25	450	0.010
Fe_2O_3	100	500	90
$Mg(OH)_2$	24.0	440	0.02
K_2HPO_3	26.8	450	<7
	29.5	450	17
KOH	27.7	450	331
	25.3	475	154
	22.1	525	60
$LiNO_3$	24.7	475	433
	27.7	475	1175
KNO_3	24.8	475	275
	27.6	475	402
NaCl	27.0	450	500
	27.6	500	304
	30.0	500	200

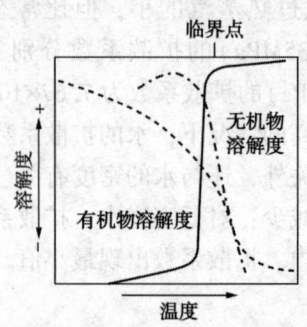

图3-11 有机物和无机物在SCWO条件下的溶解度曲线

3.3.2 超临界水氧化的分类

根据过程中是否使用催化剂，可将超临界水氧化过程分为超临界水氧化与催化超临界水氧化。

3.3.2.1 超临界水氧化

超临界水氧化(Supercritical Water Oxidation，SCWO)是超临界流体(Supercritical Fluid，SCF)技术中一项较新的氧化工艺，超临界水具有很好的溶解有机化合物和各种气体的特性，因此，当以氧气(或空气中氧气)或过氧化氢作为氧化剂与溶液中的有机物进行氧化反应时，可以实现在超临界水中的均相氧化。

在超临界水氧化反应过程中，有机物、氧气(或空气中氧气)和水在超临界状态下(压力大于22.1MPa，温度高于374.3℃)完全混合，成为均一相，在这种条件下，有机物开始自发发生氧化反应，在绝热条件下，所产生的反应热将使反应体系的温度进一步升高，在一定的反应时间内，可使99.9%以上的有机物被迅速氧化成简单的小分子化合物，最终碳氢化合物被氧化成为二氧化碳和水，含氮元素的有机物被氧化成为N_2及N_2O等无害物质，氯、硫等元素也被氧化，以无机盐的形式从超临界流体中沉积下来，超临界流体中的水经过冷却后成为清洁水。

采用超临界水氧化技术，超临界水同时起着反应物和溶解污染物的作用，使反应过程具有如下特点：

① 许多存在于水中的有机质将完全溶解在超临界水中，并且氧气或空气也与超临界水形成均相，反应过程中反应物成单一流体相，氧化反应可在均相中进行；

② 氧的提供不再受WAO过程中的界面传递阻力所控制，可按反应所需的化学计量关系，再考虑所需氧的过量倍数按需加入；

③ 因为反应在温度足够高(400~700℃)时，氧化速率非常快，可以在几分钟内将有机物完全转化成二氧化碳和水，水在反应器内的停留时间缩短，或反应器的尺寸可以减小；

④ 有机物在SCWO中的氧化较为完全，可达99%以上；

⑤ 在废水进行中和及反应过程中可能生成无机盐，无机盐在水中的溶解度较大，但在超临界流体中的溶解度却极小，因此无机盐类可在SCWO过程中被析出排除；

⑥ 当被处理的废水或污泥中的有机物质量分数超过10%时，就可以依靠反应过程自身的反应热来维持反应器所需的热量，不需外界加热，而且热能可回收利用；

⑦ 设备密闭性好，反应过程中不排放污染物；

⑧ 从经济上来考虑，有资料显示，与坑填法和焚烧法相比，超临界水氧化法处理有机废弃物的操作维修费用较低，单位成本较低，具有一定的工业应用价值。

目前，超临界水氧化反应用的氧化剂通常为氧气或空气中氧气。如果使用过氧化氢(H_2O_2)作为氧化剂，过氧化氢与含有机物的水溶液混合，进入反应器中，过氧化氢(H_2O_2)热分解产生的氧气作为氧化剂，在温度、压力超过水的临界点($T \geq 374.3℃$、$p \geq 22.1MPa$)下发生氧化反应。使用过氧化氢(H_2O_2)作为氧化剂可以省去高压供气设备，减少工程投资，但氧化效率会受到影响，运行费用较高。

3.3.2.2 催化超临界水氧化

催化超临界水氧化技术(Catalytic Supercritical Water Oxidation，CSCWO)是指在超临界水

氧化反应体系中加入催化剂，通过催化剂的作用来提高反应速率，缩短反应时间，降低反应过程的温度和压力等。引入催化剂的目的就是改变反应历程，实现反应能力的提高，减小反应器体积，降低反应器及整个系统的成本，达到节能与高效的目的。与超临界水氧化相比较，催化超临界水氧化研究和应用的范围更广。一个成功的催化超临界水氧化过程依赖于催化剂（催化剂组成、制造过程、催化剂形态）、反应物、反应环境、过程参数以及反应器形状等的优化组合，催化超临界水氧化技术的影响因素及其相互之间的作用如图 3-12 所示。可见，影响催化超临界水氧化的因素较多，相互之间的关系复杂。

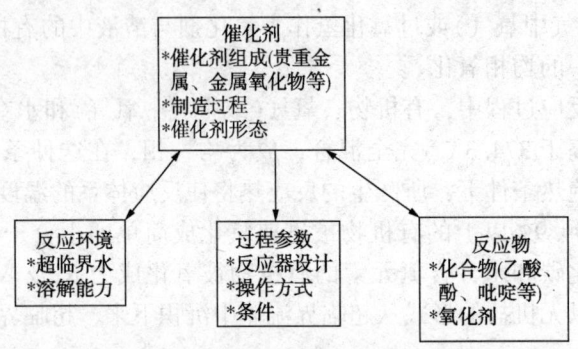

图 3-12 催化超临界水氧化技术影响因素及其相互作用

在有催化剂存在的情况下，不论是湿式氧化还是超临界水氧化，其处理效果均有所不同。四种不同技术处理效果的比较见表 3-4。

表 3-4 四种不同技术处理效果的比较

处理技术	COD/(mg/L)	停留时间/min	温度/℃	去除率/%
湿式氧化				
乙酸	5000	60	240	15
氨	1000	60	220~270	5
苯酚	1400	30	250	98.5
湿式催化氧化				
乙酸	5000	60	248	90
氨	1000	60	263	50
苯酚	2000	60	200	94.8
超临界水氧化				
乙酸	1000	5	395	14
氨	100	0.1	680	10
苯酚	480	1	380	99
催化超临界水氧化				
乙酸	1000	5	395	97
氨	1000	0.1	450	20~50
苯酚	1000	0.1	100	99.9

综合表 3-4 的数据可以看出，对于乙酸而言，分别采用湿式氧化和催化湿式氧化进行

处理时，在初始浓度、停留时间和温度相同的情况下，其去除率由15%上升到90%；而采用超临界水氧化和催化超临界水氧化分别进行处理时，在初始浓度、停留时间和温度相同的情况下，其去除率则由14%上升到97%。这充分说明了在有催化剂存在的条件下，乙酸的去除率明显提高。同样地，对于氨和苯酚而言，也可以得到类似的结论。对于湿式氧化、催化湿式氧化、超临界水氧化和催化超临界水氧化四种技术的处理效果进行比较不难发现，催化超临界水氧化技术的处理效果最好，因为其具有反应物浓度高、停留时间短和去除率高的特点，可在很短的时间内实现很高的去除率。

某些有机物在超临界水中催化和非催化氧化反应效率的比较见表3-5。

表3-5 某些有机物在超临界水中催化和非催化氧化反应效率的比较

反应时间/s	非催化氧化				催化氧化			
	转化率		TOC去除率		转化率		TOC去除率	
	15	30	15	30	15	30	15	30
乙酸	0.02	0.03	0.03	0.03	0.080	0.98	0.80	0.98
丙醇	0.0	0.0	0.0	0.0	0.09	0.98	0.09	0.98
苯甲酸	0.0	0.01	0.0	0.01	0.63	1.1	0.59	0.73
苯酚	0.12	0.42	0.04	0.16	0.96	—	0.95	—

注：表中"—"为没有得到有关数据。

在超临界水氧化反应过程中应用催化剂能加快反应速率，其机理主要从两个方面来解释：一是降低了反应的活化能；二是改变了有机物氧化分解的反应历程。因此催化超临界水氧化研究的一个重要目标是针对不同的有机化合物，对催化剂进行筛选评价，找到在超临界水中既稳定又具有活性的催化剂。

3.3.2.3 催化超临界水氧化的分类

催化超临界水氧化反应可分为两类，一类是均相催化超临界水氧化反应，另一类是非均相催化超临界水氧化反应。

（1）均相催化超临界水氧化反应

催化剂与超临界水为同一相，一般以金属离子充当催化剂，其特点是：反应温度较低，反应性能专一，有较强的选择性。在均相催化氧化系统中，催化剂混溶于水溶液中，为避免催化剂流失所造成的经济损失以及对环境的二次污染，需进行后续处理以便从出水中回收催化剂。该流程较为复杂，提高了废水处理的成本。

（2）非均相催化超临界水氧化反应

催化剂与超临界水为不同相。使用非均相催化剂时，催化剂多为固相，催化剂与水溶液的分离比较简便，可使处理流程大大简化。从20世纪70年代后期以来，研究人员便将注意力转移到高效稳定的非均相催化剂上。固体催化剂的研究，主要为贵重金属系列、铜系列和稀土系列三大类。

3.3.2.4 超临界水氧化催化剂的性质

（1）催化剂的活性

很多催化剂的选择是基于对催化湿式氧化过程的研究。在传统的催化湿式氧化反应过程中，均相和非均相催化剂的应用都较多。催化湿式氧化可以提高反应转化率和总有机碳的氧化效率，因此研究人员认为在超临界水氧化过程中催化剂也能发挥类似的作用。过渡金属氧化物和贵重金属被广泛用作催化超临界水氧化反应中的活性成分。研究人员发现，V、Cr、Ce、Mn、Ni、Cu、Zn、Zr、Ti、Al 的氧化物和贵重金属 Pt 在催化超临界水氧化中表现出较好的催化活性。但其中很大一部分金属氧化物的固体表面在较短时间内就发生了改变而使活性下降，利用分散在支撑介质上的贵重金属催化剂时，也观察到了明显的失活。因此，催化剂的稳定性是催化剂在超临界水氧化反应中需要考虑的重要参数。

(2) 催化剂的稳定性

超临界水氧化所用的催化剂包括支撑催化剂的支撑介质如经离子交换的沸石、分布在支撑介质上的活泼金属、过渡金属氧化物。在超临界水氧化过程中，沸石和分布在支撑介质上的活泼金属催化剂也会表现出不适应性。如当以 Pt 为催化剂时，Pt 一般被分布在一些氧化物的支撑介质上，如 Al_2O_3、TiO_2 和 ZrO_2 等，当铂被均匀分布在介质表面上时，表现出较强的催化活性。在超临界水氧化环境中，这种分散的铂变得较易流动并易聚集，导致表面积急剧减少而失活。而 Ni/Al_2O_3 在超临界水氧化反应过程中的失活是由于其物理强度不足而发生的软化和膨胀。

在使用金属氧化物作为催化剂时，会由于其中的氧化物发生水解反应而失活，在反应流出液中可以检测到较高浓度的金属离子。而其他一些金属，如 Mn、Zn、Ce 等的氧化物表现出较高的稳定性。在超临界水氧化中，金属氧化物催化剂的稳定性是与它们的物化性质紧密相关的。

(3) 催化剂积炭和中毒

催化超临界水氧化过程的一个优点是可以防止催化剂表面的积炭。由于超临界水对有机物有很强的溶解能力并且有很好的流动性，因此与气相催化氧化相比，催化剂表面的积炭很少，催化剂中毒是由于杂质在催化剂活性中心的物理和化学吸附造成的。在实验研究中，可使用高纯度的反应物来避免催化剂中毒。这时，催化剂的失活主要是由于其物化性质的不稳定所造成的。但当用于实际体系时，体系中所含杂质引起催化剂中毒失活的影响也不能忽略，这方面尚需进行进一步的研究。

3.3.3 超临界水氧化的反应动力学

对超临界水氧化动力学的研究是为了更好地认识超临界水氧化反应的机理，在工程应用中可以进行过程控制和经济评价。

目前，超临界水氧化的动力学研究主要集中在宏观动力学和利用基元反应来帮助解释所得到的宏观动力学结果。一般采用幂指数方程法和反应网络法。

(1) 幂指数方程法

大多数文献都用幂指数型经验模型拟合动力学方程，幂指数方程只考虑反应物浓度，不涉及中间产物，其方程式为

$$-\frac{dc}{dt} = k_0 \exp\left(-\frac{E_a}{RT}\right) [C]^m [O]^n [H_2O]^p \qquad (3-19)$$

式中　c——某组分的浓度，mol/L；

　　　t——反应时间，s；

　　　E_a——反应活化能，kJ/mol；

k_0——频率因子；

[C]——反应物浓度，mol/L；

[O]——氧化剂的浓度，mol/L；

[H_2O]——水的浓度，mol/L；

m，n，p——反应级数。

有研究者报道，反应物的反应级数 $m=1$，氧的反应级数 $n=0$。也有人认为 $m \neq 1$，$n \neq 0$；也有人认为反应物的级数与反应物的浓度有关。因为在反应系统中有大量水存在，尽管水是参加反应的，但其浓度变化很小，故可将 [H_2O] 合并到 k_0 中去。这样就不再在式(3-19)中出现，可把式(3-19)改写为

$$-\frac{dc}{dt} = k [C]^m [O]^n \tag{3-20}$$

$$k = k_0 \exp\left(-\frac{E_a}{RT}\right) \tag{3-21}$$

式中 k——反应速率常数。

由于多种反应共同存在时可能造成相互影响，为便于实验和分析，迄今为止的大多数研究限于单个有机物在超临界水中氧化的反应动力学研究。

有机物超临界水氧化反应动力学的研究一般分为两类，一类是小分子脂肪烃类等简单有机物的氧化动力学研究，另一类是芳香烃类等复杂有机物的氧化动力学研究。

对简单有机物的动力学研究主要集中于氢气、乙醇、一氧化碳、甲烷、甲醇、异丙醇等。通过对这些简单有机物氧化动力学的比较可发现，这些有机物的氧化速率对有机物是一级反应，对氧气是零级反应，并且动力学方程与实验结果符合得较好。

含有苯环或杂原子的有机物往往是剧毒、难降解的污染物，对环境的污染较大，并且一般来说，它们比直链烃类难氧化，取代基的增加尤其是杂原子取代基的增加使这些有机物更难氧化或难于用其他方法处理，所以对这类难氧化有机物的动力学研究便显得重要起来。难降解有机物的超临界水氧化反应动力学参数见表3-6。

表3-6 难降解有机物的超临界水氧化反应动力学参数

有机物	反应温度/℃	反应压力/MPa	活化能/(kJ/mol)	反应级数		
				有机物	O_2	H_2O
苯酚	300~420	18.8~27.8	12.34	1.0	0.5	—
	420~480	25.5	12.4	0.85	0.5	0.42
	300~420	18.8~27.8	11	0.88	0.5	0.42
邻氯苯酚	310~400	7.5~24.0	—	1或2	0	
	340~400	14.0~24.0	—	0.6	0.4	
邻甲酚	350~500	20.0~30.0	29.1	0.57	0.25	1.4
吡啶	426~525	27.2	50.1	1.0	0.2	—

由表3-6可见：在难降解有机物的动力学方程中，有机物的反应级数为0.5~1.0级，氧化剂的反应级数为0.2~0.25级，而水的反应级数差别较大。这是因为在实验中水溶液浓度的改变一般是通过压力来实现的，而压力的改变可能影响反应速率常数、反应物浓度和水溶液浓

度,对不同有机物的氧化反应,改变压力对上述各方面的影响程度是不同的,因此,只有在保持其他条件不变的情况下只改变水溶液浓度,才能得到符合实际情况的水的反应级数。

(2) 反应网络法

反应网络法的基础是一个简化了的反应网络,其中包括中间控制产物生成或分解步骤。初始反应物一般经过以下三种途径进行转换。

① 直接氧化生成最终产物。

② 先生成不稳定的中间产物,再生成最终的产物。

③ 先生成相对稳定的中间产物,再生成最终的产物。

因此,超临界水氧化反应会有不同的反应路线及途径,也称串联反应、平行反应。在超临界水氧化反应动力学的研究过程中,应确定中间产物,掌握形成中间产物的规律。在超临界水氧化反应中,通常认为,有机物的氧化途径为

$$A+O_2 \underset{k_2}{\overset{k_1}{\rightleftarrows}} C \overset{k_3}{\leftarrow} B \tag{3-22}$$

式中 A——初始反应物和不同于 B 的中间产物;

B——中间产物;

C——氧化最终产物。

假设氧化反应速率对 A、B 均为一级反应,氧浓度看作常数(因氧过量较大),可推出三维速率方程

$$\frac{[A+B]}{[A+B]_0} = \frac{k_2}{k_1+k_2-k_3}e^{-k_2 t} + \frac{k_1-k_3}{k_1+k_2-k_3}e^{-(k_1+k_2)t} \tag{3-23}$$

式(3-23)中下标 0 表示初始浓度,设 $[B]_0 = 0$。通用方程需要三个动力学参数 k_1、k_2、k_3,其中,k_1、k_2 可由初始速率数据确定。当缺乏实验数据时,Li 等建议可选用性质类似化合物的实验数据作近似。大多数情况下,反应 $A \to C$ 的活化能范围为 54~78kJ/mol。k_2/k_1 比值范围为 0.15~1.0。含高位短链醇和饱和含氧酸的废水,如活性污泥和啤酒废水,一般具有较高的活化能和 k_2/k_1 值。用已知的实验数据检验该通用模型,表明该模型既适用于湿式氧化,也适用于某些有机物的超临界水氧化。

3.3.4 超临界水氧化的反应路径和机理

认识反应机理对于反应动力学模型的建立是很重要的,而反应机理与反应路径又是紧密联系的。超临界水氧化技术的早期研究一般不涉及氧化机理的研究,后来氧化反应路径、反应机理才逐渐成为人们所关注的问题。影响反应机理的因素众多,而超临界水的一系列特殊性质又使反应机理的研究增加了难度。在超临界水中,有机物可发生氧化反应、水解反应、热解反应、脱水反应等。而有无催化剂、催化剂类型、不同反应条件下水的性质都对反应机理有较大影响。许多研究者认为决定有机废水超临界水氧化反应速率的往往是其不完全氧化生成的小分子化合物(如一氧化碳、乙醇、氨、甲醇等)的进一步氧化。$CO + \frac{1}{2}O_2 \longrightarrow CO_2$ 被认为是有机物转化为二氧化碳的速率控制步骤,而后期的深入研究发现许多有机物氧化所生成的二氧化碳并非完全由一氧化碳转化而成。许多有机物在氧化过程中一氧化碳的浓度并不存在一最大值也有力地证明了这一点。氨因其稳定性较好被一些学者认为是有机氮转化为分子氮的控制步骤。

比较典型的超临界水氧化机理是 Li 在湿式空气氧化、气相氧化的基础上提出的自由基反应机理，他认为在没有引发物的情况下，自由基由氧气攻击最弱的 C—H 键而产生，机理如下所示：

$$RH + O_2 \longrightarrow R\cdot + HO_2 \tag{3-24}$$

$$RH + HO_2\cdot \longrightarrow R\cdot + H_2O_2 \tag{3-25}$$

$$H_2O_2 + M \longrightarrow 2HO\cdot \tag{3-26}$$

$$HO\cdot + RH \longrightarrow R\cdot + H_2O \tag{3-27}$$

$$R\cdot + O_2 \longrightarrow ROO\cdot \tag{3-28}$$

$$ROO\cdot + RH \longrightarrow ROOH + R\cdot \tag{3-29}$$

式(3-26)中 M 为界面，而式(3-29)中生成的过氧化物相当不稳定，它可进一步断裂直至生成甲酸或乙酸。Li 等在此基础上提出了几类代表性有机污染物在超临界水中氧化的简化模型如下。

(1) 碳氢化合物氧化反应

把乙酸当作中间控制产物，反应途径为

$$C_mH_nO_r + (2m + \frac{n}{2} - r)O_2 \xrightarrow{k_1} mCO_2 + \frac{n}{2}H_2O$$
$$\downarrow k_2 \qquad \qquad \uparrow k_3$$
$$qCH_3COOH + qO_2$$

上式中的 $C_mH_nO_r$ 既可是初始反应物，也可是不稳定的中间产物；CO_2 和 H_2O 是最终产物，CH_3COOH 是中间产物。

碳氢化合物在超临界水中经过一系列反应，一般先断裂成比较小的单元，其中含有一个碳的有机物经过自由基氧化过程一般生成 CO 中间产物。在超临界水中，CO 氧化成 CO_2 的途径主要有 2 个：

$$2CO + O_2 \longrightarrow 2CO_2 \tag{3-30}$$

$$CO + H_2O \longrightarrow CO_2 + H_2 \tag{3-31}$$

当温度低于 430℃ 时，式(3-31)起主要作用，这样就能产生大量 H_2，经过一系列氧化过程生成 H_2O，总的反应途径为

$$2H_2 + O_2 \longrightarrow 2H_2O \tag{3-32}$$

一些复杂有机化合物在超临界水氧化过程中，决定其反应速率的往往是被部分氧化生成的小分子化合物的进一步氧化，如 CO、氨、甲醇、乙醇和乙酸等。式(3-30)被认为是有机碳转化为 CO_2 的速率控制步骤。

(2) 含氮化合物氧化反应

现已证实 N_2 为含氮化合物氧化反应的主要最终产物。NH_3 通常是含氮有机物的水解产物，N_2O 是 NH_3 继续氧化的产物。在较高的温度下，560～670℃ 时生成 N_2O 比 NH_3 更有利，在 400℃ 以下则以生成 NH_3 或 NH_4^+ 的形式为主。NH_3 的氧化活化能为 156.8kJ/mol。N_2O 的氧化活化能尚未见报道。在低温下，可能由 NH_3 的生成和分解速率来决定 N 元素的转化率；在高温下，反应中间产物更多，尚有待进一步的研究。低温下含氮有机物的超临界水氧化途径为

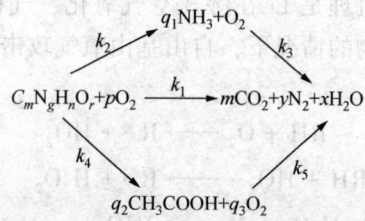

上式中的 $C_mN_qH_nO_r$ 既可是初始反应物，也可是不稳定的中间产物。

尿素在超临界水中能完全氧化，没有 NO_x 产生，但却生成了大量的氨，说明氨比较难氧化，是有机氮转化为分子氮的控制步骤。若在 650℃ 氧化，且停留时间为 20s 时，尿素可完全氧化成 CO_2 和氮气。Webley 等的研究结果表明，氨的氧化受反应器类型的影响较大，在填充式反应器中活化能低，反应速率大约是管式反应器的 4 倍。这也与自由基反应机理相一致。

Kililea 等也发现，氨(NH_3)、硝酸盐(NO_3^-)、亚硝酸盐(NO_2^-)以及有机 N 等各种形态的 N 在适当的超临界水条件中均可转化为 N_2 或 N_2O，而不生成 NO_x。其中 N_2O 可通过加催化剂或提高反应温度使之进一步去除，而生成 N_2：

$$4NH_3 + 3O_2 \Longleftrightarrow 2N_2 + 6H_2O \tag{3-33}$$

$$4HNO_3 \Longleftrightarrow 2N_2 + 2H_2O + 5O_2 \tag{3-34}$$

$$4HNO_2 \Longleftrightarrow 2N_2 + 2H_2O + 3O_2 \tag{5-35}$$

(3) 含硫化合物氧化反应

现已证实硫酸盐是有机硫化合物超临界水氧化反应的主要最终产物，其超临界水氧化的反应途径为

$$\begin{array}{c} \text{有机硫} + O_2 \xrightarrow{k_1} CO_2 + SO_4^{2-} + H_2O \\ {}_{k_2}\searrow \qquad\qquad \nearrow{}_{k_4} \\ S_2O_3^{2-} \xrightarrow{k_3} SO_3^{2-} + O_2 \end{array}$$

上式中的 $S_2O_3^{2-}$ 既可是初始反应物，也可是不稳定的中间产物；CO_2 和 H_2O 是最终产物，硫代硫酸盐和亚硫酸盐是中间产物。

有机硫化合物在超临界水中也可能经过一系列反应，一部分是直接被氧化为最终产物硫酸盐、CO_2 和 H_2O。也有部分在超临界水条件下先生成硫代硫酸盐($S_2O_3^{2-}$)，然后硫代硫酸盐分解生成亚硫酸盐，最后进一步被氧化生成硫酸盐。

(4) 含氯化合物氧化反应

在短链氯化物中，把氯仿看做中间控制产物，因此，可类似地写出其超临界水氧化的反应途径为

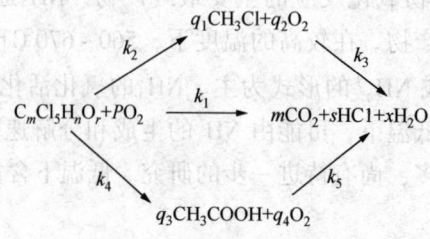

氧化的最终产物为 H_2O、CO_2 和 HCl。在湿式氧化的实验中发现，在大量水存在的条件下，氯化物水解成甲醇和乙醇的速率加快，因此中间控制产物中还可能有甲醇和乙醇。

Yang 等在 310~400℃、7.5~24MPa 的条件下研究了对氯苯酚在水中的氧化反应，主要气相产物为 CO_2，其次是 CO 以及微量的乙烯、乙烷、甲烷和氢气，主要的液相产物是盐酸。在实验条件下，对氯苯酚的分解率可达 95%。

由以上分析可知，Li 所提出的有机物氧化反应路径及机理对简单有机物在超临界水中的氧化及有机物的湿式空气氧化是适用的，但不能解释所有芳香烃等复杂有机物在超临界水中的氧化。这可能是由于目前尚未清楚的超临界水的结构和超临界水的一系列特殊性质影响了反应所引起的。

迄今为止，对有机物在超临界水中氧化反应机理的研究一般集中在较简单的有机物氧化反应模型的建立上。这是因为复杂有机物的氧化总是经过反应中间产物氧化成最终产物的。显然，对常见的一些反应中间产物的氧化进行模拟，将为复杂有机物的氧化提供重要信息。

早期的氧化反应模型一般是以实验为基础，应用已有的燃烧反应模型，加上压力修正、超临界流体性质的修正而建立的，但这种超临界水氧化反应模型对实验的预测性较差。如甲烷氧化模型不能很好地预测甲烷在超临界水中氧化的转化率；一氧化碳、甲醇的氧化模型在预测一氧化碳、甲醇在临界区域的氧化时效果较差。

Brock 和 Klein 用集总方法模拟了乙醇、乙酸在超临界水中的氧化反应，他们把基元自由基反应根据反应类型进行分类（如氢吸附、异构化等），其中可调整的参数依赖于动力学数据。从某种意义上说，这是一个半经验半模拟的模型。因超临界水氧化工业化装置所处理的废水是极其复杂的，多种反应同时进行，每种反应的机理又不一定相同，几种方法运用于这样的反应可能具有更大的优越性。

综上所述，迄今为止，有机物在超临界水中氧化的反应机理还有待加强，建立符合实际情况的机理模型还需对超临界水的微观组成、微观结构做进一步了解。这种模型的建立将对控制反应中间产物的生成、选择最优反应条件及减少中试实验有着重要意义。

3.3.5 超临界水氧化的需氧量及反应热

有机物超临界水氧化反应过程中需要消耗氧气，所需要的氧气量可以由降解的有机污染物 COD 值来计算，计算结果为理论需氧量，根据所需要的氧气量再折算成用气量。实际应用中，需要的空气量比理论值高。另外，尽管各种物质和组分的反应热值和所需空气量是不相同的，但它们消耗每千克空气所释放的热量却大致相同，为 2900~3400kJ。因此，对于废水或污泥的反应热值，可近似用 COD 值间接计算，当测得废水或污泥的 COD 值时，就可以求出超临界水氧化反应所需的氧气量 A 和发热量 Q，其计算公式为

$$A = COD \times 10^{-3} \tag{3-36}$$

式中　A——需氧量，kg/L；

　　　COD——废水或污泥的化学需氧量指标，g/L。

若采用空气量计算，则除以空气中氧的质量分数 0.23，式(3-36)为

$$A = \frac{COD \times 10^{-3}}{0.23} = COD \times 4.35 \times 10^{-3} \tag{3-37}$$

式中　A——空气量，kg/L。

超临界水氧化反应发热量的计算式为

$$Q = AH \tag{3-38}$$

式中 Q——氧化每升废水或污泥所产生的反应热值，kJ/L；

H——消耗 1kg 空气的发热量，kJ/kg。

例如，某高浓度废液的发热量 H 为 3050kJ/kg，则氧化反应热值为

$$Q = COD \times 4.35 \times 10^{-3} \times 3050 = COD \times 13.267 \text{kJ/L}$$

3.3.6 活性污泥的超临界水氧化处理

生化法处理污水产生大量的污泥，这些污泥常用焚烧法、密度分离法来处理，使用 SWO 法是替代这些方法的新型高效技术。根据美国三大公司(Modell Development Corp、Eco-Waste Technologies 和 Modar Inc)的工艺，综合出一套处理造纸厂污泥的 SCWO 工业装置，如图 3-13 所示。

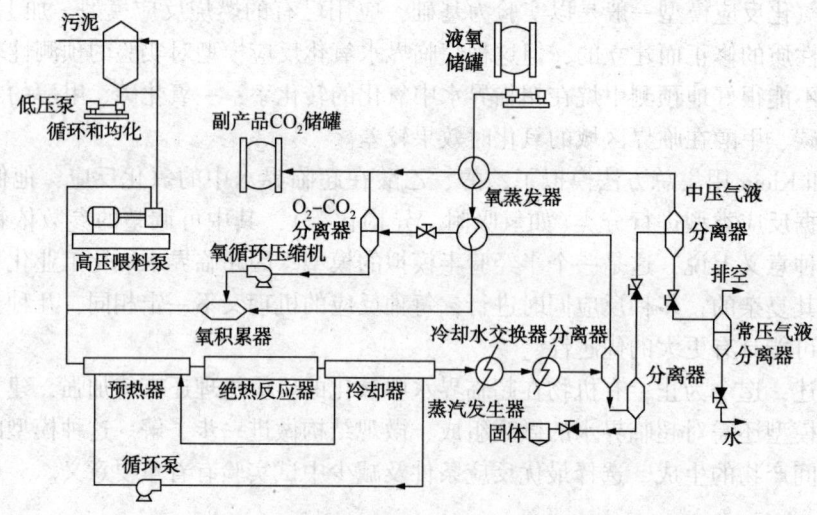

图 3-13 SCWO 法处理制浆造纸厂污泥的 SCWO 工业装置

该装置的工艺流程为：污泥进入混合罐中均化和再循环，压力约为 0.7MPa。均化后混合物的部分与加压的氧混合后送入预热器，然后送入反应器和冷却器。用于预热的能量由设在外部的热传递装置中的流体循环获得。该装置提供再生的热交换，从而免除了对辅助燃料的需求。在冷却器中可提取足够的能量，以便为预热和补偿外部装置的热损失提供能量。污泥中含10%的固形物，在氧化反应后从冷却器出来的流体温度为 330℃，压力为 25.2MPa，可产生 8~10MPa 的蒸汽。该蒸汽被分离成气相和液相，如果有固相存在，则将其捕集并随液相带出。液相被送入固液分离器中，分离出的固体被减压和储存，液相被减压，气态的 CO_2 从中压气液分离器的顶部除去，气态的 CO_2 被液化。来自中压气液分离器的水相被减压至大气压，这时有很少的气态 CO_2 和水蒸气被释放出来。这些气体一般是洁净的，可达排放标准。如果含有复杂成分，可将它通过一个活性炭床过滤吸附后排放。

气液分离器的水相流出物是含有溶解的氧化钠和硫酸钙(一般总溶解固形物低于 0.2%)的清洁水(一般 COD<50mg/L)。该水相流出物能被脱盐(例如通过反渗透膜或具有盐结晶器的闪蒸装置)以回收高纯水循环利用。来自第一段气液固分离器的气相是过量氧和产品 CO_2

的混合物。CO_2 被液化并从过量氧中分离出来；过量氧被压缩至操作压力，与补充的氧混合再循环利用。液体 CO_2 被送入副产品储罐，再送入气体加工站纯化后工业应用。

1994 年 Modell 教授任总裁的 Modec 环境公司在德国的 Karslruhe 郊外为药商联合公司设计并建设了一套 SCWO 装置。该装置也能处理市政污泥和其他用户提供的废水废物。Modec 公司的 SCWO 工艺可用于建设 5~30t（干基）中小规模废物处理装置，该装置的特点是使用管式反应器，适用于处理污泥之类的浆液状物质。Modec 公司设计的新型反应器能避免固体沉降且能消除腐蚀。将此反应器与预热器、冷却换热器联用，构成组合反应系统，将此系统的流出物在一套对流式套管换热器中冷却到 35℃，然后通入相分离器，并进行气、液、固分离，如图 3-14 所示。

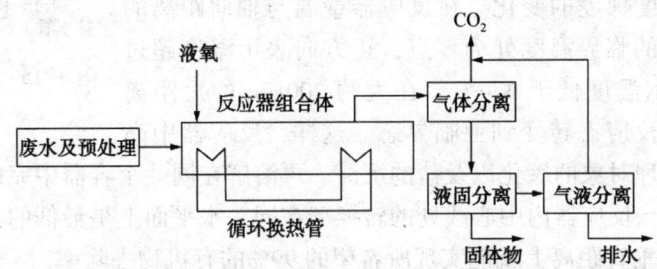

图 3-14　Modec 公司的 SCWO 工业装置流程框图

Modec 公司设计的反应器有如下特点：
（1）避免了易形成沉积物的滞流区。
（2）采用足以使大部分固体保持悬浮状态的高流速。
（3）采用在线清洗设备将固体残余物在硬化前从反应器中清除出去。

具体措施有以下几种：避免滞流区的简单方法是保持反应器的直径恒定，即不膨胀、不收缩、无三通。中试装置反应器的设计给水量为 1~2L/min，入口流速为 0.5~1.0m/s，最高流速为 5~10m/s。在线清洗设备的水流速度为 5~10m/s，压力为 $3×10^5$Pa。在线清洗设备可周期性地经反应器入口清洗反应器内部，由此防止结垢、沉积、阻塞。用再生式换热器预热，不需辅助燃料，即利用冷却换热器的热量预热物料。套管式换热器的循环水压力为 $250×10^5$Pa。当处理热值为 800kJ/kg 的废弃物进入反应器时，其自燃能量能维持平衡，不需外部辅助燃料加热，当处理热值为 2000kJ/kg 的废弃物进入反应器时，可提供 310℃ 及 $80×10^5$Pa 的蒸汽发电。

3.3.7　超临界水氧化反应器

在超临界水氧化装置的整体设计中，最重要和最关键的设备是反应器。反应器结构有多种形式。

（1）三区式反应器

由 Hazelbeck 设计的三区式反应器结构如图 3-15 所示，整个反应器分为反应区、沉降区、沉淀区三个部分。

反应区与沉降区由蛭石（水云母）隔开，上部为绝热反应区。反应物和水、空气从喷嘴垂直注入反应器后，迅速发生高温氧化反应。由于温度高的流体密度低，反应后的流体因此向上流动,同时把热量传给刚进入的废水。而无机盐由于在超临界条件下不溶,导致向下沉淀。在底部漏斗有冷的盐水注入,把沉淀的无机盐带走。在反应器顶部还分别有一根燃料注入管和八根冷/热水注入管。在装置启动时,分别注入空气、燃料(例如燃油、易燃有机物)和热水(400℃左右),发生放热反应,然后注入被处理的废水,利用提供的热量带动下一步反应继续进行。当需要设备停车时,则由冷/热水注入管注入冷水,降低反应器内温度,从而逐步停止反应。

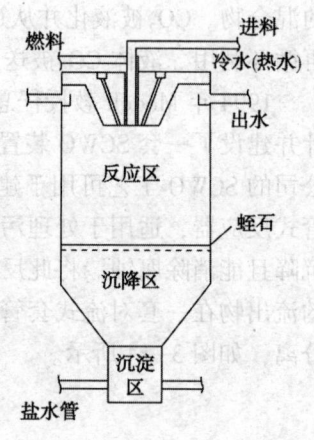

图 3-15 三区式反应器结构

设计中需要注意的是反应器内部从热氧化反应区到冷溶解区,轴向温度、密度梯度的变化。在反应器壁温与轴向距离的相对关系中,以水的临界温度处为零点,正方向表示温度超过374℃,负方向表示温度低于374℃。在大约200mm的短距离内,流体从超临界反应态转变到亚临界态。这样,反应器中高度的变化可使被处理对象的氧化以及盐的沉淀、再溶解在同一个容器中完成。

另有文献表明,反应器内中心线处的转换率在同一水平面上是最低的,而在从喷嘴到反应器底的大约80%垂直距离上就能实现所希望的99%的有机物去除率。

在实际设计中,除了考虑体系的反应动力学特性以外,还必须注意一些工程方面的因素,如腐蚀、盐的沉淀、热量传递等。

(2) 压力平衡式反应器

压力平衡式反应器是一种将压力容器与反应筒分开,在间隙中将高压空气从下部向上流动,并从上部通入反应筒。这样反应筒的内外壁所受的压力基本一样,因此可减少内胆反应筒的壁厚,节约高价的内胆合金材料,并可定期更换反应筒,如图3-16所示。

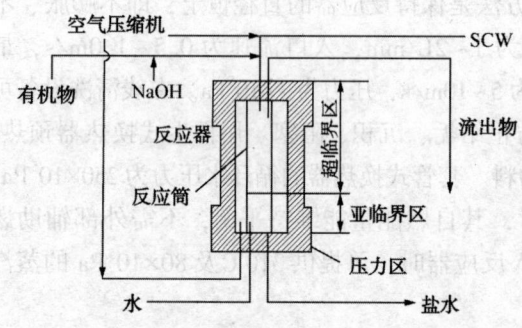

图 3-16 压力平衡和双区 SCWO 反应器

废水与空(氧)气、中和剂(NaOH)从上部进入反应筒,当反应由燃料点燃运转后,超临界水才进入反应筒。反应筒在反应中的温度升至600℃,反应后的产物从反应器上部排出。同时,无机盐在亚临界区作为固体物析出。将冷水从反应筒下部进入,形成100℃以下的亚临界温度区,随超临界区中无机盐固体物不断向下落入亚临界区而溶于流体水中,然后连续排出反应器。该反应器已经在美国建立了2t/d处理能力的中试装置。反应器内反应筒内径250mm,高1300mm,运转表明,该反应器运转稳定,且能连续分离无机盐类。

(3) 深井反应器

1983年6月在美国的克罗拉多州建成了一套深井SCWO/WAO反应装置,如图3-17所示。深井反应器长1520m,以空气作氧化剂,每日处理5600kg有机物。由于废水中COD浓度从1000mg/L增加到3600mg/L,后又增加了3倍空气进气量。该井可进行亚临界的湿式(WAO)处理,也可以进行超临界水氧化(SCWO)处理。该种反应装置适用于处理大流量的废水,处理量为 0.4~4.0m³/min。由于是利用地热加热,可节省加热费用,并能处理 COD 值较低的废水。

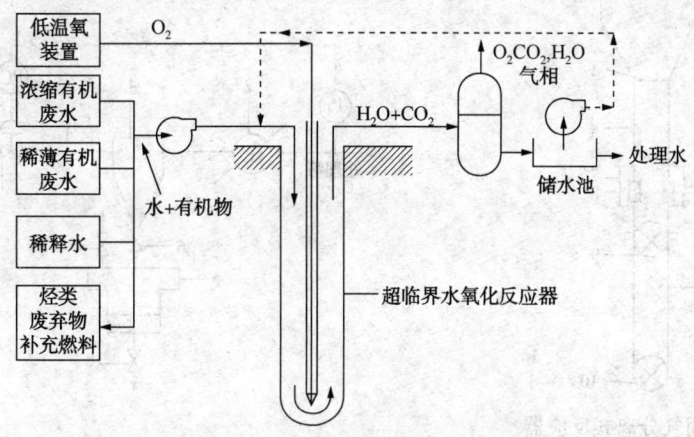

图 3-17 Vertox 超临界水反应器模式

超临界水氧化反应器深度 3045~3658m,反应器直径 15.8cm,流量 379~1859L/min,
超临界反应区压力 21.8~30.6MPa,温度 399~510℃,停留时间 0.1~2.0min)

(4) 固气分离式反应器

该反应器为一种固体-气体(SCWO 流体)分离同用的反应器,如图 3-18 所示。由图可见,为了连续或半连续除盐,需加设一固体物脱除支管,可附设在固体物沉降塔或旋风分离器的下部。来自反应器的超临界水(含有固体盐类)从入口 2 进入旋风分离器 1,经旋风分离出固体物后,主要流体由出口 3 排出。同时带有固体物的流体向下经出口 4 进入脱除固体物支管 5。此支管的上部温度为超临界温度,一般为 450℃以上,同时夹带水的密度为 0.1g/cm³,而在支管底部,将温度降至 100℃以上,水的密度约 1g/cm³。利用水循环冷却法沿支管长度进行冷却,或将支管暴露于通风的环境中,或在支管周围缠绕冷却蛇管(注入冷却液)等。通过入口 6 可将加压空气送到夹套 7 内,并通过多孔烧结物 8 涌入支管中,这样支管内空气会有所增加。通过阀门 9 和阀门 10,可间断除掉盐类。通过固体物夹带的或液体中溶解的气体组分的膨胀过程,可加速盐类从支管内排出。然后将阀门 10 关闭和阀门 9 打开,重复此操作。

日本 Organo 公司设计了一种与旋风分离器联用的固体接收器装置,如图 3-19 所示。在冷却器 2 和压力调节阀 3 之间的处理液管线 1 上装设一台旋风分离器 4,其入液口和出液口分别与处理液管 1 的上流侧和下流侧相连,固体物出口是经第一开闭阀 6 而与固体物接受器 5 相连接。开闭阀 6 为球阀,固体物能顺利通过,且能防止在此阀内堆积。固体物接收器 5 是立式密闭容器,用来收集经旋风分离器分离后的产物,上部装有一排气阀 7,接受器下部装有球阀 8。试验证明,该装置适用于流体中含有微量固体物的固液分离,该种形式可较好地保护调节阀 3 不受损伤。

(5) 多级温差反应器

为解决反应器和二重管内部结垢及使用大量管壁较厚的材料等问题,日本日立装置建设公司开发了一种使用不同温度、有多个热介质槽控温的 SCWO 反应装置,如图 3-20 所示。

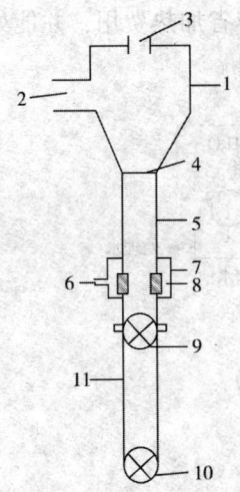
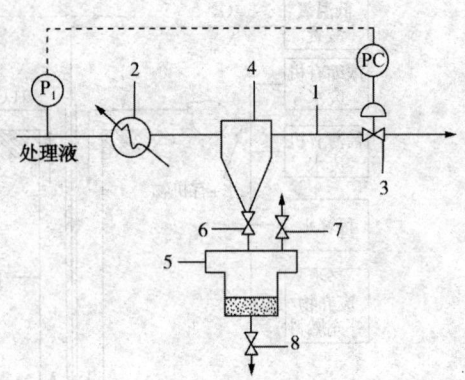

图 3-18 固气分离式反应器
1—旋风分离器；2—含有固体物的处理液入口；
3—分离出固体物的流体出口；4—出口；5—支管；
6—空气入口；7—夹套；8—多孔烧结物；
9、10—阀门；11—支管下部分

图 3-19 与固体接收器联用的 SCWO 装置
1—处理液管；2—冷却器；3—压力调节阀；
4—水力旋分器；5—固体物接收器；6—第一开闭阀；
7—第二开闭阀；8—排出阀

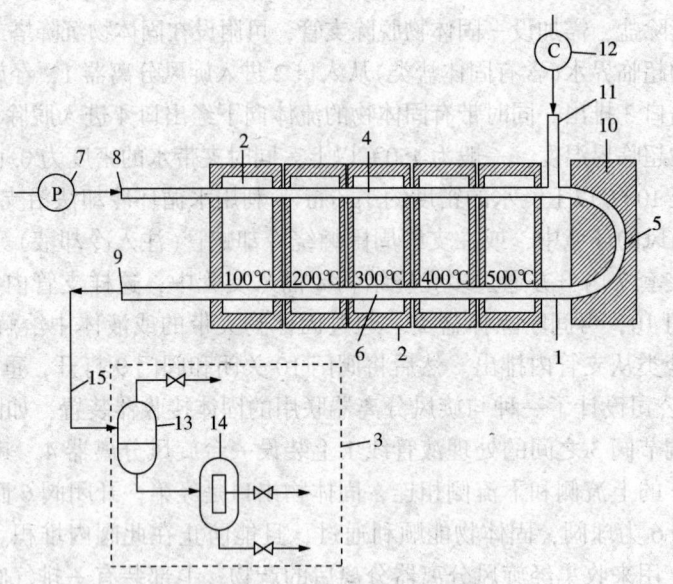

图 3-20 多级温差反应器
1—反应器；2—热介质槽；3—后处理装置；4—进料管；5—弯曲部；
6—回路；7—加压泵；8—进料口；9—出料口；10—绝热部件；
11—进氧口；12—压缩机；13—气液分离器；14—液固分离器；
15—管线

该装置由反应器 1 和多个热介质槽 2，及后处理装置 3 所组成。反应器为 U 形管，由进料管 4、弯曲部 5 和回路 6 所组成，形成连续通路。浓缩污泥或污水经加压泵 7 以 25MPa 压力送入进料口 8。浓缩污泥经超临界水氧化后的处理液由出料口 9 排出。多个热介质槽 2 在常压下存留温度不同的热介质,按其温度顺序串联配置成组合介质槽,介质温度从左至右依次分别为100℃、200℃、300℃、400℃和500℃。前两个热介质槽最好用难热劣化的矿物油作为热介质,其余三个则用熔融盐作为热介质。超临界水氧化装置开始运转时需用加热设备启动。存留最高温度热介质的热介质槽(最右边一个)可使浓缩污泥中的水呈超临界状态,当其温度为500℃时,弯曲部5因氧化放热,而温度达到600℃。经压缩机12并由进氧口11供给氧气。后处理装置3包括气液分离器13和液固分离器14。处理液和灰分分别经两条管线排出。由此可见,该反应器加热、冷却装置的结构简单,而且热介质槽2在常压下运行,所需板材不必太厚,材料费和热能成本均较低。

(6)波纹管式反应器

中国科学院地球化学研究所的郭捷等设计了带波纹管的 SCWO 反应器,并获得实用新型专利,该反应器如图 3-21 所示,内置喷嘴结构如图 3-22 所示。

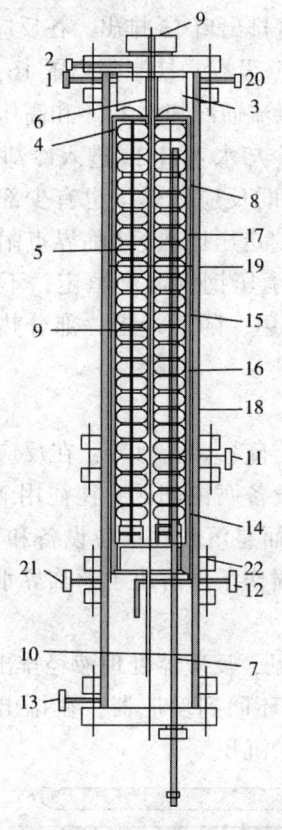
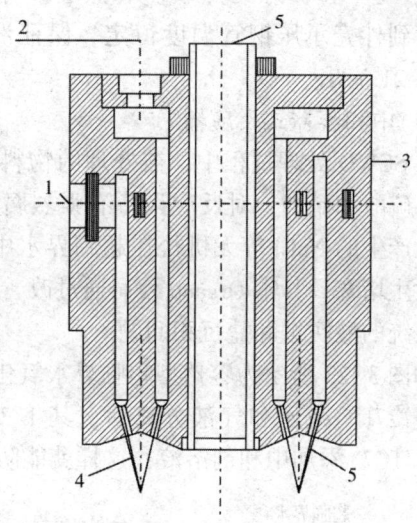

图 3-21 波纹管式反应器
1—污水进口;2—氧气入口;3—内置喷嘴;4—喷孔;
5—波纹管;6—测温孔;7—加热管;8—洁净水区域;
9—热电偶;10—固、液、气分离区;11—剩余氧出口;
12—洁净水出口;13—无机盐排出口;14—亚临界区管程;
15—Al_2O_3 陶瓷管状隔热层;16—钛制隔离罩;17—冷却水;
18—承压厚壁钢管;19—超临界水反应区;20—冷却水入口;
21—冷却水出口;22—管状金属隔层

图 3-22 内置喷嘴结构
1—污水进口;2—氧气进口;
3—金属框;4—喷嘴孔;
5—测温口

由图 3-21 可见，经过反应器外部第一级加热至接近临界温度而在临界温度以下的高温高压污水和高压氧分别通过设在超临界反应器上端的污水入口 1 和氧气入口 2 同时进入设置在反应器上端的内置式喷嘴 3，并通过喷嘴内部下端设置的喷孔 4 形成喷射，射流设计有一定的角度，使污水和氧气互相碰撞雾化并通过喷嘴底部形成的喷雾区，正好落入下设波纹管 5 的超临界水反应区 19 中。喷嘴内部设有一测温孔 6，用于插入热电偶以测量反应器内部的温度。此时从反应器下端的加热管 7 的冷凝段将反应器外部的能量传至波纹管 5 外部的洁净水区域 8，此区域的水在加热管 7 的加热下重新成为超临界水，利用超临界水良好的传热性质，将加热管 7 传来的能量和波纹管 5 内的废水、氧气的混合物进行强化换热，使污水和氧气在临界温度以上进行反应。反应产物经亚临界区管程 14，在冷却水 17 的热交换作用下，温度降至临界温度以下，水变为液态，一同进入反应器中的固、液、气分离区 10，在这里通过剩余氧出口 11，将氧气分离出来供循环使用。反应后的高温、高压、高热焓值的水通过洁净水出口 12 流出，而反应后沉降的无机盐从无机盐排出口 13 排出。在反应器外壳和波纹管之间设有一 Al_2O_3 陶瓷管状隔热层 15，在陶瓷管内壁设有一钛制隔离罩 16，并在 Al_2O_3 陶瓷管外壁和外层承压厚壁钢管 18 间设置有适当间距以流通冷却水 17。和高压污水同样压力的冷却水在污水和高压氧进入反应器的同时也通过冷却水入口 20 进入冷却水 17，通过一管状金属隔层 22 和反应出水进行一定的热交换，同时反应区热量也有少部分传至冷却水，使其成为一种超临界态，由于超临界水具有较高的定压比热容（临界点附近趋近于无穷大），是一种极好的热载体和热缓冲介质，可保证承压钢管温度恒定，不超出等级要求，直到外壳承压钢管温度恒定，保证设备的安全作用，随后带走一部分热量，从冷却水出口 21 流出。

(7) 中和容器式反应器

在 SCWO 处理过程中，被处理的物料往往含有氯、硫、磷、氮等，在反应过程中副产盐酸、硫酸和硝酸，对反应设备有强烈腐蚀。为解决设备腐蚀问题，往往用 NaOH 等碱中和，但产生的 NaCl 等无机盐在超临界水中几乎不溶，而是沉积在反应设备和管线内表面，甚至发生堵塞。日本 Organo 公司通过改善碱加入点和损伤条件解决了超临界水氧化过程中反应系统的酸腐蚀和盐沉积问题。

如图 3-23 所示为容器型超临界水氧化反应器。可见，反应器处理液经排出管排出，处理液经冷却、减压和气液分离后，其 1/3 经管线而循环回到反应器，在排出管适当位置（TC6、TC7）添加中和剂溶液，这样就能防止酸腐蚀和盐沉积。

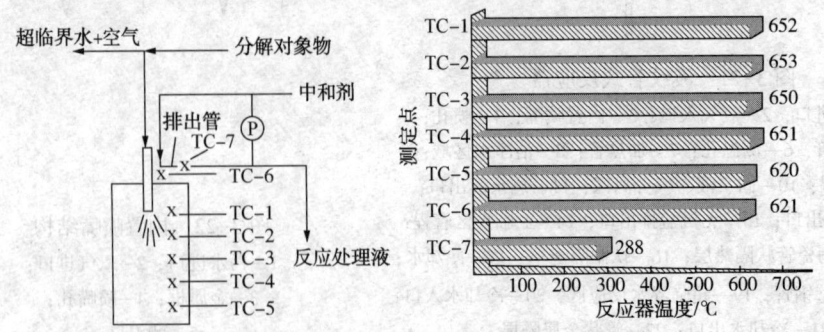

图 3-23　容器型超临界水氧化反应器

(8) 盘管式反应器

盘管式超临界水氧化反应器如图 3-24 所示，中和剂溶液添加位置在 T4~T5 之间，此处的处理液温度为 525℃，添加时中和剂溶液温度为 20℃，由反应器温度分布结果可见，当加入中和剂溶液后，500℃以上的处理液温度迅速降低到 300℃ 左右。试验结果表明三氯乙烯分解率为 99.999% 以上，且无酸腐蚀和盐沉积。

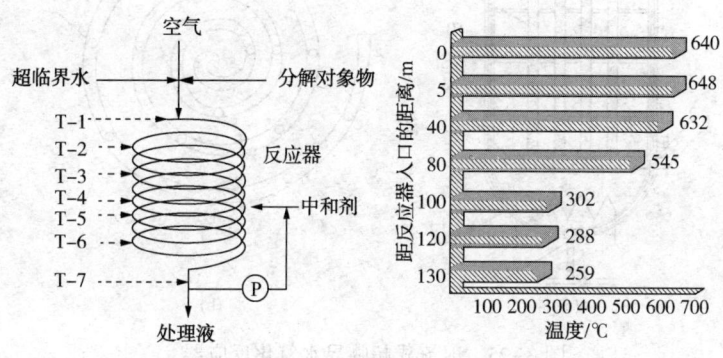

图 3-24　盘管式超临界水氧化反应器

(9) 射流式氧化反应器

为了强化超临界水氧化处理过程的传热与传质特性，提高处理效果，同时避免反应器内腐蚀及盐堵的发生，南京工业大学廖传华等开发了一种新型射流式超临界水氧化反应器，并获得发明专利。该反应器如图 3-25 所示，在反应器内设置一射流盘管[图 3-25(b)]，与氧化剂进口连接。在射流盘管上均匀分布着一系列的射流列管，列管上开有小孔。在反应过程中，氧化剂从列管上的这些射流孔进入反应器。列管上射流孔的分布密集度自下而上减小，并且所有列管均匀分布在反应器的空间里，这样既可节约氧化剂，又可使氧化剂充分与超临界水相溶，反应更加完全。

根据反应器内射流盘管安装的位置，可将反应器分为反应区与无机盐分离区。在射流盘管的上部区域为反应区，氧化剂经高压泵（或压缩机）加压至一定压力后，从氧化剂进口经射流盘管分配进入射流列管，沿列管上的小孔以射流方式进入待处理的超临界废水中。氧化剂射流进入超临界废水中时具有一定的速度，将导致反应器内超临界废水与氧化剂之间产生扰动，从而形成了良好的搅拌效果，既强化了超临界废水与氧化剂之间的传热传质效果，提高了反应效率，又可避免反应过程产生的无机盐在反应器壁与射流列管上产生沉积。反应器的顶部设有控压阀，用于控制反应器内的压力不超过反应器的设计压力，以保证安全。反应产生的无机盐由于在超临界水中的溶解度极小而大量析出，在重力作用下沉降进入反应器下部。射流盘管的下部区域为无机盐分离区，通过反应器底部设置的无机盐排放阀定时清除。

与进出口管道相比，反应器的直径较大，由高压泵输送而来的超临界废水在反应器中由下向上的流速很小，可近似认为其轴向流是层流，且无返混现象，因此具有较长的停留时间，可以保证超临界反应过程的充分进行。在运行过程中，由于受开孔方向的限制，氧化剂只能沿径向射流进入超临界水中，也就是说，在某一径向平面内，由于射流扰动的作用，氧化剂能高度分散在超临界水相中，因此有大的相际接触表面，使传质和传热的效率较高，对于"水力燃烧"的超临界水氧化反应过程更为适用。当反应过程的热效应较大时，可在反应器内部或外部

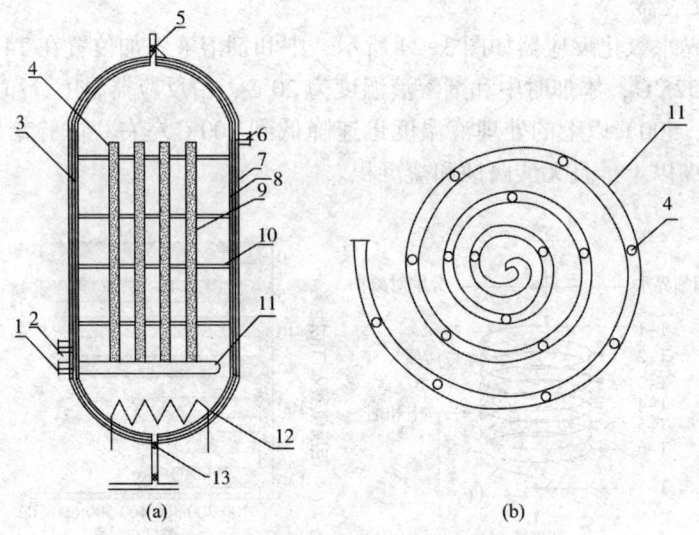

图3-25 射流式超临界水氧化反应器

1—氧化剂进口接管；2—废水进口接管；3—反应器筒体；4—氧化剂列管；
5—控压阀；6—清水出口接管；7—绝热层；8—陶瓷衬里；9—氧化剂喷射孔；
10—支撑板；11—氧化剂盘管；12—加热器；13—无机盐排放阀

装置热交换单元，使之变为具有热交换单元的射流式反应器。为避免反应器中的液相返混，当高径比较大时，常采用塔板将其分成多段式以保证反应效果。另外，反应器还具有结构简单、操作稳定、投资和维修费用低、液体滞留量大的特点，因此适用于大批量工业化应用。

超临界水氧化过程所用的氧化剂既可以是液态氧化剂（如双氧水，采用高压泵加压），也可以是气态氧化剂（如氧气或空气，用压缩机加压），氧化剂的状态不同，进入反应器的方式也不一样：液态氧化剂以射流方式从射流孔进入超临界水中，此时反应器称为射流式反应器；如果氧化剂是气态，则以鼓泡的方式从射流孔进入超临界水中，此时反应器称为射流式鼓泡床反应器。无论是液态氧化剂的射流式反应器，还是气态氧化剂的射流式鼓泡床反应器，其传热传质性能对于超临界水氧化过程的效率具有较大的影响。

3.3.8 基于超临界水氧化的多联产能源系统流程

与传统处理方法相比，超临界水氧化过程的设备投资和运行成本都相对较高，大大限制了该技术在工业废水和污泥深度治理方面的应用。一般认为，要拓展超临界水氧化技术的应用领域，首先须从催化剂的角度出发，通过缩短反应时间和降低反应条件而减小设备的投资与运行费用。然而，采用催化剂首先必须要考虑可能导致的二次污染等问题，其次，针对不同的处理对象，所需催化剂的种类也不同，这势必增大催化剂开发与生产的难度，也从另一方面降低了超临界水氧化过程的经济性。

适宜采用超临界水氧化技术处理的一般为高浓度难降解有机废水或污泥，其COD浓度均较高（一般为20000～400000mg/L，传统方法无法处理），实际上，COD含有大量的化学能，是一种"放错了地方的资源"，在反应过程中将与氧化剂作用放出大量的反应热，使反应器内的温度逐步上升。因此，由反应器出来的经处理后的水含有大量的热能和压力能，如果听任这部分能量排放，既可能使处理后的废水不能达标排放（因为由原废水带入的无机盐和反应过程中产生的无机盐在超临界水中的溶解度极小，将会沉积析出，而在常态水中的溶解度较大，将导致排出的水中因含盐量过大而无法达标），还可能造成热污染并导致严重的浪费。

在节能技术成为全球第五能源、"节能减排"受到全球重视的今天，加强能量的回收及其有效利用是提高超临界水氧化装置经济效益的一个有效途径。由于超临界水氧化过程中从反应器出来的高温高压水含有大量的热能和压力能，因此可分别针对热能和压力能的特点，对超临界水氧化系统进行优化，在模拟计算的基础上，综合考虑系统热平衡网络，实现超临界水氧化系统的热集成，将超临界水氧化过程与其他系统与设备进行耦合，通过回收过程中的能量并联产其他能源，可实现"节能减排"并提高过程经济效益的目的。

工业生产中，可实现热量和压力能回收利用的方法很多，针对超临界水氧化反应过程的特点，可根据不同的需要分别将超临界水氧化过程与热量回收系统、透平系统及蒸发过程等耦合联用，通过实现超临界水氧化过程中能量的综合利用并联产其他能源，在提高过程经济性的同时也满足"节能减排"的要求。

（1）与热量回收系统的耦合

超临界水氧化反应的工艺过程要求将待处理的废水（或污泥）与氧化剂分别加温加压至设定的操作温度（380~700℃）和操作压力（25~40MPa），因此超临界水氧化反应过程一般需要消耗大量的能量。为了将进料液加热到设定的温度，加热器的功率要求非常大，在工业应用中难以实现，针对于此，廖传华等提出了一种静态加热方法，即用延长加热时间的方法以减小所需的加热功率。这种方法虽可通过延长加热时间降低加热器的功率，但并不能减少所需的热量消耗，同时，从反应器出来的超临界水具有较高的温度[一般均在400℃左右，废水（或污泥）的COD浓度越大，则温度越高，因为COD物质在反应过程中放出大量的热量，使反应后水的温度进一步升高]。为了减少加热废水（或污泥）和氧化剂所需的热量，廖传华等提出了如图3-26所示的超临界水氧化与热量回收系统耦合的工艺流程。

将待处理废水（或污泥）经高压柱塞泵1加压至设定压力，用加热器3加热至设定的温度，达到超临界状态后，进入反应器4。氧化剂经高压柱塞泵（对于液态氧化剂）或压缩机（对于气态氧化剂）7加压至设定的压力后进入反应器4，与待处理废水（或污泥）混合并发生超临界水氧化反应，废水（或污泥）中的有机物、氨氮及总磷等经过反应后被降解成二氧化碳、氮氧化物及无机盐，废水（或污泥）中的主要污染物被去除，达到排放标准或回用要求。如果反应器4内的温度达不到工艺要求，即可启动反应器4附设的加热器对混合液进行加热。在超临界状态下，反应过程中产生的无机盐等在水中的溶解度非常小，因此沉积在反应器4的底部，可通过间歇启闭反应器4下部的两个阀门而排出。反应过程产生的CO_2等气体在超临界状态下与水互溶。

为充分利用系统的热量，将由反应器4出来的高温高压水分为两股，一股（绝大部分）首先经过第一换热器2与由高压柱塞泵1加压后的废水（或污泥）进行热量交换，充分利用高温水的热量对冷废水（或污泥）进行预热，以减小后续加热器3和反应器4所附设加热器的负荷；从第一换热器2出来的废水虽然与冷废水（或污泥）进行了热量交换，但仍具有较高的温度，因此采用第三换热器8对其进行冷却，再经第二气液分离器9实现气液分离后即可达标排放或回用。另一部分经过第二换热器5冷却后，由第一气液分离器6实现气液分离后即可达标排放或回用。第二换热器5的作用是对高温高压水进行冷却，同时产生满足需要的热水或蒸汽，另供它用。

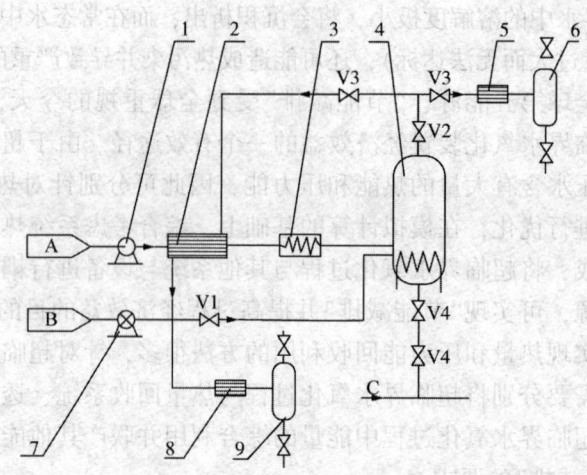

图 3-26 超临界水氧化与热量回收系统耦合的工艺流程图
1—高压柱塞泵；2—第一换热器；3—加热器；4—反应器；
5—第二换热器；6—第一气液分离器；7—压缩机或高压柱
塞泵；8—第三换热器；9—第二气液分离器；V1、V2、
V3、V4—阀门；A—待处理废水或污泥；B—氧化剂；
C—除盐用清水

这种耦合工艺由于充分利用由反应器 4 出来的水的热量对废水（或污泥）进行了预热，可有效减小加热器 3 所需的负荷；第二换热器 5 和第三换热器 8 在完成冷却任务的同时又能产生热水或蒸汽，可满足其他的工艺需求。因此过程的经济性有了明显的提高。从反应器 4 出来的分别流经第一换热器 2 和第二换热器 5 的流量可根据工艺过程的需要进行优化调整，以取得最大的经济效益。

（2）与热量回收系统和蒸发过程的耦合

超临界水氧化过程需在较高的温度（380~700℃）和压力（25~40MPa）条件下才能进行，因此从超临界水氧化反应器 4 出来的经处理后的水仍处于超临界状态，也就是说，从超临界水氧化反应器出来的经处理后的水含有大量的热能和压力能，因此在图 3-26 所示的超临界水氧化与热量回收系统耦合的工艺流程中设置了第一换热器 2，利用从反应器 4 出来的高温水的热量对经高压柱塞泵 1 加压后的废水（或污泥）进行预热，以充分回收高温水的热量，减小后续加热器 3 的负荷。这种方法能有效降低过程的运行费用，提高过程的经济效益。

如前所述，采用超临界水氧化技术处理高浓度难降解有机废水（或污泥）时，由于废水（或污泥）中均含有一定浓度的化学耗氧量物质（一般以 COD 值的大小表示），从资源的角度看，所有这些化学耗氧量物质均是以另一种形式存在的有用资源，在反应器 4 中与氧化剂发生反应，放出大量的热，使由反应器 4 出来的水的温度进一步升高。实验结果表明，由反应器 4 出来的水的温度与待处理废水（或污泥）中 COD 值的大小有关：废水（或污泥）的 COD 浓度越大，则反应过程中放出的热量越多，由反应器 4 出来的水的温度越高，利用第一换热器 2 对待处理的冷废水（或污泥）预热的效果越好，后续的加热器 3 的负荷也越小。因此，针对一定浓度的待处理废水（或污泥），如果能从工艺流程上进行优化，在进入反应器 4 发生超临界水氧化反应之前对待处理废水（或污泥）进行增浓，使其 COD 值增大，则在反应器 4 中放出的反应热就会相应增大。

基于这一考虑，廖传华等设计了如图 3-27 所示的超临界水氧化与热量回收系统与蒸发过程耦合的工艺流程，在高压柱塞泵 1 之前设置了一蒸发装置 14，待处理废水（或污泥）在经高压柱塞泵 1 加压之前，先用离心泵将其泵入蒸发装置 14 中。运行过程中，将待处理废水（或污泥）经高压柱塞泵 1 加压至设定压力，用加热器 3 加热至设定的温度，达到超临界状态后，进入反应器 4。氧化剂经高压柱塞泵（对于液态氧化剂）或压缩机（对于气态氧化剂）7 加压至设定的压力后，进入反应器 4，与待处理废水（或污泥）混合并发生超临界水氧化反应，废水（或污泥）中的有机物、氨氮及总磷等经过反应后被降解成二氧化碳、氮氧化物及无机盐，废水（或污泥）中的主要污染物被去除，达到排放标准或回用要求。如果反应器 4 内的温度达不到工艺要求，即可启动反应器 4 附设的加热器对混合液进行加热。在超临界状态下，反应过程中产生的无机盐等在水中的溶解度非常小，因此沉积在反应器 4 的底部，可通过间歇启闭反应器 4 下部的两个阀门而排出。反应过程产生的 CO_2 等气体在超临界状态下与水互溶。

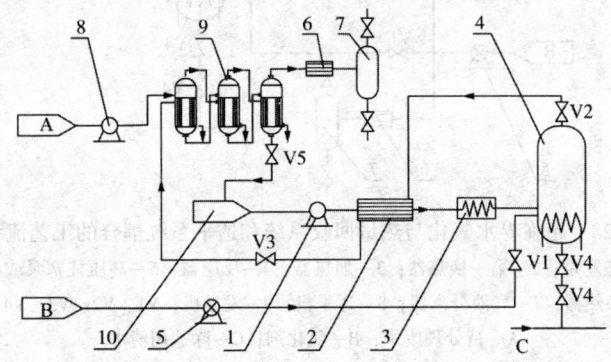

图 3-27　超临界水氧化与热量回收系统和多效蒸发耦合的工艺流程图
1—高压柱塞泵；2—第一换热器；3—加热器；4—反应器；
5—高压柱塞泵或压缩机；6—第二换热器；7—气液分离器；
8—离心泵；9—多效蒸发器；10—缓冲罐；V1、V2、V3、V4、V5—阀门；
A—待处理废水；B—氧化剂；C—除盐用清水

待处理水（或污泥）中所含的化学耗氧量物质（COD）在反应器 4 中与氧化剂反应放出大量的反应热，使由反应器 4 出来的水的温度进一步升高。由反应器 4 出来的高温水经第一换热器 2 对待处理废水进行预热后，出来的水仍具有较高的温度（一般不低于 200℃），如果任其排放，不仅造成巨大的浪费，还会导致热污染的形成，因此将其引入蒸发装置，充分利用其热量对冷废水（或污泥）进行预热并增浓。

随着蒸发过程的进行，高温水将自身的热量传递给冷废水（或污泥），使冷废水（或污泥）不断蒸发而产生蒸汽。产生的蒸汽与作为蒸发热源的热水混合经第二换热器 8 冷凝并经气液分离器 9 分离出其中含有的气体成分，即可达标排放或回用。由于部分水分的蒸发，废水（或污泥）中化学耗氧量物质的浓度也就逐步升高，从蒸发器底部出来后，再经高压柱塞泵 1 加压和加热器 3 加热后进入反应器 4 与氧化剂发生反应。因为在蒸发装置中部分水蒸发成为蒸汽，整个超临界水氧化处理系统的处理负荷变小了，相应的反应器等设备的体积也减小了；由于反应器 4 所处理废水的化学耗氧量物质（COD）的浓度提高了，反应过程放出的热量增多，通过第一换热器 2 回收的热量也多，后续加热器 3 的负荷也小。可见，采用这种耦合工艺流程，既可减少设备的投资费用，又能降低过程的运行成本，能显著提高过程的经济效益。

(3) 与热量回收系统和透平系统的耦合

在图 3-26 所示的流程中,由反应器 4 出来的水的温度和压力均较高,采用与热量回收系统耦合的方法虽可实现热量的综合利用,但对高压水所含有的压力能却没能实现有效利用,如果任其排放,将会造成较大的浪费。因此,廖传华等提出了如图 3-28 所示的超临界水氧化过程与热量回收系统及透平系统耦合的工艺流程,以期实现对反应器 4 出来的高温高压水所含的热量及压力能的综合利用。

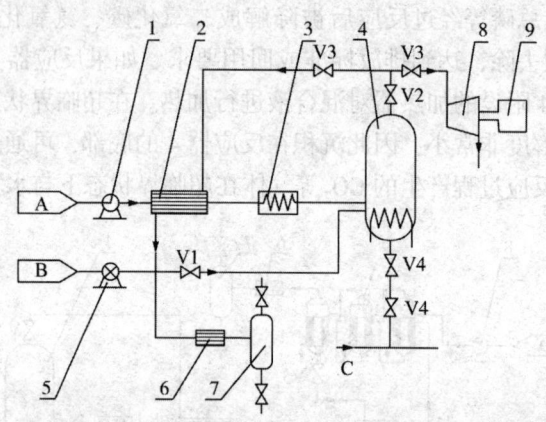

图 3-28　超临界水氧化与热量回收系统和透平系统耦合的工艺流程图
1—高压柱塞泵;2—第一换热器;3—加热器;4—反应器;5—高压柱塞泵或压缩机;
5—第二换热器;7—气液分离器;8—透平机;9—发电机;V1、V2、V3、V4—阀门;
A—待处理废水;B—氧化剂;C—除盐后清水

将待处理废水(或污泥)经高压柱塞泵 1 加压至设定压力,用加热器 3 加热至设定的温度,达到超临界状态后,进入反应器 4。氧化剂经高压柱塞泵(对于液态氧化剂)或压缩机(对于气态氧化剂)7 加压至设定的压力后,进入反应器 4,与待处理废水(或污泥)混合并发生超临界水氧化反应,废水(或污泥)中的有机物、氨氮及总磷等经过反应后被降解成二氧化碳、氮氧化物及无机盐,废水(或污泥)中的主要污染物被去除,达到排放标准或回用要求。如果反应器 4 内的温度达不到工艺要求,即可启动反应器 4 附设的加热器对混合液进行加热。在超临界状态下,反应过程中产生的无机盐等在水中的溶解度非常小,因此沉积在反应器 4 的底部,可通过间歇启闭反应器 4 下部的两个阀门而排出。反应过程产生的 CO_2 等气体在超临界状态下与水互溶。

如图 3-28 所示的工艺流程中,为了充分利用从反应器 4 出来的高温高压水的热量和压力能,仍将从反应器 4 出来的高温高压水分成两股,其中一股(绝大部分)经第一换热器 2 与由高压柱塞泵 1 加压后的废水进行热交换,利用反应器 4 出来的高温水的热量对冷废水(或污泥)进行预热,以减小后续加热器 3 的负荷;经第一换热器 2 换热后的水仍具有较高的温度,因此经第二换热器 8 进行冷却,并由气液分离器 9 进行气液分离后即可达标排放或直接回用。这一点与图 3-26 中完全相同。不同的是,在图 3-28 中笔者用一透平装置 10 和发电机 11 取代了图 3-26 中的第二换热器 5 和第一气液分离器 6,其目的是利用透平装置 10 回收由反应器 4 来的高压水的压力能。

采用透平装置 10,让由反应器 4 来的高温高压水在透平装置 10 中减压膨胀,具有较高压力的水因减压膨胀,压力变小,体积变大,因此产生可驱动其他装置的有用功。如前所述,采用超临界水氧化技术对高浓度难降解有机废水(或污泥)进行治理,首先需将待处理废水(或污泥)经高压柱塞泵1加压至临界压力以上,这需要消耗大量的能量。采用透平装置10后,则可利用回收的有用功驱动发电机11以补充对废水进行加压用的高压柱塞泵1和对氧化剂进行加压用的高压柱塞泵(对于液态氧化剂)或压缩机(对于气态氧化剂)7所消耗的能量,从而降低整个系统的有用功耗,提高过程的经济效益。

如图3-26所示的超临界水氧化与热量回收系统耦合的工艺流程是仅回收利用超临界水氧化反应过程中由反应器4出来的高温高压废水所含的热量,因此其能量回收过程比较单一,系统相对也比较简单。如图3-28所示的超临界水氧化与热量回收系统和透平系统耦合的工艺流程是在如图3-26所示的超临界水氧化与热量回收系统耦合的基础上,增加了一透平装置10和发电机11,这样耦合之后,既可回收超临界水氧化过程中由反应器4出来的高温高压水的热量,以降低加热过程所需的能量,又可回收高温高压水的压力能,以降低加压过程所需的能量,因此更能显著提高过程的经济效益。

(4)与热量回收系统及透平系统和蒸发过程的耦合

采用多效蒸发装置,充分利用由反应器4出来的高温高压水的热量,对废水进行预热蒸浓,不仅可以降低整个超临界水氧化处理系统的负荷,减小反应器等设备的体积,降低过程的设备投资费用,还可提高反应过程中放出的热量,进一步减小后续加热过程的能量消耗,进而降低过程的运行成本,对提高过程的经济效益具有显著的作用。为此,廖传华等在图3-28的基础上,设计了如图3-29所示的超临界水氧化过程与热量回收系统及透平系统和蒸发过程耦合的工艺流程。

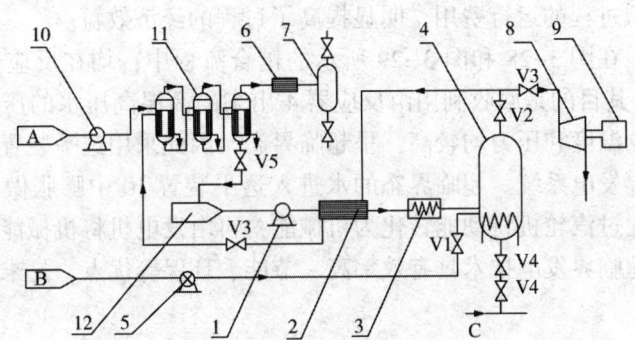

图3-29 超临界水氧化与热量回收系统及透平系统和蒸发过程耦合的工艺流程图
1—高压柱塞泵;2—第一换热器;3—加热器;4—反应器;
5—高压柱塞泵或压缩机;6—第二换热器;7—气液分离器;
8—透平机;9—发电机;10—离心泵;11—多效蒸发器;
12—缓冲罐;V1、V2、V3、V4、V5—阀门;
A—待处理废水;B—氧化剂;C—除盐用清水

在图3-29中,待处理废水(或污泥)首先用离心泵13输入多效蒸发装置14中,从蒸发装置14出来后的废水(或污泥)经高压柱塞泵1加压至设定的压力,用加热器3加热至设定的温度,达到超临界状态后,进入反应器4。氧化剂经高压柱塞泵(对于液态氧化剂)或压缩机(对于气态氧化剂)7加压至设定的压力后,进入反应器4,与待处理废水(或污泥)混合并发生超临界水氧化反应。如果反应器 4 内的温度达不到工艺要求，即可启动反应器 4 附设的加热器对混合液进行加热。在反应器 4 中，废水（或污泥）中的有机物、氨氮及总磷等经过反应后被降解成二氧化碳、氮氧化物及无机盐，废水（或污泥）中的主要污染物被去除，达到排放标准或回用要求。超临界状态下，反应过程中产生的无机盐等在水中的溶解度非常小，因此沉积在反应器 4 的底部，可通过间歇启闭反应器 4 下部的两个阀门而排出。反应过程产生的 CO_2、N_2 或 N_2O 等气体在超临界状态下与水互溶，一起从反应器 4 的顶部排出。

将从反应器 4 出来的高温高压水分为两股，其中一股直接进入透平装置 10 内膨胀，将其压力能转化为有用机，驱动发电机 11 以补充高压柱塞泵 1（对于液态氧化剂）或压缩机 7（对于气态氧化剂）所消耗的能量；另一股经第一换热器 2 对废水进行预热，以降低后续加热器 3 的负荷。从第一换热器 2 出来的水仍具有一定的温度，此时将其引入蒸发装置 14，与由离心泵 13 泵送来的冷废水（或污泥）并流通过蒸发装置 14，利用其热量将废水蒸发浓缩，提高其中化学耗氧量物质（COD）的浓度，最后与由废水（或污泥）蒸发产生的蒸汽一并进入第二换热器 8 冷却，并经气液分离器 9 分离出其中的气体后即可达标排放或回用。蒸浓后的废水经高压柱塞泵 1 加压，经第一换热器 2 预热后进入加热器 3，由加热器 3 进一步加热到设定的温度后，进入反应器 4 与由 7 加压后的氧化剂混合并发生反应。如此循环反复，直至处理任务完成。

在本流程中，分别采用第一换热器 2 和蒸发装置 14 以充分回收利用由反应器 4 出来的高温高压水的热量，利用透平装置 10 和发电机 11 回收利用由反应器 4 出来的高温高压水的压力能，而且由于蒸发装置 14 对待处理废水（或污泥）进行了蒸浓，既降低了后续装置的处理负荷，又增加了反应器 4 内放出的反应热，因此采用本流程既可有效降低系统的设备投资费用，又能大幅降低过程的运行费用，明显提高了过程的经济效益。

需要说明的是，在图 3-28 和图 3-29 所示的耦合流程中，均在反应器 4 设置了透平装置 10 和发电机 11，其目的是回收利用由反应器 4 出来的高温高压水的压力能。实际上，由反应器 4 出来的水的温度和压力均较高，呈超临界态，因此采用透平装置回收其压力能的过程实质上就是超临界发电系统。超临界态的水进入透平装置 10 中膨胀做功，将超临界水的热量转化为动能，通过汽轮机将动能转化为机械能，再由发电机将机械能转换为电能。与传统发电技术相比，超临界发电技术具有效率高、节能、环保等优点，是未来发电技术的发展趋势。

参 考 文 献

[1] 廖传华，王重庆，梁荣，等. 反应过程、设备与工业应用[M]. 北京：化学工业出版社，2018.
[2] 廖传华，耿文华，张双伟，等. 燃烧技术、设备与工业应用[M]. 北京：化学工业出版社，2018.
[3] 廖传华，朱廷风，代国俊，等. 化学法水处理过程与设备[M]. 北京：化学工业出版社，2016.
[4] 殷逢俊，陈忠，王光伟，等. 基于动态气封壁反应器的湿式氧化工艺[J]. 环境工程学报，2016，10（12）：6988~6994.
[5] 王玉珍，于航，盛金鹏，等. 超临界水氧化法处理煤气化废水生化污泥[J]. 化学工程，2015，43（10）：11~15.
[6] 陶明涛，李玉鸿，文欣. 部分湿式氧化法处理市政污泥的工程实践[J]. 水工业市场，2015，4：64~67.
[7] 雷燕，雷必安，杨其文，等. 催化湿式氧化处理城市污水厂污泥的研究进展[J]. 现代化工，2015，35（3）：41~44，46.

[8] 武跃,袁圆,张静,等.亚临界湿式氧化法脱除含油污泥中的重金属[J].化工环保,2015,35(3):236~240.
[9] 李本高,孙友,张超.生化剩余污泥湿式氧化减量机理研究[J].石油炼制与化工,2014,45(9):85~89.
[10] 武跃,徐岩,白长岭,等.一种城市污水处理厂污泥处理方法的探究[J].辽宁师范大学学报(自然科学版),2014,37(3):379~384.
[11] 徐岩.湿式氧化法在处理城市污泥中的应用[D].大连:辽宁师范大学,2014.
[12] 姬爱民,崔岩,马劲红,等.污泥热处理[M].北京:冶金工业出版社,2014.
[13] 麻红磊.城市污水污泥热水解特性及污泥高效脱水技术研究[D].杭州:浙江大学,2012.
[14] 贾新宁.城镇污水污泥的处理处置现状分析[J].山西建筑,2012,38(5):220~222.
[15] 陶明涛,张华.污泥水热处理技术及其工程应用[J].北方环境,2012,25(3):211~214.
[16] 陶明涛,张华.城市污泥水热处理过程中有机物的变化[J].广东化工,2012,39(3):189~190.
[17] 栾明明.湿式氧化法处理含油污泥研究[D].大庆:东北石油大学,2012.
[18] 毛艳萍.城市污水污泥分组预处理及其热解规律[D].上海:东华大学,2011.
[19] 王雅婷.城市污水厂污泥的处理处置与综合利用[J].环境科学与管理,2011,36(1):90~94.
[20] 崔世彬,栾明明.湿式氧化法处理炼油厂含油污泥研究[J].广东化工,2011,38(10):42~43.
[21] 陶明涛,张华,王艳艳,等.基于部分湿式氧化法的污泥资源化研究[J].环境工程,2011,29(A1):402~404,244.
[22] 张丹丹,李咏梅.湿式氧化法在法国污泥处理处置中的初步应用[J].四川环境,2010,29(1):9~11,31.
[23] 史骏.城市污水污泥处理处置系统的技术经济分析与评价(上)[J].给水排水,2009,35(8):32~35.
[24] 史骏.城市污水污泥处理处置系统的技术经济分析与评价(下)[J].给水排水,2009,35(9):56~59.
[25] 孙淑波,吴立娜,胡筱敏.催化湿式氧化处理城市污水厂污泥的研究[J].环境科学与技术,32(B1):84~86.
[26] 郑师梅,韩少勋,解立平.污水污泥处置技术综述[J].应用化工,2008,37(7):819~821.
[27] 李亮,叶舒帆,胡筱敏.Cu-Fe-Co-Ni-Ce/γ-Al_2O_3催化湿式氧化城市污泥[J].环境工程,2008,26(A1):252~255.
[28] 叶舒帆.催化湿式氧化处理城市污水处理厂污泥的实验研究[D].沈阳:东北大学,2008.
[29] 马承愚,彭英利.高浓度难降解有机废水的治理与控制[M].北京:化学工业出版社,2007.
[30] 桂轶.城市生活污水污泥处理处置方法研究[D].合肥:合肥工业大学,2007.
[31] 吴丽娜.催化湿式氧化处理城市污水处理厂污泥的研究[D].沈阳:东北大学,2006.
[32] 万世强,邓建利,潘咸峰,等.炼油厂剩余污泥湿式氧化处理研究[J].工业水处理,2006,26(1):90~91.
[33] 苏晓娟.湿式氧化工艺处理城市污水厂剩余污泥技术的LCA评价[D].上海:同济大学,2005.
[34] 苏晓娟,陆雍森,Laurent Bromet.湿式氧化技术的应用现状与发展[J].能源环境保护,2005,19(6):1~4.
[35] 杨爽,江洁,张雁秋.湿式氧化技术的应用研究进展[J].环境科学与管理,2005,30(4):88~90,98.
[36] 笪元锋,王树众,沈林华,等.污泥处理技术的新进展[J].中国给水排水,2004,20(6):25~29.
[37] 杨晓奕,蒋展鹏.湿式氧化处理剩余污泥反应动力学研究[J].上海环境科学,2004,23(6):231~235,261.
[38] 杨晓奕,将展鹏.湿式氧化处理剩余污泥的研究[J].给水排水,2003,29(7):20~55.
[39] 杨晓奕.石油化工剩余污泥处理技术研究[D].北京:清华大学,2003.
[40] 熊飞,陈玲,王华,等.湿式氧化技术及其应用比较[J].环境污染治理技术与设备,2003,4(5):66~70.

[41] 张立峰，吕荣湖. 剩余活性污泥的热化学处理技术[J]. 化工环保，2003，23(3)：146~149.
[42] 孙德智，于秀娟，冯玉杰. 环境工程中的高级氧化技术[M]. 北京：化学工业出版社，2002.
[43] 奉华，张衍国，邱天，等. 城市污水污泥的热解特性[J]. 清华大学学报(自然科学版)，2001，41(10)：90~93.
[44] 钱黎黎，王树众，王来升，等. 超临界水氧化处理印染污泥[J]. 印染，2016，42(3)：4~7.
[45] 张洁，王树众，卢金玲，等. 高浓度印染废水及污泥的超临界水氧化系统设计及经济性分析[J]. 现代化工，2016，36(4)：154~158.
[46] 张拓，王树众，任萌萌，等. 超临界水氧化技术深度处理印染废水及污泥[J]. 印染，2016，42(16)：43~45.
[47] 于航，于广欣，盛金鹏，等. 超临界水氧化处理煤气化生化污泥[J]. 化工环保，2016，36(5)：557~561.
[48] 徐雪松. 超临界水氧化处理油性污泥工艺参数优化的研究[D]. 石河子：石河子大学，2016.
[49] 刘威，廖传华，陈海军，等. 超临界水氧化系统腐蚀的研究进展[J]. 腐蚀与防护，2015，36(5)：487~492.
[50] 刘威. 不锈钢在酸性介质超临界水氧化中的腐蚀研究[D]. 南京：南京工业大学，2015.
[51] 洪渊. 基于不同条件下超临界水气化污泥各态产物分布规律研究[D]. 深圳：深圳大学，2015.
[52] 王玉珍，于航，盛金鹏，等. 超临界水氧化法处理煤气化废水生化污泥[J]. 化学工程，2015，43(10)：11~15.
[53] 王金利，李秀灵，严波. 含油污泥处理技术研究进展[J]. 能源化工，2015，36(5)：71~76.
[54] 赵光明，刘玉存，柴涛，等. 连续型超临界水氧化反应器中NaCl沉积现象与机理探讨[J]. 现代化工，2015，35(3)：147~151.
[55] 湛世英，曲旋，张荣，等. 超临界水氧化处理潜艇生活、生理垃圾Ⅰ：实验研究[J]. 环境工程，2015，A1：221~224.
[56] 湛世英，曲旋，张荣，等. 超临界水氧化处理潜艇生活、生理垃圾Ⅱ：系统构建初步研究[J]. 环境工程，2015，A1：225~227.
[57] 马睿，闫江龙，方琳，等. 超临界水氧化去除污泥中化学需氧量的动力学[J]. 深圳大学学报(理工版)，2015，32(6)：617~624.
[58] 王俊飒. 对超临界水氧化污泥的环境评价[J]. 山西建筑，2015，41(19)：189~190.
[59] 李智超，廖传华，郭丹丹，等. PTA残渣的超临界水氧化处理与资源化利用[J]. 工业用水与废水，2014，45(4)：1~4.
[60] 郭丹丹，廖传华，陈海军，等. 制浆黑液资源化处理技术研究进展[J]. 环境工程，2014，32(4)：36~40.
[61] 陈忠，王光伟，殷逢俊，等. 典型醇类物质超临界水氧化反应途径研究[J]. 燃料化学学报，2014，42(3)：343~349.
[62] 陈忠，王光伟，陈鸿珍，等. 气封壁高浓度有机污染物超临界水氧化处理系统[J]. 环境工程学报，2014，8(9)：3825~3831.
[63] 张鹤楠，韩萍芳，徐宁. 超临界水氧化技术研究进展[J]. 环境工程，2014，A1：9~11.
[64] 徐东海，王树众，张峰，等. 超临界水氧化技术中盐沉积问题的研究进展[J]. 化工进展，2014，33(4)：1015~1021.
[65] 夏前勇，郭卫民，申哲民. 化工废水的超临界水氧化研究[J]. 安全与环境工程，2014，21(5)：78~83.
[66] 公彦猛，王树众，肖旻砚，等. 垃圾渗滤液超临界水氧化处理的研究现状[J]. 工业水处理，2014，34(1)：5~9.

[67] 王红涛. 催化超临界水氧化处理焦化废水试验研究[J]. 现代化工, 2014, 34(4): 134~137.
[68] 高志远, 程乐明, 曹雅琴, 等. 超临界水氧化处理鲁奇炉气化废水的研究[J]. 化学工程, 2014, 1: 6~9, 14.
[69] 张勇. 超临界水氧化气膜反应器模拟研究[D]. 济南: 山东大学, 2014.
[70] 张阔, 廖传华, 李智超, 等. 一种循环水氧化陶瓷壁式反应器[P]. ZL201310586563.9, 2013-11-19.
[71] 张阔, 廖传华, 李智超, 等. 一种超临界循环水氧化处理废水的系统[P]. ZL201310584984.8, 2013-11-19.
[72] 张阔, 廖传华, 李智超, 等. 一种超临界循环水氧化处理废弃物与蒸汽联产工艺[P]. ZL201310584953.2, 2013-11-19.
[73] 黄晓慧, 王增长, 催文全, 等. 超临界水氧化过程中的腐蚀控制方法[J]. 工业水处理, 2013, 33(2): 6~10.
[74] 于广欣, 于航, 王建伟, 等. 煤气化废水的超临界水氧化处理实验[J]. 工业水处理, 2013, 33(4): 65~68.
[75] 王齐. 超临界水氧化处理印染废水实验研究[D]. 太原: 太原理工大学, 2013.
[76] 付超. 含铬制革污泥的超临界水氧化法处理实验研究[D]. 杭州: 浙江大学, 2013.
[77] 刘振华, 方琳, 陶虎春. 超临界水氧化压力条件对剩余污泥处理效果的影响[J]. 东北农业大学学报, 2012, 43(2): 108~113.
[78] 朱跃钊, 廖传华, 张阔, 等. 一种有机废水超临界发电的系统和方法[P]. ZL201110439622.0, 2011-12-13.
[79] 廖传华, 王重庆. 制浆黑液超临界水氧化资源化治理[J]. 中华纸业, 2011, 32(3): 31~34.
[80] 田震, 关杰, 陈钦. 超临界流体及其在环保领域中的应用[J]. 上海第二工业大学学报, 2011, 28(1): 265~274.
[81] 王丽君, 郭翠. 超临界水氧化技术应用研究进展[J]. 中国石油和化工标准与质量, 2011, 31(11): 64~66.
[82] 唐兴颖, 王树众, 徐东海, 等. 超临界水氧化城市污泥中316L不锈钢的腐蚀行为[J]. 腐蚀与防护, 2011, 32(7): 501~506.
[83] 徐东海. 城市污泥的超临界水无害化处理及能源化利用研究[D]. 西安: 西安交通大学, 2011.
[84] 张钦明. 城市污泥超临界水无害化处理和资源化利用的理论与实验研究[D]. 西安: 西安交通大学, 2010.
[85] 易怀昌, 王华接, 陆超华. 超临界水氧化技术在污泥处理中的应用[J]. 广东化工, 2010, 37(2): 105~107, 95.
[86] 马红和, 王树众, 周璐, 等. 城市污泥在超临界水中的部分氧化研究[J]. 化学工程, 2010, 38(12): 44~47, 52.
[87] 廖传华, 朱跃钊, 李永生. 超临界水氧化反应器的研究进展[J]. 环境工程, 2010, 28(2): 7~12, 23.
[88] 廖传华, 李永生, 朱跃钊. 制浆黑液超临界水氧化过程的动力学研究[J]. 中华纸业, 2010, 31(5): 63~66.
[89] 廖传华, 李永生, 朱跃钊. 造纸黑液超临界水氧化过程的能流分析与经济评价[J]. 中国造纸学报, 2010, 25(3): 58~63.
[90] 马雷, 廖传华, 朱跃钊, 等. 超临界水氧化技术在环境保护方面的应用[C]. 中国环境科学学会2010年学术年会, 上海, 2010.
[91] 廖传华, 褚旅云, 方向, 等. 合成香料废水处理技术现状[C]. 第三届中国香料香精技术及市场年会, 海口, 2009.

[92] 崔宝臣,崔福义,刘先军,等.超临界水氧化对含油污泥无害化[J].应用化工,2009,38(3):332~335.
[93] 崔宝臣,崔福义,刘淑芝,等.碱对含油污泥超临界水氧化的影响研究[J].安全与环境学报,2009,9(4):48~50.
[94] 崔宝臣.超临界水氧化处理含油污泥研究[D].哈尔滨:哈尔滨工业大学,2009.
[95] 朱飞龙.超临界水氧化法处理城市污水处理厂污泥[D].上海:东华大学,2009.
[96] 张守明,高波.超临界水氧化法处理含油污泥的工艺研究[J].炼油与化工,2009,20(2):22~24,67.
[97] 徐东海,王树众,公彦猛,等.城市污泥超临界水技术示范装置及其经济性分析[J].现代化工,2009,29(5):55~59,61.
[98] 褚旅云,廖传华,方向.超临界水氧化法处理高含量印染废水研究[J].水处理技术,2009,35(8):84~86.
[99] 廖传华,李永生.基于超临界水氧化过程的能源环境系统设计[J].环境工程学报,2009,3(12):2232~2236.
[100] 廖传华,褚旅云,方向,等.超临界水氧化法在造纸黑液治理中的应用[J].中国造纸,2008,27(9):51~55.
[101] 廖传华,褚旅云,方向,等.超临界水氧化法在高浓度难降解印染废水治理中的应用[J].印染助剂,2008,25(12):22~26.
[102] 方明中,孙水裕,森楚娟,等.超临界水氧化技术在城市污泥处理中的应用[J].水资源保护,2008,24(3):66~68,94.
[103] 荆国林,霍维晶,崔宝臣.超临界水氧化油田含油污泥无害化处理研究[J].西安石油大学学报(自然科学版),2008,23(3):69~71,100.
[104] 荆国林,霍维晶,崔宝臣.超临界水氧化处理油田含油污泥[J].西南石油大学学报,2008,30(1):116~119.
[105] 马承愚,赵晓春,朱飞龙,等.污水处理厂污泥超临界水氧化处理及热能利用的前景[J].现代化工,2007,37(A2):497~499.
[106] 廖传华,朱廷风.超临界流体与环境治理[M].北京:中国石化出版社,2007.
[107] 昝元峰,王树众,张钦明,等.城市污泥超临界水氧化及反应热的实验研究[J].高校化学工程学报,2006,20(3):379~384.
[108] 昝元峰,王树众,张钦明,等.污泥的超临界水氧化动力学研究[J].西安交通大学学报,2005,39(1):104~107,110.
[109] 李志健,李娜.超临界水氧化技术处理造纸污泥的近况[J].纸和造纸,2005,24(5):41~43.
[110] 昝元峰,王树众,林宗虎.超临界水氧化工艺处理城市污泥[J].中国给水排水,2004,20(9):9~13.
[111] 昝元峰,王树众,沈林华,等.污泥处理技术的新进展[J].中国给水排水,2004,20(6):25~29.
[112] 孙德智,于秀娟,冯玉杰.环境工程中的高级氧化技术[M].北京:化学工业出版社,2002.
[113] 刘永,周承华,王保金,等.超临界水氧化技术[J].化工科技,2002,10(3):46~49.

污泥常温化学氧化处理

前面所述的污泥焚烧、污泥湿式空气氧化、污泥超临界水氧化等污泥处理技术都是利用热化学氧化的方法将污泥中的有机物与无机物氧化变成无害物质，这些处理技术虽然能有效实现污泥的稳定化、无害化、减量化和资源化，但工艺条件要求较高，需要在高温（和高压）条件下进行，致使设备投资和运行费用相对较高。如何开发低设备投资和运行费用的污泥处理技术是实现污泥有效处理处置的关键。

从理论上讲，如果采用氧化性能比氧气强的物质作为氧化剂，应该可以降低对工艺条件的要求，从而降低设备投资与运行成本。为此，针对污泥中所含的有机物和无机物组分，先后开发了以臭氧、过氧化氢、Fenton 试剂、高锰酸钾、高铁酸钾为氧化剂的氧化工艺。

根据所选择的氧化剂，对应的氧化过程分别称臭氧氧化、过氧化氢氧化、Fenton 氧化、高锰酸钾氧化、高铁酸钾氧化。与热化学氧化过程相比，这些氧化过程一般都在常温条件下进行，因此将其统称为常温化学氧化处理技术。

4.1 臭氧氧化

臭氧是一种强氧化剂，空气或氧气经无声放电可产生臭氧。自从 1973 年氯化反应的副产物三卤甲烷（THMs）类物质发现以来，臭氧在水处理和污泥处理中的研究和应用引起了人们的广泛重视。

4.1.1 臭氧的理化性质

臭氧的分子式是 O_3，是由 3 个氧原子组成的氧的一种同素异形体，在常温常压下，较低浓度的臭氧是无色无味的，当浓度达到 15% 时，臭氧是一种具有鱼腥味的淡紫色气体，具有特殊臭味。在标准状态下，其沸点为 -112.5℃，密度为 2.144kg/m³，是氧气的 1.6 倍。

（1）臭氧在水中的溶解度

臭氧在水中的溶解度要比纯氧高 10 倍，比空气高 25 倍。和其他气体一样，臭氧在水中的溶解度符合亨利定律

$$C = K_H p_{O_3} \tag{4-1}$$

式中 C——臭氧在水中的溶解度，mg/L；
p_{O_3}——臭氧化空气中臭氧的分压，kPa；
K_H——亨利常数，mg/(L·kPa)。

温度、气压、气体中的纯臭氧浓度以及水中污染物的性质和含量是影响臭氧在水中溶解度的主要因素。压力对溶解度的影响如图 4-1 所示。在常压下，20℃时臭氧在水中的浓度和在气相中的平衡浓度之比为 0.285。臭氧气体向水中的传递能力主要与气液两相中的传递系数、气水接触面积以及气液间的浓度差有关。

在生产中，多以空气为原料制备臭氧化空气。在臭氧化空气中，臭氧只占 0.6%~1.2%（体积比）。根据气态方程及道尔顿定律，臭氧的分压也只有臭氧化空气的 0.6%~1.2%。因此，当水温为 20℃时，将臭氧化空气注入水中，臭氧的溶解度为 3~7mg/L。

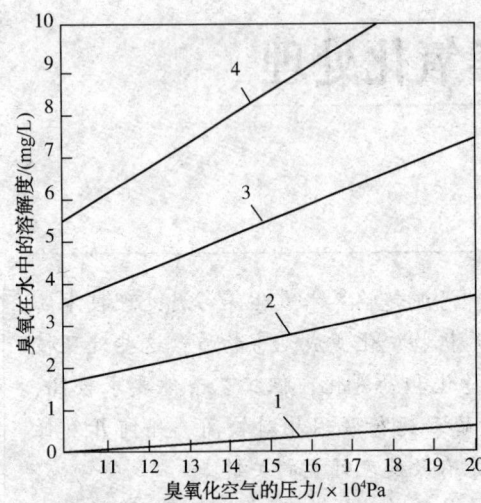

图 4-1 压力对臭氧溶解度的影响
1—1g O_3/m³ 空气； 2—5g O_3/m³ 空气；
3—10g O_3/m³ 空气； 4—15g O_3/m³ 空气

(2) 臭氧的分解
①臭氧在空气中的分解

臭氧在化学上极不稳定，在常压下容易自行分解为氧气并放出热量，其分解反应为

$$2O_3 = 3O_2 + 284kJ \tag{4-2}$$

由于新生态氧的强氧化作用，因此臭氧是一种极强的氧化剂。

MnO_2、PbO_2、Pt、C 等催化剂的存在或经紫外辐射都会促使臭氧分解。臭氧在空气中的分解速率与臭氧浓度和温度有关。浓度为 1%的臭氧在常温常压空气中分解的半衰期为 16h 左右。当浓度在 1%以下时，其分解速率如图 4-2 所示。由图 4-2 可知，随着温度升高，其分解速率加快；随着臭氧浓度提高，其分解速率加快。

由于分解时放出大量能量，当臭氧浓度在 25%以上时容易发生爆炸，但一般臭氧化空气中的臭氧浓度不超过 10%，因此不会有爆炸的危险。

②臭氧在水中的分解

臭氧在水溶液中的分解速率比在空气中快得多，并与温度和 pH 值有关。臭氧在蒸馏水中的分解速率如图 4-3 所示。由此可见，温度和 pH 值越高，臭氧的分解也越快。常温条件下臭氧在水中分解的半衰期为 15~30min，如表 4-1 所示。

表 4-1 臭氧在水中分解的半衰期

温度/℃	1	10	14.6	19.3	14.6	14.6	14.6
pH	7.6	7.6	7.6	7.6	8.5	9.2	10.5
半衰期/min	1098	109	49	22	10.5	4	1

由于臭氧不易储存，因此在实际应用中需边生产边应用。

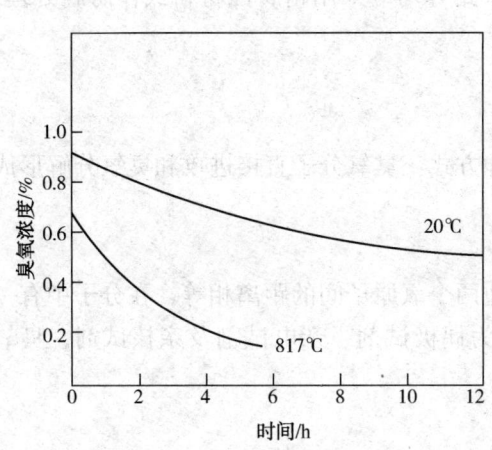 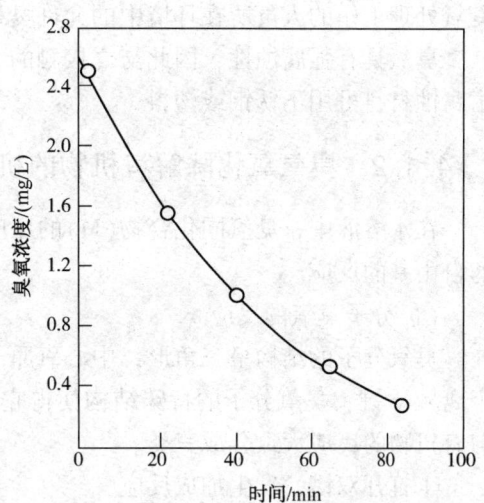

图 4-2 臭氧在空气中的分解速率　　　　图 4-3 臭氧在蒸馏水中的分解速率

臭氧在水中的分解借助于 OH^- 的催化作用,经过氧化氢而形成氧:

$$O_3 + H_2O \longrightarrow HO_3^+ + OH^- \rightarrow 2HO_2^- \qquad (4-3)$$

$$O_3 + HO_2^- \longrightarrow OH^- + 2O_2 \qquad (4-4)$$

$$OH^- + HO_2^- \longrightarrow H_2O + O_2 \qquad (4-5)$$

写成总反应式为

$$2O_3 \xrightarrow{OH^-} 3O_2 + 288.9 kJ \qquad (4-6)$$

(3) 臭氧的氧化能力

臭氧是一种很强的氧化剂,其氧化还原电势与 pH 有关。在酸性溶液中,$E^\ominus = 2.07V$,其氧化性略次于氟。在碱性溶液中,$E^\ominus = -1.24V$,氧化能力略低于氯。

研究指出,在 pH=5.6~9.8、水温 0~39℃ 范围内,臭氧的氧化效力不受影响。利用臭氧的强氧化性进行城市给水消毒已有近百年的历史。臭氧的杀菌力强,速度快,能杀灭氯所不能杀灭的病毒和芽孢,而且出水无异味,但投量不足时也可能产生对人体有害的中间产物。在工业废水和污泥的处理中,可用臭氧氧化多种有机物和无机物,如酚、氰化物、有机硫化物、不饱和脂肪族以及芳香族化合物等,因此应用广泛。

臭氧之所以表现出强氧化性,是因为分子中的氧原子具有强烈的亲电子或亲质子性,臭氧分解产生的新生态氧原子也具有很高的氧化活性。除铂、金、铱、氟以外,臭氧几乎可以与元素周期表中的所有元素反应。臭氧可与 K、Na 反应生成氧化物或过氧化物;臭氧可以将过渡金属元素氧化到较高或最高氧化态,形成更难溶的氧化物,人们常利用此性质把污水或污泥中的 Fe^{2+}、Mn^{2+} 及 Pb、Ag、Cd、Hg、Ni 等重金属离子除去。此外,可燃物在臭氧中燃烧比在氧气中燃烧更加猛烈,可获得更高的温度。

(4) 臭氧的毒性和腐蚀性

高浓度臭氧是有毒气体,对眼及呼吸器官有强烈的刺激作用。正常大气中含臭氧的浓度是 $(1\sim4)\times10^{-8}$。空气中臭氧浓度为 0.1mg/L 时,眼、鼻、喉会感到刺激;浓度为 1~10mg/L 时,会感到头痛,出现呼吸器官局部麻痹等症状;浓度为 15~20mg/L 时,可能致死。一般从事臭氧处理工作的人员所在环境中的允许臭氧浓度为 0.1mg/L。

臭氧具有强腐蚀性，因此与之接触的容器、管路等均应采用耐腐蚀材料或作防腐处理。耐腐蚀材料可用不锈钢或塑料。

4.1.2 臭氧氧化降解有机物的机理

在水溶液中，臭氧同化合物(M)的反应有两种方式：臭氧分子直接进攻和臭氧分解形成的自由基的反应。

(1) 分子臭氧的反应

臭氧分子的结构呈三角形，中心氧原子与其他两个氧原子间的距离相等，在分子中有一个离域 π 键，臭氧分子的特殊结构使得它可以作为偶极试剂、亲电试剂及亲核试剂，臭氧与有机物的反应大致分成三类。

① 打开双键，发生加成反应

由于臭氧分子具有一种偶极结构，因此可以同有机物的不饱和键发生 1-3 偶极环加成反应，形成臭氧化中间产物，并进一步分解形成醛、酮等羰基化合物和 H_2O_2。

② 亲电反应

亲电反应发生在分子中电子云密度高的点。对于芳香族化合物，当取代基为给电子基团（—OH、—NH_2 等）时，与它邻位或对位的 C 具有高的电子云密度，臭氧化反应发生在这些位置上；当取代基是得电子基团（如—COOH、—NO_2 等）时，臭氧化反应比较弱，发生在这类取代基的间位碳原子上，臭氧化反应的产物为邻位和对位的羟基化合物，如果这些羟基化合物进一步与臭氧反应，则形成醌或打开芳环形成带有羰基的脂肪族化合物。

③ 亲核反应

亲核反应只发生在带有得电子基团的碳上。

分子臭氧的反应具有极强的选择性，仅限于同不饱和芳香族或脂肪族化合物或某些特殊基团上发生。

(2) 自由基反应

溶解性臭氧的稳定性与 pH 值、紫外光照射、臭氧浓度及自由基捕获剂浓度有关。臭氧分解决定了自由基的形成，并导致自由基反应的发生。

① Hoigne、Staehelin 和 Bader 机理

臭氧分解反应以链反应方式进行，包括以下几个步骤，其中式(4-7)和式(4-8)为自由基引发步骤，式(4-9)~式(4-13)为链传递反应，式(4-14)和式(4-15)是链终止反应。自由基引发反应是速率决定步骤，羟基自由基 HO· 生成过氧自由基 O_2^-· 或过氧化氢自由基 HO_2· 的步骤也具有决定作用，消耗羟基自由基的物质可以增强水中臭氧的稳定性。

$$O_3 + OH^- \xrightarrow{k_1} HO_2· + O_2^- · \tag{4-7}$$

$$HO_2· \xrightarrow{k_1'} O_2^- · + H^+ \tag{4-8}$$

$$O_3 + O_2^- · \xrightarrow{k_2} O_3^- · + O_2 \tag{4-9}$$

$$O_3^- · + O_2 \xrightarrow{k_3} HO_3· \tag{4-10}$$

$$HO_3 \cdot \xrightarrow{k_4} HO \cdot + O_2 \quad (4-11)$$

$$HO \cdot + O_3 \xrightarrow{k_5} \cdot HO_4 \quad (4-12)$$

$$HO_4 \cdot \xrightarrow{k_6} HO_2 \cdot + O_2 \quad (4-13)$$

$$HO_4 \cdot + HO_4 \cdot \xrightarrow{k_7} H_2O_2 + 2O_3 \quad (4-14)$$

$$HO_4 \cdot + HO_3 \cdot \xrightarrow{k_8} H_2O_2 + O_3 + O_2 \quad (4-15)$$

②Gorkon、Tomiyasn 和 Futomi 机理

该机理包括一个两电子转移过程或一个氧原子由臭氧分子转移到过氧化氢离子的过程，反应如下：

$$O_3 + OH^- \xrightarrow{k_9} HO_2 \cdot + O_2^- \cdot \quad (4-16)$$

$$HO_2^- + O_3 \xrightarrow{k_{10}} O_3^- \cdot + HO_2 \cdot \quad (4-17)$$

$$HO_2 \cdot + OH^- \xrightarrow{k_{11}} O_2^- \cdot + H_2O_2 \quad (4-18)$$

$$O_3 + O_2^- \cdot \xrightarrow{k_2} O_3^- \cdot + O_2 \quad (4-19)$$

$$O_3^- \cdot + H_2O \xrightarrow{k_{12}} HO \cdot + O_2 + OH^- \quad (4-20)$$

$$O_3 + HO \cdot \xrightarrow{k_{13}} O_2^- \cdot + HO_2 \cdot \quad (4-21)$$

$$O_3^- \cdot + HO \cdot \xrightarrow{k_{14}} O_3 + OH^- \quad (4-22)$$

$$HO \cdot + O_3 \xrightarrow{k_{15}} HO_2 \cdot + O_2 \quad (4-23)$$

$$HO \cdot + CO_3^{2-} \xrightarrow{k_{16}} OH^- + CO_3^- \quad (4-24)$$

$$CO_3^- + O_3 \xrightarrow{k_{17}} 产物(CO_2 + O_2^- + O_2) \quad (4-25)$$

4.1.3 臭氧的制备

臭氧的制备方法有多种，如光化学法、电化学法、辐照法和无声放电法。辐照法用得极少，水处理工业中一般采用无声放电法制取臭氧。

(1) 光化学法

此方法是利用光波中的紫外线使氧气分子 O_2 分解并聚合成臭氧 O_3，大气上空的臭氧层即是由此产生的。波长 $\lambda=185nm$ 的紫外光效率最高，但目前低压汞紫外灯的电-光转换效率很低，仅为 0.6%~1.5%，按此折合成的电耗高达 $600kW \cdot h/kg\ O_3$，即 $1.5g\ O_3/(kW \cdot h)$，工业应用价值不大。但紫外法产生臭氧的优点是对湿度、温度不敏感，具有很好的重复性；同时，可以通过灯功率线性控制臭氧浓度、产量。这两个特性对于臭氧用于人体治疗和作为仪器的臭氧标准源是非常合适的。

(2) 电化学法

电化学法是利用直流电源电解含氧电解质产生臭氧气体的方法。电解法臭氧发生器具有臭氧浓度高、成分纯净、在水中溶解度高的优势，在医疗、食品加工与养殖业及家庭方面具有广泛的应用前景，在降低成本与电耗的条件下将与目前广泛应用的无声放电法臭氧发生器形成激烈竞争。

(3) 无声放电法

无声放电法生产臭氧的原理及装置如图 4-4 所示。

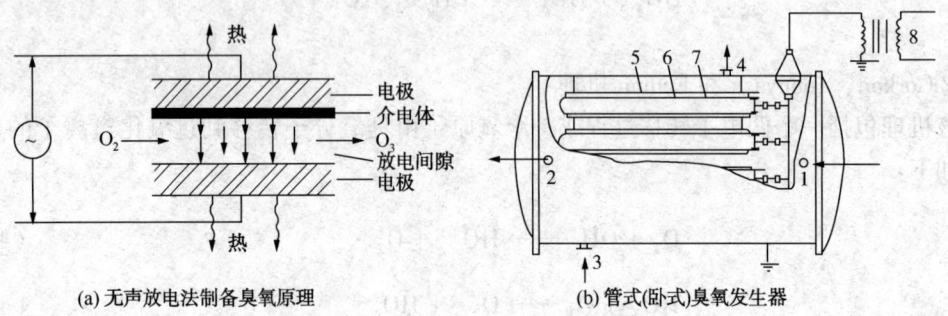

(a) 无声放电法制备臭氧原理　　(b) 管式(卧式)臭氧发生器

图 4-4　臭氧的制备原理与装置

1—空气或氧气进口；2—臭氧化空气出口；3—冷却水进口；
4—冷却水出口；5—不锈钢管；6—放电间隙；
7—玻璃管；8—变压器

在一个内壁涂石墨的玻璃管外套一个不锈钢管。将高压交流电加在石墨层和不锈钢管之间(间隙 1~3mm)，形成放电电场。由于介电体(玻璃管)的阻碍，只有极小的电流通过电场，即在介电体表面的凸点上发生局部放电，形成均匀的蓝紫色电晕，因不能产生电弧，故称之为无声放电。当氧气或空气通过放电间隙时，在高速电子流的轰击下，一部分氧原子转变为臭氧，其反应如下：

$$O_2 + e^- \longleftrightarrow 2O + e^- \quad (4-26)$$

$$3O \longleftrightarrow O_3 \quad (4-27)$$

$$O_2 + O \longleftrightarrow 2O_3 \quad (4-28)$$

上述可逆反应表示生成的臭氧又会分解为氧气，分解反应也可能按下式进行：

$$O_3 + O \longrightarrow 2O_2 \quad (4-29)$$

臭氧分解速率随臭氧浓度增大和温度升高而加快。在一定的浓度和温度下，生成和分解达到动态平衡。因此，通过放电区域的氧气只有一部分能够转变成臭氧，这种含臭氧的空气称为臭氧化空气。理论上，以空气为原料时臭氧的平衡浓度为 3%~4%，以纯氧为原料时，臭氧化空气中的臭氧含量增加 1 倍，可达到 6%~8%。从经济上考虑，一般以空气为原料时控制臭氧浓度不高于 1%~2%，以氧气为原料时则不高于 1.7%~4%。

氧气生产臭氧的总反应如下：

$$3O_2 \Longleftrightarrow 2O_3 - 288.9\text{kJ} \quad (4-30)$$

即每生产 1kg 臭氧需要耗电 0.836kW·h，相当于单位电耗的生产能力为 1.2kg O_3/(kW·h)。由于 95% 左右的电能变成光能和热能被消耗掉，因此实际耗电量大得多，用空气生产 1kg 臭氧的实际电耗为 15~20kW·h。

在臭氧制备中,单位电耗的臭氧产率,实际值只有理论值的10%左右,其余能量均变为热量,放电产生大量的热量使电极温度升高,从而促使臭氧加速分解,更加剧了臭氧生产能力的下降,因此,为了保证臭氧发生器正常工作和抑制臭氧热分解,提高臭氧浓度、降低电耗,必须采用适当的冷却方式对电极进行冷却。常用水作冷却剂。

(4) 影响臭氧产率的主要因素

①电极电压:根据研究,单位电极表面积的臭氧产量与电极电压的二次方成正比,电压越高,产量越高。但电压过高很容易造成介电体被击穿并损伤电极表面,因此一般采用15~20kV的电压。

②电极温度:臭氧的产生浓度随电极温度的升高而明显下降。为提高臭氧浓度,必须采取有效冷却措施,降低电极温度。

③介电体:单位电极表面的臭氧产量与介电体的介电常数成正比,与介电体厚度成反比。因此,应采用介电常数大、厚度薄的介电体。一般采用厚度为1~3mm的硼玻璃作为介电体。

④交流电频率:提高交流电的频率可增加放电次数,从而可提高臭氧产量,而且对介电体的损伤较小,但需要增加调频设备,国内目前仍采用56~60Hz的电源。

⑤放电间隙:放电间隙越小,越容易放电,产生无声放电所需要的电压越小,耗电量越小。但间隙过小,对介电体或电极表面的要求越高,管式臭氧发生器一般采用2~3.5mm的放电间隙。

⑥原料气的含氧量:原料气的含氧量高,制备臭氧所需的动力少,用空气和用氧气制备同样数量的臭氧所消耗的动力相比,前者要高出后者1倍左右。原料气选用空气或氧气,需作经济比较决定。

⑦原料气中的水分和尘粒:原料气中的水分和尘粒对过程不利,当以空气为原料时,在进入臭氧发生器之前必须进行干燥和除尘预处理。空压机采用无油润滑型,防止油滴带入。干燥可采用硅胶、分子筛吸附脱水,除尘可用过滤器。

4.1.4 臭氧发生器

由于臭氧不稳定,因此通常在现场随制随用。目前大规模生产臭氧的方法是以空气为原料制造臭氧,采用无声放电的方法,经过净化后的空气进入臭氧发生器,通过高压放电环隙,空气中的部分氧分子激发分解成氧原子,氧原子与氧原子(或氧原子与氧分子)结合而生成臭氧。

由于原料来源方便,所以采用比较普遍。典型的臭氧处理闭路系统如图4-5所示。空气经压缩机加压后,经过冷却及吸附装置除杂,得到的干燥净化空气再经计量进入臭氧发生器。要求进气露点在-50℃以下,温度不能高于20℃,有机物含量小于15×10^{-6}。

用空气制成的臭氧浓度为$10\sim20g/m^3$,用氧气制成的臭氧浓度为$20\sim40g/m^3$。研究表明,用空气为原料生产的臭氧化气体会产生氮氧化物,这是一种有害物质,所以限制了臭氧法在饲料、食品工业中的应用。

含臭氧质量比为1%~4%的空气就是水处理所使用的臭氧化空气。通常用于氧化的投加量为$1\sim3g/m^3$,接触时间5~15min;用于杀菌所需的投加量为$1\sim3g/m^3$,接触时间不少于5min。

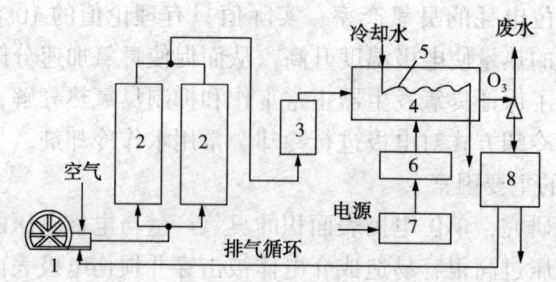

图 4-5 臭氧处理闭路系统
1—空气压缩机；2—净化装置；3—计量装置；
4—臭氧发生器；5—冷却系统；6—变压器；
7—配电装置；8—接触器

无声放电臭氧发生器的种类很多，按其结构可分为管式、板式和金属格网式三种。因板式发生器只能在低压下操作，所以目前多采用管式臭氧发生器。管式臭氧发生器又有单管、多管、卧式和立式等多种。

如图 4-6 所示为多管卧式臭氧发生器的结构示意图。它的外形像列管式热交换器，内有几十组至上百组相同的放电管。放电管的两端固定在两块管板上，管外通冷却水。每根放电管均由两根同心圆管组成，外管为金属管（不锈钢管或铝管），内管为玻璃管（内壁涂石墨）作为介电体。内、外管之间留有 1~3mm 的环形放电间隙。在金属圆筒内的两端各焊一个孔板，每孔焊上一根放电管。整个金属圆筒内形成两个通道；两块孔板与圆筒端盖的空间，一块作为进气分配室，另一块作为臭氧化空气收集室，并与放电间隙连通；两块孔板和不锈钢外壁之间为冷却水通道，冷却水带走放电过程中产生的热量。

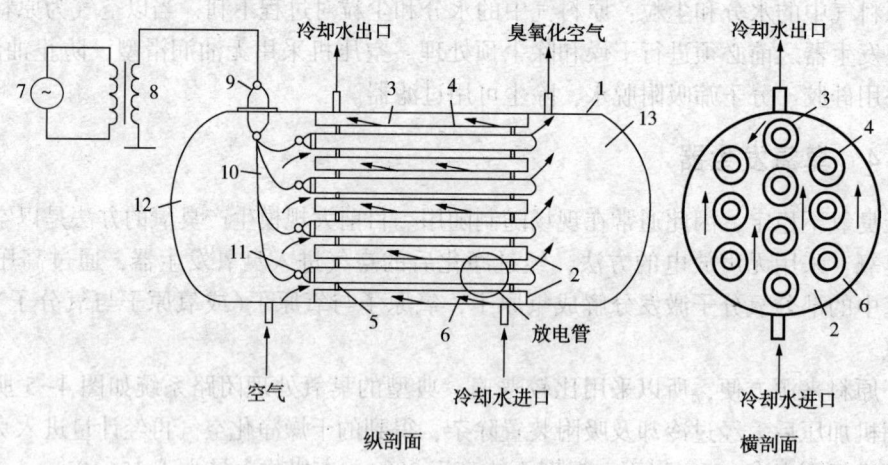

图 4-6 多管卧式臭氧发生器的构造
1—金属圆筒；2—孔板；3—不锈钢管；4—玻璃管；5—定位环；
6—放电间隙；7—交流电源；8—变压器；9—绝缘瓷瓶；10—导线；
11—接线柱；12—进气分配室；13—臭氧化空气收集室

管式发生器可承受 0.1MPa 的压力，当以空气为原料、采用 50Hz 的电源时，臭氧浓度可达 15~20g/m³。电能比耗为 16~18kW·h/kg O_3。

多管卧式臭氧发生器的组装形式分集装式和组合式两种。集装式为小型装置,适合于小型水处理工艺使用;组合式则适合于中、大型给水处理厂废水及污泥处理工艺使用,如图 4-7 所示。

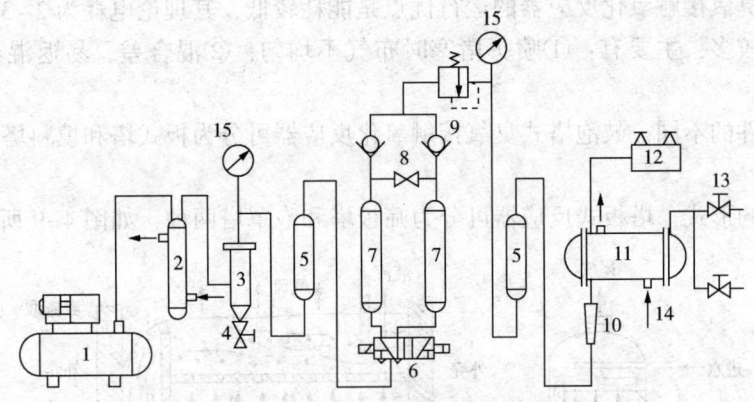

图 4-7 臭氧发生装置工艺组合示意图
1—无油空压机组;2—冷却器;3—旋风分离器;4—调压阀;
5—过滤器;6—二位电通电磁阀;7—干燥器;8—旋塞;
9—止回阀;10—流量计;11—臭氧发生器单元;12—变压器;
13—控制阀;14—冷却水入口;15—压力表

4.1.5 臭氧接触氧化反应器

水的臭氧处理在接触反应器内进行。臭氧加入水中后,水为吸收剂,臭氧为吸收质,在气液两相进行传质,同时发生臭氧氧化反应,因此属于化学吸收。接触反应器的作用主要有两个:①促进气、水扩散混合;②使气、水充分接触,迅速反应。应根据臭氧分子在水中的扩散速率和与污染物的反应速率来选择接触反应器的型式。

用于水的臭氧处理的接触反应器的类型很多,常用的有鼓泡塔、螺旋混合器、蜗轮注入器、射流器等。水中污染物种类和浓度、臭氧浓度与投量、投加位置、接触方式和时间、气泡大小、水温与水压等因素对反应器性能和氧化效果都有影响。选择何种反应器取决于反应类型。当扩散速率较大而反应速率为整个氧化过程的速率控制步骤时,臭氧接触氧化反应器的结构型式应有利于反应的充分进行。属于这一类的污染物有合成表面活性剂、焦油、氨氮等,反应器可采用多孔扩散板反应器、塔板式反应器等,以保持较大的液相容积和反应时间。当反应速率较大而扩散速率为整个氧化过程的速率控制步骤时,臭氧接触氧化反应器的结构应有利于臭氧的加速扩散。属于这一类的物质有酚、氰、亲水性染料、铁、锰、细菌等,可采用传质效率高的螺旋反应器、蜗轮注入器、喷射器等作反应器。

(1) 鼓泡塔

鼓泡塔式臭氧接触氧化反应器的结构如图 4-8 所示。其运行方式为:气水两相可顺流接触或逆流

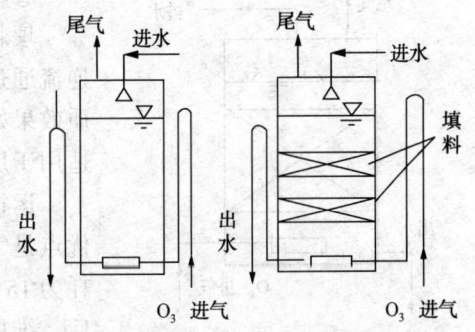

图 4-8 鼓泡塔式臭氧接触氧化反应器

接触，还可采用多级串联的方式实现逆流与顺流的交叉使用。整个装置可连续运行或间断批量运行。鼓泡塔式臭氧接触氧化反应器适合于由反应速率控制的操作和要求大液体容积的系统使用。

鼓泡塔式臭氧接触氧化反应器的运行优点是能耗较低，其理论电耗为 $2\sim3$ kW·h/g O_3。但其运行缺点较多，主要有：①喷头堵塞时布气不均匀；②混合差，易返混；③接触时间长；④价格高。

根据塔内件的不同，鼓泡塔式臭氧接触氧化反应器可分为板式塔和填料塔两种。

①板式塔

根据塔板的形式，塔板式反应器可分为筛板塔和泡罩塔两种，如图 4-9 所示。

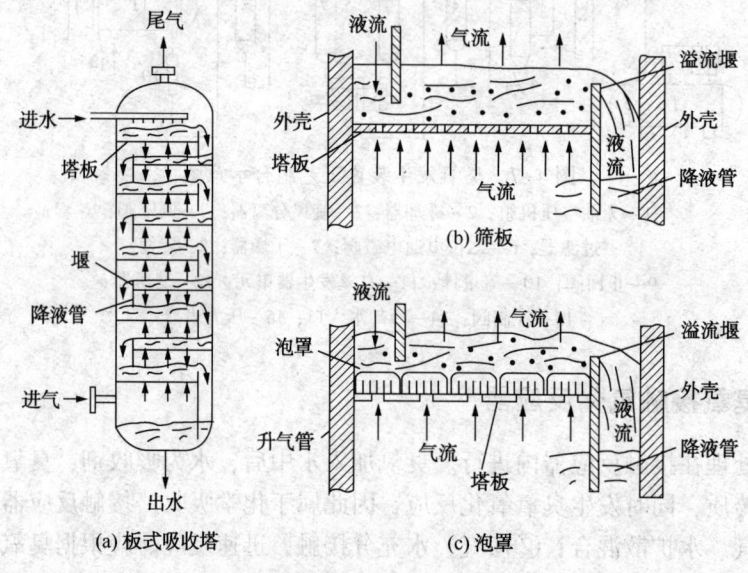

图 4-9 塔板式反应器

在塔内设有多层塔板，每层塔板上设溢流堰和降液管。塔板上开有许多筛孔的称为筛板塔；设置泡罩的称为泡罩塔。气流从底部进入，上升的气流经筛板或泡罩被分散成细小的气泡，与板上的水层接触后逸出液相，然后再与上层液体接触。进水从顶部进入，在塔板上翻过溢流堰，经降液管流到下层筛板，然后从底部排出。塔板上溢流堰的作用是使塔板上的水层维持一定深度，将降液管出口淹没在液层中形成水封，防止气流沿降液管上升。

②填料塔

填料塔式臭氧接触氧化反应器如图 4-10 所示，气水逆流通过填料空隙，可连续或间断批量运行。填料塔的传质效果好，传质能力随气水流量及填料类型而不同，主要适用于反应速率由气相或液相传质速率控制的过程。

运行实践表明，填料塔式臭氧接触氧化反应器的主要优点是气水比适应范围广，但其缺点是：耗能高，理论电耗为 $15\sim40$ kW·h/g O_3；价格贵；易堵塞；填料表面积垢后，维护困难。

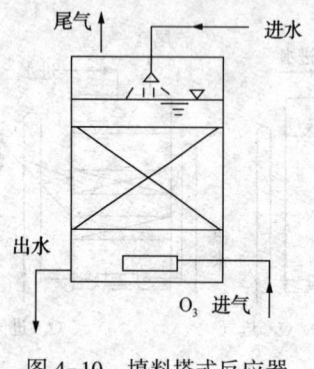

图 4-10 填料塔式反应器

(2) 固定混合器

固定混合器也叫静态混合器或管式混合器，图 4-11 是其结构示意图，是在一段管子内安装许多螺旋桨叶片，相邻两片螺旋桨叶片有着相反的方向，水流在旋转分割运行中与臭氧接触而产生许多微小旋涡，使气水得到充分的混合，因此非常适合于受传质速率控制的过程。气水在混合器内可以顺流接触，也可逆流接触，并可连续运行。这种固定混合器的主要优点是：设备体积小，占地少；接触时间短；处理效果稳定；易操作，管理方便；无噪声，无泄漏；用料省，价格低；传质能力强，臭氧利用率可达 80% 以上，且耗能较少，设备费用低。其缺点是：流量不能显著变化；设备运行过程中的能耗较大，理论电耗为 4~5 kWh/gO_3。

(3) 蜗轮注入器

如图 4-12 所示为蜗轮注入器的结构示意图。在蜗轮注入器内，由于气水两相强制混合，因此具有较强的传质能力，非常适合于受传质速率控制的水处理过程。多用于部分投加，淹没深度<2m。

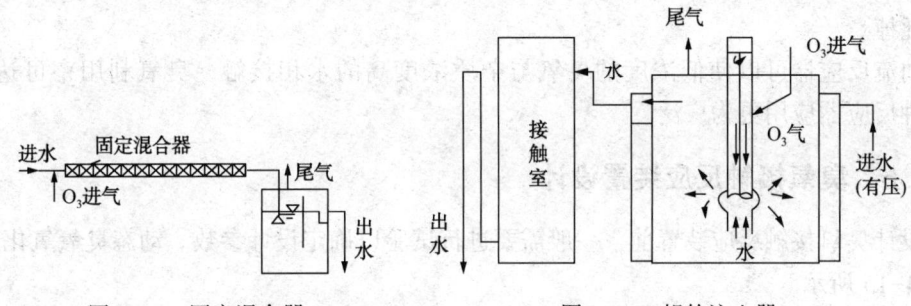

图 4-11 固定混合器　　　　图 4-12 蜗轮注入器

蜗轮注入器的主要优点是：水力损失小，臭氧向水中转移压力大；混合效果好；接触时间较短；体积较小。其主要缺点是：流量不能显著变化；耗能较多，理论电耗为 7~10 kW·h/g O_3；在运行过程中有噪声。

(4) 喷射式反应器

喷射式臭氧接触反应器是气液两相强制或抽吸通过孔道而接触，进而发生反应，两相通过强制混合时具有较大的接触面积和较强的传质能力，非常适合于受传质速率控制的各种水处理过程。

根据气液两相的接触情况，喷射式反应器可分为部分投加或全部投加两种，如图 4-13 所示分别为全部水量喷射和部分水量喷射的喷射器示意图。

喷射式臭氧接触氧化反应器的优点是：混合好；接触时间短；设备小，占地少。其缺点是：流量不能显著变化；耗能较多，对于全部水量喷射的喷射器，其理论电耗为 15~20 kW·h/g O_3；对于部分水量喷射的喷射器，其理论电耗为 4~10 kW·h/g O_3。

(5) 多孔扩散式反应器

多孔扩散式反应器有穿孔管、穿孔板和微孔滤板等。臭氧化空气通过设置在反应器底部的多孔扩散装置分散成微小气泡后进入水中。根据气和水的流动方向不同，又可分为同向流和异向流两种，如图 4-14 所示。为改善气水接触条件，反应器中可装填瓷环、塑料环等填料。

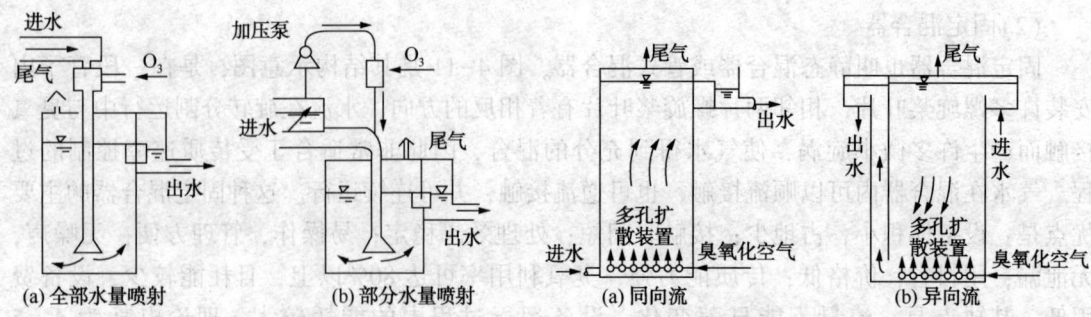

图 4-13 喷射式臭氧接触反应器　　　　图 4-14 多孔扩散式反应器

同向流反应器是最早应用的一种反应器，其缺点是底部臭氧浓度大，原水杂质浓度也大，大部分臭氧在底部被易于氧化的杂质消耗掉。而上部臭氧浓度低，水中残余的杂质又较难被氧化，出水往往不够理想，臭氧利用率较低，一般在 75% 左右。当臭氧用于消毒时，宜采用同向流反应器，这样可以使大量的臭氧早与细菌接触，以避免大部分臭氧被水中其他杂质消耗掉。

异向流反应器可以使低浓度的臭氧与杂质浓度高的水相接触，臭氧利用率可达 80%。目前这种反应器应用更为广泛。

4.1.6　臭氧接触反应装置设计

在设计臭氧接触反应装置前，一般需要进行试验以确定设计参数。动态臭氧氧化试验流程如图 4-15 所示。

在水处理系统中，大多数采用鼓泡塔。鼓泡塔中，废水一般自塔顶进入，经喷淋装置向下喷淋，从塔底出水；臭氧则从塔底的微孔扩散装置进入，呈微小气泡上升而从塔顶排出。气水逆流接触完成处理过程。鼓泡塔也可以设计成多级串联运行。当设计成双级时，一般前一级投加需臭氧量的 60%，后一级为 40%。鼓泡塔内可不设填料，也可加设填料以加强传质过程，如图 4-16 所示。无试验资料时臭氧接触反应装置的主要设计参数见表 4-2。

表 4-2　接触反应装置的主要设计参考参数

处理要求	臭氧投加量/(mgO$_3$/L水)	去除效率/%	接触时间/min
杀菌及灭活病毒	1~3	90~99	数秒至 10~15min，按所用接触装置类型而异
除臭、味	1~2.5	80	>1
脱色	2.5~3.5	80~90	>5
除铁除锰	0.5~2	90	>1
COD	1~3	40	>5
CN$^-$	2~4	90	>3
ABS	2~3	95	>10
酚	1~3	95	>10

鼓泡塔的设计计算如下：

(1) 塔体尺寸计算

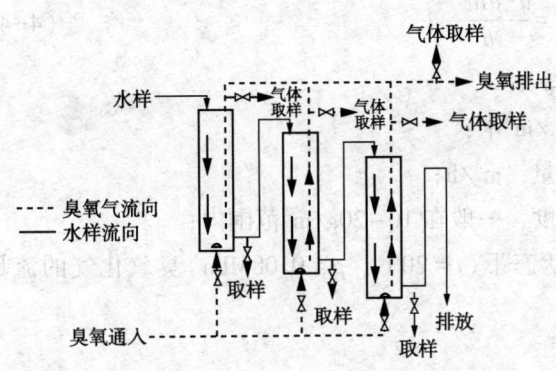

图 4-15 动态臭氧氧化试验流程

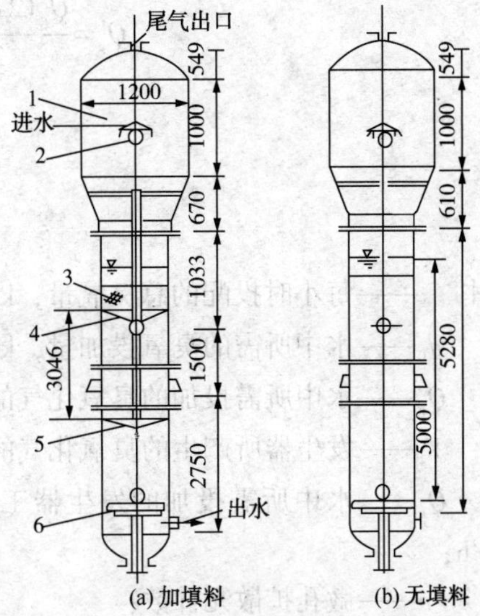

图 4-16 鼓泡塔详图
1—进水喷淋器；2—观察窗；3—活性炭填料；
4—鲍尔环填料；5—筛板；6—布气板

$$V_T = \frac{Q_S t}{60} \tag{4-31}$$

$$F = \frac{Q_S t}{60 H_A} \tag{4-32}$$

$$D = \sqrt{\frac{4F}{\pi}} \tag{4-33}$$

$$K = \frac{D}{H_A} \tag{4-34}$$

$$H_T = (1.25 \sim 1.35) H_A \tag{4-35}$$

式中 V_T——塔的总体积，m^3；

t——水力停留时间，min；

Q_S——水流量，m^3/h；

F——塔截面面积，m^2；

H_A——塔内有效水深，一般可取 4~5.5m；

D——塔径，m；

K——径的径高比，一般采用(1:3)~(1:4)。如计算的 $D>1.5m$ 时，为使塔不致过高，可将其适当分成几个直径较小的塔，或设计成接触池；

H_T——塔总高，m。

(2) 臭氧化空气的布气系统计算

$$c = \frac{Q_s d_0}{1000} \tag{4-36}$$

$$Q_g = \frac{1000c}{Y_1} \tag{4-37}$$

$$Q_g' = \frac{Q_g(273+20) \times 0.103}{273 \times 0.18} = 0.614 Q_g \tag{4-38}$$

$$n = \frac{Q_g'}{\omega f} \tag{4-39}$$

$$\omega' = \frac{d - aR^{1/4}}{b} \tag{4-40}$$

式中 c——每小时投配的总臭氧量，kg O_3/h；

d_0——水中所需的臭氧投加量，kg O_3/m³水；

Q_g——水中所需投加的臭氧化气的流量，m³/h；

Y_1——发生器所产生的臭氧化气的浓度，一般在 $10\sim20$g/m³ 范围内；

Q_g'——水中所需投加的发生器工作状态下（$t=20℃$，$p=0.08$MPa）臭氧化气的流量，m³/h；

n——微孔扩散元件数；

f——每只扩散元件的总表面积，m²，陶瓷滤棒为 ndl（d 为棒的直径，l 为棒的长度），微孔扩散板为 $\frac{nd^2}{4}$（d 为扩散板的直径）；

ω——气体扩散速率，m/h；依微孔材料及其微孔孔径和扩散气泡的直径而定；

ω'——使用微孔钛板时的气体扩散速率，m/h；

d——气泡直径，一般为 $1\sim2$mm；

R——微孔孔径，一般为 $20\sim40$μm；

a，b——系数，使用钛板时，$a=0.19$，$b=0.066$。

(3) 所需臭氧发生器的工作压力计算

$$H > 0.98 h_1 + h_2 + h_3 \tag{4-41}$$

式中 H——臭氧发生器的工作压力，kPa；

h_1——塔内水柱高度，m；

h_2——布气元件的压力损失，kPa；

h_3——臭氧化气输送管道的压力损失，kPa。

臭氧氧化技术出现了很多新的氧化形式，如 O_3/H_2O_2、O_3/UV 等。

4.1.7 O_3/H_2O_2 氧化工艺

臭氧氧化法的处理成本较高，而且受臭氧生产能力的限制；双氧水价格比臭氧低，且来源广泛，而且双氧水诱发臭氧产生羟基自由基的速率远比 OH^- 快。为此，将臭氧氧化与过氧化氢氧化组合，其氧化能力将大大加强，可被用于工业污泥和城市生活污泥的处理，而且还能降低过程的运行费用。

(1) O_3/H_2O_2 氧化工艺原理

O_3 和 H_2O_2 的组合能够产生氧化能力极强的 $HO\cdot$ 自由基，其化学反应如下：

$$H_2O_2 + H_2O \longrightarrow HO_2^- + H_3O^+ \tag{4-42}$$

$$HO_2^- + O_3 \longrightarrow HO\cdot + O_2^- + O_2 \tag{4-43}$$

HO_2^-一经产生,立即使O_3分解,产生HO·自由基,诱发链式反应进行。

除上述主要反应外,污泥介质液中还存在下存反应:

$$O_2^- + O_3 \longrightarrow O_3^- + O_2 \tag{4-44}$$

$$O_3^- + H_2O \longrightarrow HO\cdot + OH^- + O_2 \tag{4-45}$$

产生的HO·自由基可与有机物(用RH表示)进行如下反应:

$$RH + HO\cdot \longrightarrow R\cdot + H_2O \tag{4-46}$$

$$R\cdot + O_2^- \longrightarrow ROO^- \longrightarrow \cdots \longrightarrow CO_2 + H_2O \tag{4-47}$$

可见,HO·自由基能够激发有机环上的不活泼氢,通过脱氢反应生成R·自由基,成为进一步氧化的引发剂;HO·自由基还能够通过羟基取代反应,将芳烃环上的—SO_3H、—NO_2等基团取代下来,从而生成不稳定的羟基取代中间体,易于继续发生开环裂解,直至完全分解为无机物。

(2) O_3/H_2O_2氧化工艺的应用研究

O_3/H_2O_2氧化工艺可被用于处理污泥中的有机物。Glaze采用该技术处理污泥中的含氯有机物,包括三氯苯、六六六和DDTs等。Ormad等使用该技术降解污泥中的农药成分,并与单独使用臭氧氧化工艺进行比较,结果表明,采用O_3/H_2O_2氧化工艺比单独使用臭氧氧化工艺处理农药污泥更有效。

Echigo等对比了用O_3/UV、O_3/H_2O_2、UV和O_3四种工艺处理污泥中的有机磷酸酯的效果,表明O_3/H_2O_2氧化工艺分解氯代磷酸最为有效。Sumder等研究了用O_3/H_2O_2氧化工艺处理三氯乙烯和四氯乙烯;Masten等采用O_3、O_3/UV、O_3/H_2O_2和$O_3/UV/H_2O_2$四种工艺处理污泥中的氯苯类有机物,结果表明,当H_2O_2的含量为60mg/kg时,采用O_3/H_2O_2氧化工艺,二氯苯的去除率最高;在中性条件下,O_3/UV、O_3/H_2O_2和$O_3/UV/H_2O_2$三种氧化工艺处理氯苯类有机物的效率接近;当pH>9时,四种工艺处理氯苯类有机物的效率几乎相等。Bellamy等采用O_3/H_2O_2氧化工艺处理含挥发性有机物的废水,也取得了较好的处理效果。

(3) O_3/H_2O_2氧化工艺的影响因素

影响O_3/H_2O_2组合工艺处理效果的主要因素为体系的pH值、H_2O_2和O_3的比例、投加的氧化剂总量。

① H_2O_2/O_3投加比的影响

O_3和H_2O_2相互作用产生HO·自由基:

$$H_2O_2 + 3O_3 \longrightarrow 2HO\cdot + 3O_2 \tag{4-48}$$

按照这个反应式,当H_2O_2/O_3的比值为0.5时,产生的HO·自由基最多,此时的氧化效率最高;如果H_2O_2/O_3的比值大于0.5时,多余的H_2O_2会作为HO·自由基的受体,使HO·自由基的浓度减小。然而,在实际处理过程中,当H_2O_2/O_3的比值为0.5时,其氧化效率未必最高。例如,Glaze等采用O_3/H_2O_2氧化工艺处理污泥中三氯乙烯和四氯乙烯,发现当H_2O_2/O_3的比值接近1时,氧化效率最高,其原因被认为是由于污泥液中还含有其他的HO·自由基引发剂和受体(如碳酸根、碳酸氢根等)。由于它们的存在,导致在实际处理过程中必须通过实验才能确定最佳的H_2O_2/O_3的投加比。

② pH值的影响

体系的pH值对O_3/H_2O_2氧化工艺的处理效率有很大的影响。例如,Mokrini等采用了几种氧化工艺降解污泥中的芳香族化合物,实验结果表明,O_3/H_2O_2氧化工艺对苯酚的去除比较有效,而且体系的 pH 值能影响去除效果。当 pH 值为中性时,H_2O_2 对苯酚的去除影响较小;而当 pH=9.3~9.5 时,苯酚的降解明显增强。可见,在实际处理过程中,应通过实验来确定污泥介质液的最值 pH 值。

③氧化剂投加总量的影响

总有效臭氧投加量对处理效果的影响是明显的。以 H 酸废水的处理为例,采用 H_2O_2/O_3 联合氧化法完全分解其中的有机物,需要很高的氧化剂投加量,但为改善废水的可生化性,改善生物降解性能,只需投加约为完全氧化所需量的 1/4 左右,废水已具有可生化。因此,用 H_2O_2/O_3 联合氧化法作为生物处理的预处理方法是完全可行的。此外,带磺酸基团的有机物通过和羟基自由基反应降低了极性和水溶性,因此可以提高传统的混凝沉淀处理效果。

4.1.8　UV/O_3 氧化工艺

自 20 世纪 70 年代初,Prengle 等在实验室中发现 UV/O_3 联合工艺可显著加快有机物的降解速率开始,人们便对 UV/O_3 氧化技术进行了许多研究。研究证明 UV/O_3 比单独使用 O_3 和 UV 工艺分解有机物更有效,特别是能够氧化难以生物降解的有机物,而且还可以杀灭细菌和病毒。

(1)UV/O_3 氧化机理

人们对 UV/O_3 氧化过程的机理进行了大量的研究,Okabe 提出的反应机理是,当臭氧被紫外线照射时,首先产生游离 O·,O·与水反应产生 HO·自由基;Prengle 等认为,UV 辐射除了可诱发产生 HO·自由基外,还能产生其他激发态物质和自由基;Reyton 等较好地研究和总结了 UV/O_3 的机理,认为在污泥介质液中臭氧光解的第一步是产生 H_2O_2,H_2O_2 在紫外线照射下产生 HO·自由基,其主要过程如下:

$$O_3+H_2O \longrightarrow O_2+H_2O_2 \tag{4-49}$$

$$O_3+H_2O \longrightarrow O_2+2HO· \tag{4-50}$$

$$H_2O_2 \longrightarrow 2HO· \tag{4-51}$$

由于有羟基自由基的产生,从而大大提高了臭氧的氧化能力。

(2)UV/O_3 氧化工艺的应用研究

到目前为止,已有大量有关 UV/O_3 技术处理有机污染物的研究报道。Gurol 等在 pH 值为 2.5、7.0 和 9.0 等条件下,分别采用 UV/O_3、O_3 和 UV 等工艺氧化酚类化合物,发现只有在酸性时臭氧才是主要的氧化剂,中性及碱性条件下氧化时是按自由基反应模式进行的。在 UV/O_3 和 O_3 两种情形下,酚及 TOC 的去除率随污泥介质液的 pH 值升高而升高,在一定的 pH 值时,3 种方法的处理效果为 $O_3/UV>O_3>UV$;Yue 对 UV/O_3 技术的原理、反应动力学以及光化学反应器的设计进行了详细的论述;Beltran 等也做了类似的工作,他们分别用 O_3/UV 和 O_3 和 UV 和 H_2O_2/UV 等方法对芳烃的降解进行了对比实验,发现 O_3/UV 的处理效果要比 H_2O_2/UV 的处理效果好一些;Mokrino 等也对 O_3/UV、O_3 和 H_2O_2/O_3 等方法氧化芳烃进行了研究,发现 O_3/UV 法在 pH 值为 3~7 时,氧化芳烃有较好的速率;Guittomieau 认为 O_3/UV 复合系统较单独的 O_3 和 UV 系统有更高的氧化 4-氯硝基苯的能力,且能将臭氧难以氧化的醇、醛、羧酸等完全氧化降解。Kiyoshi 等比较了 O_3/UV 和 H_2O_2/UV 氧化 4-氯硝基苯的效果,结果表明,投加相同量的氧化剂,O_3/UV 比 H_2O_2/UV 更有效。Takahashi 等用 O_3/UV 氧化酚及小分子(C_1~C_6)有机物,发现 O_3/UV 比臭氧的氧化速率更快,而且能较快氧化臭氧难以氧化的醇、醛、羧酸，如乙醛酸、乙二酸、丙二酸、乙酸、丙酸等，进而能够将这些物质完全氧化降解为二氧化碳和水。

张辉等对比了 O_3、UV/O_3 法降解对硝基苯酚过程中各种操作条件的影响，实验结果表明，UV/O_3 工艺能彻底去除 TOC；气量、紫外线强度和气相臭氧浓度的提高均能增强去除效果，而温度和初始 TOC 值对这一过程没有明显的影响，初始 pH 值的提高反而削弱了该法的去除效果。在采用 UV/O_3 工艺对焦化污泥的难降解有机毒物处理的研究过程中确定，当 pH=2、温度为 60℃、停留时间为 50min、进气量为 37mL/min、催化剂浓度为 0.375%（质量）、污泥液流量为 3600kg/h 时，所有毒物皆能被去除，出口污泥 COD<100mg/kg。可见，单独使用臭氧处理和在紫外线配合下使用臭氧处理的不同效果是非常明显的。

美国休斯敦研究所曾研究和比较了各种难分解物质的单独臭氧处理的效果，它们以难分解物质的半量转化而消耗的臭氧量的多少来衡量难分解物质的"难度"，称之为难分解指数 RFI（Refractory Index）。如果对这些难分解化合物用 UV/O_3 工艺处理，其 TOC 值的降解较之单独臭氧处理要容易得多。例如，乙酸属不易被氧化物，许多有机物在深度氧化几经降解之后，往往都生成了乙酸。此时，由于仅单独以臭氧处理而不能降解 TOC 值，常称之进入了"死胡同"（dead ent）。而用 UV/O_3 工艺处理含乙酸、氨基乙酸和丙三醇的生物难降解有机物的污泥具有较好的效果。据报道，乙酸含量为 106mg/kg 的污泥液在 50℃、气体流速 0.06cm^3/s 下用 UV/O_3 处理，乙酸在 4h 被氧化；如不用 UV 照射，10h 内也不能被氧化。此外，用该法处理含氰和多环烃（PAH）的污泥，也取得了较好的效果。

UV/O_3 法最初主要是用于废水处理的研究的，以解决有毒且无法生物降解物的处理问题，20 世纪 80 年代以来，研究范围扩大到污泥的深度处理。已有研究表明，UV/O_3 工艺对污泥中的三氯甲烷、四氯化碳、芳香族化合物、氯苯类化合物和五氯苯酚等有机污染物的去除也令人满意。这种方法的氧化能力和反应速率都远远超过单独使用 UV 或 O_3 工艺所能达到的效果，其反应速率是臭氧氧化法的 100~1000 倍，多氯联苯、六氯苯、三氯甲烷和四氯化碳等难降解污染物几乎不与臭氧反应，但在 UV/O_3 联合作用下它们均可被氧化。研究表明，污泥中的苯、甲苯、乙苯等，在氧化 1h 后，其浓度均降至检测限以下；三氯甲烷、四氯化碳经 2h 处理，去除率达 90% 以上，污泥中 169 种有机物经 2h 处理，光谱分析显示去除率达 65% 以上。有人用 UV/O_3 工艺对污泥中苯胺、对硝基苯酚和腐殖酸的去除效果进行了研究，结果表明，UV/O_3 工艺对其中的 UV_{254} 有很高的去除率，反应 60min 时 UV_{254} 的去除率可达 80% 以上。

用 UV/O_3 技术处理污泥中有毒且难降解的有机物，在中试研究上得到了很好的证明，而且没有有毒废物产生。与其他产生 HO·自由基的降解过程一样，UV/O_3 技术能够氧化的有机物范围很广。从 20 世纪 80 年代末开始，国外开始陆续有工业化装置，现在英国、美国、加拿大、日本等国都有处理装置在运行，如加拿大的 Solar Environmental System 已在多个工厂应用 UV/O_3 处理工艺。

研究表明，采用特殊石英玻璃制成的高压臭氧紫外线杀菌灯，在发射出具有很强杀菌作用的波长为 253.7nm 紫外线的同时，还发射出波长为 184.9nm 紫外线，而 184.9nm 的紫外线能使空气中的氧分子合成为 O_3，臭氧的强氧化作用能有效杀灭多种细菌、病毒，其杀菌能力与过氧乙酸相当，高于高锰酸钾、甲醛等的消毒效果。紫外线和臭氧的共同作用强化了消毒效果，与常规的高压放电式臭氧发生器不同，波长为 184.9nm 的紫外线所产生的臭氧仅限于射线通过的空间，臭氧的发生量和紫外线辐射的范围成正比。因此，高压臭氧紫外灯特别适合大面积污泥的处理，其臭氧产生速率快，浓度分布均匀，降解和杀毒时间短。

(3) 影响 UV/O_3 氧化性能的因素

臭氧在水中的溶解度及相应的传质限制是 UV/O_3 技术应用上一个最棘手的问题。Prengle 和 Glaze 等为了解决这个问题，曾建议使用搅拌式的光化学反应器来提高传质速率，管状的、内圈的光化学反应器也可以取得同样满意的效果，其他会降低有机物去除效率的因素大多数与氧化中间产物潜在的第二步反应有关。另外，所处理污泥的特性和系统的操作参数也会直接影响 UV/O_3 氧化的性能。

①污泥特性的影响

污染物的去除效率取决于处理污染物的类型，带双键的有机物(如三氯乙烯、四氯乙烯、氯乙烯等)和芳烃化合物(如酚、苯、甲苯、二甲苯等)比较容易被氧化，而无双键化合物则难以被氧化。

②系统操作参数的影响

系统的操作参数在处理过程中是变化的。这些参数包括污泥介质液的停留时间、O_3 剂量、UV 强度、pH 值和气液流速比率。一般地，增加停留时间将使处理效率提高到某一点，在这一点上，装置运行趋向平衡，再增加停留时间其处理效率无明显提高；增加 O_3 的用量，也能提高处理效率，而 O_3 增加会导致处理费用的提高。而且，O_3 能直接与 HO·自由基起作用，这就既消耗 O_3 又消耗 HO·自由基。因此，为获得最大的去除效率，O_3 的适用比例需通过试验确定。

在 UV/O_3 氧化法中，温度的提高一方面提高了自由基型反应的速率常数，同时因降低臭氧的溶解度而减少了 HO·自由基的产生，因此合适的反应温度也需通过实验来确定。初始 pH 值的提高使臭氧更易于分解产生 HO·自由基，并可提高氧化速率，从而加快 TOC 的去除效率。在 UV/O_3 处理法中，反应为自由基型，随着氧化过程的进行，有机碳不断降解为无机碳，在酸性条件下，这些无机碳以 CO_2 的形式逸出；而在碱性条件下则以 HCO_3^- 或 CO_3^{2-} 的形式继续存在，这两种离子都是很强的 HO·自由基清除剂，它们的存在必然降低 HO·自由基的浓度，即降低了氧化速率，因而污泥液的 pH 值也需要加以控制。

(4) UV/O_3 氧化技术存在的问题与改进

UV/O_3 氧化技术虽然氧化能力强，且对于含有毒物质和难分解物质的污泥处理更为适用，如美国环保局在 1977 年就规定 UV/O_3 工艺为处理多氯联苯的最佳实用技术，但现有的 UV/O_3 工艺比较复杂，初期投资及运行费用很高，操作条件要求也较高，因而仅限于少量污泥的处理上。另外，UV/O_3 技术用于废水的深度处理也显示其良好的前景，但设备投资大和运行费用高也限制了它的应用。

UV/O_3 工艺的处理效率较高，但如何在保证处理效率的前提下，减少设备投资和运行费用是关键。有人采用 UV/微臭氧系统处理污泥中的一些常见的有机化合物，如二氯甲烷、四氯化碳、邻二氯苯、对二氯苯、1,2,4-三氯苯和六氯苯 6 种优先污染物，均取得了较好的效果。其原理是用干燥、净化后的空气流在紫外线的直接辐射下产生一定量的臭氧，以空气和微臭氧的混合气体作为氧化剂，在紫外线的照射下进行协同作用。研究表明，UV/微臭氧工艺对污泥的处理能力接近于 UV/O_3 处理工艺，设备方便，投资小，不用外加臭氧发生装置，技术易于推广和应用，是一种很有前途的污泥处理工艺。

利用紫外光源在气相产生 O_3 及光分解对污泥进行处理已有工业设备。UV/O_3 技术与其他技术相结合，如与 H_2O_2、TiO_2、活性炭及生物工艺联合，能有效降低处理费用。从臭氧技术的发展来看，从一开始的碱催化到光催化、金属催化臭氧氧化，目的就是促进臭氧的分解，以产生自由基等中间体来强化臭氧氧化。近年来，UV/O_3 与其他工艺相结合的研究也得到了重视。

①UV/O_3 与活性炭相结合

有人用 UV/O_3/活性炭工艺处理含偏二甲肼的污泥，活性炭放在试验柱的下部，厚10cm，重0.8kg，试验结果表明，UV/O_3 体系中加入活性炭后，COD 的去除率有明显的增加，其原因是活性炭具有催化效果，由于加入活性炭催化剂，可以大大节省臭氧的投加量。试验共进行11次，偏二甲肼总处理量达40kg，活性炭的催化性能没有降低。

②UV/O_3 与 TiO_2 相结合

Sanchez 等采用 O_3/TiO_2、UV/TiO_2、UV/O_3 和 $UV/O_3/TiO_2$ 几种工艺处理含苯胺的污泥。试验结果表明，$UV/O_3/TiO_2$ 工艺明显比其他工艺对苯胺的去除率高，而且反应时间短。Klare 和 Tanaka 等的研究也得出了同样的结论。孙德智等以 TiO_2 为催化剂，采用 UV/O_3 和 $UV/O_3/TiO_2$ 等几种工艺降解污泥中的有机污染物，研究结果表明，$UV/O_3/TiO_2$ 工艺的处理效果最好。

③UV/O_3 与 H_2O_2 相结合

UV/O_3 与 H_2O_2 相结合形成的 $UV/H_2O_2/O_3$ 氧化工艺的原理与 UV/H_2O_2 和 UV/O_3 的原理基本相同，均借助于紫外线的激发，形成强氧化性的 HO·自由基。与 UV/O_3 过程相比，H_2O_2 的加入对 HO·自由基的产生有协同作用，从而加速了有机污染物的降解速率。具体过程参见下节。

4.2 过氧化氢氧化

过氧化氢又称双氧水，是一种绿色氧化剂，其应用领域不断扩大，如日用化工领域中液体洗衣剂、牙膏、口腔清洁等；食品工业中用于食品无菌包装中包装材料或容器的灭菌消毒、食品纤维的脱色；高纯双氧水用作硅晶片和集成电路元件等的清洗剂等。在治理环境污染中，过氧化氢一直是国内外的研究热点。

4.2.1 过氧化氢的主要物理化学性质

过氧化氢的分子式为 H_2O_2，分子量为34。过氧化氢分子是由两个 OH 所组成的，即结构是 H—O—O—H，单分子不是直线形的，气态过氧化氢的每个氧原子连接的 H 原子位于像半展开的书的两页纸面上，在分子绕着 O—O 键内旋转时，势垒较低。液态的过氧化氢通过氢键进行缔合的现象比 H_2O 更强。晶体过氧化氢的二面角小于111.5°和略大于90°。纯过氧化氢是一种蓝色的黏稠液体，具有刺鼻臭味和涩味，沸点为152.1℃，冰点为0.89℃，比水重得多(-4.16℃时的密度为1.643g/cm^3)。它的许多物理性质与水相似，可与水以任意比例混合，过氧化氢的极性比水强，在溶液中存在强烈的缔合作用。3%的过氧化氢水溶液在医药上称为双氧水，具有消毒、杀菌作用。

过氧化氢分子中氧的价态是-1，它可以转化成-2价，表现出氧化性，可以转化为0价态，而具有还原性，因此过氧化氢具有氧化还原性。过氧化氢在水溶液中的氧化还原性由下列电势决定：

$$H_2O_2 + 2H^+ + 2e \longrightarrow 2H_2O \qquad E^{\ominus} = 1.77V \qquad (4-52)$$

$$O_2 + 2H^+ + 2e \longrightarrow H_2O_2 \qquad E^{\ominus} = 0.68V \qquad (4-53)$$

$$HO_2^- + H_2O + 2e \longrightarrow 3OH^- \qquad E^{\ominus} = 0.87V \qquad (4-54)$$

所以在酸性溶液和碱性溶液中它都是强氧化剂，只有与更强的氧化剂如 MnO_4^- 反应时，它才表现出还原性而被氧化。

(1) 过氧化氢的氧化性

纯过氧化氢具有很强的氧化性，遇到可燃物即着火。

在水溶液中，过氧化氢是常用的氧化剂，虽然从标准电极电位看，在酸性溶液中 H_2O_2 的氧化性更强，但在酸性条件下 H_2O_2 的氧化反应速率往往较慢，碱性溶液中的氧化反应速率却是快速的。在用 H_2O_2 作为氧化剂的水溶液反应体系中，由于 H_2O_2 的还原产物是水，而且过量的 H_2O_2 可以通过热分解除去，所以不会在反应体系内引进不必要的物质，去除一些还原性物质时特别有用。

(2) 过氧化氢的还原性

过氧化氢在酸性或碱性溶液中都具有一定还原性。在酸性溶液中，H_2O_2 只能被高锰酸钾、二氧化锰、臭氧、氯等强氧化剂所氧化，在碱性溶液中，H_2O_2 显示出强还原性，除还原一些强氧化剂外，还能还原如氧化银、六氰合铁(Ⅲ)等一类较弱的氧化剂。H_2O_2 氧化的产物是 O_2，所以它不会给反应体系带来杂质。

实验已经证实，许多过氧化氢参与的反应都是自由基反应。

(3) 过氧化氢的不稳定性

H_2O_2 在低温和高纯度时表现的比较稳定，但若受热温度达到426K以上便会猛烈分解，它的分解反应也就是它的歧化反应：

$$2H_2O_2 \longrightarrow 2H_2O + O_2 \qquad (4-55)$$

不论是在气态、液态、固态或者在水溶液中，H_2O_2 都具有热不稳定性，已提出了的分解机理包括游离基学说、电离学说等多种解释。根据反应电动势，过氧化氢在酸性溶液中的歧化程度较在碱性溶液中稍大，但在碱性溶液中的歧化速率要快得多。溶液中微量存在的杂质，如金属离子(Fe^{3+}、Cr^{3+}、Cu^{2+}、Ag^+)、非金属、金属氧化物等都能催化 H_2O_2 的均相和非均相分解，研究认为，杂质可以降低 H_2O_2 分解活化能，而且即使在低温下，H_2O_2 仍能分解。光照、储存容器表面粗糙(具有催化活性)都会使 H_2O_2 分解。

为了抑制过氧化氢的催化分解，需要将它储存在纯铝(>99.5%)、不锈钢、瓷料、塑料或其他材料制作的容器中，并且在避光、阴凉处存放，有时还需要加一些稳定性，如微量锡酸钠、焦磷酸钠等来抑制所含杂质的催化分解作用。研究结果表明，无论是用 Cl_2、MnO_4^-、Ce^{4+} 等氧化水溶液中的 H_2O_2，还是用 Fe^{3+}、MnO_2、I_2 等引起 H_2O_2 的催化分解，所有释放出来的氧分子全部来自 H_2O_2 而不是来自水分子。

4.2.2 过氧化氢的制备

(1) 过氧化物法

要得到少量的 H_2O_2，可以方便地将 Na_2O_2 加到冷的稀硫酸或稀盐酸中来实现。

$$Na_2O_2 + H_2SO_4 + 10H_2O \xrightarrow{低温} Na_2SO_4 \cdot 10H_2O + H_2O_2 \quad (4\text{-}56)$$

19世纪中叶，生产 H_2O_2 主要用 BaO_2 为原料，可以分别通过下面两个反应进行。

$$BaO_2 + H_2SO_4 \longrightarrow BaSO_4\downarrow + H_2O_2 \quad (4\text{-}57)$$

$$BaO_2 + CO_2 + H_2O \longrightarrow BaCO_3\downarrow + H_2O_2 \quad (4\text{-}58)$$

由于要用到过氧化物，这些方法不是彻底的 H_2O_2 合成工艺。

(2) 电解法

1908年提出的电解-水解法才是真正的过氧化氢合成工艺，该法以铂片做电极，电解硫酸氢铵饱和溶液而制得过氧化氢。

$$2NH_4HSO_4 \xrightarrow{电解} (NH_4)_2S_2O_8 + H_2\uparrow \quad (4\text{-}59)$$

得到过二硫酸铵，然后加入适量硫酸进行水解，便可得到过氧化氢：

$$(NH_4)_2S_2O_8 + 2H_2SO_4 \longrightarrow H_2S_2O_8 + 2NH_4HSO_4 \quad (4\text{-}60)$$

$$H_2S_2O_8 + H_2O \longrightarrow H_2SO_5 + H_2SO_4 \quad (4\text{-}61)$$

$$H_2SO_5 + H_2O \longrightarrow H_2SO_4 + H_2O_2 \quad (4\text{-}62)$$

总反应为

$$(NH_4)_2S_2O_8 + 2H_2O \xrightarrow{H_2SO_4} 2NH_4HSO_4 + H_2O_2 \quad (4\text{-}63)$$

生成的硫酸氢铵可复用于电解工序。本法工艺流程短，电流效率高，电耗低，长期在工业上得到广泛应用，产品 H_2O_2 浓度为 31.2%。

(3) 2-乙基蒽醌法

20世纪70~80年代开始发展起来的生产 H_2O_2 的新方法是乙基蒽醌法，此法是以2-乙基蒽醌和钯（或镍）为催化剂，由氢和氧直接合成 H_2O_2：

$$H_2 + O_2 \xrightarrow{2\text{-}乙基蒽醌-钯} H_2O_2 \quad (4\text{-}64)$$

反应机理为2-乙基蒽醌在钯的催化下被氢气还原为2-乙基蒽酚：

<chemical structure equation> (4-65)

而2-乙基蒽酚同氧气反应即得 H_2O_2：

<chemical structure equation> (4-66)

同时，2-乙基蒽醌复出，反应实质是2-乙基蒽醌起着传输氢的作用。本法技术已相当成熟，为国内外普遍采用，获得的 H_2O_2 浓度可达100%。本法的缺点是产品需经净化、蒸发和精馏等精制处理，钯催化剂费用大，蒽醌多次使用后会降解。

(4) 空气阴极法

用碳和活性物质蒽醌等并以纤维素为骨架，制成空心电极，在 NaOH 稀溶液中它便是一种气体扩散电极，可使空气中的氧迅速而大量地溶解在碱性电解质中，通电后氧原子被还原成负氧离子，在阴极上与 H_2O 直接生成 HO_2^-：

阴极反应：$$O_2+H_2O+2e \underset{NaOH}{\overset{通电}{=\!=\!=}} HO_2^-+OH^- \tag{4-67}$$

阳极反应：$$2OH^- \overset{NaOH}{=\!=\!=} \frac{1}{2}O_2\uparrow +H_2O+2e \tag{4-68}$$

总反应：$$\frac{1}{2}O_2+OH^- =\!=\!= HO_2^- \tag{4-69}$$

电解生成一定浓度的 $NaHO_2$，用热法磷酸处理后，在酸性溶液中释放出 H_2O_2，Na^+ 则以磷酸盐的形式成为副产品。本法只消耗空气、水和电力，生产成本很低，工艺和设备极为简单，而且作业很安全，无二次污染，产品质量比蒽醌法要高。气体扩散电极目前的寿命已超过一年。

(5) 异丙醇法

以异丙醇为原料，过氧化氢或其他过氧化物为引发剂，用空气（或氧气）进行液相氧化，生成过氧化氢和丙酮。蒸发使 H_2O_2 与有机物及 H_2O 分离，再经溶剂萃取净化，即可得 H_2O_2 成品，此法可同时得到副产品丙酮，反应式为

$$(CH_3)_2CHOH+O_2 \longrightarrow CH_3COCH_3+H_2O_2 \tag{4-70}$$

本法在国外已工业化，但投资较大，产品分离、精制方法尚不完善，因而还没有广泛应用。

(6) 氢与氧直接合成法

据称氢与氧直接合成 H_2O_2 是今后最有希望的工艺，各国都在进行研究并已取得重大进展。工艺的特点是：用几乎不含有机溶剂的水做反应介质；活性炭载体的 Pt-Pd 做催化剂及水介质中溴化物做助催化剂；反应温度为 0~25℃；反应压力为 3~17MPa；反应物中 H_2O_2 浓度达 13%~25%；反应可连续进行并控制了运转中导致爆炸的因素等；设备费用只有蒽醌法一半。目前正在进一步研究用空气代替氧气的合成方法。

4.2.3 UV/H_2O_2 氧化工艺

H_2O_2 是一种强氧化剂，在 pH 值分别为 0 和 14 时，对应的 H_2O_2 的氧化还原电位分别为 1.80V 和 0.87V，已被广泛应用于处理废水和废气中的无机物和有机污染物。然而，对于难降解污染物，像氯代芳烃有机物和氰化物，仅使用 H_2O_2 作为氧化剂，尚不能将其有效地分解，因为此时氧化速率很低。而采用 UV/H_2O_2 联合工艺，却能产生氧化性极强的羟基自由基 HO·，从而能有效地分解一些单独使用 H_2O_2 不能分解的有机物。

(1) UV/H_2O_2 氧化的反应机理

Rajagopalan Venkatadri 和 Robert W. Peter 认为 UV/H_2O_2 的反应过程是 H_2O_2 在水中经 UV 照射可发生 O—O 键（键能 213.4kJ/mol）断裂而产生 HO· 和氧原子，再通过链反应进行光解：

$$H_2O_2 + UV(或 hv, \lambda \approx 200 \sim 280nm) \longrightarrow HO\cdot + HO\cdot \quad (4-71)$$

$$H_2O_2 \longrightarrow HOO^- + H^+ \quad (4-72)$$

$$HO\cdot + H_2O_2 \longrightarrow HOO\cdot + H_2O \quad (4-73)$$

$$HO\cdot + HOO^- \longrightarrow HOO\cdot + OH^- \quad (4-74)$$

$$HOO\cdot + HOO\cdot \longrightarrow H_2O_2 + O_2 \quad (4-75)$$

一般 HO·进攻有机物时，是将有机物分子上的 H 提取出来，使之成为一个有机自由基，再由它来引发链反应。

$$HO\cdot + RH \longrightarrow H_2O + R\cdot \quad (4-76)$$

$$R\cdot + H_2O_2 \longrightarrow ROH + HO\cdot \quad (4-77)$$

UV/H_2O_2 的联合作用是以产生羟基自由基进而通过羟基自由基反应来降解污染物为主，同时也存在 H_2O_2 对污染物的直接化学氧化和紫外光的直接光解作用。该联合工艺能有效降解一些难以生物降解的有机物，如水中低浓度的多种脂肪烃和芳香烃有机污染物。采用 UV/H_2O_2 联合工艺，1mol 氧化剂受光引发时将放出最高浓度的 HO·，比只采用 UV 处理时的反应速率约快 500 倍，而且有机物完全分解的最终产物不造成二次污染。有研究发现，反应速率与 pH 有关，酸性越强，反应速率越快。即使从经济上考虑，不将某些难降解的有机物完全光解到最终产物，能将它们先氧化成易于降解的中间产物也足够了。

（2）UV/H_2O_2 氧化工艺的应用

UV/H_2O_2 工艺是以产生羟基自由基而进行自由基反应来降解污染物为主的，同时也存在 H_2O_2 对污染物的直接化学氧化和 UV 的直接光解作用。UV/H_2O_2 工艺能有效氧化一些难生化降解的有机物，Venkatadri 和 Peters 系统地归纳了采用 UV/H_2O_2 工艺处理各种污染物的方法，包括如三氯乙烯、四氯乙烯、丁醇、三氯甲烷、甲基异丁基酮、4-甲基-2-戊烷、甲基酮和四氯化碳等。实验室研究 UV/H_2O_2 氧化系统还成功地证明了甲酸、乙酸、丙酸、甲醇和多种醛类的降解，还有几种卤代脂肪烃、酚基取代物、2,4-二硝基甲苯、4-氯化硝基苯、1,2-二氯苯、苯酚和各种杀虫剂的降解。应用不同氧化剂和 UV 辐射剂量对给水中的 TOC 和色度的处理效果见表 4-3。

表 4-3　UV 辐射对水生腐殖质的去除率　　　　　　　　　　　　%

氧化剂	TOC				色度			
	辐射时间/min				辐射时间/min			
	1	5	20	60	1	5	20	60
空气	6	13	23	41	-2	-6	13	41
空气(pH=7)	6	9	16	19	-12	-10	-8	25
空气(pH=3)	0	3	14	15	-5	4	14	35
H_2O_2	43	73	92	100	45	97	98	99
连续曝气	2	2	10	—	6	6	21	—

如图 4-17 所示是美国的 Calgon perox-pure™ 和 Rayox 已商业化的 UV/H_2O_2 工艺的系统流程。该工艺由氧化单元、H_2O_2 供应单元、酸供应单元和碱供应单元四个可移动单元组成。氧化单元由 6 个连续的反应器组成，每个反应器装有一盏 15kW 的紫外灯，反应器的总体积

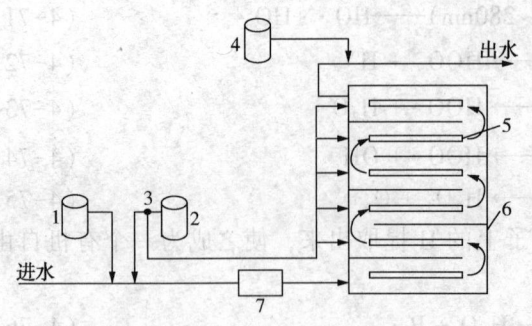

为55L。每个紫外灯安装在一个紫外光可透过的石英管内部，处在反应器的中央，水沿着石英管流动。在废水流进第一个反应器前加入H_2O_2，也可以用一个喷淋头同时给6个反应器投加H_2O_2。根据需要，可通过加入硫酸使废水的pH值控制在2~5之间，以去除碳酸氢根、碳酸根，防止其对HO·的捕获。加入H_2O_2的废水经过一个静态混合器进入反应器。为了满足排放标准的需要，需在氧化单元出水中添加碱液来调节pH值，使排水的pH值达到6~9。石英管上装备了清洗器，可以定期进行清洗，以减少沉积固体对反应的影响。

图4-17 UV/H_2O_2工艺系统流程
1—硫酸罐；2—H_2O_2罐；3—分流器；
4—NaOH罐；5—UV灯；6—反应器；
7—混合器

Stefan利用UV/H_2O_2工艺先后对丙酮、MTBE、1,4-杂二氧环己烷等废水进行处理，对它们氧化的中间产物、机理进行了研究，发现中间产物为酸、醛、羟酮等物质，最后降解为水和二氧化碳。汪兴涛等采用UV/H_2O_2工艺对染料废水处理进行了实验研究，发现增加UV的强度和H_2O_2的浓度有助于废水的脱色效果，通过对14种不同类型染料脱色效果的比较，发现该方法具有较强的选择性，结果表明，在pH值为2.8、H_2O_2和TiO_2的投加浓度分别为0.1g/L和0.4g/L条件下，反应时间为6h，TNT废水的初始浓度为50mg/L时，处理后浓度为0.25mg/L，其去除率可达到99.5%。

硝基炸药是一类难降解的物质，含炸药的废水可用UV+H_2O_2处理。被处理的炸药有三硝基甲苯(TNT)、1,3,5-三硝基苯、1,3,5-三氮杂环己烷(RDX，黑索金)、环四亚甲基四硝胺(HMX，奥克托金)、二硝基甲苯(2,4-DNT和2,6-DNT)以及苦味酸铵等稀水溶液。实验结果表明，UV+氧化剂联合作用比单独采用UV工艺或氧化剂处理的效果都要好，炸药光解速率大为增加。例如单独采用UV工艺光解时需312h才能达到采用UV+H_2O_2联合作用1~2h达到的效果。各种炸药在UV+H_2O_2联合作用下，其机理并不单纯是UV引发H_2O_2生成HO·，而后由HO·进攻有机物，而是在UV光作用下，H_2O_2与炸药同时吸收光，可能是HO·与炸药光解中间产物作用导致其光解加速的。通过比较用活性炭吸附、UV+O_3组合工艺和UV+H_2O_2组合工艺处理TNT废水三种方法的经济成本，结果表明三种方法中以UV+H_2O_2组合工艺的费用最省。

UV/H_2O_2工艺也可用来处理废气，研究结果表明，其降解速率优于处理污泥和水中的污染物，这是由于空气吸收紫外线少、分子氧浓度高和反应物及中间产物流动性大等原因。

(3) UV/H_2O_2工艺的特点

UV/H_2O_2工艺由于在反应过程中产生氧化性很强的羟基自由基HO·，能将有机物有效地氧化成无害物，因此受到广泛的重视。

①UV/H_2O_2工艺的主要优点

氧化性强：UV/H_2O_2工艺能将有机物彻底地无害化，而其他的可选方法，如活性炭吸附，仅仅是将污染物从一处转移到另一处，却不能将其彻底地转化为无害物。

经济上有优势：UV/H_2O_2工艺与传统的处理方法和其他高级氧化工艺相比，都表现出设备投资少和运行成本低的特点。

运行稳定，操作简便：UV/H_2O_2氧化系统可制成移动式装置，在短时间内即可装配用于不同地点的污泥处理，且运行平稳。

②UV/H_2O_2工艺的主要缺点

UV/H_2O_2工艺只适用于低污染物含量的污泥的处理，不适用于含高污染物的污泥的处理，在这种情况下需与其他处理工艺联合使用。

对于有色污泥的处理效率不高，因为这样的污泥会降低 UV 光的穿透率。另外，某些无机化合物，如钙盐和铁盐在反应中可能会沉淀下来阻塞光的穿透。因此，在处理含有干扰性的有机或无机物的污泥时，为了能够有效处理，需进行必要的预处理。

污泥的 pH 值对处理工艺有影响。高 pH 值污泥对于反应速率有不利影响，这可能与H_2O_2的碱催化分解有关。

4.2.4　UV/H_2O_2/O_3氧化工艺

如前所述，UV/H_2O_2/O_3氧化工艺是将 UV/O_3 与 H_2O_2 相结合形成的。在 UV/O_3 系统中引入 H_2O_2 对羟基自由基 HO· 的产生有协同作用，能够高速产生羟基自由基 HO·，从而表现出对有机污染物更高的反应效率。该系统对有机物的降解利用了氧化和光解作用，包括 O_3 的直接氧化、O_3 和 H_2O_2 分解产生 HO· 的氧化以及 O_3 和 H_2O_2 的光解和离解作用。和单纯 UV/O_3 相比，加入 H_2O_2 对 HO· 的产生有协同作用，从而表现出对有机污染物的高效去除。

在 UV/H_2O_2/O_3 反应过程中，羟基自由基 HO· 的产生机理可归纳为以下几个反应方程式：

$$H_2O_2 + H_2O \longrightarrow H_3O^+ + HO_2^- \qquad (4-78)$$

$$O_3 + H_2O_2 \longrightarrow O_2 + HO\cdot + HO_2\cdot \qquad (4-79)$$

$$O_3 + HO_2^- \longrightarrow O_2 + HO\cdot + O_2^- \qquad (4-80)$$

$$O_3 + O_2^- \longrightarrow O_3\cdot + O_2 \qquad (4-81)$$

$$O_3^- + H_2O \longrightarrow HO\cdot + OH^- + O_2 \qquad (4-82)$$

在紫外线激发下，O_3 和 H_2O_2 的协同作用对有机污染物具有更广谱的去除效果。研究结果表明，O_3、UV/H_2O_2 和 UV/H_2O_2/O_3 三种处理方法中，UV/H_2O_2/O_3 最为有效，且它可以去除污泥中几乎全部的色度。

UV/H_2O_2/O_3工艺在处理多种混合污泥方面的应用已有报道。如图 4-18 所示为美国已商业化的 UV/H_2O_2/O_3 工艺的系统流程，由 UV 氧化反应器、O_3 发生器、H_2O_2 供给池及催化 O_3 分解单元构成。反应器总体积为 600L，被 5 个垂直的挡板分成 6 个室，每个分反应室内布置 4 盏 65W 的低压汞灯，每盏灯安装在垂直旋转的石英管内。废水流入该装置前首先加入 H_2O_2，之后在混合器中充分混合，之后进入反应器。每个反应器底部安装有不锈钢曝气器，均匀地将 O_3 扩散到水中，管道静态混合器用于废水和 H_2O_2 的混合。处理后的 CO_2 等气体从顶部排出。

有文献报道，在一个 40L 的反应器中，当 H_2O_2 与 O_3 的浓度比为 0.34∶1，接触时间为 15min 时，二氯乙烯、四氯乙烯的去除率可达到 90%。

UV/H_2O_2/O_3氧化工艺既可用于全程处理也可用于与其他工艺结合的预处理。据报道，

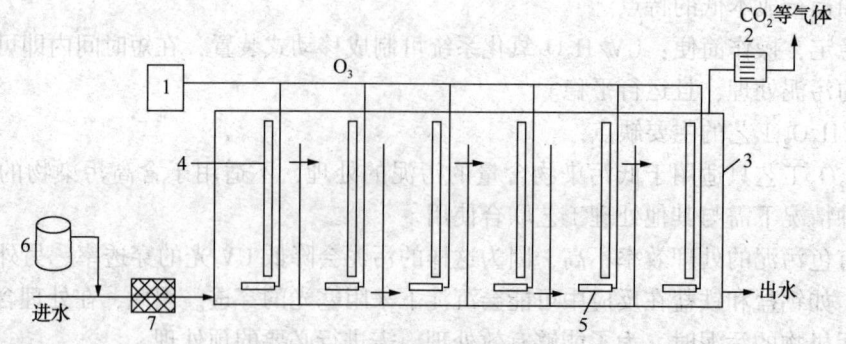

图 4-18 UV/H_2O_2/O_3 工艺系统示意
1—O_3 发生器;2—O_3 分解器;3—反应器;
4—UV 灯;5—O_3 分布器;6—H_2O_2 槽;
7—静态混合器

UV/H_2O_2/O_3 氧化工艺已用于以下物质的氧化处理:多种农药成分(如 PCP、DDT、Vapam 等)、TNT、卤代烃(如 $CHCl_3$、PCE 等)和其他一些化合物(如硝基苯、苯硝酸等)。在成分复杂的难降解废水或污泥体系中,某些反应可能受到抑制,在这种情况下,UV/H_2O_2/O_3 工艺就显示出了优越性,因为它可能通过多种反应机理产生羟基自由基 HO·,从而使 UV/H_2O_2/O_3 工艺受有色污染物量的影响程度较低,且适用于更广泛的 pH 范围。

4.3 Fenton 氧化

1894 年,法国科学家 H. J. H. Fenton 发现 H_2O_2 在 Fe^{2+} 催化作用下具有氧化多种有机物的能力,后人为了纪念他,将亚铁盐和 H_2O_2 的组合称为 Fenton 试剂。Fenton 试剂中的 Fe^{2+} 作为同质催化剂,而 H_2O_2 具有强烈的氧化能力,特别适用于处理高浓度难降解、毒性大的有机废水。但直到 1964 年,H. R. Eisen Houser 才首次使用 Fenton 试剂处理苯酚及烷基苯废水,开创了 Fenton 试剂应用于工业废水处理领域的先例。后来人们发现这种混合体系所表现出的强氧化性是因为 Fe^{2+} 的存在有利于 H_2O_2 分解产生羟基自由基 HO· 的缘故,为进一步提高对有机物的去除效果,以标准 Fenton 试剂为基础,通过改变耦合反应条件,可以得到一系列机理相似的类 Fenton 试剂。

4.3.1 Fenton 试剂的催化机理及氧化性能

(1)催化机理

对于 Fenton 试剂的催化机理,目前公认的是 Fenton 试剂能通过催化分解产生羟基自由基 HO· 进攻有机物分子,进而将其氧化为 CO_2、H_2O 等无机物质。这是由 Harber Weiss 于 1934 年提出的。在此体系中羟基自由基 HO· 实际上是反应氧化剂,反应式为

$$Fe^{2+}+H_2O_2+H^+ \longrightarrow Fe^{3+}+H_2O+HO· \qquad (4-83)$$

由于 Fenton 试剂在许多体系中确有羟基化作用,所以 Harber Weiss 机理得到了普遍承认,有时人们把上式称为 Fenton 反应。

(2) 氧化性能

Fenton 试剂之所以具有非常高的氧化能力，是因为 H_2O_2 在 Fe^{2+} 的催化作用下，产生了羟基自由基 HO·，羟基自由基 HO·与其他氧化剂相比具有更强的氧化电极电位，具有很强的氧化能力，故能使许多难生物降解及一般化学氧化法难以氧化的有机物有效分解，羟基自由基 HO·具有较高的电负性或电子亲和能。

对于多元醇(乙二醇、甘油)以及淀粉、蔗糖、葡萄糖之类的碳水化合物，在羟基自由基 HO·的作用下，分子结构中各处发生脱 H(原子)反应，随后发生 C═C 键的开裂，最后被完全氧化为 CO_2。对于水溶性高分子物(聚乙烯醇、聚丙烯醇钠、聚丙烯酰胺)和水溶性丙烯衍生物(丙烯腈、丙烯酸、丙烯醇、丙烯酸甲酯等)，羟基自由基 HO·加成到 C═C 键，使双键断裂，然后将其氧化成 CO_2。对于饱和脂肪族一元醇(乙醇、异丙醇)和饱和脂肪族羧基化合物(如乙酸、乙酸乙基丙酮、乙醛)等主链稳定的化合物，羟基自由基 HO·只能将其氧化为羧酸，由复杂大分子结构物质氧化分解成直碳链小分子化合物。

对于酚类有机物，低剂量的 Fenton 试剂可使其发生偶合反应生成酚的聚合物，大剂量的 Fenton 试剂可使酚的聚合物进一步转化成 CO_2。对于芳香族化合物，羟基自由基 HO·可以破坏芳香环，形成脂肪族化合物，从而消除芳香族化合物的生物毒性。

对于染料，羟基自由基 HO·可以直接攻击发色基团，打开染料发色官能团的不饱和键，使染料氧化分解。色素的产生是因为不饱和共轭体系对可见光有选择性的吸收，羟基自由基 HO·能优先攻击其发色基团而达到漂白的效果。

(3) Fenton 试剂的作用机理

标准 Fenton 试剂是由 H_2O_2 与 Fe^{2+} 组成的混合体系，标准体系中羟基自由基的引发、消耗及反应链终止的反应机理可归纳如下：

$$Fe^{2+} + H_2O_2 \longrightarrow Fe^{3+} + OH^- + HO· \tag{4-84}$$

$$Fe^{2+} + HO· \longrightarrow Fe^{3+} + OH^- \tag{4-85}$$

$$HO· + H_2O_2 \longrightarrow H_2O + HO_2· \tag{4-86}$$

$$HO_2· + Fe^{3+} \longrightarrow Fe^{2+} + O_2 + H^+ \tag{4-87}$$

$$Fe^{2+} + HO· \longrightarrow Fe^{3+} + HO_2^- \tag{4-88}$$

$$Fe^{3+} + H_2O_2 \longrightarrow Fe^{2+} + HO_2· + H^+ \tag{4-89}$$

4.3.2 Fenton 试剂的类型

Fenton 试剂自出现以来就引起了人们的关注并进行了广泛的研究。为进一步提高其对有机物的氧化性能，以标准 Fenton 试剂为基础，发展了一系列机理相似的类 Fenton 试剂，如改性-Fenton 试剂、光-Fenton 试剂、电-Fenton 试剂、配体-Fenton 试剂等。

(1) 标准 Fenton 试剂

标准 Fenton 试剂是由 Fe^{2+} 和 H_2O_2 组成的混合体系，它通过催化分解 H_2O_2 产生羟基自由基 HO·来攻击有机物分子夺取氢，将大分子有机物降解成小分子有机物或 CO_2 和 H_2O 或无机物。

反应过程中，溶液的 pH 值、反应温度、H_2O_2 浓度和 Fe^{2+} 的浓度是影响氧化效率的主要因素，一般情况下，pH 值为 3~5 为 Fenton 试剂氧化的最佳条件，pH 值的改变将影响溶液中 Fe 的形态和分布，改变催化能力。降解速率随反应温度的升高而加快，但去除效率并不明显。在反应过程中，Fenton 试剂存在一个最佳的 H_2O_2 和 Fe^{2+} 投加量比，过量的 H_2O_2 会与羟基自由基 HO· 发生反应式(4-86)；过量的 Fe^{2+} 会与羟基自由基 HO· 发生反应式(4-88)，生成的 Fe^{3+} 又可能引发反应式(4-89)而消耗 H_2O_2。

(2) 改性-Fenton 试剂

利用 Fe(Ⅲ)盐溶液、可溶性铁以及铁的氧化矿物(如赤铁矿、针铁矿等)同样可使 H_2O_2 催化分解产生羟基自由基 HO·，达到降解有机物的目的，这类改性 Fenton 试剂，因其铁的来源较为广泛，且处理效果比标准 Fenton 试剂的处理效果更为理想，所以得到了广泛应用。使用 Fe(Ⅲ)代替 Fe(Ⅱ)与 H_2O_2 组合产生羟基自由基 HO· 的反应式基本为

$$Fe^{3+} + H_2O_2 \longrightarrow [Fe(HO_2)]^{2+} + H^+ \quad (4-90)$$

$$[Fe(HO_2)]^{2+} \longrightarrow Fe^{2+} + HO_2· \quad (4-91)$$

$$Fe^{2+} + H_2O_2 \longrightarrow Fe^{3+} + OH^- + HO· \quad (4-92)$$

为简单起见，上述反应中铁的络合体中都省了 H_2O。当 pH>2 时，还可能存在下面的反应：

$$Fe^{3+} + OH^- \longrightarrow [Fe(OH)]^{2+} \quad (4-93)$$

$$[Fe(OH)]^{2+} + H_2O \longrightarrow [Fe(HO)HO_2]^+ + H^+ \quad (4-94)$$

$$[Fe(HO)(HO_2)]^+ \longrightarrow Fe^{2+} + HO_2· + OH^- \quad (4-95)$$

(3) 光-Fenton 试剂

在 Fenton 试剂处理有机物的过程中，光照(紫外光或可见光)可以提高有机物的降解效率，如当用紫外光照射 Fenton 试剂处理部分有机废水时，COD 的去除率可提高 10% 以上。这种紫外光或可见光照射下的 Fenton 试剂体系称为光-Fenton 试剂。在光照射条件下，除某些有机物能直接分解外，铁的羟基络合物(pH 值为 3~5 左右，Fe^{3+} 主要以 $[Fe(OH)]^{2+}$ 形式存在)有较好的吸光性能，并吸光分解，产生更多的羟基自由基 HO·，同时能加强 Fe^{3+} 的还原，提高 Fe^{2+} 的浓度，有利于 H_2O_2 催化分解，从而提高污染物的处理效果。其反应式如下：

$$[Fe(HO)]^{2+} \xrightarrow{h\nu} Fe^{2+} + HO· \quad (4-96)$$

$$Fe^{2+} + H_2O_2 \longrightarrow Fe^{3+} + OH^- + HO· \quad (4-97)$$

$$Fe^{3+} + H_2O_2 \longrightarrow [Fe(HO_2)]^{2+} + H^+ \quad (4-98)$$

$$[Fe(HO_2)]^{2+} \longrightarrow Fe^{2+} + HO_2· \quad (4-99)$$

(4) 配体-Fenton 试剂

当在 Fenton 试剂中引入某些配体(如草酸、EDTA 等)或直接利用铁的某些螯合体[如 $K_3Fe(C_2O_4)_3·3H_2O$]，可影响并控制溶液中铁的形态分布，从而改善反应机制，增加对有机物的去除效果，由此得到配体-Fenton 试剂。另外，在光照条件下，一些有机配体(如草酸)有较好的吸光性能，有的还会分解生成各种自由基，大大促进了反应的进行。

Mazellier 在用 Fenton 试剂处理敌草隆农药废水时，引入草酸作为配体，可形成稳定的草酸铁络合物 $[Fe(C_2O_4)]^+$、$[Fe(C_2O_4)_2]^{2-}$ 或 $[Fe(C_2O_4)_3]^{3-}$，草酸铁络合物的吸光度的波长范围宽，是光化学性很高的物质，在光照条件下会发生下述反应(为 $[Fe(C_2O_4)_3]^{3-}$ 例)：

$$[Fe(C_2O_4)_3]^{3-} \xrightarrow{h\nu} Fe^{2+} + 2C_2O_4^{2-} + 2C_2O_4^- \cdot \quad (4-100)$$

$$2C_2O_4^- \cdot + [Fe(C_2O_4)_3]^{3-} \longrightarrow Fe^{2+} + 3C_2O_4^{2-} + 2CO_2 \quad (4-101)$$

$$C_2O_4^- \cdot + O_2 \longrightarrow O_2^- \cdot + 2CO_2 \quad (4-102)$$

$$O_2^- \cdot + Fe^{2+} + 2H^+ \longrightarrow Fe^{3+} + H_2O_2 \quad (4-103)$$

因此，随着草酸浓度的增加，敌草隆的降解速率加快，直到草酸浓度增加到与 Fe^{3+} 浓度形成平衡时，敌草隆的降解速率最大。

(5) 电-Fenton 试剂

电-Fenton 系统就是在电解槽中，通过电解反应生成 H_2O_2 和 Fe^{2+}，从而形成 Fenton 试剂，并让废水进入电解槽，由于电化学作用，使反应机制得到改善，提高试剂的处理效果。Panizza 用石墨作为电极电解酸性 Fe^{3+} 溶液，处理含萘、蒽酯-磺酸生产废水，通过外界提供的 O_2 在阴极表面发生电化学作用生成 H_2O_2，再与 Fe^{2+} 发生催化反应产生羟基自由基 $HO \cdot$，其反应式如下：

$$O_2 + 2H_2O + 2e \longrightarrow 2H_2O_2 \quad (4-104)$$

$$Fe^{2+} + H_2O_2 \longrightarrow Fe^{3+} + HO \cdot + OH^- \quad (4-105)$$

电催化反应在碱性条件下更有利于阴极产生 H_2O_2，其反应式为

$$O_2 + H_2O + 2e \longrightarrow HO_2^- + OH^- \quad (4-106)$$

$$HO_2^- + OH^- - 2e \longrightarrow H_2O_2 \quad (4-107)$$

4.3.3　影响 Fenton 氧化性能的因素

根据 Fenton 试剂的反应机理可知，羟基自由基 $HO \cdot$ 是氧化有机物的有效因子，而 $[Fe^{2+}]$、$[H_2O_2]$ 和 $[OH^-]$ 决定了羟基自由基 $HO \cdot$ 的产量，影响 Fenton 试剂处理难降解难氧化有机废水的因素包括 pH 值、H_2O_2 投加量及投加方式、催化剂的种类及催化剂的投加量、反应时间和反应温度等，每个因素之间的相互作用是不同的。

(1) pH 值

pH 值对 Fenton 系统的影响较大，pH 值过高或过低均不利于羟基自由基 $HO \cdot$ 的产生，当 pH 值过高时会抑制反应式(4-105)的进行，使生成羟基自由基 $HO \cdot$ 的数量减少；当 pH 值过低时，会使反应式(4-105)中 Fe^{2+} 的供给不足，也不利于羟基自由基 $HO \cdot$ 的产生。大量的实验数据表明，Fenton 反应系统的最佳 pH 值范围为 3~5，该范围与有机物的种类关系不大。

(2) H_2O_2 投量与 Fe^{2+} 投量之比

H_2O_2 投量和 Fe^{2+} 投量对羟基自由基 $HO \cdot$ 的产生具有重要的影响。由反应式(4-105)可知，当 H_2O_2 与 Fe^{2+} 投量较低时，羟基自由基 $HO \cdot$ 产生的数量相对较少，同时，H_2O_2 又是羟基自由基 $HO \cdot$ 的捕捉剂，H_2O_2 投量过高会引起反应式(4-86)的出现，使最初产生的 $HO \cdot$ 减少。另外，若 Fe^{2+} 的投量过高，则在高催化剂浓度下，反应开始时从 H_2O_2 中非常迅速地产生大量的活性羟基自由基 $HO \cdot$。羟基自由基 $HO \cdot$ 同基质的反应不那么快，使游离的 $HO \cdot$ 积聚，这些 $HO \cdot$ 彼此相互反应生成水，致使一部分最初产生的 $HO \cdot$ 被消耗掉，所

以 Fe^{2+} 投量过高也不利于羟基自由基 HO· 的产生,而且 Fe^{2+} 投量过高会使水的色度增加。在实际应用中应严格控制 Fe^{2+} 投量与 H_2O_2 投量之比。研究证明,该比值同处理的有机物种类有关,不同有机物的最佳 Fe^{2+} 投量与 H_2O_2 投量之比不同。

(3) H_2O_2 投加方式

保持 H_2O_2 总投加量不变,将 H_2O_2 均匀地分批投加,可提高废水的处理效果。其原因是: H_2O_2 分批投加时,$[H_2O_2]/[Fe^{2+}]$ 相对降低,即催化剂浓度相对提高,从而使单位量 H_2O_2 的羟基自由基 HO· 产率增大,提高了 H_2O_2 的利用率,进而提高了总的氧化效果。

(4) 催化剂投加量

$FeSO_4·7H_2O$ 是催化 H_2O_2 分解生成羟基自由基 HO· 最常用的催化剂。与 H_2O_2 相同,一般情况下,随着用量的增加,废水 COD 的去除率先增大,而后呈下降趋势。其原因是:在 Fe^{2+} 浓度较低时,随着 Fe^{2+} 浓度的增加,单位量 H_2O_2 产生的羟基自由基 HO· 增加,所产生的羟基自由基 HO· 全部参加了有机物的反应;当 Fe^{2+} 的浓度过高时,部分 H_2O_2 发生无效分解,释放出 O_2。

(5) 反应时间

Fenton 试剂处理高浓度难降解有机废水的一个重要特点就是反应速率快,一般来说,在反应的开始阶段,COD 的去除率随时间的延长而增大,经过一定的反应时间后,COD 的去除率接近最大值,而后基本维持稳定。这是因为 Fenton 试剂处理有机物的实质就是羟基自由基 HO· 与有机物发生反应,羟基自由基 HO· 的产生速率以及其与有机物的反应速率的大小直接决定了 Fenton 试剂处理高浓度难降解有机废水所需时间的长短,所以 Fenton 试剂处理高浓度难降解有机废水与反应时间有关。

(6) 反应温度

温度升高,羟基自由基 HO· 的活性增大,有利于羟基自由基 HO· 与废水中有机物发生反应,可提高废水 COD 的去除率;而温度过高会促使 H_2O_2 分解为 O_2 和 H_2O,不利于羟基自由基 HO· 的生成,反而会降低废水 COD 的去除率。陈传好等研究发现 $Fe^{2+}-H_2O_2$ 处理洗胶废水的最佳温度为 85℃;冀小元等通过实验证明 $H_2O_2-Fe^{2+}/TiO_2$ 催化氧化分解放射性有机溶剂(TBR/OH)的理想温度为 95~99℃。

4.3.4 UV/Fenton 氧化工艺

Fenton 试剂的氧化机理主要是在酸性条件下,利用 Fe^{2+} 作为 H_2O_2 氧化分解的催化剂,生成反应活性极高的羟基自由基 HO·。HO· 可以进一步引发自由基链反应,从而氧化降解大部分的有机物,甚至使部分有机物达到矿化。整个体系反应十分复杂,其关键是通过 Fe^{2+} 在反应中起激发和传递作用,使链反应可以持续进行直至 H_2O_2 耗尽。

1993 年 Ruppert 等首次在 Fenton 试剂中引入紫外光对 4-CP 进行去除,发现紫外光和可见光都可以大大提高反应速率,随后 UV/Fenton 技术处理有机废水得到了广泛研究。

(1) UV/Fenton 氧化的反应机理

传统的 UV/Fenton 反应机理认为 H_2O_2 在 UV(λ>300nm)光照下产生 HO·:

$$H_2O_2 \xrightarrow{h\nu} 2HO· \qquad (4-108)$$

Fe^{2+} 在 UV 光照下,可以部分转化成 Fe^{3+},而所转化的 Fe^{3+} 在 pH=5.5 的介质中可以水解生成 Fe(OH)$^{2+}$，Fe(OH)$^{2+}$ 在紫外光照下又可以转化为 Fe^{2+}，同时产生 HO·：

$$Fe(OH)^{2+} \longrightarrow Fe^{2+} + HO· \tag{4-109}$$

由于上式的存在，使得 H_2O_2 的分解速率远大于 Fe^{2+} 或紫外光催化 H_2O_2 分解速率的简单加和。

（2）UV/Fenton 氧化的反应特点

与传统 Fenton 试剂相比，UV/Fenton 技术具有以下明显的优点：

①可降低 Fe^{2+} 的用量，保持 H_2O_2 较高的利用率；

②紫外光和 Fe^{2+} 对 H_2O_2 的催化分解存在着协同效应；

③可以使有机物矿化程度更充分，因为 Fe^{2+} 与有机物降解过程的中间产物形成的络合物是光活性物质，可在紫外光作用下迅速还原为 Fe^{2+}。

影响 UV/Fenton 反应的因素有：污染物起始浓度、Fe^{2+} 浓度、H_2O_2 浓度和载气。污染物起始浓度越高，表观反应速率越小；Fe^{2+} 浓度需要维持在一定水平，过高对 H_2O_2 消耗过大，过低则不利于 HO· 的产生；保持一定浓度的 H_2O_2 可使反应维持在较高水平；氧气作为载气最好。

4.4 高锰酸钾氧化

高锰酸钾是一种无机强氧化剂，有 $KMnO_4$ 参加的氧化还原反应，其机理相当复杂，且反应种类繁多，影响反应的因素也多，因此，对同一个反应，介质不同，其反应机理也可能不同，如 MnO_4^- 与芳香醛的反应，在酸性介质中按氧原子转移机理进行，而在碱性介质中则按自由基机理进行。另外，对某一个反应有时也很难用单一机理来说明，如 MnO_4^- 与烃的反应，反应过程中虽发生了氧原子的转移，但产物却生成了自由基，因此反应过程中又包含有自由基反应。在国际上高锰酸钾已有 100 多年的生产历史，我国高锰酸钾的生产是在 20 世纪 50 年代开始的，目前主要用作医药、化工的基本原料，在生活用水处理以及石油、采矿、生产用水和污水处理等方面作为氧化剂和消毒剂使用，在分析化学领域也有着广泛的应用。

高锰酸钾在水溶液中遇到还原性物质分解释放出新生态氧，可以使微生物的组织受到破坏，因此高锰酸钾具有极强的灭菌能力，在医疗和某些特殊环境消毒时普遍采用。

4.4.1 高锰酸钾的主要物理化学性质

高锰酸钾的分子式为 $KMnO_4$，俗称灰锰氧、PP 粉，是一种有结晶光泽的紫黑色固体，易溶于水，在水溶液中呈现出特有的紫红色。高锰酸钾的热稳定性差，加热到 476K 以上就会分解放出氧气：

$$2KMnO_4 \xrightarrow{\triangle} K_2MnO_4 + MnO_2 + O_2 \tag{4-110}$$

$KMnO_4$ 在水溶液中不够稳定，有微量酸存在时，发生明显分解而析出 MnO_2，使溶液变浑浊；在中性或碱性溶液中，$KMnO_4$ 的分解速率较慢，因此 $KMnO_4$ 在中性或碱性溶液中较为稳定；光对 $KMnO_4$ 的分解具有催化作用，高锰酸钾溶液通常需保存在棕色瓶中，加热沸腾后 $KMnO_4$ 溶液分解反应速率加快。

高锰酸钾中 Mn 的价态为 +7 价，是锰的最高氧化态，因此高锰酸钾是一种氧化剂，还

原产物可以是 MnO_4^{2-}、MnO_2 或 Mn^{2+}，几种反应的标准电极电位如下：

$$MnO_4^- + e \longrightarrow MnO_4^{2-} \qquad E^\ominus = 0.564V \qquad (4-111)$$

$$MnO_4^- + 2H_2O + 3e \longrightarrow MnO_2 + 4OH^- \qquad E^\ominus = 0.588V \qquad (4-112)$$

$$MnO_4^- + 8H^+ + 5e \longrightarrow Mn^{2+} + 4H_2O \qquad E^\ominus = 1.51V \qquad (4-113)$$

介质的酸、碱性影响 MnO_4^- 的还原反应产物。根据标准电极电势，在酸性介质中 $KMnO_4$ 是强氧化剂，它可氧化 Cl^-、I^-、Fe^{2+} 和 SO_3^{2-}，还原产物为 Mn^{2+}，溶液呈淡紫色，如果 MnO_4^- 过量，它可能和反应生成的 Mn^{2+} 进一步反应，析出 MnO_2；在中性、微酸性或微碱性介质中，高锰酸钾氧化性减弱，与一些还原剂反应，产物为 MnO_2，是棕黑色沉淀；在碱性介质中，MnO_4^- 的氧化性最弱，但仍可以用作氧化剂，还原产物是 MnO_4^{2-}，溶液呈绿色。

高锰酸钾是一种大规模生产的无机盐，常用于漂白毛、棉、丝以及使油类脱色，广泛用于容量分析中，它的稀溶液（1%）可以用于浸洗水果、碗、杯等用具的消毒和杀菌，5%的 $KMnO_4$ 溶液可治疗轻度烫伤。

4.4.2 高锰酸钾的制备

高锰酸钾的制备主要有以下三种方法：

(1) 锰酸钾歧化法

以软锰矿 MnO_2 和苛性钾为原料，在 473~543K 条件下加热熔融并通入空气，可将 +4 价锰氧化成 +6 价的锰酸钾 K_2MnO_4：

$$2MnO_2 + 4KOH + O_2 \longrightarrow 2K_2MnO_4 + 2H_2O \qquad (4-114)$$

然后再向 K_2MnO_4 的碱性溶液中通入 CO_2 气体或加入 HAc，使得 MnO_4^{2-} 歧化，从而制得 $KMnO_4$。

$$3K_2MnO_4 + 2CO_2 \longrightarrow 2KMnO_4 + MnO_2 + 2K_2CO_3 \qquad (4-115)$$

但用此法制备 $KMnO_4$ 的产率最高只有 66.7%，还有约 1/3 没有转化，锰被还原成 MnO_2。

(2) 电解法

制备 $KMnO_4$ 最好的方法就是电解氧化 K_2MnO_4。以镍板为阳极，铁板为阴极，将含有约 80g/cm³ 的 K_2MnO_4 溶液进行电解，可以得到 $KMnO_4$。这种电解氧化法不但产率高，而且副产品 KOH 可以用于锰矿的氧化焙烧，比较经济。反应原理如下：

阳极反应： $$2MnO_4^{2-} - 2e \longrightarrow 2MnO_4^- \qquad (4-116)$$

阴极反应： $$2H_2O + 2e \longrightarrow H_2\uparrow + 2OH^- \qquad (4-117)$$

总反应： $$2K_2MnO_4 + 2H_2O \longrightarrow 2KMnO_4 + 2KOH + H_2\uparrow \qquad (4-118)$$

(3) 氧化剂氧化法

用氯气、次氯酸盐等为氧化剂，把 MnO_4^{2-} 氧化成 MnO_4^-，例如：

$$2K_2MnO_4 + Cl_2 \longrightarrow 2KMnO_4 + 2KCl \qquad (4-119)$$

4.5 高铁酸钾氧化

高铁酸钾（K_2FeO_4）是 20 世纪 70 年代以来开发的新型水处理剂，它作为水处理剂具有如下特点：

(1) 良好的氧化除污功效

高铁酸钾是一种比高锰酸钾、臭氧和氯气的氧化能力更强的强氧化剂，适用 pH 值范围广，整个 pH 值范围内都具有很强的氧化性，可以有效去除有机污染物及无机污染物，尤其对难降解有机物的去除具有特殊功效；利用其强氧化功能，选择性氧化去除水中的某些有机污染物质，尤其在用于饮用水的深度处理方面更具有高效、无毒副作用的优越性，且试剂价格远低于高锰酸钾。

(2) 优异的混凝作用与助凝作用

高铁酸钾被还原的最终产物新生态 Fe(Ⅲ) 是一种优良的无机絮凝剂，它的氧化和吸附作用又具有重要的助凝效果，可去除水中的细微悬浮物，尤其对那些纳米级悬浮颗粒物更具有高效絮凝的意义。

(3) 优良的杀菌作用

高铁酸钾比次氯酸盐的氧化杀菌能力强，FeO_4^{2-} 的还原产物 Fe^{3+} 具有补血功能，消毒过程不会产生二次污染，然而目前世界上普遍采用的氯源杀菌剂使用时有可能产生致癌、致畸的三卤甲烷等有机氯代物，而且残留的起杀菌作用的 HClO 能渗透到人体细胞组织破坏生理功能，导致大量 Cl^- 沉积在人体内有害健康，高铁酸钾是一种理想的氯源杀菌剂的替代品。

(4) 高效脱味除臭功能

高铁酸钾能迅速有效地除去生物污泥中产生臭味的硫化氢、甲硫醇、氨等恶臭物质，高铁酸钾集通常用于污泥脱臭的多种化学物质的优点于一身，它能升高 pH 值，氧化分解恶臭物质，氧化还原过程产生的不同价态的铁离子可与硫化物生成沉淀而去除，氧化分解释放的氧气促进曝气，将氨氧化成硝酸盐，硝酸盐能取代硫酸盐作为电子受体，避免恶臭物生成。因此，高铁酸钾是一种集氧化、吸附、絮凝、助凝、杀菌、除臭于一体的新型高效多功能水处理剂。

高铁酸钾自发现以来一直有人从事其实验室的制备及工业化生产研究，但至今仍未形成人们所认可的成熟工艺，这主要是因为高铁酸钾的制备方法比较复杂，操作条件苛刻，产品回收率偏低，稳定性差，严重限制了它在水处理工程中的推广应用。但高铁酸盐正以其独特的水处理功能吸引越来越多的学者研究其制备及应用开发，制备工艺不断优化，产品纯度和产率逐渐提高，应用领域逐步拓宽，具有十分广阔的应用前景。

4.5.1 高铁酸钾的物理化学性质

高铁酸钾是一种黑紫色有光泽的晶体粉末，干燥的高铁酸钾在常温下可以在空气中长期稳定存在，198℃以上则开始分解，在水溶液中或者含有水分时很不稳定，极易分解，其水溶液呈紫红色。在晶体中，FeO_4^{2-} 呈略有畸变扭曲的空间四面体结构，铁原子位于四面体的中心，四个氧原子位于四面体的四个顶角上，而且这四个氧原子在动力学上是等价的。高铁酸钾晶体属于正交 $β-K_2FeO_4$ 晶系，与硫酸钾、高锰酸钾、铬酸钾有相同的晶型。在水溶液中，它的四个氧原子等价，慢慢地与水分子中的氧原子进行交换，逐渐分解放出氧气。

高铁酸钾溶于水后，Fe(Ⅵ) 在水中分解并不直接转化为 Fe(Ⅲ)，而是经过 +5、+4 价的中间氧化态逐渐还原成 Fe(Ⅲ)，而且 Fe(Ⅵ) 还原成 Fe(Ⅲ) 过程中产生正价态水解产物，这些水解产物可能具有比三价铝、铁等水解产物更高的正电荷及更大的网状结构，各种中间产物在 Fe(Ⅵ)还原成 Fe(Ⅲ)过程中产生聚合作用，生成的 Fe(Ⅲ)很快形成 Fe(OH)$_3$ 胶体沉淀，这种具有高度吸附活性的絮状 Fe(OH)$_3$ 胶体可以在很宽的 pH 值范围内吸附絮凝大部分阴阳离子、有机物和悬浮物。

在酸性或中性溶液中，高铁酸根离子瞬间分解，被水还原成三价铁化合物，但其氧化性仍然存在。而在碱性溶液中高铁酸钾的稳定性较好，其分解速率受外界条件的影响较大，溶液的 pH 值和含碱量是两个主要因素，在 pH = 10~11 时，FeO_4^{2-} 表现非常稳定，当 pH = 8~10 时，FeO_4^{2-} 的稳定性也较好，在 pH = 7.5 以下时，FeO_4^{2-} 的稳定性急剧下降。

此外，无机离子的存在对高铁酸钾溶液的稳定性也有很大的影响，比如三价铁盐的存在能促进高铁酸钾快速分解，但 Fe^{3+} 并不像普通的催化剂，而很可能与高铁酸钾作用生成了某种铁的中间价态物质；低温的高铁酸钾溶液在磷酸根存在下迅速分解，但在碱性条件下磷酸根离子使高铁酸钾稳定；SO_4^{2-} 与高铁酸钾持续稳定反应使高铁酸钾分解。光对高铁酸盐溶液的稳定性没有明显影响。

高铁酸钾不溶于通常的有机溶液，如醚、氯仿、苯和其他一些有机溶剂。它也不溶于含水量低于 20% 的乙醇，当含水量超过这个限度，它可迅速地将乙醇氧化成相应的醛和酮。高铁酸钾在整个 pH 值范围内都具有极强的氧化性，在酸性和碱性溶液中，电对 Fe(Ⅵ)/Fe(Ⅲ) 的标准电极电位分别为 2.20V 和 0.72V，相应的电极反应如下：

$$FeO_4^{2-} + 8H^+ + 3e \Longrightarrow Fe^{3+} + 4H_2O \tag{4-120}$$

$$FeO_4^{2-} + 4H_2O + 3e \Longrightarrow Fe(OH)_3\downarrow + 5OH^- \tag{4-121}$$

高铁酸钾的电极电位明显高于电对 Mn(Ⅶ)/Mn(Ⅳ) 及 Cr(Ⅳ)/Cr(Ⅲ) 相应的标准电极电位 [$E^{\otimes}(MnO_4^-/MnO_2) = 1.679V$，pH = 1 时；$E^{\otimes}(MnO_4^-/MnO_2) = 0.588V$，pH = 14 时。$E^{\otimes}(Cr_2O_7^{2-}/Cr^{3+}) = 1.33V$，酸性介质；$E^{\otimes}(Cr_2O_7^{2-}/Cr(OH)_3) = -0.12V$，碱性介质]。可见，高铁酸钾是比高锰酸钾和重铬酸钾更强的氧化剂，可以氧化苯甲醇、脂肪醇、苯酚、苯胺、苄胺、肼、脲、硫醇、1,4-氧硫杂环己烷，甚至烃类等有机化合物及硫化物、氨、氰化物等无机化合物。

4.5.2 高铁酸钾的制备

高铁酸钾的制备主要有以下几种方法：

(1) 次氯酸盐氧化法

次氯酸盐氧化法又称为湿法。该法是以次氯酸盐和铁盐为原料，在碱性溶液中反应，生成高铁酸钠，然后加入氢氧化钾，将其转化为高铁酸钾。高铁酸钠在氢氧化钠浓溶液中的溶解度较大而高铁酸钾在氢氧化钠溶液中的溶解度较小，因此可从中分离出高铁酸钾晶体。反应原理如下：

$$2FeCl_3 + 10NaOH + 3NaClO \Longrightarrow 2Na_2FeO_4 + 9NaCl + 5H_2O \tag{4-122}$$

$$Na_2FeO_4 + 2KOH \Longrightarrow K_2FeO_4 + 2NaOH \tag{4-123}$$

该法于 1950 年由 Hrostowski 和 Scott 提出，采用该法制得的产品纯度可达到 96.9%，但产率较低，不超过 10%~15%。Thomposn 等对上述方法从制备与纯化两个过程进行了改进，以硝酸铁为铁源原料，对粗产品依次用苯、乙醇、乙醚洗涤处理，产品纯度保持在 92%~96%，产率提高到 44%~76%。相对来说，次氯酸盐法生产成本较低，设备投资少，可制得较高纯度的高铁酸钾晶体，但存在设备腐蚀严重，对环境污染较大等问题。

目前，国内外关于高铁酸钾制备的报道大多以 Thomposn 等提出的制备方法为基础，针对某些环节的具体问题提出了一些改进措施，如在制备过程中加入少量 $NaSiO_3 \cdot 9H_2O$、$CuCl_2 \cdot 2H_2O$ 等稳定剂，以防止制备液中高铁酸钠分解；采用强制高速离心初分再用砂芯漏斗抽滤的方法可较好地实现粗产品与母液的分离，提高了时效和产率，产率可达60%～76%。

田宝珍等利用湿法制备高铁酸钾晶体后的残留母液制取次氯酸盐混合溶液，并采用该混合溶液氧化 Fe(Ⅲ)→Fe(Ⅵ) 的方法，制得纯度达 90% 以上的高铁酸钾晶体。他们还采用钾钠混合碱法制得了更高浓度的次氯酸盐溶液，使铁盐溶液氧化反应快速完成，所得溶液比较稳定，过滤操作方便快捷，同时大大提高了 Fe(Ⅲ)→Fe(Ⅵ) 的转化率和产率，而且回收利用了废碱液，降低了生产成本。

Williams 和 Riley 对此法做了较大改进，它们将氯气通入氢氧化钾溶液中制得饱和次氯酸钾溶液，用它氧化 Fe(Ⅲ)→Fe(Ⅵ)，这样就绕过了中间产物高铁酸钠而直接制得高铁酸钾，同时也简化了纯化步骤，提高了时效和产率，产率在 75% 以上，但纯度有所降低，在 80%～90% 之间。Lionel 等在此基础上做了进一步改进，对制备与纯化工艺进行了优化，使之更快速高效，明显缩短了沉降、过滤和洗涤所需时间，同时也减少了纯化工艺中有机溶剂的用量，产率达 67%～80%，纯度高达 97%～99%。

采用次氯酸盐法可成功地从电镀废水中制得高铁酸钾及其他絮凝物质，利用这种方法处理含铁电镀废水，既可有效利用铁资源，又能消除其对环境的污染，开辟了废料综合利用、以废治废的新途径。

(2) 电解法

电解法制备高铁酸钾是通过电解以铁为阳极的碱性氢氧化物溶液来实现的，反应式如下：

阳极反应：
$$Fe + 8OH^- \longrightarrow Fe_xO_y \cdot nH_2O \tag{4-124}$$

$$Fe + 8OH^- \longrightarrow FeO_4^{2-} + 4H_2O + 6e \tag{4-125}$$

$$Fe^{3+} + 8OH^- \longrightarrow Fe_xO_y \cdot nH_2O \tag{4-126}$$

$$Fe^{3+} + 8OH^- \longrightarrow FeO_4^{2-} + 4H_2O + 3e \tag{4-127}$$

阴极反应：
$$2H_2O \longrightarrow H_2\uparrow + 2OH^- - 2e \tag{4-128}$$

总反应：
$$Fe + 2OH^- + 2H_2O \longrightarrow FeO_4^{2-} + 3H_2\uparrow \tag{4-129}$$

$$2Fe^{3+} + 10OH^- \longrightarrow 2FeO_4^{2-} + 2H_2O + 3H_2\uparrow \tag{4-130}$$

$$FeO_4^{2-} + 2K^+ \longrightarrow K_2FeO_4 \tag{4-131}$$

雷鹏等通过隔膜电解 30%～50% NaOH 溶液，并在阳极液中加入少量特效活化助剂，阳极和阴极分别采用 10cm×7cm 的低碳钢板和金属镍板，外加电压约为 10V，控制适宜的电解时间和条件，可以获取高铁浓度为 0.0233mol/L、总铁浓度为 0.0282mol/L 的复合药液，其中不含铁的固体形态。该法操作简单，原材料消耗少，灵活方便，但电耗高，副产品较多。要制备稳定的纯高铁酸盐，不仅需要复杂的提纯过程，而且效率也较低。此方法更适合现场制备和投加的工艺过程，具有实际应用价值。

(3) 熔融法

熔融法又称干法，采用过氧化物高温氧化铁的氧化物制得高铁酸钾。E. Matinez-Tamayo

等在研究 $Na_2O_2/FeSO_4$ 反应体系时发现在氮气流中于 700℃ 反应 1h，得到产物高铁酸盐。反应式为

$$2FeSO_4 + 6Na_2O_2 \longrightarrow 2Na_2FeO_4 + 2Na_2O + 2Na_2SO_4 + O_2 \uparrow \tag{4-132}$$

$$Na_2FeO_4 + 2KOH \longrightarrow K_2FeO_4 + 2NaOH \tag{4-133}$$

Na_2O_2 有极强的吸湿性，混合 $Na_2O_2/FeSO_4$ 过程应在密闭、干燥的环境中进行。然后在 N_2 气流中加热反应，得到含 Na_2FeO_4 的粉末，用 5mol/L 的 NaOH 溶液溶解，离心 10min，快速过滤，收集滤液，加入 KOH 固体至饱和，高铁酸钾以结晶形式析出，然后过滤、醇洗、真空低温干燥得成品。其反应物少，副反应少，可得纯度较高的高铁酸钾。

俄罗斯科学家曾提出在氧气流下，温度控制在 350~370℃，煅烧 Fe_2O_3 和 K_2O_2 混合物制备 K_2FeO_4 晶体，反应式如下：

$$Fe_2O_3 + 3K_2O_2 \longrightarrow 2K_2FeO_4 + K_2O \tag{4-134}$$

通入干燥的氧气，K_2O 转化为 K_2O_2，使 K_2O_2 得到充分的利用。采用过氧化钾代替过氧化钠作为氧化剂，简化了反应过程，后处理过程变得简单，产品质量得到提高。由于过氧化物氧化反应为放热反应，温度升高快，容易引起爆炸，因此需严格控制操作条件。

4.5.3 高铁酸钾氧化处理苯酚的机理

高铁酸钾在整个 pH 值范围内都具有极强的氧化性，在酸性和碱性溶液中，电对 Fe(Ⅵ)/Fe(Ⅲ) 的标准电极电位分别为 2.20V 和 0.72V，相应的电极反应如下：

$$FeO_4^{2-} + 8H^+ + 3e \Longleftrightarrow Fe^{3+} + 4H_2O \tag{4-135}$$

$$FeO_4^{2-} + 4H_2O + 3e \Longleftrightarrow Fe(OH)_3 \downarrow + 5OH^- \tag{4-136}$$

根据 Rush 等的研究结果，高铁酸钾在水中的分解历程是由 Fe(Ⅵ) 离子生成 Fe(Ⅴ)、Fe(Ⅳ)、过氧化氢等中间态物质和它们之间的络合物，直至最后生成 Fe(Ⅲ) 的氢氧化物并放出氧气。在此过程中可产生原子态氧，进而可产生一系列自由基，其反应式如下：

$$FeO_4^{2-} + H_2O \longrightarrow Fe(OH)_3 + [O] \tag{4-137}$$

$$[O] + H_2O \longrightarrow 2HO \cdot \tag{4-138}$$

$$2HO \cdot \longrightarrow H_2O_2 \tag{4-139}$$

$$2H_2O_2 \longrightarrow 2H_2O + O_2 \tag{4-140}$$

新生成的羟基自由基的氧化能力更强，$HO \cdot + H^+ + e \rightarrow H_2O$ 反应体系的标准电极电位为 $E^{\ominus} = 2.80V$。因此，高铁酸钾与水中有机物的反应十分复杂，既有高铁的直接氧化反应，也有新生自由基的氧化反应。

当苯环上的氢原子被其他基团取代后，受其影响，苯环的电子云分布不均，其不均匀程度越高，越容易被氧化。羟基是强的致活作用基团，所以酚类芳香族化合物的氧化率高。根据共振论观点，苯酚可用下列几个共振式表示：

$$\tag{4-141}$$

$$\text{苯酚} \xrightarrow{K_2FeO_4} \text{对苯醌} + \text{邻苯醌} \tag{4-142}$$

在后三个共振式中，由于氧原子的孤电子对离域到苯环上，分别使酚羟基的邻、对位带有负电荷。但这种带有正负电荷的共振式在整个杂化体中所做的贡献较小。苯酚的氧原子上的 p 轨道与苯环上的 π 轨道形成 p-π 共轭，增加了苯环的电子云密度，特别是邻位和对位比间位电子云密度要高，易受亲电试剂进攻，所以苯酚氧化后容易生成邻苯醌和对苯醌。

氧化时，先形成苯氧自由基，它很活泼，可以被继续氧化成醌，但也可能进行其他的自由基反应：

$$\text{苯酚} \xrightarrow{[O]} [\text{共振结构}] \xrightarrow{[O]} \text{对苯醌} + \cdot \text{邻苯醌} \tag{4-143}$$

苯醌氧化后开环生成羧酸，进一步氧化可生成二氧化碳和水。实验发现，向苯酚溶液中加入高铁酸钾后，溶液 pH 值降低。

苯酚的氧原子上的 p 轨道与苯环上的 π 轨道形成 p-π 共轭，增加了苯环的电子云密度，特别是邻位和对位比间位电子云密度要高。孤电子对与苯环的共轭作用有利于苯酚的离解，使之生成酚盐负离子和正的氢离子，而且该负离子的负电荷可离域到苯环上，使酚羟基的邻、对位上带有负电荷。

$$\text{苯酚} \rightleftharpoons [\text{共振结构}] + H^+ \tag{4-144}$$

但这与前者不同，后三个共振式只有负电荷的离域，而没有正电荷的分离，这种共振式对稳定负电荷起很大的作用。因此，共振对酚盐负离子的稳定作用比对酚的稳定作用更强，这表明酚可以离解，生成稳定的酚盐负离子。OH^- 的浓度增大，有利于酚盐负离子的生成，进而促进 $Fe(OH)_3$ 胶体对苯酚的吸附作用。可见，含 O、N 或 S 原子的有机配体具有 Lewis 碱官能团，易被高度吸附活性的絮状 $Fe(OH)_3$ 胶体所吸附。因此，高铁酸盐去除苯酚类有机污染物是氧化机理与吸附机理共同作用的结果。

参 考 文 献

[1] 廖传华，王重庆，梁荣，等．反应过程、设备与工业应用[M]．北京：化学工业出版社，2018．
[2] 廖传华，朱廷风，代国俊，等．化学法水处理过程与设备[M]．北京：化学工业出版社，2016．
[3] 初里冰，邢新会．污泥减量化污水处理技术进展[J]．生物产业技术，2015，3：15~20．
[4] 孟宪荣．臭氧氧化污泥碳源回收利用技术可行性研究[D]．天津：南开大学，2015．
[5] 孟宪荣，刘东方，刘范嘉，等．臭氧氧化污泥减量和碳源回收利用研究[J]．中国给水排水，2014，30(1)：18~21．

[6] 夏兴良. 载铁催化剂催化臭氧氧化污泥的研究[D]. 长沙：湖南农业大学，2014.
[7] 刘亮. 调理剂与臭氧联用对污泥脱水性能影响的研究[D]. 青岛：青岛理工大学，2014.
[8] 王争. 臭氧催化氧化破解污泥及处理污水的效能研究[D]. 长春：吉林建筑大学，2014.
[9] 张栋良，严伟峰，东英文，等. 匀浆破解与臭氧氧化对污泥减量效果的研究[J]. 工业水处理，2014，34(1)：40~43.
[10] 李璐，封莉，张立秋. 污泥基活性炭表面官能团对其催化臭氧氧化活性的影响[J]. 环境化学，2014，33(6)：937~942.
[11] 史锦芳，金辉，游思琴，等. 臭氧对剩余污泥的破解效果研究[J]. 中山大学学报(自然科学版)，2014，53(2)：83~87.
[12] 潘艳萍. 臭氧氧化污泥减量及碳源回用研究[D]. 哈尔滨：哈尔滨工业大学，2013.
[13] 刘雍. 臭氧氧化污泥的试验研究[D]. 重庆：重庆大学，2013.
[14] 伏振宇. 负载催化剂与臭氧协同处理印染污泥的研究[D]. 长沙：湖南农业大学，2013.
[15] 李顺. 臭氧氧化SBR工艺污泥减量效果与出水水质情况试验研究[D]. 重庆：重庆大学，2013.
[16] 王海怀，朱睿. PAM投加量对臭氧氧化厌氧消化耦合工艺污泥脱水性能的影响[J]. 四川环境，2013，32(1)：12~15.
[17] 徐军，刘伟京，涂勇. 臭氧氧化对化工污水处理厂剩余污泥性状的影响[J]. 污染防治技术，2013，26(4)：35~39，46.
[18] 王兵，宫航，任宏洋. 基于臭氧溶胞的活性污泥减量技术[J]. 环境工程，2013，31(A1)：247~250.
[19] 韦海浪. 原位臭氧污泥减量试验研究[J]. 机械科学与技术，2013，32(12)：1792~1796.
[20] 徐召燃. 污泥臭氧氧化及其回流可行性研究[D]. 杭州：浙江工业大学，2012.
[21] 丁春生，徐召燃，蒋铁峰，等. 臭氧破解对活性污泥的试验研究[J]. 中国给水排水，2012，28(5)：66~69.
[22] 何楚茵，金辉，卜淳炜，等. 臭氧处理剩余污泥的减量化实验研究[J]. 环境工程学报，2012，6(11)：4228~4234.
[23] 寇青青，朱世云，覃宇，等. 臭氧氧化联合A/A/O工艺污泥减量的可行性[J]. 净水技术，2012，31(4)：102~104.
[24] 王海燕，鲁智礼，庞朝辉，等. 原位臭氧氧化污泥减量工艺的运行效能[J]. 环境工程学报，2012，6(3)：779~786.
[25] 冀宝友，林华东. 关于臭氧氧化污泥减量技术的研究[J]. 广东化工，2011，38(1)：131~132，144.
[26] 王瑞民，闫录田，冯权，等. 低剂量臭氧的直接通加对活性污泥的活性、微生物种群及污泥减量化的影响[J]. 环境工程学报，2011，5(9)：2108~2114.
[27] 武银华，刘德启，洪莉萍，等. 造纸废水好氧生化处理系统污泥臭氧氧化减量研究[J]. 四川环境，2011，30(6)：22~25.
[28] 赵玉鑫，尹军，于合龙，等. 污泥臭氧氧化破解影响因素研究[J]. 吉林农业大学学报，2010，32(5)：523~527，543.
[29] 赵玉鑫，尹军，于合龙，等. 污泥臭氧氧化破解历程研究[J]. 黑龙江大学自然科学学报，2010，27(6)：759~763.
[30] 曹艳晓，吴俊锋，冯晓雨. 臭氧氧化剩余污泥的影响因素分析及应用初探[J]. 给水排水，2010，36(1)：135~139.
[31] 徐韦明，孙力平，赵乐振，等. 臭氧氧化污泥工艺的剩余污泥零排放理论可行性研究[J]. 给水排水，2010，36(A1)：203~206.
[32] 储兰. 改性纤维在臭氧氧化污泥减量化中的应用研究[D]. 上海：上海交通大学，2010.

[33] 储兰,朱世云,陆婷婷,等.臭氧氧化法在活性污泥减量化中的应用初步研究[J].环境科学与技术,2009,32(12):157~159.

[34] 王荣,万金保,吴声东,等.臭氧氧化对活性污泥特性的影响[J].化工进展,2008,27(5):773~776,794.

[35] 王荣.臭氧破解污泥的溶出机制及同步臭氧氧化对污泥减量效能的影响研究[D].南昌:南昌大学,2008.

[36] 吴俊峰.剩余活性污泥的臭氧氧化减量工艺研究[D].上海:华东理工大学,2007.

[37] 孙德栋,王琳,黄海萍.利用臭氧氧化实现污泥的减量[J].水处理技术,2006,32(6):48~52.

[38] 王琳,孙德栋,黄海萍.利用臭氧氧化实现复合生物反应器污泥减量[J].中国海洋大学学报(自然科学版),2006,36(5):799~803.

[39] 王琳,孙德栋.臭氧氧化分解污泥的试验研究[J].中国海洋大学学报(自然科学版),2005,35(1):83~86.

[40] 王琳,孙德栋.臭氧氧化污泥的试验研究[J].环境污染与防治,2005,27(2):99~102.

[41] 王琳,王宝贞,张相忠.利用臭氧氧化实现污泥减量[J].中国给水排水,2003,19(5):38~41.

[42] 孙德智,于秀娟,冯玉杰.环境工程中的高级氧化技术[M].北京:化学工业出版社,2002.

[43] 王珏膑,刘克凡,郭鹏,等.含油污泥的H_2O_2氧化破乳处理工艺[J].扬州大学学报(自然科学版),2016,3:32~35.

[44] 魏峰,杜锋,狄蕊,等.含铬污泥中铬的氧化处理研究[J].山东化工,2016,20:177~178.

[45] 赵颖,王亚旻,卫皇曌,等.响应面法优化污泥资源化湿式过氧化氢氧化降解间甲酚模拟废水[J].环境化学,2016,3:516~525.

[46] 江子建,陈秀荣,赵建国.超声和H_2O_2对双酚A模拟废水的毒性源头消减[J].环境工程学报,2015,9(10):4921~4927.

[47] 闫凤英,池勇志,刘晓敏,等.响应面优化微波热解剩余污泥产酸[J].化工进展,2015,34(7):2049~2054,2079.

[48] 宣梦茹.污泥中具有生物有效性重金属的化学法去除及效果评价[D].昆明:昆明理工大学,2015.

[49] 邵金星.耦合法提取剩余污泥中蛋白质及其后续处理研究[D].武汉:武汉纺织大学,2015.

[50] 张利华.过氧化氢氧化和活性污泥法处理含氰废水的研究[D].上海:华东理工大学,2015.

[51] 李海鹏.好氧消化和双氧水氧化技术改善污泥脱水性能试验研究[D].长沙:湖南大学,2015.

[52] 李闻欣,叶宇轩.制革氢氧化铬污泥脱铬处理方法的研究[J].中国皮革,2015,44(1):6~9,23.

[53] 贾瑞来.基于微波-过氧化氢-碱预处理的污泥水解酸化强化与优化研究[D].北京:中国科学院大学,2015.

[54] 贾瑞来,魏源送,刘吉宝.基于微波-过氧化氢-碱预处理的污泥水解影响因素[J].环境科学,2015,36(6):2222~2231.

[55] 贾瑞来,刘吉宝,魏源送,等.残留过氧化氢对微波-过氧化氢-碱预处理后污泥水解酸化的影响[J].环境科学,2015,36(10):3801~3808.

[56] 刘吉宝,倪晓棠,魏源送,等.微波及其组合工艺强化污泥厌氧消化研究[J].环境科学,2014,35(9):3455~3460.

[57] 倪晓棠,张玉秀,魏源送,等.微波及其组合工艺污泥预处理上清液中碳酸盐对磷回收的影响[J].环境工程学报,2014,8(11):4913~4918.

[58] 王迁.超声波/过氧化氢协同作用于溶胞-隐性生长污泥减量化[D].哈尔滨:哈尔滨理工大学,2013.

[59] 崔璟宜.活性污泥中过氧化氢酶活性的测定及影响因素分析[D].长春:吉林建筑大学,2013.

[60] 赵玉鑫,尹军,王剑寒.臭氧破解污泥效能评价指标的选择与应用[J].哈尔滨工业大学学报,2009,41(8):79~83.

[61] 王亚炜. 微波-过氧化氢协同处理剩余污泥的效能与机理研究[D]. 北京：中国科学院，2009.

[62] 王亚炜，魏源送，肖本益，等. 微波-过氧化氢联合作用处理污泥的影响因素[J]. 环境科学学报，2009，29(4)：697~702.

[63] 刘昌庚，张盼月，蒋娇娇，等. 生物沥浸耦合类Fenton氧化调理城市污泥[J]. 环境工程，2015，36(1)：333~387.

[64] 任晶晶，许延营，孙德栋，等. 紫外光-Fenton法处理剩余污泥[J]. 大连工业大学学报，2015，34(2)：114~117.

[65] 田宇，周兰，吴燕. 改良Fenton体系对疏浚底泥脱水性能的影响[J]. 南水北调与水利科技，2015，13(3)：502~505.

[66] 宫常修. 超声耦合Fenton氧化技术破解污泥效果及其机理研究[D]. 北京：清华大学，2015.

[67] 赵玉林，郦汇源，王晓. Fenton、类Fenton处理污泥的研究进展[J]. 干旱环境监测，2015，29(4)：180~185.

[68] 陈小英，郑林虹，邱高顺. Fenton法改善剩余污泥脱水性能的研究[J]. 中国环保产业，2015，8：51~53.

[69] 梁秀娟. Fenton试剂氧化破解剩余污泥的研究[J]. 广东化工，2015，42(3)：60~63.

[70] 莫汝松. 市政污泥氧化破解及高压压滤深度脱水技术研究[D]. 广州：广东工业大学，2015.

[71] 苑宏英，王亭，祁丽，等. 不同预处理方法对污泥脱水性能的影响[J]. 环境工程学报，2015，9(8)：4015~4020.

[72] 陈泓，宁寻安，罗海健，等. 生物淋滤-Fenton对印染污泥脱水性能的影响[J]. 环境工程学报，2014，8(4)：1641~1646.

[73] 洪昭锐，杨海英，魏玉芹. Fenton技术处理市政污泥综述[J]. 广东化工，2014，41(11)：190~191，198.

[74] 徐晶晶. 光-Fenton法在污泥处理中的应用研究[D]. 大连：大连工业大学，2014.

[75] 郦汇源. Fenton，UV-Fenton氧化处理城市污泥的机理和效能研究[D]. 徐州：中国矿业大学，2014.

[76] 王现丽，王世峰，吴俊峰，等. 光电Fenton技术处理污泥深度脱水液研究[J]. 环境科学，2014，35(1)：208~213.

[77] 章蕾，李孟，曹磊，等. 城市污泥热水解-厌氧消化-Fenton处理工艺中重金属的稳定性研究[J]. 武汉理工大学学报，2014，36(1)：99~101.

[78] 陈仁义，黄闻宇，杨惟薇，等. Fenton氧化破解啤酒工业污泥实验[J]. 环境工程，2014，32(10)：46~49.

[79] 陈仁义. 超声-Fenton氧化对啤酒污泥破解效果的影响研究[D]. 南宁：广西大学，2014.

[80] 陈泓. 联合Fenton法对印染污泥理化性质及脱水性能的影响[D]. 广州：广东工业大学，2014.

[81] 邱松. 超声结合Fenton反应削减剩余污泥量的研究[D]. 北京：北京大学，2013.

[82] 李小平. Fenton氧化对污泥破解效果及厌氧可生化性的影响研究[D]. 南宁：广西大学，2013.

[83] 陈威，陈海军，黄发兴. 基于Fenton法污泥有机质降解及微观结构变化规律[J]. 环境工程，2014，32(10)：41~45.

[84] 李小平，张建，冼萍，等. Fenton氧化破解污水处理污泥[J]. 环境工程学报，2013，7(12)：4709~4713.

[85] 宫常修，蒋建国，杨世辉. 超声波耦合Fenton氧化对污泥破解效果的研究：以粒径和溶解性物质为例[J]. 中国环境科学，2013，33(2)：293~297.

[86] 梁秀娟，宁寻安，刘敬勇，等. Fenton氧化对印染污泥脱水性能的影响[J]. 环境化学，2013，32(2)：253~258.

[87] 张魁锋，李燕. Fenton氧化技术的应用研究进展[J]. 广州化工，2013，41(11)：36~39.

[88] 潘胜，黄光团，谭学军，等. Fenton试剂对剩余污泥脱水性能的改善[J]. 净水技术，2012，31(3)：26~31.

[89] 黄中林，宫常修，蒋建国，等. Fenton氧化对污泥脱水性能和溶解性物质作用效果的研究[J]. 环

工程,2012,30(A1):573~576.
[90] 陈英文,刘明庆,惠祖刚,等.Fenton氧化破解剩余污泥的实验研究[J].环境工程学报,2011,5(2):409~413.
[91] 杜艳,孙德栋,郭思晓,等.Fenton试剂用于剩余污泥好氧消化的研究[J].大连工业大学学报,2011,30(4):274~278.
[92] 杨世辉.超声强化污泥Fenton氧化预处理及物质回收技术研究[D].北京:清华大学,2011.
[93] 周煜,张爱菊,张盼月,等.光-Fenton氧化破解剩余污泥和改善污泥脱水性能[J].环境工程学报,2011,5(11):2600~2604.
[94] 周煜.Fenton、类Fenton氧化处理剩余污泥研究[D].长沙:湖南大学,2010.
[95] 贺明和.MBR与污泥Fenton氧化给合工艺对焦化废水的处理与污泥减量化[D].广州:华南理工大学,2010.
[96] 赖咸蛟.微光解-电Fenton联合处理污泥脱除液的研究[D].哈尔滨:哈尔滨工业大学,2010.
[97] 李娟,张盼月,曾光明,等.Fenton氧化破解剩余污泥中的胞外聚合物[J].环境科学,2009,30(2):475~479.
[98] 钟恒文,二宫加奈.生活污泥Fenton氧化处理[J].中国给水排水,2003,19(8):46~48.
[99] 冯银芳,宁寻安,巫俊楣,等.超声耦合高铁酸钾对印染污泥脱水性能的影响[J].环境工程学报,2016,10(7):3787~3792.
[100] 曹秉帝,张伟军,王东升,等.高铁酸钾调理改善污泥脱水性能的反应机制研究[J].环境科学学报,2015,35(12):3805~3814.
[101] 冯银芳.高铁酸钾-超声联合对印染污泥溶胞及脱水性能的影响研究[D].广州:广东工业大学,2015.
[102] 林颐,宁寻安,温炜彬,等.高铁酸钾-微波耦合对印染污泥脱水性能的影响研究[J].环境科学学报,2014,34(7):1776~1780.
[103] 武辰.高锰酸钾/高铁酸钾破解剩余污泥研究[D].北京:北京林业大学,2014.
[104] 林颐.高铁酸钾-微波耦合对印染污泥脱水性能的影响研究[D].广州:广东工业大学,2014.
[105] 陈小龙.基于化学溶胞技术改善污泥脱水性能的试验研究[D].长沙:湖南大学,2015.
[106] 郭宇衡.高铁酸钾对污泥的脱水减量研究[D].广州:华南理工大学,2013.
[107] 冀海壮.高铁酸钾预处理在污泥脱水及厌氧消化中的作用[D].太原:太原理工大学,2012.
[108] 冀海壮,叶芬霞.高铁酸钾预处理对活性污泥脱水性能的影响[J].环境工程学报,2012,6(8):2837~2840.
[109] 徐慧.化学氧化法控制丝状菌污泥膨胀的试验研究[D].青岛:青岛理工大学,2006.
[110] 马君梅,龚峰景,汪永辉.高铁酸钾预处理印染废水的可行性研究[J].云南环境科学,2001,23(4):59~61.
[111] 马君梅.高铁酸钾预处理印染废水的研究[D].上海:东华大学,2004.

第5章 污泥热解制燃料油

污泥可以看作是污水处理过程中剩余的微生物残体，含有大量的有机物和一定的纤维素，具有一定的热值，可视为生物质能源存在的一种形式，因此采用前述的焚烧、湿式空气氧化、超临界水氧化等热化学氧化处理技术虽然可使污泥中的有机物得到彻底氧化而实现污泥的减量化和稳定化，而且可通过回收热能的方式实现资源化利用，但所得的热能品位较低，且受污泥含水率影响较大。随着人们环保意识的增强和能源价格的上涨，以及目前主要处理技术存在的缺陷，传统的污泥处理方法在应用和推广方面受到越来越多的限制，加之污泥产量呈逐年递增趋势，研究者开始寻找低成本的污泥处理方式，并力图实现污泥的资源利用最大化，积极寻找能实现污泥减量化、无害化和资源化的处理工艺。

污泥热解是利用污泥中有机物的热不稳定性，在无氧或缺氧条件下加热至500℃以上，对其加热干馏，使有机物产生热裂解，经冷凝后产生利用价值较高的燃气、燃油及固体半焦，产品具有易储存、易运输和使用方便等优点。

5.1 污泥热解制油的发展与应用

随着人们生活水平的不断提高，污泥中的有机物含量逐年升高，污泥的能量利用价值越来越高。近几十年发展起来的低温热解技术与传统的焚烧技术相比，具有明显的优点：可以回收液体燃料油，排放气体中含有的 NO_x 和 SO_x 较少，对环境的污染小，并且运行成本较低。若能将回收的液体燃料加以改性，作为柴油等矿物燃料的替代品，则污泥的资源化利用可为人类提供一条新的能源开发途径。

从20世纪90年代至今，国外学者针对污泥热解技术中的污染物排放、燃油产量的提高及应用等方面做了大量的研究工作，我国学者也对污泥热解研究做了许多工作，但都处于实验室研究阶段。

由于高温热解耗能大，目前研究重点放在低温热解（热化学转化）上。污泥低温热解制油技术是在催化剂条件下，在较低的温度下使污水污泥中含有的有机成分，如粗蛋白、粗纤维、脂肪及碳水化合物，经过一系列分解、缩合、脱氢、环化等反应转变为轻质组分的混合物。热解产物的组成及分布主要由污泥性质决定，但也与热解温度有关。污泥低温热解产生的衍生油黏度高、气味差，但发热量可达到 29~42.1MJ/kg，而现在使用的三大能源，即石油、天然气、原煤的发热量分别为 41.87MJ/kg、38.97MJ/kg 和 20.93MJ/kg。可见，污泥低温热解具有较高的能源价值。另外，热解油的大部分脂肪酸可被转化为酯类，酯化后其黏度降至原来的 1/4 左右，热值可提高 9%，气味得到很大改善，热解油酯化工艺使得其更加易于处理和商业化。

污泥热解技术与污泥焚烧技术均为热化学处理技术。热解技术以污染小、产物利用价值高等优点而备受关注，也可作为生活污泥焚烧处理的替代技术。热解与焚烧是完全不同的两个过程，焚烧是放热的过程，而热解过程是吸热的。两者在产物上也完全不同，焚烧处理的产物主要是二氧化碳和水，热解的产物主要是可燃性的低分子化合物，其中包括气态的氢气、甲烷和一氧化碳，液态的甲醇、丙酮、乙醛等有机物及焦油、溶剂油等，固态的则主要是焦炭或炭黑。另外，焚烧产生的热能量大的可用于发电，量小的可供加热水或产生蒸汽，但只能就近利用，而热解产物是燃料油及燃料气，能量便于储藏及远程输送。

污泥低温热解技术的起源可以追溯到 1939 年法国学者 Shibata 首次提出的污泥热解处理工艺的一项专利。自 20 世纪 70 年代开始，由于世界性的石油危机对工业化国家的冲击，德国科学家 Bayer 和 Kutubuddin 等率先在实验室开始研究该技术的反应过程，证明了这种技术处理污泥的可行性，开发了污泥低温热解工艺，流程如图 5-1 所示。

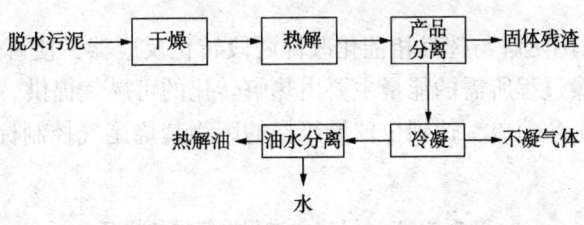

图 5-1 污泥热解的基本流程

热解过程在微正压、热解温度为 250~500℃、缺氧的条件下进行，停留一定时间，污泥中的有机物通过热解裂解转化为气体，经冷凝后得到热解油。污泥热解油主要由脂肪族、烯族及少量其他类化合物组成。通过比较污泥及其衍生油与石油的烃类图谱，Bayer 认为污泥转化为油的过程是一系列生物质脱氨、水和二氧化碳反应的综合，与石油的形成过程类似，油的来源主要是污泥中的脂肪和蛋白质。

1983 年，加拿大的 Campbell 和 Bridle 等专家采用带加热夹套的卧式反应器进行了污泥热解中试实验。他们通过机械方法先将污泥中的大部分水和无用泥沙去掉，再将污泥烘干；然后将干污泥放进一个 450℃ 的蒸馏器中，在与氧隔绝的条件下进行蒸馏。结果，气体部分经冷凝后变成了燃油，固体部分成为炭。但由于热解产物中存在表面活性剂等原因，油水分离困难，热解效率较低。Campbell 还重点解释了热解油中含有较长碳直链的原因，认为这是污泥中逸出的有机蒸气和残炭间发生相际催化反应的结果。与此同时，他们对比分析了焚烧和低温热解的投资费用，发现增设一套干燥设备将使总投资增加 15%，但或可由燃烧器的缩小抵偿，因此得出低温热解的投资不会高于焚烧的 30%，而 Bridle 等的研究证明，在无氧环境下热解产生的二次污染物与焚烧相比少得多；同时，Frost 的研究表明，污泥热解产生的油类热值较高，有很好的市场应用前景。

1986年，有学者在澳大利亚的Perth和Sydney两个城市建起第二代试验厂，为大规模污泥低温生物油化技术的开发提供了大量数据和实践经验。20世纪90年末，处理规模（按干污泥计）为25t/d的第一座商业化污泥炼油厂在澳大利亚的Perth的Subiaco污水处理厂建成，每吨污泥可产出200~300L与柴油类似的可燃油及约半吨的烧结炭，该专利工艺称为Enersludge，如图5-2所示。

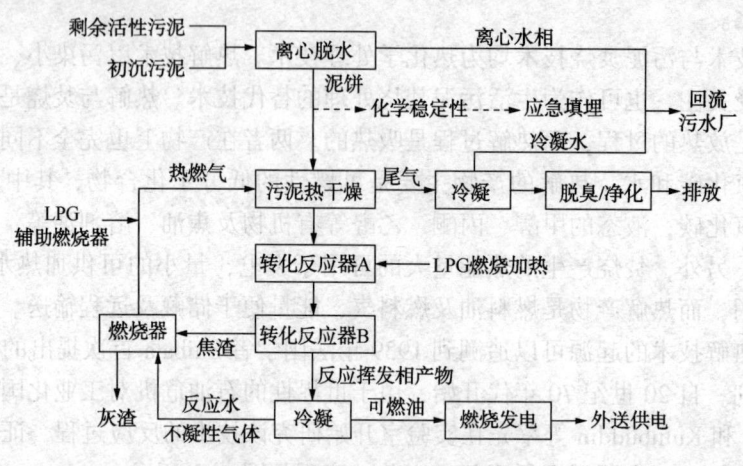

图5-2 Enersludge工艺生产流程

Enersludge工艺采用热解与挥发相催化改性两段转化反应器，使可燃油的质量提高到商品油的水平。污泥干燥过程所需的能量主要由热解转化的可燃气提供。热解后的半焦通过流化床燃烧，尾气处理工艺简单，达到全球最严格的废物焚烧尾气控制标准——德国Taluft标准的要求（表5-1）。

表5-1 Enersludge过程尾气排放状况　　　　　　　　　　　　　　　mg/m³

项目	TSP	SO_2	CO	HF	HCl	Cd	Cu	Cr	Hg	Ni	Pb	Ti	Zn
测定值	12	<36	45	—	19	0.01	0.36	<0.007	0.008	0.11	0.08	0.0001	0.1
德国Taluft标准	30	200	50	4	30	0.05	0.5	0.5	0.05	0.5	0.5	0.5	—

2007年，加拿大有学者对污泥热解制油技术的经济性进行了评价，认为初沉污泥、活性污泥和消化污泥热解的最佳成本分别为每千克干污泥9.9加元、5.6加元和6.9加元（以当时油价32加元/kg计），最佳热解温度分别为500℃、400℃和500℃。

何品晶等在我国的污水厂污泥热解方面做了大量工作，他们利用回转式管式炉进行了小试实验研究。推荐的污泥热解小试操作参数为：反应温度270℃，停留时间30min，油收得率为20.1%，油的热值为33.3MJ/kg，炭收得率为77%，炭的热值为14.2MJ/kg。通过对污泥热解过程的能耗分析认为，热解过程为能量净输出，最终排放物符合现行的环境标准，处理成本低于焚烧法，该技术有较好的应用前景。

在传统热解工艺的基础上，近年来又开发了催化热解技术及微波热解技术。与传统电加热及燃气加热热解工艺相比，微波热解所用的时间更短，且生成的液态油中含氧脂肪类物质含量较高，经检测，油中不含有相对分子质量较大的芳香族有害物质。污泥热解过程中加入钠、钾、钙等的化合物作催化剂后，不仅可以加快污泥中有机物的分解速率，而且可以改善热解油的性能，为后续利用创造条件。

随着近年来环境标准要求的提高和污泥传统处理方法弊端的逐渐显露，污泥资源化途径的探讨日益受到广泛关注。Lutz 和 Bayer 等对活性污泥、消化污泥及印刷厂污泥低温热解后的油产率及产物特性进行了研究，结果发现活性污泥的产油率最高，达到31.4%，并且污泥中大约2/3的能量被转移到了油中，而消化污泥的产油率最低，只有11%。因此得出，活性污泥最适合采用热解法进行处理及利用。通过研究还发现，污泥热解油中94.8%的产物为脂肪族化合物(其中含有26%的脂肪酸、46%的软脂酸)、4.3%的烯烃化合物 2.5%的芳香族化合物。这些化合物除燃料利用外，还可作为化工原料加以利用。

总之，污泥低温热解技术的优势在于其在设备、工艺运行等方面均有较成熟的参数可以借鉴，并且热解气体和液体产物均含有燃烧价值较高的组分。鉴于液体燃料具有易于运输的优势，提高有机物热解液体产物的产率及能源价值是重要的研究目标。

5.2 污泥热解过程的机理及反应动力学

由于城市污泥是一种复杂的混合物，含有多种有机成分和无机成分，污泥的热解过程为复杂反应过程，热解的初始产物还有可能发生二次反应。掌握污泥热解的动力学特征，将有助于增进对污泥热解处理和资源化利用技术的理解，并为污泥热解装置的正确设计、运行提供有用的参考数据。

5.2.1 污泥的热解过程

在污泥热解反应过程中，会发生一系列的化学变化和物理变化，前者包括一系列复杂的化学反应，后者包括热量传递和物质传递。通过对国内外热解机理研究工作的归纳概括，可从以下几个方面进行分析。

(1) 污泥组成成分分析

污泥中有机物主要由脂肪、蛋白质、糖类、纤维素等组成，可以假设这几种组成物均独立地进行热分解。脂肪的分解温度最低，在150~320℃的加热条件下，任何脂肪都可以发生分解，主要的生成物为各种分子量的饱和脂肪酸和不饱和脂肪酸，而且温度越低，生成物中饱和脂肪酸的量越多，温度越高，不饱和脂肪酸的量越多。纤维素的分解主要发生在320~450℃，一次产物为左旋葡萄糖焦油，主要最终产物为挥发性可燃气体，其中一次反应为吸热反应，二次反应为放热反应。蛋白质的热解产物主要为腈及酰胺类。糖类的分解温度最高，主要产物为苯系物、酚醛、醚等。

各种有机化合物的裂解温度不同，大致情况见表5-2。

表5-2 各类有机化合物的裂解温度范围　　　　　　　　　　　℃

化合物	水	羧酸类	酚醛类	醚类	纤维素	其他含氧化合物
温度范围	<150	150~600	300~600	<600	<650	150~900

通过表5-2可知，热解体系的羧酸、酚、醛及其他含氧化合物的C—O键都可在300~650℃温度范围内断裂，因此，在该温度段热解液的产率应该是较高的。

(2) 物质与能量的传递分析

首先，热量被传递到污泥颗粒表面，然后再向内传递。热解过程由外向内逐层进行，污泥被加热的部分迅速分解成炭和挥发分，其中的挥发分由两部分组成：一部分为可凝结气体，另一部分为不凝结气体，可凝结气体经快速冷凝后得到裂解液——生物油。一次热解产物为裂解焦、裂解气和裂解液。随着热量的传递，污泥内部的有机物受热后继续裂解，部分一次裂解产物也会发生二次裂解，一次裂解气经二次裂解后生成二次裂解气，一次裂解液发生二次裂解后生成二次裂解气和二次裂解液，并生成少量的炭。污泥中有机物的裂解过程如图5-3所示。

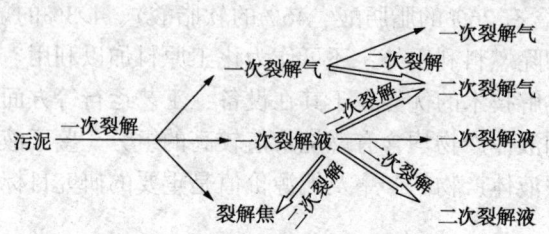

图 5-3 污泥中有机物的裂解过程

根据污泥的传热特性，热量在污泥颗粒内部的传递较慢，因此反应进行的时间相对较长，产生二次裂解的几率很高，如果想获得较高的生物油，可采取将挥发分迅速淬冷的方法，使产物在二次裂解前终止，以最大限度地提高油的产率。

(3) 反应进程分析

根据污泥的热解过程曲线，可将热解分为三个阶段：

脱水阶段(室温到110℃)：在这一阶段，污泥脱除表面吸附水阶段，差热曲线上存在明显的吸热峰，产物主要为水。

主要热解阶段(110~450℃)：这一阶段是污泥中脂肪类、蛋白质、糖类等有机物质的分解阶段，此温度范围为放热过程，320℃以下主要为脂肪类的分解阶段，320℃以上为蛋白质、糖类的分解阶段，此阶段的热解产物为液态的脂肪酸类。

碳化阶段(450~750℃)：在这一阶段，第二阶段形成的大分子热解产物进一步分解及小分子的聚合，污泥的分解比较缓慢，产生的质量损失比第二阶段小得多。此段主要为C—C及C—H键的进一步断裂导致的质量的减少。主要产物为气态小分子碳氢类化合物。对于热解的固态残留物，即使在850℃的温度下，热解仍不能完全结束，以含碳物形式存在的可挥发性物质仍有4.6%。

5.2.2 污泥热解反应动力学

在污泥的热解反应过程中，大量反应相互连接，各种产物不断生成，同时又作为反应物继续反应，构成了非常复杂的反应网络，且形成的反应网络相互连接、相互转化，反应物及生成物都非常复杂。污泥所含的金属氧化物和盐类可对过程起催化作用，无需外加催化剂。

采用集总的方法，可将污泥热解体系中的所有化合物分为脂肪、蛋白质、糖类、纤维素、裂解气及裂解焦等，其反应动力学网络可用图5-4表示。

由图5-4可以看出，总系统共有8个反应，8个相应的反应速率常数。各过程仍可看成是简单反应。用系统中的各组分分别做裂解动力学实验，就可求出各反应的速率常数。这样就可建立用于生产决策的集总裂解动力学速率常数矩阵。以糖类热解反应为例，取A为糖

类、Q 为半焦、P 为裂解气，该反应是不可逆的。在实验条件下，糖类裂解可近似为二级反应，该反应的速率方程可写为

$$-\frac{dC_A}{dt} = k_1 C_A^2 + k_3 C_A^2 = k_A C_A^2 \quad (5-1)$$

$$\frac{dC_Q}{dt} = k_1 C_A^2 \quad (5-2)$$

$$\frac{dC_P}{dt} = k_3 C_A^2 \quad (5-3)$$

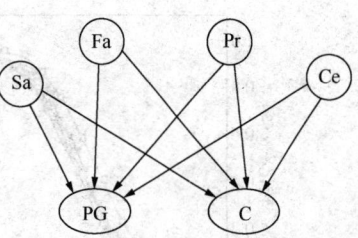

图 5-4　污泥热解反应动力学网络
Sa—糖类；Fa—脂肪；Pr—蛋白质；
Ce—纤维素；PG—裂解气；C—碳

如果把糖类裂解看成整个复杂反应体系中平行反应的一支相对独立的体系，那么三组分的浓度之和等于 1，即

$$C_A + C_Q + C_P = 1 \quad (5-4)$$

将以上各式积分后，就可得出物料的转化率及产物的产率。

目前国内外研究者普遍认为，若污泥的热解反应基本类型为

$$A(s) \longrightarrow B(s) + C(g) \quad (5-5)$$

炉内气氛对热解反应影响很小，试样温度与炉内温度相同，不考虑温度梯度时，污泥的热解过程遵循 Arrhenius 公式，反应速率基本方程为

$$\frac{d\alpha}{dt} = k \cdot f(\alpha) = A \cdot \exp\left(-\frac{E_a}{RT}\right) \cdot (1-\alpha)^n \quad (5-6)$$

或

$$\frac{d\alpha}{dt} = \frac{A}{\beta} \cdot e^{-E/RT} (1-\alpha)^n \quad (5-7)$$

式中　A——与温度无关的常数，称为指前因子或频率；

　　　R——气体常数，8.314J/(mol·K)；

　　　E_a——反应的活化能，J/mol。

α 为热解失重率，$f(\alpha)$ 为固体反应物中未反应产物与反应速率有关的函数，取决于反应机理。n 为反应级数，是由实验获得的经验值，只能在实验条件范围内加以应用，反应级数在数值上可以是整数、分数，也可以为负数。

5.2.3　反应动力学方程的求解

根据热解反应速率方程，主要的数据处理方法有微分法和积分法两类。常用的微分法有 Freeman-Carroll 法、Kissinger 法和最大速率法，常用的积分法有 Doyle 法、Ozawa-Flynn-Wall 法和 Maccallum-Tammer 法。微分法的优点在于简单、直观、方便，但在数据处理过程中要使用 DTG 曲线的数值，此曲线易受外界各种因素的影响，如实验过程中载气体的瞬间不平稳、热重天平实验台的轻微震动等，这些因素都将导致 TG 曲线有一个微量的变化，DTG 曲线随之有较大的波动。因此，利用微分法会导致求得的动力学参数准确性较差。积分法则直接利用 TG 曲线，计算过程较为简单，且准确性好。积分法克服了微分法的缺点，TG 曲线的瞬间变化值相对其总的积分值很小，不会对结果产生很大的影响，实验数据较为准确。

(1) 微分法求解过程

污泥的热解失重曲线（TG 曲线）如图 5-5 所示，热解微分失重曲线（DTG 曲线）如图 5-6 所示。

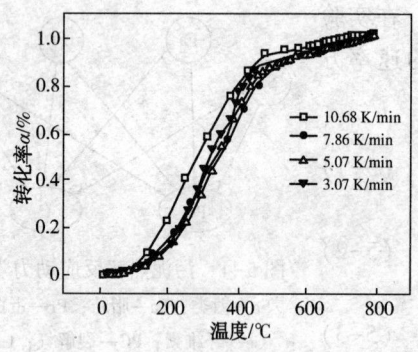
图 5-5 污泥的 TG 曲线

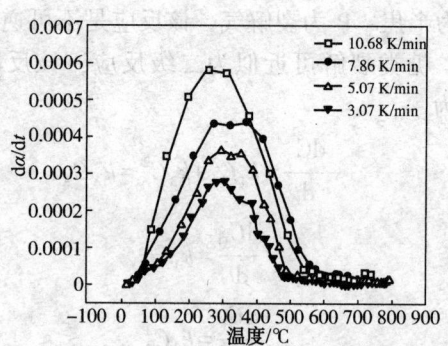
图 5-6 污泥的 DTG 曲线

从 DTG 曲线可以看出,整个热解过程主要发生在 70~650℃,在 300℃附近热解速率最大。DTG 曲线上有两个明显的峰值,峰的位置与 TG 曲线的吸热峰的位置相吻合,进一步说明了反应是分段进行的,而且加热速率越低,第二个峰越明显,可以说第二个峰是因为又有新的物质参与热解反应产生的。热解速率受加热速率的影响较大,而且加热速率越快,热解速率也随着加快,但是随着加热速率增大,由于停留时间短,热解过程中脂肪类与蛋白质、糖类等有机物质的分解阶段变得不明显。

解强等的研究表明,固体废弃物的热解近似于基元反应。为使反应体系简化,也可利用基元反应的分析方法对污泥热解的表观动力学参数进行计算。

首先,对式(5-6)两边取对数后得到下式:

$$\ln\left[\left(\frac{d\alpha}{dt}\right)/(1-\alpha)^n\right] = \ln A - [E/(2.303R)](1/T) \tag{5-8}$$

令 $Y = \ln\left[\left(\frac{d\alpha}{dt}\right)/(1-\alpha)^n\right]$, $M = \ln A$, $N = E/(2.303R)$, $X = 1/T$,则有

$$Y = M + NX \tag{5-9}$$

由热解失重曲线(TG 曲线)和热解微分失重曲线(DTG 曲线),可以得到不同 X 下 Y 的值,然后根据方程可得到 M 和 N 的值,从而求出活化能和指前因子。污泥中有机组分在不同加热速率下在 n 取不同数值时的热解动力学拟合曲线如图 5-7 所示。

采用基元反应的分析方法得出的污泥热解表观动力学参数在 $n=1.5$ 左右时与理论结果吻合得最好,而且不同加热条件下相关系数的绝对值都能达到 0.99 以上。因此,污泥热解反应的表观反应级数可认为是 1.5 级。在所研究的温度范围内,加热速率越快,热解所需的活化能越低。也就是说,热解过程中加热速率越快,反应越容易发生。

需要指出的是,反应级数与反应分子数不同,不能由反应式确定,它的大小与物料组分的分子结构、浓度、温度及催化剂种类等因素有关。

(2)积分法求解过程

利用积分法求解反应动力学参数可以克服微分法的缺点,TG 曲线的瞬间变化对总的积分值影响很小。对于污泥及城市垃圾等复杂体系的热解过程,采用积分法求出的动力学参数适应范围更宽,结果更精确。

首先对式(5-6)积分后,得

$$\int_0^\alpha \frac{d\alpha}{(1-\alpha)^n} = \frac{AE}{\beta R}\int_{x_0}^x \frac{e^x}{x}dx = \frac{AE}{\beta R}\left(-\frac{e^x}{x} + \int_{-\infty}^x \frac{e^x}{x}dx\right) = \frac{AE}{\beta R}P(x)^* \tag{5-10}$$

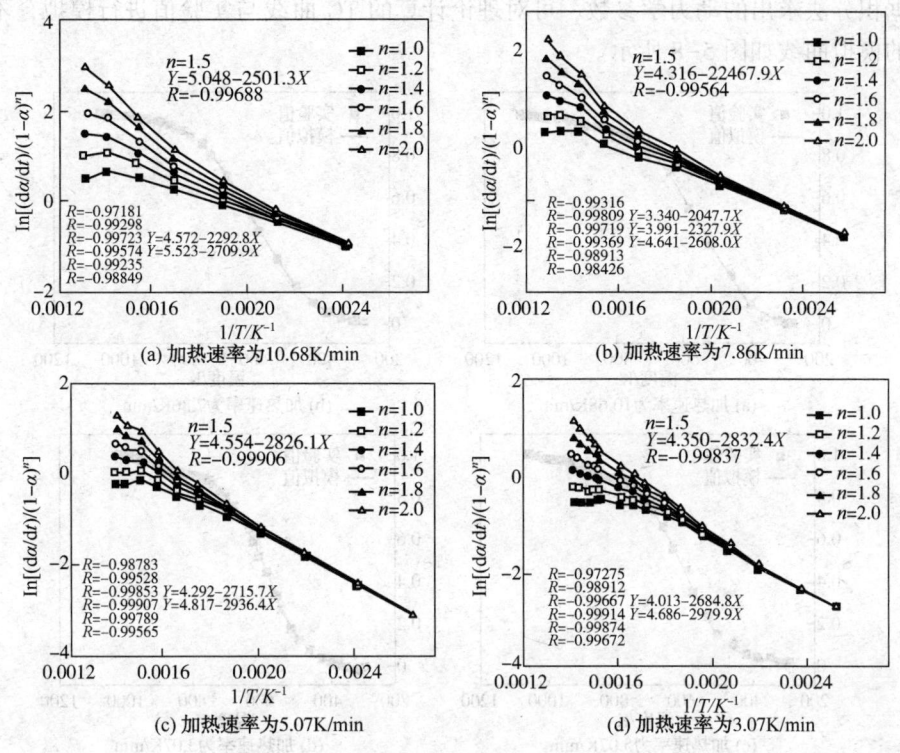

图 5-7 污泥热解动力学拟合曲线

式中，$x = -\dfrac{E}{RT}$，$P(x)$ 的值可选择 Lyon 近似计算公式：

$$P(x) = \frac{e^x}{x(x-2)} \tag{5-11}$$

热解方程变为

$$1-\alpha = \left[1-(1-n)\frac{AR}{\beta}\cdot\frac{T^2}{E+2RT}e^{-E/RT}\right]^{\frac{1}{1-n}} \tag{5-12}$$

或

$$\frac{m}{m_0} = \frac{m_\infty}{m_0} + \left(1-\frac{m_\infty}{m_0}\right)\left[1-(1-n)\frac{AR}{\beta}\cdot\frac{T^2}{E+2RT}e^{-E/RT}\right]^{\frac{1}{1-n}} \tag{5-13}$$

(3) 非线性最小二乘法求解过程

污泥热解表观动力学参数也可采用非线性最小二乘法进行求解。非线性回归是目前研究动力学领域十分活跃的方法，它能解决线性回归难以解决的一些问题。由于大多数的速率方程都是非线性方程，能够进行线性化的并不多，用非线性回归求反应级数更直接，不必通过微分求反应速率。

计算指前因子、活化能及反应级数采用的非线性最小二乘法目标函数的最小值为

$$x^2 = \sum_{i=1}^{N}\left(\frac{(\alpha)_i^{\exp}-(\alpha)_i^{\mathrm{cal}}}{\sigma_i}\right)^2 \tag{5-14}$$

式中 $(\alpha)_i^{\exp}$ ——由 TG 曲线所得的实验值；

$(\alpha)_i^{\mathrm{cal}}$ ——通过给定的动力学参数按照公式所得的计算值。

根据积分法求出的动力学参数,可对理论计算的 TG 曲线与实验值进行模拟,不同加热速率下的模拟曲线如图 5-8 所示。

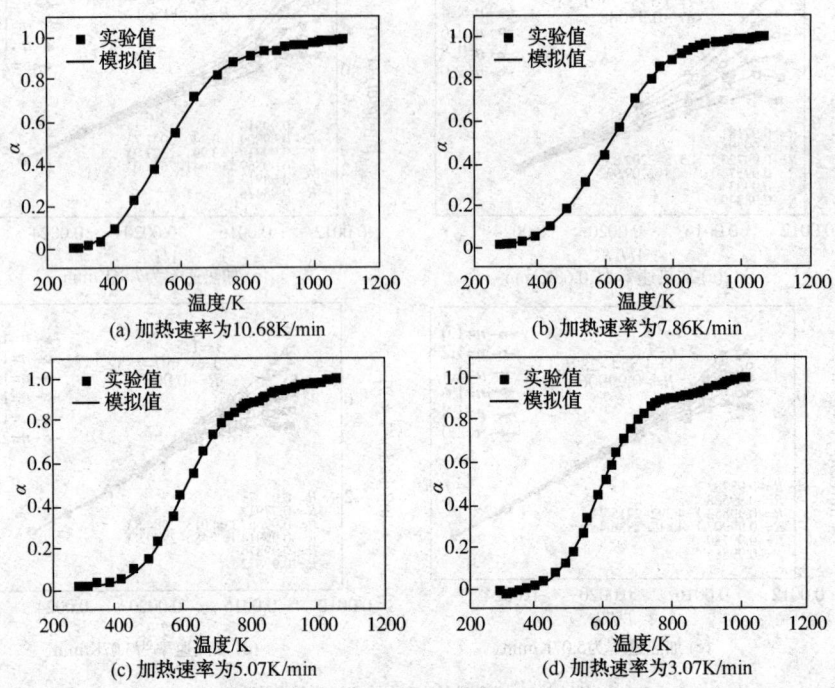

图 5-8　污泥热解动力学过程拟合曲线

从模拟结果可以看出,利用非线性最小二乘法计算的动力学参数与实验结果相当吻合,相关系数都在 0.99 以上。积分法求出的热解表观动力学参数也是随着加热速率的增加,反应的活化能降低。

经过比较微分法与积分法对热解过程方程式的求解结果可知,其遵循的基本规律是一致的,即在所研究的加热速率范围内,加热速率越高,热解所需的活化能越低,这表明热解过程也越容易发生。在污泥热解过程发生的整个温度范围内,积分法求得的结果与实验结果吻合得非常好,其相关系数很高。

(4) 动力学求解方法

按照传统方法,要想求得动力学参数,必须将式(5-7)进行积分或求微分。但如果将式(5-7)左侧的 $\dfrac{d\alpha}{dt}$ 进行数学变换,可得到

$$\frac{d\alpha_i}{dT_i}=\frac{\Delta\alpha_i}{\Delta T_i}=\frac{\alpha_{i+1}-\alpha_i}{T_{i+1}-T_i}=\frac{A}{\beta}\cdot e^{-E/RT}(1-\alpha)^n \quad (T_{i+1}>T_i) \tag{5-15}$$

式中　$\Delta\alpha_i$——在 ΔT_i 时间段内的转化率变化量;

T_i, T_{i+1}——分别表示 ΔT_i 时间段的开始时刻和终了时刻;

α_i, α_{i+1}——分别表示在 T_i、T_{i+1} 的转化率。

因为 TG 曲线记录了污泥分解过程的温度变化的全部数据,从 TG 曲线上可以得到满足式(5-15)所需的 T 和 α 数值。

当 $\Delta T_i = \Delta T_{i+1} = \Delta T_{i+2} = \cdots = \Delta T_{i+m}$($m$ 是整数),且 $\Delta T_i \to 0$ 时,可以得到

$$\frac{\Delta\alpha_i+\Delta\alpha_{i+1}}{\Delta T_i+\Delta T_{i+1}}=\frac{\alpha_{i+2}-\alpha_i}{T_{i+2}-T_i}, \quad \frac{\Delta\alpha_i+\Delta\alpha_{i+1}+\Delta\alpha_{i+2}}{\Delta T_i+\Delta T_{i+1}+\Delta T_{i+2}}=\frac{\alpha_{i+3}-\alpha_i}{T_{i+3}-T_i}, \quad \cdots,$$

$$\frac{\Delta\alpha_i+\Delta\alpha_{i+1}+\Delta\alpha_{i+2}+\cdots+\Delta\alpha_{i+m-1}}{\Delta T_i+\Delta T_{i+1}+\Delta T_{i+2}+\cdots+\Delta T_{i+m-1}}=\frac{\alpha_{i+m}-\alpha_i}{T_{i+m}-T_i} \tag{5-16}$$

根据式(5-16)可知，当分解温度范围很宽时，可以适当放大 ΔT 数值以减少计算量。一般取 ΔT 的温度间隔为3℃或5℃，相对于较宽的污泥热解温度来说，不会影响计算结果。另一方面适当放大 ΔT 也可减少极短时间间隔内仪器测温的误差。

对式(5-15)进行移项后求自然对数，可以得到

$$\ln\left[\frac{\alpha_{i+1}-\alpha_i}{(T_{i+1}-T_i)\times(1-\alpha)^n}\right]=\ln\left(\frac{A}{\beta}\right)-\frac{E}{R}\cdot\frac{1}{T_i} \quad (T_{i+1}>T_i) \tag{5-17}$$

由式(5-17)可以看出，如果 n 值取得合适，等式左侧的 $\ln\left[\dfrac{\alpha_{i+1}-\alpha_i}{(T_{i+1}-T_i)\times(1-\alpha)^n}\right]$ 与 $\dfrac{1}{T_i}$ 呈直线关系，这时直线的斜率为 $-\dfrac{E}{R}$、截距为 $\ln\left(\dfrac{A}{\beta}\right)$，根据斜率和截距可以求得反应活化能 E 和指前因子 A。

由式(5-17)可以导出：

$$\alpha_{i+1}^{cal}=\frac{A}{\beta}\exp\left(-\frac{E}{RT_i}\right)(1-\alpha_i^{cal})^n(T_{i+1}-T_i)+\alpha_i^{cal} \tag{5-18}$$

第一个数据点 α_0 选取 TG 曲线上的点，代入 E、A、n 和 β 值，并按照式(5-18)可以依次求得各实验温度下的计算值。

实验用污泥热重曲线(TG曲线)如图5-9所示。TG曲线大致可以分为4段趋近于直线的线段，通过作图法可以确定污泥的热解过程，具体做法是：过TG曲线的初始点作第一段的切线；过第二段的拐点作切线；作第三段的切线；过终点作第四段的切线。所作的4条切线会出现3个交点，通过这3个点，可以将整条TG曲线分为三部分，这三部分与热解过程中的三个反应区相对应，分别是初反应区、主反应区和未反应区，其中初反应区为脱水区、主反应区为有机物降解区、未反应区为无机物分解区。

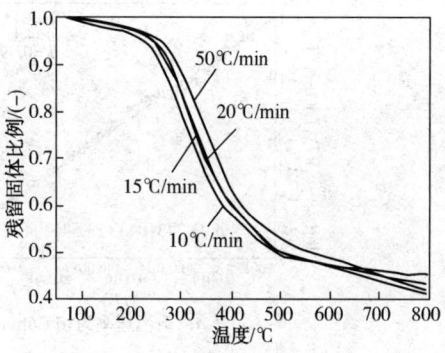

图5-9 污泥的TG曲线

在各升温速率下，初反应区的质量减少在5%~6%之间，这与污泥的含水率大小相对应，可以认为初反应区为热解过程的脱水区。在各升温速率下，主反应区的温度范围分别为 257℃(232~489℃)、258℃(243~501℃)、261℃(251~512℃)和263℃(266~529℃)，并且随着升温速率的增大，主反应区的温度区间往后推移。在升温速率为10℃/min、15℃/min、20℃/min 和 50℃/min 时，各主反应区内有机物的分解量分别占污泥损失质量的74.6%、78.8%、82.1%和73.8%。不同升温速率下的温度区域划分如图5-10所示，反应级数 n 的拟合曲线如图5-11所示。

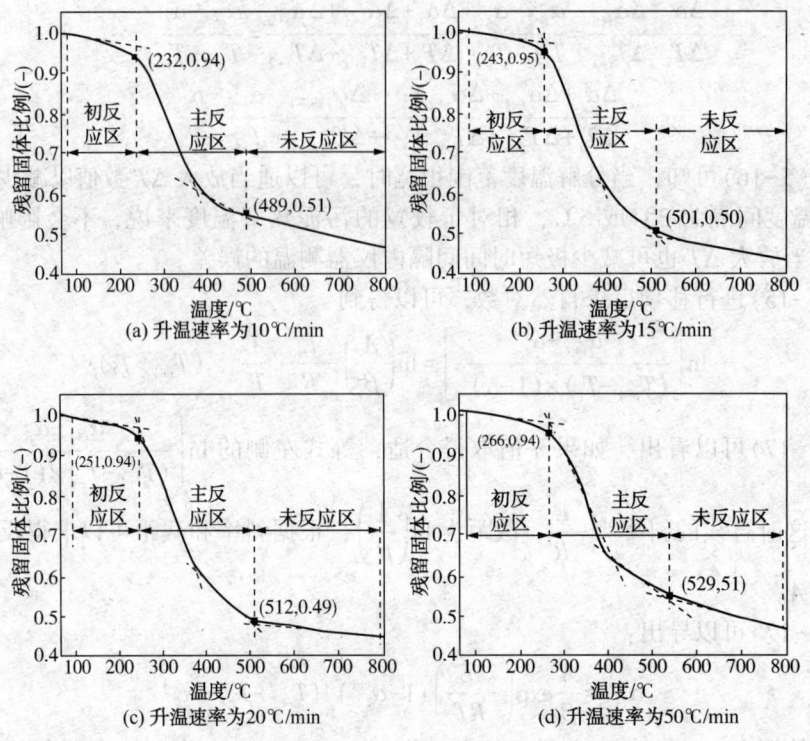

图 5-10 温度区域划分

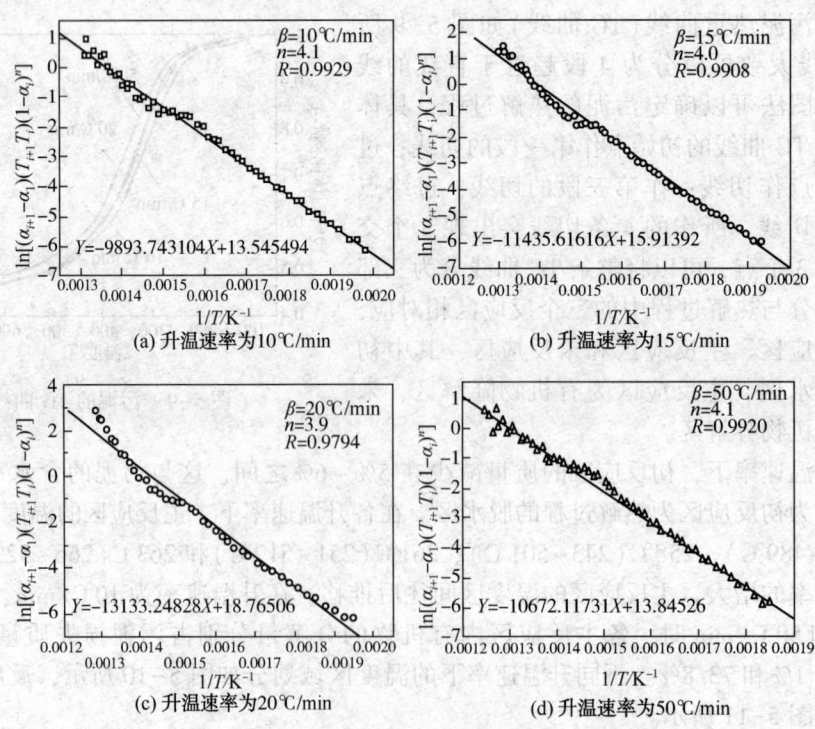

图 5-11 反应级数 n 拟合图

通过总结前人的研究成果，发现污泥热解动力学参数的大小存在于某一范围内，其中反应级数 n 的正常范围在 1.0~4.13 之间，而 Urban 等得到的反应级数 n 达到 10，反应级数达到 10 以上的反应即使在化学中也是不常见的；活化能 E 的正常范围在 17~350kJ/mol 之间；指前因子 A 小于 $4.1×10^{29}$。前述利用动力学求解方法得到的动力学参数在上述参数范围内，表明求解方法正确可靠。

5.3 污泥热解过程的影响因素

热解过程中固、气、液三种产物的比例与热解工艺和反应条件有关，热解过程的影响因素包括污泥特性、预处理方式、热解终温、停留时间、加热速率及方式、催化剂等。由于污泥原料的复杂性，各种因素对污泥热解的影响也存在着很大的区别。因此，对不同种类和来源的污泥热解特性进行深入的研究，有助于对污泥热解机理的掌握，为污泥热解技术的工业化应用奠定实验和理论基础。

(1) 污泥特性

污泥特性是影响污泥低温热解制油效果的前提因素。Lutz 等利用管式炉对活性污泥、油漆污泥和消化污泥三种不同原料进行低温热解制油研究，其中，活性污泥的碳含量最高，灰分含量最低；油漆污泥的碳含量最低，灰分含量最高；消化污泥居中，热解终温为 380℃。通过研究发现，不同原料污泥的热解油产率不同，经过低温热解后，活性污泥、油漆污泥、消化污泥的产油率分别为 31.4%、14.0% 和 11.0%。活性污泥中有 2/3 的碳转移到热解油产品中，热解油中含 26% 脂肪酸；消化污泥和油漆污泥的热解油产品中脂肪酸含量仅为 3% 左右。由此可知，与油漆污泥和消化污泥相比，活性污泥更适于热解制油。可见，选择适宜的污泥进行低温热解制油，是实现污泥经济制油且提高油品品质的重要前提。

根据一项法国专利，德国哥廷根大学首先提出了污泥热解工艺：干燥污泥加热至 300~500℃，停留时间 30min。加拿大的研究人员对此工艺做了进一步的研究，对英国、加拿大、澳大利亚三国的 18 种不同污水厂污泥进行了连续反应实验，结果表明：在相同条件下，不同性质的污泥经热解后，产物产率及分布是不相同的，生污泥的油产率明显高于消化污泥；在热解产物中，不凝性气体的热值很低，产率也不高，但带有很强烈的臭味，其中含有一氧化碳、硫化氢、甲烷、甲硫醇、二甲硫醚、二甲二硫醚和氨等，这类气体属可燃性气体，可通过燃烧脱臭，所产生的热能可作为补充能源用，但要增加相关设备；转化产生的油热值高，是过程的主要产能产物，收集起来后可作为可储存能源利用(与轻柴油混合后可达到加热用燃料油的品质)；转化产生的固体，通过流化床燃烧，燃尽率大于 99%，其热能可满足前置干燥的需求，使其衍生油可能成为净回收产品。该工艺的环境安全性较好，污泥中的含氯有机物和多环芳烃在热解过程中可有 90% 和 80% 的分解率，余者少量存在于油中；污泥中的重金属在热解过程中不挥发，且全部存在于固相产物中；固相产物中无含氯有机物和多环有机物，使炭焦焚烧尾气的可处理性好。

(2) 预处理

污泥热解前需进行干燥处理，这将造成大量的能源消耗。为节约能源，英、美等国有研究者提出了直接热解油化，即污泥在 300℃、10MPa 条件下反应生成油状物。该方法适用于生活污泥处理，能增加有机质的转化率，燃油收率达 16%，充分实现了污泥资源化，但应对恶臭问题进行有效解决。日本采用在250~350℃、7.8~17.6MPa压力下以碳酸钠作为催化剂进行污泥油化，反应1~2h，结果证明是产能型工艺。

从设备构成看，污泥低温热解比污泥焚烧要增加预干燥器、油水分离设备，因此设备投资费会有所增加，但污泥热解所需温度（≤450℃）比污泥焚烧所需温度（800~1000℃）低，因此运行费用远低于后者。且污泥热解后生成的油和炭还可出售或辅助二次燃烧分解获得一部分收益。两项相抵，污泥低温热解处理的成本约为直接焚烧的80%左右。何品晶等对此做了详细的研究，结果表明低温热解是能量的净输出过程，成本低于直接焚烧。

(3) 热解终温

热解终温对污泥热解产物的影响最大。研究结果认为，热解温度的增加导致固体产率的减少，液体部分变化较小，而气体产率则明显增加。热解温度对产物的影响如图5-12所示。

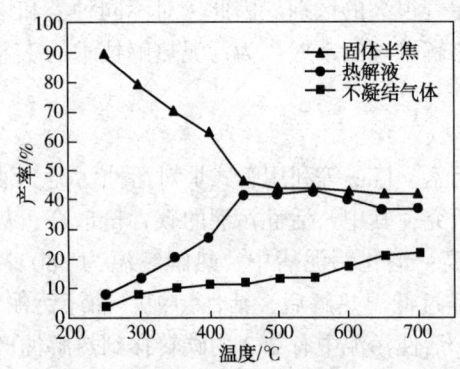

图5-12 热解产物产率随热解终温的变化

Stammbach等在450~650℃内，污泥处理量为1~5kg/h，利用流化床研究了消化污泥的热解特性，发现随着热解终温的升高，固体半焦和水的产率降低，气体产率增加，热解油产率先增大后减小，在550℃左右达到最大。

Kaminsky等在620~750℃范围内，利用流化床对污泥进行连续热解实验，处理量为40kg/h，发现油产率从620℃的40.1%降至750℃时的22.1%，气体产率从22.7%增至40.8%，油中芳烃产物的比例从620℃的1.81%增长到750℃的9.32%。何品晶等在200~450℃内，利用微型石英管炉对污泥进行热解研究，并对污泥从干燥到热解完全的整个过程进行经济评价，得出热解油产率随温度升高而增大，最佳热解条件是270℃、停留时间30min、油产率为20.1%/有机物。

热解终温在影响产物产率的同时，也会影响各产物的性质和组成，生成的热解油黏度会随热解终温的升高而降低，气体产物成分也会随热解终温变化。

①热解终温对液态产物的影响

由图5-12可知，热解液的产率随温度的变化有一最大值，在热解终温为250℃时只有少量热解液产出，而且低温时热解液主要为水分的析出；随温度升高热解液产率增加，450℃时热解液产率为41.65%，该温度段污泥中有机物的碳链断裂，发生裂解生成大分子油类，在终温为550℃时达到最大值43%；当温度继续升高，反应体系中的羧酸、酚醛、纤维素等大分子物质可能发生二次裂解，生成相对分子质量较小的轻质油及H_2、CH_4等，焦油的产率则相应有所下降。

从实验现象看，污泥热解过程中不同温度段产生的热解液的组成、颜色及性状有很大差别。实验过程中当物料温度为165℃左右时，在热解液收集器的内壁上开始形成淡黄色的晶体状物质，如果温度继续升高，会逐渐产生淡黄色的焦油，而且黏度较大，物料温度为356℃左右时热解液的增长速率最大。当温度达到450℃时，热解液中黑褐色油明显增多，且流动性好。污泥热解后收集的热解液呈现明显的分层现象：最下层为水及水溶性有机物；中间为浅黄色的没有合成完全的热解油，黏稠状，其相对分子质量相对较高；最上层为黑褐色类似于原油的热解油，分子量较小。

当热解终温在250℃左右时，热解液中以水分为主，低温下生成的少量淡黄色晶体漂浮在水面上；超过250℃以后，开始形成浅黄色的热解油；热解终温达到300℃以上时，黑褐色原油类热解油析出；终温达到400℃以上时，黑褐色热解油的比例超过浅黄色油。在250~550℃温度范围内，随着热解温度的升高，热解液的体积也在增大，但在450~550℃，热解液产率的变化只有1.35%。热解终温超过550℃后，热解液产率下降，原因在于一部分挥发性物质进入到气体中。虽然550℃后总的热解液减少了，但是黑褐色热解油的产率却有增加，黄色热解油相应地减少，这说明温度升高有利于油的转化。

②热解终温对固态产物的影响

从图5-12中可以看出，热解温度在250~700℃范围内，半焦的产率逐渐减少；在250~450℃范围内，半焦产率减少很快，从250℃的89%减少到450℃的46.6%。平均热解终温每提高100℃，半焦产率下降21.2%；在450~700℃范围内，半焦产率的减少非常缓慢，从450℃的46.6%减少到700℃的41.5%，平均热解终温每提高100℃，半焦产率下降2%，即热解终温对半焦的产率影响很小。

在250~450℃范围内，发生的反应以解聚、分解、脱气反应为主，产生和排出大量的挥发性物质（可凝性气体和不可凝性气体），且温度越高挥发分脱除的越多，剩余的固态物质就越少。在450~700℃这一阶段，一方面有机质中的可挥发性物质大部分已经脱离出来，另一方面其中间产物存在两种变化趋势，既有从大分子变成小分子甚至气体的二次裂解过程，又有小分子聚合成较大分子的聚合过程，这阶段的反应以解聚反应为主，同时发生部分缩聚反应，因而半焦产率的减少变缓。Inguanzo的实验研究也表明，随着温度的升高，半焦中的挥发分含量下降，在450℃以上时，其挥发分含量的变化已很小。

对以脱除污泥中挥发分为目的的热解反应，其热解终温控制在450℃为宜。超过450℃后，污泥中的挥发分已基本脱除，而由于温度升高所需的能耗会显著提高。

③热解终温对气态产物的影响

热解过程产生的挥发性物质中含有常温状态下仍为气态的物质（即NCG）。一般而言，热解终温是影响气态产物产率的决定因素。图5-13表示了气态物的体积产率随热解终温的变化。

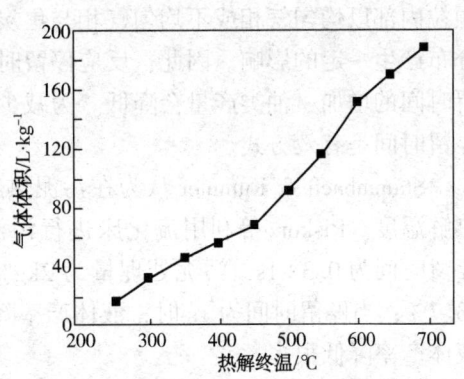

图5-13 热解气的产量随热解终温的变化

由图5-13可以看出，热解温度为450℃时出现转折点，即在450℃前后两个温度段内，气体产率的实验数据点均呈很好的线性关系。在250~450℃区间内产率随温度的变化缓慢，从250~450℃产率增加了49L/kg，平均温度每提高100℃，气体产率增加24.5L/kg；450~700℃区间内产率随温度的变化较快，从450~700℃产率增加了118.4L/kg，平均温度每提高100℃，气体产率增加47.36L/kg。这一不同段的温度变化规律可分别回归为下式：

$$V = 0.2416t - 40.72 \tag{5-19}$$
$$V = 0.4859t - 150.58 \tag{5-20}$$

式中 V——热解气产率，L/kg；
t——热解终温，℃。

对比式(5-19)和式(5-20)可知，450℃以上高温部分的气体产生速率约为低温下的2倍，这一现象可能是在450℃左右，通常大分子有机物可能发生二次裂解，无论是一次裂解气还是一次裂解焦油都可能会发生二次裂解反应。

由图5-12可以看出，当热解终温低于450℃时，半焦产率随热解终温升高而减少，变化明显。此阶段的热解气、热解液产率随热解终温升高而增加；热解终温在450℃以上时，半焦的产率继续减少，但变化很小，直至700℃时只减少了5.1%；在这一温度段，热解气的产率在持续增加，而热解液的产率则持续下降，说明在这一阶段热解液产率的减少是热解气产率增加的主要因素。热解液产率的减少，一方面是由于原料中的大分子有机物在高温下更多地直接断裂为小分子的有机气体，使得生成焦油的产率减少；另一方面，作为中间产物的焦油中的高分子量碳氢化合物在高温下又进一步发生裂解，生成小分子的二次裂解气。

同济大学也对该工艺做了实验研究，发现污泥在450℃以下时，温度上升，产油率上升，而且经微生物处理程度越低的污泥，有机物含量越高，其产油率也越高；炭焦的热值与反应温度基本呈反比；污泥热解制成的炭为无光泽多孔状黑色块(粒)，炭体积约为原有污泥体积的1/3，污泥炭产率随温度上升而下降，为取得较高产炭率，可将热解温度控制在300℃以下，可得到燃烧性能较好的污泥炭，且此时全系统的能量回收效率最高。此过程的生产性规模设备还处于发展之中。澳大利亚、加拿大研制的反应器的特点是带加热夹套的卧式搅拌装置，反应器分成蒸汽挥发和气间接触两个区域，两区域间以一个蒸汽内循环系统相连接，从而满足了反应机制对反应器的要求。

(4)停留时间

热解反应停留时间在污泥热解工艺中也是重要的影响因素。污泥固体颗粒因化学键断裂而分解形成油类产物，在分解的初始阶段，形成的产物应以非挥发分为主，随着化学键的进一步断裂，可形成挥发性产物，经冷凝后形成热解油。随着时间的延长，上述挥发性产物在颗粒内部以均匀气相或不均匀气相与焦炭进一步反应，这种二次反应将对热解产物的产量及分布产生一定的影响。因此，反应停留时间是污泥热解工艺中需要控制的重要因素，随着停留时间的增加，油类产量会降低。为减少有机物的二次分解和相互反应，缩短其在高温区的停留时间是有效方式。

Stammbach & Kummer认为在污泥热解过程中，停留时间对热解产物的影响程度仅次于热解温度。Piskorz等利用流化床进行污泥热解实验研究，选用的温度范围为400~700℃，停留时间为0.3~1s，污泥处理量为2kg/h。在450℃，停留时间为0.3s条件下，油产率为53.7%；当停留时间为1s时，液体产率降至43.5%。可见，随着有机蒸气的停留时间增加，液体产率降低很多。

Shen和Zhang利用流化床对活性污泥进行热解油化研究，温度范围为300~600℃，停留时间为1.5~3.5s，通过对热解产油和其他产物的分布情况进行分析，并利用GC-MS研究油的分子分布和结构，认为高的热解温度和长的停留时间有利于不凝气的生成；在温度为525℃和气体停留时间为1.5s时，最大产油率为30%；只有在温度大于450℃和较大的停留时间时，裂解产生的重油发生二次分解反应，形成轻质油；在温度大于525℃时，会形成更轻质的油和气态烃，气体的产量增加，焦炭的产量则随着温度的增加而减少。

Shen 和 Zhang 利用两级回转窑对污泥和易腐垃圾进行混合热解研究，处理量为 600g/h，热解温度为 400~450℃，停留时间为 20~60min，发现高的热解温度和短的停留时间会得到较高的热解油产率，而高的热解温度和长的停留时间会降低热解油产率，在热解温度为 550℃和停留时间为 20min 的条件下，污泥比例不同的各种原料都得到最大的热解油产率。

李海英利用固定床热解炉进行污泥热解研究发现，随着热解反应时间的增长，各种加热条件下污泥热解气体产物的产率均存在峰值，而且曲线有规律地波动，这种产气率的波动是与热解的反应进程密切相关的。例如，当热解加热速率为 5℃/min、热解终温为 500℃时，气体产率随时间的变化曲线的第一个峰值对应的反应时间为 105min，对应的炉子壁温已达到 500℃，物料中心温度为 362℃、距中心 42.5mm 处温度为 367℃，距中心 85mm 处温度为 432℃，这时各处的污泥中有机质都达到了裂解温度，因此，产生气体量迅速增加。当反应进行到 150min 左右，有机质裂解释放出的挥发分开始有所降低，到 200min 时，气体产量已经很少。当热解终温低时，物料内部温度也较低，热解终温为 250℃以下时，气体产物很少，经冷凝后生成少量水；但当热解终温超过 500℃后，气体的总产量及瞬时产气率都较高，热解终温越高，瞬时产气率越大。当终温为 700℃时，气体的瞬时产率可达 $0.00456m^3/min$，而且温度越高，曲线中峰的宽度越小，也就是产气时间随温度的升高而降低。

通过比较相同热解终温但不同加热速率下气体的产率发现，加热速率越高，气体的瞬时产率最大值出现得越早；热解终温越高，这种倾向越显著。

也有学者研究了温度与有机质转化率、炭得率、油得率之间的关系，认为在一定的温度范围内，有机质转化率与温度基本呈线性正相关，但高温阶段相反；炭得率与温度呈明显负相关性，油得率与温度呈正相关，较高温度有利于有机质向气相的转化。

(5) 加热速率

Inguanzo 等利用固定床反应器在 450~850℃之间对污泥热解进行研究，分析了产物与升温速率的关系，得出：加热速率的影响具有阶段性，液体产率在低温 450~650℃之间，受升温速率影响较大；在 450℃时，更高的加热速率会使热解效率更高，产生更多的液态成分和气态成分，降低了固态剩余物的量。而在较高的热解温度条件下(如 600℃以上)，其加热速率的影响可以忽略不计。

在污泥热解过程中，低温段形成的热解液很少，升温过程也很短，因此热解液受到加热速率的影响在低温段很小。但当达到一定温度水平后，有机物的裂解反应很剧烈，而且很复杂，这时加热速率对反应进程的影响较大。加热速率对热解液产率的影响在高温段较明显，在低温段达到热解终温所需的时间较短，而热解液的形成在低温时主要在保温过程，因此受到加热速率的影响较小。在热解高温段，达到 450℃以上时，在升温过程中已发生了强烈的裂解，且温度越高，受加热速率的影响越大。在 450~550℃时，加热速率越慢，热解过程停留的时间较长，产生的挥发性气体较多，但由于温度较低，这些挥发性物质以长链有机物为主，冷凝后形成的焦油量较大。在 550~650℃温度范围内，由于温度升高，引起了大分子挥发物的二次裂解，加热速率慢时，有一部分有机物裂解成气态，生成的焦油量略有减少。

热解达到热解完全时，加热速率对固态产物产率的影响不是很大，这主要是由于实验过程中以不再产生气体作为反应终止时间，因此最终半焦的产率受到加热速率的影响不大。但在 350~550℃温度范围内，不同加热速率下固体半焦的产率略有不同，而此阶段正好是热解反应最激烈的温度段。加热速率越低，物料在此反应阶段停留的时间就越长，热解得越完全，剩余的固体半焦量也就越少。

在相同的热解终温下，加热速率较低时，由于热解过程停留的时间较长，因此形成的不凝性气体量都相应较多。在高温时，可能由于小分子气体的聚合作用加强，使得低加热速率时气体的产量略有下降。

综上所述，停留时间、反应温度、加热速率、最终热解温度等因素对不同污泥热解效果的影响均与污泥中各种有机质化学键在不同温度下的断裂有关。温度超过450℃后，裂解产生的重油发生了第二次化学键断裂，形成了轻质油，气体产量也相应增加；温度超过525℃后，会进一步发生化学键断裂形成更轻质的油和气态烃，使不凝性气体的量提高，但炭焦量随气体量的增加而减少。

(6) 含水率

污泥热解过程的能量平衡主要受脱水泥饼含水率的制约。一般认为脱水污泥热解的临界含水率为78%，当脱水污泥的含水率低于78%，热解过程的处理成本低于焚烧工艺成本。

(7) 加热设备

Dominguez等利用微波加热和电加热两种设备对污泥热解特性进行研究，发现微波的加热速率高于电加热，两种加热方式下所得到的气体产物有很大差别，电加热产生的热解气中含有大量的碳氢化合物，因此气体热值较高。另外，在污泥中加入石墨或热解半焦作为微波吸收介质的情况下，会提高热解气中CO和H_2的产量。两种加热方式所产生的热解油组成有很大不同，微波加热产生的热解油主要由脂肪酸、酯、羧酸和氨基类有机物组成，而电加热产生的热解油主要为芳香族碳氢化合物，还含有少量的脂肪族碳氢化合物、酯和腈类有机物。Menendez等通过微波热解湿污泥得到与Dominguez等相似的规律，还发现当污泥中加入CaO也会提高H_2产量。

(8) 催化剂

在污泥低温热解过程中，催化剂的有效使用可以提高液体燃料的产率和质量、缩短热解时间、降低所需反应温度、提高热解能力、减少固体剩余物、影响热解产品分布的范围、提高热解效率、减少工艺成本。因此，为了提高热解油的产量和质量，在污泥中添加催化剂是十分必要的。目前，已有许多价格较低且无害的催化剂被广泛用于污泥的催化热解。虽然催化剂对提高污泥热解转化率、液态产品产量、热解油质量等有很大作用，但在催化剂的选择和利用中要综合考虑以下几点：

①含铝物质，如Al、Al_2O_3、$AlCl_3$。污泥中存在的硅酸铝和重金属在污泥热解过程中具有催化作用，对推动污泥中有机物的分解起关键性作用。

②含铁物质，如Fe、Fe_2O_3、$FeSO_4 \cdot 7H_2O$、$FeCl_3$、$Fe_2(SO_4)_3 \cdot 12H_2O$。通过以上含铁催化剂对热解影响的测试发现，有最大催化活性的物质是$Fe_2(SO_4)_3 \cdot nH_2O$，以Fe_2O_3和$Fe_2(SO_4)_3 \cdot nH_2O$混合物为催化剂能有效提高热解油的质量。

③含钠或含钾化合物。研究表明，催化剂对热解转化率的影响顺序依次为K_2CO_3>KOH>NaOH>Na_2CO_3>KCl>NaCl>无催化剂；催化剂对热解反应速率的影响顺序依次为NaOH>Na_2CO_3>NaCl>无催化剂，K_2CO_3>KOH>KCl>无催化剂。有催化剂的反应速率可达到1.03~1.45，高于无催化剂条件下小于1的反应速率。催化剂对轻质汽油质量分数的影响顺序依次为KOH>K_2CO_3>KCl>Na_2CO_3>NaCl>无催化剂，有催化剂的轻质汽油质量分数为57.2%~49.8%，高于无催化剂条件下43.9%轻质汽油质量分数。

④含铜化合物。以 $CuSO_4$ 为催化剂,可降低污泥裂解温度,提高油产量,污泥在440℃时的挥发分转化率为无催化剂作用下的1.15倍。

⑤镍基催化剂。镍基催化剂可有效消除重质焦油,使氢气的产量提高6%~11%。

⑥白云石及沸石。在流化床中添加白云石作为污泥热解催化剂,有利于焦油含量的减少和气体产量的提高,但对气体碳氢化合物的影响不大。Kim& Parker 研究了沸石作催化剂对污泥热解的影响,结果表明,在500℃条件下,单位质量干污泥中沸石添加量大于0.2g/g时,焦炭的产量随催化剂的增加而减少,焦油的产量变化并不明显,即催化剂的添加促进了固体焦炭向气体的转化,有利于产生更多的热解气。

5.4 污泥热解制油工艺与条件控制

污泥热解制油的炉型常采用竖式多段炉,为了提高热解炉的热效率,在能够控制二次污染物质(Cr^{6+}、NO_x)产生范围内,尽量采用较高燃烧率(空气比0.6~0.8)。此外,热解产生的可燃气体及 NH_3、HCN 等有害气体组分必须通过二燃室再次燃烧以实现其无害化。通常情况下,HCN 的热解温度在800~900℃,还应对二燃室排放的高温气体进行余热回收。回收的余热主要用于脱水污泥的干燥。干燥方式最好采用蒸汽间接加热装置。二燃室高温排气和余热通过余热锅炉产生蒸汽用作干燥设备的热源。

(1)污泥干燥-热解工艺系统

污泥干燥-热解工艺系统如图5-14所示,泥饼首先通过间接式蒸汽干燥装置干燥至含水率30%,直接投入竖式多段热解炉内,通过控制助燃空气量使之发生热解反应。将热解产生的可燃性气体和干燥器排气混合进入二燃室高温燃烧,通过附设在二燃室后部的余热锅炉产生蒸汽,提供泥饼干燥所需的热能。

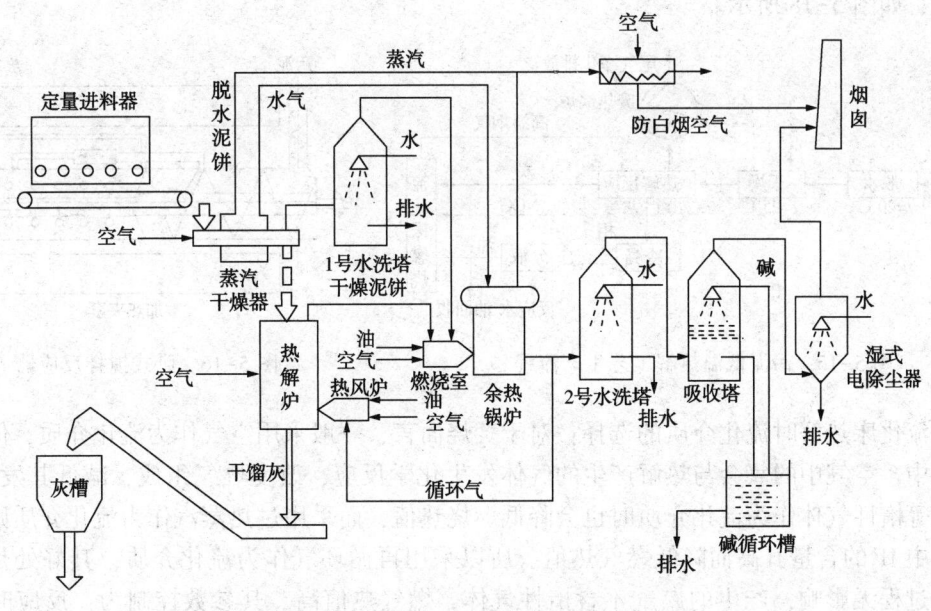

图5-14 污泥干燥-热解工艺系统示意图

该系统的处理能力与运行结果表明,热解炉适宜操作条件为:

热解温度 900℃,炉床负荷为 25kg/(m²·h),炉内平均停留时间为 60min,对应污泥可燃气成分的空气比为 0.6。采用间接式蒸汽干燥装置,总传热系数为 586~1381kJ/(m²·h·℃)。

该系统采用部分燃烧的热解方式,热解过程未产生 Cr^{6+},对污泥的减量效果与焚烧法相当。

(2) 污泥低温热解工艺系统

根据污泥低温热解工艺要求和热解过程技术特性,其工艺流程如图 5-15 所示。污泥经脱水后,干燥至含固率 90%,在反应器内热解成油、水、气体和炭;气体和炭及部分油在燃烧器中燃烧,高温燃气的产热先用于反应器加热,后在废热锅炉中产生蒸汽用于干燥;尾气净化排空,反应水(约为污泥干重的 5%)送污水处理厂处理。其热解工艺各阶段的技术要求与控制条件如下。

①脱水:从污泥浓缩池排出的含水率为 96%~98% 的污泥经机械脱水后含水率降至 65%~80%。常用脱水设备有转鼓真空抽滤机、板框压滤机、带式压滤机和离心脱水机。污泥热解工艺中最常用的为离心脱水机,因为该脱水方式不需加药,且脱水效率高。脱水操作在常温下进行。

②干燥:低温热解要求将污泥干燥至含水率 13% 以下,以避免污泥中的水被带入生成的油中。

选择干燥机时要考虑到污泥的种类、性能、加热特性、处理量等因素,在国内多采用回转窑干燥,窑内控制温度为 95℃。

③热解:热解设备的技术关键是要有很高的加热和热传导速率、严格控制中温以及热解蒸汽快速冷却。典型的热解设备有流化床、沸腾床、双塔流化床和立窑。国外主要采用带夹套的外热卧式反应器和流化床反应器,如图 5-16 和图 5-17 所示;国内主要采用回转窑热解装置,如图 5-18 所示。

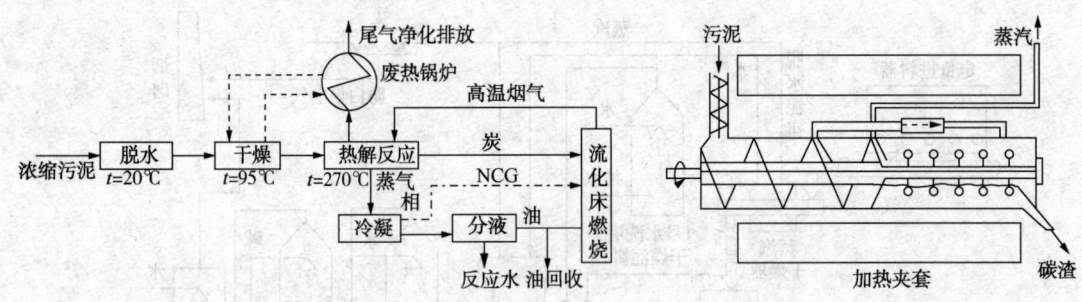

图 5-15 污泥低温热解工艺生产流程　　　　图 5-16 卧式搅拌反应器

④流化床热解时流化介质的选择:对于焚烧而言,一般采用空气作为流化介质,但在热解反应中,空气中的氧会与热解产生的气体发生化学反应,改变燃气组成,减低其发热值。用氮气等惰性气体作为流化介质时也会降低燃烧热值,而采用过热蒸汽作为流化介质则会因使燃气中 H_2 的含量升高而降低燃气热值。所以采用再循环气作为流化介质,其好处是对污泥热解过程无影响,产生的燃气不含惰性气体,燃气热值高。其参数控制为:反应时间为 30~40min,反应温度为 270~300℃。

⑤炭与灰的分离:因为炭在热解蒸汽的二次裂解时会起催化作用,并且在液化油中产生

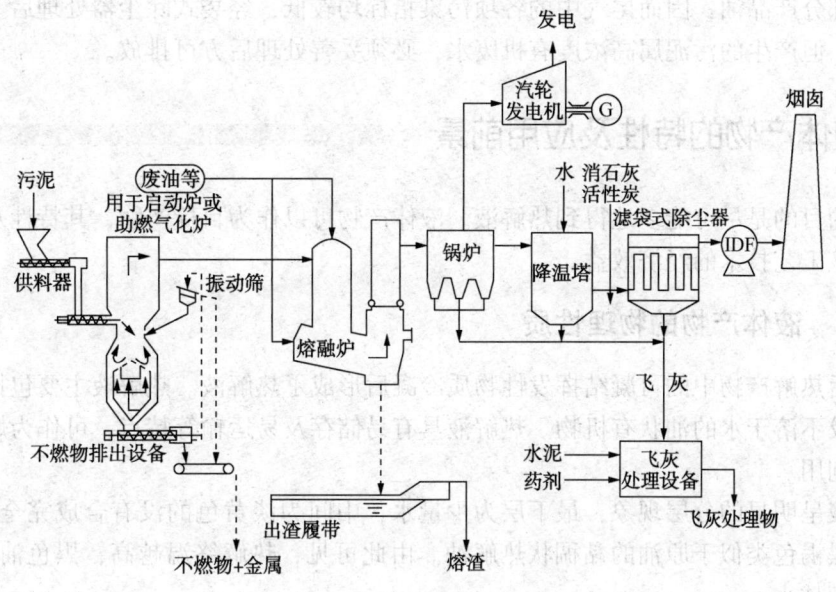

图 5-17 流化床热解装置系统

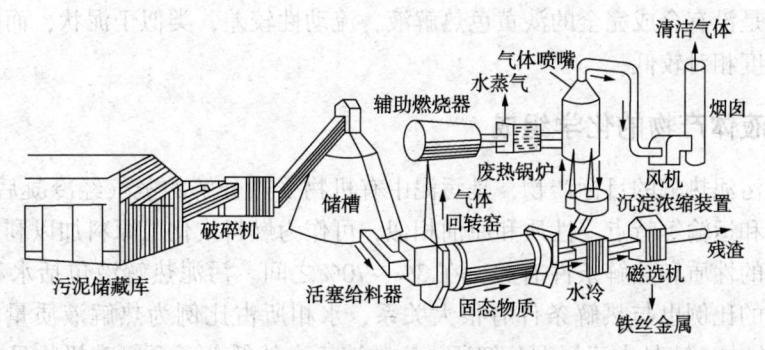

图 5-18 回转窑热解装置系统

不稳定的因素,所以必须快速分离。但由于污泥中的含碳量一般小于 5%,所以这个影响不会太大。分离装置一般采用旋风分离器。

⑥液体冷却收集:热解蒸汽的停留时间越长,二次裂解变成不凝气的可能性越大。为了保证油产率,蒸汽的快速冷却具有重要作用。因此,选用传热快、易于冷凝和快速分离的冷凝器是热解蒸汽冷凝工艺的第一目标。用于废气冷凝的设备有接触冷凝器和表面冷凝器,其中以接触冷凝器选用较多。冷凝液经收集后进入专设处理厂处理。由于污泥热解设施一般都是与污水处理厂合建的,因此可直接回流到污水处理厂进行处理。

液体冷凝的参数控制为:冷凝温度不小于 15℃,后续冷凝液分离温度在 65℃左右。

⑦热量的回收与利用:污泥热解产生的气体和炭由于品质问题,作为商品化目前尚有难度,因此将这部分能量用于污泥热解工艺本身所需的热量以及形成锅炉蒸汽使用是经济合理的,即将气体和炭以及部分产品油在燃烧器中燃烧,其高温燃气先用于反应器加热,而后在废热锅炉中产生蒸汽用于前段污泥干燥或作供热利用。

⑧二次污染防治:由于燃烧介质是热值高、颗粒小、污染物含量低、易于充分燃烧的气

体、炭和部分产品油，因而尾气中的各项污染指标均较低，经袋式除尘器处理后一般可满足排放要求。但产生的污泥属高浓度有机废水，必须妥善处理后方可排放。

5.5 液体产物的特性及应用前景

热解的目的是尽可能多地得到热解液。液体产物可以作为目标产物，其特性及应用前景直接影响该工艺技术的经济效益。

5.5.1 液体产物的物理性质

热解后热解产物中的可凝结挥发性物质冷凝后形成了热解液。热解液主要包括反应生成的少量水及不溶于水的油状有机物。热解液具有易储存及易运输等特点，可作为燃料或化工原料加以利用。

热解液呈明显的分层现象，最下层为少量水，中间为淡黄色的没有合成完全的热解油，最上层为黑褐色类似于原油的黏稠状热解油。由此可见，热解终温越高，黑色油状物越多，焦油的密度越小。

从热解液的流动性看，在低温段产生的热解液黏度较低，呈水状，而高温段的热解液黏度较高；尤其是没有合成完全的淡黄色热解液，流动性较差，类似于泥状，而高温产生的黑色热解液，黏度相对较低。

5.5.2 液体产物的化学组成

热解液是污泥热解的目标产物，是污泥中有机物受热分解的蒸气经冷凝后得到的产物，具有容易储存和运输等特点，性质和原油相似，可作为燃料或化工原料加以利用。热解液产率与污泥自身的性质和热解条件有关，在3%~70%之间。污泥热解液包括水和有机物两部分，这两部分的比例也与热解条件有很大关系，水相所占比例为热解液质量的2%~10%，其pH值在8左右，这是由于污泥分解所产生的溶于水的低分子含氮有机物呈弱碱性。水相中含有一些可溶性的醇、脂肪酸和酯等小分子有机物，在水中的比例为2%左右。Elliott认为水中有机物浓度太低，常规的IR、核磁共振等检测方法很难确认水中有机物的种类。热解油是一种含有多种有机物的复杂混合物，因有机组分性质的不同，会出现分层现象。李海英等认为除去水相后的污泥热解油分为上下两层，而Fonts等发现热解油分为三层，但他们都认为上层油具有密度小、黏度低、热值高的优点，适合做高附加值燃料。

热解油的有机组成是各国学者研究的重点。为了搞清楚热解油中包含的有机物种类，多种化学分析方法都应用到其中，如元素分析仪、GC、GC-MS、核磁共振、FTIR等。大家一致认为污泥热解油中含有烷烃、烯烃、芳烃、有机酸、脂肪酸、含氧有机物和含氮有机物。因热解条件不同，热解油的组成也不尽相同，Fonts等在450~650℃范围内，通过不同的给料速率研究污泥液体产物的变化，采用GC-MS分析发现在不同情况下各类有机物含量均不相同，主要是脂肪族碳氢化合物、芳香族碳氢化合物、含氧脂肪酸、含氮芳香族化合物和类固醇，其他有机物含量很少。Vieira等在380℃利用GC-MS分析了连续式和间歇式实验装置的污泥热解油中的代表性有机物，包括甲苯、乙苯、苯乙烯、异丙基苯、α-甲基苯乙烯、丁腈和二苯丙烷，在两种情况下各有机物的含量分别为4.7%和7.9%、6.5%和11.8%、

35.8%和14.2%、2.4%和4.7%、21.9%和8.3%、9.2%和9.6%、7.0%和7.3%，原因是在两种实验条件下挥发性有机物在高温区的停留时间不同导致生成物不同。

污泥热解油中含有大量的芳香族和含氮有机物，这些有机物中有许多毒性较大。Fullana等采用GC-MS分析热解油成分发现，含氮化合物主要是氰基化合物和杂环芳香族化合物，而原料污泥中蛋白质N以氨基形式存在，N与芳环形成杂环化合物的结构很少见，因此推断这些化合物是经历了二次反应才形成的。含氮有机物中存在大量溶于水的有机物，Fonts等研究发现通过水洗可以去除热解油上层油中12%的N。PAHs因毒性较大往往受到人们的关注，Sanchez利用石英管反应器研究了在350~950℃内温度升高对污泥热解油成分的影响，发现油中正构烷烃和1-烯烃的含量随温度的升高而减小，而芳香族化合物的含量随温度的升高呈现不同的变化规律，在350℃、450℃、550℃和950℃时，总的PAHs含量分别为1.70%、2.34%、1.51%和1.97%，含有2~3个芳环的有机物在450℃时含量最大，4个芳环以上的有机物含量随温度升高而增加，在950℃时含量最大；认为PAHs含量的变化是由于挥发性有机物的停留时间过长，发生二次反应的结果，污泥热解油在使用过程中需要注意PAHs这类有毒物质。Kaminsky和Kummer在研究过程中也发现芳香族有机物的含量随温度升高而增大，苯的含量从热解终温为620℃时的1.81%增加到750℃时的9.32%。

污泥热解油主要是由C、H、N、S和O五种元素组成，其中C含量约为75%、H含量约为9%、N含量约为5%、S含量约为1%、O含量约为20%。由于热解油中含有大量的C、H元素，所以热解油具有很高的热值，随着热解油中的含水率不同，发热量范围在15~41MJ/kg之间，单从发热量来看，热解油可以是很好的燃料。污泥热解油中有机物分子的碳链长度在C_3~C_{31}之间，而柴油中有机物分子的碳链长度在C_{11}~C_{20}之间，表明热解油含有较多的易挥发和沸点较高的有机物。Chang等通过GC分析含油污泥热解产生的热解油，发现其中含有的轻、重石脑油或汽油的含量与柴油很相近，H/C也与燃料油相近，但在高温条件下剩余残渣量较大。Fonts等认为热解油的上层部分可以直接与柴油混合使用，与柴油的比例为1:10时，可以直接作为柴油机燃料；而中间层和下层的热解油因为N、S含量超标，可以作为石灰窑或玻璃窑的燃料，如果经过脱N、S加工，可以作为高品质燃料。

5.5.3 液体产物的燃料特性分析

若将污泥热解油用作石油的替代品，必须保证其具备柴油等矿物油成分的基本特征。根据Kevin J. Harrington的研究，作为柴油替代品的理想物质应具有以下的分子结构：具有较长的碳直链；双键的数目尽可能地少，最好只有一个双键，并且双键位于碳链的末端或均匀分布在碳链中；含有一定的氧元素，最好是酮、醚、醇类化合物；分子结构中尽可能没有或只有少数碳支链；分子中不含芳香烃结构化合物。

具备这些分子结构特性的原因在于：碳链较长，可以保证有较高的沸点，不易挥发，有利于安全储存、运输和使用；但碳链过长则会使熔点过高，使流动性和低温性能变差，一般认为C原子数在16~19为宜；含有双键可以保证在常温下保持液态，增强流动性，特别是低温流动性，这是保证作为燃料使用的必要条件；双键过多会使物质不稳定，且燃烧不完全，影响作为燃料的适用性；双键位于分子的末端或均匀分布，可增加抗振性，并易于点燃；没有支链可以使燃料易于氧化，保证充分燃烧，不会产生炭沉积而堵塞烧嘴现象；没有芳香烃存在，可保证不产生炭黑；此外，长链结构还能使燃料与其他矿物油相混合。

Lilly等采用色质联用技术对温度为525℃条件下污泥热解油的成分进行了分析研究，从热解油的分子量来看，大部分有机物的分子量在360左右，450℃前生成的热解油中分子量小于150的轻质油含量较少，热解油中主要为$C_{13}\sim C_{32}$的大分子直链化合物；而超过450℃后，热解油中碳原子数小于C_9的轻质油含量急剧增加，而且通过Lilly、Adegoroye等的分析，污泥热解油的分子结构与理想柴油替代品的结构类似。因此，从理论上讲，污泥热解油具有代替矿物柴油的可能性。

（1）燃料油特性

用于燃料特性测试的为蒸馏脱水后的无水热解油，燃料特性大都按照《燃料油》[SH/T 0356—1996(2007)]所规定的项目进行测试，水分和机械杂质通过含水率和固体物质含量来确定。根据测试结果可知：

①热解油在20℃时的密度在935~961kg/m^3之间，而含水热解油的密度在971~984kg/m^3之间，原因是水的密度比热解油的密度要大。与《燃料油》[SH/T 0356—1996(2007)]对照，热解油密度高于2号燃料油的要求（≤872kg/m^3），可以满足4号（轻）燃料油的要求。

②由于热解油是黑色的，无法清楚看到析出的水和机械杂质，因此未对此进行分析。对热解油的含水率进行分析，经过蒸馏脱水后热解油的含水率为2.5%。所含的水分可能来源于两部分：一部分是轻质组分中含有的水，在把轻质组分与剩余油混合时，水也一起进入热解油中；另一部分是热解油中的一些有机组分在受热情况下发生反应而生成的水，由于热解油中含有大量的不饱和有机物，这些有机物很不稳定，在受热情况下会相互发生反应而生成水。2.5%的含水率不会对热解油的应用造成影响。

③热解油的运动黏度随温度的变化如图5-19所示。通过图5-19可以看出，热解油的黏度受温度的影响较大，随着温度的升高，运动黏度逐渐降低。热解油的运动黏度从20℃时的15.22mm^2/s降至80℃时的2.65mm^2/s。在20~50℃之间运动黏度降低了9.72mm^2/s，但在50~80℃之间的高温范围内只降低了2.79mm^2/s。原因是随着温度升高，热解油中有机物之间的摩擦力减小，运动黏度也会降低，当升高到一定温度时，有机物之间的摩擦力已经足够小，温度的升高对摩擦力的影响很小，因此运动黏度变化也较小。

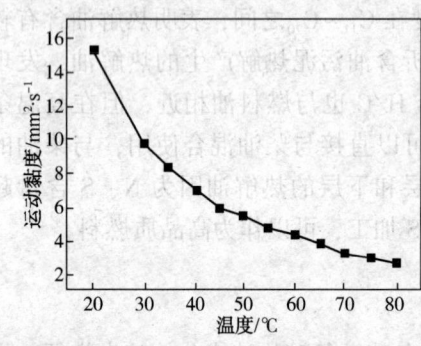

图5-19 热解油的运动黏度随温度的变化

污泥热解油在40℃时的黏度为7.02mm^2/s，高于2号和4号（轻）燃料油的运动黏度要求，但能够满足4号燃料油的黏度要求（40℃时≥5.5mm^2/s和100℃时≤24mm^2/s）。

无水乙酸对改善热解油的性质有很大帮助，它可以降低热解油的黏度和气味，提高热解油的稳定性等，是一种操作简单、成本低廉的热解油加工方法。40℃时热解油的运动黏度随无水乙醇含量的增大而减小，当无水乙醇含量为5%时，运动黏度从13.3mm^2/s降至10.2mm^2/s，降低了24%；当无水乙醇含量为20%时，运动黏度降至7.0mm^2/s，降低了47%。可见无水乙醇含量对热解油运动黏度的影响很大，原因是无水乙醇的流动性好，其加入可以起到稀释热解油的作用，降低热解油的运动黏度。

然而无水乙醇的加入会对热解油的闪点造成不利影响。由于乙醇的易挥发性，会增加热解油中易挥发组分的含量；热解油闪点从33℃分别降至无水乙醇含量为5%的25℃和含量为10%和20%的20℃以下，使得闪点更加偏离燃料油的标准要求。另一方面，无水乙醇的加入只是通过稀释作用在一定程度上降低了固体颗粒物的含量，但是热解油中的总固体量并没有变化。

④热解油铜片腐蚀结果为1级b，满足各个型号燃料油的要求。热解油腐蚀性不大与其有机物性质有关。热解油的pH值约为8.6，呈弱碱性，所以腐蚀性较弱。Dominguez等认为污泥中的蛋白质在受热分解过程中产生的一些低分子量的可溶性和碱性的含氮有机物是热解油呈碱性的原因。在进行热解油含水率测定和蒸馏脱水实验时，在冷凝管出口处发现有铵盐生成，表明热解液中有氨气或铵盐的存在，氨气来源于污泥中含氮有机物的分解。

⑤热解油的馏程如图5-20所示。原油在450℃只能蒸馏出约50%的质量，而热解油在380℃以下能蒸馏完全，表明热解油比原油含有的高沸点有机物少。热解油的初馏点为65℃，10%馏出温度为148℃，终馏点为374℃，最终馏出比例为93%，90%馏出温度为365℃。2号燃料油标准要求的10%馏出温度为228℃，而90%馏出温度低于338℃。热解油在228℃时的馏出比例约为23%，338℃时的馏出比例约为68%，不能满足2号燃料油的要求，原因是热解油中含有大量的低沸点和高沸点有机物，如果能够去除热解油中约10%易挥发有机物和高沸点有机物，可以得到与2号燃料油接近的油品。

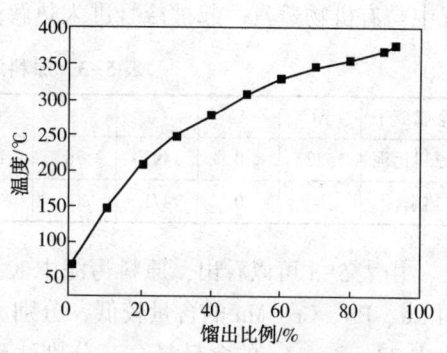

图5-20 热解油馏程曲线

⑥热解油的闪点为33℃，不能满足燃料油高于38℃的要求，闪点低的原因是其中含有大量易挥发有机物。而含水热解油的闪点为53℃，比无水热解油的闪点33℃要高20℃，是由于水的分压会减小热解油上方的有机蒸气分压，因此提高了热解油的闪点。去除轻质组分也能够使热解油闪点升高，稍重组分的挥发温度较高，所以闪点相应升高。

⑦倾点高低反映了热解油的低温应用性能。热解油的倾点为8℃，高于4号(轻)燃料油标准要求的-6℃，这是由于热解油中存在的大分子量有机物在较高温度下就会凝固，导致热解油的倾点较高。如果将热解油作为燃料油使用，最好在气温较高的季节使用，若需要在寒冷的冬天使用，应对热解油进行预热。

⑧硫含量是燃料品质的重要指标，因为硫燃烧会生成大气污染物SO_2。热解油的硫含量为1.2%，高于2号油低于0.5%的要求。为保护环境，热解油应在使用前进行脱硫或燃烧后对烟气进行脱硫处理。

⑨10%蒸余物残炭指蒸出90%的油后剩余物的残炭。热解油的10%蒸余物残炭值为3.8%，远远大于2号燃料油的要求，热解油残炭较高与热解油本身的性质有关，热解油中的有机物在长时间受热时发生反应，生成的重质大分子增加了残炭量，另一方面热解油中较高的无机物含量也是残炭高的原因之一。

⑩灰分是油品燃烧后的剩余不可燃物。热解油的灰分为0.11%，高于4号(轻)燃料油的标准要求，这是由于污泥中的一些无机尘粒和无机盐类在热解过程中受热分解并随有机蒸汽一起冷凝到热解油中，导致热解油灰分较高。

通过对比热解油的燃料性质与《燃料油》[SH/T 0356—1996(2007)]的要求，发现除了闪点和灰分外，其他各项性能均可满足 4 号燃料油的要求，因此认为热解油经过去除少量轻质组分和固体有机物之后，可以作为 4 号燃料油使用，但在使用过程中应该注意采用脱硫设施减少 SO_2 对大气的污染。

(2) 非燃料性质

虽然热解油具有良好的燃料特性，可以作为 4 号燃料油使用，但是一些非燃料性质会对热解油的利用产生影响。金属离子会影响油的品质；固体颗粒物会堵塞设备而影响燃烧系统；热解油中的不饱和有机物会导致热解油的成分和性质发生变化。

① 金属离子含量。热解油中的金属离子来源于污泥中金属盐类的分解和挥发，在冷凝过程中与有机物蒸汽一起被冷凝进入热解油中。原料污泥和热解油的金属离子含量见表 5-3。

表 5-3　原料污泥和热解油的金属离子含量　　　　　　　　　　mg/kg

金属离子	Al	As	Ca	Cr	Cu	Fe	K	Mg	Mn	Na	Pb	Zn
原料污泥	15227	0	14970	78	105	740	171	289	98	284	49	652
热解油	74	0	471	12	48	103	230	108	3	66	0	88

由表 5-3 可以看出，原料污泥中 K、Ca、Na、Mg、Al、Zn、Fe 的含量均高于 171mg/kg，而 Cu、Pb、Cr、Mn 的含量较低，分别为 105mg/kg、49mg/kg、78mg/kg 和 98mg/kg。原料污泥中 Al、Ca、Fe 的含量最高，分别达到 15227mg/kg、14970mg/kg 和 740mg/kg，原因可能是污水处理过程中使用了含 Al、Fe 的絮凝剂，Ca 含量大可能因为污泥中含有 Ca 离子的沉淀物。

在污泥及其热解油中均未检出 As。热解油中除 K 外，各种金属离子的含量均低于原料污泥。热解油中金属离子含量与各种金属盐类在高温条件下的热挥发性有关，另外污泥热解液中的固体半焦颗粒也是金属离子含量大的原因，因为金属离子在热解过程中大都集中到半焦中，而随有机蒸气一起被冷凝到热解液中的半焦微粒会增加热解油中的金属离子含量。除 K、Ca、Fe、Mg 等金属外，其他金属离子含量均低于 100mg/kg，表明 K、Ca、Fe、Mg 的金属盐类容易分解和挥发。对比原料污泥与热解油发现，并不是原料中含量高的金属离子在热解油中的含量一定就高，最明显的就是 Al 在污泥中的含量为 15227mg/kg，而在热解油中的含量只有 74mg/kg。按照热解油产率 30% 计算，热解油中金属离子总量约为污泥中金属离子总含量的 10%，在热解过程中污泥中的金属离子大都残留在固体产物或进入热解液中。

金属离子会对热解油的利用造成影响，金属离子的存在会加速热解油的性质变化，在燃烧过程中，金属离子是灰分的主要来源，不能挥发的金属离子会形成金属氧化物或盐类积聚下来，会堵塞设备或影响设备性能，因此有必要对热解油中的金属离子进行脱除。

② 固体颗粒含量。污泥热解油中的固体颗粒含量利用过滤方法测定，经过 2~4μm 的微孔滤膜过滤后，测得固体颗粒物含量为 4.3%，滤液利用 0.45μm 的微孔滤膜进行过滤，得到的固体颗粒物含量为 3.1%，总的固体颗粒物含量为 7.4%。在污泥热解过程中，不可避免地会有一些小的污泥尘粒和固体半焦颗粒会随着有机蒸气一起挥发出热解炉，因为在冷凝设备前没有安装除尘装置，这些固体颗粒物随有机蒸气一起被冷凝下来，进入到热解液中。另一方面，污泥中未分解完全的有机物也会随蒸汽一起冷凝到热解液中，这些未分解有机物粒径较大，也会被微孔滤膜截留。由于固体颗粒物粒径很小而且都混在一起，因此无法将有

机颗粒物和无机颗粒物完全进行分离。

在油品使用过程中，固体颗粒物会造成输油管路堵塞，并造成积炭，进而影响燃烧系统。热解油中存在如此多的固体颗粒物，在很大程度上会影响其应用，因此有必要对颗粒物进行脱除。

③热解油的稳定性。热解油的稳定性可以通过热解油成分、运动黏度和含水率的变化来衡量。由于热解油成分十分复杂，虽然现在的分析手段已经很先进，但仍无法确定热解油成分的微妙变化。运动黏度虽然不能确定反应产物，但可在一定程度上反映油的成分变化。

选取4组运动黏度不同的样品，在80℃恒温石蜡浴中储存一定时间后，取出来冷却，3天后热解油的运动黏度增加了约70%，其中在第一天变化量最小，第三天最大。与同条件下的木材热解油相比，污泥热解油的运动黏度变化幅度小。原因与热解油的性质有关，木材热解油的pH值在2~3之间，表明里面含有大量的有机酸，有机酸在和醇发生酯化反应时可以作为催化剂和原料，同时也可以作为其他反应的催化剂；污泥热解油的pH值约为9，其中含有许多碱性含氮有机物，由于缺少酸性催化条件，反应速率较慢。

污泥热解油的稳定性是由于其中含有大量的有机酸、醇、醛等有机物，在长期的储运过程中，这些物质会发生反应，从而造成热解油中有机物的变化。

5.5.4 热解液加工产品

热解液含水率为25%，固体颗粒物含量为7.4%，限制了热解油的应用。通过两步蒸馏法对热解油进行加工，可得到轻质组分、中质组分、沥青质和水，其工艺流程如图5-21所示。具体操作过程为：第一步利用简单蒸馏装置，在温度条件为120~130℃范围内，保持2min，分离出轻质组分和水；第二步是在减压操作过程中，选用回流比为1（回流量/采出量），收集在常压下沸点低于325℃的馏分，蒸馏分离出中质组分和沥青质。

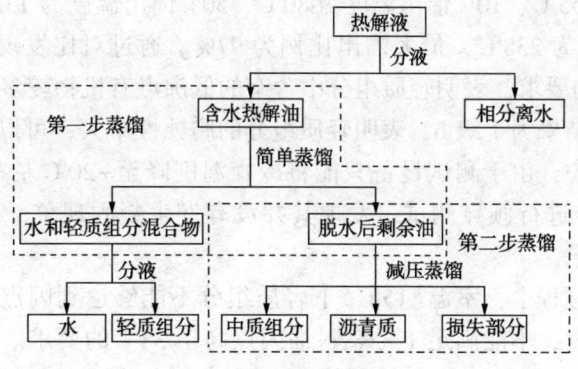

图5-21 热解油加工流程图

（1）轻质组分的有机组成

轻质组分中含有大量的有机物，通过GC-MS分析表明轻质组分是成分复杂的混合物，包括不同碳链长度的烷烃、烯烃、酚、芳烃、腈类等，各种有机物的含量相差很大。虽然有机物种类很多，但是大体可以分为四大类：烷烃类、烯烃类、含N和O的有机物、芳烃。其中，烷烃类的含量占24.32%，烯烃类的含量占36.33%，芳烃类的含量占22.96%，含N和O的有机物占16.39%。

由此可知，轻质组分中主要为烃类有机物，含 N 和 O 的有机物含量较低，只占总量的 16.39%；轻质组分中含有大量的不饱和有机物，含量占到总有机物的一半以上。在烷烃中含量最大的是辛烷、壬烷和癸烷，比例分别为 4.33%、4.06% 和 3.0%。烯烃是轻质组分中含量最大的一类物质，占到总有机物的 1/3 以上，含量最大的为庚烯，各种异构体占到总量的 5.37%。烷烃和烯烃的碳链长度主要分布在 $C_6 \sim C_{13}$ 之间，虽然也有高于 C_{13} 的有机物存在，但是含量较小，轻质组分的碳链长度与汽油的典型碳链长度相似。芳香烃中最长碳链有机物为甲基萘，含量为 0.12%；含量最大的有机物为甲苯，含量为 9.98%。

多环芳烃类有机物因毒性较大一直受到关注，而在轻质组分中，除了含量为 0.12% 的甲基萘含有两个苯环以外，未发现其他含有两个苯环以上的有机物，可能的原因是多环芳烃类的沸点较高，在简单蒸馏中未被蒸出。含 N 和 O 的有机物在热解油中存在形式复杂，包括低链脂肪酸、吡啶、醛类等，这些有机物也是轻质组分恶臭气味的主要原因，在含 N 和 O 的有机物中含量最多的为腈类、吡咯和呋喃，含量分别为 3.97%、1.46% 和 0.97%。轻质组分的硫含量为 1.1%，但在气质联用中并未检出含硫化合物，可能是由于各种含硫物质的含量太低而不易检出。

(2) 轻质组分的燃料性质

含水热解油经过简单蒸馏得到的轻质组分为橙色液体，具有强烈的刺激性气味，恶臭强度超过热解油本身。轻质组分在热解油中所占比例约为 15%，其热值为 31MJ/kg，具备作为燃料的基本条件。

①燃料油潜质。轻质组分的密度为 893kg/m³，满足 1 号燃料油不低于 846kg/m³ 的要求；通过目测，轻质组分也可以满足水和沉淀物的要求，但是通过含水率测定发现轻质组分中仍然含有 6% 的水分，轻质组分虽然不清澈透明，但利用 0.45μm 的微孔滤膜过滤后未发现有固体颗粒物。40℃ 时的运动黏度为 0.8mm²/s，低于 1 号燃料油标准要求的高于 1.3mm²/s。轻质组分的初馏点为 55℃，10% 馏出温度为 80℃，50% 馏出温度为 132℃，90% 馏出温度为 207℃，最高馏出温度为 238℃，最大馏出比例为 97%。通过对比发现 10% 馏出温度低于 1 号燃料油高于 215℃ 的要求，表明轻质组分中含有的低沸点有机物较多。

铜片腐蚀性测试结果为 1 级 b，表明轻质组分的腐蚀性不大，可以满足 1 号燃料油的要求。在倾点测试过程中，由于测试设备只能将冷媒温度降至 -20℃ 左右，为保证设备安全，在 -18℃ 时对轻质组分进行倾点测试，发现其并没有发生凝固现象，表明凝点低于 -18℃，可满足 1 号燃料油要求。

在闭口闪点测试过程中，室温（15℃）下轻质组分不能够达到闪点，原因是轻质组分中的有机物十分容易挥发，不能满足 1 号燃料油闪点高于 38℃ 的要求。轻质组分的硫含量为 1.1%，高于 1 号燃料油的要求，如果想要把轻质组分用作燃料，必须在使用前、使用过程中或燃烧后进行脱硫处理，以防止生成的 SO_2 对大气造成污染。10% 蒸余物残炭和灰分大小都可以满足 1 号燃料油的要求。

通过上述燃料性质分析，认为轻质组分在馏程、运动黏度和闪点等重要性质方面不能满足 1 号燃料油要求，不可以作为 1 号燃料油使用。

②轻质组分作为车用汽油的前景。轻质组分的热值高于 30MJ/kg，由于燃料性质不满足标准要求，不能作为燃料油使用，如何利用轻质组分是热解油利用过程中必须解决的问题。由于轻质组分中含有大量的易挥发组分，且具有较高热值，因此可通过将轻质组分与《车用

汽油》(GB 17930—2016)进行对比，对其作为车用汽油的前景进行分析，为解决轻质组分利用提供基础数据。

通过将轻质组分与车用汽油性质进行对比可知，轻质组分的10%、50%和90%馏出温度都比车用汽油相同百分率馏出温度高10~20℃，终馏点比标准要求的205℃高33℃，馏出温度的微小差距反映了两者中有机物沸点之间的差别，这与轻质组分的蒸发温度有关，如控制温度条件减少高沸点有机物的蒸出量，可以满足车用汽油的馏程要求。

轻质组分馏程测定过程中的残留量为3%，略高于《车用汽油》(GB 17930—2016)规定的2%，原因可能是热解油具有不稳定性，在高温条件下，会发生化学反应，致使液体有机物反应生成固体残留物。腐蚀性测试结果为1级b，满足标准规定，轻质组分的pH值为9.1，可能是腐蚀性比较低的一个重要原因。

在轻质组分中肉眼看不到机械杂质和水分，但是通过对比车用汽油，可以明显观察到，轻质组分不如车用汽油清澈。由于气体污染物排放要求的提高，汽油中的硫含量要求也更加严格，标准规定汽油中的硫含量不大于0.1%。

Pb和Mn含量可以满足标准要求，Fe含量超过标准要求的10倍左右。苯含量和芳烃含量满足标准要求的2.5%及以下和40%及以下，烯烃含量为36.3%，略高于规定的35%及以下的要求。

轻质组分中的O含量为17.5%，O含量是通过差减法计算得到，在数值上可能会有些误差，但是可以断定的是轻质组分中的O含量高于《车用汽油》(GB 17930—2016)低于2.7%的要求。轻质组分中含N和O的烃的衍生物约16%，N和O的存在会降低油的热值，但O的存在又能够提高燃烧效率和减少污染物排放，《车用汽油》(GB 17930—2016)中并未对此类物质的含量做出要求。

通过所测定的轻质组分性质与《车用汽油》(GB 17930—2016)相对照，认为轻质组分经过适当调整其所含有机物比例和脱硫处理后，有望作为车用汽油的替代燃料。

(3) 中质组分的有机组成

中质组分是热解油在常压情况下低于325℃时得到的馏分，该部分是热解油中量最多的部分，约为热解油总体积的1/3，中质组分的利用前景直接影响热解油的应用，对该部分的燃料性质和有机组成进行分析有十分重要的意义。

通过GC-MS分析可知，中质组分中烷烃的含量为35.68%、烯烃的含量为13.48%、芳烃的含量为2.51%、含N和O的化合物的含量为48.35%。与轻质组分相比，中质组分中含有更多的烷烃类和含N和O的有机物，大量含N和O的化合物表明中质组分中有机物的结构更加复杂。

中质组分中烃类有机物占全部有机物的51.67%，烷烃类有机物占所有烃类有机物的70%左右，在烷烃中含量最大的是十四烷、十五烷和十七烷，比例分别为8.23%、6.27%和5.59%。烯烃在中质组分中的含量较小，其中含量最大的是十一烯、十四烯和十六烯，含量分别为2.17%、5.62%和3.11%。烷烃和烯烃的碳链长度主要分布在$C_{10} \sim C_{20}$之间，而柴油的典型碳链长度为$C_{11} \sim C_{20}$，可见中质组分与柴油在碳链长度上很相近。芳烃类有机物在中质组分中含量最小，其中含量最大的是2-甲基萘，含量为1.03%，2-甲基萘也是中质组分中唯一含有两个苯环的有机物，在中质组分中未发现高于两个苯环的有机物。

中质组分中将近一半的有机物是含N和O的有机物，这与原料污泥中的有机物种类有关，其中含量最大的是十六腈，含量为 16.55%。除了含有大量的腈类有机物外，中质组分中还含有有机酸、醇和酚类等，有机酸的含量为 4.6%、醇类的含量为 5.09%、酚类的含量为 8.3%。与轻质组分相比，中质组分有机物种类有很大不同，轻质组分中未检出有机酸和醇类有机物。

(4) 中质组分的燃料特性

随着交通运输业的飞速发展，柴油需求量不断增长。如果中质组分可以作为柴油的替代品，既可以提高中质组分的附加值，也可以减少石油的进口量。

十六烷值是表征柴油着火性能的重要指标，《车用柴油》(GB 19147—2016)要求十六烷值高于 49，Bahadur 等研究发现污泥热解油的十六烷值能够满足标准要求，且污泥热解油可以用做增加柴油十六烷值的添加剂。中质组分的十六烷值需要进行测定来明确能否满足标准要求。

氧化安定性是指柴油在储存和运输过程中，在空气和少量水存在的情况下，生成沉淀物和胶质的趋势，生成的沉淀物或胶质会堵塞过滤器或形成积炭，影响燃烧系统。可通过分析中质组分的稳定性来判断其氧化安定性。将 300mL 中质组分在室温下存放于干净的密闭玻璃瓶中，3 个月后在瓶底部出现黑色胶状物，这类物质是由中质组分中的有机物发生反应生成的，表明中质组分具有不稳定性。通过 GC-MS 联用得到中质组分中含有大量的有机酸和醇类物质，这些物质在储运过程中会发生反应，是中质组分不稳定的主要原因之一。通过分析认为中质组分的氧化安定性不符合《车用柴油》(GB 19147—2016)的要求。

由于经过两步蒸馏，水、固体颗粒物及高沸点组分都被分离出来，因此中质组分在水和机械杂质测试中可以满足《车用柴油》(GB 19147—2016)的要求。中质组分的硫含量约为《车用柴油》(GB 19147—2016)中 0.035%的 10 倍，不能满足柴油要求。中质组分的密度要高于《车用柴油》(GB 19147—2016)的要求，灰分含量刚好能够满足《车用柴油》(GB 19147—2016)的要求。凝点反映油品的低温流动性能，中质组分的凝点为 -8℃，能够满足 5 号和 0 号柴油的要求；闪点为 104℃，可以满足 0 号柴油的要求；中质组分 20℃时的运动黏度为 10.0mm^2/s，高于 5 号和 0 号柴油标准要求的 3.0~8.0mm^2/s。通过 GC-MS 分析可知，中质组分中多环芳烃的含量为 1.03%，能够满足 5 号和 0 号柴油的要求。铜片腐蚀性能测试结果为 1 级 b，可以满足 5 号和 0 号柴油小于 1 的要求。

中质组分蒸馏过程中 50%和 90%馏出温度分别为 300℃和 340℃，最高馏出比例为 93%，最高馏出温度为 342℃，93%的馏出比例表明在蒸馏过程中中质组分中有些有机物会变成残余物，这是由于有机物之间受热会发生反应。与 5 号和 0 号柴油相比，50%和 90%馏出温度满足要求，但未能满足最大馏出量要求。

通过对所测试项目与《车用柴油》(GB 19147—2016)相对照，发现除了 20℃运动黏度、硫含量、密度和氧化性安定性以外，其他性质可以满足标准要求，认为中质组分有望作为柴油的替代品。

(5) 柴油添加剂应用

中质组分具有替代柴油的潜力，但仍与商业柴油具有一定距离，如何能够实现中质组分的高附加值利用是需要解决的问题之一。通过在 5 号柴油中添加中质组分 10%，含有 10%中质组分的柴油性质与柴油相比有一些变化，但对柴油性质的影响不大，混合物各性质都可以满足车用柴油要求。中质组分与柴油不互溶，两者混合均匀后，经过长时间静置会出现分层现象，且柴油相的颜色会变得不再清澈，表明中质组分中有一部分有机物会溶入柴油中；但短时间内两者的混合物不会出现分层现象。在商业柴油中添加10%的中质组分，可以减少柴油的使用量，对减缓石油能源枯竭有着十分重要的意义。

（6）沥青质的特性分析

沥青质在热解油中所占比例约为30%，没有刺激性气味，表明恶臭物质为沸点较低的易挥发组分。

通过对沥青质中的金属离子进行分析表明，除 Cu 以外，沥青质中其他金属离子的含量均高于在热解油中的含量，可能的原因是在热解油加工过程中，由于蒸馏温度较低，金属离子大都残留在沥青质中。沥青质中的 Fe 含量为 978mg/kg，远高于热解油中的 Fe 离子含量，可能的原因是在蒸馏过程中热解油中的酸性组分对蒸馏塔的不锈钢填料的腐蚀。

沥青质的热值为 36MJ/kg，硫含量为 0.5%，可以作为半固体燃料；其具有与沥青相似的性质，也可以用做道路用沥青；沥青质中含有大量的 C、H 元素，可以用作裂解法生产裂化油品的原料。

综上所述，对于污泥热解的产物，其中的轻质组分具有作为车用汽油的潜力；中质组分燃料性质表明其可作为 2 号燃料油使用，且与 5 号柴油相近，具有作为车用柴油的潜力；向 5 号柴油中添加 10% 的中质组分不会影响柴油使用；沥青质热值为 36MJ/kg，可作为燃料或建筑材料。

5.6　气体产物与固体产物的特性及应用前景

5.6.1　气体产物的特性及应用前景

李海英等通过气相色谱对污泥热解气体的研究发现：不同温度条件下，热解气体的组成不同，主要是由 H_2、CO、CH_4、CO_2、C_2H_4、C_2H_6 等几种成分构成的混合气，除 CO_2 外均为可燃气体；此外，热解气中还含有少量的 C_3、C_4、C_5 等气体，由于含量较少，未做分析。具体结果如图 5-22 所示。

由图 5-22 可知：在低温段，主要气体产物为 CO_2，只有少量的 CO 和 CH_4 气体，热解终温在 300℃ 以下时，热解气不能燃烧。当热解终温达到 350℃ 以上时才产生 H_2、C_2H_4、C_2H_6。气体中 H_2 的含量随着温度的升高而升高，且温度在 450~600℃ 时 H_2 的产量增加很显著。在 450~600℃ 温度范围时，CH_4 气体的含量也明显提高。在 450℃ 左右，C_2H_4、C_2H_6 含量达到最高，此后，随着温度的增加而逐渐减少，这是因为随

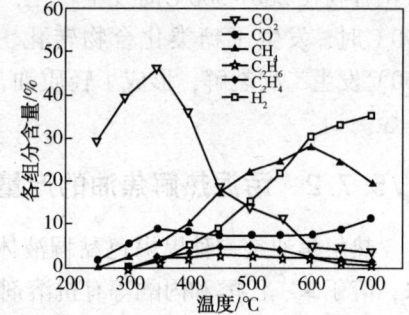

图 5-22　热解气成分平均值随热解终温的变化

反应温度的增加及污泥中含有的重金属的催化作用，脱氢反应加剧，越来越多的大分子碳氢化合物分解释放出 H_2 和 CH_4。这种现象也证实了在 450℃ 左右有机物发生了二次裂解。根据气体组成估算：热解终温在 450℃ 时，气体的热值可达到 12347.25kJ/m³ 左右；热解终温在 600℃ 时气体的热值最高，达到 16712kJ/m³；当温度超过 600℃ 时，热值有所降低。

总结文献报道发现，热解气体的热值在 6~25MJ/m³ 之间，变化很大，热值的大小与气态碳氢化合物在热解气体中的含量有关。热解气大约占到全部热解产物的 1/3，此部分气体在大多情况下作为燃料烧掉，所产生的能量用以补充污泥热解所需的能量，这样既可以减少热解过程中其他能量的消耗，也可以解决气体的收集和运输问题。

5.6.2 固体产物的特性及其应用前景

固体半焦为污泥热解结束后残留在反应器内的固体产物。污泥热解过程中，绝大部分的重金属都聚积在固体半焦中，利用 pH 值为 4~4.5 之间的酸性溶液对固体半焦进行淋滤实验，发现重金属离子的稳定性很好，可以利用填埋法处置固体半焦。

半焦具有较大的孔隙率和巨大的比表面积，可以用作吸附剂。但由于活性炭制备工艺中存在稳定性、活性、重金属以及制备工艺成熟性等问题，污泥制备活性炭在工业中未得到广泛应用。

5.7 污泥热解焦油的利用

污泥热解技术不仅可以实现污泥的减量化、稳定化、无害化，还可将污泥中含有的大量有机质和可燃组分回收利用，具有较高的能源开发和利用价值。然而，焦油作为污泥热解过程中不可避免的副产物，如何实现对焦油的利用具有重要的现实意义。

5.7.1 污泥热解焦油的产生机理

污泥热解技术是指在微正压、无氧或缺氧环境下，在一定温度下，对干燥污泥进行加热，使污泥中的有机物发生热裂解和热化学转化反应，进而将污泥转化为油、水、不凝性气体和半焦。

目前对于污泥热解焦油的形成机理尚不完全清楚，国内外学者普遍认为，污泥中的脂肪族化合物在 200~300℃ 时发生转化，蛋白质类物质在 300~390℃ 时发生转化，而当温度大于 390℃ 时，发生了糖类化合物转化、肽键和支链断裂反应。Shen 等研究发现重质焦油在 450℃ 发生二次裂解，形成了轻质油，而在 525℃ 以后，会进一步裂解形成更轻质的油和气态烃。

5.7.2 污泥热解焦油的产量及化学组成

热解焦油是一种黑褐色黏稠液体，易燃，且具有一定的腐蚀性，密度大于水，微溶于水，溶于苯、乙醇和丙酮等有机溶剂，具有强烈的刺鼻气味。GC-MS 分析检测其化学组分种类繁多，主要成分有苯类化合物、萘的衍生物、酚类、多环芳香烃、含氧芳香烃、含氮和硫的杂环化合物等多种有机物。污泥热解焦油的产率及化学组分受热解终温、停留时间、污泥性质和催化剂的影响较大。

(1) 热解工艺操作条件对产量的影响

热解终温是影响污泥热解产物的最大因素，污泥中的有机物在高温条件下充分挥发出来并裂解成小分子不可凝有机物，进而影响焦油的产量。高现文等在污泥热解研究中发现，热解焦油的产率随热解温度的升高先升高后降低，并在 500℃ 时达到最大值(40%)。这与李海英利用固定床热解未消化污泥得到的结果相似。

在高温条件下，污泥热解过程中产生的有机物易发生二次裂解和反应，为避免这种现象，缩短污泥的停留时间非常必要。Piskorz等利用流化床对污泥进行热解试验时发现，450℃时，停留时间为0.3s和1.0s时焦油的产率分别为53.7%和43.5%。Shen等试验显示在温度525℃和气体停留时间1.5s时，最大焦油产率为30%，可见热解焦油的产率随停留时间的增加而大幅度下降。

热解过程中污泥性质、加热速率和催化剂的加入都会对热解焦油的产率产生影响。Lutz等对活性污泥、油漆污泥和消化污泥做了低温热解，结果表明，三种污泥热解焦油的产率分别为31.4%、14%和11%。熊思江等研究了加热速率对污泥热解过程焦油产率的影响，当升温速率从22℃/min升高到100℃/min时，焦油产率从57.74%降低到55.03%，这是由于提高升温速率可以使焦油快速的转化为热解气。Kim等研究了催化剂对污泥热解焦油的影响，发现沸石的加入降低了热解焦油产率，提高了裂解气产率，表明催化剂的存在促进了焦油的二次裂解生成热解气。翟云波等利用管式电炉，对污泥进行热解试验，研究污泥粒径对热解焦油产率的影响，结果表明，粒径为0.2~0.5mm的污泥在450℃时，得到最大热解焦油产率为32%。

(2) 热解工艺操作条件对化学组成的影响

热解温度不但影响污泥热解焦油的产率，而且对热解焦油的化学组成也有较大影响。贾相如等利用红外光谱分析，检测出污泥热解焦油包括了脂肪烃、芳香烃、酯类、醛、酮、羧酸、酚、醇和含氮化合物。低温热解时，热解焦油中酯类含量最多，300~390℃时，含氮化合物较多，而热解温度大于390℃时，焦油中芳香烃化合物含量升高。王壬峰等利用外热式固定床反应器，在400~700℃温度范围内对城市污泥进行热解试验，利用GC/MS联用仪对550℃时的热解焦油进行成分分析，结果表明，其主要组分为杂环化合物(呋喃、吡啶等)的衍生物、酮类衍生物、苯酚衍生物、苯衍生物、长链脂肪烃衍生物和甾族化合物，其中胆甾烷和甲苯含量较高，分别达到15.9%和11%。Dominguez等利用微波加热和电加热两种方式对污泥热解焦油进行研究，发现电加热热解焦油中芳香族化合物含量最多，脂肪族、脂类和腈类化合物含量较少，而微波加热热解焦油的化学组成主要是脂肪、脂类、羧基和氨基类有机物。翟云波等根据热解焦油的GC-MS分析可知，三种不同粒径污泥的热解焦油所含化合物主要为单环芳烃、脂肪族化合物、含氧有机化合物、含氮化合物、甾族化合物、卤化物、含氮的杂环化合物和多环芳烃化合物等八类，且粒径越小，脂肪族化合物的含量越高。

5.7.3 污泥焦油的处理方法

(1) 控制焦油产量

目前国内外将污泥热解焦油主要视为一种有害的副产物，并采取适当的手段减少其产量。Thana等研究了气体净化系统的焦油去除性能，结果显示，气体净化系统的焦油去除效率取决于汽化条件、沥青组分和焦油量，在出口洗涤塔和锯末吸附器上合成气中焦油含量分别减少到26%~53%和14%~36%，这种气体净化系统可以去除约44%的轻质芳香族化合物。Juan等的试验结果表明汽化过程中焦油量在催化剂的作用下大大降低，且以白云石的催化活性最高，而橄榄石的催化效率最低。

（2）污泥焦油作为替代燃料的研究

随着世界能源危机的不断加深，人们意识到节约和寻找新的可替代能源的重要性，而污泥焦油可作为燃料使用，关于其燃烧、热解特性的研究以及其作为未来能源的可能性研究逐渐增多。李睿等开展了污泥热解焦油的燃烧特性及升温速率对其燃烧特性影响的研究，结果表明，污泥热解焦油具有良好的燃烧特性，且升温速率越高，燃烧特性越好。吴露等对污泥热解焦油的热处理特性研究结果表明，不同性质的污泥热解焦油均具有良好的热解和燃烧特性。

污泥热解焦油主要是由 C、H、N、S、O 这 5 种元素组成，由于焦油中含有大量的 C、H 元素，所以热解焦油具有很高的热值，根据焦油中含水率不同，发热量范围为 15~41MJ/kg，可作为燃料的替代品。

夏莉等采用微波对大连市不同污水处理厂的污泥进行了热解研究，热解焦油的主要成分是脂肪族类和单苯环类化合物，且可以直接作为燃料使用，也可以经分离得到化工产品。姬爱民等采用蒸馏工艺对污泥热解焦油进行加工，得到较轻的类汽油组分，利用 GC-MS 对其进行化学成分分析，发现类汽油组分是由 C_6~C_{13} 有机物组成的复杂混合物，其中烷烃占 24.32%、烯烃占 36.33%、芳烃占 22.96%、含氮和氧的有机物占 16.39%。将类汽油组分与《车用汽油标准》(GB 17930—2016) 进行对照分析，发现除硫含量较高外，馏程、铜片腐蚀性测试、机械杂质含量和非饱和有机物含量与《车用汽油标准》(GB 17930—2016) 的要求很接近，类汽油组分有望成为车用汽油的替代燃料。

Lutz 等报道热解焦油的主要成分是十五烷和十七烷，大部分为重质油；对热解焦油中氢元素成分的研究发现，热解焦油的氢元素来自脂肪族中的氢，达 90% 左右，而来自于芳香族化合物中的氢却低于 2.5%。Doshi 等研究污泥热解焦油黏度时发现，热解焦油的大部分脂肪酸被酯化后其黏度降低了 4 倍，油品的热值可提高 9%，酯化工艺使得热解焦油易于处理和商业化，热解焦油的酯化是经济可行的。

李海英等通过对热解焦油进行分析得出，污泥热解焦油具备替代柴油等燃料油的基本条件，经过适当的加工后，可以转化为矿物油类的替代品。污泥热解焦油中有机物的碳链长度在 C_3~C_{31} 之间，而柴油中的有机物分子的碳链长度在 C_{11}~C_{20} 之间，表明热解焦油含有较多易挥发和沸点较高的有机物。Fonts 等认为热解焦油的上层部分可以直接与柴油混合使用，与柴油比例为 1:10 时，可以直接作为柴油机燃料；而中间层和下层因 N、S 含量超标，可以作为石灰窑的燃料，经过脱 N、S 加工后可以作为高品质燃料。

5.8 污泥微波热解技术

与常规热解方式相比，微波热解具有更高的可控性、高能效、经济性，更节省热解时间和能量，且过程更加清洁，是替代当前传统热解方式用于废弃物处理处置的理想选择。微波热解虽然在加热方式上具有许多优点，但微波热解设备要求较高，且在处理规模和进出料的便捷性上稍逊色于常规热解方式。

5.8.1 污泥微波热解工艺

污泥微波热解工艺一般包括热解与回收单元，主要工艺流程、主要产物和能量通量如图 5-23 所示。

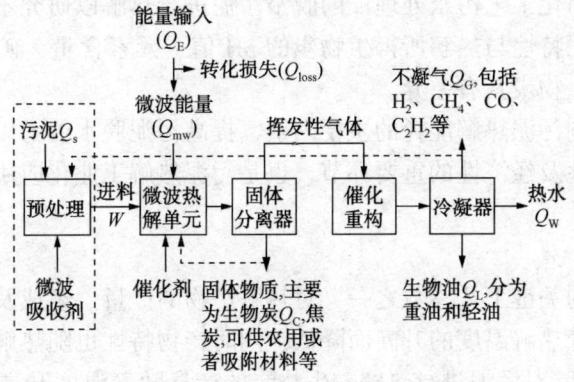

图 5-23 污泥微波热解系统主要工艺流程

污泥微波热解单元由微波腔和反应釜两部分组成。由于微波加热的特殊性，反应釜一般都采用石英等耐高温、耐腐蚀的透波材料制作，若热解过程添加如 KOH、NaOH 等对石英具有腐蚀性的化学添加剂，则对反应釜要求更高。微波腔体及反应釜是限制污泥热解设备处理规模的主要因素，大批量热解时，微波的穿透厚度也会影响微波热解效果。Lin 等构建了一套污泥微波热解系统，该系统的批次处理量达 3.5kg。丁慧通过自主设计的微波热解系统处理含油污泥，批次热解量达到 20kg。微波腔置于反应釜的主体位置，是物料吸收微波辐射的场所，其容积也就决定了批次热解的规模。综合考虑微波辐射强度，扩大微波腔体的容积需要兼顾热解效果。反应釜也是限制微波热解规模的限制因素，由于材料的限制，如石英玻璃材料属于脆性材料，不适于制备大容积的反应釜，同时加工难度大且价格高。

微波热解设备决定了热解规模的大小，大型化微波热解设备需要进一步的研发，且微波热解设备高昂的价格也使得微波热解初始成本高。提高污泥处理处置的经济可行性也有助于推广污泥微波热解技术的工业化应用。

5.8.2 污泥微波热解的影响因素

针对污泥的微波热解，产生的附加值产品的产量和质量都受到一些关键参数的影响。为了获得更高的质量和更大的转化率，这些变量的优化得到较多的关注。原料(包括原料的类型、成分及性状等)、工艺(包括热解反应温度、升温速率及微波输出功率等)、其他参数(如微波吸收剂、化学添加剂、载气及搅拌速率等)，这些变量对产物产率、产物特性、工艺效率等都有较大的影响。

(1) 污泥特性

污泥热解是污泥的热转换过程，原料污泥的特性对热解过程具有一定的影响，这在一定程度上对污泥特性提出了一定的要求，如污泥含水率、含碳量及其热值等。

污泥含水率对污泥的热值影响很大，同时影响热解过程的能耗。通常都会对污泥进行干燥后再热解，但也有对湿污泥直接进行热解的。原料的含碳量直接影响热解产物的碳含量，剩余污泥的含碳量较高，甚至达到了 55.3%，这为热解污泥提供了碳含量基础。此外，原污泥的热值对热解过程中能量的平衡具有至关重要的作用，原污泥热值越高就越有利于热解系统的能量正输出。

不同地域、不同处理工艺的污水处理厂所产生的污泥都具有一定的差异，Zielińska 等选取荷兰 4 座同为厌氧消化工艺污水处理厂的脱水污泥进行热解以研究不同污泥对热解产物的影响，结果表明，污泥特性与热解所得生物炭的 pH 值、元素含量、矿物成分有一定的相关性，不同污泥产生的生物炭具有差异。

污泥含水率是影响污泥热解能耗的主要因素，提高污泥脱水能力以降低污泥热解时的含水率是污泥热解可行性及经济性的重要环节，也是污泥热解工业化应用的一个比较重要的环节之一。

（2）热解温度

温度是热解过程的关键工艺参数之一，对热解产物的产量、组成及特性均具有较大的影响。生物炭的产量随着热解温度的升高而降低，同时产物特性也随热解温度发生变化。

Lin 等在 300~700℃ 对污泥进行热解，生物炭的产量随着温度升高而下降，然而液体产物和气体产物的产量却随着温度而升高，而且产物气的热值随着温度的升高从 $4012kJ/m^3$ 升至 $12077kJ/m^3$。Trunh 等在热解污泥时得到了相似的规律。热解温度对生物炭产率影响的同时，也对油气成分具有较大的影响。Wang 等采用热解-气化组合工艺，在 400~550℃ 下热解制备生物炭，然后在 800~850℃ 下将制备的炭气化制取燃料气，而制取的燃料气用于为污泥干燥和热解提供能量，炭产率在 37.28%~53.75%（质量分数）变化，炭气化后所得燃料气的热值为 $5.31~5.65MJ/m^3$。热解和气化过程的能量平衡与原污泥热值、含水率和热解温度有关，高热值、低含水率和高热解温度有利于工艺的能量平衡。对含水率为 80%（质量分数）的污泥，如仅用热解过程所产生的挥发性物质提供热量时，污泥热值需高于 $18MJ/kg$ 且热解温度需高于 450℃ 才能保证能量的自给自足；当污泥热值在 $14.65~18MJ/kg$ 时，需要结合炭气化所得燃料气一起提供能量；当污泥的热值低于 $14.65MJ/kg$ 时，需要提供额外的热源。该研究表明，高热解温度有利于能量平衡的关键是气化阶段，因为高温可促进产气率的提高。温度对生物油的热值也具有一定的影响。随着温度的升高（300~500℃），生物油的热值随着温度升高而增大，同时在此温度范围内，其产量也随温度而增高。此外，热解温度对生物气的组分具有较大的影响，当热解温度在 500~900℃ 变化时，生物气中 CH_4、C_2H_2 的含量先增加后减少，在 700℃ 时各自达到最大值（30.4% 和 21.6%，体积分数）。这主要是不同温度条件下产生的气体产物的成分和含量不一，当高热值的产物含量高时，整体热值就会增大。

热解温度不仅对产物产率，还对生物炭特性和生物油、气的组成具有影响。研究表明，当温度在 300℃ 时生物炭的产量最大，且生物炭的比表面积随着温度的升高而增大，但随着热解温度的升高，污泥生物炭的碳含量却会降低。Menéndez 等考察比较了 400℃ 和 600℃ 下生物炭的理化性能和农用性能，研究表明生物炭性能显著影响施用土壤的特性，例如，600℃ 下获得的生物炭可有效增加田间土壤持水量，但在 400℃ 下获得的生物炭却没有这一效应；同时污泥生物炭的 pH 值、BET 表面积、真密度随着热解温度的升高而增加，然而阳离子交换能力和电导率随着温度升高而下降。污泥生物炭保留了污泥中原有的重金属，其稳定性在一定程度上影响了其应用。热解温度对污泥中重金属的固化有一定的影响，高温下污泥热解可以大幅度减少污泥的体积，有效固定重金属，减少重金属析出量。研究表明，热解温度控制在 300℃ 下制备生物炭，既能减少污泥中重金属潜在的环境风险，又能降低能源消耗。Chen 等的研究发现，在热解温度为 500~900℃ 内，热解所得生物炭对 Cd、Pb、Zn、Ni 等重金属都具有良好的固化作用，其浸出液中的含量最高都不超过生物炭中对应重金属含量的20%。在 Menéndez 等的研究中也发现，污泥经500℃热解后，不仅固化了 Cu、Ni、Zn、Cd 和 Pb，而且降低了 Cu、Ni、Zn、Cd 和 Pb 的浸出风险。此外，污泥热解后的生物炭还可作为吸附剂使用，且热解温度对吸附效果具有一定的影响。Chen 等的研究表明，当热解温度在800~900℃时，生物炭对 Cd^{2+} 溶液的吸附量达到 15mg/g，高于活性炭的吸附量。

温度对热解具有显著的影响，而其数值来源于其探测的方式，因此，温度探测方式也显得格外重要。不同于常规热解的物料周边环境探温，微波热解是直接在物料表面或内部探温，主流的探温方式为红外和热电偶，探温方式的不同，会有一定的温度差范围，且微波热解探温要求高于常规热解探温。

（3）升温速率

热解过程中升温速率对产物分布具有较大的影响。低升温速率有利于生物炭产量的提升，而快速升温有利于生物油的形成。较快的升温速率不仅可提高污泥热解所得生物油的产量，而且还可优化生物油的化学构成和提高其热值。快速热解污泥也可促进气体产物的产率，当升温速率为30/min时，升温到终温550℃并保持1min，产出结果中生物气、生物油和生物炭的产量（质量分数）分别为27%、28%和45%。

升温速率对活化能值有一定影响，快速升温使得分子间的化学键更加脆弱而易断裂，提高了热解速率。常规热解下快速升温虽然可使污泥在短时间内达到热解温度，但会使样品颗粒内外存在较大的温度梯度，进而导致热解效果不佳。相对于常规热解，具有加热均匀、升温快速等特性的微波热解更具优势。微波加热能够实现快速升温，在短时间内达到热解温度与热解效果，缩短整体热解反应时间，因此应充分利用微波加热的特性，实现快速闪速污泥微波热解。

（4）微波吸收剂

微波热解离不开微波吸收剂，不同材料对微波的吸收效率不一，选择适当的吸波材料有助于提高微波热解系统的热解效率，提高升温速率，缩短系统反应时间。

炭粉具有高效的微波吸收特性，热解所得的生物炭也具有良好的微波吸收特性，还有其他一些如碳化硅粉末、碳纤维、石墨等也具有很好的微波吸收特性。Zou 等研究发现微波热解原污泥在不添加任何微波吸收剂时最高温度只能达到300℃，而通过添加 SiC 温度可达到800~1130℃。在 Menéndez 等的研究中发现，当用微波对湿污泥进行热解时，只对污泥进行了干燥，热解效果不佳，然而通过添加微波吸收剂，甚至是添加热解后本身所产生的生物炭，都可使热解温度升高到900℃。同时，不同的微波吸收剂还影响产物特性，如 SiC 可提高产气量，活性炭可以最大化生物气中 H_2 和 CO 的浓度，而石墨可提高产物油中单环芳香烃的浓度。因此，在原料中添加一定量的微波吸收剂可提高反应体系的温度，提升能源利用率，有助于热解反应器的高效运行。在热解过程中，随着热解的碳化过程，原料对微波的吸收特性越来越强。污泥微波热解使用污泥生物炭作为微波吸收剂，既可节省其他来源的微波吸收剂，又可避免其他化学剂的添加对原料的影响。

（5）化学添加剂

在热解原料中添加一些化学物质，可改变热解产物特性及热解效果。目前研究中常用的化学添加剂有 K_2CO_3、H_3PO_4、KOH、NaOH、$Fe_3(SO_4)_2$、$ZnCl_2$、H_2SO_4 和柠檬酸等。不同化学添加剂对热解过程或者产物特性具有不同的影响，如 K_2CO_3 可增大生物炭的比表面积，当污泥添加一定量的 K_2CO_3 时，生物炭的 BET 比表面积在500℃时达到了 $90m^2/g$，是相同温度下未添加时的 5 倍。Zhang 等研究发现，通过硫酸浸渍、在 650℃ 热解所得生物炭的 BET 比表面积达到了 $408m^2/g$，而采用 $ZnCl_2$ 浸渍达到了 $555m^2/g$。研究发现，当热解温度为 700℃、添加 KOH 为添加剂时，污泥热解所得生物炭的 BET 比表面积达到了 $1882m^2/g$。Ros 等对比了不同化学添加剂下所得生物炭的特性，研究发现，添加 NaOH 的效果最好，所得生物炭的 BET 比表面积最大达到 $689m^2/g$，比相同条件下添加 H_3PO_4 的最大值要高出 40 倍左右。不同的添加剂具有不同的物理化学性质，如柠檬酸、磷酸易促进中孔及大孔隙的形成，$ZnCl_2$ 易促进生成微孔，而 KOH 最理想的使用温度在 700~900℃。因此，根据需求的目标产物特性及热解条件来选择合适的化学添加剂不仅可以优化提高产物特性，还能提高热解效率。

(6) 载气

热解需要在无氧的条件下进行，因此需选用载气为热解系统提供无氧环境，可结合具体情况选择不同的载气。实验室研究主要以氮气为载气，CO_2 及水蒸气或 CH_4 及 H_2 等都可作为载气。不同的载气在热解过程中会起到不同的作用，例如，仅提供惰性氛围或者直接参与反应过程。当使用 CO_2 作为热解载气时，在温度高于 550℃ 时明显改变污泥分解行为，并可提高气态产物和液态产物的含量。在微波加热条件下，高温段(600℃ 以上)使用氮气比氦气产生的气体产物更多，产率分别在 65% 和 25% 左右，产油率却低 4 倍左右，但生物炭产量相当。在常规加热条件下，使用氮气比氦气的生物炭产量要多(产率分别约为 85% 和 45%)，但产油量明显减少，气体产量相当；同在氮气条件下，微波热解与常规热解的炭、油、气三者的产量相差不大。相较于微波热解与常规热解，常规热解的生物炭产量高于微波热解，而在相同的温度范围内，微波热解的油产量高于常规热解。不同于氮气环境，氦气环境更利于生物油的产生，氮气环境的生物油产率约为 25%，而氦气环境的生物油产率在 65% 左右。

5.8.3 污泥微波热解机制

污泥热解机制的研究包括热解过程物质的转化与分解规律、过程产物的类型与作用、热解对重金属的固化作用以及热解过程元素的转化规律等，这些有关热解过程的机理研究对污泥热解具有重要的指导意义。目前污泥热解机制的研究还处于初级阶段，研究面不宽且不够深入。污泥热解的机制与诸多因素有关，温度是关键的影响因素之一，不同温度段的热解过程有着显著不同的特点。Zhai 等通过 TG 分析将热解分为 180~220℃、220~650℃ 和 650~780℃ 三个阶段，在第二个阶段，醇类、氨类和羧酸几乎全部变成了汽体，仅有少量的化合物含有 —CH、—OH、—COOH 等官能团。热解反应的初始阶段是挥发性物质的汽化，难挥发性物质的热解产物为炭，同时有一定的焦油和气体，然而在更高的温度下，炭的二次热解会产生碳氢化合物和芳香族化合物。微波热解与传统热解过程存在差异，微波热解各失重阶段存在相互交错，主要因为微波的升温速率快，在较短的时间内达到了有机物分解的温度区间，由于高温段水蒸气向外的传质过程，可推断出微波热解更易形成孔隙结构丰富的生物炭。

污泥热解的主要机制在于脂肪族化合物的分解、原污泥中微生物所含蛋白质的肽键断裂以及官能团的转化，如脂肪酸的酯化和酰胺化等。根据 Menéndez 等的研究，羧基化合物及羧基官能团的分解是温度低于 450℃ 时 CO、CO_2 释放的主要原因。CO 是焦油裂解主要的次生产物，尤其是在高温下。

热解过程中污泥中的碳、H_2O 以及热解过程中生成的 CO_2、CH_4 等物质都存在着相互反应的过程，其反应过程受到产物浓度及反应环境的影响。热解过程中生产的生物炭在气化过程中起着重要的作用，生物炭的多孔性表面为反应物反应提供活性反应点位。Zhang 等用含水率为84.2%的湿污泥进行热解研究，认为热解分为两个阶段，当温度低于 600℃时，C—H 键的断裂促使 CH_4 和 C_2 烃类化合物的含量上升，而 C═O 键的断裂促使 CO 与 CO_2 含量上升，这一阶段主要为挥发性有机物的分解；当温度高于 600℃时，焦油开始分解半伴有 H_2 的产生。

在热解过程中，胺-N、杂环-N、腈-N 三种中间产物影响热解过程中的 NH_4 和 HCN 的形成，在 300~500℃ 时胺态氮的脱氨和脱氢作用的贡献率分别为 8.9%（NH_3）和 6.6%（HCN），而在 500~800℃ 杂环氮和腈类氮的脱氨和脱氢作用的贡献率则分别为 31.3% 和 13.4%，因此通过控制 500~800℃ 的中间产物可减少 NH_4 和 HCN 的排放。Zhang 等在不同微波热解温度条件下研究 N 在炭、油、气三相产物间的转化规律，研究发现，NH_3、HCN 是污泥微波热解过程中 N 的主要存在形式，而在生物炭与生物油中，主要为胺类/氨基化合物、含 N 的杂环化合物及腈类化合物，而随着热解温度的变化，各含 N 化合物的含量也随之改变。

污泥热解过程复杂，目前的热解机制尚不完全明了，污泥的复杂性，如含水率、各有机物的含量等对不同的污泥各不相同；热解工艺条件不一，如常规热解和微波热解的转化机制存在不定的区别。因此，对污泥热解机制进行深入研究对实际的热解过程具有一定的指导意义。

5.8.4 微波热解城市污泥的 H_2S 释放

微波热解污泥过程中会产生大量的能源气体，与此同时，由于污泥中往往含有大量的含硫物质，如硫化物、蛋白质以及硫酸盐，这些含硫组分在热解过程中会发生复杂的化学反应，产生大量含硫恶臭气体，其中以 H_2S 居多。这些恶臭气体的逸出，将对大气环境造成严重的影响，并会危害人体健康。因此，在利用微波热解城市污泥时，了解 H_2S 气体的释放规律以及控制方法很有必要。

(1) 热解终温对 H_2S 产量的影响

田禹等选取热解终温为 400℃、500℃、600℃、700℃ 和 800℃，热解时间为 10min，设定升温模式为恒温模式，考察了热解终温对 H_2S 产量的影响，结果表明，城市污泥热解过程中热解终温对 H_2S 的产量影响较大，H_2S 产量随着热解终温的升高而增加，在 800℃ 时，H_2S 产量为 5.86mg/g 干污泥。

城市污泥中的硫化物在不同的热解温度下发生反应，部分物质发生相互转化。在温度为 298K、压力为 100kPa 时，S—S 键、S—H 键、S—C 键、C—H 键、C—C 键的键能分别是 264kJ/mol、364kJ/mol、289kJ/mol、415kJ/mol 和 331kJ/mol。大部分硫化物在较低温度下发生反应，高温下检测不到硫化物的存在；而硫酸盐在低温条件下不发生反应，在高温则热解。城市污泥热解反应中硫化物和硫酸盐的变化过程可分为 3 个阶段：300~500℃，热解处于较低温度，碳链断裂，产生大量氢自由基，硫化物与氢自由基结合生成 H_2S 逸出，蛋白质中硫化物的 S—S 键、S—C 键也在此温度下发生断裂，形成 H_2S 或者较复杂的有机硫；500~700℃，有机物中的硫醚、二硫醚、脂肪族硫醇和连在芳香环上的二硫醚等有机硫化物发生转化，生成 H_2S 和更加稳定、复杂的有机硫；700~800℃，主要参加反应的是硫酸盐硫，硫酸盐硫在氢气和CO等还原气氛条件下，在较低温度下即可发生还原反应，生成亚硫酸盐和硫化物，并最终生成H_2S逸出反应器。

(2) 污泥含水率对H_2S产量的影响

为探索污泥含水率对H_2S释放规律的影响，田禹等通过自然晾晒和加水两种方式制备了含水率分别为50%、60%、70%、80%和90%的城市污泥，设定热解终温为800℃，以恒温模式升温，考察了不同含水率下污泥微波热解的H_2S产量。结果表明，城市污泥含水率在50%~80%时，随着含水率的增加，H_2S产量逐渐上升，当含水率为80%时，H_2S产量最高。当含水率增至90%时，H_2S产量为0，这是因为污泥含水率会影响污泥与吸波物质的混合程度和热解起始条件下水分的吸波作用。含水率越低，污泥呈现出越坚硬的块状形态，并粘接在一起，与吸波物质难以混合均匀，导致吸波物质升温后不能有效带动污泥升温，使污泥热解程度不完全。此外，水属于极性分子，也是强吸波物质，热解初始阶段，水分和吸波物质(活性炭)共同吸收微波，温度迅速升高，达到沸点后，水分逐渐蒸发殆尽，接着吸波物质持续吸收微波，温度得以继续升高，并最终快速达到设定的热解终温。但当城市污泥含水率增至90%时，出现了泥水分层现象，温度达到100℃时，水沸腾，污泥和吸波物质随水运动到微波无法辐射到的地方，致使后续热解反应无法进行，因此H_2S产量为0。

(3) 升温速率对H_2S产量的影响

升温速率主要影响热解反应进行的程度。为了了解升温速率对城市污泥热解反应过程中H_2S产量的影响，田禹等选用10℃/min、30℃/min、50℃/min、70℃/min和90℃/min五个升温速率，达到700℃后稳定10min，考察了不同升温速率下的H_2S产量。结果表明，随着升温速率的提高，H_2S的产量变化并不明显，总体呈现出随升温速率增加产量下降的规律。采用90℃/min的升温速率时，H_2S的产量最低(5.25mg/g干污泥)。升温速率较低，污泥的热解时间相对较长，能充分参与热解反应，因此H_2S产量也越高。此外，从热解动力学角度讲，升温速率越高，热解反应所需的活化能越大，反应不易进行，H_2S产量自然也降低。但是升温速率慢，达到热解终温的时间较长，造成很大的电力浪费，经济上是不合理的。

(4) 矿物催化剂对H_2S产量的影响

田禹等选取白云石和雷尼镍基两种矿物催化剂，将其分别添加到城市污泥中，以恒温模式升温，考察了矿物催化剂对热解过程中H_2S产量的影响。结果表明，在同一热解终温下，H_2S产量依次为雷尼镍基催化剂<白云石<不添加催化剂。热解终温为800℃时，添加雷尼镍基催化剂的热解系统的H_2S产量为4.15mg/g干污泥，较不添加矿物催化剂的降低约30%。可见，雷尼镍基催化剂的固硫效果最好。

雷尼镍基催化剂在城市污泥热解过程中不仅会起到催化加氢的作用，还能与污泥中的硫发生反应，生成结构稳定的有机硫和NiS。NiS在还原气氛中性质稳定，因此起到了很好的固硫作用。

白云石是天然矿石类催化剂，其主要物质为$CaMg[CO_3]_2$，将其熟化后加入湿污泥中，生成$Ca(OH)_2$和$Mg(OH)_2$，再与污泥中的硫酸盐反应生成$CaSO_4$和$MgSO_4$，总反应式如下：

$$CaO + H_2O + SO_4^{2-} \longrightarrow CaSO_4 + 2OH^- \qquad (5-21)$$

$$MgO + H_2O + SO_4^{2-} \longrightarrow MgSO_4 + 2OH^- \qquad (5-22)$$

$CaSO_4$和$MgSO_4$不易发生热解反应，在还原气氛且接近800℃条件下才会发生热解还原反应生成H_2S。

5.9 污泥微波高温热解制富氢气体

由于污泥中含有大量的有机质，可用来制取氢气。目前，污泥制氢主要有生物发酵、气化、热解等技术，其中，污泥热解制氢技术具有可操作性强、反应时间短、污泥处置彻底等优点，兼具了制氢和环保双重效果。

由于微波技术具有选择性、体积加热、高效和安全等优点，微波热解技术在污泥等固体废弃物处理领域具有很大的应用潜力。相比常规热解技术，微波热解具有时间短、能源效率高等优点，因此在污泥热解制氢方面，微波热解技术比常规热解技术表现出更高的产氢效率。例如，Dominguez 等以粉末活性炭作为微波吸收剂，开展了污泥高温微波热解的实验研究，结果表明，相比常规的电加热热解工况，微波热解产生的 H_2 和 CO 浓度显著提高。王同华等研究了微波辐照热解污泥的产物组成与结构，结果表明，微波高温热解污泥生成的气体产物中 CO 和 H_2 总的质量分数最高达 72%，可作为洁净的燃料气使用和合成气的原料。方琳等对微波热解污泥的各态产物特性进行分析发现，由于污泥微波高温热解升温速率快、终温高，诱发了污泥热解过程中的二次裂解，使气态产物所占的比例达到 36% 以上，其中，H_2、CO、CO_2、CH_4、C_2H_4、C_2H_6 和 C_2H_2 占到总气体的 70%（体积分数）。

王晓磊等针对污泥在微波热解过程中富氢气体的生成特性进行了研究，探讨了污泥粒径、含水率、温度以及微波吸收剂形态等因素对微波热解过程中富氢气体生成的影响，并和常规热解过程进行了对比，分析了微波热解在生产富氢气体方面的优势，为高效微波热解设备的研发以及污泥的资源化利用提供依据。

▶ 5.9.1 污泥在不同粒径下的产气规律

由于粒径对于物料在热解过程中的传热和传质过程有重要影响，粒径常作为研究影响热解过程的重要参数。王伟等开展了红松锯屑在管式电加热炉内热解制取富氢气体的研究，结果表明，物料粒径越小，则热解产气量越大。Li 等研究了生物质在沉降炉内的热解特性，也得到了热解产气量随物料粒径减小而增大的结论。王晓磊等对不同粒径的污泥在微波热解过程中固态、液态和气态产物的分布情况进行了分析，发现粒径对污泥微波热解产物影响并不明显，并没有得出粒径越小，产气量越大和热解越彻底的规律。其原因可能是体积加热，加热过程几乎没有传热阻力，整个物料内外受热均匀一致，因此粒径对热解过程的影响相对较小；而电加热是由外到内的导热过程，颗粒粒径越小，传热和传质阻力越小，颗粒升温速率加快，热解更彻底，因此粒径对热解过程的影响较显著。

王晓磊等对热解终温为 850℃ 时污泥热解气中 H_2、CO、CH_4 和 CO_2 四种气体组分的浓度分布进行分析，发现随着粒径增大，CO 和 H_2 的浓度呈现下降的趋势，而 CH_4 和 CO_2 的浓度则呈现上升的趋势，但粒径对气体总量的影响并不明显，四种气体组分的体积分数之和为 79%~82%。随着粒径增大，H_2 和 CO 的总体积分数从 56% 降至 48%，而 CH_4 和 CO_2 的总体积分数由 23% 上升至 33%。表明小粒径有助于提高富氢气体中 H_2 和 CO 的浓度，即随着颗粒粒径减小，促进了 CH_4 和 CO_2 向 H_2 和 CO 的转化。研究表明，CH_4 和 CO_2 可以通过以下反应向 H_2 和 CO 转化：

$$C(s) + CO_2 \longrightarrow 2CO \qquad \Delta H_{298K} = 173 kJ/mol \qquad (5-23)$$

$$CH_4 + CO_2 \longrightarrow 2CO + 2H_2 \qquad \Delta H_{298K} = 247.9 \text{kJ/mol} \qquad (5-24)$$

$$CH_4 \longrightarrow C(s) + 2H_2 \qquad \Delta H_{298K} = 75.6 \text{kJ/mol} \qquad (5-25)$$

研究表明，C、Fe和碱性氧化物对反应式(5-24)和式(5-25)具有催化促进作用。当颗粒粒径减小时，污泥颗粒的比表面积会增大，从而提高了热解气和固体颗粒之间的接触面积，为反应式(5-23)~式(5-25)的顺利进行创造了更加有利的条件。这可能是减小污泥颗粒能够促进CH_4和CO_2向H_2和CO转化的原因。

在反应式(5-23)中的C可能来自于污泥热解固定碳，也可能来自作为微波吸收剂的粉末活性炭。王晓磊等考察了热解固定碳和粉末活性炭与CO_2之间反应的竞争关系，结果表明，污泥热解固定碳和活性炭与CO_2之间反应能力的差别并不大。可见，活性炭中的C对气体产物中的CO是有贡献的，但贡献并不大，约占热解气体中总CO含量的7%~10%。而实际的贡献量应该更小，因为在实际热解过程中，有大量的热解挥发分产生，因此导致CO_2与碳的接触反应机会会削弱。

5.9.2 不同含水率污泥的产气规律

（1）含水率对热解产物的影响

研究表明，在微波热解和电加热热解过程中，污泥含水率对污泥热解产物均有明显的影响：随着含水率的提高，热解气质量分数逐渐增大，而固相和液相的质量分数则随之减少。在热解过程中，水分的存在会诱导反应式(5-26)和式(5-27)的进行，从而导致固体产物减少；而液相组分(C_nH_m)则通过反应式(5-28)和水蒸气进行重整反应。

$$C(s) + 2H_2O(g) \longrightarrow 2H_2 + CO_2 \qquad \Delta H_{298K} = 75 \text{kJ/mol} \qquad (5-26)$$

$$C(s) + H_2O(g) \longrightarrow H_2 + CO \qquad \Delta H_{298K} = 132 \text{kJ/mol} \qquad (5-27)$$

$$C_nH_m(g) + nH_2O(g) \longrightarrow nCO + (n+m)H_2 \qquad (5-28)$$

通过分析不同含水率污泥微波热解和电加热热解产物分布可知，微波热解条件下的气体产量比电加热条件下的气体产量提高了7%~10%，且高水分条件下气体产量的增幅高于低含水率。Dominguez等通过对咖啡壳的热解研究也得到了相似的结构，发现咖啡壳在微波热解中的气体产量比电加热热解的气体产量高3.0%~4.0%。同时指出焦炭能促进挥发分的二次裂解，而在微波加热条件下焦炭的促进作用更加明显，从而使气体产量升高。

和常规电加热不同，微波具有选择性加热的显著特点，如果被加热物质中含有介电损耗因子很高的物质，该物质就会大量吸收微波而急剧升温，形成热点效应。在热解固相产物中，焦炭具有很高的介电损耗因子，因此容易形成热点效应，在热点位置的温度显著高于周围的温度，对挥发分的二次裂解有更好的促进作用。

在反应式(5-26)和式(5-27)中的C可能来自于污泥热解固定碳，也可能来自作为微波吸收剂的粉末活性炭。研究表明，污泥热解固定碳残渣和水蒸气之间的反应活性显著高于活性炭粉末和水蒸气之间的反应活性，这是由于污泥热解残渣中所含的金属元素对反应式(5-27)具有催化作用。按上述结果，活性炭通过与水蒸气的反应对总气量的贡献为5%~7%，而实际的贡献量应低于此值，这是因为：一方面，在实际的热解过程中有大量的挥发分和蒸气竞争碳的反应位，使得水蒸气和碳的接触反应机会被削弱；另一方面，在微波热解过程中，污泥中大量的水分在100~200℃时释放出来，在高温段，污泥中的水分含量已经很少，因而水蒸气的重整反应也会明显削弱。

(2) 含水率对气体组分分布的影响

在微波加热和电加热两种热解方式下，污泥含水率大小对气体组分分布有明显的影响：随着含水率的增加，H_2 和 CO 的浓度总体呈升高的趋势，而 CH_4 和 CO_2 的浓度总体呈减少的趋势。微波热解过程中，当含水率从 0 增至 83% 时，热解气中 H_2 和 CO 的总体积分数从 52% 上升至 73%；而 CH_4 和 CO_2 的总体积分数从 30% 下降至 17%。而在电加热过程中，随着含水率的增加，H_2 和 CO 的总体积分数从 47% 上升至 60%，而 CH_4 和 CO_2 的总体积分数从 34% 下降至 27%。由此说明，提高污泥含水率促进了 CH_4 和 CO_2 向 H_2 和 CO 的转换。在水蒸气存在的情况下，CH_4 可以通过反应式(5-29)进行蒸汽重整反应转化为 H_2 和 CO，而 CO_2 浓度的降低可能由反应式(5-24)引起，当污泥含水率提高时，污泥在热解过程中水分的蒸发可以产生更高的孔隙率，提高热解气和固相之间的接触面积，从而促进反应式(5-24)的进行。

$$CH_4 + H_2O \longrightarrow CO + H_2 \quad \Delta H_{298K} = 206.1 \text{kJ/mol} \quad (5\text{-}29)$$

另外，随着污泥含水率升高，微波热解条件下，H_2 的体积分数从 32% 上升至 42%，而电加热条件下，H_2 的体积分数从 24% 上升至 33%。因此，污泥微波热解在制取富氢气体方面比常规热解有显著优势。

通过对不同温度下干基污泥热解气组分浓度分布进行分析可知，随着热解温度提高，微波热解气中 H_2 和 CO 的浓度明显高于电加热热解气，而 CH_4 和 CO_2 的浓度则明显低于电加热热解气。这说明在高温热解条件下，微波热解固相残留物对反应式(5-24)和式(5-25)的催化效果相比电加热条件显著提高，促进了 CH_4 和 CO_2 向 H_2 和 CO 的转化。

5.9.3 不同热解温度下的产气规律

大量研究表明，温度是对热解过程影响最为显著的参数。温度越高，越容易促进有机质的一次和二次裂解，提高液相和气相产物的总量。通过对不同粒径的干基污泥在不同热解温度下的产物分布情况进行分析表明，无论是微波热解或者是电加热热解，热解温度变化对热解产物的分布都有明显影响。当热解终温从 500℃ 增加到 850℃ 时，微波热解和电加热热解的产气量均明显增加，而固体残留物产量均明显减少，高温条件下热解更加彻底。在 500℃ 时，电加热热解的固相产率比微波热解过程低 3.8%，即电加热热解挥发分的析出率明显高于微波热解过程。但电加热热解所析出的挥发分仅有 29.4% 转化为气相产物；而微波热解过程所析出的挥发分有 36.4% 转化为气相产物，气相转化率显著高于电加热热解。

在微波热解和电加热热解中，通过对不同温度段的热解气体组分进行检测分析可知，随着热解温度从 450℃ 升高到 950℃，两种热解方式所得的 H_2 和 CO 浓度均显著升高。温度的升高促进了挥发分大分子化合物的二次裂解，提高了小分子气体化合物的产量；而且从反应式(5-23)~式(5-29)可以看出，这些反应都属于吸热反应，温度升高促使反应向右进行，使 CH_4 和 CO_2 更多地转化为 H_2 和 CO。

温度升高对 CH_4 和 CO_2 浓度的影响可从两方面考虑：一方面，温度升高促进了挥发分的二次裂解，有利于提高 CH_4 和 CO_2 等小分子气体组分浓度；另一方面，温度升高促进了反应式(5-23)~式(5-29)向右进行，使得 CH_4 和 CO_2 浓度降低。因此，CH_4 和 CO_2 的最终浓度是上述两方面因素综合的结果。

同时可知，随着温度的升高，CO_2 和 CH_4 的浓度变化呈先上升后下降的趋势。在 450~600℃，CH_4 和 CO_2 浓度最低，这是由于在低温条件下 CO_2 和 CH_4 的生成率较低的缘故；随着温度进一步升高，挥发分二次裂解加强，CH_4 和 CO_2 浓度呈上升趋势；但进一步升高热解温度也促进了反应式(5-23)~式(5-29)的进行，使得 CH_4 和 CO_2 浓度又有所降低。在 450~600℃，污泥微波热解和电加热热解的产氢浓度相当，当热解温度高于 600℃ 时，微波热解在产氢能力方面相比电加热热解开始体现出显著优势。

5.9.4 不同形态微波吸收剂作用下的产气规律

相比粉末态吸波剂，固定形态吸波器作用下不同含水率污泥的热解气产量都有所提高，液相产量则有所降低，固相产量没有明显变化。这是因为，固定形态吸波器可以促进热解挥发分向气相的转化，从而提高热解产气量。分析其原因，这可能与固定形态微波吸收器的特殊结构有关。采用固定形态微波吸收器，污泥填充于吸波器内，在热解过程中，这种结构一方面延长了热解气在吸波器内的停留时间，另一方面提高了热解气和高温吸波器之间的接触面积，两者都有利于促进挥发分的二次裂解，提高产气量。

另外，两种形态吸波剂作用下热解气的组分浓度较相近，固定形态吸波器作用下的 H_2 和 CO 浓度略高于粉末态下的浓度。高温条件下(850~950℃)，固定形态吸波器对 H_2 浓度的促进效果较明显，H_2 的体积分数比粉末态吸波剂作用下的略有提高。

固定形态微波吸收器在完成热解后很容易和污泥颗粒进行分离，实现其重复利用。因此，固定形态微波吸收器在提高产气率和经济性方面相比粉末吸波剂有一定优势。

参 考 文 献

[1] 高豪杰，熊永莲，金丽珠，等. 污泥热解气化技术的研究进展[J]. 化工环保，2017, 37(3)：264~269.
[2] 王云峰，秦梓雅，李苗苗，等. 污泥热解焦油的研究进展[J]. 市政技术，2017, 35(3)：142~144, 172.
[3] 高标. 城市污水污泥热解特性与热解气化实验研究[D]. 南昌：南昌航空大学，2017.
[4] 陈倩文，沈来宏，牛欣. 污泥化学链气化特性的试验研究[D]. 动力工程学报，2016, 36(18)：658~663.
[5] 王山辉，刘仁平，赵良侠. 制药污泥的热解特性及动力学研究[J]. 热能动力工程，2016, 31(10)：90~95, 128.
[6] 刘璇. 热解技术用于人粪污泥资源化处理的研究[D]. 北京：北京科技大学，2015.
[7] 陆在宏，陈咸华，叶辉，等. 给水厂排泥水处理及污泥处置利用技术[M]. 北京：中国建筑工业出版社，2015.
[8] 赵健蓉. 滇池底泥热解产物特性及其载体催化剂脱硫性能研究[D]. 昆明：昆明理工大学，2015.
[9] 郑小艳，胡艳军，严密，等. 污水污泥高温热解残渣孔隙结构特性分析[J]. 浙江工业大学学报，2015, 43(2)：202~206.
[10] 吴迪，张军，左薇，等. 微波热解污泥影响因素及固体残留物成分分析[J]. 哈尔滨工业大学学报，2015, 47(8)：43~47.
[11] 闫志成. 污水污泥热解特性与工艺研究[D]. 哈尔滨：哈尔滨工业大学，2014.
[12] 畅洁. 制革污泥热解过程及其产物特性的研究[D]. 西安：陕西科技大学，2014.
[13] 左薇，田禹. 微波高温热解污水污泥制备生物质燃气[J]. 哈尔滨工业大学学报，2014, 43(6)：25~28.
[14] 刘树刚，邓文义，苏亚欣，等. 微波辐射下污泥残渣催化甲烷裂解制氢[J]. 化工进展，2014, 33(12)：3405~3411.

[15] 王美清, 郁鸿凌, 陈梦洁, 等. 城市污水污泥热解和燃烧的实验研究[J]. 上海理工大学学报, 2014, 36(2): 185~188, 193.
[16] 金溢, 李宝霞. 生物质与污水污泥共热解特性研究[J]. 可再生能源, 2014, 32(2): 234~239.
[17] 王静静. 含油污泥热解动力学及传热传质特性研究[D]. 青岛: 中国石油大学(华东), 2013.
[18] 王晓磊, 邓文义, 于伟超, 等. 污泥微波高温热解条件下富氢气体生成特性研究[J]. 燃料化学学报, 2013, 41(2): 243~251.
[19] 李依丽, 李利平, 尹晶, 等. 污泥基活性炭的两步热解优化制备及其性能表征[J]. 北京工业大学学报, 2013, 39(12): 1887~1890.
[20] 于颖, 于俊清, 严志宇. 污水污泥微波辅助快速热裂解制生物油和合成气[J]. 环境化学, 2013, 32(3): 486~491.
[21] 胡艳军, 宁方勇. 污水污泥低温热解技术工艺与能量平衡分析[J]. 环境科学与技术, 2013, 36(4): 119~124.
[22] 田禹, 龚真龙, 吴晓燕, 等. 微波热解城市污水污泥的 H_2S 释放影响因素研究[J]. 环境污染与防治, 2013, 35(7): 7~10, 16.
[23] 王俊. 污水污泥热解半焦特性的研究[D]. 天津: 天津工业大学, 2013.
[24] 胡艳军, 宁方勇, 钟英杰. 城市污水污泥热解特性及动力学规律研究[J]. 热能动力工程, 2012, 27(2): 253~258, 270.
[25] 管志超, 胡艳军, 钟英杰. 不同升温速率下城市污水污泥热解特性及动力学研究[J]. 环境污染与防治, 2012, 34(3): 35~39.
[26] 刘秀如, 吕清刚, 矫维红. 一种煤与两种城市污水污泥混合热解的热重分析[J]. 燃料化学学报, 2011, 38(1): 8~13.
[27] 刘秀如. 城市污水污泥热解实验研究[D]. 北京: 中国科学院研究生院, 2011.
[28] 沈佰雄, 张增辉, 陈建宏, 等. 污水污泥热解试验研究[J]. 安全与环境学报, 2011, 11(3): 100~104.
[29] 万立国, 田禹, 张丽君, 等. 污水污泥高温热解技术研究现状与进展[J]. 环境科学与技术, 2011, 34(6): 109~114.
[30] 熊思江. 污水污泥热解制取富氢燃气实验及机理研究[D]. 武汉: 华中科技大学, 2010.
[31] 祝威. 油田含油污泥热解产物分析及性能评价[J]. 环境化学, 2010, 29(1): 127~131.
[32] 解立平, 郑师梅, 李涛. 污水污泥热解气态产物析出特性[J]. 华中科技大学学报(自然科学版), 2009, 37(9): 109~112.
[33] 贾相如, 金保升, 李睿. 污水污泥在流化床中快速热解制油[J]. 燃烧科学与技术, 2009, 15(6): 528~534.
[34] 刘亮, 张翠珍. 污泥燃料热解特性及其焚烧技术[M]. 长沙: 中南大学出版社, 2006.
[35] 王云峰, 秦梓雅, 李苗苗, 等. 污泥热解焦油的研究进展[J]. 市政技术, 2017, 35(3): 142~144, 172.
[36] 桂成民, 李萍, 王亚炜, 等. 剩余污泥微波热解技术研究进展[J]. 化工进展, 2015, 34(9): 3435~3443, 3475.
[37] 桂成民. 微波热解制备污泥生物炭研究[D]. 广州: 广东工业大学, 2015.
[38] 吴迪, 张军, 左薇, 等. 微波热解污泥影响因素及固体残留物成分分析[J]. 哈尔滨工业大学学报, 2015, 47(8): 43~47.
[39] 闫凤英, 池勇志, 刘晓敏, 等. 响应面法优化微波热解剩余污泥产酸[J]. 化工进展, 2015, 34(7): 2049~2054, 2079.
[40] 刘立群. 污泥微波热解制备生物气及其脱硫研究[D]. 哈尔滨: 哈尔滨工业大学, 2015.
[41] 潘志娟. 基于微波破乳和热解的含油污泥资源化处理研究[D]. 杭州: 浙江大学, 2015.

[42] 陈浩,左薇,田禹,等. 微波热解污泥燃气释放影响因素及热解动力学分析[J]. 环境科学与技术, 2014, 37(11): 90~93, 127.
[43] 刘树刚,邓文义,苏亚欣,等. 微波辐射下污泥残渣催化甲烷裂解制氢[J]. 化工进展, 2014, 33(12): 3405~3411.
[44] 田禹,龚真龙,吴晓燕,等. 微波热解城市污水污泥的 H_2S 释放影响因素研究[J]. 环境污染与防治, 2013, 35(7): 7~10, 16.
[45] 于颖,于俊清,严志宇. 污水污泥微波辅助快速热裂解制生物油和合成气[J]. 环境化学, 2013, 32(3): 486~491.
[46] 王晓磊,邓文义,于伟超,等. 污泥微波高温热解条件下富氢气体生成特性研究[J]. 燃料化学学报, 2013, 41(2): 243~251.
[47] 陈浩. 微波催化热解城市污水污泥过程生物气释放影响因素研究[D]. 哈尔滨:哈尔滨工业大学, 2013.
[48] 龚真龙. 微波热解污水污泥 H_2S 释放影响因素及其处理研究[D]. 哈尔滨:哈尔滨工业大学, 2013.
[49] 张军. 微波热解污水污泥过程中氮转化途径及调控策略[D]. 哈尔滨:哈尔滨工业大学, 2013.
[50] 黄河润,陈汉平,王贤华,等. 微波诱导市政污泥热解实验的热重分析[J]. 燃烧科学与技术, 2012, 18(4): 295~300.
[51] 崔燕妮,张军,田禹. 矿物质对污水污泥微波热解过程中 NO_x 前驱物的影响研究[J]. 环境工程, 2012, 30(A2): 481~485.
[52] 崔燕妮. 污水污泥微波热解产生 NH_3 和 HCN 污染控制研究[D]. 哈尔滨:哈尔滨工业大学, 2012.
[53] 黄河润,陈汉平,王贤华,等. 微波破解污泥的固定床热解实验研究[J]. 华中科技大学学报(自然科学版), 2012, 40(7): 28~132.
[54] 万立国,田禹,张丽君,等. 污水污泥高温热解技术研究现状与进展[J]. 环境科学与技术, 2011, 34(6): 109~114.
[55] 左薇. 污水污泥微波热解制取燃料及微晶玻璃工艺与机制研究[D]. 哈尔滨:哈尔滨工业大学, 2011.
[56] 左薇,田禹. 微波高温热解污水污泥制备生物质燃气[J]. 哈尔滨工业大学学报, 2011, 43(16): 25~28.
[57] 方琳,田禹,武伟男,等. 微波高温热解污水污泥各态产物特性分析[J]. 安全与环境学报, 2008, 8(1): 29~34.
[58] 乔玮,王伟,黎攀,等. 城市污水污泥微波热水解特性研究[J]. 环境科学, 2008, 29(1): 152~158.
[59] 王同华,胡俊生,夏莉,等. 微波热解污泥及产物组成的分析[J]. 沈阳建筑大学学报(自然科学版), 2008, 24(4): 662~666.
[60] 武伟男. 城市污水污泥微波高温热解油类产物特性研究[D]. 哈尔滨:哈尔滨工业大学, 2007.
[61] 田禹,方琳,黄君礼. 微波辐射预处理对污泥结构及脱水性能的影响[J]. 中国环境科学, 2006, 26(4): 459~463.

第6章 污泥气化制燃料气

气化技术主要用于石油产业和煤炭产燃气方面，经过不断的开发和完善才逐渐应用于可再生能源的生产和固体垃圾的处理。污泥气化技术在近年来取得了一定的进展，主要体现在气化处理工艺占地面积小、减容效果明显、能源利用效率高，同时有害气体排放量低。与传统的焚烧方式相比，气化产生的可燃气体可以有多种用途，如输送到工厂现有的锅炉或窑炉中燃用，同时由于气化、燃烧过程可以利用余热干燥污泥中的水分，从而不必外加辅助燃料，降低运行费用。

根据所用气化剂的种类及气化工艺条件，可将污泥气化过程分为两大类：气化剂气化和超临界水气化。

气化剂气化即通常所说的污泥气化，是指在缺氧条件下，在一定的温度和压力及特定的装置中，污泥中的有机成分在还原性气氛下与气化剂（水蒸气、空气等）发生反应，最终转化为可燃气体（含CO、H_2和烃类）的技术。气化的目的是为了尽可能多地得到可燃气，尽量减少焦油的产生。气化处理利用技术既解决了污泥直接排放带来的环境问题，又充分利用了其能源价值。气化过程中有害气体SO_2、NO_x产生量较低，且气化产生的气体不需要大量的后续清洁设备。随着污泥资源化发展逐渐引起研究者的重视，污泥气化技术独特的优点得到越来越多的关注和探索。

超临界水气化（Supercritical Water Gasification，SCWG）是利用超临界水作为反应介质，生物质在其中进行热解、氧化、还原等一系列热化学反应的过程，主要的产物是氢气、二氧化碳、一氧化碳、甲烷、含$C_2 \sim C_4$的烷烃等混合气体，然后通过气体分离和压缩等工业上成熟的化工过程获得高纯度氢气。与传统的气化方式相比，超临界水气化技术有独特的优势：物料无需干燥处理，节省了物料干燥过程的能耗；由于过程在高温高压下进行，得到的气体再经过压缩储气，不需过多的能量输入。在此过程中，水不仅作为溶剂，也参与反应，能够减小不同相间反应的传质阻力，从而达到较高的转化率。但并不是所有的生物质都会转变为气体分子，也会生成部分焦炭。

6.1 污泥气化

污泥气化是一种新兴的污泥热化学处理工艺，是在无氧或低于理论氧气量的条件下，将污泥在高压、高温（600~1000℃）条件下气化，利用温度驱使污泥中的有机质发生热裂解和热化学转化，使固体分解为油、可燃气体和炭三种可燃物。

6.1.1 污泥气化过程的机理

通用的有机质气化过程的反应方程式为

有机质+O_2（或 H_2O）$\longrightarrow$ CO+CO_2+H_2O+H_2+CH_4+其他烃类+焦油+焦炭+灰分+HCN+NH_3+HCl+H_2S+其他含硫气体

在气化炉内发生的反应可总结为

部分氧化反应	$2C+O_2 \Longleftrightarrow 2CO$	(6-1)
水煤气反应	$C+H_2O \Longleftrightarrow CO+H_2$	(6-2)
水煤气变换反应	$CO+H_2O \Longleftrightarrow CO_2+H_2$	(6-3)
甲烷化反应	$CO+3H_2 \Longleftrightarrow CH_4+H_2O$	(6-4)

根据可燃气的热值，可将气化过程得到的生物质气分为三个等级：

低热值可燃生物质气：4~6MJ/m^3（以空气和蒸气/空气为气化介质）；

中热值可燃生物质气：12~18MJ/m^3（以氧气和蒸气为气化介质）；

高热值可燃生物质气：40MJ/m^3（以氢气为气化介质和加氢）。

污泥的气化一般是经过"干燥→在气化装置中气化生成可燃性气体产物→气体燃烧"过程实现洁净处理、能量回收利用，其工艺流程如图6-1所示。该工艺涉及污泥的干燥、输送、热解气化、燃气的输送及燃烧等很多过程，其中燃烧过程为气相燃烧，易于控制；干燥所需的热量可以来自气化可燃气体的燃烧，即源自污泥，达到能量自给。

污泥气化过程包含一系列化学变化过程，是含碳物质挥发释放的热分解过程，使原始污泥分解出几种气体，气化产物主要是气体、炭黑和油，每种气体产生的量受气化温度的影响，气化温度升高，产生的气体质量增加，而炭黑和油的质量下降。图6-2所示为预干燥市政污泥的热解产物随温度变化的情况。

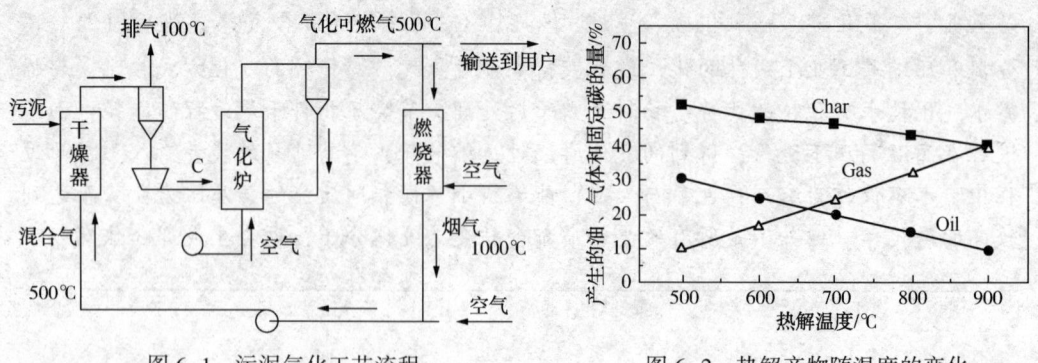

图6-1 污泥气化工艺流程 图6-2 热解产物随温度的变化

污泥气化的气体产物主要由 H_2、CO、CO_2 和 C_xH_y 组成，而每一种气体的量主要取决于污泥的种类和气化温度,如图 6-3 所示为不同种类污泥气化时的气体产物组成。对于绝大部分污泥来说,气体产物中 CO 的量最大,其次是 C_xH_y。表 6-1 为同一种污泥在不同气化温度时各气体产物组成的百分比,随着气化温度升高,气化产生的 CO 量增加而 CO_2 和 C_xH_y 的量减少。

表 6-1　污泥在不同温度气化时气体产物组成

温度/℃	620	670	760	830
H_2/%	2.5	2.59	3.2	4.62
CO_2/%	24.4	18.32	15.39	7.25
CO/%	28.63	34.62	43.32	66.17
C_xH_y/%	33.54	36.04	31.12	16.45

污泥中的碳有两种存在形式:挥发分碳和固定碳,污泥中的碳在气化时绝大部分随着挥发分挥发出去,如图 6-4 所示,在一个较低的气化温度时,污泥中 40%~60%的碳随挥发分释放出去,如果温度升高到 700℃,70%~80%的碳随挥发分释放出去,如果再升高温度,则污泥中碳随挥发分释放的比例几乎不再改变。挥发分碳和固定碳的这种分配比例是所有污泥的共性,与污泥的种类、水分含量、气化起始温度无关,在燃烧温度时,绝大部分碳是挥发分碳。

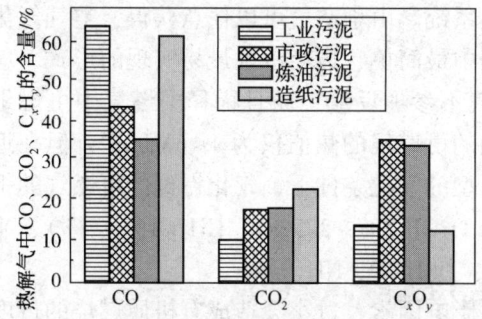
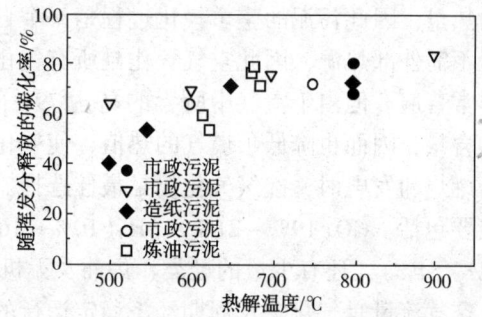

图 6-3　干燥污泥气化时气体产物的组成　　图 6-4　气化温度对随挥发分释放的碳比率的影响

Midilli 等和 Dogru 等认为污泥气化是一种很好的污泥资源化处置方法,可以用来生产低品质燃气。在 1000~1100℃ 条件下,污泥的气化产物中含有 H_2、CO、CH_4、C_2H_2 和 C_2H_6 等可燃成分,其中 H_2、CO 和 CH_4 的含量最大,占总气体量的比例分别为 10.48%、8.66% 和 1.58%,可燃成分占全部气体产物的 19%~23%,其他为 N_2 和 CO_2。气体的热值(标态)在 2.55~3.2MJ/m³ 之间,这些可燃成分可以用来补偿气化过程中所需的能量。在污泥气化过程中,绝大部分的重金属被稳定到固体半焦中,只有 Hg 会伴随气体和颗粒物而散发出去,可通过气体过滤装置减少 Hg 对大气的污染。

虽然在气化过程中会控制条件朝着有利于气体生成的方向进行,但是不可避免地会生成少量的焦油,焦油的产生会造成能量损失、环境污染,并会堵塞管道和腐蚀设备等,如何减少气化过程中的焦油产生量是急需解决的问题。在年处理 800~1000t 污泥的气化厂,每吨污泥的处理成本达到 350~450 欧元,如此高的处置成本,很难被发展中国家所接受。

6.1.2 污泥气化过程的分类

污泥气化是在一定的热力学条件下，借助气化剂作用，使污泥中的有机质和纤维素等高聚物发生热解、氧化、还原、重整反应，热解的产物焦油进一步催化热裂化为小分子碳氢化合物，获得含 CO、H_2、CH_4 和 C_mH_n 等烷烃类碳氢化合物的燃气。气化剂气化技术已有 100 多年的历史，最初的气化反应器产生于 1883 年，是以木炭为原料，气化后的燃气驱动内燃机，推动早期的汽车或农业排灌机的发展。

污泥气化是一种复杂的非均相与均相反应过程，其主要发生的反应是：①污泥中的碳与合成气之间的非均相反应；②合成气之间的均相反应。随着反应工艺和设备的差异，反应条件（如污泥种类及含水率、气化剂种类、反应温度及时间、有无催化剂及催化剂的性质）等不同，气化过程也千差万别。

根据气化剂的不同，污泥气化可分为空气气化、氧气气化、水蒸气气化、CO_2 气化、空气-水蒸气气化、氧气-水蒸气气化、氢气气化和空气-氢气气化等，其中应用较多为空气气化、氧气气化和水蒸气气化。

(1) 空气气化

空气气化是以空气为气化剂的反应过程。空气气化过程中，空气中的氧气与污泥中的有机组分发生氧化反应，释放出热量，为气化反应的其他过程（如热分解和还原过程）提供所需的热量，因此污泥的整个气化过程是一个自供热系统。由于空气可以任意获得，空气气化过程不需外部热源，因此空气气化是所有气化过程中最简单、最经济也最易实现的形式，应用非常普遍。但由于空气中所含的高达 79% 的氮气不参加反应，而且稀释了燃气中可燃组分的含量，因而也降低了燃气的热值，使气化得到的可燃气的热值仅为 $4\sim6MJ/m^3$，但在近距离燃烧和发电时，空气气化仍是最佳选择。在典型的气化条件下，气化得到的可燃气的组分主要包括：CO(19%~21%)、H_2(10%~16%)、O_2(1.5%~2.5%)、CH_4(1%~3%)、N_2(40%~54%)，还有少量的烃类、焦油及无机组分，如 HCN、NH_3 等。

空气流量是气化炉长周期经济稳定运行的重要影响因素，过小会造成有机质燃烧的过度缺氧，反应温度过低且不完全，有效成分总量减少，焦油总量增多，堵塞后续二次设备和管道，影响实验结果。流量过大，导致气化反应速率过快，燃气产量虽高，但容易造成过氧燃烧，使可燃成分含量减少，同时还引起气流速度快，将反应残余的炭粒和污泥灰带到后续的反应装置中，既造成能源浪费，又增加了后续处理设备的负荷。1000℃ 以上的高温空气气化、旋风气化是近年来提出的新工艺，具有焦油含量低且污染小、热值高、可控性强等特点，发达国家已取得了一系列的研究成果，我国也在相关领域进行了系统化的研究工作。相关研究成果表明，空气当量比对污泥气化有着极其重要的影响。随着当量比的增加，气化炉的反应温度升高，氧化层、还原层持续稳定在 1000~900℃，H_2、CO、CH_4 气体的含量减小，焦油含量降低，但同时也使燃气的热值降低，产率近似呈线性增加，最佳当量比为 0.25~0.26。

(2) 氧气气化

氧气气化是一种利用氧气或富氧空气与污泥中的有机质部分燃烧为热解还原反应提供所需热量产生燃烧的过程，其反应实质与空气气化过程相同，但因为没有惰性气体氮气稀释反应介质，因此减少了加热氮气所需的热量，在与空气气化相同的当量比下，反应温度显著提高，反应速率明显加快，反应器容积减小，气化热效率提高，气化得到的可燃气的热值也有所提高，一般达 $10\sim15MJ/m^3$；在相同的气化温度下，耗氧量降低，当量比减少，因而也提高了产气的质量。

富氧技术分全氧燃烧和局部增氧燃烧，是一种特殊的气化方式。高温有利于生物质气化，而局部增氧燃烧恰好提高了火焰温度和反应速率，使污泥中的有机质充分燃烧，缩短燃烬时间，增强原料的燃烧活性，因此在气化反应中局部增氧燃烧技术比较常见。由于氧气气化产气的热值大小与城市煤气相当，可以建立中小型集中供气系统，也可以用于生产合成气，取得更好的效益。

然而，氧气气化过程也存在一定的问题，如需要昂贵的制氧设备和额外的动力消耗，成本高，总经济效益不高。中国科学技术大学和华中科技大学等研究者都发现氧气浓度、氧气当量比和氧气体积分数对燃气组成、碳转化率和热值都有很大的影响，燃气中 CO、H_2 的含量较高，CH_4 的含量较低。

(3) 水蒸气气化

水蒸气气化是以高温水蒸气作为气化剂的气化技术。水蒸气气化过程不仅包括水蒸气和碳的还原反应，还有 CO 与水蒸气的转化反应、各种甲烷化反应及生物质在反应炉内的热解反应，其主要反应是吸热反应，因此需要外部对其供给热量才能维持反应。典型的水蒸气气化过程得到的生物质可燃气的主要组分（体积分数）为：$H_2(20\%\sim26\%)$、$CO(28\%\sim42\%)$、$CO_2(16\%\sim23\%)$、$CH_4(10\%\sim20\%)$、$C_2H_2(2\%\sim4\%)$、$C_2H_6(\sim1\%)$、C_3 以上组分 $(2\%\sim3\%)$，其热值可达 $17\sim21MJ/m^3$。相比于空气、氧气等气化方式，水蒸气气化具有氢气产率高、燃气质量好、热值高等优点，是一种有效的将低品位生物质能转化为高品质氢能的利用方式。

(4) 空气-水蒸气气化

空气气化投资少，可行性强，在工业应用中较多，但产物中氢气的体积分数只占 $8\%\sim14\%$，产气的热值低。水蒸气气化产物中 H_2、CH_4 居多，CO_2、CO 等含量较少，但只有当水蒸气的温度达到 700℃ 以上时，焦炭与水蒸气的反应才能达到理想的效果，因此反应时需外加热源。而空气-水蒸气气化综合了空气气化和水蒸气气化过程的特点，既实现了自供热运行，又可减少氧气消耗量，并提高产气中氢的比例。

空气-水蒸气气化过程发生的主要反应为

$$2C+O_2 \Longleftrightarrow CO_2 \tag{6-5}$$

$$2C+O_2 \Longleftrightarrow 2CO \tag{6-6}$$

$$C+CO_2 \Longleftrightarrow 2CO \tag{6-7}$$

$$C+H_2O \Longleftrightarrow CO+H_2 \tag{6-8}$$

$$C+2H_2O \Longleftrightarrow CO_2+2H_2 \tag{6-9}$$

$$C+2H_2 \Longleftrightarrow CH_4 \tag{6-10}$$

$$CH_4+2O_2 \Longleftrightarrow CO_2+2H_2O \tag{6-11}$$

$$2H_2+O_2 \Longleftrightarrow 2H_2O \tag{6-12}$$

$$2CO+O_2 \Longleftrightarrow 2CO_2 \tag{6-13}$$

$$CO+H_2O \Longleftrightarrow CO_2+H_2 \tag{6-14}$$

(5) 氧气-水蒸气气化

生物质氧气-水蒸气气化时由于水蒸气的加入向系统补充了大量的氢源，可以生产富含

H_2、烃类化合物和CO的燃气，同时还减少了焦油的产生量，降低了后续焦油处理的难度。

6.1.3 污泥气化过程的影响因素

影响污泥气化的主要因素包括气化温度、催化剂、气化剂、污泥种类、停留时间等，其中有些因素起主要作用，有些因素只起次要作用。

（1）温度

温度是影响气化结果的重要参数之一。随着温度的提高，一次反应在得到加强的同时，二次反应的作用也被进一步提升，即其中的大分子碳氢化合物在高温下发生二次裂解，生成更多小分子气体；同时大部分蒸汽重组反应都是吸热的，这可以解释为较高的温度有利于热裂解和蒸汽重整反应，更有利于产气量的增加和H_2的生成。

Kang等研究表明，当温度达到800℃时，H_2、CH_4、C_2H_6和CO的含量增加，原因是温度升高促进了水煤气反应[式(6-2)]和水煤气变换反应[式(6-3)]的进行，使产气中H_2的含量显著增加，同时CO的含量提升。由于此过程中发生了一系列化学反应，产气中CH_4、C_2H_6的含量也有一定的提升。张艳丽等也得到了相同的结论，当温度超过850℃时，H_2产率大幅度增加。

Kang等研究表明，当量比ER从0.1升至0.2时，H_2、CH_4和C_2H_6含量升高，CO和CO_2含量下降，但随着ER的持续升高，即从0.2升至0.3，得到与前期相反的趋势。王伟等研究也发现，可燃气含量及污泥碳转化率都与ER相关，且在ER为0.3~0.4时达到最高值。因为相对于H_2产率，ER存在一个最大值，在污泥气化过程中，ER太小会使温度过低，反应不完全；ER太大则生成的可燃气体会被氧化消耗，也不利于气体品质的提高。

（2）催化剂

污泥自身含有一定量的重金属，在气化过程中可以起到一定的催化作用，可在一定程度上提高产物的产率和质量，并对气化过程的工艺条件也有一定的影响。一般而言，生物质催化气化制氢的催化剂主要有天然矿石、镍基催化剂、碱金属及复合催化剂，它们对焦油裂解都有显著的催化效果。调整产物的分配，开发使用寿命长、机械强度高、活性好的催化剂是今后的发展方向。

De Andres等研究了流化床中在空气和空气-水蒸气气氛下催化剂对污泥气化过程的影响，催化剂的使用对降低焦炭产率有很大的影响，白云石、Al_2O_3、橄榄石3种催化剂相比，白云石的效果最佳，橄榄石的效果欠佳；白云石和Al_2O_3催化剂能在增加H_2和CO产量的同时降低CH_4、CO_2及C_mH_n的产量。Hong等研究了固定床中催化剂在污泥气化中减少结焦的作用，使用白云石、钢粉和氯化钙3种催化剂，反应温度升到800℃时，气体产物和液体产物量增加，焦炭量下降，污泥中有机组分中的C—H键发生断裂，生成相应的H_2和烯烃；随温度升高，3种催化剂作用下的焦炭产率均有下降，氯化钙对H_2和CH_4的选择性较高，对CO_2的选择性较低。Chiang等采用新型的2段气化装置，分别填充了分子筛、白云石和活性炭，试验结果表明，气化净化装置的加入可以大幅度降低焦油的产率，尤其是对焦油中环状的碳氢化合物有大幅度的减少效果，气体产率增加，能量转化率也有所提高。

（3）气化介质

富氧气化比空气气化有更好的效果和操作性能，但富氧气化增加了运行费用，相比而言，空气气化较为常见，又由于水蒸气的参与能大幅度增加可燃气体的质量，水蒸气-空气做气化剂是不错的选择，也广受研究者关注。

Werle 和 Dominguez 等研究证实了湿污泥热化学处理方法的可行性，由于水蒸气、有机挥发物和气体三者之间的完全反应，有利于提高富氢气体产率的条件是较快的升温速率、逐渐升高的温度和较低的气氛流率。Willams 发现，在 1000K 下，水蒸气的加入极大地影响着 H_2 的产率，这是因为在高温时水蒸气的加入有利于水煤气反应[式(6-2)]和水煤气变换反应[式(6-3)]的发生；温度和水蒸气的相互作用可以得到高产率的 H_2、CH_4 和 $C_2 \sim C_4$ 气体，去除生成的 CO_2 也能增加富氢气体的得率。Xie 等也得到了相同的结论，温度升高时，污泥中的水分气化，形成水蒸气氛围，促进了富氢气体的生成，随污泥中水分含量提升，厌氧消化污泥和未消化污泥气化生成 H_2 和 CO_2 的趋势差别越来越明显，但 CO 的生成趋势趋于一致。Mun 等探讨了操作变量对污泥气化产气特性的影响，发现污泥含水率直接影响着产气品质，尤其是 H_2 的产率；污泥含水率为 30% 时，可获得最大的氢气产率(32.1%)，表明污泥气化过程是一种稳定产气，并可获得高氢气含量、低焦炭的污泥处理方式。

（4）其他

污水处理工艺对污泥气化过程也有一定的影响。李涛等研究了 5 种不同性质污泥的气化特性，发现其中连续 SBR 工艺的未消化污泥气化气中 CO、CO_2 的含量最高，H_2、CH_4 和 C_mH_n 的含量最低；A_2/O 工艺的未消化污泥气化气中 CO、CO_2 的含量最低，CH_4 的含量最高；活性污泥法的未消化污泥气化气中 H_2 和 C_mH_n 的含量最高；3 种污水处理工艺污泥的气化气热值依次升高。

气化技术除了可以应用于单污泥作为原料的处理方式，也可以应用到污泥与其他生物质共气化的过程。Peng 等研究表明，含水率为 80% 的湿污泥与林业废弃物共气化的失重速率随林业废弃物含量增加而增加，并且湿污泥蒸发的水蒸气与气化的残渣发生反应；污泥含量减少有利于气体的生成，在湿污泥质量分数达到 50% 时，H_2 和 CO 有最大的产量。焦李和 Seggiani 等也得到类似的结论，并发现得到的燃气中 PAHs 和呋喃等有害物质含量有所降低。

6.1.4　燃气特性

污泥气化的主要目的之一是获得热值更高、产率更大的可燃气体，因此国内外学者对污泥气化过程产生气化气的析出特性和组成进行了大量研究。

Manya 等采用鼓泡流化床研究了床层高度和空气当量比对污泥气化的影响，研究发现，H_2、CO、CH_4、C_2H_4 和 C_2H_6 的浓度均随床层高度的增加而增加，随空气当量比的增加而减小，而 N_2 的浓度随床层高度和空气当量比的变化规律则正好相反；空气当量比对产气成分的影响要大于床层高度，产气量和产气中碳回收率随空气当量比和床层高度的增加而增加。Petersen 等考察了空气当量比、气化温度、给料高度和流化速度对污泥在循环流化床中气化特性的影响，研究认为，影响产气的主要因素是空气当量比，其最佳值为 0.3，尽管气化温度越高气体热值越大，但温度过高可能使灰分发生熔融、团聚和烧结；给料高度越低，颗粒混合均均匀，同时气体流速越大，对气化气产量和品质的提高越有利。

Xie 等利用外热式下吸固定床气化实验装置研究了污泥水分含量对 3 种不同性质污泥空气气化特性的影响，结果表明，气化气中 CO、CH_4 和 H_2 含量、气化气热值以及水相生成量均随着污泥水分含量的增加而增加，而 CO 含量和焦油生成量则呈下降趋势；污泥厌氧消化降低了 CO、CH_4、H_2、C_mH_n 含量以及气化气品质，而污水处理工艺中的厌氧过程可改善气化气品质;随污泥水分含量的增加,两种不同性质消化污泥气化气中CO、CO_2和H_2含量的差距逐渐变大,而消化与未消化污泥气化气中CO含量的差距则趋于接近。他们还指出,升高气化温度可有效提高气化气中可燃组分的含量,减小空气流量有利于气化气品质的提高;污泥厌氧消化使气化气品质降低,不同污水处理工艺亦会对污泥气化气品质和热值产生影响。

Nimit Nipattummakul等认为污泥的水蒸气气化可以提高氢气含量,考察了不同水碳比对污泥水蒸气气化时合成气产率及组成、氢气产率、能量利用率和表观热效率的影响,结果表明,污泥气化时的表观热效率与工业冷煤气效率相当,最优水碳比为5.62,与热解相比,气化对污泥的能量利用率可提高25%;气化温度越高,氢气产量越大,水蒸气氛围时的氢气产率是空气氛围下的3倍,对比纸张、餐厨垃圾和塑料,污泥气化持续时间更长,且其产氢量高于纸张和餐厨垃圾。Juan M. A.等发现水蒸气和催化剂的加入可显著提升H_2的产量,同时催化剂的存在可提高燃气的产量和热值;氧化铝和白云石可以增加H_2和CO的含量,降低CO_2和烃类气体的含量。

M. Seggiani等的研究结果表明,当污泥与传统的木质生物质进行共气化时,由于污泥灰分含量高且灰融温度较低,致使污泥含量过高共气化反应变得不稳定,同时随着污泥含量的升高,气化气的产率、低位热值和冷煤气效率均有所降低。Woei Saw等对木材与污泥的共气化进行了研究,发现随着污泥含量的增加,H_2与CO的比值由0.6增至0.9,而合成气产量和冷煤气效率却各自急剧降低了53%和43%,污泥单独气化时,用H_2O作为气化剂的CO和H_2产量比其他气化剂高40%。

污泥气化过程经历污泥热解和污泥热解产物的气化两个阶段,因此亦有对污泥热解半焦的气化特性进行研究的。Susanna Nilsson等的研究表明污泥热解半焦的气化反应性约是CO_2氛围下的3倍。张艳丽等对污泥热解半焦的水蒸气气化进行了实验研究,指出随着气化温度的增加,气体产率和燃气中H_2含量均有所增加;最佳固相停留时间和水蒸气流量分别为15min、1.19g/min;添加催化剂可提高H_2的产量。Lech等利用天平对污泥热解半焦在氧气、水蒸气和二氧化碳氛围下的气化特性进行对比分析表明,最有效气化剂是含有O_2的气态混合物,其反应温度在400~500℃,而CO_2和H_2O条件下完成碳转化的温度更高,为700~900℃;采用容积模型和收缩核模型描述了半焦碳转化率对气化反应速率的影响,发现收缩核模型能够有效预测CO_2和O_2氛围下半焦的气化速率,而容积模型最适合于半焦的水蒸气气化;由实验数据估算的动力学参数与文献中木质半焦气化反应相一致。

6.1.5 污染控制

污泥气化的污染物控制主要涉及含N化合物和重金属等,掌握这些物质在污泥气化过程中的形成分布规律及影响因素,从而减少或避免造成的二次污染,这对于保证污泥的无害化处理具有重要的理论和现实意义。

Paterson等研究了污泥气化时HCN和NH_3的释放特性,结果显示,HCN浓度随气化温度的升高而增加,表明HCN是含氮化合物分解的初级产物,而随气化时间的延长而降低,这是由于HCN分解成了NH_3;气化剂中水蒸气的存在可以促进HCN的生成;NH_3浓度随气化温度的升高而不断下降,系由NH_3分解为N_2和H_2所致。王宗华等对污泥热解和气化过程中NO_x前驱物的释放特性进行了对比分析发现,与热解条件对比,气化条件下NO开始快速生成的温度较高，NH_3的温度则基本相同，而HCN生成完成时的温度则较低。李爱民等研究认为，污泥经气化-焚烧两段处理后烟气中NO_x和SO_2的最高排放浓度均远低于国家规定的排放标准。Maria Azner等也对污泥气化时氮化物的形成过程进行了研究，发现大部分氮元素形成了气态产物，且主要以氮气形式存在，随着气化温度的升高，NH_3和含氮焦油的产量降低而氮气含量增加。Ferrasse J.等还对污泥水蒸气气化时氮化物中的行为特征建立了模型，用于预测NH_3的排放。Qiang Zhang等对污泥和煤共气化时磷的行为进行了研究，结果表明，磷的挥发程度随气化温度的升高而增大，且挥发过程主要发生在热解阶段，当热解温度低于1100℃时，主要是有机磷化物的挥发，即使温度高达1200℃，无机磷仍未明显挥发；经过气化后，大部分的磷则以玻璃化形态存在于灰渣中。

Li Lei等发现，经过超临界水气化处理后，污泥中重金属的环境风险降低。Reed等研究了污泥气化时痕量元素的分布规律，表明固体残渣不含汞、钴、铜、锰和钒既未在床体残渣中损耗，也未富集带入气体净化设备中的细料中，床体残渣中钡、铅和锌的损耗因污泥类型的不同而异，当气化温度大于900℃时，铅在细料中的富集似乎会增加。Marrero等的研究结果表明，镉、锶、铯全部滞留在焦炭中，少量的砷发生了迁移，其在烟气中的检测量稍微高于1%。

当然，由于污泥灰分含量相对较高，气化最终会产生大量灰渣，因而需进一步挖掘污泥气化残渣的利用价值，减少处理成本。

6.1.6 气化炉

气化炉是污泥气化产生可燃气体的主要设备，设计高效廉价、操作简单的气化炉，是实现污泥气化技术规模化应用的最主要前提。根据物料的运动特性，目前采用的污泥气化炉主要分为固定床、流化床和气流床气化炉。

(1) 固定床气化炉

固定床气化炉具有一个容纳原料的炉膛和承托反应料层的炉栅。根据固定床气化炉内气流运动的方向和组合，固定床气化炉又分为上吸式气化炉、下吸式气化炉、横吸式气化炉及开心式气化炉，应用最多的是下吸式气化炉和上吸式气化炉，如图6-5所示。

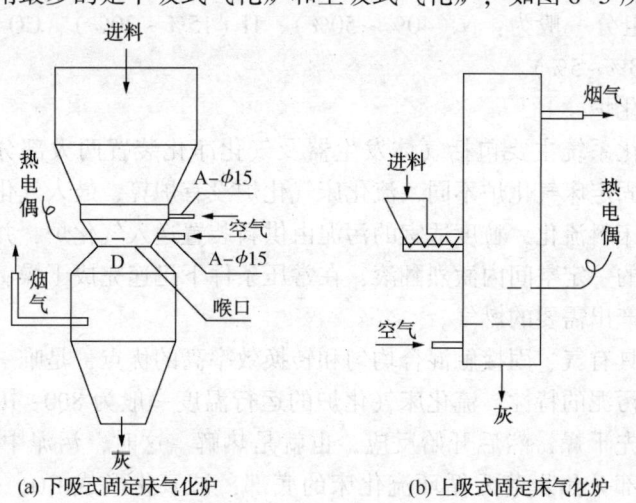

图6-5 固定床气化炉

下吸式固定床气化炉的特点是在床的底部设有一个收缩喉口区，污泥自炉顶投入炉内，气化剂由进料口和进风口进入炉内，污泥和气体同向通过高温喉口区(直径为180mm)向下流动，污泥在喉口区发生气化反应，热解产生气体、液体与固体产物，大多数热解气体的主要成分为 H_2、CO_2、CO、CH_4 和少量的碳氢化合物(如乙烷)；热解液体一般含有乙醇、乙酸、水或焦油等；热解固体残余物含有炭(如木炭)及灰分等；产生的焦油通过喉口高温区在炭床上部分裂解。

炉内物料沿炉的高度方向从上往下依次分为干燥层、热解层、氧化层和还原层。在氧化层主要发生如下反应：

$$C+O_2 \longrightarrow CO_2 \tag{6-15}$$

$$2H_2+O_2 \longrightarrow 2H_2O \tag{6-16}$$

在还原层主要发生如下反应：

$$C+H_2O \longrightarrow H_2+CO \tag{6-17}$$

$$C+CO_2 \longrightarrow 2CO \tag{6-18}$$

下吸式气化炉的特点是：结构简单，工作稳定性好，可随时进料，气体下移过程中所含的焦油大部被裂解，但出炉燃气的灰分较高(需除尘)，燃气温度较高。整体而言，该炉型可以对大块原料不经预处理而直接使用，焦油含量少，构造简单。

对于上吸式气化炉，气体流动方向与污泥移动方向相反，污泥自炉顶投入炉内，气化剂由炉底进入炉内参与气化反应，反应产生的燃气自下而上流动，由燃气出口排出。沿炉的高度方向从上往下依次分布着干燥层、热解层、还原层和氧化层，在气化过程中，燃气在经过热解层和干燥层时，可以有效地进行热量传递，既用于污泥的热解和干燥，又降低了自身的温度，大大提高了整体热效率。同时，热解层、干燥层对燃气具有一定的过滤作用，使其出口灰分降低，但是其构造使得进料不方便，小炉型需间歇进料，大炉型需安装专用的加料装置。整体而言，该炉型结构简单，适用于不同形状尺寸的原料，但生成气中焦油含量高，容易造成输气系统堵塞，使输气管道、阀门等工作不正常，加速其老化，因此需要复杂的燃气净化处理，给燃气的利用(如供气、发电)设备带来问题，大规模的应用比较困难。

一般而言，固定床气化炉结构简单，运行温度约为1000℃，但所产可燃气的热值较低($4\sim6MJ/m^3$)，其组分一般为：$N_2(40\%\sim50\%)$、$H_2(15\%\sim20\%)$、$CO(10\%\sim15\%)$、$CO_2(10\sim15\%)$、$CH_4(3\%\sim5\%)$。

(2) 流化床气化炉

流化床污泥气化系统主要包括气体发生器及气化净化装置两大部分，如图6-6所示。与上吸式及下吸式固定床气化炉不同，流化床气化炉没有炉箅，鼓入气化炉的适量空气经布风板均匀分布后将床料流化，粒度适宜的污泥由供料装置送入气化炉，并与高温床料迅速混合，在布风板以上的一定空间内激烈翻滚，在常压条件下迅速完成干燥、热解、燃烧及气化反应过程，从而生产出需要的燃气。

流化床气化炉具有气、固接触混合均匀和转换效率高的优点，是唯一在恒温床上进行反应的气化炉。根据污泥的特性，流化床气化炉的运行温度一般为800~1000℃，污泥进入流化床气化炉后，首先干燥，然后开始反应，也就是热解。这时，污泥中的有机物转化为气体、焦炭及焦油。部分焦炭落入循环流化床的底部，被氧化形成CO、CO_2，释放出热量。此后，以上得到的产物向流化床上部流动，发生二次反应，可分为异相反应(即焦炭参与其中的气-固反应)和均相反应(即所有反应物均为气体的气-气反应)。反应生成的可燃气携带部分细尘进入旋风分离器，大部分固体颗粒在旋风筒内被分离，然后返回流化床底部。由于床料热容大，即使水分含量较高的污泥也可直接气化。因其气化强度高，且供入的污泥量及风量可严格控制，所以流化床气化炉非常适合于大型污泥处理系统。

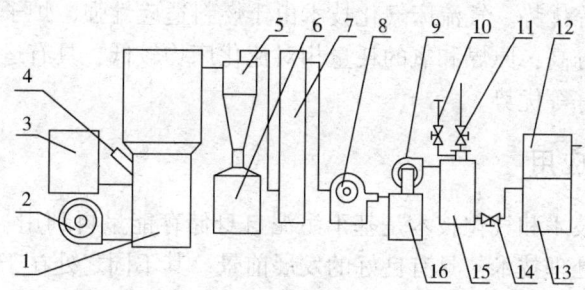

图 6-6 流化床气化工艺流程图

1—气化器；2—鼓风机；3—料仓；4—减压机；5—除尘器；6—灰仓；7—冷却塔；8—Ⅰ号风机；9—Ⅱ号风机；10—火焰监视器阀门；11—排空阀；12—水封；13—过滤器；14—供气阀；10—Ⅱ号除焦器；16—Ⅰ号除焦器

流化床气化炉包括鼓泡流化床、循环流化床及双流化床等炉型，比较常见的是前两种。

鼓泡流化床气化炉是最简单的流化床气化炉，气化剂由布风板下部吹入炉内，污泥在布风板上部被直接输送进入床层，与高温床料混合接触，发生热解气化反应，密相区以燃烧反应为主，稀相区以还原反应为主，生成的高温燃气由上部排出。鼓泡流化床气化炉的气流速度较慢，比较适合颗粒较大的原料，生成气中的焦油含量较少，成分稳定，但飞灰和炭颗粒夹带严重，运行费用较大。

循环流化床气化炉相对于鼓泡流化床气化炉而言，流化速度较高，生成气中含有大量的固体颗粒，在燃气出口处设有旋风分离器或布袋分离器，未反应完的炭粒被旋风分离器分离下来，经返料器送入炉内，进行循环反应，提高了碳的转化率和热效率。其特点是：运行的流化速度高，约为颗粒终端速度的3~4倍，气化空气量仅为燃烧空气量的20%~30%；为保持流化高速，床层直径一般较小，适用于多种原料，生成气的焦油含量低，单位产气率高，单位容积的生产能力大。

（3）气流床气化炉

气流床气化工艺过程为：污泥与气化剂经喷嘴喷入气化炉的燃烧区，由于该处温度高达1500~2000℃，因此污泥中的残余水分快速蒸发，同时由于热解反应速率大大高于污泥的燃烧速率，所以细小的颗粒开始发生快速热解，即脱挥发分，生成半焦和气体产物，挥发分中的活性可燃成分如 CO、H_2、CH_4 及焦油与 O_2 发生气相燃烧反应，生成 CO_2 和 H_2O，并放出热量供污泥继续热解及气化反应的进行。由于气相燃烧反应速率很快，因此一般认为在氧气存在的情况下，上述气相燃烧反应能达到完全，亦即在氧气存在时，气相中不含 CO、H_2、CH_4 和焦油。污泥中的挥发分析出后，发生半焦燃烧及气化反应，与水蒸气及 CO_2 反应，如此时仍有氧气存在，则在气相中仍发生 CO 和 H_2 燃烧反应。气化炉中的氧气反应完后，半焦与水蒸气、CO_2 和 H_2 等继续发生气化反应，同时气相中还有变换反应和甲烷裂解反应等。对气流床气化，一般将变换反应和甲烷化反应视为平衡反应。

固定床、流化床和气流床三种气化炉各有其优缺点。固定床技术由于主气化层建立在灰熔融的高温区附近，燃料在炉内停留时间长，气化剂在炉内的气流速度低，吹风蓄热，加上采用上、下轮吹制气,使得炉内热利用率高、蒸汽分解率高,初净化容易,排灰和排气温度较低,炉内热损失少,因此具有省氧、省蒸汽、省投资且气化效率高的优势,提高碳转化和提高整体热效率以及降低运行费用的关键在于优化操作工艺。流化床气化炉技术由于备料简单,炉温较低、均匀,使工艺简化、方便,设备制造不复杂,且投资不太大,具有规模适中、操作很容易掌握等优势。气流床气化技术由于燃料适应性强,炉子操作温度高,热效率高,合成气中有效组分高,原煤和氧的耗量相对流化床均较低,具有运行可靠性高、自动化程度高、环保性能良好等优势。

6.1.7 工业化应用

焚烧技术、热解技术和气化技术是基于污泥自身储存能量再利用、能实现污泥减量化、资源化的3种热化学处理技术,具有良好的发展前景。其不同之处在于总能量消耗量,以及固、液、气3种产物的产率。表6-2为污泥焚烧、热解和气化技术的主要参数对比。

表6-2 污泥焚烧、热解和气化技术主要参数对比

热化学技术	资源化程度	处置温度	环境指标	处置规模	经济性	产物性能指标
焚烧技术	CO_2、灰渣、热量	高温	容易产生二次污染	占地面积少,减量化显著	一次性投资大,需国家补贴	回收热用来生产蒸汽和电能
热解技术	焦油、焦炭、气体	600~900℃以上	重金属固化,减少二次污染	灵活度高,大小型均可	550℃理论上可达到能量平衡,有一定的经济效益	处理1t污泥可得到200~250m³燃气
气化技术	可燃气、建筑材料	1000℃以上	接近零排放	大型化	全封闭式,有良好的经济效益	处理1t污泥可得到3000~3500m³燃气

虽然污泥气化技术需要能量的再投入,但综合而言是比较有前景的技术之一。Chun等采用热解、气化技术处理污泥,试验在固定床中进行,对比了污泥处理后气体、焦油、焦炭的产率。通过水蒸气气化技术处理污泥可得到最大产气量,其原因是经过水蒸气重整后,H_2和CO的含量较高。然而,目前污泥气化工业化的项目和企业仍然较少,相关数据的缺乏限制了该技术的推广。

热解处理被认为是可以替代焚烧和填埋的新型污泥处理方法,具有一定的生态效应。热解与焚烧处理污泥的厂区面积相似,热解对于污水污泥有很好的适用性,热解工艺在密闭条件下操作,产物回收的热量可作为热解工艺的能源供应。但污泥热解处理的焦油产率较高,所得的富氢燃气产量较少,若以焦油为目的产物,将其作为石油的替代燃料或化工原料,热解技术是不错的选择;若从增加气体产率而言,也可采用添加催化剂的方法促进焦油的二次裂解。该技术具有环境污染小、设备运行费用低的优势,是最具发展前景的污泥处理技术之一。

污泥气化技术还处于试验阶段,在实际应用方面也有一些成果。德国巴林根斯瓦比亚城市污水处理厂从2005年开始研究污泥气化技术并取得成功,可将污泥气化产生的可燃气体用于发电,提供自身运行所需的能量,处理后的剩余泥渣也可以用于建筑产业或筑路。日本已成功开发出一套系统,将污泥在流化床中气化,得到的合成气用于发电,从而大幅度减少了温室气体的排放。15t/d的装置试验厂已在2005年建成,并成功运转,此技术的推广将减

少一半以上温室气体排放,并节约19%的能源投入。德国于2010年在曼海姆建立了3条生产线,总计可以处理10000t/d污泥。污泥预处理后进入气化炉,再将产生的可燃气经过气体净化器和燃气发电机,最后可输出电力。污泥气化的基本流程如图6-7所示。

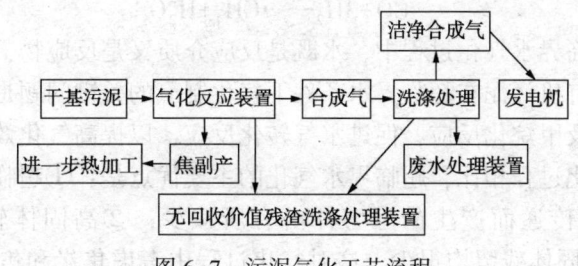

图6-7 污泥气化工艺流程

南京工业大学成功开发了高湿基污泥与林业废弃物共气化技术并成功进行了中试实验。200kg/h的污泥与林业废弃物(如锯末、木屑粉)的混合物进入气化装置,经间接换热后达到气化温度,气化气可直接用于燃烧或经净化后发电。在气化过程中,由高湿基污泥产生的水蒸气与碳基发生反应,增大了可燃气的产量,提高了可燃气的品质。

气化反应的核心设备分为固定床气化炉和流化床气化炉,二者的适用范围不同。固定床气化炉主要应用于锅炉供热,运行模式灵活,操作方便,适用于小规模生产;流化床气化炉主要用于发电供电,设备复杂,适用于大型化、工业化生产。但它们都存在一定的技术问题,如产生的燃气中焦油和灰尘含量较高,易对后面的管道和设备造成不利影响。目前对焦油的处理技术还不成熟,一般采用催化裂解的方法,是今后亟待解决的问题,同时各种新工艺、新设备的研究也将进一步推进污泥气化技术的发展。

6.2 污泥超临界水气化

与传统的气化方式相比,超临界水气化技术有其独特的优势:首先,物料无需干燥处理,节省了物料干燥过程的能耗;其次,由于此过程是在高温高压下实现的,得到的气体再经过压缩储气则不需过多的能量输入。在此过程中,水不仅作为溶剂,也参与反应,能够减小不同相间反应的传质阻力,从而达到较高的转化率。但并不是所有的生物质都会转变为气体分子,也会生成部分焦炭。

6.2.1 污泥超临界水气化的原理

污泥超临界水气化技术是将有机污泥、超临界水和催化剂放在一个高压的反应器内,利用超临界水具有的较强溶解能力,将污泥中的各种有机物溶解,然后在均相反应条件下经过一系列复杂的热解、氧化、还原等反应过程,最终将污泥中的有机质催化裂解为富氢气体的一种新型气化技术。

理论上讲,以富含碳氢化合物的有机污泥为原料,在超临界水条件下的气化过程是依靠外部提供的能量使污泥有机质中原有的C—H键全部断裂(此即高温分解与水解过程)后,再经蒸汽重整而生成氢气。其化学方程式可表示如下:

$$CH_xO_y+(1-y)H_2O \longrightarrow CO+(1-y+x/2)H_2 \tag{6-19}$$

当然，在生物质气化产生氢气的同时，也伴随着水煤气变换反应[式(6-20)]与甲烷化反应[式(6-21)]：

$$CO+H_2O \longrightarrow CO_2+H_2 \qquad (6-20)$$

$$CO+3H_2 \longrightarrow CH_4+H_2O \qquad (6-21)$$

可以看出，在超临界水气化过程中，水既是反应介质又是反应物，在特定的条件下能够起到催化剂的作用。有机污泥在超临界水条件下气化制氢的关键问题是如何抑制可能发生的小分子化合物聚合以及甲烷化反应，促进水气转化反应，以提高气化效率和氢气的产量。

与常压下高温气化过程相比，超临界水气化的主要优点是：①超临界水是均相介质，使得在异构化反应中因传递而产生的阻力冲击有所减少；②高固体转化率，气化率可达100%，有机化合物和固体残留均很少，这对气化过程中考虑焦炭和焦油等的作用时是至关重要的；③气体中氢气含量高（甚至超过50%）；④由于特殊的操作条件，使反应可在高转化率和高气化率下进行；⑤由于直接在高压下获得气体，因此所需的反应器体积较小，存储时耗能少，所得气体可以直接输送。因此超临界水气化技术作为一种全新的有机物处理和资源化利用技术，是美国能源部（DOE）氢能计划的一部分，已成为当前国际上的研究热点之一，有着很好的应用前景。

6.2.2 污泥超临界水气化过程的影响因素

影响污泥超临界水气化过程的主要因素包括温度、物料、催化剂等。

（1）温度

温度是污泥转化率的主要影响因素，压力和停留时间对污泥转化率的影响不大。王志锋等以城市污泥转化为富氢气体为目的，在反应温度为500~650℃、压力为22.8~37MPa、水料比为2.6~6及停留时间为1~36min的条件下，使用超临界水（SCW）间歇反应器，考察了污泥在超临界水气化过程中的气体组分及产率。当温度由500℃升高650℃时，氢气产率由16.54mL/g上升到62.4mL/g；当水料比由2.6提高到6时，氢气产率提高了1倍多。马红和等在研究城市污泥的超临界水处理效果时发现，反应温度每升高20℃，H_2物质的量分数约提高2.0%，CH_4物质的量分数提高0.2%~0.9%。这是因为温度升高，可促使CO和H_2O发生水煤气变换反应，CO和H_2发生甲烷化反应，而且温度越高促进效果越明显。

对于在超临界条件下有机废物分解反应中的气化反应，主要考虑与C、H、O有关的蒸汽重整反应（吸热反应）、甲烷生成反应（放热反应）、氢生成反应及水煤气转化反应。后2种反应的反应热几乎为零。高温、高压可促进气化反应的进行，但会抑制甲烷的收率；相反，低温、高压有利于甲烷的生成。因此，为了使有机废弃物有效生成甲烷等燃料，需开发适用于低温、高压条件的有效催化剂或先在高温、低压下进行蒸汽重整反应，生成CO和H_2后，再由其他方法生成燃气。

（2）物料

采用超临界气化技术处理有机废弃物，可制得富氢燃气。日本三菱水泥公司向20g有机废弃物（如重油残渣、废塑料、污泥等）中添加50mL水，然后将其放入超临界水反应器中，在650℃、25MPa的反应条件下反应，生成以氢气和二氧化碳为主的气体。然后使用氢分离管将生成的氢气与其他气体分离，并加以收集。其他产物经过气、液分离后，得到以二氧化碳为主的气体（含有少量甲烷）。使用该方法可以得到纯度为99.6%的氢气，且氢气占总产生气体体积的60%。

超临界水气化不仅针对单一物料,也可采用两种或两种以上物料共同气化。王奕雪等发现,超临界水共气化过程中碳气化率和产氢率存在明显的协同作用,并且可将底泥和褐煤中的碳、氢等元素转为燃料气,将重金属和富营养元素有效分离。以最优比例进行共气化,既可达到处置底泥的目的,又可保持相对较高的H_2产率(350mL/g)和CH_4产率(113mL/g)。左洪芳等在研究褐煤-焦化废水超临界水气化制氢过程中证实了两种物料间的协同作用,且存在最优气化比例。

(3) 催化剂

催化剂的加入能提高城市污泥超临界水气化后富氢气体的产量。镍基催化剂是公认的对超临界水气化过程催化效率最高的催化剂。此外,马红和等加入活性炭催化剂,H_2物质的量分数提高了14.5%~16.1%。Yanamura等在375~500℃下探讨了RuO_2催化剂对污泥在超临界条件下的降解情况,发现随催化剂加入量的增加,污泥的气化效率也呈现增加的趋势,并可在450℃、47.1MPa和停留时间120min下得到大量的气体,氢气质量分数达57%。

(4) 其他

停留时间对于污泥超临界水气化处理技术虽然不是主要的影响因素,但也有一定的积极作用。Afif等研究表明,在温度为380℃、催化剂的载入量为0.75g/g时,随停留时间延长,总的产气量也不断增加,但在30min时达到最大值,氢气质量分数可达50%以上,同时含有一定量的甲烷、一氧化碳等。

超临界条件下有机废弃物发生的水煤气反应($C+H_2O \Longrightarrow CO+H_2$)和水煤气变换反应($CO+H_2O \Longrightarrow CO_2+H_2$),向反应体系中添加$Ca(OH)_2$可吸收并回收副产物$CO_2$,从而促进氢生成反应的发生。一般在650℃、25MPa以上的高温、高压下,几乎100%的碳被气化,氢回收率很高。

6.2.3 无机絮凝剂氯化铝对脱水污泥超临界水气化产氢的影响

Xu等针对不同含水率的脱水污泥(76%~94%)进行超临界水气化实验,提出含水率80%左右的脱水污泥可以直接进行超临界水气化产氢。而针对不同性质的脱水污泥的试验表明,各种城镇污水厂的污泥均能正常进行超临界水气化产氢,但都出现氢气产量偏低的问题。由于产氢量较低,不足以进行能源化利用成为超临界水气化处理污泥技术走向实际应用的重要制约,因此如何促进气化反应、提高氢气产量成为技术的关键。

在提高氢气产量的研究中,通过提高反应温度、反应时间以及添加合适催化剂都可以在一定程度上促进氢气产量,相对于提高温度和增加反应时间而言,通过添加合适的催化剂可在相对较低(400~450℃)的温度下促进气化反应的进行,达到促进产氢的效果,具有高效低成本的特点。

目前常用的催化剂种类有金属催化剂、炭催化剂、金属氧化物催化剂和碱性化合物催化剂等。其中碱金属盐类催化剂是目前广泛使用的均质催化剂,价格低廉,可有效促进水气转化反应,提高氢气产量。Sinag等发现K_2CO_3能够显著提高葡萄糖的超临界水气化产气效率,同时促进小分子聚合生成酚类。Muanral等指出NaOH能够显著提高餐厨垃圾的超临界水气化产氢量,并抑制焦炭的生成。Xu等探讨了多种碱性化合物催化剂[NaOH、KOH、K_2CO_3、Na_2CO_3和$Ca(OH)_2$]对脱水污泥超临界水气化的产氢效果,结果表明,除了$Ca(OH)_2$外,其他碱性化合物催化剂都可明显提高氢气产量，但是产氢量依然较低。因此寻找一种更高效的催化剂对脱水污泥超临界水气化技术的实际应用具有重要意义。

近年来，很多学者发现一些添加剂能够促进生物质高温水热解反应(50~350℃)，促进大分子化合物转化为小分子化合物。Eranda 等发现 HCl 能够显著促进葡萄糖高温水热解转化成糠醛。Martin 等用氯化铝($AlCl_3$)作为催化剂研究乙醇醛、丙酮醛在亚临界状态下的转化时发现 $AlCl_3$ 可以促进大分子生物质分解转化成小分子，并提出 $AlCl_3$ 水解生成 HCl 和 $Al_2(OH)_3$。$AlCl_3$ 同样可能会促进污泥中的有机质在亚临界条件下水热解转化成小分子化合物并进一步在超临界条件下气化产生更多氢气。与此同时，为了提高污泥的脱水性能，通常在脱水之前对污泥进行预处理，即污泥调理。

在各种污泥调理方法中，化学调理因具有效果可靠、设备简单，操作方便，被长期广泛采用，调理效果的好坏与调理剂种类、投加量以及环境因素有关。无机絮凝剂氯化铝因适用范围广而获得了广泛的应用。那么，能否利用调理用的氯化铝而促进脱水污泥超临界水气化制氢过程的产氢效果呢？为此，曾佳楠等以 $AlCl_3$ 作为催化剂，以污水厂脱水污泥为对象，对 $AlCl_3$ 对脱水污泥超临界水气化产氢过程的影响进行了研究，并通过分析 $AlCl_3$ 对主要产物的影响，探讨了 $AlCl_3$ 的催化机理。

(1) 添加 $AlCl_3$ 对气体产率的影响

污泥单独超临界水气化的产气效率非常低，仅有 4.35mol/kg 干污泥，其中主要成分为 CO_2，H_2 组分极低，仅有 0.27mol/kg 干污泥。在相同的实验条件下，$AlCl_3$ 的添加显著增加了污泥气化的气体产率和 H_2 产率。随着 $AlCl_3$ 添加量从 0 增加到 6%(质量)，H_2 产率由 0.27mol/kg 干污泥增加到 11.52mol/kg 干污泥。在 6%(质量)添加量下，氢气产率提高了近 43 倍，效果显著。

(2) 添加 $AlCl_3$ 对液相产物的影响

液相产物中 TOC 和总酚是污泥超临界水气化处理后的关键产物，分析 $AlCl_3$ 对液相 TOC 和总酚的影响能够了解有机质的转化过程及可能发生的反应。液相 TOC 代表了液相中的有机质含量，而污泥超临界水气化后有机质主要储存在液相中。污泥单独气化时液相 TOC 含量较高，达到 6688mg/L，添加 $AlCl_3$ 后液相 TOC 含量迅速降低，在 1%(质量)添加量下，液相 TOC 即下降到 5258mg/L，下降明显。随着 $AlCl_3$ 继续添加到 6%(质量)后，液相 TOC 含量降低至 3857mg/L。随着 $AlCl_3$ 添加量从 0 增加到 4%(质量)，液相总酚浓度由 80.75mg/L 增加到 141.75mg/L，增加了 75%。在 6%(质量)添加量时，液相总酚浓度虽然较 4%(质量)添加量时略低，但是仍远远高于污泥单独气化时的液相总酚浓度。

(3) 添加 $AlCl_3$ 对固相产物的影响

污泥经过超临界水气化反应后固相产物中有机质含量明显降低。相比于原泥中 50% 的有机质含量，超临界水气化后固相中的有机质含量仅为 17%，约 72% 的有机质通过超临界水气化反应转化为气体和液体。随着 $AlCl_3$ 添加量的增加，固相有机质含量逐渐降低。

焦炭作为阻碍超临界水气化反应的终端产物，其含量的变化会对超临界水气化反应造成影响。实验结果表明，添加 $AlCl_3$ 后固相产物中焦炭含量降低。随着 $AlCl_3$ 添加量从 0 增加到 6%(质量)，焦炭含量从 8.40% 降到 5.74%，减少约 32%。

(4) $AlCl_3$ 促进脱水污泥超临界水气化产氢的机理

脱水污泥的超临界水气化反应是一个在低温阶段固相中有机质转化进入液相中并在高温

阶段液相有机质进一步气化生成气体的过程。液相 TOC 和固相有机质含量随 $AlCl_3$ 添加量的增加呈降低趋势，说明 $AlCl_3$ 促进了固相有机质转化进入液相并促进液相中有机质进一步气化产生气体，提高气体产率和 H_2 产率。

生物质的超临界水气化反应是一个复杂的反应过程，其中以蒸气重整反应[式(6-22)]、水气转化反应[式(6-23)]以及甲烷化反应[式(6-21)]为主。

$$CH_nO_m + (1-m)H_2O \longrightarrow (n/2+1-m)H_2 + CO \tag{6-22}$$

$$CO + H_2O \longrightarrow CO_2 + H_2 \tag{6-23}$$

添加碱性化合物催化剂能够促进水气转化反应[式(6-23)]，进而促进氢气产量。$AlCl_3$ 会发生水解反应[式(6-24)]生成 HCl 和 $Al(OH)_3$。

$$AlCl_3 + 3H_2O \longrightarrow Al(OH)_3 + 3HCl \tag{6-24}$$

生物质进行超临界水气化反应，大分子有机物在超临界水的催化作用下先发生高温水热解反应，生成中间产物，再进一步气化生成气体或者聚合生成大分子有机物残留在液相和固相产物中。而污泥中有机物成分主要是糖类、蛋白质和脂肪等碳水化合物，这些碳水化合物在酸性环境下能够快速水解生成葡萄糖、丙氨酸和甘油酸等小分子化合物。$AlCl_3$ 发生水解反应生成 HCl 和 $Al(OH)_3$。HCl 是一种酸性极强的无机酸，作为酸性水解剂在亚临界条件下创造酸性环境促进污泥中的碳水化合物快速水解生成的小分子物质进一步在超临界条件下气化产生氢气，即促进了蒸汽重整反应[式(6-22)]生成大量的 H_2 和 CO。而生成的 $Al(OH)_3$ 作为碱性催化剂促进水气转化反应[式(6-23)]生成大量的 CO_2 和 H_2，并促进小分子聚合生成酚类，抑制小分子聚合生成焦炭。HCl 和 $Al(OH)_3$ 二者共同作用促进脱水污泥超临界水气化产氢。

6.2.4 污泥超临界水气化技术的发展与应用

在美国能源部(U. S. Department of Energy)的支持下，1998 年夏威夷大学(University of Hawaii)的 Xu 和 Antal 使用玉米淀粉与污泥混合，形成黏性糊剂(污泥质量分数为 7.69%)，将其放入环管式超临界水连续反应器中进行反应。反应开始后，黏性糊剂和水被迅速加热，且压力达到临界压力(22.1MPa)以上，此时，反应物已经气化。当温度达到 650℃ 时，在催化剂的作用下，水和反应物发生剧烈反应，生成氢气、二氧化碳、少量甲烷、微量的一氧化碳以及水。出于经济方面的的考虑，美国能源部于 2000 年终止了此项计划的开发。这说明，采用超临界水气化技术处理污泥，必须综合考虑其经济因素。

普通管式反应器存在的最大问题是物料在反应器中的堵塞，从而会影响反应的连续进行，也给商业化应用带来了困难。2003 年，日本广岛大学(Hiroshiam University)的 Matsumurd 提出了将流化床用于超临界水气化制氢的设想，并对此展开了一些基础研究。流化床中的固体颗粒可以阻止焦结层和灰层在反应器壁上的形成，而且可以使整个反应器中的温度场分布更均匀，从而使反应更彻底。固体颗粒可以是生物质，也可以是催化剂颗粒，或者由二者混合组成。这是一种新的催化剂添加方法，克服了传统管式反应器中催化剂难以固定或者随反应物流逝的缺点。Matsumura 在反应温度为 350~600℃、压力为 20~35MPa 条件下，提出了两种流化床方式：鼓泡床和循环流化床，并分析了温度、固体颗粒大小对流化速度、最终速度的影响，为超临界水流化床式反应器的设计提供了理论依据。

2004 年，日本东京大学(University of Toyko)的 Yoshida 设计了三段式连续超临界水气化制氢反应器，该反应器由热解反应器、氧化反应器和接触反应器组成。实验详细分析了各个反应器中所进行的化学反应，并且获得了最佳反应参数。在温度为673K、压力为25.7MPa、停留时间为60s的条件下，碳的气化效率为96%，产生的气体主要为氢气和二氧化碳，其中氢气的体积分数约为57%。

辽宁省某企业与西安交通大学联合研发设计了用于处理污泥等有机废弃物的连续式超临界水氧化和超临界水气化处理试验装置，其工艺流程如图6-8所示。污泥超临界水气化设备的核心部件是反应器，分为间歇式反应器和连续式反应器。间歇反应器的优点在于对含有固体的污泥适用性强，并且不需要高压泵；连续生产且对试验数据准确性要求严格的试验可采用连续反应器。在密闭的容器中进行污泥超临界水气化产气试验发现，超临界处理后的污泥具有残渣无害、脱水性强、有机物的挥发率和能量回收率高等其他热化学处理技术不可比拟的优点，但也存在污泥处理成本高、设备易腐蚀的缺陷，阻碍了该技术的工业化。虽然如此，但超临界水气化技术作为一种新型的可再生能源转化与再生性水循环利用相结合的技术，仍具有广阔的应用前景。

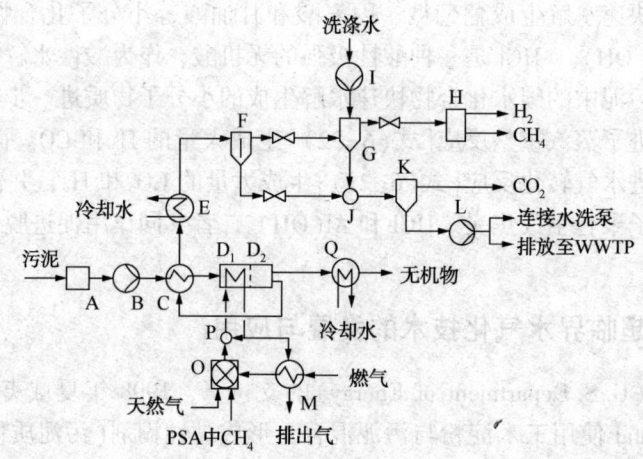

图6-8　污泥超临界水气化装置图

A—准备室；B—高压泵；C—热交换器（预热）；D_1—热交换器；D_2—反应器；E—热交换器（产物冷却）；
F—气液分离装置；G—洗涤器；H—变压吸附装置；I—高压泵；J—混合室；K—膨胀室；L—污水泵；
M—气体预热装置；O—燃烧室；P—气体混合装置；Q—无机物冷却器

在多年实验研究工作的基础上，南京工业大学成功开发了处理规模为1t/h的高湿基污泥（单独或与厨余垃圾、林业废弃物共同）气化中试装置。污泥单独或与厨余垃圾、林业废弃物（如锯末、木屑粉）的混合物进入气化装置后，经间接加热后达到临界温度和压力，可将污泥中的有机物转化为可燃气直接用于燃烧或经净化后发电。处理后的残渣存在明显的矿化现象，因此其脱水性好。在实现对污泥进行无害化处理的同时，实现了资源化利用，能取得较好的环境效益。而且在气化过程中，高湿基污泥所含的水蒸气与碳基发生反应，增大了可燃气的产量，提高了可燃气的品质，能取得较好的经济效益。

然而，与前述的热解、气化等污泥热化学转化过程相比，超临界水气化技术虽然具有气化产率和能量回收率高等优点，但设备投资与运行费用均相对较高，而且设备在运行过程中易腐蚀，从经济性角度考虑，仅适用于高浓度难降解工业污泥的资源化利用。

参 考 文 献

[1] 廖传华, 王重庆, 梁荣. 反应过程、设备与工业应用[M]. 北京: 化学工业出版社, 2018.
[2] 高豪杰, 熊永莲, 金丽珠, 等. 污泥热解气化技术的研究进展[J]. 化工环保, 2017, 37(3): 264~269.
[3] 秦梓雅, 解立平, 王云峰, 等. 污水污泥流化床空气气化焦油的燃烧特性[J]. 环境工程学报, 2017, 11(1): 6056~6062.
[4] 廖传华, 朱廷风, 代国俊, 等. 化学法水处理过程与设备[M]. 北京: 化学工业出版社, 2016.
[5] 陆在宏, 陈咸华, 叶辉, 等. 给水厂排泥水处理及污泥处置利用技术[M]. 北京: 中国建筑工业出版社, 2015.
[6] 杨明沁, 解立平, 岳俊楠, 等. 污水污泥气化焦油热解特性的研究[J]. 化工进展, 2015, 1472~1477, 1487.
[7] 杨明沁. 污水污泥气化焦油热动力学特性的研究[D]. 天津: 天津工业大学, 2015.
[8] 李复生, 高慧, 耿中峰, 等. 污泥热化学处理研究进展[J]. 安全与环境学报, 2015, 15(2): 239~245.
[9] 胡艳军, 肖春龙, 王久兵, 等. 污水污泥水蒸气气化产物特性研究[J]. 浙江工业大学学报, 2015, 43(1): 47~51, 93.
[10] 洪渊. 基于不同条件下超临界水气化污泥各态产物分布规律的研究[D]. 深圳: 深圳大学, 2015.
[11] 肖春龙. 污泥气化合成气生成特性及其BP神经网络预测模型研究[D]. 杭州: 浙江工业大学, 2015.
[12] 孙海勇. 市政污泥资源化利用技术研究进展[J]. 洁净煤技术, 2015, 21(4): 91~94.
[13] 李春萍. 污泥衍生燃料最佳气化温度模糊评价[J]. 环境科学与技术, 2014, 37(1): 147~150.
[14] 刘良良. 污泥与煤制洁净燃料研究[D]. 湘潭: 湖南科技大学, 2014.
[15] 乔清芳, 申春苗, 杨明沁, 等. 污水污泥气化技术的研究进展[J]. 广州化工, 2014, 42(6): 31~33.
[16] 乔清芳. 上吸式固定床污水污泥气化焦油的基本特性[D]. 天津: 天津工业大学, 2014.
[17] 霍小华. 基于Aspen Plus平台的污泥富氧化模拟[J]. 山西电力, 2014, 1: 48~50.
[18] 陈翀. 干化污泥的颗粒分布及气化特性研究[J]. 中国市政工程, 2014, 5: 54~56.
[19] 马玉芹. 城市固体废弃物热化学处理实验研究[D]. 北京: 华北电力大学, 2014.
[20] 刘桓嘉, 马闯, 刘永丽, 等. 污泥的能源化利用研究进展[J]. 化工新型材料, 2013, 41(9): 8~10.
[21] 何丕文, 焦李, 肖波. 水蒸气流量对污水污泥气化产气特性的影响[J]. 湖北农业科学, 2013, 52(11): 2529~2532.
[22] 何丕文, 焦李, 肖波. 温度对干化污泥水蒸气气化产气特性的影响[J]. 环境科学与技术, 2013, 36(5): 1~3, 42.
[23] 焦李, 蔡海燕, 何丕文, 等. 脱水污泥/松木锯末水蒸气共气化研究[J]. 环境科学学报, 2013, 33(4): 1098~1103.
[24] 解立平, 王俊, 马文超, 等. 污水污泥半焦CO_2气化反应特性的研究[J]. 华中科技大学学报(自然科学版), 2013, 41(9): 81~84, 101.
[25] 张辉, 胡勤海, 吴祖成, 等. 城市污泥能源化利用研究进展[J]. 化工进展, 2013, 32(5): 1145~1151.
[26] 徐超. 污泥在水煤浆气化中的应用研究[D]. 上海化工, 2013, 38(6): 11~13.
[27] 朱邦阳. 污泥水煤浆成浆性能及其气化特性的研究[D]. 淮南: 安徽理工大学, 2013.
[28] 王伟. 污泥固定床气化实验研究[D]. 杭州: 浙江大学, 2013.
[29] 李威. 城市污泥气化技术中气化炉的设计与优化[D]. 大连: 大连理工大学, 2012.
[30] 夏海渊. 造纸污泥热解气化实验研究[D]. 北京: 中国科学院研究生院, 2012.

[31] 张艳丽.城市污泥热解及残渣气化制备富氢燃气[D].武汉：华中科技大学，2011.
[32] 吴颜.炼油厂含油污泥与高硫石油焦混合制浆共气化的研究[D].上海：华东理工大学，2011.
[33] 刘伟.污水污泥气化特性研究[D].杭州：浙江大学，2011.
[34] 李涛，解立平，高建东，等.污水污泥空气气化特性的研究[J].燃料化学学报，2011，39(10)：796~800.
[35] 解立平，李涛，高建东，等.污泥水分含量对其空气气化特性的影响[J].燃料化学学报，2010，38(5)：615~620.
[36] 牟宁.污泥气化处理工艺浅谈[J].环境保护与循环经济，2010，30(5)：49~50，56.
[37] 李涛.污水污泥空气气化特性的研究[D].天津：天津工业大学，2010.
[38] 周肇秋，赵增立，杨雪莲，等.造纸废渣污泥基础特性研究——造纸废渣污泥气化处理能量利用技术之一[J].造纸科学与技术，2001，20(6)：14~17.
[39] 周肇秋，熊祖鸿，杨雪莲，等.造纸废渣污泥气化能量利用技术研究——造纸废渣污泥气化处理能量利用技术之二[J].造纸科学与技术，2001，20(6)：18~21.
[40] 曾佳楠.氯化铝对脱水污泥超临界水气化产氢的影响[J].科学技术与工程，2017，17(13)：86~90.
[41] 李复生，高慧，耿中峰，等.污泥热化学处理研究进展[J].安全与环境学报，2015，15(2)：239~245.
[42] 马倩，朱伟，龚淼，等.超临界水气化处理对脱水污泥中重金属环境风险的影响[J].环境科学学报，2015，5：1417~1425.
[43] 王尝.城市污水处理厂污泥超临界气化反应研究[D].长沙：湖南大学，2013.
[44] 徐志荣.污水厂脱水污泥直接超临界水气化研究[M].南京：河海大学，2012.
[45] 熊思江.污水污泥热解制取富氢燃气实验及机理研究[D].武汉：华中科技大学，2010.
[46] 丁兆军.生物质制氢技术综合评价研究[D].北京：中国矿业大学(北京)：2010.
[47] 徐东海，王树众，张钦明，等.超临界水中氨基乙酸的气化产氢特性[J].化工学报，2008，59(3)：735~742.
[48] 郭鸿，万金泉，马邕文.污泥资源化技术研究新进展[J].化工科技，2007，15(1)：46~50.
[49] 张钦明，王树众，沈林华，等.污泥制氢技术研究进展[J].现代化工，2005，25(1)：34~37.

第 7 章 污泥热化学转化制燃料

污泥中含有大量的有机物和一定的纤维素，具有一定的热值，可视为生物质能源存在的一种形式，因此应积极开发能实现污泥减量化、无害化和资源化的处理工艺。将污泥经热化学转化制燃料无疑是一种最具经济效益的污泥利用方式。

污泥热化学转化制燃料技术涵盖的范围很广，除了前述的污泥热解制燃料油技术和污泥气化制燃料气技术之外，还包括污泥液化制油技术、污泥碳化制燃料技术、污泥制合成燃料技术等。

污泥液化制油工艺是利用污泥中含有大量有机物和营养元素这一特点使污泥中的有机质转化成油制品的过程。其本质是热解，其中还发生各种复杂的变化：低分子化的分解反应和分解产物高分子化的聚合反应等；污泥先生成水溶性中间体，在水中反复聚合、水解，大部分有机物通过分解、缩合、脱氢、环化等一系列反应转化为低分子油状物。

污泥碳化制油工艺是将污泥中的细胞裂解，强制脱出污泥中的水分，使污泥中碳含量大幅度提高的过程，其工艺是将污泥加压至 6~10MPa，通过热交换器加温至 400~450℃。热化学分解反应时，污泥中的有机物被分解，二氧化碳气体从固体中被分离，同时又最大限度地保留了污泥中的碳值，使最终产物中的碳含量大幅提高。根据碳化温度的高低，可将污泥碳化过程分为高温碳化、中温碳化和低温碳化三种。

根据污泥合成燃料状态的不同，污泥制合成燃料技术可分为污泥合成固体燃料技术和污泥合成浆状燃料技术两大类。一般来讲，城市污泥的发热量低，无法达到燃煤的水平，挥发分比较少，灰分含量比较高，较难着火，难以满足直接合成燃料在锅炉中的燃烧条件，因此，合成燃料除向其中加入降低污泥含水率的固化剂外，还需要掺入引燃剂、除臭剂、缓释剂、催化剂、疏松剂、固硫剂等添加剂，以提高其疏松程度，改善合成燃料的燃烧性能，使污泥合成燃料满足普通固态燃料在低位热值、固化效率、燃烧速率以及燃烧臭气释放等方面的评价指标。

7.1 污泥液化制油

污泥制油工艺是利用污泥中含有大量有机物和营养元素这一特点，使污泥中的有机质转化成油制品的过程。这一废物资源化技术的开发和利用不仅能带来经济效益和环境效益，而且能缓解能源危机。污泥制油技术的原料还可以扩展到其他有机废物，是解决当前能源问题和环境问题的新途径。

污泥制油技术通常有低温热解制油和液化制油两种技术。低温热解制油虽然无需很高的压力，常压即可，但所采用的污泥需经干燥脱水，使其干基含水率在5%以下，此过程需要消耗大量的能量。通过对低温热解制油全过程进行的能量平衡可以得知，过程所需的能量与生成油的有效能量的比值(能耗率)接近1，剩余能量较低，因而经济效益不显著。而液化制油是在水中进行的，原料不需要干燥，特别适用于含水率高达95%以上的污泥的转化反应，因此，很多学者把研究的重点转移到液化制油技术的研究上。

7.1.1 污泥制油技术的研究现状

污泥液化制油技术的源头，可以追溯到1913年德国F. Bergius进行的高温高压(400~450℃，20MPa)加氢，从煤或煤焦油得到液体燃料的试验。这项技术后来被称作煤的液化技术，并在二战中的德国实现了工业化，生产规模曾达到每年$4×10^6$t液体燃料。20世纪70年代发生"石油危机"以后，这项技术被应用于可再生能源的生产中，研究了从稻草、木屑和废纸等生物可再生有机物中生产燃料油的过程。从20世纪80年代开始，美国首先将这一技术的工艺框架应用于污泥处理，并于20世纪80年代中期发表了研究报告，它可使污泥中有机质的40%以上转化为燃料油，热值达到33MJ/kg以上，相应的有机碳转化率达到90%，并可实现能量的净输出过程。之后，在多国的共同研究下，实现了污泥液化制油技术的逐渐定型。

污泥液化制油工艺是国外20世纪80年代开始发展的一项污泥处理兼资源回收技术。1984年W. L. Kranich研究污泥液化制油的可能性，试验了两种基本工艺：①污泥干燥后以蒽油为载体溶剂的高压加氢工艺；②以脱水污泥直接加氢或不加氢工艺。发现以蒽油为溶剂的工艺，占污泥有机质重量50%的物质转化为油。1986年A. Suzuki研究以水为溶剂不加氢的污泥液化工艺，得到了大于40%的油得率，并初步确定了最优操作温度为300℃。同年，P. M. Molton在以水为溶剂、Na_2CO_3为催化剂、不加氢的条件下，利用一个连续化反应装置进行了污泥液化过程的研究，发现输入污泥能量的73%可以以油和可燃焦炭的形式回收。1987年K. M. Lee对以水为溶剂、不加氢的污泥液化过程进行研究，比较反应污泥与未反应污泥的可分离油量，证明至少50%的油是经反应后产生的，以此推进了水溶剂、不加氢条件下的污泥连续液化过程。1989年N. Millot研究了常压下的以沥青或芳香族溶剂为载体的污泥液化过程，反应温度为200~300℃，获得40%~60%的油得率。Kranich进一步对比分析了分别以Na_2CO_3、Na_2MoO_4、$NiCO_3$为催化剂和加氢与否污泥有机质的转化率或油得率的影响，证明二者对反应过程并没有明显影响。

我国污泥制油技术刚刚起步，主要采用低温热解制油。比较有代表性的是邢英杰的研究，该研究确定了污泥低温热解的温度范围为150~360℃，随着加热终温的升高，产油率不断增加，最佳反应温度是270℃，最佳反应时间为75min，催化剂Na_2CO_3的用量为污泥样品质量的4%。实验得到的裂解油是深褐色或黑色的，具有植物油和石油类油的混合气味，常温下为黏稠状液体，且容易固化。热解油的成分十分复杂，主要有苯及苯的同系物、脂肪酸、硬脂酸甲酯、酚类、酰胺、脂肪氰、烃类、沥青烯等多种成分，主要以植物油为主。

李娣等对生活污泥进行了热解实验,施庆燕也对污泥制油过程的影响因素进行了分析,并对转化过程的机理做了探讨。油品(热值为33MJ/kg)收率与污泥中的有机物含量直接有关。研究人员普遍认为,污泥低温热解制油的反应温度为400~500℃,维持0.5h可获得最大的油品收率。

贺利民对炼油厂废水处理污泥也进行了催化热解试验,以Na_2CO_3为催化剂、CH_2Cl_2为萃取剂,总压为1.4MPa,产油率随温度的升高而增加,当温度为300℃时产油率>54%。可利用催化热解产生的低级燃料为热解前的污泥干燥提供能量,实现能量循环;热解生成的油(质量类似于中号燃料油)还可用来发电。

何品晶等的试验结果表明,污泥低温热解的适宜反应温度为270℃,停留时间为30min;脱水泥饼的含水率是低温热解能量平衡的主要影响因素,过程能量平衡转折点的含水率是78%;污泥低温热解处理的总成本低于直接焚烧法。另外,何品晶等人对污泥液化制油技术进行了初步研究,在我国污泥有机质含量比国外低10%左右的情况下,理论上能量仍然是净产出,说明该技术在经济上的可行性和普遍适用性。

7.1.2 生物质液化制油的典型工艺

由于液化制油技术在木材领域应用较早,而生物质无论是污泥还是木材的热解过程是相似的,因此污泥液化制油的典型工艺是从木材的热化学热解工艺中借鉴、发展起来的。

运用液化法处理生物质(木材、污泥等)的典型工艺包括:美国PERC(Pittsburgh Energy Research Center)工艺,LBL(Lawreme Berkeley Laboratory)工艺,日本资源环境技术综合研究所的液化工艺,荷兰Shell公司的HTU(Hycho Thermal Upgrading)工艺等。

(1) PERC 工艺

PERC工艺作为木材液化的中试规模的研究,是由美国矿山商开发的,其主要工艺是以油为介质的油化反应,确切地说它不是水解液化。木材干燥(水分4%)粉碎(35目)后,与循环油、催化剂(Na_2CO_3)混合,制成浆状,用合成气加压至8.4MPa,在反应塔(240~360℃)内进行油化。油化所需的合成气依靠木材以及焦炭气化制造,主要成分为CO,一部分气体和木材作为过程燃料加以利用,该过程的油收率大约是木材的42%(以木材干基总质量为基准),能量收率大约为63%(以高位发热量为基准)。如图7-1所示为PERC工艺流程图。

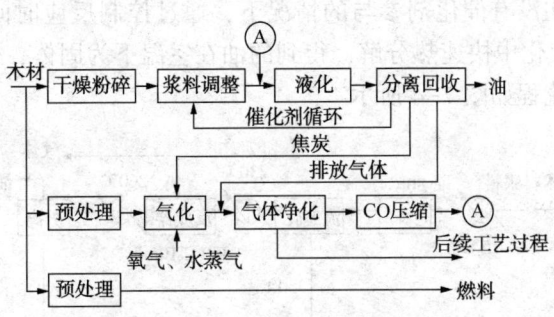

图7-1 PERC工艺流程图

(2) LBL 工艺

LBL工艺是肯尼弗尼亚大学Lawrenme Berkeley Laboratory开发的工艺,其特点是作为前处理的木材经过硫酸加水分解进行浆状化，使用催化剂和以 CO 为主要成分的合成气进行油化。加水分解是在温度 180℃、压力 1MPa、停留时间 45min 内，硫酸用量为木材质量 0.17%的条件下进行的，得到的浆状物质中和之后，在与 PERC 工艺相同的条件(8.4MPa，360℃)下进行油化处理。商业规模下的油收率大约为干基木材的 35%，能量收率大约为 54%(以高位发热量为基准)。LBL 工艺流程如图 7-2 所示。

(3) 日本资源环境技术综合研究所液化法

PERC 工艺和 LBL 工艺都使用合成气，与此不同的是日本资源环境技术综合研究所(现为产业技术综合研究所)开发的液化法。该法不使用还原性气体，催化剂为 Na_2CO_3，木粉与催化剂(与木材质量比约为 5%)一起在热水中(300℃，10MPa)进行油化处理。压力靠水的自发压力自动升到 10MPa。油的收率为 50%，能量收率超过 70%(以高位发热量为基准)。此外，以日本资源环境技术综合研究所研发的液化法为基础，Orugano 公司在日本经济产业部基金的资助下，以生活污泥为对象开发了油化技术，进行了污泥 0.5t 的小试和 5t 的中试实验，在 10MPa、300℃下得到了油产品。生活污泥中大约 50%的有机物转变成油，能量收率大约为 70%(以高位发热量为基准)。图 7-3 为活性污泥油化连续装置示意图。

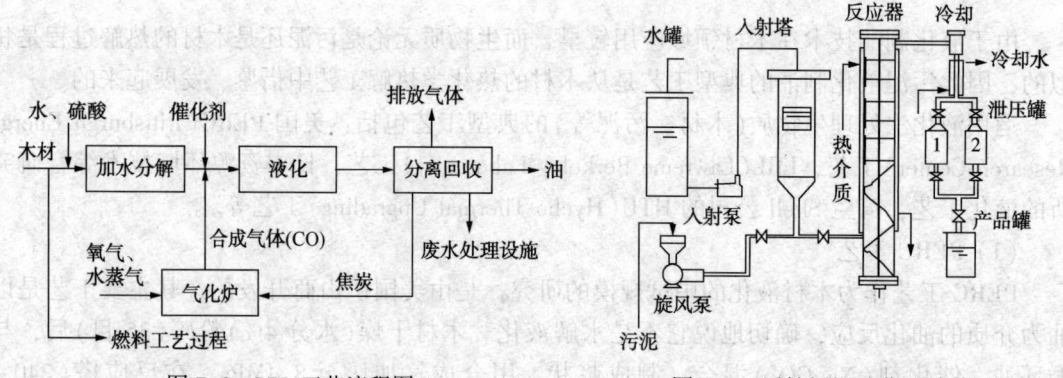

图 7-2　LBL 工艺流程图　　　　　图 7-3　活性污泥油化连续装置

(4) HTU 工艺

以荷兰的生物燃烧公司和 Shell 公司为中心开发的 HTU 工艺，其特点是木材在无催化剂条件下，用水热方法加以液化。由于碱性催化剂的作用可以抑制从油向焦炭的聚合，加强油的稳定性，HTU 工艺在没有催化剂参与的情况下，通过控制反应时间来控制聚合反应的进行，即可理解为水热液化中快速热分解，得到的油在室温下为固体，但一加热就成为流体具有流动性。HTU 工艺流程如图 7-4 所示。

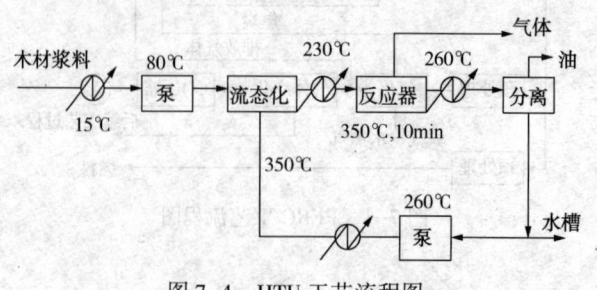

图 7-4　HTU 工艺流程图

液化法中，虽然包括低分子化的分解反应和分解物高分子化的聚合反应等过程，它的反应机理大致相同，但运行过程、操作参数以及产率和产品性质都存在差别。表 7-1 是四种液化生物质制油工艺的比较。

表 7-1 四种液化法生物质制油工艺的比较

工艺名称	原料是否需要干燥	反应温度/℃	反应压力/MPa	是否使用合成气	催化剂	油收率/%	能量收率/%	现状
RERC 工艺	需要	360	28	是	Na_2CO_3	42	63	中试
LBL 工艺	不需要	360	28	是	有	35	54	小试
日本工艺	不需要	300	10	否	Na_2CO_3	50	70	中试
HTU 工艺	不需要	300	3	否	无			小试

7.1.3 污泥液化制油工艺

污泥液化制油技术能够处理高湿度生物污泥，且无需使用还原性气体保护。污泥先生成水溶性中间体，所含的有机物在 250~350℃、5.0~15MPa 条件下，大部分有机物通过水解、缩合、脱氢、环化等一系列反应转化为低分子油类物质，得到的重油产物用萃取剂进行分离收集，降低了污泥制油的成本。该技术的最基本工艺流程如图 7-5 所示。反应过程中，污泥颗粒悬浮于溶剂中，反应过程是气-液-固三相化学反应与能量传递过程的组合，并且反应在气相无氧的条件下进行。

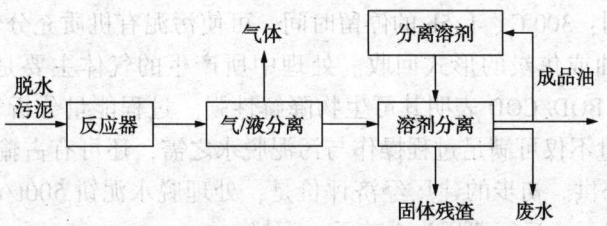

图 7-5 污泥液化制油工艺的基本流程

由于该技术源于煤和固体有机物的液化过程，后来逐渐进行适用于污泥特征的改进，形成了不同的工艺流程，如图 7-6 所示。众多研究者对各种污泥液化工艺的适宜反应条件对液化结果的影响进行了比较研究，比较的标准是得油率、能量回收率或能量消费比（系统耗能与产能之比），其主要结果见表 7-2。

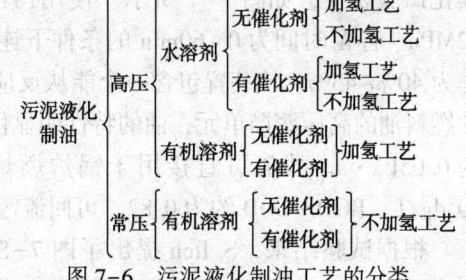

图 7-6 污泥液化制油工艺的分类

实验结果证明，液化工艺中以油类为溶剂，在压力为 10~15MPa、温度为 300~450℃ 的条件下，以 H_2 作为反应密封气体，工艺复杂，成本高，无实际的商业生产意义。以水为溶剂、不加氢的污泥液化工艺的过程比较简洁，工业化、经济性前景最好，在此条件下对污泥液化工艺研究中所使用的评价指标有：有机物转化率、能量回收率、能量消费比、油得率和废水可生化性。研究反应条件有：加氢与否、碱金属和过渡金属盐类的催化作用、反应压力、温度、停留时间等。有关研究结果见表 7-3。

表7-2 各种污泥液化制油工艺的适宜反应条件

工艺种类	催化剂	载体溶剂	反应温度/℃	压力/MPa	溶剂比（干泥/溶剂）	油得率/%
有机溶剂高压加氢	Na$_2$CO$_3$(0%)	蒽油	425	8.3(H$_2$)	0.33	63
有机溶剂	无	沥青	300	—	0.1~0.3	43
常压	无	芳香族	250	—	0.6	48
水溶剂催化液化	Na$_2$CO$_3$(5%)	水	275~300	8~14	—	>20
水溶剂非催化液化	无	水	250~300	8~12	—	40~50

表7-3 污泥液化制油优化反应条件(水溶剂)

反应温度/℃	催化剂	压力/MPa	停留时间/min	加氢	油得率/%	油热值/(MJ/kg)	废水性质
275~300	无	8~11	0~60	否	约50	33~35	BOD/COD>0.7

7.1.4 连续运行条件与控制要求

P. M. Molton 于1986年进行了污泥连续液化制油系统的运行试验,原料为含水率80%~82%的初沉池污泥经脱水后的泥饼及占污泥总量5%的NaCO$_3$。操作参数为:温度275~300℃、压力11.0~15.0MPa、停留时间60~260min。运行时间超过100h,设备没有腐蚀和结焦现象。试验证明:300℃、1.5h的停留时间,可使污泥有机质充分转化,输入污泥能量的73%可以以燃料油或焦炭的形式回收。处理中所产生的气体主要是CO$_2$(95%,体积分数),剩余废水中的BOD/COD表明其可生物降解性强。过程能量分析表明,回收的能源制品(油和焦炭)的能量不仅可满足过程操作与污泥脱水之需,还可有占输入污泥能量3.6%的部分以燃料油形式外供。初步的建厂经济评价是,处理脱水泥饼500t/d的污泥液化制油工厂的投资为610万美元,运行费用为9美元/t泥饼。

S. Itoh 在1992年对该技术的连续化生产做了相关的研究,并建立了一套500kg/d的连续化试验装置,如图7-7所示。使用污泥为脱水污泥,在温度为275~300℃、压力为6~12MPa、停留时间为0~60min的条件下连续操作超过700h没有出现任何问题,总的油品收率为40%~43%。该装置包含一个能从反应混合物中连续分离出占污泥有机质质量11%~16%的燃料油的高压蒸馏单元,油的特性明显优于以通常方式分离的油,其热值为38MJ/kg,黏度为0.05Pa·s。残渣可直接用于锅炉燃烧,向处理系统供能,简化流程。废水的BOD$_5$为30.4g/L,BOD$_5$/COD约为0.82,可回流污水厂处理。

根据试验结果,S. Itoh 提出了图7-8所示的建厂原则流程,反应条件为:温度300℃,压力9.8MPa,停留时间(指达到反应温度后的时间)0~60min。依据试验结果和建厂流程所做的能量平衡分析认为:日处理含水率为75%的脱水泥饼60t时,系统无需外加能量并可剩余1.5t的燃料油供回收。由此可见,连续设备的运用不仅在工艺上可以得到更大改进,在运行费用上也会大大降低。

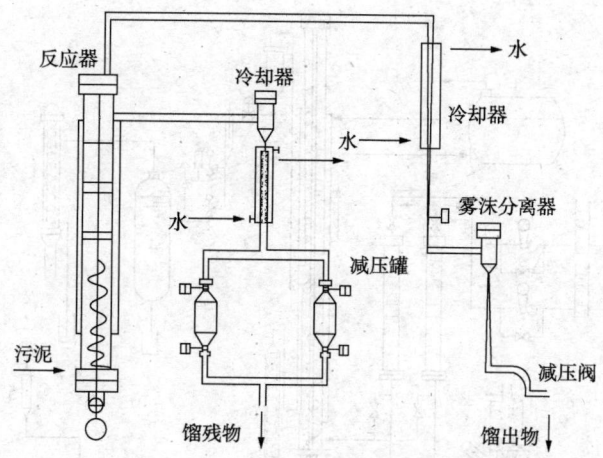

图 7-7 污泥连续液化处理试验流程

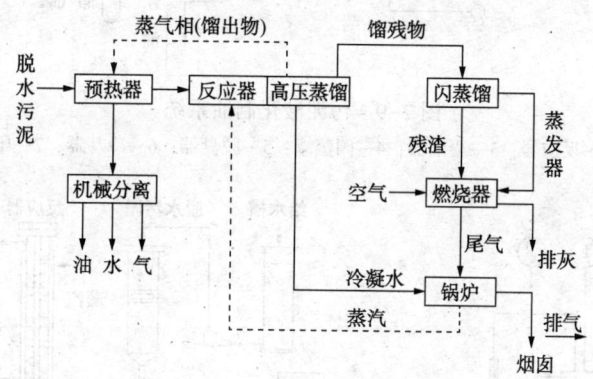

图 7-8 S. Itoh 的建厂原则流程图

➡ 7.1.5 污泥液化制油设备

污泥液化制油系统由热媒锅炉、反应器、凝缩器、冷却器以及装料系统等组成，如图 7-9 所示。

污泥液化制油技术的设备可分为间歇式反应装置和连续式反应装置两类。间歇式反应装置如图 7-10 所示，主要用于实验研究。污泥脱水至含水率 70%~80% 即可满足相关反应要求，在向高压釜中加入液化催化剂 Na_2CO_3 后，高压釜经过排气后冲入氮气至所需压力，随后升温。随温度的增加，工作压力随之增加。然后通过压力调节阀释放高压使工作压力保持恒定，反应产生的气体用气体储罐收集，用气相色谱测定气体的成分。反应结束后，打开高压釜，取出反应混合物进行进一步的分离和分析。

污泥液化制油技术的连续运行是推进该技术实际应用的重要前提。日本资源研究会的横山等与 Orugant 水处理技术公司、资源环境技术综合研究所等单位联合开发了如图 7-11 所示的连续反应装置，其污泥处理能力可达到 5t/d。在反应条件为温度 300℃ 左右、压力 10MPa 时，可得到热值为 37.6MJ/kg 的液化油，油回收率为 40%~50%（以干有机物为基准）。

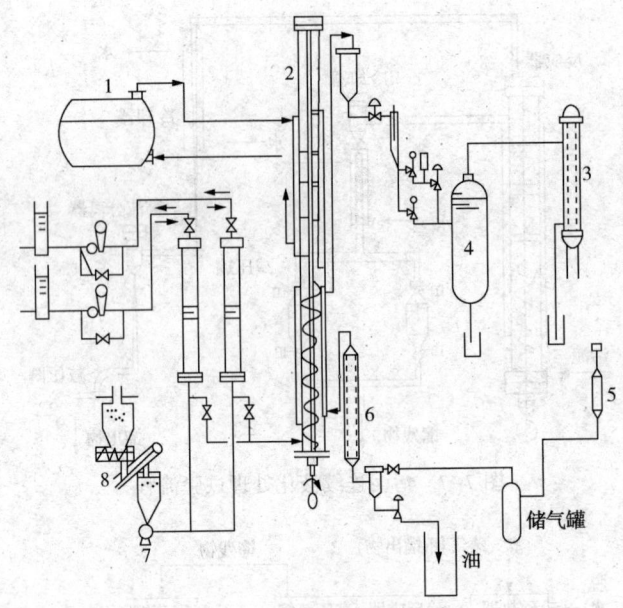

图 7-9 污泥液化制油系统
1—热媒锅炉；2—反应器；3—凝缩器；4—闪蒸罐；5—脱臭器；6—冷却器；7—压力泵；8—料斗

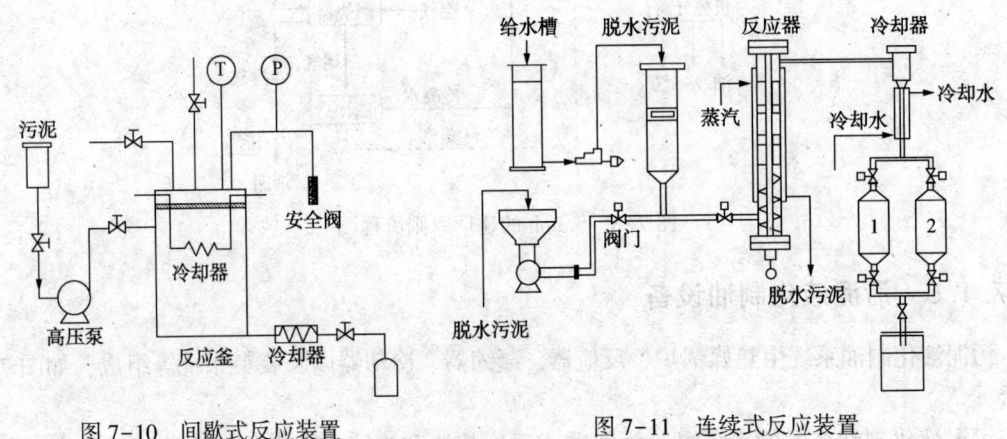

图 7-10 间歇式反应装置　　　　图 7-11 连续式反应装置

7.1.6　污泥液化制油过程的影响因素

采用液化技术实现污泥制油应充分考虑催化剂、污泥种类、操作条件下（温度、停留时间、反应压力）等对油产率的影响。

(1) 催化剂

Thiphunthod 的研究表明，热解过程中催化剂的使用可以提高液体燃料的产率和品质，同时可以提高热解效率和降低工艺成本。Shin-ya Yokoyama 的研究表明，催化剂的使用量对产油率影响很大。当催化剂使用量为污泥质量的 5% 时，最大产油率是 48%，大约是催化剂使用量为污泥质量的 20% 时的 2 倍。如果不加催化剂，产油率很低（19.5%）。Doshi 等认为在污泥低温热解过程中，添加有效的催化剂能够缩短热解时间，降低所需反应温度，提高热解能力，减少固体剩余物，控制热解产品的分布范围。Shie 等以钠化合物和钾化合物为催化剂，在 377~467℃时对污泥热解进行了研究，得出催化剂的使用提高了热解转化率，且 K_2CO_3 得到的转化率最高。

综上所述，对于污泥液化制油工艺，投加少量无水碳酸钠作为催化剂可以提高产油率，投加 5%(质量分数)左右可得到最高产率。若污泥本身成分中含有碳酸钠等能起催化作用的碱金属盐和碱土金属盐类，即使不投加催化剂，对产油率也无影响。而且，大量催化剂的投加对产油率影响不大。

(2) 污泥的种类

污泥的种类不同，其液化的产油率也不同。Ching-Yuang Chang 等对活性污泥、消化污泥和油漆污泥进行了热解处理，产油率分别为 31.4%、11.0% 和 14.0%，可见污泥的种类不同，产油率也不同。Gasco G 的研究表明：产油率主要取决于污泥中粗脂肪的含量。Shen 的研究表明未经消化的原始污泥适合液化制油，尤其是原始初污泥和原始混合污泥，其产油率比其他污泥高出 8%。

(3) 操作条件

污泥液化的操作条件对液化制油过程的影响很大，比如反应温度、停留时间、加温速率等。

① 温度

温度是污泥液化制油过程的重要影响因素。Isabel Fonts 报道，反应温度在很大程度上影响产油率，在不添加催化剂、停留时间 2h 的条件下，在温度加热至 275℃时，开始有重油产生，重油的产率随着温度的增加而增加，在 300℃时产率达到最大值，约为 50%，300℃以上后产油率不发生变化。若添加催化剂，300℃以上的产油率有一些提高。这说明油的产生主要发生在 300℃时。液体燃料的热值达到 29~33MJ/kg。

② 停留时间

停留时间在不同温度范围内会对产物产生影响。在 275℃以下，油类产物的回收率会随停留时间的增加而增加，但达到 300℃时，对回收率几乎没有影响。在停留时间达到 60min 时，回收率基本保持恒定，不再受反应温度的影响，但停留时间越长，分离相越明显。而且温度的升高或停留时间的延长也可提高水相中有机物的可生物降解性。

③ 加热速率

Shen 报道，加热速率的影响只是在较低的热解温度下才有很重要的作用(如在 450℃)；而在较高的热解温度下，加热速率的影响可以忽略不计(如在 650℃)。在 450℃时，更高的加热速率使热解效率更高，会产生更多的液态成分和气态成分的量，而降低了固态剩余物的量。

④ 反应压力

目前的研究多集中于 10MPa 左右一个很小的区间，因此，压力对产率的影响还有待于进一步的研究。

7.1.7 污泥液化的产物分析

污泥液化的反应产物可用溶剂萃取的方法实现分离。常采用二氯甲烷做有机溶剂，把能溶于二氯甲烷的部分定义为油相，可分别获得几个不同馏分：油相、水相和固相。分离过程如图 7-12 所示。

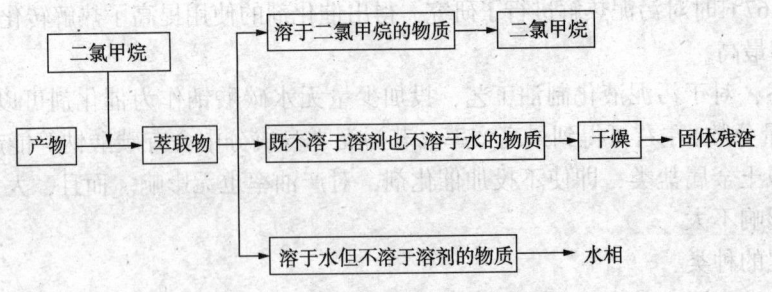

图 7-12 污泥液化产物分离示意图

研究与试验表明,污泥液化工艺可以转化成 4 种主要产品:油、焦炭、非冷凝性气体和反应水,不同类型的污泥其产油率有所不同,生污泥中的挥发性固体含量比消化污泥高,所以产油率也高。生污泥的油得率可达 30%~44%,消化污泥的油得率较低,仅为 20%~25%。不同污泥的转化情况见表 7-4。

表 7-4 典型污泥液化工艺的转化情况   %

产品名称	生污泥		消化污泥		工业污泥	
	污泥能量	得率	污泥能量	得率	污泥能量	得率
油分	60	30~44	50	20~25	50~60	15~40
焦炭	32	50	41	60	30~40	30~70
非冷凝性气体	5	10	6	10	3~5	7~10
反应水	3	10	3	10	2~4	10~15

污泥液化工艺技术是否可行,与回收油的性状、油的发热量以及整个工艺能量是否平衡有关,因此需对生成油的性能进行考察。1992 年,Y. Dote 以气相色谱-质谱(GC-MS)联用分析了油的化学组成,检出了油中存在 77 种有机化合物,从油的元素组分进行定性定量分析的结果表明,油的主要成分为含氧化合物,其元素组成为:碳 70%,氢 10%,氧 15%,氮 6%,发热量为 33.4MJ/kg。其化学组成情况见表 7-5。

表 7-5 污泥液化法制油的成分组成   %(质量)

操作温度/℃	碳	氢	氧	氮	发热量/(MJ/kg)
250	68.3	9.1	5.6	17.0	33.1
275	71.1	9.2	5.9	13.8	34.9
300	72.1	9.4	5.8	12.6	35.7

7.1.8 污泥低温热解制油技术与液化制油技术的比较

对比污泥低温热解制油技术与污泥液化制油技术,发现这两种技术的优缺点如下:

(1) 污泥液化制油技术所采用的污泥可以是只经过机械脱水的高含水率污泥,而低温热解制油技术所采用的污泥必须是含水率在 5% 以下,因此污泥必须经干燥脱水才能满足要求。

(2) 污泥低温热解制油技术所需设备较简单,无需耐高温高压设备;而污泥液化制油则需要较高的压力,对设备的要求较高。

（3）污泥低温热解制油技术可破坏有机氯化物的生成，由于处理温度低、不凝气产量小，可减少 SO_2、NO_x 和二噁英带来的二次污染，产生的气体仅需进行简单清洗就可以满足气体排放标准，但在产品油中会产生大量的多环芳烃物质，对环境产生不利的影响；污泥液化制油的产物中有 2%~3% 的 N_2 残余，燃烧过程会有氮氧化物生成，容易对大气造成污染，因此应采取相应措施加以控制。

（4）低温热解制油技术能有效实现重金属钝化，控制重金属的排放，处理后污泥中绝大多数重金属进入炭油中，其中 90% 以上被氧化固定在炭中；污泥液化制油技术虽然也降低了污泥的污染，但是在反应过程中会产生大量的难闻气体。

（5）污泥低温热解制油技术的能量回收率高，污泥中的炭有约 2/3 可以油的形式回收，炭和油的总收率占 80% 以上，但这种技术因需提供前端污泥干燥的能量，因此能量剩余率不高，能量输出与消耗比为 1.16，可提供 700kW·h/t 的净能量；而污泥液化制油技术的油收率虽然只有 50%，但由于液化过程只需提供加热到反应温度的热量，省去了原料干燥所需的加热量，因此综合起来，还是液化制油技术的能量剩余率较高，约为 20%~30%（一般是在污泥含水率为 80% 以下的情况）。

7.1.9 污泥液化制油技术的发展趋势

与国外相比，污泥液化制油技术的研究在国内刚刚起步。由于液化制油技术的特征是反应在水中进行，原料不需要干燥，因此对含水率高的生物质（水生物质、垃圾、活性污泥等）的转化反应是十分适合的，由此决定直接热化学液化法必将成为污泥油化的发展趋势。国内外的研究表明，在污泥液化制油的研究过程中必须考虑以下问题：

（1）水热液化的本质是热解，其中还发生各种复杂的变化，低分子化的分解反应和分解物高分子化的聚合反应等，污泥先生成水溶性中间体，在水中反复聚合、水解，因此，液化制取油，适度的聚合反应是主要的，抑制由油向焦炭聚合更加重要，而催化剂在此起着重要作用。国外生物质热解制油所选用的原料大多数是木材，采用的催化剂有碱性金属盐、Na_2CO_3、K_2CO_3、Al_2O_3 及过渡金属盐类如镍催化剂等，这些催化剂对污泥的催化性能需要进一步的研究。通过在污泥中加入不同种类和用量的催化剂，利用热失重仪建立一系列热动力学模型，通过热解动力学方程中的活化能及频率因子，调查各种催化剂对液化过程的作用，判断催化剂是否既具有催化氧化的作用，又具有抑制聚合的作用。根据产物分布及收率，从中找出实现油品最大产率的有效催化剂。

（2）国外的一些工艺使用合成气加压，如果操作压力靠污泥中水升温的自发压力自动升压，操作方便，所以加压方式应充分考虑，使操作简单易行。

（3）污泥的种类繁多，除生活污泥外，一些工业污泥中的有机质含量非常高，比如制革污泥的有机质含量高达 70% 左右，是污泥油化的很好原料，但不同种类的污泥中往往含有一些不同的碱性重金属盐，应考虑其对液化制油过程是否有催化剂的作用。

7.2 污泥碳化

由于生化污泥中含有大量的生物细胞，采用机械方法难以将其中的水分脱出，但若能将其中的生物细胞破解，则可很容易实现固体物质和水分的分离。脱水后污泥的碳化物含水量较小，发热值相对较高，孔隙率大，松散，黑色，与煤炭外观极为相似，因此，这种将市政生化污泥中的细胞裂解，强制脱出污泥中的水分，使污泥中碳含量比例大幅度提高的过程称为污泥碳化。

7.2.1 污泥碳化的分类

根据碳化温度的高低，可将污泥碳化过程分为高温碳化、中温碳化和低温碳化三种。

(1) 高温碳化

高温碳化时不加压，温度为649~982℃。先将污泥干化至含水率约30%，然后进入碳化炉高温碳化造粒。碳化颗粒可以作为低级燃料使用，其热值为2000~3000kcal/kg(1kcal = 4.183kJ)(在日本或美国)。技术上较为成熟的公司包括日本的荏原、三菱重工、巴工业以及美国的IES等。该技术可以实现污泥的减量化和资源化，但由于技术复杂、运行成本高、产品中的热值含量低，目前还没有大规模的应用，最大规模的为30t$_{湿污泥}$/d。

(2) 中温碳化

碳化时不加压，温度为426~537℃。先将污泥干化至含水率约30%，然后进入碳化炉分解。工艺中产生油、反应水(蒸汽冷凝水)、沼气(未冷凝的空气)和固体碳化物。该技术的代表为澳大利亚ESI公司，该公司在澳洲建设了一座处理量为100t/d的污泥中温碳化处理厂。该技术可以实现污泥的减量化和资源化，但由于污泥最终的产物过于多样化，利用十分困难。另外，该技术是在干化后对污泥实现碳化，其经济效益不明显，除澳洲一家处理厂外，目前还没有其他用户。

(3) 低温碳化

碳化前无需干化，碳化时加压至6~10MPa、加温至315℃左右，碳化后的污泥呈液态，脱水后的含水率达50%以下，经干化造粒后可以作为低级燃料使用，其热值为3600~4900kcal(在美国)。

该技术的特点是：通过加温加压使污泥中的生物质全部裂解，仅通过机械方法即可将污泥中75%的水分脱除，极大地节省了运行过程中的能源消耗。污泥全部裂解保证了污泥的彻底稳定。污泥碳化过程中保留了绝大部分污泥中的热值，为裂解后的能源再利用创造了条件。

7.2.2 污泥碳化技术的发展现状

污泥碳化技术的发展可分为以下三个阶段：

(1) 理论研究阶段(1980~1990年)

这个阶段的研究主要集中在污泥碳化机理的研究上，突出的特点就是大量的专利申请。Fassbender A. G.等的STORS专利、Dickinson N. L.的污泥碳化专利都是在这期间申请和批准的。

(2) 小规模生产试验阶段(1990~2000年)

随着污泥碳化理论研究的深入和实验室试验的成功，人们开始思考将污泥碳化技术转变成真正商业化污泥处理的装置。在大规模商业化之前，为了减少投资风险，需要对技术进行小规模生产性试验。通过这些试验，污泥碳化技术开始从实验室走向工厂。这期间设计和制造了许多专用设备，解决了大量实际工业化的技术问题。这个阶段的特点如下：

① 规模小。例如1997年日本三菱公司在宇部的污泥碳化厂规模为20t/d；1992年，日本ORGANO公司在东京效区建立了一个小型污泥碳化试验厂；1997年Thermo Energy在加利福利亚Colton市建立了一个污泥碳化试验厂，规模为每天处理5t干污泥。

② 试验资金来自大公司和政府，而不是商业用户。例如，在日本的试验资金均来自大公司，在加利福尼亚州的试验资金来自美国EPA。

(3) 大规模的商业推广阶段(2000年以后)

除了污泥碳化技术逐渐成熟的因素以外，导致污泥碳化技术大规模商业化推广还有其他因素。

在日本，80%的污泥的最终处置方法是焚烧，但由于近年来发现焚烧存在二噁英污染的隐患，日本环保部门对焚烧排放的气体提出了更加严格的要求，使得本来成本就很高的焚烧工艺的成本更加提高。为了取代焚烧工艺，目前日本已经有多家公司生产和销售碳化装置，比较著名的有荏原公司的碳化炉、三菱公司横滨制作所的污泥碳化装置、巴工业公司每天处理10t、30t的污泥碳化装置。2005年日本东京下水道技术展览会上，日本日环特殊株式会社甚至提出了标准的污泥碳化减量车，该车可以随时到任何有污泥的场所对污泥进行碳化。这些发展表明，碳化技术已趋于成熟。

在美国，很多州的污泥过去都是采用填埋法进行最终处置，但由于发现污泥中包含的有害物质对地下水存在污染，未处理的污泥填埋后会造成填埋场对环境的危害，美国EPA颁布了新的填埋标准。过去的未达标的污泥(Class B污泥)将不再允许填埋，只有达标污泥(Class A污泥)才允许填埋。这项标准的颁布使得现有的污水处理厂只有投入巨大的污泥处置成本才能对其污泥进行处置。另外，现有的填埋场已经接近饱和，开辟新的填埋厂越来越困难。为了达到EPA新的污泥处置标准和解决填埋场逐渐用尽的问题，2000年以后，美国的各个州、县(County)都建立了专门的污泥处置研究机构，对可能的解决方案进行可行性研究。在研究了一些传统的污泥处置方案(如焚烧、堆肥、干化)的同时，污泥碳化技术开始进入了政府的考虑范围。

中国在2000年以前还没有一个真正的污泥热分解试验装置。1996年，何品晶、顾国维、绍立明等曾经在《中国环境科学》杂志上介绍过污泥热分解技术。在这之后，武汉工业大学、同济大学、南京工业大学均在实验室中进行过污泥热分解的试验，试验结果与目前国外几个厂家所得出的结论基本相同。

2005年，日本高温碳化技术开始在中国几个大城市宣传和推广，但由于当时污泥处置问题在各个城市中还没有得到高度重视，加之高温碳化设备价格高昂，技术推广在中国受阻。2012年初，采用日本高温碳化技术，日处理能力为10t脱水污泥的生产线在武汉正式投产运行。

2006年，天津机电进出口有限公司开始了污泥低温碳化的研究。2009年3月，日处理能力为5t脱水污泥的生产线通过了天津科学技术中心的鉴定。2010年，山西国际能源集团与天津机电进出口有限公司联合成立了以推广污泥低温碳化技术为主要目标的正阳环境工程有限公司。2010年6月，山西国际能源集团决定在其自有的晋中市第二污水处理厂内建设一座日处理脱水污泥100t的污泥低温碳化示范工程，并得到山西省发展与改革委员会的批准和部分资助。2011年8月，中国第一座采用污泥低温碳化技术的污泥处置工厂正式运行。2012年9月，该项目通过了山西省科学技术厅组织的技术鉴定。

7.2.3 污泥低温碳化工艺过程及设备

目前低温碳化的应用远远高于其他两种。污泥低温碳化的优势在于物料在整个流程中都能用特种泵泵送，省去了在传输、返混设备和惰性气体保护系统上的投资，不但节省了大量成本，而且操作比较简单；碳化后的污泥有利用价值，前景广阔，它有利于厌氧消化和堆肥；这种技术在整个生产过程中产生的废气同其他工艺比较，能够有效避免二次污染，而且滤液的 BOD 还能解决地方污水厂 B/C 比过低的问题；碳化处理后的污泥热值能够在最大限度内得到保留，经计算，碳化后的污泥热值仅比碳化前减少 6.8%。

污泥低温碳化的基本工艺流程如图 7-13 所示。将脱水后含水率约 80% 的污泥首先切碎，搅拌后加压送入碳化系统。在外部热源的作用下，通过预热和加热，把污泥加热到 240~300℃，并在反应器中停留 15~20min 后，污泥在高温高压的作用下发生裂解，然后进入冷凝系统，经过冷却器就变成了裂解液。污泥从原来的半固体状态变成了液态。液态裂解液经普通脱水装置即可将其中 75% 的水分脱除，含水率达到 50%，体积减小为原来的 40% 以下，可以填埋或者堆肥，也可以进行进一步的干化造粒。如果脱水后的污泥进一步烘干，即可达到含水率 30% 以下。脱水机脱出的污泥水经 MBR 处理后返回污水处理厂。

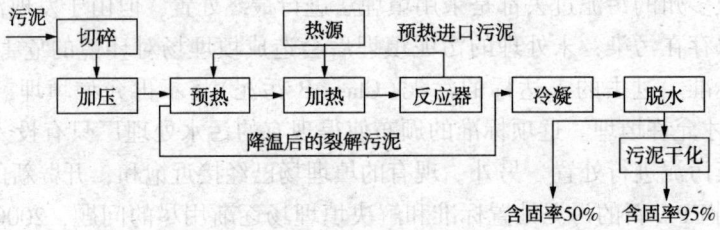

图 7-13 污泥低温碳化的基本工艺流程

污泥碳化技术的关键是反应的温度和压力。在一定的温度下，要保证污泥中的水分不蒸发，就必须使系统的压力大于该温度下的饱和蒸汽压，这样才能保证污泥中的水分依靠裂解而不是蒸发的方式释放出来。由于各国的污水处理现状、饮食结构和处理工艺有所区别，所以污泥碳化物的热值也存在一定的差异。

污泥低温碳化技术的优势有如下几个方面：

① 低温碳化后的污泥更加有利于厌氧消化和堆肥，为污泥的资源化处置提供了广阔的前景。

② 物料在整个工艺流程中都能用特种泵泵送，省去了大量固态污泥传输、返混设备和惰性气体保护系统，降低了投资成本、操作难度和爆炸危险。

③ 产生的废气较少，减少了对环境的二次污染。

④ 碳化后污泥的高位热值达到 13MJ/kg，仅比碳化前污泥的热值减少了 6.8%，污泥热值得以最大限度保留，为后续资源化利用奠定了有利的基础。

7.3 污泥制合成燃料

污泥中含有的大量有机物和一定的木质纤维素均属于可燃成分，其低位发热值在 11MJ/kg 以上，从热值上相当于贫煤或褐煤，通过适当预处理后，完全可作为人造燃料的原料。由污泥制取合成燃料的目的是提高污泥的燃烧热值，在满足污泥自持燃料要求的基础上，提高其燃烧性能，更好地实现产业化制取燃料的目的。

7.3.1 污泥制合成燃料技术的发展

对污泥燃料化的尝试最早起源于 20 世纪 80 年代初 Caver 和 Greenfield。他们直接把浓缩污泥作为原料，用多效蒸发器脱水来制取燃料。人们把这个方法称为 CG 流程。CG 流程所用的污泥不脱水，污泥水分含量高且可以流动，随着水分逐渐被蒸发，污泥失去流动性，无法再使污泥在蒸发器中循环。同时，由于污泥受到高温作用，容易产生结垢，影响传热效果，使能量收益降低。为解决这两个技术问题，他们提出在污泥中加入比水沸点高的流动介质（轻油或重油），这样可以始终维持污泥的流动性，并防止结垢，顺利解决污泥蒸发过程中存在的两大障碍。经蒸发干燥的污泥，其中固体含量为 88.5%、水分为 1.5%、油分为 10%、热值为 23012kJ/kg。CG 流程为污泥处理开创了一条新途径，但由于使用的是浓缩污泥，而一般污泥的含水率达到 96% 以上，从含水率为 96% 以上的污泥制取燃料的成本比从含水率为 80% 的脱水污泥制取燃料的成本要高 10 倍左右，显然是不合理。

一般来讲，城市污泥的发热量低，无法达到燃煤的水平，挥发分比较少，灰分含量比较高，因此难着火，难以满足直接合成燃料在锅炉中的燃烧条件，因此，合成燃料除向其中加入降低污泥含水率的固化剂外，还需要掺入引燃剂、除臭剂、缓释剂、催化剂、疏松剂、固硫剂等添加剂，以提高其疏松程度，改善合成燃料的燃烧性能，使污泥合成燃料满足普通固态燃料在低位热值、固化效率、燃烧速率以及燃烧臭气释放等方面的评价指标。

在污泥制合成燃料的过程中，污泥热值成为技术可行性的关键制约因素。表 7-6 给出两种城市污泥的基本工业分析及干基热值结果。从表中可以看出：两种城市污泥的干基热值都在 16736kJ/kg 左右，但由于其含水率分别达到 80% 左右，因此其低位热值还不到 1464.4kJ/kg。主要原因是污泥中存在的不同形式水分在污泥燃烧过程中先转变为蒸汽，并以相变焓的形式带走部分能量，引起污泥低位热值的降低。由此可见，污泥的含水率是影响污泥燃烧热值的一个重要因素。

表 7-6 两种城市污泥的基本工业分析及干基热值

序号	含水率/%	VS/%	元素分析/%					干基热值/(kJ/kg)	低位热值/(kJ/kg)
			C	H	N	S	O		
1	84.46	66.67	32.97	6.83	5.19	0.58	21.10	17185.36	557.73
2	78.71	64.83	32.72	5.95	5.38	0.81	19.98	16065.72	1451.01

据统计，污泥的干基热值范围为 7471.37~17931.37kJ/kg（一般生活污水处理厂生化污泥的热值为 14942.74kJ/kg 左右），但实际污水处理厂脱水污泥的含水率为 75%~85%。根据 1 个标准大气压下水的相变焓（2502.45kJ/kg）可以确定污泥水分蒸发带走的能量。污泥中水分汽化的能量损失与含水率的关系如图 7-14 所示。

从图 7-14 中可以看出，对于干基低位热值为 9962.10kJ/kg 的污泥，水分含量达到 79.9% 时，其热值将全部用于污泥所含水分的蒸发，即能量 100% 损失。

同时，大量研究表明，污泥自持燃烧的低位热值约为 3486.53kJ/kg，即污泥自持燃烧的最高限含水率为 40%~70%（根据污泥干基热值 7471.37~17931.37kJ/kg 计算所得）。显然，

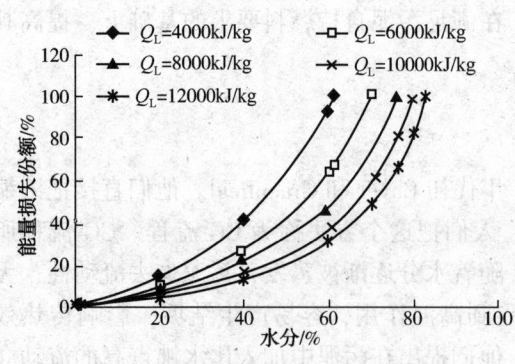

图 7-14 能量损失与含水率的关系

这已经超出了污泥机械脱水设备的脱水能力,因此,如何降低污泥含水率也是制合成燃料过程必须考虑的问题。

根据污泥合成燃料状态的不同,污泥制合成燃料技术可分为污泥合成固体燃料技术和污泥合成浆状燃料技术两大类。

▶ 7.3.2 污泥脱水预处理

目前,污泥脱水预处理技术多种多样,其中以热干化和水热处理工艺较为常用,这两种技术与污泥焚烧发电过程中的脱水预处理技术相似。

在热干化过程中,按照热介质是否与污泥接触,可以将其分为两类:直接热干化和间接热干化。这两类干化过程分别建立在传导和对流热力学的理论基础上。在直接热干化过程中,热介质(热空气、燃气或蒸汽等)与污泥直接接触,低速流过污泥层,吸收污泥中的水分,处理后的干污泥需与热介质进行分离,排出的废气一部分通过热量回收系统回到原系统中再利用,剩余的部分经无害化处理后排放。该技术的热传输效率及蒸发速率较高,直接加热方法有转鼓式和循环流化床式两种。在间接热干化过程中,热介质并不直接与污泥相接触,热量通过热交换器传递给湿污泥,使污泥中的水分得以蒸发。由于间接传热,该技术的热传输效率及蒸发速率均不如直接热干化。

污泥水热处理是日本东京大学吉川邦夫教授提出并研发的处理系统。将污泥和温度为 150~300℃、压力为 1.5~3.0MPa 的饱和蒸汽加入到密闭的容器中,进行搅拌、反应,以改善污泥的脱水和干燥性能,同时完成污泥的杀菌和除臭过程。经水热处理的污泥可以通过机械方式轻易地脱水 50%~60%,满足污泥自持燃烧热的要求。脱水后的半干污泥可以做燃料,且在处理过程中产生的分离液含有丰富的营养物质,经简单处理后可作为肥料用于农业生产。污泥水热处理技术已成为改善污泥脱水性能的重要预处理技术。

另外,也可通过加入各种类型的添加剂来降低污泥的含水率、减少污泥燃烧产生的臭气、降低合成燃料的燃烧速率,以实现污泥的燃料化利用。污泥合成燃料的性能会受到污泥自身性能的直接影响。污泥的基本性质与污水来源、成分以及处理工艺等紧密相关。污泥中有机物的多少能反映污泥的含热量,可通过以下经验公式计算污泥的热值:

$$Q = 2.3224a\left(\frac{100P_r}{100-G}-b\right)\left(\frac{100-G}{100}\right) \tag{7-1}$$

式中 Q——污泥燃烧热值,kJ/kg;

P_r——挥发性固体含量,%;

G——脱水时投加的无机混凝剂占干固体质量分数,当投加有机混凝剂时,$G=0$;

a,b——经验系数,初沉池污泥和消化污泥的 $a=131$,$b=0$,二沉池污泥的 $a=107$,$b=5$。

如果污泥中的挥发性固体即有机物含量少,则其干基热值较低,不适合采用污泥制合成燃料技术。一般来讲,二沉池污泥和消化污泥中的有机物含量会大于初沉池污泥中的有机物含量,因此更适宜用于制备污泥固态燃料。

7.3.3 污泥合成固态燃料技术

污泥制固态合成燃料的基本技术路线如图 7-15 和图 7-16 所示。

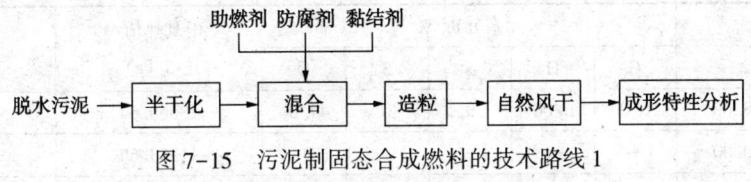

图 7-15 污泥制固态合成燃料的技术路线 1

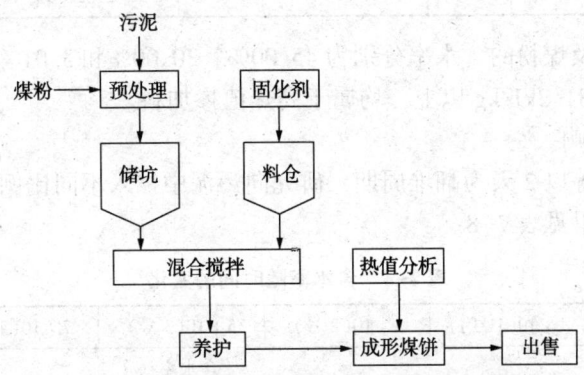

图 7-16 污泥制固态合成燃料的技术路线 2

影响污泥制固态合成燃料热值的因素有：

(1) 翻堆频率和翻抛时间

污泥体系在混合后需经过一定的时间来自然干化，在这段时间里应给污泥堆翻堆，以加快混合体系中的水分蒸发。翻堆频率是指一段时间内翻堆的次数，而翻抛时间则着重指有翻堆操作的时间，一般是以天数为单位。总的来说，污泥混合体系的翻堆频率越高，翻抛时间越长，则体系的含水率下降越明显，燃烧性能也越好，燃烧热值也越高。

(2) 添加剂

引燃剂的使用改善了固态合成燃料的挥发分，燃料易着火。疏松剂可提高固态合成燃料的孔隙率，空气可深入到燃料的内部，使其反应剧烈而燃烧完全，炉渣的含碳量大大降低。常用的催化剂是金属氧化物。试验表明，在燃料中掺入适量的金属氧化物能促进碳粒完全燃烧，阻止被灼热的碳还原而造成化学热损。英国近年来开发的 M.H.T 工艺，为改善型煤的燃烧条件而加入部分铁矿石粉。固硫剂的使用则是考虑到环境保护，使硫的氧化物不扩散到空气中污染大气。

在污泥制固态合成燃料工艺中，通常添加固化剂来提升污泥的固化效果，一般用于固化的材料有膨润土、普通高岭土等，根据固化剂的加入是否有利于提高混合体系的热值以及固化效果来选择。

污泥合成燃料在燃烧过程中会有令人不快的气味散出，加入泥土或者某些固化剂有利于臭味的减轻。也有学者通过向混合体系中加入经干燥粉碎的贝壳类物质来减低臭味污染，同时还有利于减缓合成燃料的燃烧速率。

除了上述的添加剂以外，工艺中还会经常使用一些添加剂来提高污泥固体燃料的热值和固化效果。提高污泥固体燃料热值的一般做法是向其中添加经过干燥的木屑、矿化垃圾和煤粉等掺加料，三种物质的热值分析见表7-7。

表7-7 木屑、矿化垃圾、煤粉的基本工业分析及干基热值

序号	含水率/%	元素分析/%					干基热值/(kJ/kg)	低位热值/(kJ/kg)
		C	H	N	S	O		
木屑	45.00	50.00	6.00	0	0	44.00	18660.64	9137.86
矿化垃圾	30.00	—	—	—	—	—	11953.69	7614.88
煤粉	3.01	—	—	—	—	—	21827.93	21097.82

矿化垃圾、木屑及煤粉的含水率分别为45.00%、30.00%和3.01%，而三种掺加料中最小的低位热值都在7531.2kJ/kg以上，均属于高热值掺加料。

① 矿化垃圾的影响

同济大学赵由才等以2天为翻堆周期，研究向污泥中掺入不同比例的矿化垃圾后含水率的变化情况，实验结果见表7-8。

表7-8 含水率随时间的变化

矿化垃圾:污泥	1:10(1号)	3:10(2号)	5:10(3号)	7:10(4号)	0:10(5号)
时间/d			含水率/%		
0	71.6	66.1	62.1	53.8	78.6
2	69.8	62.0	59.9	61.5	77.7
4	70.5	61.8	56.3	52.2	74.1
6	69.6	59.6	57.6	46.7	71.7
8	63.0	52.0	46.2	42.6	69.7
10	—	—	—	—	—
12	60.5	40.0	—	46.9	—
14	56.5	51.5	41.3	34.7	59.7
16	57.0	44.0	37.8	32.5	61.3
18	54.7	41.0	35.8	29.5	61.1
21	55.6	41.3	32.7	30.3	49.8

由表7-8可以看出：向污泥中掺入矿化垃圾可降低污泥的含水率，而且矿化垃圾掺入越多，经过同样的稳定化时间后，混合体系的含水率降得越低。在混合体系含水率低于流变界限含水率62%时，能够满足安全承压要求。因此，从经济性方面考虑，希望能在掺入较少的矿化垃圾的基础上尽快使混合体系的含水率低于62%。其中，3号混合材料即使不经历稳定化过程也可以直接安全承压，但为了降低其臭度，简易稳定化过程不可省略，因而其最后的含水率必然大大低于62%，可见，按这个比例混合后进行简易稳定化不是最优化的。混合比例低于3号堆的有1号和2号，但1号混合材料的含水率在8天后仍不能低于62%，从工程应用来看，这也是不经济的，因为需要的稳定化时间越长，预处理场的总面积必然越大，虽然掺入的矿化垃圾少了，但相对增加的处理场面积和额外的翻堆成本来说是得不偿失的。

进一步考察不同环境温度对掺入矿化垃圾污泥混合体系的影响。在天气炎热的时候,即环境温度为32℃条件下,矿化垃圾与污泥的比例为5:10时,测定混合体系的热值见表7-9。

表7-9 矿化垃圾与污泥混合体系的热值(高温)

时间	试验当天	1天后	3天后	5天后	6天后
含水率/%	56.1	49.8	45.2	22.0	14.1
热值/(kJ/kg)	4354.71	5201.55	5684.80	8590.59	9248.73

矿化垃圾与污泥以5:10的比例混合,体系的含水率为56.1%,低位热值为4354.71kJ/kg。随着翻抛时间的延长,体系的含水率逐渐降低,而且,随着时间的延长,含水率下降的速率也增大。翻抛3天后,污泥的低位热值升高到5684.80kJ/kg,完全达到了自持燃烧的要求,而翻抛6天后,含水率下降到14.1%,体系的低位热值达到了9248.73kJ/kg,不仅满足自持燃烧的要求,可以在不添加燃料的情况下进行焚烧处置,而且有余热利用。

在气温相对较低(20℃以下)、矿化垃圾与污泥的比例为6:10时,其混合体系的热值见表7-10。当气温较低时,翻抛8天后,含水率降至49.8%,与32℃时矿化垃圾与污泥按5:10混合翻抛1天后的含水率相近,这说明温度对污泥含水率的降低有至关重要的影响。因此,随着翻抛时间的延长,热值的升高有限,从试验当天的3928.78kJ/kg升高到8天后的4993.19kJ/kg。污泥满足自持燃烧的最低低位热值为3486.53kJ/kg,因此,在气温较低的情况下,提高矿化垃圾的比例至6:10基本可以满足自持燃烧的要求。

表7-10 矿化垃圾与污泥混合体系的热值(低温)

时间	试验当天	2天后	4天后	6天后	8天后
含水率/%	56.1	55.4	54.0	51.0	49.8
热值/(kJ/kg)	3928.78	4118.31	4339.23	4812.44	4993.19

② 木屑的影响

赵由才等研究了向污泥翻抛体系中添加木屑以提高混合体系的热值。按木屑、矿化垃圾、污泥的比例为15:50:100进行实验,即加入木屑的比例约10%。环境温度为32℃条件下测得翻抛过程中的含水率和低位热值变化见表7-11。

表7-11 木屑、矿化垃圾、污泥混合体系的含水率和热值(高温)

时间	试验当天	1天后	3天后	5天后	6天后
含水率/%	54.1	47.3	42.5	22.3	13.9
热值/(kJ/kg)	4629.60	5551.33	6098.60	9458.35	10771.71

添加了10%左右的木屑体系的初始含水率要比不掺加木屑体系的要高,但由于木屑具有疏松的效果,体系的脱水效果挺好。随着翻抛时间的延长,体系的含水率逐渐降低,热值逐渐升高。翻抛6天后,混合体系的含水率降至13.9%,而其低位热值却上升到10771.71kJ/kg,不仅满足自持燃烧的热值要求,还可以作为低热值燃料使用。在气温相对较低的情况(常温)下,木屑、矿化垃圾、污泥按15:60:100的比例混合时,混合体系的热值见表7-12。

表7-12 木屑、矿化垃圾、污泥混合体系的含水率和热值(低温)

时间	试验当天	2天后	4天后	6天后	8天后
含水率/%	54.6	50.2	48.7	47.6	46.3
热值/(kJ/kg)	4212.03	4943.81	5193.18	5376.02	5592.33

显然，三者混合体系在低温条件下含水率降低比较慢，在翻抛6天时间内，含水率仅从54.6%降低至46.3%，热值从4212.03kJ/kg升至5592.33kJ/kg，基本上只能满足自持燃烧的条件。在低温条件下，掺加了木屑的体系能够进一步降低含水率，提高热值，但是效果并不明显。

③ 煤粉的影响

除了木屑和矿化垃圾，还可以考虑采用掺加煤粉的方式来提高污泥的热值。煤的优点是热值高、含水率低，可以将煤块碎成煤粉掺加到污泥中。在固化剂与污泥的比例为1:10的前提下(即每组体系中污泥用量均为100g)进行实验，结果见表7-13。

表7-13 放置3天的实验结果

编号		药剂质量/g	煤粉质量/g	含水率/%	低位热值/(kJ/kg)
1号污泥	1-1	10	0	55.14	3001.18
	1-2	10	5	50.95	5416.19
	1-3	10	10	46.58	6281.86
	1-4	10	15	43.68	6914.90
	1-5	10	20	42.31	8594.77
2号污泥	2-1	10	10	28.04	9471.74
	2-2	10	15	28.73	12167.91
	2-3	10	20	27.13	11515.20

随着煤粉掺加量的增加，体系含水率逐渐下降，热值也逐渐升高。从表7-13的数据可以看出，2号污泥的脱水效果要明显好于1号污泥。1号污泥的固化剂、煤粉、污泥按1:2:10的比例混合时，污泥的热值升高到8594.77kJ/kg，而在同样条件下，2号污泥体系的污泥热值升高至11515.20kJ/kg，可见两者均达到了自持燃烧的要求，其中2号污泥还可以作为低热值燃料，在燃烧过程中进行热量回收利用。

对于1号污泥，延长放置至5天，含水率会进一步下降，热值进一步提高，见表7-14。试验结果表明，放置5天以后，1号污泥体系含水率进一步下降，固化剂、煤粉、污泥比例为1:2:10体系的热值达到14234.39kJ/kg，也可作为低热值燃料进行利用。

表7-14 放置5天的实验结果

编号		药剂质量/g	煤粉质量/g	含水率/%	低位热值/(kJ/kg)
1号污泥	1-1	10	0	38.45	7800.23
	1-2	10	5	33.26	11040.32
	1-3	10	10	28.47	16597.10
	1-4	10	15	28.34	13627.71
	1-5	10	20	26.14	14234.39

从上述讨论可以知道，城市生活污水处理厂脱水污泥经过掺煤固化后，低位热值大幅上升，在有足够放置时间的情况下，热值可达 12133.6~14255.6kJ/kg，远远超过自持燃烧所需热值，燃烧时可释放大量的热。而普通煤粉的热值为 16736~23012kJ/kg，因此，掺加少量煤粉固化后的污泥完全可作为一种再生燃料使用。

7.3.4 污泥质废弃物衍生燃料技术

除向污泥中加入以上三种添加剂提高热值之外，也有学者向污泥中添加碳类工业废弃物或工业废油油炸污泥，通过降低其含水率、提高热值，实现污泥特性的改变，促进污泥的燃料化利用。

污泥最主要的特性是含水率高（一般为 80%左右），属于亲水性结构，水分不易自然挥发。掺入多种含碳工业废弃物和添加剂后，污泥大部分内部组成变成疏水性物质，原先难以加工成形的污泥由于改变了物性，为颗粒造形的生产奠定了基础，这种技术被称为污泥质废弃物衍生燃料（RDF-5）技术。RDF-5 是一项可代替矿石燃料的技术，其具体工艺流程为：首先对污泥进行预处理，然后将其与其他含碳工业废弃物进行优化配比，最后进行机械成形。采用机械化成形工艺能达到规模生产，污泥产品成为能充分燃烧的锅炉燃料，提高燃烧效率。

不同质的污泥，可通过不同的配方组合、不同的添加物来提高燃料的强度和耐水性，确保燃料的质量。充分利用污泥与多种含碳工业废弃物掺入后的物性改变，采用免烘工艺使下机的燃料直接入炉燃烧，仅这一项就能节约大量的能源，减少设备（烘干机、气体净化器）的投资，节约人工和场地，并且没有大量含甲烷的气体排放，减轻温室气体对环境的影响。

利用污泥质废弃物转化为燃料的系统是由一系列互为连接的工序完成，每道工序的设计都围绕缩小污泥体积和节约能源这两个因素进行。具体工艺流程如图 7-17 所示。

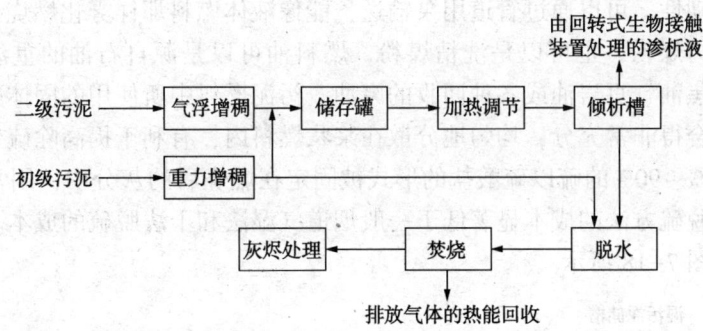

图 7-17 污泥质废弃物衍生燃料技术工艺流程

（1）增稠：首先，用空气浮选法和重力作用使初级污泥的固体物含量提高到 6%。

（2）混合和均匀：活性污泥和初级污泥按 72∶28 的质量比进行混合。混合物被泵入储存罐内使其更加均匀，污泥中挥发分物质的含量为 70%~75%。

（3）湿式空气氧化：污泥被泵入湿式空气氧化系统后，由空气压缩机提供氧化过程需要的空气。

（4）倾析槽：在加热条件下经氧化分解，使污泥缩小体积，进一步提高污泥的稠度和减少含水量。在密封的倾析槽内，经加热调节后的污泥稠度进一步提高到 12%~18%。

(5) 脱水：经倾析后的污泥被泵抽到板框式压滤机或滚筒式压滤机上，加工成固体物质含量为40%的泥饼。

(6) 燃烧：泥饼被送进一台多膛式燃烧炉，燃烧温度通过调节燃烧空气流量加以控制，一改传统按泥饼的湿度和辅助燃料的供应进行温度控制的方法。

(7) 废热回收：燃烧炉排出的废气通过废热锅炉回收热量，产生的蒸汽完全可以满足湿式空气氧化系统的需要。多余的蒸汽用来推动涡轮发电机，供锅炉系统的水泵、辅助抽风机、大型焚烧抽风机之用。

通过上述污泥质废弃物衍生燃料工艺生产的燃料，其低位发热量为12552kJ/kg左右，全含硫量控制在0.76%，挥发分高达43.51%，污泥质废弃物衍生燃料以25%~30%的比例掺入矿石燃料中，经过多家印染厂导热油锅炉试用，燃烧情况稳定，没有给操作带来任何额外负担。而且，污泥质废弃物衍生燃料技术与污泥焚烧处理技术相比，不仅能够节约资金，燃烧炉每年消耗的燃料油还可节省约90%，作为辅助燃料的天然气每年节省72%~77%。通过采用有效的污泥加温调节、脱水和自燃技术，可使处理污泥的过程转化为能源的生产过程，而不再是单一的能源消耗过程，因此可极大减少污水处理厂对外部能源的依赖。

污泥油炸处理是澳大利亚的Carbo Peregrina等提出的一种污泥制固体燃料技术。该技术是用工业废油在140~160℃的条件下对污泥进行油炸，反应时间约为100s，以获得热值较高的固体燃料。虽然该方法可以获得热值较高的燃料，但受到废油来源的限制，在实际应用过程中遇到比较多的困难。

7.3.5 污泥合成浆状燃料技术

除上述由污泥合成固态燃料技术外，还有一种污泥合成浆状燃料技术。该技术是以机械脱水污泥、煤粉和燃料油及脱硫剂为原料，经过混合研磨加工制成粉末。其特征是燃料为浆状，有一定的流动性，可以通过管道用泵输送，能像液体燃料那样雾化燃烧。原料中的煤粉可以是一般的动力煤粉，也可以是洗精煤粉。燃料油可以是源自石油的重油，为了降低成本，也可以是煤焦油、页岩油或各种回收的废油。污泥燃料中所使用的固体脱硫剂粒度非常微细，与燃料混合得非常充分，均匀地分散在浆状燃料内，有利于提高除硫效率。依条件的不同，燃料中70%~90%的硫以硫酸盐的形式被固定在燃烧后的灰分中，用常规除尘方法很容易除去。这种脱硫方法的成本显著低于一般烟道气湿法和干法脱硫的成本。污泥浆状燃料发电供热流程如图7-18所示。

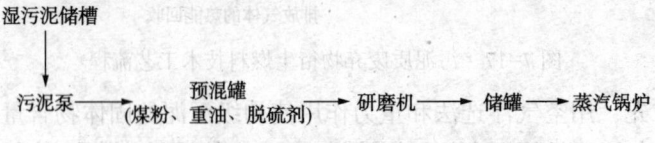

图7-18 污泥浆状燃料发电供热流程示意图

污泥合成浆状燃料技术与污泥合成固体燃料技术相比，具有以下优势：

(1) 生产设备体积小，工艺简单，生产效率高，配套技术和设备成熟，投资少，成本低，易于实施，是一项先进适用的污泥处理和资源化技术。

(2) 生产过程省去了污泥干燥和造粒工序，显著降低了成本。现在美、日、德等国的污泥制燃料技术的一个共同点是：湿污泥必须干燥，而污泥合成浆状燃料技术无需对脱水污泥进行干燥。

必须指出的是，适量水的存在有利于燃料的燃烧。当污泥燃料雾化时，高温下水的迅速汽化膨胀会把雾化形成的燃料粒子"炸碎"，使燃料粒子更加细小，总表面积大大增加，加快燃烧速率，并使燃烧充分彻底。水在高温下还会与碳发生水煤气反应，促使碳转化成一氧化碳和氢气，使燃烧干净完全。

（3）由于污泥合成浆状燃料是浆状的，可以雾化，因此燃烧更加完全。目前报道的美国、日本等国家或国内的固体颗粒污泥燃料或人造型煤与之相比，具有难于烧透、在炉内停留时间较长等缺点。

7.3.6 污泥合成燃料技术的优势

综合以上不同污泥燃料化技术，均具有以下优势：①燃料配方灵活；②污泥固体合成燃料粒度超细化，有良好的黏温特性；③脱硫成本低，在污泥混合体系中可直接加入脱硫剂，脱硫效果好；④重金属污染都集中在灰渣中，固定效果良好，一方面消除了重金属对空气的影响，同时灰渣还可以进行综合利用；⑤燃料充分燃烧和恰当添加剂的存在，基本可以消除二噁英的产生；⑥可减少干燥工艺，节省投资；⑦污泥制成人造型煤后方便运输，可燃烧发电供热或用于工业锅炉产生蒸汽，大大减少了燃煤的使用，节省了资源。

参 考 文 献

[1] 刘芳奇. 城市污泥的溶剂萃取及其残渣水热液化研究[D]. 上海：华东理工大学，2016.
[2] 孙衍卿，孙震，张景来. 污泥水热液化水相产物中氮元素变化规律的研究[J]. 环境科学，2015，26（6）：2210~2215.
[3] 覃小刚. 污泥水热液化性能及其产物特性研究[D]. 重庆：重庆大学，2015.
[4] 陈红梅. 城市污泥与油茶饼粕亚/超临界液化行为研究[D]. 长沙：湖南大学，2015.
[5] 王艳. 市政污泥直接超临界热解液化实验与机理研究[D]. 天津：天津大学，2014.
[6] 向博斌. 城市污泥的超临界水液化反应中磷的形态、转化及回收研究[D]. 长沙：湖南大学，2014.
[7] 黄礼彬. 污水厂污泥液化残渣中重金属的残留特性研究[D]. 长沙：湖南大学，2012.
[8] 周磊，韩佳慧，张景来，等. 污泥直接液化制取生物质油试验研究[J]. 可再生能源，2012，30（3）：69~72.
[9] 张竞明. 污泥燃料化方法浅析[J]. 甘肃科技，2011，27（11）：74~75，85.
[10] 黄华军，袁兴中，曾光明，等. 污水厂污泥在亚/超临界丙酮中的液化行为[J]. 中国环境科学，2010，30（2）：197~203.
[11] 李细晓. 城市污泥在超临界流体中的液化行为研究[D]. 长沙：湖南大学，2009.
[12] 李桂菊，王子曦，赵茹玉. 直接热化学液化法污泥制油技术研究进展[J]. 天津科技大学学报，2009，24（2）：74~78.
[13] 姜勇，董铁有，丁丙新. 含油污泥热化学处理技术[J]. 安全与环境工程，2007，14（2）：60~62.
[14] 李桂菊，王昶，贾青竹. 污泥制油技术研究进展[J]. 西部皮革，2006，28（8）：32~35.
[15] 于永香，于群. 城镇污泥改性无氧碳化技术和焚烧技术的比较与分析[J]. 资源节约与环保，2016，9：56~57，62.
[16] 赵丹，张琳，郭亮，等. 水热碳化与干法碳化对剩余污泥的处理比较[J]. 环境科学与技术，2015，38（10）：78~83.
[17] 洪建军. 污泥低温碳化焚烧处理技术与应用[J]. 中国给水排水，2014，30（8）：61~63.

[18] 童超. 焦化废水剩余污泥碳化水解研究[D]. 武汉：华中科技大学，2014.
[19] 陈业钢，郭海燕，谢广明，等. 污泥碳化零排放技术应用[J]. 给水排水动态，2013，4：12~15.
[20] 高莹. 浅析低温污泥碳化技术[J]. 科技资讯，2012，9(24)：149.
[21] 毕三山. 污泥碳化工艺的特点与发展展望[J]. 人力资源管理，2010，5：263~264.
[22] 程晓波，仇翀，尹炳奎. 污泥碳化制备活性炭[J]. 化工环保，2010，30(5)：446~449.
[23] 仝坤，宋启辉，王琦，等. 稠油罐底泥碳化处理技术研究与应用[J]. 油气田环境保护，2010，20(1)：26~28，32.
[24] 于洪江，杨全凯. 污泥低温碳化技术的中试研究[J]. 中国建设信息，2009，3：55~57.
[25] 李雪松，张锋，刘愚. 污泥处理处置技术新进展及发展趋势[J]. 天津建设科技，2009，19(4)：41~43.
[26] 刘秀平. 辽河稠油田泥砂碳化处理技术[J]. 石油地质与工程，2008，22(6)：129~130.
[27] 李怡婧，徐竞成，李光明. 城市污水处理厂污泥中能源物质利用的研究进展[J]. 净水技术，2015，34(A1)：9~15.
[28] 常凤民. 城市污泥与煤混合热解特性及中试热解设备研究[D]. 北京：中国矿业大学(北京)，2013.
[29] 赵剑锋. 低成本、低能耗半干化法污泥燃料合成方法[D]. 太原：太原理工大学，2012.
[30] 赵剑锋，王增长，张弛. 低成本的污泥燃料合成方法[J]. 环境保护科学，2012，38(3)：50~53.
[31] 张文波，占茹，许晓增，等. 城市污泥处置资源化利用新技术：污泥合成为独立燃料技术[J]. 污染防治技术，2012，25(1)：26~27，31.
[32] 许禄钟，吴怡. 污泥制合成燃料技术及其工艺特点[J]. 四川环境，2012，A1：76~79.
[33] 杨彩凤. 剩余污泥的生物技术资源化利用途径研究进展[J]. 城市道桥与防洪，2011，9：90~92.
[34] 张长飞，葛仕福，赵增涛，等. 污泥合成燃料的研制及燃烧特性研究[J]. 环境科学学报，2011，31(1)：130~135.
[35] 张长飞，葛仕福，赵培涛，等. 污泥燃料化技术研究[J]. 环境工程，2010，28(A1)：377~380.
[36] 李懂学. 中小型污水厂剩余污泥合成燃料的实验研究[D]. 重庆：重庆大学，2008.
[37] 胡志军，刘宝鉴. 生物污泥的特点及资源化的研究探讨[J]. 浙江科技学院学报，2008，20(4)：279~283.
[38] 汪恂. 污泥合成燃料试验研究[J]. 国外建材科技，2002，23(4)：57~58.
[39] 于芳芳. 关于污泥生物质衍生固体燃料燃烧特性研究[J]. 环境与可持续发展，2016，41(1)：95~97.
[40] 侯海盟. 生物干化污泥衍生燃料流化床焚烧试验研究[J]. 科学技术与工程，2016，16(18)：303~307.
[41] 姬爱民，崔岩，马劲红，等. 污泥热处理[M]. 北京：冶金工业出版社，2014.
[42] 李辉，吴晓芙，蒋龙波，等. 城市污泥制备成型衍生燃料技术综述[J]. 新能源进展，2014，2(1)：1~6.
[43] 魏玉芹，周兴求，杨海英，等. 调理压榨后污泥用于制备衍生燃料及燃烧特性研究[J]. 广东化工，2014，41(9)：50~51，88.
[44] 李延吉，邹科威，赵宁，等. 源头提质的高热值垃圾衍生燃料热解产物特性[J]. 中南大学学报(自然科学版)，2014，45(6)：2078~2084.
[45] 李延吉，姜璐，邹科威，等. 基于 aspen plus 的垃圾衍生燃料热解模拟与实验[J]. 浙江大学学报(工学版)，2013，47(9)：1637~1643.
[46] 陈红梅. 污泥化学干化剂合成及污泥衍生燃料成型技术研究[D]. 太原：太原理工大学，2013.
[47] 钱振杰，李凤来，李海波，等. 污泥衍生燃料制备技术及性能研究[J]. 天津科技，2013，40(3)：34~37.
[48] 尹龙晓. 城市污泥燃料化利用实验研究[D]. 广州：华南理工大学，2013.
[49] 李春萍. 垃圾筛上物衍生燃料(RDF)黏结剂筛选[J]. 环境工程，2012，30(A2)：299~301.
[50] 林晓洪. 浆纸污泥制备固态衍生燃料之可行性[J]. 中华林学，2012，3：365~384.
[51] 葛仕福，赵培涛，李杨，等. 污泥-秸秆衍生固体燃料燃烧特性[J]. 中国电机工程学报，2012，32

(17): 110~116.
- [52] 王娟, 潘峰, 肖朝伦, 等. 市政污泥的燃料资源化利用[J]. 过程工程学报, 2011, 11(5): 800~805.
- [53] 李鸿江, 顾莹莹, 赵由才. 污泥资源化利用技术[M]. 北京: 冶金工业出版社, 2010.
- [54] 王罗春, 李雄, 赵由才. 污泥干化与焚烧技术[M]. 北京: 冶金工业出版社, 2010.
- [55] 杨国录, 陈永喜, 袁秀丽, 等. 广州市污泥处理处置技术方案及对策[J]. 武汉大学学报(工学版), 2009, 42(6): 726~730.
- [56] 苏铭华. 污泥质废弃物衍生燃料的研制开发[J]. 中国资源综合利用, 2009, 27(7): 14~15.
- [57] 王同华, 胡俊生, 夏莉, 等. 微波热解污泥及产物组成的分析[J]. 沈阳建筑大学学报(自然科学版), 2008, 24(4): 662~666.
- [58] 蒋建国, 杜雪梅, 杨进辉, 等. 城市污水厂污泥衍生燃料成型的研究[J]. 中国环境科学, 2008, 28(10): 904~907.
- [59] 朱开金, 马忠亮. 污泥处理技术及资源化利用[M]. 北京: 化学工业出版社, 2007.
- [60] 刘亮, 张翠珍. 污泥燃料热解特性及其焚烧技术[M]. 长沙: 中南大学出版社, 2006.

第8章 污泥热化学处理制吸附材料

吸附操作在化工、医药、食品、轻工、环保等领域都有广泛的应用，例如：气体或液体的脱色及深度干燥，如将乙烯气体中的水分脱至痕量，再聚合；气体或溶液的脱臭、脱色及溶剂蒸气的回收，如在喷漆工业中，常有大量的有机溶剂逸出，采用活性炭处理排放的气体，既减少环境的污染，又可回收有价值的溶剂；气体中痕量物质的吸附分离，如纯氮、纯氧的制取；分离某些精馏难以分离的物系，如烷烃、芳香烃馏分的分离；废气和废水的处理，如从高炉废气中回收一氧化碳和二氧化碳，从炼厂废水中脱除酚类等有害物质。

吸附分离成功与否在很大程度上依赖于吸附剂及其性能，因此，选择吸附剂是确定吸附操作的首要问题。吸附剂一般分为有机物和无机物两类。最具代表性的吸附剂是活性炭。活性炭是一种具有高度发达孔隙结构和极大比表面积的多孔炭材料，主要由碳元素组成，同时含有氢、氧、硫、氮等元素以及一些无机矿物质。活性炭不溶于水和其他绝大部分的溶剂。除了在高温下同氧接触，会与臭氧、氯、重铬酸盐等强氧化剂反应外，在诸多实际使用条件下极为稳定，可以在广泛的pH值范围内及多种溶剂、高温、高压下使用。发达的孔隙结构决定了活性炭具有优良的吸附能力，因而被广泛应用于气相和液相中有害物质的吸附和净化处理，如在食品工业、饮用水及污水处理、医学领域、烟气脱硫、烟道气脱硫脱硝、天然气储存、食品保鲜及军事防毒面具等方面的应用。活性炭曾在松花江事件中用于吸附水体中的甲苯。

活性炭的孔径分布从纳米级的超微孔到微米级的细孔，按照国际理论与应用化学联合会(International Union of Pure and Applied Chemistry, IUPAC)的分类，活性炭孔结构见表8-1。

表8-1 活性炭孔隙结构分类方案

孔隙类型	孔隙尺寸/mm	孔隙类型	孔隙尺寸/mm
大孔	>50	微孔	0.8~2
中孔	2~50	超细孔	<0.8

> 活性炭的吸附性能与比表面积、孔容积以及孔径分布有关，同时与吸附质的性质如分子的大小等也密切相关。以微孔为主的活性炭，主要用来处理无机或小分子污染物。对于大直径分子的吸附质，由于瓶颈效应，吸附质分子不能进入到活性炭微孔而被吸附于表面。因此，对于大直径分子的吸附质，比表面积大、微孔发达的活性炭并不经济适用。同时，应用于不同领域的活性炭对制造原料有不同的要求。例如，应用于医学或饮用水净化等领域的活性炭，采用的原料要求灰分少，对有害杂质也有严格要求；而应用于污水处理的活性炭，采用的原料对灰分、杂质不需要有特别要求。

8.1 污泥制吸附材料的原理

污水处理过程中产生的污泥含有大量的有机物，经济发达国家污水处理厂污泥中的有机物含量为60%~80%，我国污水处理厂污泥的有机物含量为50%~70%，碳水化合物含量约为25%，无机灰分约为5%，可被加工成活性炭吸附剂，应用于废水、废气处理领域。表8-2列举了国内外城市污水处理厂污泥的有机物含量。

表8-2 城市污水处理厂污泥中有机物的含量　　　　　　　　　　%

项 目	初沉污泥		剩余污泥	
	中国	美国	中国	美国
总固体	3.2~7.8	2.0~8.0	1.4~2.0	0.83~1.2
挥发性固体	49.9~51.6	60~80	67.7~74.0	59~88
脂肪	10	7~35	6.4	5~12
蛋白质	13.8	20~30	38.2	32~41
碳水化合物	26.1	8~15	23.2	—

由表8-2可以看出，污水处理过程中产生的污泥中因含有大量的有机物，具有被加工成类似活性炭吸附剂的客观条件。利用污泥通过热化处理制备低成本的活性炭吸附材料，用于废水、废气处理，既可满足污泥的减量化、无害化和资源化，又可以节省制备商品活性炭所用到的木材、煤炭等资源，具有良好的环境效益和社会效益。

8.1.1 污泥的组成

污泥是由各种细菌、真菌、原生动物等微生物及其死亡后的残留物和无机物组成的混合体。污泥中大部分物质是有机物，占50%~70%，碳水化合物含量约为25%，无机灰分约为5%，其分子式可用$C_5H_7NO_2$示意，理论含碳量为53%。污泥中的无机物组分包括各种金属盐和氧化物，如铝、硅、钙、铁等，另外还含有极少量的重金属盐类和氧化物，如铅、锌、镍等。根据污泥的含碳特征，1971年，Kemmer等意识到可将污泥作用原料，用来制备活性炭吸附材料。

污泥基活性炭吸附材料是将污泥经碳化、活化后制成。碳化是在隔绝空气条件下对原料加热，其作用为：①将原料分解析出 H_2O、CO、CO_2 及 H_2 等挥发性气体；②使原材料分解成微晶体组成的碎片，并重新集合成稳定的结构。活化是将碳化物变成所需要的多孔结构物。活化过程是活性炭吸附材料制备的关键，重点在于：①如何形成孔隙结构；②在碳化过程中，生成的焦油状物质及非晶质炭可能造成孔隙堵塞、封闭，如何通过活化物质的活化反应将它们去除。碳化物经活化后制得比表面积高的污泥基活性炭。

将污泥放入烘箱中，直至烘干为止。然后将烘干的污泥放入陶瓷罐中，加入陶瓷转子，放到球磨机上研磨 3~4h，取出研碎的干泥，用筛子将 1~2mm 粒径的干泥筛出。然后将一定量的干污泥与活化剂按一定比例混合，在 85℃（水浴）下加热 1h（浸渍、搅拌），室温下停留 12h，过滤，接着在氮气（550~850℃）中热解、炭化 1.5~2.0h，电阻炉的升温速率为 15~20℃/min，热解产物用蒸馏水、盐酸漂洗后进行低温干燥。注意，活化污泥热解加热 5~7min 后，温度达到 200℃ 左右，有少量青烟溢出；在 12~15min 后温度达到 220℃ 左右，有大量黄色浓烟溢出，这是由于此时有机污泥开始第一次热分解，产生了生物衍生油或焦油之故，该过程持续 15min 左右；20~30min 以后温度达到 500℃ 以上，开始正常热解、炭化，此时浓烟减少，并逐步转化为少量青烟溢出。热解完成后，在氮气环境下自然冷却 7h，控制整个过程无氧气或空气进入电阻炉内。热解过程中产生的气体通过蒸馏水或碱液吸收后，无恶臭气味，对周围环境不产生污染。

一般来说，活化剂的浓度越大，热解时间越短，温度越高，污泥基活性炭的吸附效果越好。实验表明：用 3mol/L 的氯化锌溶液浸泡，在 850℃ 条件下恒温热解 1h 的污泥基活性炭的吸附效果最好。

8.1.2 污泥制活性炭的机理

已报道的污泥制备活性炭的方法有热解法、物理活化法、化学活化法、化学物理活化法，以及在解析吸附试验基础上，采用 X 射线衍射与热重分析相结合等方法。目前人们对各种方法的机理有了初步了解，但更深入的机理仍在探索之中。

8.1.2.1 热解法机理

热解法是在惰性气体的保护下，对原料直接加热制备活性炭吸附材料。常用的保护气体为 N_2。

热解法制备污泥基活性炭的原理如下：污泥中的大部分物质由微生物及其死亡后的残留物组成。微生物细胞壁的基本组成为肽聚糖，细胞壁外附有薄薄一层微生物所分泌的多聚糖。多聚糖的键能量比肽聚糖的肽键能量低，因此，多聚糖的气化温度较低。在热解的初始阶段，水和一些低相对分子质量的物质首先气化，形成部分孔隙。300℃ 以上时，蛋白质气化，主要的结构键——肽键开始发生反应，伴随缩聚、基团游离等系列反应，大量氮元素以小分子胺或氨的形式向气相转移，导致大量孔隙形成。390℃ 以上时，随着多聚糖的气化，中孔和大孔加速形成。550~650℃ 时，原料（含细胞壁）部分熔化，形成大孔。伴随着熔化原料的进一步软化，气体以气泡的形式逸出，可能形成很大的孔隙。

8.1.2.2 物理活化法机理

物理活化法通常采用合适的氧化性气体，如水蒸气、二氧化碳、氧气或空气等，逐步燃烧掉原料中的一部分碳，在内部形成新孔并扩大原有的孔，从而形成发达的孔隙结构。由于污泥中的无机组分为非多孔物质，采用物理活化法燃烧掉部分碳后，所形成的活性炭吸附材料通常具有相对较低的比表面积。

（1）水蒸气活化

水蒸气活化反应的过程可分为四步：第一步，气相中的水蒸气向原料表面扩散；第二步，活化剂由颗粒表面通过孔隙向内部扩散；第三步，水蒸气与原料发生反应，并生成气体；第四步，反应生成的气体由内部向颗粒表面扩散。水蒸气与碳的基本反应为吸热反应，反应在750℃以上进行。反应式可表示如下：

$$C+H_2O \Longleftrightarrow H_2+CO\uparrow -123.09kJ \tag{8-1}$$

$$C+2H_2O \Longleftrightarrow 2H_2+CO_2\uparrow -79.55kJ \tag{8-2}$$

炭与水蒸气反应的主要影响因素为氢气，不受一氧化碳的影响。一般认为，炭表面吸附水蒸气后，吸附的水蒸气分解放出氢气，吸附的氧以一氧化碳的形态从炭表面脱离。吸附的氢堵塞活性点，抑制反应的进行，生成的一氧化碳与炭表面上的氧发生反应而变成二氧化碳，炭的表面与水蒸气又进一步发生反应。反应式如下所示：

$$C+H_2O \Longleftrightarrow C+(H_2O) \tag{8-3}$$

$$C+(H_2O) \longrightarrow H_2+C(O) \tag{8-4}$$

$$C(O) \longrightarrow CO \tag{8-5}$$

$$C+H_2 \Longleftrightarrow C+(H_2) \tag{8-6}$$

$$CO+C(O) \longrightarrow 2C+O_2 \tag{8-7}$$

$$CO+(H_2O) \longrightarrow CO_2+H_2+40.19kJ \tag{8-8}$$

炭材料中的金属或金属氧化物对碳与水蒸气的反应有催化作用，可以促进气化反应的进行。当活化温度在900℃以上时，受水蒸气在碳化物颗粒内扩散速率的影响，活化反应速率很快，水蒸气侵蚀到孔隙入口附近即被消耗完毕，难以扩散到孔隙内部，不能均匀地进行活化。相反，活化温度越低，活化反应速率越小，水蒸气越能充分地扩散到孔隙中，可以对整个炭颗粒进行均化活化。

（2）二氧化碳活化

相比水蒸气活化，工业上较少采用二氧化碳作为活化剂，原因有两点：①二氧化碳分子较大，在孔隙中的扩散速率较慢；②二氧化碳与碳的吸热反应反应热较高，使用二氧化碳作为活化剂需要较高的温度。上述因素导致碳与二氧化碳的活化反应速率比碳与水蒸气的活化反应速率缓慢，需要850~1100℃的高温。同时，在碳与二氧化碳的反应中，反应不仅受一氧化碳的影响，还受混合物中氢气的影响。

对于二氧化碳的活化机理，关于二氧化碳如何与碳反应生成一氧化碳的部分，目前存在两种观点。

第一种观点认为，二氧化碳与碳的反应不可逆，生成的一氧化碳吸附在炭的活性点上，当活性点完全被一氧化碳占据时，便会阻碍反应的进行。

$$C+CO_2 \longrightarrow C(O) \Longleftrightarrow CO\uparrow \tag{8-9}$$

$$C(O) \longrightarrow CO\uparrow \tag{8-10}$$

$$CO+C \Longleftrightarrow C(CO) \tag{8-11}$$

第二种观点认为，二氧化碳与碳的反应可逆，一氧化碳的浓度增加，当可逆反应达到平衡状态时，反应便不能继续进行。

$$C + CO_2 \rightleftharpoons C(CO) + CO \uparrow \qquad (8-12)$$
$$C(O) \longrightarrow CO \uparrow \qquad (8-13)$$

物理活化法生产工艺简单，不存在设备腐蚀和环境污染等问题，制得的活性炭可不用清洗直接使用，但制备的活性炭通常具有较低的比表面积。如何加快反应速率、缩短反应时间、降低反应能耗，是物理活化法需要解决的问题。

8.1.2.3 化学活化法机理

化学活化是指选择合适的化学活化剂加入到原料中，在惰性气体的保护下加热，同时进行碳化、活化的方法。按照活化剂种类，化学活化法可分为 KOH 法、$ZnCl_2$ 法、H_2SO_4 法和 H_3PO_4 法等。

(1) KOH 活化法

制备高比表面积的活性炭大多以 KOH 为活化剂。通过 KOH 与原料中的碳反应，刻蚀其中部分碳，洗涤去掉生成的盐及剩余的 KOH，在刻蚀部位出现孔。

关于 KOH 的活化机理，目前有多种观点。

① 在惰性气体中热 KOH 与含碳材料接触时，反应分两步进行：首先在低温时生成表面物种（—OK，—OOK），然后在高温时通过这些物种进行活化反应。

低温时
$$4KOH + —CH_2— \longrightarrow K_2CO_3 + K_2O + 3H_2 \uparrow \qquad (8-14)$$

高温时
$$K_2CO_3 + 2—C— \longrightarrow 2K + 3CO \uparrow \qquad (8-15)$$
$$K_2O + —C— \longrightarrow 2K + CO \uparrow \qquad (8-16)$$

在活化过程中，一方面，通过生成 K_2CO_3 消耗碳使孔隙发展；另一方面，当活化温度超过金属钾的沸点（762℃）时，钾蒸气扩散进入不同的碳层，形成新的多层结构。气态金属钾在微晶的层片间穿行，使其发生扭曲或变形，创造出新的微孔。

② 两段活化反应机理，即中温径向活化和高温横向活化。K_2O、—O—K^+、—CO_2—K^+ 是以径向活化为主的中温活化段的活化剂及活性组分，而处于熔融状的 K^+O^-、K^+ 则是以横向活化为主的高温活化段的催化活性组分。

在 300℃ 以下的低温区，活化属于原料表面含氧基团与碱性活化剂的相互作用，生成表面物种—COK，—COOK。与此同时，更大量的反应为活化剂本身羧基脱水形成活化中心。在此基础上，继续升高温度进入中温活化阶段，主要发生活化中间体与反应物料表面的含碳物种作用，引发纵向生孔过程，形成大量微孔。进一步升高温度，进入后段活化的高温区，发生微孔内的金属钾离子活化反应，导致大孔的生成。

③ 日本有研究者认为，把一定量的炭材料与 KOH 混合，首先在 300~500℃ 的温度条件下进行脱水，然后在 600~800℃ 范围内活化，活化的混合物经冷却、洗涤后得到活性炭。该过程的主要反应为

$$2KOH \longrightarrow K_2O + H_2O \qquad (8-17)$$
$$C + H_2O \longrightarrow H_2 + CO \qquad (8-18)$$
$$CO + H_2O \longrightarrow H_2 + CO_2 \qquad (8-19)$$
$$K_2O + CO_2 \longrightarrow K_2CO_3 \qquad (8-20)$$
$$K_2O + H_2 \longrightarrow 2K + H_2O \qquad (8-21)$$
$$K_2O + C \longrightarrow 2K + CO \qquad (8-22)$$

反应过程显示，500℃以下发生脱水反应，在 K_2O 存在的条件下，发生水煤气反应[式(8-18)]和水煤气转换反应[式(8-19)]，K_2O 为催化剂。产生的 CO_2 和 K_2O 反应，几乎完全转变成碳酸盐，产生的气体主要为 H_2，仅有极少量的 CO、CO_2、CH_4 及焦油状物质。在 800℃左右，K_2O 被氢气或碳还原，以金属钾的形式析出，金属钾的蒸气不断进入碳层进行活化。活化过程中消耗的碳主要生成 K_2CO_3，洗涤后 K_2CO_3 完全溶解于水中，因此，活化后的产物具有很大的比表面积。

(2) $ZnCl_2$ 活化法

$ZnCl_2$ 活化法生产活性炭历史悠久，虽然国内外研究者已使用 $ZnCl_2$ 活化法制备出优质活性炭，但其活化机理仍在不断探索之中。一般认为，$ZnCl_2$ 是一种脱氢剂，在一定温度下使原料中易挥发物气化脱氢；脱氢作用限制了焦油的生成，导致原料中有机物芳烃化；在 450~600℃时 $ZnCl_2$ 气化，$ZnCl_2$ 分子浸渍到碳的内部骨架，碳的高聚物碳化后沉积到骨架上；用酸和热水洗涤去除 $ZnCl_2$，炭成为具有巨大比表面积的多孔结构活性炭。

(3) H_2SO_4 活化法

$ZnCl_2$ 活化过程中易挥发出氯化氢和氯化锌气体，造成严重的环境污染，并影响操作人员的身体健康，同时，氯化锌回收困难，回收率低，造成原材料与能耗增加，导致产品成本升高。由于对环境的影响较小，H_2SO_4 活化法正逐渐引起人们的注意。

活化剂 H_2SO_4 起降低活化温度和抑制焦油产生的作用。用 H_2SO_4 活化时，处于微晶边缘的某些分子含有不饱和键，该键与 H_2SO_4 中的 H、O 结合，形成各种含氧官能团，即表面非离子酸和表面质子酸，使制备的活性炭既能吸附极性物质，又可吸附非极性物质。

(4) H_3PO_4 活化法

因 H_3PO_4 活化后处理容易、活化温度较低，所以 H_3PO_4 活化法被广泛应用于活性炭制造工业。但采用污泥制备活性炭时，H_3PO_4 的活化效率较低。表 8-3 列出了各种化学活化法制备的污泥基活性炭的比表面积。由表 8-3 可见，采用 H_3PO_4 活化法制备的污泥基活性炭的最大 BET 比表面积为 $289m^2/g$。

表 8-3 典型化学活化法制备污泥基活性炭比较

活化剂	活化剂/污泥比例	活化温度/℃	活化时间/min	BET 比表面积/(m^2/g)
$ZnCl_2$	1∶0.3(质量比)	600	60	397
$ZnCl_2$	25mL5mol/L $ZnCl_2$/10g 污泥	500	2	647
$ZnCl_2$	500mL0.5~7mol/L $ZnCl_2$/200g 污泥	550	600	585
$ZnCl_2$	1∶1(质量比)	500	60	1080
$ZnCl_2$	浸泡在 3mol/L $ZnCl_2$ 中	650	120	247
$ZnCl_2$	2.5∶1(质量比)	800	120	1249
$ZnCl_2$	3∶1(质量比)	650	120	996
$ZnCl_2$	3.5∶1(质量比)	650	120	1092
$ZnCl_2$	浸泡在 5mol/L $ZnCl_2$ 中	800	120	309
$ZnCl_2$	1∶1(质量比)	650	5	472
$ZnCl_2$	3.5∶1(质量比)	800	120	1059

续表

活化剂	活化剂/污泥比例	活化温度/℃	活化时间/min	BET 比表面积/(m^2/g)
$ZnCl_2$	25mL 5mol/L $ZnCl_2$/10g 污泥	650	120	542
$ZnCl_2$	25mL 5mol/L $ZnCl_2$/10g 污泥	500	120	868
$ZnCl_2$+H_2SO_4	2:1(质量比)	550	120	145
H_2SO_4	46:75(质量比)	300	30	205
H_2SO_4	250mL 3mol/L H_2SO_4/100g 污泥	650	60	408
H_3PO_4	2mL 50% H_3PO_4/1g 污泥	450	240	17
H_3PO_4	250mL 3mol/L H_3PO_4/100g 污泥	650	60	289
KOH	1:1(质量比)	700	90	900
KOH	1:1(质量比)	700	60	1058
KOH	1:1(质量比)	700	60	1686
KOH	3:1(质量比)	700	60	1301
KOH	1:1(质量比)	850	60	658
K_2S	1:1(质量比)	700	60	1160
NaOH	3:1(质量比)	700	60	1224

利用核磁共振波谱、傅立叶变换红外光谱(FIRT)对 H_3PO_4 活化过程进行分析发现，H_3PO_4 的加入降低了碳化温度，150℃时开始形成微孔，200~450℃时主要形成中孔；H_3PO_4 作为催化剂催化大分子键的断裂，通过缩聚和环化反应参与键的交联；可以通过改变热处理温度或改变酸与原料的比例来改变活性炭的孔隙分布，但高温条件下形成的主要是中孔。

在化学活化法中，除 KOH、$ZnCl_2$、H_2SO_4、H_3PO_4 作为活化剂外，NaOH、$NH_3 \cdot H_2O$、K_2CO_3、K_2S 也被用作活化剂。$NH_3 \cdot H_2O$ 活化法可在制备活性炭的同时在其表面引入含氮官能团，所得产品的脱硫作用明显增强。在 K_2CO_3 活化过程中，既有 CO_2 和水蒸气的物理活化作用，又有 K_2O 的化学催化活化功能。NaOH 活化机理与 KOH 基本一致。尽管 NaOH 比 KOH 价格低廉，且活化机理基本一致，但由于 KOH 在活化过程中生成的金属钾与碳的反应活性高，而且金属钾的蒸气容易在活化炭微粒中扩散，对活化过程起到促进作用，使得 NaOH 的活化效果不如 KOH。

8.1.2.4 化学物理活化法机理

化学物理活化法是在物理活化前对原料进行化学浸渍改性处理，可提高原料活性，并在炭材料内部形成传输管道，有利于气体活化剂进入孔隙内进行刻蚀。化学物理活化法可通过控制浸渍比和浸渍时间制得孔径分布合理的活性炭材料，所制得的活性炭既有较高的比表面积，又含有大量中孔，可显著提高活性炭对液相中大分子物质的吸附能力。此外，利用该方法可在活性炭材料表面添加特殊官能团，利用官能团的特殊化学性质，使活性炭吸附材料具有化学吸附作用，提高对特定污染物的吸附能力。

综上所述，无论采用哪一种活化方法，污泥基活性炭多孔性结构的产生主要通过以下原理：

(1) 母体的部分性去除。通过选择性的溶解或蒸发，去除具有复合结构的母体的部分成分，产生活性固体。对于污泥，被去除的是水分和部分有机物。该反应在污泥内部沿孔道发生，随着反应进行，孔道直径逐渐增大，长度也随之增加。

(2) 伴随着气体产生的固体热分解。该过程非常复杂，可示意为

$$\text{固体 A} \longrightarrow \text{固体 B} + \text{气体}$$

在形成固体 B 时，从固体 A 形成数个微细的结晶体 B，比表面积相应增加。生成物的密度比母体密度大，发生收缩并使固体 B 的微晶体边缘变得容易形成裂缝。同时，气体析出的过程会使孔结构增加。活化剂的添加可以促进污泥中的 H 和 O 结合，形成水蒸气。

(3) 活化剂的去除。添加的活化剂存在于污泥中，经碳化活化后，大部分活化剂仍残留于产品内部，通过清洗去除，活化剂所占据的空间余出变成孔隙，使得产品孔隙结构更为发达。

8.2 污泥吸附剂的研究进展

目前，采用污泥制备吸附材料的途径主要有以下三种：

(1) 单一污泥为原料制备吸附材料

$ZnCl_2$、H_2SO_4、KOH、Na_2CO_3、H_3PO_4 等是污泥制备吸附剂时常用的活化剂。

(2) 污泥添加生物质废弃物制备吸附剂

由于污泥中的含碳量偏低，因此在制备过程中有研究人员向污泥中添加生物质废弃物以提高材料的含碳量，其中秸秆类材料选用较多。

(3) 污泥添加矿物材料制备吸附剂

矿物材料中含有多种无机物成分，研究显示一些金属及其化合物对碳的气化有催化作用，能调控吸附剂的孔结构，从而极大改善污泥基吸附剂的性能。

8.2.1 单一污泥为原料制备吸附材料

$ZnCl_2$、H_2SO_4、KOH、Na_2CO_3、H_3PO_4 等是污泥制备吸附剂时常用的活化剂。余兰兰等探讨了不同活化剂对污泥吸附性能的影响，研究认为将 $ZnCl_2$ 与 H_2SO_4 复合后对污泥活化的效果最好，其碘吸附值为 596.58mg/g，收率为 51.8%，当吸附剂的投加量为 0.5% 时，城市污水的 COD 去除率为 79.09%，吸附容量为 47.84mg/g。张伟等以市政剩余污泥为原料，以硫酸作为活化剂制备吸附剂，并将其应到到含亚甲基蓝废水处理中。该研究表明，当吸附剂的投加量为 2.0g/L、pH 值为 7.5 时，吸附剂对亚甲基蓝的最大吸附量为 38.4794mg/g。苏欣等直接将含水率大于 80% 的脱水污泥与 $ZnCl_2$ 粉末混合浸渍，使污泥浸渍活化更充分，制备的碳质吸附剂比表面积高于干污泥活化，且节省了前期污泥干燥等预处理过程。卫新来等以脱水污泥为原料，以 KOH 为活化剂，当 KOH 溶液质量浓度为 40%、KOH 与污泥的质量比为 3∶1、活化温度 500℃、活化时间 60min 时，制备的吸附剂碘吸附值达到 631mg/g，对电镀废水中主要重金属的去除率平均可达到 73.46%，吸附去除效果良好。Anderson 等研究指出在 pH 值较低或超过 150℃ 的加热条件下，污泥的物理结构会发生不可逆转的变化，增强污泥的脱水性，预处理后的污泥展现出更好的渗透性和更高的硬度。崔龙哲等

将污泥经过硝酸溶液浸泡、振荡并离心分离、用去离子水洗涤等程序，制备成碳质吸附剂。在 pH 值为 2.0 的条件下，吸附剂对水溶液中活性红 4 的最大吸附量为 $(25.8±0.4)$ mg/g；在 pH 值为 7.0 的条件下，吸附剂对亚甲基蓝的最大吸附量为 $(161.2±10.0)$ mg/g。盛蒂等采用微波活化与化学活化结合的方式处理剩余污泥，在活化剂 KOH 溶液浓度为 0.5mol/L、固液比为 1∶1.5、浸泡 24h、微波炉活化 420s 时，制备的吸附剂碘吸附值达到 537.63mg/g。

8.2.2 污泥添加生物质废弃物制备吸附剂

由于污泥中的含碳量偏低，因此在制备过程中有研究人员向污泥中添加生物质废弃物以提高材料的含碳量，其中秸秆类材料选用较多。陈友岚等将活性污泥和玉米秸秆混合制备吸附剂，用于吸附垃圾渗滤液中有机物。研究得出当混合原料中秸秆质量分数占 45% 时制备的吸附剂，在 pH 值为 4.0 的条件下对渗滤液中 COD 去除效果最好。金玉等将秸秆和污泥制备的吸附剂用于重金属废水的吸附处理，得到了较好的去除效果。他们也提到了实验所用的活化剂并没有进行回收利用，可能会造成二次污染的问题。以壳类物质作为制备污泥吸附剂的添加剂也有较多的研究成果，如卢雪丽等以污泥与谷壳为原料制备了污泥-谷壳吸附剂 (SCA)，谷壳的添加增加了污泥的含碳量，有利于吸附剂性能的提高。在吸附温度为 25℃、吸附时间为 400min 的条件下，酸性大红的吸附量为 125mg/g，碱性嫩黄的吸附量可达 170mg/g。J. H. Tay 以消化污泥与废弃椰子壳等有机材质联合制备了污泥活性炭，认为低成本的污泥活性炭具备污染治理应用的前景。此外还有学者将植物纤维内芯作增碳剂，如游洋洋等在污水处理厂生物污泥和 Fenton 氧化法产生的含铁化学污泥中添加玉米芯作为增碳剂，以 $ZnCl_2$ 为活化剂，实现炭质载体制备与金属氧化物负载过程的结合，制备出含铁氧化物的污泥活性炭。在该试验中，污泥基活性炭被应用于催化臭氧氧化降解水中罗丹明 B；将臭氧的强氧化性与催化剂的吸附、催化特性结合起来，随着臭氧通量的增加以及溶液 pH 值的增大，罗丹明 B 的去除率可达 80% 以上。

8.2.3 污泥添加矿物材料制备吸附剂

矿物材料中含有多种无机物成分，研究显示一些金属及其化合物对碳的气化有催化作用，能调控吸附剂的孔结构，从而极大改善污泥基吸附剂的性能。羊依金等将软锰矿添加到污泥中，采用 $ZnCl_2$ 活化制备污泥炭，研究发现添加软锰矿后的污泥炭表面出现更多的孔，从而导致软锰矿-污泥炭比表面积增大，孔容增加。分析认为软锰矿中的 $\beta-MnO_2$ 以及 $\alpha-Fe_2O_3$ 是一种良好的化学反应催化剂，能够催化分解污泥中难分解的有机质，从而使样品的活化炭化更加彻底；钛铁矿中含有多种金属化合物如二氧化钛、氧化铁和氧化锰等。污泥在活化过程中能通过自身挥发产生孔道，也能对碳的气化起催化作用，使污泥中难分解和转化的有机物充分转化，从而促使更多的孔生成，增加了复合吸附剂的比表面积。孙瑾等在剩余污泥中添加少量钛铁矿制取钛铁矿-污泥复合吸附剂，在吸附时间为 100min 的条件下，吸附剂对酸性大红的吸附平衡容量为 24.93mg/g，吸附率可达 99.71%。研究发现材料中如果含有 SiO_2，在原料被炭化的同时能够给新生的炭提供骨架，随着温度的升高，材料形成孔隙发达的微晶结构。陈红燕等将城市污泥与膨润土按一定比例混合后用适量的水混合均匀，陈化 12h，用挤出造粒机制成柱状颗粒,在空气中自然干燥,然后经马弗炉焙烧制成颗粒状吸附剂。其中污泥与膨润土质量比为6:4、550℃焙烧2h的条件下制成的吸附剂对铅离子的去除率达90%以上。此外,杨潇瀛在活性污泥中加入粉煤灰,污泥与粉煤灰配比为9:1,在300℃时制得的污泥基吸附剂对亚甲基蓝印染废水的最大吸附量为37.49mg/g。

大量的实验研究显示利用剩余污泥制备吸附材料都有较好的吸附效果,但是制备过程繁琐,历经脱水、烘干、研磨、活化剂浸泡、热解活化、酸洗、漂洗、烘干和研磨等多道工序;对制备过程中的副产品没有进行深入的分析探讨,活化剂、酸等试剂使用后没有进行妥善处理。虽然在污泥中添加生物质材料能提高污泥的含碳量,但在制备过程中仍采用大量的化学活化剂,使用后易造成环境的二次污染。草木灰为草本木本植物燃烧的灰烬,经测定草灰灰中含有植物体内所含有的大部分矿物质元素,其中的氧化钾吸水后会形成KOH,而KOH可以充当污泥制备吸附材料的活化剂。因此利用生物质废弃物代替活化剂对避免环境污染能起到积极的作用。随着污泥活化技术的创新优化,制备方法日益精简成熟,制备成本的降低,污泥制备吸附剂会大规模应用于生产实际,形成工业规模。

8.3 污泥基活性炭的制备方法

污泥基活性炭的制备工艺主要包括预处理、热解、活化以及后处理单元,如图8-1所示。污泥预处理为干燥单元,目的是降低污泥的含水率;热解碳化是为了产生焦炭;活化是为了提高焦炭的吸附能力;后处理为酸洗与水洗,可去除其中的无机物成分。在制备工艺中,最主要的步骤为热解与活化。

8.3.1 $ZnCl_2$活化法制备污泥基活性炭

$ZnCl_2$活化法是目前采用最广泛的制备污泥基活性炭的方法。采用$ZnCl_2$作为活化剂制备的污泥基活性炭的微孔、中孔均较发达。将污泥干燥、粉碎后,采用$ZnCl_2$浸渍,然后进行活化制备活性炭。制备的污泥基活性炭性能如下:

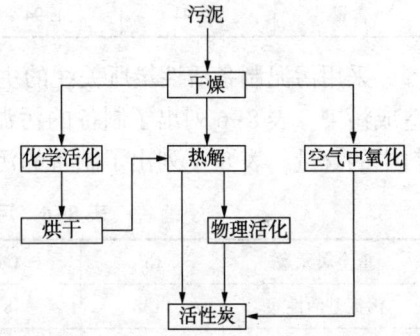

图8-1 污泥基活性炭制备工艺流程

(1) 比表面积和孔径分布

BET比表面积为647.4m²/g,微孔比表面积为207.6m²/g,占BET比表面积的32%;总孔容积为0.548cm³/g,微孔容积为0.11cm³/g;平均孔径为3.38nm,见表8-4。

表8-4 采用$ZnCl_2$活化法制备的污泥基活性炭的比表面积和孔隙数据

BET比表面积/(m²/g)	微孔比表面积/(m²/g)	总孔容积/(cm³/g)	微孔容积/(cm³/g)	平均孔径/nm
647.4	207.6	0.548	0.110	3.38

如图8-2和图8-3所示为制备的污泥基活性炭的中孔和微孔孔径分布。由图8-2和图8-3可见,采用$ZnCl_2$法制备的污泥基活性炭的中孔孔径分布在3.6nm左右较窄的范围内,而微孔分布在0.55nm左右。

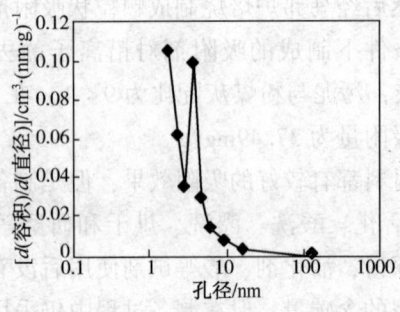

图 8-2 污泥基活性炭 BJH 中孔孔径分布

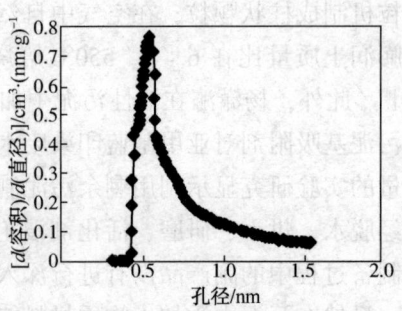

图 8-3 污泥基活性炭 HK 微孔孔径分布

(2) 化学组成

制备的污泥基活性炭中碳、氢、氮、硅和灰分含量见表 8-5。与典型商业活性炭相比（88% C、0.5% H、0.5% N 和 3%~4% 灰分），污泥基活性炭的含碳量低，而氢和氮元素的含量较高。另外，商业活性炭一般不含硅元素，但污泥基活性炭中含有 7.91% 的硅。化学组成的差异将导致吸附性能的不同。污泥基活性炭所含有的硅元素可以降低表面极性，增加对非极性吸附质的亲和力。

表 8-5 采用 $ZnCl_2$ 活化法制备的污泥基活性炭的碳、氢、氮、硅和灰分含量　　　　%

元素	C	H	N	Si	灰分
含量	38.94	1.94	4.39	7.91	37.39

采用污泥制备活性炭所关注的主要问题是污泥基活性炭使用时可能有重金属离子渗出，造成污染。表 8-6 列出了制备的污泥基活性炭中特定重金属的含量，以及这些重金属在原料中的含量。表 8-7 列出了制备的污泥基活性炭浸出液中重金属的含量。

表 8-6 污泥基活性炭和原料中重金属含量　　　　μg/g

重金属元素	Cr	Cd	Cu	Zn	Pb	Ni
污泥基活性炭	1138	8	4380	29450	876	954
原料	286	7	1260	2004	352	582

表 8-7 污泥基活性炭浸出液中重金属含量

重金属元素	Cr	Cd	Cu	Zn	Pb	Ni
浸出量/(μg/g)	1.06	0.36	7.50	19333	1.50	73.27
浸出百分比/%	0.09	4.50	0.17	65.65	0.17	7.68

由于污泥基活性炭制备过程中挥发性物质的逸出，原料中所含重金属在活性炭产品中富集。其中，锌含量增加 10% 以上，如果清洗过程不够彻底，将难以有效去除活化剂 $ZnCl_2$。

由表 8-6 和表 8-7 可以看出，除锌和镍外，只有少量重金属由污泥基活性炭渗出。原因可能有两种：一是金属离子与活性炭结构形成稳定化学键；二是污泥基活性炭对重金属有很强的吸附。除锌外，重金属离子的渗出量均在绝大部分采用活性炭处理的工业出水的可接受范围内。事实上，除锌和镍外，污泥基活性炭浸出液的重金属离子含量低于世界卫生组织（WHO）规定的饮用水标准。为了有效去除剩余的 $ZnCl_2$，可开发更有效的清洗过程，例如不使用盐酸而采用其他的化学清洗剂。

(3) 表面化学结构

用来制备污泥基活性炭的污泥为酸性。污泥基活性炭的酸性来源于活性炭表面的酸性官能团，如羰基、内酯、羧基、羟基。表 8-8 列出了制备的污泥基活性炭含氧表面官能团的含量。与商业活性炭相比，污泥基活性炭中酸性官能团的含量高得多，其中羧基的含量尤其高，易于形成电子受体-给体配合物，有利于芳香族化合物的吸附。

表 8-8　污泥基活性炭含氧表面官能团的含量　　　　　　　　　　　　meq/g

官能团	羧基	内酯	酚式羟基	羰基	总的酸性官能团
含量	1.713	0.292	1.124	2.052	5.181

傅立叶转换红外光谱分析显示，污泥基活性炭表面存在 Si—O—C 和 Si—O—Si 键。

(4) 表面物理结构

电子显微镜观察表明，$ZnCl_2$ 或其他盐类颗粒存在于污泥基活性炭的孔道中，可能堵塞孔道入口。因此，有效的清洗有助于提高污泥基活性炭的吸附容量。

(5) 吸附能力

制备的污泥基活性炭对水溶液中苯酚的吸附能力为商业活性炭吸附能力的 1/4，对 CCl_4 的吸附能力与商业活性炭差不多。这是因为：污泥基活性炭相对较低的比表面积和含碳量，使其对分子较小、具有极性的苯酚吸附能力较弱。而如前所述，硅元素的存在降低了污泥基活性炭的极性，使其对非极性的 CCl_4 具有较强的吸附能力。

8.3.2　H_2SO_4 活化法制备污泥基活性炭

相对于 $ZnCl_2$ 活化法，H_2SO_4 活化法的效率略低，但 H_2SO_4 活化法对环境的影响较小，因此，H_2SO_4 活化法也吸引了人们的注意。采用市政污水处理厂厌氧稳定处理后的干污泥为原料，以 H_2SO_4 为活化剂制备的污泥基活性炭的性能如下：

(1) 比表面积和孔径分布

采用 H_2SO_4 活化法制备的污泥基活性炭的比表面积和孔容积见表 8-9。

表 8-9　采用 H_2SO_4 活化法制备的污泥基活性炭的比表面积和孔容积

BET 比表面积/(m^2/g)	微孔容积/(cm^3/g)	中孔容积/(cm^3/g)
216	0.09	0.08

(2) 化学组成

表 8-10 显示了 H_2SO_4 活化法制备的污泥基活性炭的元素组成。

表 8-10　采用 H_2SO_4 活化法制备的污泥基活性炭的元素组成　　　　　　　%

元素	C	O	N	S	Zn	Fe	Al	Ca
含量	48.4	39.0	4.9	6.4	—	1.4	—	—

由表 8-10 可以看出，采用 H_2SO_4 活化法制备的污泥基活性炭，金属元素仅测出 Fe，重金属元素均未检测出。原因可能在于 H_2SO_4 与原料中的金属氧化物发生反应，生成可溶性金属盐类，洗涤后除去；或者原料中重金属含量低。

(3) 表面化学结构

红外分析和表面滴定试验显示，采用 H_2SO_4 活化法制备的污泥基活性炭含中等数量的羧基和羟基官能团，表面为酸性，具有一定的离子交换容量。采用 H_2SO_4 活化法制备的污泥基活性炭表面酸性官能团的含量为碱性官能团含量的 2 倍以上。增加浸渍时 H_2SO_4 与污泥的质量比可提高表面酸性官能团的数量。由于高温分解，酸性官能团和碱性官能团的数量随活化温度与时间的增加而减少。

(4) 吸附能力

表 8-11 列出了商品活性炭与采用 H_2SO_4 活化法制备的污泥基活性炭的碘吸附值、亚甲基蓝吸附值。由表 8-11 可见，采用 H_2SO_4 活化法制备的污泥基活性炭的吸附能力低于商品活性炭。

表 8-11 商品活性炭和采用 H_2SO_4 活化法制备的污泥基活性炭的吸附能力

项 目	碘吸附值/(mg/g)	亚甲基蓝吸附值/(mg/g)
商品活性炭	812	130
污泥基活性炭	535.7	22

8.3.3 KOH 活化法制备污泥基活性炭

KOH 是效率最高的活化剂。以市政污水处理厂污泥为原料，采用 KOH 为活化剂制备的污泥基活性炭的比表面积高达 $1301m^2/g$，可用来吸附 H_2S 气体，其性能如下：

(1) 比表面积和孔径分布

采用 KOH 活化法制备的污泥基活性炭的 BET 比表面积和孔容积见表 8-12。

表 8-12 采用 KOH 活化法制备的污泥基活性炭的比表面积和孔容积

BET 比表面积/(m^2/g)	孔容积/(cm^3/g)	pH 值
1301	0.99	3.2

采用 KOH 活化法制备的污泥基活性炭的比表面积和孔容积远高于其他方法制备的污泥基活性炭。后处理采用 HCl 洗涤，表面 pH 值呈酸性。

(2) 化学组成

表 8-13 所示为采用 KOH 活化法制备的污泥基活性炭的元素组成。在污泥基活性炭中，Si 元素的含量高达 119mg/g。

表 8-13 采用 KOH 活化法制备的污泥基活性炭的元素组成

元素	C/%	H/%	O/%	N/%	S/%	Si/(mg/g)	Fe/(mg/g)	Al/(mg/g)	Ca/(mg/g)
含量	30.8	1.6	16.8	4.9	6.4	119	11.4	13.8	2.7

(3) 吸附能力

采用 KOH 活化法制备的污泥基活性炭对 H_2S 的吸附能力可达 456mg/g。

8.3.4 微波-H_3PO_4 活化法制备污泥基活性炭

将污泥烘干、研磨，采用 H_3PO_4 浸渍、微波辐照，所制备的污泥基活性炭性能如下：

(1) 比表面积和孔径分布

采用微波-H_3PO_4活化法制备的污泥基活性炭的比表面积和孔隙容积见表8-14。由表可见，中孔所占比例较高。

表8-14 采用微波-H_3PO_4活化法制备的污泥基活性炭的比表面积和孔隙数据

项 目	BET比表面积/(m^2/g)	总孔容积/(cm^3/g)	微孔容积/(cm^3/g)	中孔容积/(cm^3/g)	平均孔径/nm
混合污泥	192	0.30	0.07	0.20	6.25
剩余污泥	168	0.37	0.02	0.31	8.8
商品活性炭	650	0.38	0.21	0.07	2.2

(2) 化学组成

表8-15列出了采用微波-H_3PO_4活化法制备的污泥基活性炭浸出液中重金属的含量。由表可见，仅有少量重金属由污泥基活性炭渗出。重金属离子的渗出量均在绝大部分采用活性炭处理的工业出水可接受的范围内。

表8-15 采用微波-H_3PO_4活化法制备的污泥基活性炭浸出液中重金属含量　　μg/g

项 目	Hg	Pb	Cu	Zn	Cd	Cr	Ni
混合污泥	—	—	0.62	30	—	—	8.2
剩余污泥	2.6	51	120	510	—	120	86

(3) 表面物理结构

电子显微镜观察结果表明，由混合污泥采用微波-H_3PO_4活化法制备的污泥基活性炭的孔内及周围存在细颗粒，可能阻碍孔的进一步延伸。由剩余污泥采用微波-H_3PO_4活化法制备的污泥基活性炭的表面有明显大孔，较多的中孔向内部延伸，容易吸附大分子有机物。

(4) 吸附能力

由混合污泥采用微波-H_3PO_4活化法制备的污泥基活性炭的碘吸附值为506mg/g，由剩余污泥采用微波-H_3PO_4活化法制备的污泥基活性炭的碘吸附值为301mg/g，分别为商品活性炭碘吸附值672mg/g的75%和45%。

8.3.5 水蒸气活化法制备污泥基活性炭

将污泥干燥、碳化、水蒸气活化后制备的污泥基活性炭的性能如下：

(1) 比表面积和孔径分布

采用水蒸气活化法制备的污泥基活性炭的BET比表面积和孔容积见表8-16。产品主要为中孔结构。

表8-16 采用水蒸气活化法制备的污泥基活性炭的比表面积和孔容积

BET比表面积/(m^2/g)	中孔容积/(cm^3/g)	微孔容积/(cm^3/g)
226	0.269	0.083

(2) 化学组成

表8-17所示为采用水蒸气活化法制备的污泥基活性炭的元素组成。

表 8-17　采用水蒸气活化法制备的污泥基活性炭的元素组成　　　　　　　　　%

元素	C	H	O	N	S	Ca
含量	31.6	1.3	13.5	3.7	0.5	6.6

(3) 表面化学结构

采用水蒸气活化法制备的污泥基活性炭，其表面 pH 值为 8.9，表面酸性基团的含量为 0.32~0.82meq/g，表面碱性基团的含量为 0.22~0.55meq/g。

(4) 吸附能力

采用水蒸气活化法制备的污泥基活性炭对 Cu^{2+}、苯酚、碱性紫 4、酸性红 18 的吸附能力分别为 79mg/g、44mg/g、76mg/g 和 54mg/g。污泥基活性炭对 Cu^{2+} 和染料的吸附能力优于商品活性炭。

8.3.6　热解法制备污泥基活性炭

将污泥在氮气中直接热解，制备的污泥基活性炭性能如下：

(1) 比表面积和孔径分布

采用热解法制备的污泥基活性炭的 BET 比表面积和微孔容积见表 8-18。由表可见，随着热解温度的升高，制得的污泥基活性炭中的微孔和中孔容积均增加，但制备产率减小。一般采用热解法制备污泥基活性炭时，热解温度在 600~1000℃ 较为适宜。

表 8-18　采用热解法制备的污泥基活性炭的比表面积和孔容积

热解温度/℃	BET 比表面积/(m^2/g)	微孔容积/(cm^3/g)	微孔百分比/%
400	41	0.016	0.19
600	99	0.044	0.33
800	104	0.048	0.36
950	122	0.051	0.32

(2) 化学组成

表 8-19 所示为热解法制备的污泥基活性炭的元素组成。随着热解温度升高，挥发性物质逸出，氮、氢的含量均下降。同时，低温时有机氮以胺类官能团形式存在，随温度上升，逐渐转化为嘧啶类化合物，使热解物表面碱性增强。

表 8-19　采用热解法制备的污泥基活性炭的 C、H、N 元素组成

热解温度/℃	C/%	H/%	N/%
400	28.19	2.04	3.83
600	27.14	1.14	3.19
800	26.37	0.42	1.61
950	24.89	0.35	0.94

(3) 表面化学结构

采用热解法制备的污泥基活性炭的表面 pH 值见表 8-20。由表可知，当热解温度升高时，由热解法制备的污泥基活性炭表面碱性增强，有利于酸性气体的吸附。

表 8-20　采用热解法制备的污泥基活性炭的表面 pH 值

热解温度/℃	表面 pH 值	热解温度/℃	表面 pH 值
400	7.72	800	11.29
600	11.51	950	10.96

8.4　制备污泥基活性炭的影响因素

8.4.1　污泥基活性炭的表征

（1）污泥基活性炭的吸附性能。

污泥基活性炭的吸附性能通常用碘吸附值来表征，碘吸附值的计算式为

$$A=\frac{5(10c_1-1.2c_2v_2)\times 1.27}{m}\cdot D \tag{8-23}$$

式中　A——样品的碘吸附值，mg/g；

　　　c_1——碘标准溶液浓度，mol/L；

　　　c_2——硫代硫酸钠标准溶液浓度，mol/L；

　　　v_2——硫代硫酸钠标准溶液消耗的量，mL；

　　　m——样品质量，g；

　　　1.27——碘摩尔(1/2I)质量，g/mol；

　　　D——校正系数，根据剩余浓度查表得出。

亚甲基蓝(MB)的吸附量也常用来表征污泥基活性炭的吸附性能，其计算公式如下：

$$q_e=\frac{c_0-c}{m}\cdot v \tag{8-24}$$

式中　q_e——亚甲基蓝的吸附量，mg/g；

　　　c_0——亚甲基蓝的初始浓度，mg/L；

　　　c——亚甲基蓝的平衡浓度，mg/L；

　　　v——溶液体积，mL；

　　　m——活性炭质量，mg。

（2）污泥基活性炭的比表面积和孔径分布。可通过自动气体吸附仪测定 N_2 在污泥基活性炭上的吸附-脱附等温线，来表征污泥基活性炭的比表面积、孔隙结构及孔径分布。

（3）污泥基活性炭的化学组成，包括碳、氢、氧、氮、硫以及其他元素含量。

（4）污泥基活性炭的表面化学特性，主要是表面各种官能团及表面 pH 值特性。

8.4.2　制备污泥基活性炭的影响因素

影响污泥基活性炭的吸附性能、比表面积和孔径分布、安全性能的因素，主要包括活化温度、活化时间、活化剂浓度、固液比等。

（1）活化温度

采用污泥作为原料制备活性炭，因污泥中碳元素含量相对较低，无论采用物理法或化学

法，在活化温度过高时，原本就少的碳元素会有所损失，而灰分的含量增加，导致产物吸附性能降低。$ZnCl_2$活化法由于高温下$ZnCl_2$的蒸气压高，药剂损失严重，参与反应的药剂减少，从而影响产物的吸附性能。同时，高的活化温度容易造成吸附剂本身缩水现象，导致表面孔隙性能下降，也会影响产品的吸附性能。而活化温度过低时，有机物碳化不充分会导致产物吸附性能低。因此，在制备污泥基活性炭时，存在一个最佳活化温度。采用物理活化法时最佳活化温度较高，而采用化学活化法时最佳活化温度相对较低。

采用CO_2活化法制备污泥基活性炭时，活化温度对制备的活性炭的吸附性能的影响如图8-4所示。当温度超过950℃时，随温度的升高，活化产物的亚甲基蓝吸附量下降。这是由于污泥原料的固定碳含量较低，较高的活化温度使原本就少的活性中心碳损失严重，烧失后形成的灰分的吸附性能能力较差，使产品的吸附能力下降。

采用$ZnCl_2$活化法制备污泥基活性炭，在较低温度制备的污泥基活性炭吸附性能差；在500~550℃范围内制备的活性炭，碘吸附值和亚甲基蓝吸附值都较高；但温度超过550℃以后，活性炭的碘吸附值和亚甲基蓝吸附值都明显下降，碘吸附值下降尤其明显，如图8-5所示。

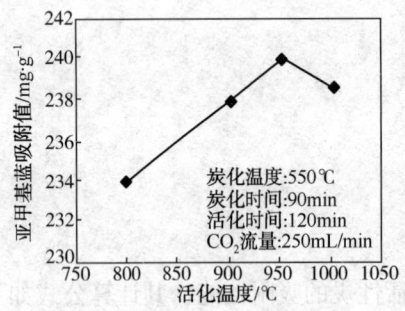

图8-4 CO_2活化法活化温度对污泥基活性炭吸附性能的影响

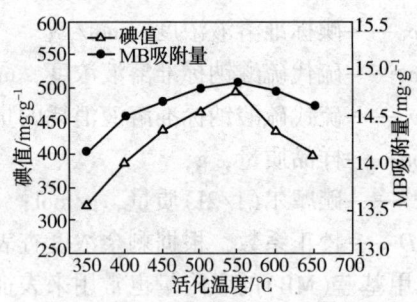

图8-5 $ZnCl_2$活化法活化温度对污泥基活性炭吸附性能的影响

采用H_2SO_4活化法制备污泥基活性炭，活化温度对碘吸附值和亚甲基蓝吸附值的影响与$ZnCl_2$活化法中活化温度的影响一致，也存在一个最佳活化温度。超过该温度，制备的活性炭的碘吸附值和亚甲基蓝吸附值均下降。如图8-6所示为H_2SO_4浓度为1∶2、活化时间为30min、固液比为2∶1时，活化温度对制备的活性炭的吸附性能的影响。

（2）活化时间

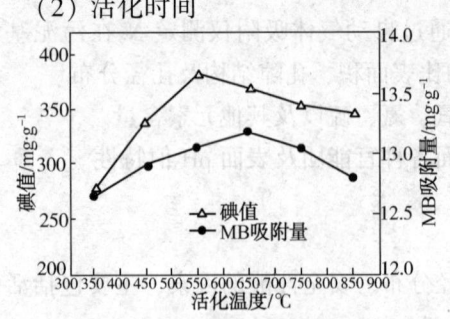

图8-6 H_2SO_4活化法活化温度对污泥基活性炭吸附性能的影响

活化时间对污泥基活性炭的制备也有影响。活化时间过短或过长，制备的活性炭的碘吸附值都不佳。活化时间短，活化不充分，碘吸附值小；随活化时间增加，碘吸附值增大；而超过一定时间后，碘吸附值又呈下降趋势。研究者们认为，在活化初期，活化剂与污泥中的碳反应，产生CO、CO_2、H_2O、H_2及金属蒸气等进入炭层间不断形成新孔，此过程主要以开孔为主；随着活化时间的增加，开孔过程逐渐减小，扩孔程度逐渐加大，会使部分微孔扩展为中孔和大孔，造成比表面积下降，进而影响活性炭的碘吸附值。同时，活化时间过长，可能导致部分孔结构烧结，使制备的活性炭灰分增加，碘吸附值降低。

表8-21列出了活化剂为$ZnCl_2$、浓度为3mol/L、活化温度为600℃时，活化时间对污泥基活性炭性能的影响。由表可见，活化时间达到1h时，制备的活性炭的吸附性能已经比较理想；随着活化时间的延长，其吸附性能基本维持不变，但微孔容积有所下降。

表8-21 活化时间对$ZnCl_2$活化法制备的污泥基活性炭性能的影响

活化时间/h	孔容积/(cm^3/g)	微孔容积/(cm^3/g)	平均孔径/nm	比表面积/(m^2/g)	碘吸附值/(mg/g)	产率/%
1	0.25	0.11	5.62	381.62	374.10	44.15
2	0.24	0.12	4.22	411.47	378.63	41.77
3	0.31	0.09	4.39	447.79	388.95	39.12

如图8-7所示为CO_2活化法制备污泥基活性炭时，活化时间对亚甲基蓝吸附值的影响。活化时间越短，活化越不充分，亚甲基蓝吸附值较小。随着活化时间的增加，亚甲基蓝吸附值增大，超过120min后亚甲基蓝吸附值又出现下降趋势。

（3）活化剂浓度

活化剂浓度对污泥基活性炭的吸附性能具有重要的影响，一般存在一个最佳活化剂浓度，需在实践中综合考虑确定。

以$ZnCl_2$为活化剂、活化温度为600℃、活化时间为1h时，在$ZnCl_2$浓度不超过3mol/L的范围内，浓度越高，制备的活性炭的吸附性能越好。当$ZnCl_2$的浓度大于3mol/L时，制备的活性炭的吸附性能略有下降，如图8-8所示。

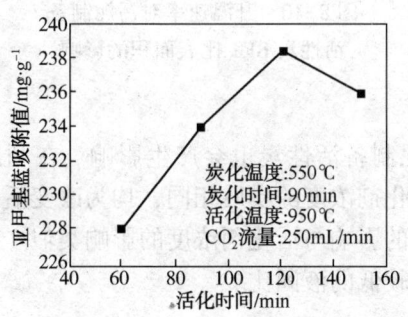

图8-7 CO_2活化法活化时间对污泥基活性炭吸附性能的影响

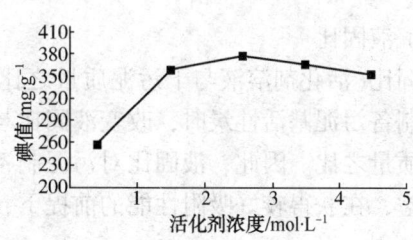

图8-8 活化剂浓度对$ZnCl_2$活化法制备的污泥基活性炭吸附性能的影响

化学活化法是通过化学药剂脱水、缩合、润涨等作用形成孔隙，使含碳化合物缩合成不挥发的缩聚碳，产生孔隙结构发达的活性炭。活化剂浓度过高，会造成过度活化，生成以大孔径孔结构为主的活性炭，导致比表面积降低，吸附性能下降。$ZnCl_2$作为化学活化剂，其主要作用是脱水，防止热解过程中产生焦油，活化剂中的锌离子可以进入原料孔隙中间，在碳化、活化过程中使原料发生膨润水解、催化氧化等反应，促进原料的降解，含碳化合物缩合成不挥发的缩聚碳，产生孔结构发达、含碳量较高的活性炭。当$ZnCl_2$浓度过高（大于3mol/L时），由于过度活化及过量的$ZnCl_2$晶体堵塞部分大孔，在洗涤过程中难以充分去除，使吸附剂的比表面积和吸附能力有所下降。

采用 H_2SO_4 制备污泥基活性炭时，活化剂浓度对产品的吸附性能影响较为复杂。如图 8-9 所示为温度为 650℃、活化时间为 30min、固液比为 2：1 时，H_2SO_4 浓度对产品的碘吸附值和亚甲基蓝吸附值的影响。随着 H_2SO_4 浓度的增加，产品的碘吸附值不断提高，但亚甲基蓝吸附量则随 H_2SO_4 浓度的增加，先上升继而下降，存在一个最佳 H_2SO_4 浓度。这是因为吸附亚甲基蓝色素分子的有效活性炭孔隙主要是 H_2SO_4 在活性炭中所遗留下的孔隙，而吸附碘的有效活性炭孔隙则与活性炭的微观组织结构有关。因此，在一定条件下调整 H_2SO_4 的浓度，可在一定程度上控制产品活性炭的孔结构和吸附性能。

（4）升温速率

升温速率对污泥制备活性炭也有重要的影响。碳化过程包含的重要阶段有：软化阶段与收缩阶段。在软化阶段，较低的升温速率可以使气体缓慢逸出，不会引起炭层变形或坍塌，有利于孔隙形成；在收缩阶段，较低的升温速率促进生成密实、坚硬的碳化物，致使孔隙容积减少。由于碳化过程中软化阶段可能占主导地位，因此，较低的升温速率有利于孔隙的发展。如图 8-10 所示是采用 $ZnCl_2$ 为活化剂时升温速率对污泥基活性炭吸附性能影响。

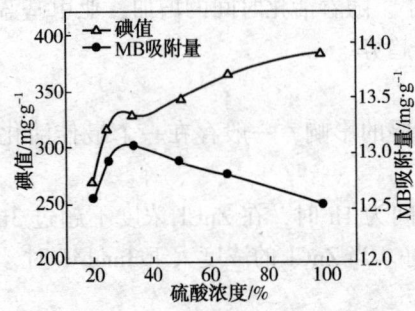

图 8-9 活化剂浓度对 H_2SO_4 活化法制备的污泥基活性炭吸附性能的影响

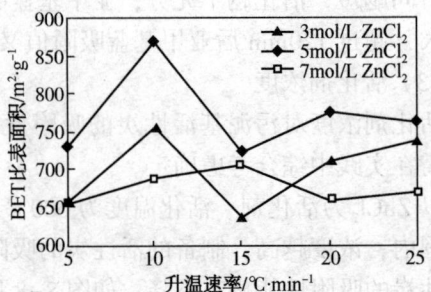

图 8-10 升温速率对污泥制备活性炭 BET 比表面积的影响

（5）液固比

液固比（活化剂溶液与干污泥质量之比）对污泥制备活性炭也会产生影响。在利用化学活化法制备污泥基活性炭时，改变液固比与改变活化剂浓度的实质相同，均为改变活化剂与干污泥质量之比。因此，液固比对污泥制备活性炭的影响与活化剂浓度的影响类似。从经济角度考虑，在获得较好吸附性能的前提下，应选择较低的液固比。

8.5 污泥基活性炭在污染治理中的应用

受污泥基活性炭中重金属吸附能力的限制，污泥基活性炭的应用范围主要在环境污染控制领域，目前，研究集中在废水与废气处理两个方面。

8.5.1 废水处理

当采用污泥基活性炭去除废水中的污染物时，吸附反应发生在活性炭表面与吸附质之间。反应过程可能是静电作用过程，也可能是非静电作用过程。当吸附质为电解质时，反应过程主要为静电作用过程，根据活性炭表面的电荷量、吸附质的化学特性以及溶液的离子强度等条件的不同，活性炭表面与吸附质之间产生静电引力或静电斥力。当反应过程为非静电作用时,活性炭表面与吸附质之间总是产生吸引力,主要包括:①范德华力;②憎水作用;③氢键。

影响吸附过程的吸附质特性有:①分子大小;②溶解度;③酸度系数 K_a;④取代特性。分子大小决定吸附质分子与活性炭孔隙的接近程度;溶解度决定吸附质与活性炭表面憎水作用的强度,K_a 控制吸附质的电离;当吸附质为芳烃化合物时,芳烃环具有获得或失去电子的特性(取代特性),取代特性影响活性炭与吸附质之间的非静电作用过程。

污泥基活性炭表面含有的各种官能团来源于原料或者污泥基活性炭的制备、处理过程。这些官能团对污泥基活性炭的表面电荷、憎水/亲水特性、电荷密度等表面化学特性等产生重要的影响,从而影响到活性炭与吸附质之间的反应过程。污泥基活性炭的孔隙结构(各种孔隙的比例)也直接影响活性炭与吸附质之间的传质过程。

目前,污泥基活性炭在废水处理领域中的应用主要包括:吸附废水中的重金属离子;吸附废水中的染料;吸附苯酚或苯酚类化合物;在"活性污泥-活性炭粉末"处理工艺中的应用;吸附其他污染物如苯甲酸、PO_4^{3-}、COD 和 CCl_4。

8.5.1.1 吸附重金属离子

重金属是废水中最有害的污染物之一。根据世界卫生组织(WHO)的规定,镉、铬、铜、铅、汞、镍为毒性最强的几种重金属。废水中的重金属离子主要来源于工业活动(如采矿、油漆、汽车制造、电镀、制革等)和农业活动(如喷撒肥料和杀虫剂等)。采用污泥基活性炭去除废水中的重金属,不仅经济有效,技术上也简单易行。表 8-22 列出了污泥基活性炭对废水中各种金属离子的吸附。

表 8-22 污泥基活性炭对废水中金属离子的吸附

BET 比表面积/(m^2/g)	pH 值	离子	浓度/(mg/L)	吸附量	离子	浓度/(mg/L)	吸附量	离子	浓度/(mg/L)	吸附量
51		Cu^{2+}			Cu^{2+}		5.7mg/L			
	6.3	Na^+	10500	76.8%	Mg^{2+}	1350	42.8%	K^+	380	66.0%
	5.1	Na^+	10500	69.7%	Mg^{2+}	1350	44.8%	K^+	380	57.8%
1002		Cr	1.0	0.2mg/g	Cu^{2+}	1	1.1mg/L	Cd^{2+}	1	1mg/g
253	4.3				Cu^{2+}	50	15mg/L	Cd^{2+}	50	40mg/g
102	7.8				Fe^{2+}	100	65%			
105	7.7				Fe^{2+}	100	99.7%			
	8.2	Na^+	500	19.0%	Mg^{2+}	200	65%	K^+	500	17.8%
	8.2	Na^+	500	26.1%	Mg^{2+}	200	78%	K^+	500	18.3%
11					Cu^{2+}		4.1mg/L			
59	8.9	Cu^{2+}	100	78.6mg/g	Cu^{2+}		155mg/L			
33	12.4	Cu^{2+}	100	121.1mg/g	Cu^{2+}		238mg/L			
63	12.5	Cu^{2+}	100	131.8mg/g	Cu^{2+}		277mg/L			
353	5.9	Cu^{2+}	100	83mg/g						
226	8				Cu^{2+}		146.9mg/L			

续表

BET比表面积/(m^2/g)	pH值	离子	浓度/(mg/L)	吸附量	离子	浓度/(mg/L)	吸附量	离子	浓度/(mg/L)	吸附量
108	9.4	Cu^{2+}	50	50mg/g	Cu^{2+}		69.7mg/L			
192	10.4	Cu^{2+}	50	45mg/g	Cu^{2+}		47.1mg/L			
93	10.2	Cu^{2+}	50	52mg/g	Cu^{2+}		63.5mg/L			
103	10.9	Cu^{2+}	50	24mg/g	Cu^{2+}		34mg/L			
550					Ni^{2+}		9.1mg/L	Cd^+		16.7mg/g
137		Hg(II)	80	42mg/g						
289		Hg(II)	80	97mg/g						
555		Hg(II)	80	127mg/g						

金属离子较小，在水溶液中带有电荷，因此，金属离子在活性炭上的吸附由静电作用主导。影响金属离子在污泥基活性炭上吸附的主要因素包括：①金属离子或金属离子螯合物的化学特性；②溶液的pH值和表面零电荷点；③活性炭的比表面积和孔隙；④活性炭的表面化学特性（官能团的组成）；⑤吸附质的大小。

污泥基活性炭吸附金属离子的主要机理是离子交换和表面化学作用。Cu^{2+}通过与Ca^{2+}发生离子交换，被吸附在污泥基活性炭上。当污泥基活性炭中Ca^{2+}含量较高时（如制备污泥基活性炭的污泥中曾投加过石灰），尽管污泥基活性炭的BET比表面积仅为$63m^2/g$，但对Cu^{2+}的吸附能力可达到227mg/g。废水中的金属离子还可以与污泥基活性炭上的酸性官能团，特别是—COOH上的H^+发生离子交换而被污泥基活性炭吸附。因此，采用污泥基活性炭吸附金属离子，污泥基活性炭的离子交换能力和特定的表面官能团数量是比孔隙率更为重要的两个因素。

根据污泥基活性炭吸附金属离子的机理，可以通过增加污泥基活性炭表面酸性官能团的数量来提高污泥基活性炭对金属离子的吸附能力。通常采用的方法是加入HNO_3和空气氧化。加入HNO_3可以大幅提高污泥基活性炭表面—COOH官能团的数量。还可以在污泥基活性炭表面引入其他具有离子交换作用的官能团，例如将二乙基二硫代氨基甲酸钠固定于活性炭表面，可以使Cu^{2+}、Zn^{2+}、Cr^{6+}的吸附能力提高2~4倍。

8.5.1.2 吸附染料

污泥基活性炭对染料的吸附能力通常用亚甲基蓝吸附值来表征。亚甲基蓝分子较大，中孔发达的活性炭（亚甲基蓝分子可以进入的最小孔径约为1.3nm）对亚甲基蓝的吸附最理想。大量研究表明，发达的中孔结构有利于染料的吸附。

表面化学作用也影响污泥基活性炭对染料的吸附。表8-23显示了污泥基活性炭对不同类型染料（阳离子型染料、阴离子型染料和活性染料）的吸附特点。不同化学特性的染料在相同的污泥基活性炭上的吸附量差异很大。Jindarom发现，他们制备的污泥基活性炭对碱性染料（阳离子型染料）的吸附能力比对酸性染料（阴离子型染料）的吸附能力高出5倍多，比活性染料的吸附能力高出23倍。导致对酸性染料吸附能力差的主要原因是酸性染料的阴离子与污泥基活性炭的表面电荷产生静电斥力，不利于酸性染料与活性炭接近，从而阻碍吸附反应的进行；而对活性染料吸附能力差是因为活性染料的离子较大，难以吸附在活性炭上。

表 8-23 污泥基活性炭对染料的吸附

BET比表面积/(m^2/g)	pH值	染料	浓度/(mg/L)	吸附量	染料	浓度/(mg/L)	吸附量	染料	浓度/(mg/L)	吸附量
		MB		128						
		MB	1000	95	MB		78			
		MB	1000	50	MB		33			
390		MB	1000	26	MB		82			
5		VB4		248	Indigo		8	D Red79		20
		Alk B	100	95%						
34	9.3	Acid Y49		71	Basic B41		417	React R198		19
61	9.3	Acid Y49		116.3	Basic B41		588	React R198		25
253	4.3	MB	1	14	Basic R46		188	Acid B283		21
		MB	1000	100	MB		115			
		MB	1000	65	MB		87			
		MB	1000	25	MB		32			
		MB	1000	26	MB		28			
80		Ind Carm		31	Cryst V		185	Cryst V	500	65
390		Ind Carm		54	Cryst V		271	Cryst V	500	100
59	8.9	Acid R18	30	23.3	Basic V4	25	48			
353	5.9	Acid R18	30	54	Basic V4	50	89			
217	8	Acid R18		212.4	Basic V4		209			
60		MB		16.6	Eryth	2000	15.9	B Red		21
216		MB		24.5	Eryth	2000	30.8	B Red		44
472		MB		137	Eryth	2000	178	B Red		238
103	10.9	Acid R1	500	23	Acid R1		35	Basic F		70
192	9.4	Acid R1	500	71	Acid R1		73	Basic F		127
108	10.1	Acid R1	500	63	Acid R1		68	Basic F		103

注：Acid B283—酸性棕283；Acid R1—酸性红1；Acid R18—酸性红18；Acid Y49—酸性黄49；Alk B—碱性黑；B Red—亮红；Basic B41—碱性蓝41；Basic F—碱性品红；Basic R46—碱性红46；Basic V4—碱性紫4；Cryst V—结晶紫；D Red79—直接红79；Eryth—赤鲜红；Ind Carm—靛蓝胭脂红；MB—亚甲基蓝；React R198—活性艳红198。

对于酸性染料在污泥基活性炭上的吸附，起决定性作用的是酸性染料中的酸性基团。因此，提高污泥基活性炭对阴离子型染料吸附能力的基本方法是增加污泥基活性炭表面碱性基团的数量。对污泥基活性炭进行热处理（温度为600℃左右）可以减少表面酸性基团的数量，使酸性染料的吸附量提高2~3倍。事实上，增加污泥基活性炭表面的碱度有利于各种染料的吸附。

迄今为止，各种试验数据表明，污泥基活性炭对染料的吸附能力常常超出商品活性炭（表8-23）。采用污泥基活性炭吸附废水中的染料是一项很有吸引力的技术。

8.5.1.3 吸附苯酚及苯酚类化合物

苯酚对微生物具有毒性，含酚废水使用常规方法难以处理。许多研究者尝试采用污泥基活性炭吸附废水中的苯酚及苯酚类化合物。表8-24列出了各种文献中污泥基活性炭对苯酚的吸附。

表8-24 污泥基活性炭对苯酚的吸附

BET比表面积/(m^2/g)	微孔容积/(cm^3/g)	pH值	苯酚浓度/(mg/L)	吸附量/(mg/g)	污泥基活性炭吸附量：商品活性炭吸附量/%
647	0.110			47	33
1092	0.38		7	2.6	250
257			40	20	20
253	0.08			26.7	21
390				29.5	
59	0.025	8.9		170	
96	0.036	10.6		182	
33	0.011	12.4		161	
60	0.04		2000	9.8	
59	0.03		2000	10.1	
216	0.09		2000	24.8	
472	0.10		2000	81.6	
542	0.059			65.4	
463	0.067			64.5	

由于苯酚的分子较小（约0.62nm），苯酚吸附剂需要具备较为发达的微孔结构才能达到较好的吸附效果。但污泥基活性炭通常以中孔为主，就孔隙分布而言，不利于吸附苯酚。表8-24中，污泥基活性炭对苯酚的最高吸附量为182mg/g。但由于污泥基活性炭表面具有各种官能团，这些官能团可能与苯酚产生化学作用，从而加强苯酚及苯酚类化合物在污泥基活性炭上的吸附能力。也就是说，有利的表面化学特性将有助于克服污泥基活性炭微孔不足的弱点，提高污泥基活性炭对苯酚及苯酚类化合物的吸附能力。通过控制污泥基活性炭的制备条件，可以改善污泥基活性炭的表面化学特性，提高其对苯酚及苯酚类化合物的吸附能力。例如，采用$ZnCl_2$为活化剂制备污泥基活性炭时，污泥基活性炭的表面化学特性受活化温度控制，600℃时制备的污泥基活性炭对苯酚的吸附能力最大；表面为碱性的污泥基活性炭吸附苯酚的能力较强。

对污泥基活性炭进行表面化学改性也可以提高苯酚的吸附量。例如，使用HCl清洗可以除去活性炭表面的水分子吸附位点，使苯酚吸附位点的数量增加；将污泥基活性炭在NH_3中、700℃下加热2h，虽然污泥基活性炭的微孔容积有所减少，但对苯酚的吸附量可增加29%，因为含氮基团的引入使污泥基活性炭表面碱性增加，有利于苯酚的吸附。

苯酚的吸附过程在水溶液中进行，当溶液的pH值高于苯酚的$K_a=9.89$时，苯酚电离、溶解量增加，形成较强的苯酚-水化学键，阻碍吸附过程的进行；当溶液的pH值较低时，溶液中存在的大量H^+与苯酚羰基上的氧原子结合，从而削弱了苯酚与污泥基活性炭之间的结合力，降低了苯酚与活性炭之间的反应几率，不利于吸附过程。当溶液的pH值从7.5降到5.6时，活性炭对苯酚的吸附能力减小10%。采用污泥基活性炭吸附去除废水中的苯酚，需要维持溶液的 pH 值在 5.5~6.5 范围内。由于污泥基活性炭本身含有的各种表面官能团可能改变水溶液的 pH 值，实践中需要试验确定污泥基活性炭吸附苯酚的最佳 pH 值范围。

8.5.1.4 去除废水中的 Pb^{2+}

分别将 0.5g、1.0g、2.0g 和 2.5g 污泥基活性炭颗粒(粒径为 0.1~0.3mm)加入到 100mL(浓度为 100mg/L)的含铅废水中进行动态吸附。试样抽取后，离心分离、过滤，再用原子吸收分光光度计分析滤液中 Pb^{2+} 的含量，所得实验结果见表 8-25。

表 8-25 各种吸附因素组合对 Pb^{2+} 离子的吸附效率

编号	时间/h	pH 值	吸附剂用量/g	吸附后浓度/(mg/L)	吸附效率/%
1	0.5	4	0.5	50	50
2	1	5	1.0	45	55
3	2	6	2.0	35	65
4	2.2	6.5	2.5	33	67

由表 8-25 可见，污泥基活性炭对含铅废水的吸附具有很高的效率，最高去除率能接近 70%。

原子吸收分光光度计测定 Pb^{2+} 含量的过程是：先将待测定的溶液喷射成雾状进入燃烧火焰中，雾滴在燃烧火焰下挥发并解离成铅原子蒸气，再用铅空心阴极灯作光源，产生铅的特征电磁辐射，通过一定厚度的铅原子蒸气时，部分特征电磁辐射被蒸气中基态铅原子吸收而减弱，通过单色器和检测器测得铅特征电磁辐射被减弱的程度，即可算出试样中铅的含量。

影响 Pb^{2+} 吸附的因素主要有吸附时间、废液的 pH 值和污泥基活性炭的吸附量。

(1) Pb^{2+} 吸附的单因素影响

① 吸附时间

在调节含铅废水的 pH 值为 6.0、污泥基活性炭的加入量为 2.0g、原废水的含铅浓度为 100mg/L 的情况下，改变吸附时间，有不同的吸附结果，如图 8-11 所示。随着时间的延长，吸附效率增大，在接近 70% 时吸附趋缓，表明污泥基活性炭已趋于饱和，达到吸附平衡状态。

② pH 值的影响

在吸附时间保持 2h 不变、污泥基活性炭的加入量为 2.0g 的情况下，改变含铅废水的 pH 值，得到不同的吸附结果如图 8-12 所示。随着 pH 值的升高，污泥基活性炭对 Pb^{2+} 的吸附效率明显升高。在 pH 值为 5 左右时，曲线的斜率增大，有利于吸附，当 pH 值超过 6 时，吸附趋缓。但 pH 值也不能过大，因为当 pH 值超过 7 时，Pb^{2+} 会发生沉淀。

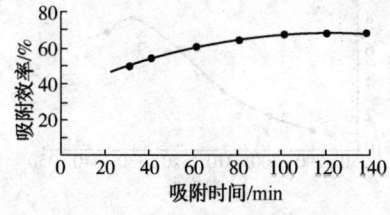

图 8-11 时间对铅离子吸附的影响

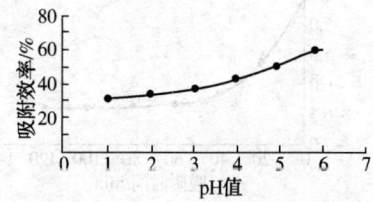

图 8-12 pH 值的变化对铅离子吸附的影响

③ 污泥基活性炭用量的影响

在吸附时间保持2h不变，含铅废水的pH值调节为6.0不变的情况下，改变污泥基活性炭的加入量，得到吸附结果如图8-13所示。

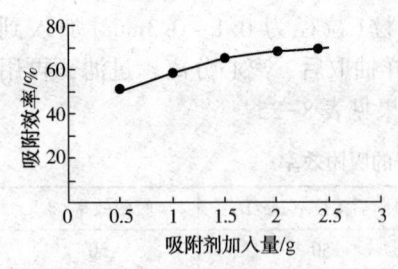

图8-13 吸附剂用量对铅离子吸附的影响

由图8-13可以看出，随着污泥基活性炭加入量的增多，对Pb^{2+}的吸附效率明显增大。当加入量超过2.5g时增大趋缓，表明过多的吸附剂不起明显作用，这是因为太多的吸附剂颗粒相互挤撞，减轻了其表面效应的增大。

(2) 污泥基活性炭对Pb^{2+}的吸附动力学

污泥基活性炭对Pb^{2+}的吸附是一个复杂的非均相固液反应，起吸附作用的主要是污泥基活性炭中的含碳组分。该吸附反应包括三个过程：一是颗粒外部扩散，Pb^{2+}由溶解本体向吸附剂表面的扩散；二是孔隙扩散过程，吸附质在颗粒孔隙中向吸附点扩散；三是吸附反应过程，Pb^{2+}被吸附在吸附剂颗粒内表面上。由于污泥基活性炭具有较丰富的内表面，吸附反应为动态吸附，界膜阻力可以忽略，因此可认为该过程的吸附传质速率由孔隙扩散阶段和内表面吸附来控制。

设Pb^{2+}的浓度为C_R，吸附时间为t。在反应初期（$t \leqslant 20min$），C_R较大，因而向污泥基活性炭颗粒表面的扩散非常迅速，由颗粒表面向内表面扩散吸附的推动力比较大，因而Pb^{2+}浓度下降较快。此阶段的动力学方程为

$$\ln C_R = 0.0017t^2 - 0.1050t - 4.1662 \tag{8-25}$$

反应过渡阶段（$20min < t \leqslant 30min$）的动力学方程为

$$\ln C_R = -0.6535t - 3.6063 \tag{8-26}$$

吸附反应后期，溶液中活性Pb^{2+}减少，吸附推动力降低，吸附速率明显减慢，此阶段的动力学方程为

$$\ln C_R = -0.0022t - 5.7764 \tag{8-27}$$

Pb^{2+}浓度C_R对吸附时间t的变化关系如图8-14所示。

当然，温度对污泥基活性炭的吸附也有影响。在温度不太高的情况下，吸附作用大于解吸作用；当温度超过70℃时，解吸作用会占主导地位。

控制污泥基吸附剂的用量、Pb^{2+}浓度、溶液的pH值、吸附时间同前述条件，改变不同的温度，测得吸附后废液中的Pb^{2+}浓度C_R，可得温度与吸附速率常数k的关系曲线，如图8-15所示。

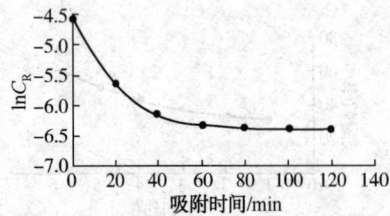

图8-14 $\ln C_R$与吸附时间t的关系曲线

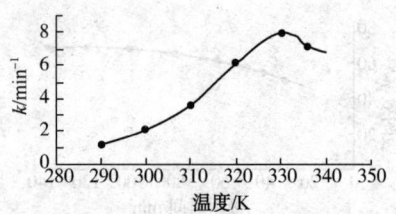

图8-15 温度对吸附速率常数的影响

8.5.1.5 在"活性污泥-活性炭粉末"处理工艺中的应用

在静态试验中使用污泥基活性炭吸附苯酚,吸附量远低于商品活性炭。但将污泥基活性炭应用于"活性污泥-活性炭粉末"处理工艺时,无论是出水中的苯酚浓度还是出水COD含量,与采用商品活性炭并无差别。这可能是因为微生物在活性炭上的生长及分解作用占据主导地位,弥补了两者之间的吸附差异。

8.5.1.6 吸附其他污染物

如表8-26所示,污泥基活性炭对废水中的其他污染物如COD、色度和磷酸盐等也具有出色的吸附去除能力。这可能是污泥基活性炭发达的中孔结构所致。较大的中孔有利于大分子污染物的吸附。由含碳量较高的生化污泥所制备的污泥基活性炭对废水中COD、色度和磷酸盐的吸附去除能力比市政污泥制备的污泥基活性炭的吸附去除能力强。

表8-26 污泥基活性炭对苯酚的吸附

BET比表面积/(m^2/g)	微孔容积/(cm^3/g)	物质	浓度/(mg/L)	吸附量/(mg/g)	污泥基活性炭吸附量:商品活性炭吸附量/%	物质	浓度/(mg/L)	吸附量/(mg/g)	污泥基活性炭吸附量:商品活性炭吸附量/%	去除率/%	污泥基活性炭吸附量:商品活性炭吸附量/%
647	0.11	CCl_4	1	4		CCl_4		7.7	109		
59	0.025	BenzoicA	100	30.4							
96	0.036	BenzoicA	100	35.1							
33	0.011	BenzoicA	100	34.2							
63	0.023	BenzoicA	100	31.5							
		COD		184.5							
0.02	0.02	COD		79.10%	193	PO_4^{3-}	测定	98.3%	964	87.5	117
0.02	0.02	COD		75.50%	185	PO_4^{3-}	测定	98.3%	964	87.5	117
0.02	0.02	COD		68.20%	167	PO_4^{3-}	测定	96.6%	116.7	87.5	117

注:BenzoicA为苯甲酸。

污泥基活性炭中所含的硅元素可以降低其表面极性,提高对非极性吸附质的吸附能力。结合污泥基活性炭中孔发达的优点,污泥基活性炭对非极性大分子有机物(如CCl_4)有较强的吸附去除能力。从表8-26可以看出,污泥基活性炭对CCl_4的吸附去除能力高于商品活性炭。

污泥基活性炭还可以用来去除废水中的苯甲酸。采用添加过石灰的污泥所制备的污泥基活性炭对苯甲酸的吸附能力高于采用无石灰添加的污泥所制备的污泥基活性炭。因此,采用污泥基活性炭吸附去除废水中的污染物质时,不仅需要考虑污泥基活性炭的孔隙结构,表面化学作用也具有不可忽略的影响。

8.5.2 大气污染防治

在大气污染防治中,污泥基活性炭主要用于污泥中恶臭气体H_2S与废气中SO_2的去除。当用于去除H_2S时,其吸附量为商品活性炭的2~3倍。当用于去除SO_2时,不仅可有效防止大气污染，还能回收二氧化硫制成硫酸。饱和污泥基活性炭如果不再生，可用作焚烧燃料。

8.5.2.1 去除 H_2S

污泥基活性炭对 H_2S 的吸附能力是商品活性炭的 2~3 倍，平均 100g 污泥基活性炭可以吸附 10g H_2S。污泥基活性炭吸附 H_2S 的主要机理为催化氧化。分散于污泥基活性炭表面的一些金属氧化物如 CaO、MgO 等对 $H_2S \rightarrow S$ 的反应具有催化作用。以金属氧化物为催化中心（在表面为碱性以及周围存在水分的条件下），H_2S 被空气中的 O_2 氧化，生成固态硫。由于硫原子与碳原子之间的亲和力，固态 S 迁移至更接近碳原子表面的高能量吸附中心（小孔）中。固态硫所占据的催化中心位置空出，吸附反应继续进行。当所有的小孔都充满了固态硫，或者催化中心失去活性时，反应停止。

H_2S 在污泥基活性炭中的催化氧化与两个因素有关：①活性炭的孔隙结构；②催化剂在活性炭表面上的分布、位置及其与活性炭的结合方式。前者决定反应产物固态硫的存储和转移，后者决定催化反应发生的程度。

由于催化氧化是污泥基活性炭吸附 H_2S 的主要机理，中孔结构发达的污泥基活性炭有利于氧化产物固态硫的储存，同时，污泥基活性炭中所含金属氧化物可起到催化剂作用，因此，污泥基活性炭在 H_2S 的吸附中比商品活性炭更具优势。

8.5.2.2 去除 SO_2

常温下活性炭与活性炭纤维可以有效吸附 SO_2 气体。一般认为 SO_2 在活性炭上的吸附过程存在两个吸附能量：低吸附能量约 50kJ/mol 对应于结合力较弱的物理吸附，高吸附能量约 80kJ/mol 对应于化学吸附。物理吸附过程在小孔内发生，受活性炭微孔孔隙率和活性炭孔隙分布支配；化学吸附过程与活性炭上的含氧基团有关，这些基团是 SO_2 转化为 SO_3 的催化中心。通常，SO_2 转化为 SO_3 的反应在潮湿的空气中进行，H_2SO_4 为反应的最终产物。吸附的 SO_2 有三种存在形式：①物理吸附的 SO_2；②物理吸附的 SO_3；③化学吸附的 H_2SO_4。

近年来，研究者们尝试采用污泥基活性炭吸附 SO_2。当一定流量、一定浓度的 SO_2 气体进入充满污泥基活性炭的吸附柱时，吸附剂会对 SO_2 分子进行物理吸附和化学吸附，出口 SO_2 的浓度远小于进口 SO_2 的浓度。随着 SO_2 气体的不断流入，通过吸附柱的 SO_2 量不断增加，吸附剂的吸附容量趋于饱和。当吸附柱被穿透时，此时出口处 SO_2 的浓度与进口处 SO_2 的浓度相同。

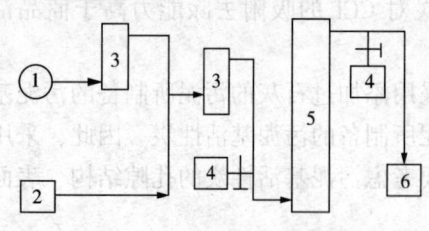

图 8-16 SO_2 气体吸附装置图
1—SO_2 储罐；2—空压机；3—转子流量计；
4—浓度测试仪(烟气分析仪)；5—吸附柱；
6—SO_2 碱液吸收槽

用污泥基活性炭吸附 SO_2 气体装置如图 8-16 所示。研究表明，SO_2 吸附的最佳工艺条件是污泥基吸附剂含水率为 30%、SO_2 烟气流量为 300L/h、SO_2 进口体积分数为 0.15%、污泥基吸附剂用量为 30g，得到最佳吸附容量为 60mg/g。

(1) 影响污泥基活性炭吸附 SO_2 的因素

① 含水率

保持烟气流量 300L/h、SO_2 进口体积分数为 0.15%、吸附剂用量 30g 不变的情况下，改变吸附剂的含水率，可得如图 8-17 所示的结果。

由图8-17可以看出，当污泥基吸附剂含水率为30%时，吸附效率最佳。当污泥基吸附剂表面含有一定的水分时，有利于二氧化硫进入其内部，但水分量过大时，则阻碍了二氧化硫向其孔隙内部的扩散，因此污泥基吸附剂含水率过高或过低都会影响二氧化硫气体的吸附。

② SO_2进口浓度

保持烟气流量300L/h、吸附剂用量30g、吸附剂含水率30%不变的情况下，改变二氧化硫的进口浓度，可得到如图8-18所示的结果。

由图8-18可以看出，SO_2进口浓度越高，污泥基吸附剂对SO_2的吸附效率越高。因为SO_2浓度越高，吸附剂越容易穿透，反应的推动力越大，反应的速率越快，单位时间、单位体积内去除的SO_2就越多。但穿透时间越短，越易达到吸附饱和，吸附剂的用量也越大，导致脱硫成本增加，因此SO_2进口浓度也不宜太高。

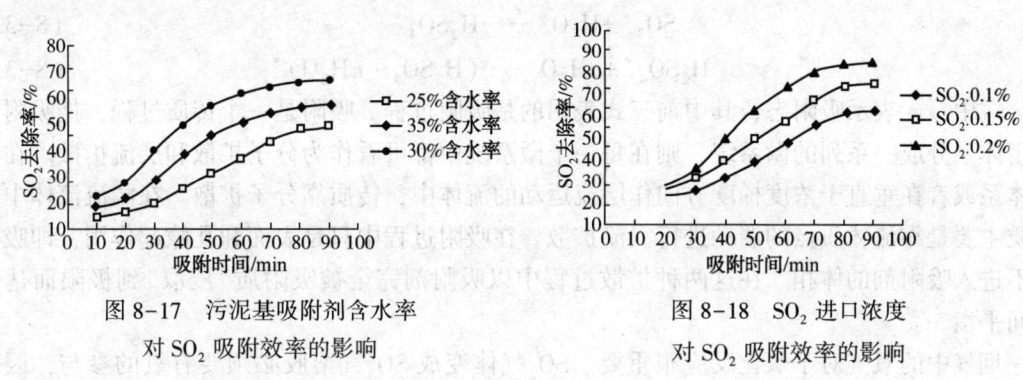

图8-17 污泥基吸附剂含水率对SO_2吸附效率的影响

图8-18 SO_2进口浓度对SO_2吸附效率的影响

③ 进口烟气流量

在保持SO_2进口体积分数为0.15%、吸附剂用量30g、吸附剂含水率30%不变的情况下，改变进口烟气流量，以100L/h、200L/h、300L/h、400L/h和500L/h分别进行吸附，可知烟气流量太大，带来的压降也太大，脱硫效果比较差。

通常在工程实践中，烟气流量的变化实际是通过影响空塔速度的变化来进一步影响脱硫效果的。空塔速度是以空塔截面积计的气体流速，它是影响吸收塔吸收效果和压降的一个重要因素。在工程设计中，一般取空塔速度为泛点速率的0.5~0.8倍。泛点是吸收塔的压降曲线近于垂直上升的转折点，达到泛点时的空塔气速称为泛点气速。可根据下式计算出气流速度，再测出不同气速下的压降。

$$V = \frac{Q}{A} \tag{8-28}$$

式中 Q——气流体量，m^3/s；

A——空塔截面积，m^2；

V——气流速度，m/s。

烟气流量小，则压降小，动力损耗小，操作弹性大，但吸附效果不佳。研究表明，以300L/h的烟气流量进吸附柱比较适宜。

④ 吸附剂用量

显而易见，污泥基吸附剂的用量越大，吸附效果就越好，脱硫效果也越好。但用量太大，易造成浪费，不经济。若在气流速度较大的情况下，则应相应增加吸附剂用量，反之则无必要。

(2) 污泥基活性炭吸附 SO_2 气体的机理

采用污泥基活性炭吸附 SO_2 时，SO_2 首先物理吸附于活性炭表面，然后氧化为 SO_3，最后与 H_2O 结合生成 H_2SO_4。H_2SO_4 与污泥基活性炭中的无机氧化物反应，转化为可溶的硫酸盐。反应持续进行，直到污泥基活性炭中的活性无机组分完全消耗完毕。该过程可用方程式表示如下：

$$SO_2(g) \longrightarrow SO_2^* \tag{8-29}$$

$$O_2(g) \longrightarrow 2O^* \tag{8-30}$$

$$H_2O(g) \longrightarrow H_2O^* \tag{8-31}$$

$$SO_2^* + O^* \longrightarrow SO_3^* \tag{8-32}$$

$$SO_3^* + H_2O^* \longrightarrow H_2SO_4^* \tag{8-33}$$

$$H_2SO_4^* + nH_2O \longrightarrow (H_2SO_4 \cdot nH_2O)^* \tag{8-34}$$

式中，*表示吸附态，其中前三式表明的是吸附过程。吸附是一个传质过程，把吸附质作用体系分成一系列的微系统，则在每一个微系统中都可看作为分子扩散和层流扩散。在静止体系或者在垂直于浓度梯度方向作层流运动的流体中，传质靠分子扩散。在湍流流体中的传质主要是靠流体质点的湍动进行涡流扩散。在吸附过程中只是表面和孔隙起作用，即吸附质不进入吸附剂的体相。在这两种扩散过程中以吸附剂完全被吸附质"浸取"到极限而达到相间平衡。

烟气中的氧气对于氧化反应很重要。SO_2 气体变成 SO_3 气溶胶必须要有氧的参与，因而提高 SO_2 的吸附率也必须往烟气中鼓入适量的空气。

污泥基活性炭上至少存在两种可以将 SO_2 催化氧化为 SO_3 的催化中心：一种是污泥基活性炭中的金属氧化物或氢氧化物，如 CaO；另一种是污泥基活性炭表面的一些活性基团。因此，采用添加过石灰的污泥制备的污泥基活性炭对 SO_2 有更好的吸附效果。另外，制备污泥基活性炭时，较高的碳化温度有利于金属氧化物的高度分散，对 SO_2 的吸附产生正面影响。

水的存在对于 SO_2 的吸附和转化也具有重要意义。吸附态 SO_2 与气相扩散至污泥基活性炭表面的氧气分子结合转化为吸附态的 SO_3，再与炭孔内的水结合生成硫酸，进一步进行吸附。因此，在满足温度条件的情况下，水或水蒸气的存是在 SO_2 转化成硫酸的必要条件。

参 考 文 献

[1] 廖传华，王重庆，梁荣，等. 反应过程、设备与工业应用[M]. 北京：化学工业出版社，2018.

[2] 廖传华，耿文华，张双伟，等. 燃烧技术、设备与工业应用[M]. 北京：化学工业出版社，2018.

[3] 李杰，潘兰佳，余广炜，等. 污泥生物质灰制备吸附陶粒[J]. 环境科学，2017，38(9)：3970~3978.

[4] 王崇均，彭怡，潭雪梅，等. 低有机质剩余污泥微波法制备活性炭及其吸附性能研究[J]. 西南师范大学学报(自然科学版)，2016，42(1)：159~163.

[5] 刘羽，陈迁，牛志睿，等. 花生壳基污泥活性炭的制备及其对含油废水的处理效果研究[J]. 环境污染与防治，2016，38(9)：43~47.

[6] 汤超，关娇娇，张明栋，等. 含油污泥吸附剂的研制及其吸附特性研究[J]. 石油炼制与化工，2016，47(1)：22~26.

[7] 罗清,刘琳,张安龙,等.废纸造纸污泥制备泥质炭吸附材料及其特性研究[J].中国造纸,2016,35(8)7~14.

[8] 阮超,周立婷,林怡汝,等.泥质活性炭在污水处理中的应用[J].再生资源与循环经济,2016,1:31~33.

[9] 黄佳蓉.利用活性污泥制备活性炭吸附罗丹明B的研究[J].闽南师范大学学报(自然科学版),2016,1:83~87.

[10] 王鹤,李芬,张彦平,等.污水厂剩余污泥材料化和能源利用技术研究进展[J].材料导报,2016,30(7):119~124.

[11] 赵子力.城市污水污泥和电镀污泥资源化利用对亚甲基蓝的吸附催化降解作用[D].上海:上海大学,2015.

[12] 金玉,任滨侨,赵路阳,等.秸秆-污泥吸附剂的研究进展[J].黑龙江科学,2015,6(1):19~20.

[13] 张燕京.TiO_2/污泥活性炭光催化剂的制备及其净化丙酮气体的研究[D].石家庄:河北科技大学,2015.

[14] 卫新来,俞志敏,吴克,等.KOH活化制备脱水污泥活性炭[J].应用化工,2015,44(3):463~465.

[15] 聂培星,徐建峰.污泥含碳吸附剂的制备及其在废水处理中的应用研究[J].化工管理,2015,32:195~196.

[16] 伍昌年.污泥活性炭制备及其吸附性能研究[J].应用化工,2015,44(1):1~3.

[17] 盛蒂,朱兰保,丁燕兰.微波法污泥活性炭的制备技术研究[J].西南民族大学学报(自然科学版),2015,41(1):40~44.

[18] 赵文霞,张燕京,韩静,等.炼油厂和城市污泥基活性炭的制备及性能研究[J].环境科学与技术,2015,38(2):130~133,150.

[19] 王家宏,张迪,尹小华,等.污泥活性炭的制备及其对酸性红G的吸附行为[J].环境工程学报,2015,9(1):58~64.

[20] 游洋洋,卢学强,许丹宇,等.复合污泥基活性炭催化臭氧氧化降解水中罗丹明B[J].工业水处理,2015,35(1):56~59.

[21] 何莹,舒威,廖筱锋,等.污泥-秸秆基活性炭的制备及其对渗滤液COD的吸附[J].环境工程学报,2015,9(4):1663~1669.

[22] 王俊芬.造纸厂脱墨渣污泥基活性炭的制备及应用[D].北京:北京林业大学,2015.

[23] 赵丽平.污泥活性炭的制备及其亚甲基蓝吸附性能研究[J].化学试剂,2015,37(1):69~72.

[24] 李寅明,张付申.污泥与建筑垃圾配合合成沸石基多孔吸附材料[J].环境科学与技术,2015,38(2):124~129,157.

[25] 庞道雄.氮官能化法制备污泥活性炭及其对高氯酸盐的去除研究[D].长沙:湖南大学,2014.

[26] 梁昕,宁寻安,林朝萍,等.响应曲面法优化印染污泥木屑基活性炭制备[J].环境工程学报,2014,8(11):4937~4942.

[27] 项国梁,喻泽斌,陈颖,等.响应面法优化甘蔗渣-污泥活性炭的制备工艺[J].环境工程学报,2014,8(12):5475~5482.

[28] 邓皓,王蓉沙,赵明栋,等.含油污泥制备高比表面积活性炭[J].山东大学学报(工学版),2014,44(2):69~75.

[29] 张长飞,丁克强,李红艺,等.污泥粉煤灰混合制备活性炭及其性能研究[J].化工装备技术,2014,35(2):14~7.

[30] 徐正坦,刘心中.成型磁性污泥活性炭的制备与分析[J].郑州大学学报(工学版),2014,36(1):81~84,111.

[31] 张伟,杨柳,蒋海燕,等.污泥活性炭的表征及其对Cr(VI)的吸附特性[J].环境工程学报,2014,8(4):1439~1446.

[32] 姬爱民, 崔岩, 马劲红, 等. 污泥热处理[M]. 北京: 冶金工业出版社, 2014.
[33] 张慧敏. 污泥包菜活性炭制备研究[D]. 武汉: 华中科技大学, 2014.
[34] 牛志睿, 刘羽, 李大海, 等. 响应面法优化制备污泥基活性炭[J]. 环境科学学报, 2014, 34(12): 3022~3029.
[35] 牛志睿, 刘羽, 郭博, 等. 污泥基活性炭制备及影响因素研究[J]. 环境卫生工程, 2014, 22(1): 37~41.
[36] 曹群, 李炳堂, 舒威. 污泥-秸秆活性炭制备过程热化学分析[J]. 环境工程学报, 2014, 8(10): 4433~4438.
[37] 曹群, 李炳堂. 污泥基活性炭深度处理垃圾渗滤液的研究[J]. 工业水处理, 2014, 34(9): 29~32.
[38] 陈友岚, 李炳堂. 污泥-秸秆活性炭深度处理垃圾渗滤液的研究[J]. 环境污染与防治, 2014, 36(2): 67~70, 75.
[39] 李依丽, 尹晶, 杨珊珊. 硫酸改性污泥活性炭对水中 Cr^{6+} 的吸附[J]. 北京工业大学学报, 2014, 40(6): 932~937.
[40] 何莹, 廖筱锋, 廖利. 污泥活性炭的制备及其在污水处理中的应用现状[J]. 材料导报, 2014, 28(7): 90~94.
[41] 王亚琛, 谷麟, 王妙琳, 等. Fenton 法制备污泥基活性炭及其性能表征[J]. 环境污染与防治, 2014, 36(8): 43~48.
[42] 黄学敏, 苏欣, 杨全. 污泥活性炭固定床吸附甲苯[J]. 环境工程学报, 2013, 7(3): 1085~1090.
[43] 刘宝河, 孟冠华, 陶冬民, 等. 污泥活性炭深度处理焦化废水的试验研究[J]. 环境科学与技术, 2013, 36(5): 112~116.
[44] 谷麟, 周晶, 袁海平, 等. 不同活化剂制备秸秆-污泥复配活性炭的机理及性能[J]. 净水技术, 2013, 32(2): 61~66.
[45] 方卢秋, 李秋. 脱水污泥活性炭的制备及其吸附特性研究[J]. 江西师范大学学报(自然科学版), 2013, 37(3): 306~309, 330.
[46] 李鑫, 李伟光, 王广智, 等. 基于 $ZnCl_2$ 活化法的污泥基活性炭制备及其性质[J]. 中南大学学报(自然科学版), 2013, 44(10): 4362~4370.
[47] 李依丽, 王姚, 李利平, 等. 污泥活性炭的制备及其性能的优化[J]. 北京工业大学学报, 2013, 39(3): 452~458.
[48] 包汉津, 杨维薇, 张立秋, 等. 污泥基活性炭去除水中重金属离子效能与动力学研究[J]. 中国环境科学, 2013, 33(1): 69~74.
[49] 吕春芳, 高盼盼. 微波技术再生污泥活性炭的研究[J]. 应用化工, 2013, 42(8): 1405~1407.
[50] 赵培涛, 葛仕福, 刘长燕. 低氧烟道气循环制备污泥活性炭[J]. 农业工程学报, 2013, 29(15): 215~222.
[51] 任爱玲, 符凤英, 曲一凡, 等. 改性污泥活性炭对苯乙烯的吸附[J]. 环境化学, 2013, 32(5): 833~838.
[52] 李雁杰. 造纸污泥颗粒活性炭的制备及其在生物流化床中的应用[D]. 济南: 山东大学, 2012.
[53] 左薇. 污水污泥微波热解制燃料与微晶玻璃工艺与机制研究[D]. 哈尔滨: 哈尔滨工业大学, 2011.
[54] 吴文炳, 陈建发, 黄玲凤. 微波制备污泥质活性炭吸附剂及其再生研究[J]. 应用化工, 2011, 40(6): 975~977.
[55] 王罗春, 李雄, 赵由才. 污泥干化与焚烧技术[M]. 北京: 冶金工业出版社, 2010.
[56] 方平, 岑超平, 唐志雄, 等. 污泥含炭吸附剂对甲苯的吸附性能研究[J]. 高校化学工程学报, 2010, 24(5): 887~892.
[57] 章圣祥. 城市污水污泥活性炭的制备技术研究[D]. 贵阳: 贵州大学, 2009.
[58] 江丽, 姬秀娟. 污泥衍生活性炭的制备影响因素与研究进展[J]. 化学工程与装备, 2009, 3: 116~118.
[59] 王红亮, 司崇殿, 郭庆杰. 污泥衍生活性炭制备与性能表征[J]. 山东化工, 2008, 37(2): 1~5.

[60] 张襄楷,季会明,范晓丹. 微波法制备污泥活性炭及其脱色性能的研究[J]. 炭素, 2008, 2: 40~43.
[61] 朱开金,马忠亮. 污泥处理技术及资源化利用[M]. 北京: 化学工业出版社, 2007.
[62] 任爱玲,王启山,郭斌. 污泥活性炭的结构特征及表面分形分析[J]. 化学学报, 2006, 64(10): 1068~1072.
[63] 郭爱民,任爱玲,张冲. 制药污水处理厂污泥制活性炭的研究[J]. 河北化工, 2006, 29(11): 57~59.
[64] 徐兰兰,钟秦,冯兰兰. 污泥吸附剂的制备及其光谱性能研究[J]. 光谱学与光谱分析, 2006, 26(5): 891~894.
[65] 余兰兰,钟秦. 由活性污泥制备的活性炭吸附剂的性质及应用[J]. 大庆石油学院学报, 2005, 29(5): 64~66.
[66] 万洪云. 利用活性污泥制备活性炭的研究[J]. 干旱环境监测, 2000, 14(4): 202~206, 225.

第9章 污泥热化学处理制建材

近年来,随着我国经济高速增长带来的建筑、房地产业的快速发展,新型建筑材料也不断被开发并投入市场。作为建筑基本材料之一的墙体材料,一方面面临着国家保护耕地,限制开采和使用黏土政策的实施,需向节土型产品方向发展和进一步拓宽原材料的来源渠道,以利于今后长期发展;另一方面,随着我国环境保护力度的不断加大,特别是江河整治、工业三废排放处理系统及城市污水处理系统的广泛建立,产生大量的污泥,如何避免大量的污泥对环境造成二次污染,解决污泥的出路是关键。利用污泥生产建筑材料,既解决了污泥的出路,也避免了对土地资源的破坏,是一种比较理想的污泥处置方式,有利于实现可持续发展。

污泥作为建筑材料利用,其处理(预处理和建材制造)的最终产物是可在各种类型建筑工程中使用的材料制品,因此,无需依赖土地作为其最终消纳的载体,例如,污泥填埋或农用,都需要根据污泥和处置土地的环境特征,采取相应的环境控制措施来保证其消纳的环境与健康安全性,并需有足够的空间作为消纳用地。正因为此,许多城市已无法提供足够的污泥消纳用地而面临困境。污泥建材利用不仅无需消纳用地,同时还可替代一部分用于制造建材的原料,具有资源保护与变废为宝的重要意义。

9.1 污泥建材利用的途径与发展

污泥建材利用的真正对象是其所含的无机矿物组分,因此对于各种类型的城市污泥,由于组分不同,其建材利用的价值和利用方法均有较大的不同。

9.1.1 污泥建材利用的途径与技术动向

污泥作为建筑材料利用,基本途径可按对污泥预处理方式的不同而分为两类:一是污泥脱水、干化后,直接用于制造建材;二是污泥进行以化学组成转化为特征的处理后,再用于制造建材,其中典型的处理方式是焚烧和熔融。一般而言,前者适用于主要由无机物组成的污泥,后者适合于含有机组分多的污泥。

随着世界经济的发展，对建材的需求量增大，包括水泥、砖瓦在内的建筑材料在生产过程中对黏土有大量的需求。黏土资源的大量开采，已严重影响到农田生产与水土保护，但这些材料仍是最大宗的建筑材料，因此，若能利用污泥替代黏土生产建筑材料，不仅变废为宝、解决污泥的污染问题，并且污泥资源合理利用还可缓解建材工业与农业争土的矛盾。正因为此，世界发达国家采用将污泥制建筑材料作为污泥资源化的重要手段，不仅解决了城市污水厂污泥处理与处置问题，并取得了较好的效益。

目前国内外城市污泥建材利用的研究方向主要有：

(1) 污泥制砖。

① 利用干化污泥直接制烧结普通砖

干化污泥制砖是将污泥干化(烘干或在室外自然晾干)，经过磨细处理后，与其他原料(如黏土)混合，加压成型，焙烧后制成污泥砖。干化污泥制砖可直接利用污泥，由于污泥中含有大量有机物，焙烧能够充分利用污泥燃烧产生的热能，从而节约能源。缺点是高温焙烧时，有机物转化为气体，致使污泥砖表面不平整，容易产生裂缝。随着污泥掺量升高，污泥砖性能下降明显，当污泥掺量高于30%时，抗压强度已不能达到砖的性能标准。在砖的焙烧过程中，还会有有害气体放出而造成空气污染。

② 利用污泥焚烧灰制砖

污泥焚烧灰制砖是将污泥干化处理后，经过焚烧(焚烧炉高温处理或热解炉低温处理)、筛选与其他原料(如黏土)混合，加压成型、焙烧后制污泥砖。

由于经过高温或热解处理，污泥焚烧灰含有的有机物极少，甚至不含有机物，其所含成分几乎与黏土相同，所以很适合作为烧结砖原料。焚烧灰的掺加量一般能达到50%以上，但是污泥焚烧灰制砖所需压力极大，采用100%的污泥焚烧灰制砖，成型压力一般要在90MPa以上。焚烧灰制做的砖还存在一些缺陷，如因为表面的湿气，会产生泛霜或长苔藓等现象。为了解决这些问题，可以对砖进行表面化学处理或提高烧结温度，但这必然会增加制砖成本，而且焚烧污泥还要消耗一部分能源。

③ 利用湿污泥制砖

给水厂湿污泥在不含或已经去除体积较大固体杂质的情况下，可以直接与其他原料(如黏土)混合，加压成型，焙烧后制成污泥砖。

湿污泥通过配一定体积比的其他原料，可以直接制砖。湿污泥制砖不仅利用了污泥中原有的水分，而且不需要对污泥进行复杂的预处理，节约能源。其掺入量按体积比一般在40%以上。但是湿污泥含水率较高，所以污泥掺入量不会太高。当污泥体积掺入量达到50%以上时，砖坯烘干后容易开裂。

④ 污泥制路面砖和地砖

用污泥制作地砖或路面砖能有效禁锢污泥中的重金属，而且较易为人们所接受。

⑤ 污泥制渗水砖

渗水砖的主要性能参数除抗压强度外，还表现在渗水系数。渗水系数是气孔分布、气孔率及气孔连接方式的综合反映。砖坯在焙烧过程中有机质在高温下分解成气体，气体在砖坯中由于压力作用外溢，从而形成孔洞，增加其渗水性。

⑥ 污泥制免烧砖

湿污泥、干化污泥或污泥焚烧灰加入骨料和黏合剂搅拌混合、成型、养护制成免烧砖。

其制作工艺简单、无污染，制成的免烧砖强度较高。但是污泥免烧砖表面容易产生白色霉菌，且随着污泥掺入量增加抗压强度下降明显。

⑦ 利用污泥制轻质节能砖

污泥中含有的有机质在高温焙烧后形成孔洞。当污泥含量较高时，孔洞率较高，制成的污泥砖质量较轻，但是抗压强度、抗折强度较低，一般用于墙体填充材料。

（2）利用城市污泥替代部分黏土烧制轻质陶粒。

（3）将污泥处理与水泥生产相结合，利用污泥灰渣作为水泥制品的原料，生产水泥。

（4）利用城市污泥中含有丰富的粗蛋白（有机物）与球蛋白酶等制成活性污泥树脂，再加工制造成生化纤维板。

（5）利用熔融石料化设备将城市污泥制成石料化熔渣。该熔渣不是玻璃质的，而是结晶化的，用户可将其与天然碎石等同使用，称之为污泥熔融石料化。

（6）利用污泥焚烧灰作为人工轻质填充料或作为混凝土的细填料。

（7）利用污泥作为城市固体废弃物填埋场覆盖材料，替代填埋场目前使用的黏土或农田耕土，既有利填埋场的生物植被，又有利土地资源保护。

（8）污泥经干燥固化并经特制熔炉煅烧，经冷却后形成玻璃态骨料作为建材利用，余热经回收利用。

9.1.2 国内外技术发展状况

城市污泥一经产生，不管经过何种处置，最终的消纳必定要占用一定场地和空间。污泥的陆地消纳有两种基本方式：一种是集中的，即被称为填埋的处置方式；另一种是农用，事实上是一种陆地分散稀释的处置方式。焚烧尽管能极大地减少污泥的质量与体积，但其残余物（灰渣）仍需进行适当处置和陆地消纳。正因为此，城市污泥处置面临困境，我国城市污水处理厂污泥处置问题尤为严重。

污泥含有重金属和有毒有害物质过高时，不宜作农肥施用，简单填埋又会造成二次污染。但污泥建材利用，可避免上述危害。从20世纪80年代开始，人们对污泥制作建筑材料进行了可行性研究，并出现了一些成功的研究成果与工程应用。例如：日本神户市1995年将污泥焚烧灰作为沥青混合材料的替代物，经试验证明取得良好效果；日本京都市利用熔融石料化设备，将污泥制成污泥石料化熔渣与天然碎石等同使用；新加坡理工大学利用污泥、石灰石和黏土进行黏结材料生产，经煅烧、磨碎等生产工艺，生产出优于美国材料试验学会规定的建筑水泥。我国上海水泥厂利用水泥窑，采用污泥均化、储存、磨碎、煅烧等技术生产出符合国家标准的水泥熟料，且排放废气达到国家控制标准。

日本东京都下水道局自20世纪80年代中期开始研究污泥制砖技术，通过烧结工艺生产污泥黏土混合砖、污泥焚烧灰制地砖和混凝土的填料等，现已形成规模生产。

日本以燃烧过的污泥粉为主要原料与污泥干粉或粉煤等可燃性粉末，按需要的发热量调配成混合料，加水造粒，在链式烧结机上烧成轻骨料。美国Nakouzis等研发了用污泥制成轻质陶粒，代替原来的污泥填埋处理，取得较好效益。我国自20世纪90年代中期也进行了污泥制轻质陶粒的研究，广州华穗轻质陶粒制品厂采用城市污泥替代河道淤泥或黏土烧制轻质陶粒获得成功，已用于生产实践，日处理污泥300t。

日本东京都Nambu污泥处理资源化厂于1996年建成一套生产装置，利用城市污泥生产人工轻质填料，生产规模为500kg/h。

利用城市污水污泥、工业污泥和粉煤灰作为原料，生产玻璃态骨料、轻骨料、矿渣水泥等，该技术可解决污泥农用、填埋、焚烧处理等方法不能实现完全无害化处理的不足。该技术对污泥的处理主要是将污泥干燥到固体含量为90%的干污泥，然后将干污泥在专门设计的特制熔炉中以1200~1300℃燃烧，使干污泥中的有机质完全燃烧，其他则熔化为玻璃体，经冷却后成为玻璃态骨料，余热经回收，产生蒸汽发电或再用于干燥污泥。玻璃态骨料的颗粒密度约为1.420kg/m³，堆积密度为700~1000kg/m³，可用于公路沥青骨料增加摩阻、作为研磨材料、作为水泥厂粉磨熟料时的添加料、生产抗磨陶瓷面砖、作为过滤材料、在高性能混凝土中代替普通砂。

美国利用污泥作为卫生填埋覆盖材料的研究已有成功的实践，替代城市固体废弃物填埋场覆盖材料的农田耕土或专用取土场的黏土。现在美国利用污水厂污泥作为城市固体废弃物（含有毒有害物）填埋场覆盖材料的实践正在逐渐普及。

污泥中含有大量的灰分，尤其是混凝法处理废水的污泥中含有大量的铝、铁成分，是建筑材料可用的添加剂。把污泥干化、磨细后，添加一定量的石灰，再高温焚烧制得熟料，磨细后即是水泥，其主要成分是SiO_2、CaO、Al_2O_3和Fe_2O_3，均系水泥的主要成分。污泥与石灰按1:1（质量比）配合，控温1000℃焚烧4h制得的水泥是一种有潜在价值的建筑材料。不过在用作建筑材料之前，有关其强度的提高、凝结特性和长期稳定性还需要进一步研究。同时，污泥中的重金属离子在高温焚烧过程中还会烧结固定在其中。由于成本高且人们对产品安全性能的忧虑，这一方法在我国仅有少数单位开始试验研究，在日本、新加坡等国已投厂应用。

9.2 污泥烧结制砖

污泥烧结制砖是将污泥干化（烘干或在室外自然晾干），经过磨细处理后，与其他原料混合（如黏土），加压成型，焙烧后制成污泥砖。

干化污泥烧结制砖可直接利用污泥，由于污泥中含有大量有机物，焙烧能够充分利用污泥燃烧产生的热能，节约能源。缺点是在高温焙烧时，有机物转化为气体，致使污泥砖表面不平整，容易产生裂缝。随着污泥掺量升高，污泥砖性能下降明显。当污泥掺量高于30%时，抗压强度已不能达到砖的性能标准。在砖的焙烧过程中，还会有有害气体逸出而造成空气污染。

9.2.1 烧结黏土多孔砖对黏土的要求

（1）适合制砖的天然黏土组分及特征

黏土是天然岩石经过长期自然风化作用形成的，其组分可分为两部分，一部分是黏土矿物，如叶腊石（$Al_2O_3 \cdot 4SiO_2 \cdot 3H_2O$），黏土矿物使黏土具有可塑性及黏性；另一部分是杂质矿物，如石英砂、云母、长石、黄铁矿、硫酸盐及有机物，杂质使黏土熔融温度降低及影响其可塑性。

黏土由不同颗粒组成。黏土质颗粒粒径小于0.005mm，尘土颗粒粒径为0.005~0.15mm。根据含黏土质颗粒不同，可分为黏土、亚黏土（砂质黏土）及砂土。制造黏土多孔红砖必须为黏土和亚黏土，亚黏土中黏土质颗粒含量要大于15%。黏土中烧失减重(有机物含量)较低，黏土可塑性较好。

根据耐火度可将黏土分为：耐火黏土，融化温度在1580℃以上，用来制造耐火砖及其他陶瓷制品；易熔黏土，融化温度低于1350℃，主要用来制造普通砖；难熔黏土，融化温度在1350~1580℃之间，主要用于制造铺路砖及陶瓷。

(2) 城镇污泥的组成及特征

城镇污泥焚烧灰和黏土的化学成分比较见表9-1，黏土的主要化学成分为SiO_2、Al_2O_3和结晶水，还有少量碱金属氧化物(K_2O、Na_2O)、碱土金属氧化物(CaO、MgO)、着色氧化物(Fe_2O_3、TiO_2)等。城镇污泥的化学组分中，SiO_2在49%~57%之间，Al_2O_3在18%~22%之间，Fe_2O_3在5%~6%之间。可见，城镇污泥的成分可类比自然界黏土的成分组成，SiO_2含量略偏低，Al_2O_3略偏高。

表9-1 污泥焚烧灰和黏土的化学成分 %

主要成分 (质量分数)	污泥灰				黏土			
	灰1	灰2	灰3	灰4	黏土1	黏土2	黏土3	黏土4
SiO_2	36.2	36.5	30.3	35.2	67.1	55.9	66.6	61.8
Al_2O_3	14.2	12.3	16.2	16.9	13.4	15.2	18.0	20.7
Fe_2O_3	17.9	15.1	2.8	5.6	5.6	6.1	7.6	6.7
CaO	10.0	13.2	20.8	16.9	9.4	12.2	1.1	0.5
P_2O_5	1.5	13.2	18.4	13.8	0.1	0.2	0.1	0.2
Na_2O	0.7	0.6	0.7	0.7	0.3	0.5	0.2	0.2
MgO	1.5	1.5	2.5	2.8	0.9	6.0	1.6	1.0

黏土类原料是烧结砖、陶瓷、耐火材料、水泥工业的主要原料之一，这就意味着生活污泥或污泥灰可作为制备这些非金属材料的原料或添加剂。

城镇污泥颗粒级配分布：污泥属黏土范围，粒径都小于74μm，无砂粒存在，粉粒约占60%，黏粒约占40%，湿污泥非常细腻。

城镇污泥中杂质最大含量(称为烧失减重)为11%~15%，这对污泥制砖坯和烧结成品砖是最不利的因素之一，因为烧失减重越大，说明污泥中有机物含量越大，制砖坯时，晾干裂缝可能性就越大，砖坯进窑烧结时龟裂程度就越大。

城镇污泥的可塑性是一个不可逆的现象，脱水污泥含水率在45%~50%时污泥可塑性极佳，随着日晒或风吹，污泥表面水分逐渐干燥后，污泥逐渐变硬，边角锋利，污泥中细微颗粒逐渐变粗，失去可塑性能，若再向变硬的污泥中渗入水分，经研磨污泥就变成细砂，完全失去了黏性和可塑性，这说明脱水污泥的可塑性呈单向存在，不可再生，这可能和脱水污泥中投加了高分子PAM有着密切的关系。要改变污泥的塑性，可将硬块污泥细磨成粉再重新加入可塑性的材料，才能恢复污泥的塑性指标。

(3) 城镇污泥与天然黏土性质的异同分析

对天然黏土与城镇脱水污泥的组分和特征加以比较可知，城镇脱水污泥的化学组分与天然黏土的化学组分基本相似，污泥颗粒粒径比天然黏土颗粒粒径更细小，从脱水机外排的城镇脱水污泥可塑性不亚于天然黏土的可塑性。天然黏土和城镇脱水污泥性质的异同分析见表9-2。

表9-2 天然黏土和城镇脱水污泥性能的异同分析

对比项目		天然黏土	城镇脱水污泥
化学组分	同	天然黏土组分由两部分组成：黏土矿物和杂质矿物，前者主要成分为高岭土和铝盐矿物，如叶蜡石($Al_2O_3 \cdot 4SiO_2 \cdot 3H_2O$)，后者含有石英砂、云母、长石、黄铁矿、硫酸盐以及有机物等杂质	城镇脱水污泥主要成分 SiO_2 含量50%左右，Al_2O_3 含量占20%左右，其他组分和有机物约为30%
	异	天然黏土杂质组分中有机物含量小	城镇脱水污泥的组分含有机质，烧失减重高达15%
粒径大小	同	天然黏土由不同颗粒组成，黏土质粒径较小，小于0.005mm；尘土质粒径中等，0.005~0.15mm；砂土质粒径较粗，0.15~5mm。制黏土陶粒砖瓦的为黏土和亚黏土，黏土质颗粒含量大于15%	城镇脱水污泥颗粒由粉粒和黏粒组成，粉粒（平均泥样）粗39.1%、细20.8%；黏粒（平均泥样）粗40.1%、细31.6%~46.6%
	异	天然黏土、砂粒、粉粒、黏粒级配齐全，黏土由不同颗粒组成	城镇脱水污泥颗粒只由粉粒和黏粒组成，缺少砂粒
可塑性	同	黏土和亚黏土加入适量水调制后，可捏塑成各种形状，既无裂缝又能保持原形。当黏土质颗粒含量多、颗粒细、级配好时，颗粒比表面积大，吸水多，胶体多，可塑性好	根据城市污泥颗粒粒径级配组成，属亚黏土。机械脱水后的给水厂污泥（含固率40%左右）可堆积，但成型较差，当在堆场滞放两三日后，其含固率达70%左右，这时的污泥可塑性较好
	异	当天然黏土晾干后加入适量水分可以恢复黏土的可塑性	当污泥干燥后，经粉碎再加入适量水分调制后污泥失去黏性和可塑性，特别是脱水污泥加过阳离子PAM

（4）黏土或污泥制多孔砖焙烧时的物理化学变化

砖坯在干燥和焙烧过程中体积会发生收缩。干燥过程的收缩称为气缩。气缩是砖坯中自由水分蒸发、黏土颗粒互相靠近的结果。含水量大、可塑性好的黏土气缩大，普通黏土砖气缩5%~12%。加入煤粉或煤渣粉等的黏土砖坯体的气缩大大减少。

砖坯体在焙烧过程中，由于化合水的排除和部分烧结物质填入空隙后，体积缩小，这种收缩称为烧缩。烧缩率一般为1%~2%，掺入适量的石英类砂粒，可以使制品尺寸准确。自然黏土及城镇脱水污泥掺合制成的砖坯烧结多孔红砖的烧成温度在900~1050℃，若要坯体烧成合格产品，必须根据脱水污泥的特性和化学组分以及掺合自然黏土的比例，通过试验，筛选最佳烧成温度。

焙烧温度的变化对砖坯体变成红砖制品的过程与焙烧时的物理化学变化有着直接的影响，见表9-3。

表9-3 污泥、黏土焙烧时的物理化学变化

焙烧温度	物理化学变化	变化说明
20~110℃	自由水分蒸发，吸附水开始蒸发	变干

续表

焙烧温度	物理化学变化	变 化 说 明
430℃以上	高岭土逐渐失去结合水	不再有可塑性
750℃	结合水完全失去，形成偏高岭石($Al_2O_3 \cdot SiO_2$)	有机物全部被烧掉
800~900℃	碳酸盐分解放出 CO_2，生产 CaO、MgO 及 Fe_2O_3，$4FeS+11O_2 \longrightarrow 8SO_2+2Fe_2O_3$	空隙变大、坯体颜色变红
900~1050℃	偏高岭土开始分解出游离 Al_2O_3 和游离 SiO_2	开始出现液相
>1050℃	CaO、MgO、Al_2O_3、SiO_2 反应生成易熔硅酸盐，将其他杂质固体黏结起来	液相增加，烧结收缩，空隙率下降
温度更高	结晶生成 $Al_2O_3 \cdot SiO_2$ 及 $Al_2O_3 \cdot 2SiO_2$ 两种新的铝酸盐	制品强度提高，耐热性提高，化学稳定性提高

9.2.2 污泥替代黏土烧结制砖的技术难点

城市污泥中含有有机碳和大量的水，含有有机碳说明污泥有一定的热值，其燃烧热值在 10kJ/g 左右，可为材料的烧结提供一定的能量。生活污泥燃烧的污泥灰中的 SiO_2 含量远低于黏土中的含量，Fe_2O_3 与 P_2O_5 的含量比黏土中的高 10% 左右，重金属含量比黏土中的要多，其他含量基本接近，因而生活污泥燃烧后的产物与黏土的组成基本接近。用黏土制砖时加一定量的干生活污泥一般是可行的，因其具有的燃烧热值，还可以节约能源。

然而，由于污泥脱水时投加了 PAM 高分子絮凝剂，因此对污泥的物理特性有很大的改变，特别在脱水污泥逐渐失去水分时，污泥可塑性变得很差，干枯后的脱水污泥边角锋利，若将较干燥的脱水污泥与自然黏土混合制多孔砖坯时，混合泥样在炼泥时很难均匀，甚至硬的泥块还可能影响炼泥挤压滚轮的正常运转；在泥样制砖坯时，影响泥样的抽真空度，切割后的砖坯存在大量毛刺和裂纹，造成焙烧后的多孔砖产品抗压强度降低，吸水率增大。

采用较湿的脱水污泥与自然黏土混合制多孔砖坯时，往往需要在原料输送带上增加一些干粉(废砖屑粉碎后的粉粒)经搅拌、炼泥、压条，同样对原料抽真空度产生影响，制出的砖坯裂纹毛刺也较多，当然对焙烧后多孔砖的抗压强度和吸水率等质量指标均有很大影响。

脱水污泥烧结多孔砖的技术难点、造成技术难点的原因以及解决措施见表 9-4。

表 9-4 脱水污泥烧结多孔砖的技术难点及对策

	技 术 难 点	造成技术难点的原因	解决措施
1	塑化法制砖，脱水污泥较潮湿时制砖影响了砖坯成型与砖坯进窑产品的烧结质量	脱水污泥由于投加了高分子絮凝剂，所以污泥在潮湿时(含固率在 40%~70%)有很好的可塑性，若此时将污泥烧砖，显然需在污泥内掺入适量干粉(烧砖时废料磨碎的干粉)，此时严重影响了制坯时抽真空度从而使砖坯毛刺增多，坯体密实度降低，烧结的多孔砖空隙率大，使产品 5h 沸煮吸水率增大	脱水污泥制砖坯时不采用直接塑化法制砖坯，采用粉磨法制砖坯，可以增加砖坯的密实度，减少砖坯的毛刺现象

续表

	技术难点	造成技术难点的原因	解决措施
2	脱水污泥存在状态（干枯），影响污泥塑性指数，影响炼泥时挤压滚轮的正常运行功能	脱水污泥由于投加过高分子 PAM，因此污泥在干枯时，泥块变硬，边角锋利，再加水时，失去黏性。若脱水污泥中干枯的污泥混入污泥制砖坯流水线时，还会影响炼泥挤压滚轮的正常运转，从而影响流水线系统正常运行	将脱水污泥晒干，进行粉磨，破坏高分子絮凝剂分子网状结构，粉磨粒径在 1.2mm 以下，重新加水陈化，此时脱水污泥塑性指数增加，黏性增大
3	脱水污泥组分中，烧失减重偏高，影响了多孔砖烧结质量	由于脱水污泥烧失减重达 13%~15%（相对说明污泥中有机物含量较高），当轮窑内温度达到 750~900℃ 时，碳酸盐、硫酸盐全部分解放出气体，有机物全部被烧掉，烧失减重太大，不但影响了多孔砖的抗压强度，还影响砖的吸水率大小和外形尺寸	适量掺入烧失减重小的河道淤泥或自然黏土
4	脱水污泥颗粒粒径细，粉粒粒径偏多，影响了多孔砖烧结质量	烧结多孔砖的自然黏土，其砂粒、粉粒、黏粒均匀搭配，其黏粒颗粒含量一般大于 15%，而脱水污泥没有砂粒只有粉粒和黏粒，而且黏粒含量大于 50%，用脱水污泥制成的砖坯外表看上去很细腻，但进窑烧结时产品易产生裂缝	掺入适量自然黏土或河道淤泥，增加原料中砂料成分，使原料中砂粒、粉粒、黏粒均匀搭配，也增加了原料的塑性

9.2.3 污泥制砖发展现状

基于污泥焚烧技术的大规模应用和该技术处理污泥比例的进一步上升，以及污泥焚烧灰在填埋过程中所必须面对的越来越严格的环境法规要求，污泥焚烧灰的处理与再利用问题日益严峻。污泥焚烧灰制砖技术操作简单，产品可销往市场从而平衡污泥处理成本，因此，污泥焚烧灰制砖技术在日本受到了越来越多的重视。

东京市政府和 ChugaiRo 公司合作开发了利用污泥焚烧灰制砖的技术，第一个完整规模的工厂于 1991 年在南部污泥处理厂投入运行，能每天用 15t 焚烧灰生产 5500 块砖。这项技术的优越性在于能利用 100% 的焚烧灰而不加任何添加剂，而且砖块在恶劣环境下也没有金属渗出。目前已经有 8 座完整规模的厂用 100% 的污泥焚烧灰制砖，制成的砖被广泛用于公共设施，如作为广场或人行道的地面材料。

利用污泥制砖在其他很多国家同样得到了重视。新加坡从 1984 年开始就有将污泥与黏土混合制砖的报道。干化污泥和黏土的混合物被碾磨、成型并在 1080℃ 的窑内焙烧 24h。通过对产品的密实度、吸水率、收缩性等参数的对比，表明干化污泥与黏土混合制砖的最大掺加比例是 40%。对污泥焚烧灰与黏土混合制砖的研究结果表明，制成的砖的强度比用干化污泥制成的砖要高。如果加 10% 的污泥焚烧灰，强度和普通黏土砖一样。焚烧灰与黏土混合制砖的最大掺加比例是 50%。英国斯塔福德大学的研究使砖块制造者认识到在原料中加一定比例的污泥焚烧灰有可能代替加沙子来造砖。将沙子换成同等质量的污泥焚烧灰做对比试验，物理性能测试结果表明：加污泥灰对产品的陶瓷性质有正面影响，烧成后的颜色也没有很大变化。

同济大学用城市排水管污泥预处理后与黏土混合烧制成砖，试验砖块的抗折强度和抗压强度达到了国标50号砖的要求，表明用排水管污泥制砖具有可行性，而且由于污泥中含有一部分有机物，烧制过程会产生热量，因此还能够节省一部分烧砖的能源。南京制革厂采用制革脱水污泥（含水率60%~70%）、煤渣、石粉、粉煤灰、水泥等参照制砖厂"水泥、炉渣空心砌块"生产工艺进行批量试验，从批量试验结果来看，制革污泥在常温下用水泥做结合剂成型，砌块的浸出液中含铬量是很低的，可视同为无二次污染；砌块的物理性能检测虽不合格，但距标准值较为接近，只需经过适当的处理，降低污泥中的油脂、有机物等含量，并提高砌块中的水泥比例，制革污泥是可以通过制砌块而得到综合利用的。虽然我国在污泥制砖方面的研究较多，但缺乏工程应用，所以今后应结合经济效益进行投资、收益的估算，并借鉴国外经验，开发污泥前处理及混合焙烧等成套工艺及配套设备，才能将污泥的制砖利用付诸实际。

9.2.4 烧结砖生产工艺

由于污泥与黏土成分区别不大，利用城市污泥制备烧结砖的方法和生产工艺与常规烧结砖一致，只需要在原料制备和成型工艺上稍做改进即可实现，因此得到了广泛的应用。因地制宜地采用各种掺杂材料来制备烧结砖是国内制砖行业发展的新方向，这些掺杂材料包括粉煤灰、煤矸石、河道淤泥、工业废渣、生活污泥等。

利用生活污泥制砖有两种工艺方式：一种是污泥焚烧灰制砖，另一种是干化污泥直接制砖。

将污泥焚烧灰与黏土混合制砖，可不掺杂添加剂单独制砖，也可与黏土掺和制砖，砖的综合性能好，但没有利用污泥的热值。干化污泥制砖，由于污泥中有机质在高温下燃烧导致砖的表面不平整、抗压强度低等，但利用了污泥的热值，且价格低，在制砖过程中应对污泥的成分进行适当调整，使其与制砖黏土成分相当。

污泥制砖的工艺过程分为原料制备、成型、干燥和烧制，基本流程如图9-1所示。将含水90%~97%的污泥注入板框压滤机，在1.6~2.0MPa的压力下保压35~45min，以将污泥中的水分脱掉；保压完成后，卸压放料，污泥的含水率达到70%~80%。采用干污泥制砖则应将压滤脱水的污泥干燥，干燥污泥制备成适当的粒度后，与掺和料配料后进行制砖。如果是采用污泥灰制砖，则是将污泥经过浓缩、脱水、干燥后进行焚烧制备成污泥灰，掺入原料制砖。经过带反击板的锤式破碎机加工的黏土由皮带输送机送到电磁振动筛筛分，细料被直接送到双轴搅拌机与处理后的污泥（污泥灰）加水搅拌，拌和时间为10min左右；粗料送到高速笼式破碎机进一步粉碎。一般对原料颗粒级配进行如下控制：粒径小于0.05mm的粉粒称为塑性颗粒；粒径为0.05~1.2mm的称为填充颗粒；粒径为1.2~2mm的称为粗颗粒。合理的颗粒组成为：塑性颗粒35%~50%，填充颗粒20%~65%，粗颗粒小于30%。

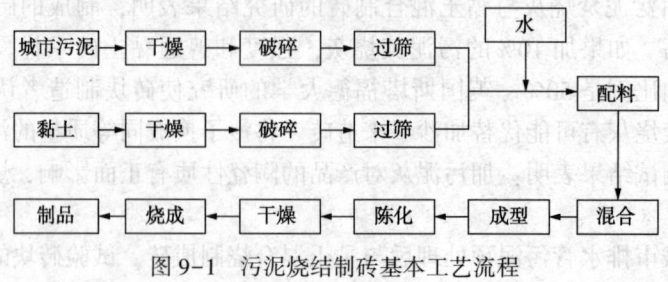

图9-1 污泥烧结制砖基本工艺流程

成型是烧制的重要前提。采用半干压成型，配料含水率和压制强度对其烧制成品的抗压强度有重要影响。采用压砖机生产砖坯，成型含水率13%～14%，湿坯强度完全能满足码垛13层的要求。采用较细的高强度钢丝切割砖坯，湿坯由运坯机送入陈化库陈化，陈化72h以上，经陈化后的物料塑料指数大于7。陈化后的砖坯直接码上窑车，推向转盘，转向进入干燥室，由摆渡推车机推动前进。干燥室顶上设有排潮孔，排除干燥过程中蒸发出来的潮气。热风机将焙烧窑和冷却带的热风鼓入热风道，作为干燥热源由热风道的进风口进入干燥室干燥砖坯，风量由阀门调节。砖坯经过干燥后进入密封室，摆渡车将窑车渡到隧道窑预热段口，由推车机推入窑内进行一次码烧。

　　隧道窑设有排烟系统、抽余热系统、燃烧系统、冷却系统、车底冷却、压力平衡系统、温度压力测控系统和窑车运转系统。隧道窑断面温差小、保温性能好、焙烧热工参数稳定，能保证烧成质量。排烟系统由排烟风机和风管组成，用于排除坯体在预热过程中产生的低温、高湿气体及焙烧过程中产生的废气。抽余热系统中的预热段高温余热抽出系统保证半成品均匀平稳地升温，使坯体中物理化学反应更充分地进行，以消除黑心、压花、裂纹、哑音等制品缺陷；冷却带余热利用系统将窑内冷却带余热用于成型后湿坯的干燥。冷却系统由窑尾出车端门上的风机和窑门等组成，可使坯体出窑时得到强制冷却，缩短窑的长度，降低窑炉建设投资。燃烧温度、压力检测、控制系统用来准确控制焙烧温度和保温时间（取决于制砖原料的烧结性能，如干污泥砖中含有大量的有机物，其内燃值大，起着助燃剂作用，因而其烧结温度比污泥灰砖低）。车底冷却、压力平衡系统使各部位窑车上下压力保持平衡，减少了窑车上下气体流动和窑内坯垛上下温差；窑车底部的冷却系统保证了窑车在良好的状态下运行；窑车运转系统由顶车机、出口拉引机等组成，保证窑车按制度进出车。

　　污泥制砖对污泥的预处理要求高，烧制砖的成本比一般的黏土制砖要高，但论及污泥的处理成本而言，干化焚烧1t污泥的处理成本需要近1000元，而污泥除臭除毒后制砖利用的处理成本每吨不到200元，使污泥处理具有实际操作意义。

　　对于污泥制砖而言，先将含水量高达85%的污泥脱水，同时投加化学药剂进行注水洗涤，使其中的含氮有机物得到处理，并破坏污泥胶体；然后加入石灰、铁盐、氯化物等分解其中产生臭味的有机物，进行除臭；最后投加化学药剂将其中的有害重金属转化为无害物质，进行除毒。

　　值得注意的是，因污泥中含有大量有机物，焚烧或烧砖时都有有害气体放出和恶臭气体的产生，特别是在加热条件下恶臭非常强烈，二次污染问题和恶臭治理往往成为污泥利用过程中需首要解决的难题。

9.2.5　产品质量检测

　　根据资料报道，利用污泥和黏土制砖，当污泥含量为10%时，在1000℃下烧制，制得的污泥砖与黏土砖强度一样；当污泥含量为20%时，在1000℃下烧制，可满足中国的Ⅰ类标准；当污泥含量为30%时，在1000℃下烧制，可满足中国的Ⅱ类标准；在污泥含量为10%、含水率为24%时，在880～960℃温度范围内烧制，可以得到优质的污泥黏土砖。

　　污泥灰砖的烧成收缩率基本上低于8%。在干污泥砖中，烧成收缩率随污泥含量的增加而相应增加，呈近似线性关系。由于干污泥的有机质含量远高于黏土，污泥的加入提高了烧成收缩率，导致砖的性能降低。烧成温度也是影响烧成收缩率的重要参数，通常提高烧成温度，烧成收缩率上升，但烧结温度不能过高，以免把砖烧成玻璃体。污泥含量与烧成温度是控制烧成收缩率的关键因素。据有关文献报道，在干污泥砖中，污泥含量低于10%、烧成温度低于1000℃时，其烧成收缩率符合优质砖标准。

抗压强度也是衡量砖性能的重要指标之一。抗压强度极大地依赖于污泥的含量与烧成温度。干污泥的抗压强度随干污泥含量的增加而降低，随烧成温度的升高而升高。10%含量的干污泥砖在1000℃烧成，其抗压强度为二级品。在污泥灰制砖中，P_2O_5含量越高，SiO_2含量越低，其软化性越强；污泥灰砖的抗压强度还依赖污泥灰中铁和钙的含量，铁含量的增加使得砖体抗压强度提高，钙则使其降低。

吸水率是影响砖耐久性的一个关键因素，砖的吸水率越低，其耐久性及对环境的抗蚀能力就越强，因此砖的内部结构应尽可能致密，以避免水的渗入。不同污泥含量的污泥灰砖和干污泥砖的吸水率试验表明：随着污泥含量的增加与烧成温度的降低，砖的吸水率升高。在污泥灰制砖中，污泥灰起着造孔剂的作用，其吸水率比黏土砖高。在干污泥制砖中，污泥降低了混合样的塑性和黏结性能，烧制后的污泥砖内部微孔尺寸增加，其吸水率比污泥灰砖还高。

污泥制砖的产品性能可根据《烧结普通砖》(GB 5101—2017)标号和分类等。

9.2.6 污泥烧结制砖的优缺点分析

利用污泥烧结制砖，实现了污泥的资源化，具有良好的社会效益。在煅烧过程中将有毒重金属封存在砖坯中，杀死了有害细菌。污泥砖质轻、孔隙多，具有一定的隔音、隔热效果等优点。

在污泥制砖过程中，因污泥中含有大量的有机物，无论是污泥灰的制作过程还是污泥砖的烧制过程，恶臭非常强烈，应考虑二次污染的控制问题。另外，污泥制砖对污泥的预处理要求高，烧制砖的成本比一般的黏土制砖要高，这些问题还有待于进一步的探索研究。

9.3 污泥制免烧砖

近年来，我国免烧免蒸砖(以下简称免烧砖)的发展非常迅速，特别是以各种工业废料、城市固体废弃物等制作免烧砖的企业得到了迅速发展。

9.3.1 生产免烧砖的原料

免烧砖是以固体废弃物为集料，水泥、石灰等为胶结料，配以外加剂压制成型后，经自然养护而成的。生产固体废弃物免烧砖的原材料一般包括三大部分：固体废弃物、固化剂和外加剂。

(1) 固体废弃物

在免烧砖的生产中，固体废弃物主要起集料作用。许多固体废弃物都可以用来生产免烧砖，包括电厂粉煤灰、钢厂矿渣、有色金属冶炼厂冶炼渣、各种矿业尾矿、煤矸石、生活垃圾、陶瓷废料、铝厂赤泥、铸造废砂、电解铜渣、化学废石膏及化学石灰、建筑废砖、建筑垃圾等。

各种固体废弃物的化学成分、矿物成分、有害物质及在利用时的正副作用都不尽相同，因此利用固体废弃物生产免烧砖时，应在分析各种废渣的特性之后，根据其强度形成机理，制定出合理的配方。有的固体废弃物在加入适量的固化剂和外加剂之后，可以单独用来制造免烧砖，如利用粉煤灰，加入河砂和石灰、石膏、水泥及复合外加剂，可生产出28天强度达到31MPa的固体废弃物免烧砖；在经过预处理的铅锌尾矿中加入适量水泥和外加剂，可制造出不低于MU10的固体废弃物免烧砖。

大部分研究是将几种固体废弃物相互搭配，优劣互补或优势协同来进行利用。研究较多的是将粉煤灰和钢渣结合起来制造免烧砖，粉煤灰和钢渣中的活性成分在固化剂和外加剂的作用下得以激发，满足砖的强度要求。粉煤灰粒径比较小，单独制砖缺少大颗粒的骨料作用；而具有较大粒径分布的钢渣可满足此条件。由此生产的免烧砖性能较优，如利用包钢的粉煤灰和钢渣制造出MU10~MU15的免烧砖。

在确定固体废弃物免烧砖配方时，不但要尽量提高废弃物的掺量，同时应尽量利用各种废弃物本身有利于生产免烧砖的特性，从而尽量降低固化剂和外加剂的加入量，以降低砖的生产成本。

此外，有些固体废弃物因具有放射性，不宜或不能大量用于制砖，使用前应先对其进行放射性检测。有些固体废弃物如粉煤灰，使用前必须先进行预处理，除去草根及杂物，有的还需碾磨到需要的粒径后才能使用；如转炉排出的废钢渣，需先经过磁选，剔除块状钢块后，再通过湿法球磨磨到需要的粒径。

废渣粒径的大小决定生产固体废弃物免烧砖时是否需要另外再加入骨料。在固体废弃物免烧砖的配料中，掺加适量颗粒级配合适的骨料可防止砖分层，减少分缩，改善成型时砖坯的排气性能，增加密实度，从而提高砖的强度和耐久性，并可节约胶结料用量，降低成本。

作为骨料的砂有河砂、山砂和海砂三种。因山砂具有锐利的棱角，能和水泥较好地结合而使砖具有较高的强度，所以选用山砂较好。一般能用于建材的砂都可用于固体废弃物免烧砖的生产。事实上，有的废渣本身就具有骨料的作用，如钢厂生产的钢渣、煤矸石、矿业尾渣等。

（2）固化剂

固体废弃物免烧砖的固化剂是指将分散状的各种原材料在物理、化学的作用下，固结成具有一定强度的胶结材料，如水泥、石灰、石膏等。

水泥在生产固体废弃物免烧砖时，既是胶结剂，又是活性激发剂，其有效成分硅酸一钙和硅酸二钙等对砖的初期强度和后期强度贡献较大。一般选用高碱性的32.5号普通硅酸盐水泥。水泥的加入量越多，对固体废弃物免烧砖的耐久性越有益。可是随着水泥加入量的增加，砖的成本增加。为了降低成本，许多生产厂家试图采用适当的固体废弃物相互配合或是借助外加剂的作用，在保证砖强度的前提下，尽量少加甚至不加水泥。如在利用赤泥和粉煤灰制造免烧砖时，只加入一些碱性激发剂和硫酸盐激发剂，砖的强度就能达到MU15以上。

生石灰熟化成氢氧化钙对水泥的早期强度和后期强度均有重要的作用，它同时是固体废弃物免烧砖成型的胶结剂和碱性激发剂，但是有些工艺，特别是后期需采用蒸汽养护的固体废弃物免烧砖利用熟石灰可以简化工艺，减少砖在厂里停留的时间，缩短砖及资金的周转时间。

石膏是生产固体废弃物免烧砖的硫酸盐激发剂，同时它和石灰能产生协同效应，起着促进剂的作用，对固体废弃物免烧砖的强度起着直接和间接的作用。一般使用天然石膏效果较好。为降低成本，也可以使用工业化学石膏，如工业磷石膏。

在固体废弃物免烧砖的生产中，固化剂可以单独使用，如水泥。而大多数情况下，可视具体情况将几种固化剂结合起来使用，如将石灰和石膏结合使用，或是石膏、石灰、水泥一起使用，效果都不错。当然，应用在固体废弃物免烧砖中的固化剂远不止上述三种，还有一些硫酸盐类等。一些固体废弃物（如碱渣等）也可以在砖的配合料中充当激发剂的作用。

(3) 外加剂

固体废弃物免烧砖可以借助外加剂来提高强度，改善性能，稳定质量。外加剂有很多种，用于固体废弃物免烧砖生产的主要有：塑化剂（即减水剂）、早强剂、抗冻剂等。

固体废弃物免烧砖配合料的混合均匀性会直接影响砖的最终强度。一般情况下，为了提高配合料的混合均匀度，除了加强搅拌外，加入减水剂能有效增加配合料的流动性，大幅减少拌合用水量，从而提高砖的密实度、强度、抗冻、抗渗等性能；另外，由于减水剂的分散作用，使得各物料接触的表面积增加，从而有利于提高反应速率。

生产固体废弃物免烧砖时，掺入的减水剂多是亲水性的表面活性物质。常用的有木质素类，如木质素磺酸钙等。早强剂是提高制品早期强度的外加剂，无论是无机盐类、有机盐类，还是无机-有机复合早强剂，它们都依靠加速配合料的水化速率来提高砖的早期强度。使用较多的早强剂有氯化钠、氯化钙、二乙醇胺、乙酸胺硫酸盐复合早强剂等。另外，生产固体废弃物免烧砖时，几种外加剂复合使用会产生协同效应，比单独使用某种外加剂的效果更明显。

9.3.2 免烧砖生产工艺

通常采用的固体废弃物免烧砖的生产工艺流程如图 9-2 所示。图中的虚线部分根据实际情况为可选的工艺。

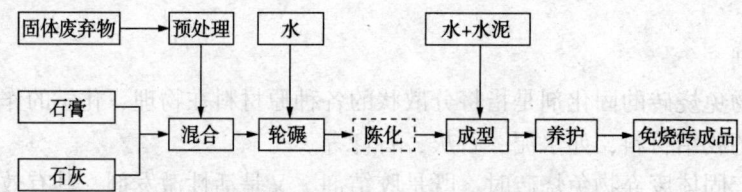

图 9-2 免烧砖的生产工艺流程

在免烧砖生产中，需要注意如下事项：

① 如果用的是干料，需在轮碾时加入适量的水；如果料中本身已含有水分，视情况可不加或少加水；

② 使用生石灰作固化剂需要陈化，而使用熟石灰则可以免去陈化过程；

③ 如需要加水和水泥，应在成型之前加入；

④ 加水量、成型压力等工艺参数对砖强度的影响比较大，相应的参数均需要通过试验确定。

9.3.3 免烧砖强度形成原因

固体废弃物免烧砖的强度主要来源于以下四个方面：

(1) 物理机械作用

生产固体废弃物免烧砖时，搅拌机和轮碾机对配合料的充分混合有利于外加剂对物料活性的激发和物料之间的反应，对砖的强度提高起到重要作用。

固体废弃物免烧砖的初期强度是在砖坯压力成型过程中获得的。成型不仅使砖坯具有一定的强度，同时使原材料颗粒间紧密接触，保证了物料颗粒之间的物理化学作用能够高效进行，为后期强度的形成提供了条件。一般固体废弃物免烧砖的成型压力要求不低于20MPa。实验结果表明，在其他条件相同时，固体废弃物免烧砖的强度随成型压力增加而提高；如果没有高压成型作用，即使加入水泥和石灰，也无法使免烧砖成型后形成高强度。

(2) 水化反应

水泥、石灰等胶凝材料的水化产物提供固体废弃物免烧砖的早期强度，主要的水化反应如下：

$$3CaO \cdot SiO_2 + mH_2O \longrightarrow xCaO \cdot SiO_2 \cdot yH_2O + (3-x)Ca(OH)_2 \quad (9-1)$$

$$2CaO \cdot SiO_2 + nH_2O \longrightarrow xCaO \cdot SiO_2 \cdot yH_2O + (2-x)Ca(OH)_2 \quad (9-2)$$

$$4CaO \cdot Al_2O_3 \cdot Fe_2O_3 + 7H_2O \longrightarrow 3CaO \cdot Al_2O_3 \cdot 6H_2O + CaO \cdot Fe_2O_3 \cdot H_2O \quad (9-3)$$

$$CaO + H_2O \longrightarrow Ca(OH)_2 \quad (9-4)$$

生产固体废弃物免烧砖的原料（如粉煤灰、黏土、炉渣）中，含有大量的活性氧化硅和活性氧化铝等，在外加剂的作用下与氢氧化钙发生水化反应，生成类似水泥水化产物的水硬性胶凝物质水化硅酸钙、水化铝酸钙等，从而不断提高砖的强度。反应式如下：

$$xCa(OH)_2 + SiO_2 + mH_2O \longrightarrow CaO \cdot SiO_2 \cdot nH_2O \quad (9-5)$$

$$xCa(OH)_2 + Al_2O_3 + mH_2O \longrightarrow CaO \cdot Al_2O_3 \cdot nH_2O \quad (9-6)$$

另外，$Ca(OH)_2$吸收空气中的CO_2生成$CaCO_3$晶体结构，即

$$Ca(OH)_2 + CO_2 \longrightarrow CaCO_3 + H_2O \quad (9-7)$$

原料中如有石膏存在时，还有如下反应：

$$xCaO \cdot Al_2O_3 \cdot nH_2O + xCaSO_4 \cdot 2H_2O \longrightarrow xCaO \cdot Al_2O_3 \cdot SO_3 \cdot (n+2)H_2O \quad (9-8)$$

(3) 颗粒表面的离子交换和团粒化作用

固体废弃物免烧砖颗粒物料在水分子的作用下，表面形成一层薄薄的水化膜，两个带有水化膜的物料存在叠加的公共水膜。在公共水膜的作用下，一部分化学键开始断裂、电离，形成胶体颗粒体系。胶体颗粒大多数表面带有负电荷，可以吸附阳离子。不同价位、不同离子半径的阳离子可以与反应生成的$Ca(OH)_2$中的Ca^{2+}等当量吸附交换。由于这些胶体颗粒表面的离子吸附与交换作用，改变了颗粒表面的带电状态，使颗粒形成了一个个小的聚集体，从而在后期反应中产生强度。

(4) 相间的界面反应

界面科学家认为一切化学反应都是从界面开始的。在固体废弃物免烧砖的强度形成过程中，有着液相与固相及气相与固相之间的反应。比如加水后水泥等发生的水化反应就是液相和固相之间的反应；配合料中的$Ca(OH)_2$被空气中的CO_2碳化生成$CaCO_3$的反应就是气相与固相间的反应。这些反应都是从两相的界面开始，不断地深入，使砖的强度不断增强。

综上所述，配合料的充分混合和成型过程中的加压，为砖的后期强度奠定了坚实的基础；通过颗粒表面的离子交换和团粒化作用、水泥和石灰的水解和原料间的水化反应及各相间的界面作用，生成的各种晶体交叉搭接在一起，形成空间网格结构，使免烧砖的强度逐步增强。

9.3.4 免烧砖制作优势与注意事项

近年来，我国的免烧砖得到了较大的发展，究其原因，是因为免烧砖具有如下优点：

（1）可以利用各种固体废弃物为主要原料，占比可达80%（包括骨料）以上，变废为宝，化害为利。

（2）在目前国家严格限制黏土砖生产的情况下，该砖不用黏土作原料，可实现保护耕地，因而免烧砖极具竞争优势。

（3）不需要焙烧，因而不用建窑，既保护环境又节约能源。

（4）机械化生产，且生产工艺简单，便于掌握，各地均能生产应用。

（5）因砖坯是在模腔内由砖机压制成型，外观十分规整，各项技术指标优于黏土烧结砖、蒸汽养护砖和灰砂砖。

据统计，目前利用固体废弃物生产的免烧砖产量正以15%的速率增长，但是，在生产和使用过程中仍然存在不少问题。首先，有人对免烧砖的性能有怀疑，认为砖只有经过烧结才能性能可靠。其实不然，无数的实验，如利用矿渣、粉煤灰制成的免烧砖，养护28天后性能达到《蒸压灰砂砖》（GB/T 11945—1999）要求的MU25。其次，现在许多生产固体废弃物免烧砖的厂家停产或倒闭，其大多是因为采用蒸汽养护或者是没有合适地利用废渣，过多地加入外加剂，造成成本太高。为此，应该选择合适的原料配比、工艺和设备，以提高企业的经济效益。

9.3.5 国内免烧砖制作技术相关研究

何惠等开展了以电厂粉煤灰为主原料，分别以水泥和水玻璃作为黏结剂，制作免烧砖的大量试验研究，结果表明，使用添加剂制备出的免烧砖在性能上达到了现有红砖的性能，应用前景良好，可以取得良好的社会效益和经济效益。

试验采用的粉煤灰为齐齐哈尔某电厂湿法排放的粉煤灰，水泥为32.5号普通硅酸盐水泥，水玻璃为模数为2.3的工业用水玻璃，骨料采用依安砂。试验结果表明，以水泥或水玻璃作为黏结剂，28天后的强度都可以达到MU10级的10MPa抗压强度标准。以水泥为黏结剂的粉煤灰免烧砖的抗压强度在骨料加入量20%~23%时，呈上升趋势，继续增加骨料加入量，抗压强度趋于下降；而以水玻璃为黏结剂的粉煤灰免烧砖的抗压强度在骨料加入量20%~24%时呈直线上升趋势，继续增加骨料加入量，抗压强度趋于下降。综合来看，以水泥为黏结剂的免烧砖骨料加入量应为23%，以水玻璃为黏结剂的免烧砖骨料加入量应为24%。水玻璃黏结剂粉煤灰免烧砖比水泥黏结剂粉煤灰免烧砖的密度要大，综合考虑成本及产品性能，认为水泥黏结剂粉煤灰免烧砖要优于水玻璃黏结剂粉煤灰免烧砖。

杨家宽等利用东风汽车公司十堰铸造基地排放的铸造旧砂，采用图9-3所示的工艺流程制备免烧免蒸砖。在水泥加入量控制在3%以下，自然养护28天，免烧砖的抗压强度达到15MPa以上，符合《蒸压灰砂砖》（GB/T 11945—1999）规定的优等品MU15级的要求。通过成本核算，铸造旧砂免烧砖的生产成本能控制在0.10元/块以下，具有较好的经济性。

何廷树等以陕西某铁尾矿为主要原料，添加少量水泥及适量当地河砂，制备MU15级干压免烧砖，研究了铁尾矿与河砂的质量比、水泥用量、拌和用水量、成型压力及化学外加剂对尾矿免烧砖抗压强度的影响。结果表明，在成型压力为15MPa、铁尾矿与河砂的质量比为

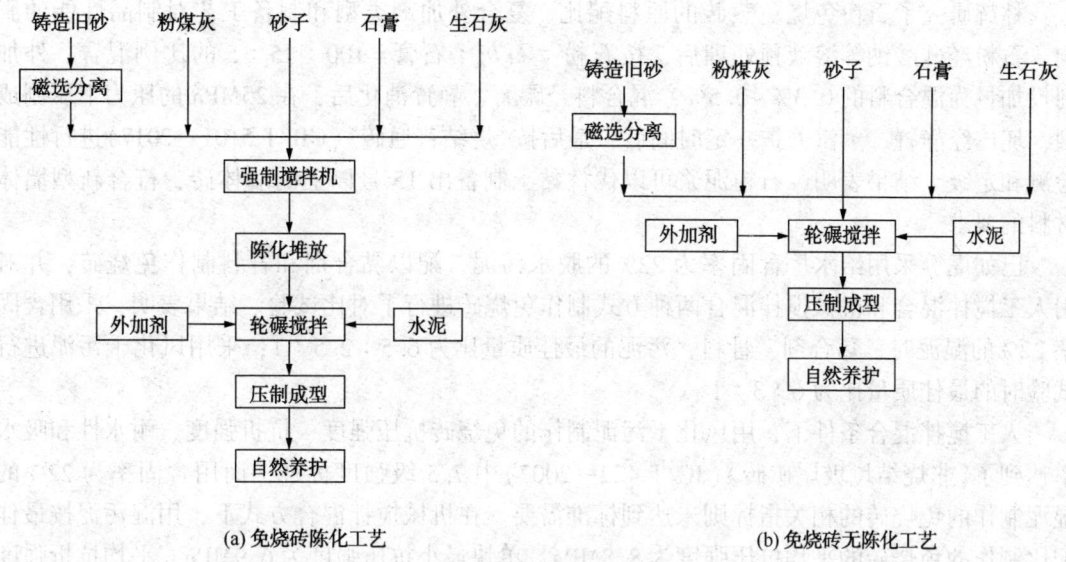

(a) 免烧砖陈化工艺　　　　　　　　　(b) 免烧砖无陈化工艺

图 9-3　免烧砖制备工艺流程

1.25：100、水泥在固体干料中总量占 10%、拌和用水量为固体干料总量的 8%、萘系高效减水剂掺量为水泥量的 0.8%、葡萄糖酸钠缓凝剂掺量为水泥量的 0.03% 时，可制得 28 天抗压强度达到 16.4MPa 的铁尾矿免烧砖，其各项性能指标符合《非烧结垃圾尾矿砖》(JC/T 422—2007) 的规定。

易伟等研究了利用生活垃圾焚烧产生的炉渣为原料制造免烧砖的试验。养护条件为：第 1~5 天每隔 3h 洒水 1 次，5 天后每隔 5h 洒水 1 次，10 天后每隔 10h 洒水 1 次，15 天后自然干燥至 28 天。免烧砖的强度为 MU15。

周富涛等以磷石膏为主要原料，采用正交方法进行了以磷石膏胶凝材料为主体，以炉渣为骨料，并加入熟石灰、激发剂等，生产免烧砖的不同配比的试验分析。结果表明，在磷石膏胶结料：炉渣：熟石灰：改性剂 = 100：50：4：2.5 的配比下，水灰比为 0.15 时，可获得 7 天抗压强度为 17.4MPa 的制品。采用最佳配比在免烧机上进行试验，经养护后，可获得强度等级为 MU20，抗冻性、吸水率和收缩值等完全符合现行国家标准的免烧砖成品。

张义利等利用建筑垃圾、自制胶结料，采用图 9-4 所示的工艺流程制备免烧免蒸砖，建筑垃圾利用率可高达 80% 以上，中间试验产品的平均抗压强度可达 18.9MPa，且其他性能均能满足《烧结普通砖》(GB/T 5101—2017) 及《建筑材料放射性核素限量》(GB 6566—2010) 的要求。

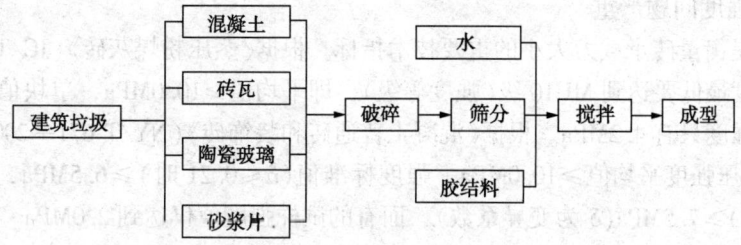

图 9-4　利用建筑垃圾制备环保免烧砖工艺流程

林辉研究了石粉免烧免蒸砖的原料配比、复合外加剂类型和制备工艺对制品性能的影响。石粉经硅酸钠等溶液预处理后，按石粉：石灰：石膏＝100：15：5的比例混合，外加剂投加量为混合料的0.3%~0.5%，混合料经碾磨、静置消化后，在25MPa的压力下压制成型，坯体经静置、蒸汽养护一定时间后，最后按《烧结普通砖》(GB/T 5101—2017)进行性能检测和定级。结果表明，石粉泥浆可以代替黏土制备出15号以上的墙体砖，符合新型墙体材料的要求。

巴如虎等采用给水厂含固率为22%的脱水污泥，配以黏合剂和骨料制作免烧砖，并对用人工搅拌混合和机械搅拌混合两种方式制作免烧砖进行了对比试验。结果表明，采用含固率22%的湿泥时，黏合剂、骨料、污泥的最佳质量比为6.5：2.5：1；采用风化干污泥进行试验时的最佳质量比为6：3：1。

人工搅拌混合条件下，用风化干污泥制作的免烧砖抗压强度、抗折强度、耐水性和吸水率达到了《非烧结垃圾尾矿砖》(JC/T 422—2007)中7.5级强度标准，而用含固率为22%的湿泥制作的免烧砖的相关指标则未达到标准需要。在机械搅拌混合方式下，用湿污泥按最佳配比制作的免烧砖的平均抗压强度为8.8MPa，单块最小抗压强度为6.9MPa，平均抗折强度为5.4MPa，单块最小抗折强度为3.2MPa。机械混合方式可有效改善污泥与其他物料的混合状态，湿泥与其他物料容易混合均匀，采用机械搅拌混合方式制作的免烧砖(湿污泥为原料)的抗压强度和抗折强度优于《非烧结垃圾尾矿砖》(JC/T 422—2007)中7.5级强度标准。

9.3.6 存在的问题

随着我国城镇化进程的加快，城乡建设的快速发展，对墙体材料的需求量也大幅增高。为保护耕地、实现节能减排，国务院办公厅2005年发布的《关于进一步推进墙体材料革新和推广节能建筑的通知》明确指出，从2010年底开始，所有城市禁止使用实心黏土砖，全国实心黏土砖产量控制在4000×10^8块以下，新型墙体材料占墙体材料总产量的比重达到55%以上，建筑应用比例达到65%以上。在此政策的推动下，免烧砖技术在我国得到了迅猛发展，当前我国各地以粉煤灰、炉渣、尾矿渣等多种固体废弃物制造免烧砖的企业比比皆是，但目前市场上的免烧砖的产品质量还存在不少问题，主要表现为：

(1) 冻融试验问题最为突出

冻融试验包括两项：冻后抗压强度和质量损失率。根据《蒸压粉煤灰砖》(JC/T 239—2014)、《混凝土普通砖和装饰砖》(NY/T 671—2003)的要求，冻后抗压强度平均值应≥8.0MPa，单块砖质量损失应≤2.0%。在检验过程中，有的试样经过6个循环后，全部呈粉状，冻后抗压强度检测值为0，质量损失率达到100%。

(2) 抗压强度问题严重

抗压强度是衡量砖承载力大小的重要技术指标。根据《蒸压粉煤灰砖》(JC/T 239—2014)的要求，抗压强度最低要达到MU10级(强度等级)，即平均值≥10.0MPa，单块值≥8.0MPa，而有的试样抗压强度只有4.2MPa。根据《混凝土普通砖和装饰砖》(NY/T 671—2003)要求，承重砖(MU10)的抗压强度平均值≥10.0MPa，强度标准值($\delta \leq 0.21$时)≥6.5MPa，单块最小抗压强度值($\delta > 0.21$)≥7.5MPa(δ为变异系数)，而有的试样强度值仅达到2.0MPa。

(3) 吸水率问题

吸水率的大小反映砖压实的程度，吸水率大，说明砖中间的空隙大。根据《混凝土普通砖和装饰砖》(NY/T 671—2003)的要求,吸水率≤10.0%,但有的试样吸水率达到了31%。为此,今后应针对免烧砖所用的材料和工艺,切实加强质量控制。

9.4 污泥烧制陶粒

随着实心黏土砖的逐渐限制使用和高层建筑的大量建设,轻质料混凝土及其砌块用途日益广泛。轻质料混凝土具有密度小、强度高、保温、隔热、耐火、抗震性能好的特点,在世界各国得到了迅速发展,现在已成为仅次于普通混凝土用量最大的一种新型混凝土。

陶粒就是陶质的颗粒,又称人造石子,是以粉煤灰或其他固体废弃物为主要原料,加入一定量的黏土等胶结剂,用水调和后,经造粒成球,利用烧结机或其他焙烧设备焙烧而制成的人造轻集料。其外观特征通常为圆形或椭圆形,也有仿碎石陶粒呈不规则的碎石状,一般用于取代混凝土中的碎石和卵石浇铸轻质陶粒混凝土。陶粒及其制品具有性能优(轻质、高强、隔热、保温、耐久等特性)、节能效果显著、用途广泛等特性,自20世纪中期问世以来,在各国大量使用,并快速稳定发展。我国经过引进、消化和自主研发,已具备了成熟的陶粒生产技术和设备制造能力。

传统陶粒是以黏土和页岩烧结而成的,需要大量开采优质黏土和页岩矿山,加大了环境负担。目前采用固体废弃物生产陶粒代表了陶粒的发展方向,对实现可持续发展具有决定性意义。

城市污泥和污泥灰与黏土的成分相似,可以用作制备普通陶粒的材料。污泥陶粒是以城市污水厂污泥为主要原料,掺加适量黏结材料和助熔材料,经过加工成球、烧结而成的,与传统污泥处置技术相比,具有以下显著优点:

① 不仅利用了污泥中的有机物质作为陶粒焙烧过程中的发泡物质,而且污泥中的无机成分也得到了利用。

② 二次污染小。污泥中含有的难降解有机物、病原体及重金属等有害物质,如果处置不当可能造成二次污染,而制陶粒时焙烧的高温环境可以完全将有机物和病原体分解,并把重金属固结在陶粒中,具有一定的经济效益和环境效益。

③ 污泥烧制陶粒可充分利用现有陶粒生产设备和水泥窑等,设备技术和生产成本较低。

④ 用途广泛,市场前景好,具有一定的经济效益。

⑤ 可替代传统陶粒制造工艺中的黏土和页岩,节约了土地和矿物资源,因此,污泥陶粒利用具有广泛的应用前景。

9.4.1 陶粒焙烧基本工艺

陶粒是由黏土、泥岩、页岩、煤矸石、粉煤灰等为主要原料,经加工制粒或粉磨成球,烧胀而成的一种人造轻质料。它是一种外部为铁褐色、棕红色坚硬外壳,表面有一层隔水保气的釉层,内部为铅灰、灰黑色具有多孔结构的陶质粒状材料。现有陶粒焙烧工艺可分为烧结型和烧胀型两种。烧结型主要是粉煤灰陶粒,用此法烧出的陶粒容重偏大。要生产轻质、超轻陶粒,一般都用烧胀法。

(1) 烧结法生产陶粒

烧结法生产陶粒是目前世界各国采用最普遍的生产工艺。我国已形成了特色的烧结陶粒工艺，立窑法生产工艺就是其中一种。立窑法生产污泥陶粒是在原料制备和造粒后，采用立窑进行煅烧，产品的堆积密度可达 500~1000kg/m³，通过调整配方，可制备不同堆积密度的产品。其工艺流程包括原料预处理、配料、造粒、烧成、分选。

立窑法生产陶粒的主要设备有立窑、造粒机、粉磨机、强制式搅拌机、筛选机、输送机、烘干机等。污泥的预处理设备有压滤机和烘干机。污水处理厂污泥经板框压滤机压滤脱水，用烘干机对污泥进行烘干，使含水率降至 5%~10%。烘干机可采用装有粉碎搅拌装置的旋转干燥器，热风进口温度为 800~850℃，排气温度为 200~250℃。干燥器的排气通过脱臭炉处理后外排，干燥器的热源来自烧结炉的排气。如果粉煤灰的含水率在 10% 以上，粉煤灰也需要烘干。粉煤灰、污泥和煤粉经粉磨后按照配方进行计量，与助熔剂在强制式搅拌机中混合搅拌，调成含水率为 20%~30% 的混合物料，再送入造粒机进行造粒，制备成生料球，造粒时间一般需要 10min 左右。含煤的生料球在立窑中煅烧制成成品。

烧结陶粒的强度和相对密度与烧结温度、烧结时间和产品中的残留碳含量有关，最佳烧成温度为 1050~1200℃，烧结时间为 2~3min，可以控制残留碳含量为 0.5%~1.0%，陶粒强度为 1.5~2.0kg/个，相对密度为 1.6~1.9。立窑是一种竖式固定床煅烧设备，内衬耐火材料。通常采用机械化立窑，配有机械加料和卸料装置。含煤的生料球从窑顶喂入，空气从窑下部用高压风机鼓入，窑内物料借自重向下移动，料球在窑内经预热、分解、烧成和冷却等一系列物理、化学变化，形成陶粒，从窑底卸出。由于采用了污泥原料，窑顶废气经窑罩收集后进行除臭、洗涤处理后经烟囱外排。陶粒出窑后，先经过破碎机破碎，然后经回转筛筛分处理，分选出的 5mm 以上颗粒就是陶粒成品。

(2) 烧胀法生产陶粒

烧胀型陶粒的生产工艺一般包括原材料预处理、配料、成型、预热、焙烧、冷却等生产过程。在整个工艺过程中，以焙烧过程为陶粒生产的关键。

焙烧过程中，坯体在膨胀温度范围内的高温作用下具有两种性质：一方面坯体软化生成一定量的液相并具有一定的黏度，在外力作用下可以塑性变形；另一方面坯体内又生成一定量的气体，形成一定的膨胀气压，促使其膨胀变形。坯体的膨胀过程就是这两者共同作用，最终形成多孔的陶粒。适宜的变形能力与适宜的膨胀气压大小匹配的好坏，最终决定了陶粒性能的优劣。

烧胀陶粒是我国产量最大、应用量最大且生产和应用均比较成功的陶粒，是我国陶粒的主体品种，占我国陶粒总产量的 60% 以上。

9.4.2 烧胀陶粒的膨胀理论

(1) 烧胀陶粒和膨胀理论

烧胀陶粒是原料在高温焙烧时，所产生的气体受到熔融液相的包裹作用而形成具有一定强度的多孔烧结体。陶粒的膨胀，首先需要有液相的形成，陶粒坯体在高温作用下逐渐产生液相，液相具有一定的黏度。在外力作用下，变软的坯体会塑性变形，为陶粒在内部产生的气体压力下的膨胀奠定了基础。陶粒坯体在高温焙烧时，内部的发气物质开始产生气体，当气体产量达到一定程度时，便形成一定的气体压力。陶粒的膨胀过程包括两个方面：一方面是大量生成的膨胀气体所产生的膨胀气压使气体向外强烈逸出，另一方面是大量生成的液相达到适宜的黏度及数量对逸出气体的抑制。气体的逸出过程与液相对气体逸出的抑制过程共同组成了陶粒膨胀的全过程,二者相互作用才能形成陶粒的良好膨胀。

目前,对于陶粒膨胀模式主要有静态平衡膨胀模式、动态平衡膨胀模式和早期动态平衡后期静态平衡模式几种说法。静态平衡膨胀模式认为,在膨胀温度范围内,膨胀过程是膨胀气体被适宜黏度的液相所包围的静态平衡过程,在这一静态平衡过程中,膨胀温度范围内产生的气体压力小于膨胀孔隙间壁的破裂强度,是陶粒最终形成的基础。根据这一模式,一些学者发现陶粒实际所需的发气物质要远远超过其理论需要量,而且按此超出量所烧制的陶粒才有良好的膨胀性,静态平衡模式难以解释这一现象。动态平衡膨胀模式认为,陶粒在膨胀过程中,气体的强烈逸出与液相对其的反逸出一直是个动态平衡过程,液相并未完全将气体包围并抑制,而是在膨胀温度范围内,膨胀气体一直强烈逸出,而适宜黏度的液相也一直反对气体的逸出。但实际上,尽管膨胀过程中有大量气体逸出,但气体的逸出最终仍要停止,仍有部分气体被液相束缚,由此产生了早期动态平衡后期静态平衡的陶粒膨胀模式,即陶粒膨胀的早期阶段,表面张力相对较小,而膨胀气压相对较大,尽管液相对气相有抑制作用,但气体仍可不断逸出,而陶粒膨胀的后期,液相的表面张力相对较大,而膨胀气体产量开始降低,液相的束缚作用大于气相的逸出作用,陶粒的膨胀逐渐由动态平衡转为静态平衡过程。

陶粒膨胀的早期动态平衡和后期静态平衡模式很好地将有效膨胀过程和有效收缩过程有机统一起来,这种膨胀模式更合理、更完整、更科学。

(2) 烧胀陶粒的物质构成和焙烧工艺参数

陶粒主要是由硅、铝质原料焙烧而成的,要求原料必须以 SiO_2 和 Al_2O_3 为主体成分,SiO_2 和 Al_2O_3 在高温下产生熔融液相,经一系列复杂的化学反应,形成陶粒的玻璃质架构。SiO_2 和 Al_2O_3 是陶粒形成强度和结构的主要物质基础。此外,陶粒的原料中还应含有多种其他物质,助熔剂具有降低陶粒焙烧温度的作用,这些助熔剂包括 MgO、CaO、Fe_2O_3、Na_2O、K_2O 等,其中 Na_2O、K_2O 具有扩大烧成温度范围的作用。另外,陶粒中还须含有充足的产气物质,如 $CaCO_3$、$MgCO_3$ 等。

SiO_2 和 Al_2O_3 是形成陶粒强度的主要因素,二者的含量分别为 40%~60%、15%~25%,需要提高陶粒强度时,应提高二者的含量,特别是 Al_2O_3 的含量,生产高强陶粒时,Al_2O_3 含量应达到 18.8%~26.0%。此外,SiO_2 熔融后,冷却过程中更容易形成玻璃质,使陶粒表面光滑,具有玻璃和瓷釉光泽。

由于 SiO_2 和 Al_2O_3 均为高温难熔物质,两者的熔点分别达 1713℃ 和 2050℃,而 MgO、CaO、Fe_2O_3、Na_2O、K_2O 等助熔成分在黏土焙烧时可与 SiO_2 和 Al_2O_3 等生成低熔点结晶态物质,达到降低原料熔点的作用,学者 Riley 提出,原料中总助熔成分含量应为 8%~24%,当助熔成分不足时需要向原料中掺加适宜的辅料,以改善焙烧特性。

膨胀陶粒是高温焙烧时液相和气相共同作用的结果,因此烧制膨胀陶粒的原料中应具有一定量的产气物质,这些物质在高温焙烧时发生复杂的化学反应,形成陶粒膨胀所需气体。一般而言,可产气的化学反应如下:

① 碳酸钙的产气反应

$$CaCO_3 \longrightarrow CaO + CO_2 \uparrow (850 \sim 900℃) \tag{9-9}$$

② 碳酸镁的产气反应

$$MgCO_3 \longrightarrow MgO + CO_2 \uparrow (400 \sim 500℃) \tag{9-10}$$

③ 氧化铁的分解与还原反应

$$2Fe_2O_3+C \longrightarrow 4FeO+CO_2\uparrow \qquad (9-11)$$

$$2Fe_2O_3+3C \longrightarrow 4Fe+3CO_2\uparrow \qquad (9-12)$$

$$Fe_2O_3+C \longrightarrow 2FeO+CO\uparrow \qquad (9-13)$$

$$Fe_2O_3+3C \longrightarrow 2Fe+3CO\uparrow \qquad (9-14)$$

④ 硫化物的分解与氧化反应

$$FeS_2 =\!=\!= FeS+S\uparrow（近900℃） \qquad (9-15)$$

$$S+O_2 =\!=\!= SO_2\uparrow \qquad (9-16)$$

$$4FeS_2+11O_2 =\!=\!= 2Fe_2O_3+8SO_2\uparrow[氧化气氛,(1000\pm50)℃] \qquad (9-17)$$

$$2FeS+3O_2 =\!=\!= 2FeO+2SO_2\uparrow \qquad (9-18)$$

⑤ 碳的化合反应

$$C+O_2 =\!=\!= CO_2\uparrow \qquad (9-19)$$

$$2C+O_2 =\!=\!= 2CO\uparrow（缺氧条件下） \qquad (9-20)$$

⑥ 石膏的分解及硅酸二钙的生成

$$2CaSO_4 \longrightarrow 2CaO+2SO_2\uparrow+O_2\uparrow（1100℃左右） \qquad (9-21)$$

$$2CaCO_3+2SiO \longrightarrow Ca_2SiO_4+2CO_2\uparrow（850\sim900℃） \qquad (9-22)$$

⑦ 火成岩含水矿物高温下析出结晶水蒸气

原料化学组成不但决定着原料的膨胀性能，也决定陶粒的强度。生产高强陶粒的原料，要求具有较低的 SiO_2 含量和较高的 Al_2O_3 含量。增加 SiO_2 的含量会导致陶粒强度降低，而增加 Al_2O_3 和 Fe 的含量可使强度提高。

9.4.3 烧制烧胀陶粒的工艺要求

形成陶粒孔隙和孔隙壁的各项物理化学反应均在一定的焙烧条件下形成，因此，焙烧工艺参数对陶粒的形成具有重要影响。这些焙烧工艺参数包括预热温度、预热时间、焙烧温度、焙烧时间、氧化还原环境等，条件不当时，陶粒的焙烧将可能失败，如焙烧温度过低，则无法形成足量的液相，所生成的气体无法被束缚住，孔隙和孔隙壁均无法形成，若温度过高，则陶粒间可能出现黏连结团现象。具体焙烧条件应根据原料的组成和陶粒性能的需要综合确定。

制坯前要对污泥及添加剂进行预处理，使之达到一定要求，主要指标有粒度、可塑性、耐火度等。物料颗粒越细，对膨胀越有利，一般要求泥级颗粒占主要部分，含砂量越少越好。原料的可塑性与陶粒的容量呈反比关系，一般要求原料的塑性指数不低于8。原料的耐火度一般以1050~1200℃为宜，这样软化温度范围大，对膨胀有利，便于热工操作。制成的坯料也需要满足一定要求才能进入焙烧阶段。料球粒径与级配对烧胀性很重要，粒径过大时，或是烧胀不透，或是膨胀过大超过标准要求，料球粒径小于3mm的过多时，易结窑或结块。一般级配为3~5mm的颗粒占比应小于15%，5~10mm的颗粒占比为40%~60%，10~15mm的颗粒占比应小于30%。料球含水率对陶粒的膨胀和表壳有影响，含水率过高则水分在窑的干燥和预热带排除不尽，造成在焙烧带不能膨胀或膨胀产生炸裂，使陶粒出现裂纹。因此料粒的含水率一般以控制在8%~16%的范围为宜。

在焙烧阶段，主要的工艺步骤包括干燥、预热、烧胀、冷却。除了干燥阶段可能在窑外进行外，其他几种工艺条件主要通过控制焙烧温度来实现。坯体干燥的目的在于去除自由水，防止坯体在预热阶段炸裂。干燥温度与干燥时间的选择以能够保证干燥过程坯体的完整以及大多数自由水的去除为好。预热能减少料球由于温度急剧变化所引起的炸裂，同时也为多余气体的排除和生料球表层的软化做准备。预热温度过高或预热时间过长都会导致膨胀气体在物料未达到最佳黏度时就已经逸出，使陶粒膨胀不佳；预热不足，易造成高温焙烧时料球的炸裂。在实际生产中，预热温度和预热时间应通过试验确定。为了使陶粒具有较高的强度和较小的吸水率，必须将陶粒在膨胀温度范围内产生适量适宜黏度的液相与陶粒发泡物质产生的适宜膨胀气压在焙烧时间上很好地匹配起来，这个阶段一般被称为烧胀阶段。目前认为，陶粒发泡温度一般在 1100~1200℃。实际生产中烧胀温度和时间一般也应通过试验确定。坯体的冷却速度对其结构和质量有明显的影响，一般认为，冷却初期应采用快速冷却，而到 750~550℃宜采用慢速冷却。这是因为陶粒出炉急速冷却，熔融的液相来不及析晶，就在表面形成致密的玻璃相，内部则为多孔结构，这样的结构质轻，具有一定的强度。而在玻璃相由塑性状态转变为固态的临界温度时应该采用慢速冷却，以避免玻璃相形态转变所产生的应力对坯体产生影响，一般这一转变温度在 750~550℃之间，视玻璃相中 SiO_2 和 Al_2O_3 的含量而定。

9.4.4 污泥烧制陶粒的方法

污泥烧制轻质陶粒的方法按原料不同分为两种：一种是用生污泥或厌氧发酵污泥的焚烧灰制粒后烧结（也称干化加压成型-烧结法），但利用焚烧灰制轻质陶粒需要单独建焚烧炉，污泥中的有机成分没有得到有效利用；另一种是直接从脱水污泥制陶粒（也称湿法造粒-烧结法），含水率为 50%的污泥与主材料及添加剂混合，在回转窑中焙烧生成陶粒。

污水厂的污泥脱水干燥后烧失量仍很高，其中包括两部分：一是矿物组成中的结晶水，二是有机物含量。但根据污泥的 X 射线衍射图谱，污泥中的矿物组成主要为晶态石英，其次为方解石和蓝晶石，未见其他矿物组成的谱峰，且这三种主要矿物组成均不含结晶水，因此污泥的烧失量主要是由其中的有机物燃烧引起的。污泥的化学组成处于良好发泡的黏土组成范围附近，其中 SiO_2、Fe_2O_3 含量适当，但 Al_2O_3 含量略低，而 MgO 和 CaO 含量偏高。Fe_2O_3 的分解与还原所产生的气体是黏土受热后产生的众多气体中起主要作用的气体，Fe_2O_3 还原生成的 FeO 是黏土的强助熔剂，而液相的生成正好处在大量气体即将产生急需有适当黏度的液相量的时候，因此，Fe_2O_3 含量的多少和能否烧制出合格的产品关系很大。高温煅烧时，有机物燃烧释放出一定热值，同时燃烧可使制品烧成更均匀，对提高陶粒的强度是有利的。另一方面，有机物燃烧产生的高温气体可在陶粒内部形成大量微细孔隙，可降低陶粒的表观密度。

为了使陶粒获得良好膨胀，一般要求陶粒原料中的烧失量达 4%~13%、有机质含量 2%~5%。国内多数陶粒厂的主原料达不到上述要求，一般都要掺加适量有机质材料，主要有重油、废机油、渣油、煤粉或木屑等。污泥中有机质含量很高，将污泥作辅助原料掺入主原料中后，可免去掺加有机质材料，有利于降低生产成本。由于污泥的有机质含量过高，污泥掺入量也不能太多，否则陶粒膨胀不好，内部会出现黑芯，微孔结构大小不一，甚至出现开裂，影响陶粒性能。

陶粒焙烧前要完成粒球制粒。如采用窑内制粒，混合料相对含水率允许为 20%~50%；

采用窑外制粒，混合料相对含水率允许为20%~33%（由于污泥中含有絮凝剂，允许含水率一般都较高）。实践证明，主原料含水率越低，污泥的掺入量越高；混合物料含水率越低，陶粒的焙烧热耗也相应减少。因此，在资源允许的情况下，尽量选用含水率较低的主原料，如页岩、粉煤灰等。

除了掺加污泥外，是否还要掺加其他外加剂（石灰石、铁矿石或废铁渣、膨润土等）取决于主原料的性能和对陶粒堆积密度的要求。如要生产超轻陶粒，多数主原料还需掺加其他外加剂。为获得最佳配方、正常生产时的焙烧温度和膨胀温度范围、陶粒主要性能等，应预先进行实验室配方、焙烧试验等。

陶粒可直接使用或用于制作陶粒制品。污（淤）泥焙烧陶粒原理与水泥生产中污泥焚烧处理的原理基本一致。目前经实验室和工业性试验，确保产品产量和质量的较佳原料基本配比（质量比）为主料（干）：页岩（干）：污泥为56：50：50。

9.4.5 污泥烧制陶粒的工艺路线

由于黏土和页岩资源的开采量受到限制，而城市中有大量的工业和生活固体废弃物需要处理，开展利用固体废弃物烧制陶粒的研究，对实现污泥的建材化具有重要意义。

（1）城市污水厂污泥制陶粒

王兴润、金宣英等通过试验考察了利用城市污水厂污泥采用"湿法造粒-烧结"和"干化加压成型-烧结"两种工艺烧制陶粒的可行性，并分析了工艺路线和原料配比对产品强度、吸水率和密度等性能指标的影响。

两种工艺的技术路线分别如图9-5和图9-6所示。试验结果表明："湿法造粒-烧结"工艺的产品达不到陶粒产品的强度和吸水率要求，而"干化加压成型-烧结"工艺能够得到合格的产品，且不会造成二次污染。综合考虑产品性能和经济性，确定"干化加压成型-烧结"工艺适宜的物料配比为：干污泥占50%，添加剂A（粉煤灰）占30%~40%，添加剂B（黏土）占10%~20%。

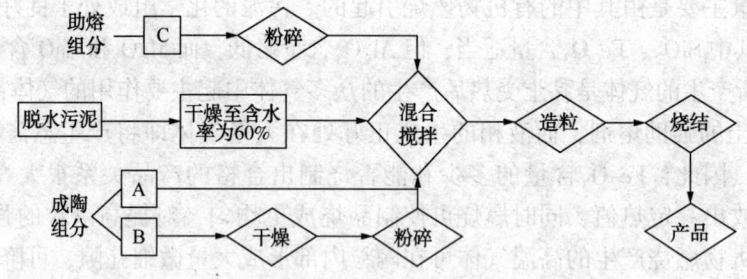

图9-5 "湿法造粒-烧结"工艺技术路线

金宣英、杜欣等对图9-6所示的污水厂污泥"干化加压成型-烧结"制陶粒的烧结工艺和物料配方进行了研究，分析了不同烧结工艺条件对陶粒产品强度、吸水率和密度等性能指标的影响。结果表明，烧结温度对陶粒性能影响最大，而由于污泥本身熔点低，具有助熔作用，适宜的烧结温度与配方中污泥掺加量密切相关。最佳污泥烧制陶粒的工艺条件为：污泥最大掺加量80%，350℃条件下预热20min，1060℃条件下烧结15min。试验辅助料为黏土和粉煤灰。

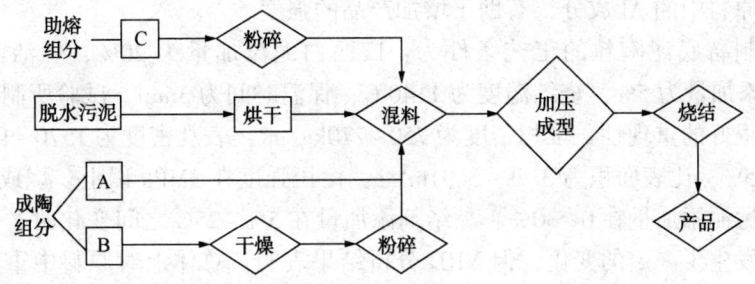

图 9-6 "干化加压成型-烧结"工艺技术路线

(2) 利用江、河、湖、海及其他淤泥烧制陶粒

谢键、林鑫城等开展了海洋疏浚污泥烧结陶粒的小试和生产性试验。以海洋疏浚污泥与黏土按 1∶2 或 1∶3 的比例进行配比，再加入适量外加剂（铁粉、石灰粉和污泥），在 1160℃ 的温度下，可烧结成堆积密度<450kg/m³、筒压强度>1.2MPa，产品各项性能符合国家标准的超轻陶粒。

生产性试验的烧结设备为双筒回转窑，生产工艺流程如图 9-7 所示。在生产性试验前，把疏浚污泥与黏土按 1∶3 的比例送入泥库，储存 6~7 天后，进行生产性试验。试验生产时，还需要加入一些添加剂，然后在生产线最优条件下利用疏浚污泥为原料烧结陶粒。产品的堆密度都低于 450kg/m³，筒压强度分别为 1.65MPa 和 1.31MPa，符合《轻集料及其试验方法 第1部分：轻集料》(GB/T 17431.1—2010) 中超轻陶粒产品的技术指标要求。

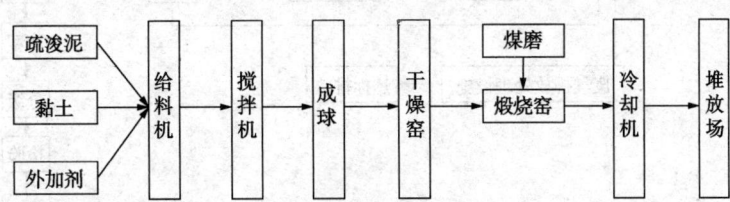

图 9-7 1 份疏浚污泥与 3 份黏土烧结陶粒工艺流程示意图

刘贵云等对利用上海某处的疏浚污泥，采用图 9-8 所示的工艺流程进行了烧制陶粒的试验研究。采用生活污泥、广西白泥和水玻璃为添加剂，通过正交试验确定了制备底泥陶粒的工艺条件和配方，并通过试验找到了烧成温度、生活污泥添加量、黏结剂添加量对底泥陶粒的比表面积、松散容重、孔隙率、吸水率和颗粒容重的影响趋势。

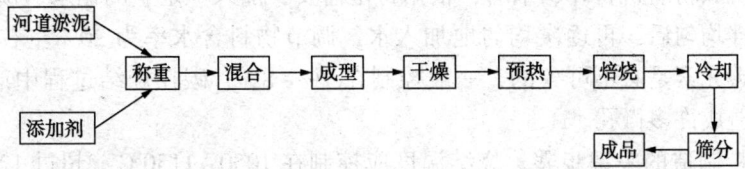

图 9-8 河道底泥烧制陶粒工艺流程示意图

刘贵云通过正交试验及其方差分析，发现烧成温度、河道底泥含量、生活污泥添加量、黏结剂添加量和保温时间均对试验结果有显著影响。其中生活污泥可以降低产品的松散容重，增加产品的比表面积和降低烧成温度；而生活污泥添加量过多会造成产品强度降低，因此不能无限制添加；黏结剂则有助于黏结成型，并有降低产品容重和烧成温度的作用；广西

白泥则可增加原料中的 Al 成分，有助于增加产品的强度。

研究得出制备底泥陶粒的工艺条件为：广西白泥添加量为 20%，生活污泥添加量为 15%，黏结剂添加量为 5%，烧结温度为 1140℃，保温时间为 3min。试验所制得的河道底泥陶粒性能具有很好的重现性，堆积密度为 750~770kg/m³，表观密度为 1570~1625kg/m³，空隙率为 56%~55%，比表面积为 3.79~3.91m²/g，筒压强度在 3MPa 以上。烧成温度在 1100~1200℃、生活污泥添加量在 0~30%、黏结剂添加量在 5%~25% 之间变化时，烧制的底泥陶粒的晶体结构发生了一定的变化，但 XRD 分析结果表明：总体上对原料中重金属的固化作用变化不大。

(3) 利用印染废水处理污泥烧制陶粒

陈晓敏等介绍了一种利用印染废水处理污泥烧制陶粒的技术，其生产工艺流程如图 9-9 所示。

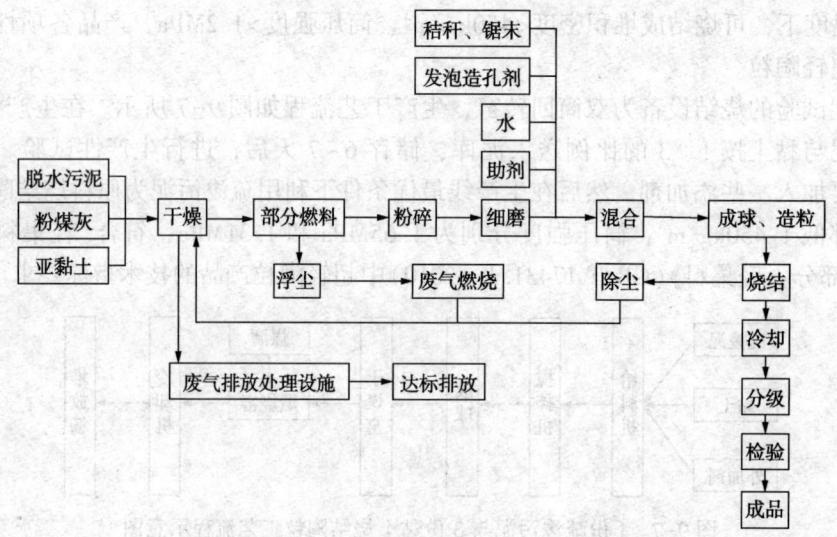

图 9-9　印染污泥烧制陶粒工艺流程示意图

印染废水处理污泥、粉煤灰、黏土按 1:1:2 的比例配比，混合料经旋转干燥后，含水率从 55% 左右下降到 8%~10%，干燥器的热风进口温度为 800℃ 左右，气体排出温度为 100℃ 左右。在干燥后，控制一定的空气比（约 0.5 以下），使混合料的含水率降至 5% 左右后，再经粉碎机和粉磨机粉碎、细磨，根据特定需要，加入一定量的锯末、助熔剂、发泡造孔剂，充分搅拌均匀后，再逐次均匀地加入水，调节物料含水率为 20% 左右，进行成球造粒。造粒中的碳元素是必不可少的，一般控制在 7%~8%，碳在烧结过程中产生大量气体，气体的逸出就造成许多微孔。

烧结是陶粒制造的关键步骤。烧结温度应控制在 1050~1150℃，超过 1200℃ 容易造成陶粒的粘连和黑芯，低于 1000℃ 达不到陶粒的强度。残留碳的含量与陶粒的强度成比，一般控制在 0.5%~1.0% 之间。陶粒冷却要缓慢，温差过大会使表面产生裂纹，影响质量。

(4) 利用化工污泥烧制陶粒

刘景明、陈立颖等以化工污泥、膨润土和造孔剂为原料，制成粒径为 3~6mm 的生料球，经烘干、预热、焙烧等工艺过程，进行了烧制水处理用陶粒填料研究。采用正交试验进行陶粒的制备，测定了所制备陶粒的堆积密度、表观密度、比表面积、筒压强度和磨损率等性能，分析了造孔剂掺量、污泥与膨润土配比、预热时间、预热温度及烧结温度等不同因素对陶粒主要性能的影响。根据作为水处理填料的材料应遵循的原则和对陶粒各性能分析的结果，确定了烧制污泥陶粒的最佳工艺参数：造孔剂掺量5%，污泥与膨润土比例为4：6，预热时间30min，预热温度400℃，烧结温度1140℃。

周彩楼、尚琦等利用天津凌庄给水厂污泥开展烧结超轻陶粒的可行性研究，烧成温度975～1025℃。陶粒性能检测结果为：堆积密度270kg/m³，吸水率12.3%，筒压强度1.0MPa，软化系数1.0%，煮沸损失0%，含泥量0%，平均粒型系数1.2，烧失量0.07%，SO_3含量0.14%，有机物含量合格。结果表明，给水厂污泥适于超轻陶粒的生产。

(5) 利用电厂粉煤灰烧制陶粒

赵传文、朱广祥等研究了以哈尔滨某火电厂粉煤灰、黏土和助剂配比焙烧轻质陶粒的技术。根据原料中粉煤灰、黏土的物理化学性能及塑性指数的不同，其配比为：粉煤灰70%～90%，黏土10%～30%，外掺助剂3%～5%。采用图9-10所示的工艺流程，干燥及焙烧在双筒回转窑内完成。料球与热烟气逆向而行，在预热段内得到干燥和预热后便进入焙烧段进行焙烧。焙烧温度为1100～1200℃，在此温度下料粒膨胀成为陶粒。生产的500级及800级的陶粒产品，各项技术指标均符合《轻集料及其试验方法 第1部分：轻集料》(GB/T 17431.1—2010)的要求。

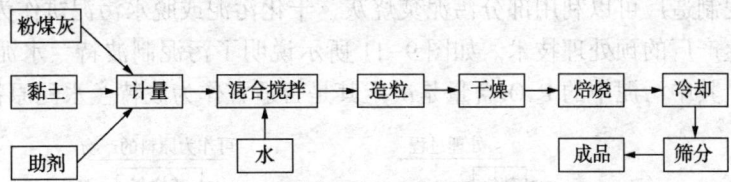

图9-10 哈尔滨某烧胀型轻质粉煤灰陶粒生产流程

(6) 产品性能

采用城市污泥为主要原料制备的烧结陶粒的技术性能指标可达到《轻集料及其试验方法 第1部分：轻集料》(GB/T 17431.1—2010)。其物理性能表现为：①强度高，筒压强度可达3.0～7.0MPa；②烧结陶粒中的普通型产品吸水率略高于烧胀陶粒；③抗炭化性能一般优于免烧型，与烧胀型相当，不存在炭化问题；④堆积密度较大，一般大于600kg/m³。

9.5 污泥生产水泥

焚烧处置污泥可以有效地对污泥进行减量化和无害化处理，和其他污泥处理处置方法相比，它的处理最彻底、热量回收和物质回收的效率也最高。利用某些工业行业的现有装备和技术进行污泥处理处置在经济效益和保护环境上均具有显著的优点，而水泥行业对污泥这种二次资源的利用具有可以在物质和能源上两方面获得回收、对环境的污染最小等显著特点。

硅酸盐水泥是以石灰石、黏土为主要原料，与石英砂、铁粉等少量辅料按一定数量配比并磨细混合均匀，制成生料。生料入窑经高温煅烧，冷却后制得的颗粒状物质称为熟料。熟料与石膏共同磨细并混合均匀，就制成纯熟料水泥，即硅酸盐水泥。普通硅酸盐水泥是以硅酸盐水泥熟料、少量混合材料、适量石膏磨细制成的水硬性胶凝材料，简称普通水泥。

作为水泥生产的主要原料之一,黏土的化学成分及碱含量是衡量黏土质量的主要指标,一般要求所用黏土质原料中 SiO_2 含量与 Al_2O_3 和 Fe_2O_3 的含量和之比为 2.5~3.5, Al_2O_3 与 Fe_2O_3 的含量之比为 1.5~3.0。

城市污水处理厂污泥或焚烧后的污泥灰与黏土有着相似的组成,因此可以将污泥或污泥灰作为黏土质原料来生产水泥。生料配比计算表明,理论上污泥可以替代 30% 的黏土质原料。应根据水泥生产对黏土质原料的一般要求,考察硅酸率的数值,从而确定是否需要掺用硅质原料来提高含硅率。有关文献的研究表明,以污泥代替部分燃料,对煤的燃烧特性不会产生影响,污泥代替部分水泥生料可满足水泥生料的配料要求,生料中污泥的掺入比例以 20% 为佳。

水泥窑具有燃烧炉温高和处理物料量大等特点,且水泥厂均配备有大量的环保设施,是环境自净能力强的装备。而城市生活垃圾、污泥的化学特性与水泥生产所用的原料基本相似。垃圾焚烧灰的化学成分中一般有 80% 以上的矿物质是水泥熟料的基本成分(CaO、SiO_2、Al_2O_3 和 Fe_2O_3)。利用水泥回转窑处理城市垃圾和污泥,不仅具有焚烧法的减量化、无害化特征,且燃烧后的残渣成为水泥熟料的一部分,不需对焚烧灰进行处理(填埋),是一种两全其美的水泥生产途径。

9.5.1 污泥生产水泥的预处理

波特兰水泥制造厂可以利用部分污泥焚烧灰、干化污泥或脱水污泥饼作为生产原料,污泥的形态决定生产厂的预处理技术。如图 9-11 所示说明了污泥制波特兰水泥的可能预处理的途径与要求,其中污泥中的 P_2O_5 含量是决定其是否适宜作为波特兰水泥原料的决定因素。

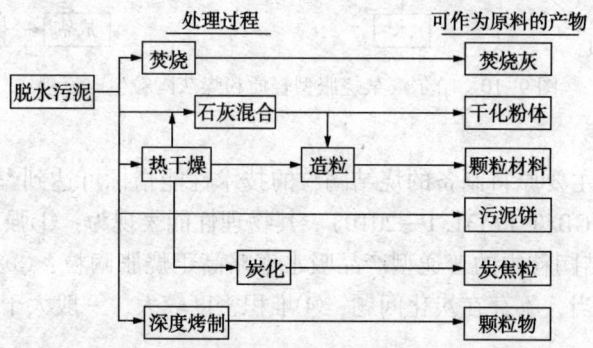

图 9-11 污泥制波特兰水泥的可能预处理途径

(1) 焚烧灰

除 CaO 含量较低、SO_3 含量较高外,污泥焚烧灰的其他成分含量与波特兰水泥含量相当,因此波特兰水泥厂可直接将焚烧灰作为生产原料。污泥焚烧灰加入一定量的石灰或石灰石,经煅烧可制成灰渣波特兰水泥。

(2) 脱水污泥饼

波特兰水泥厂应用污水处理厂污泥的替代方法是接受脱水污泥饼,脱水污泥在水泥厂可直接放入烧结窑制造熟料。但运输距离短时才有经济可行性。

(3) 脱水污泥与石灰混合

与石灰混合是另一种无需焚烧的污泥制水泥预处理工艺。脱水污泥与等量的石灰混合,利用石灰与水的反应释热来使污泥充分干化。此过程只需很少的加热，混合后的产物为干化粉体，可被水泥厂接受。

(4) 干燥泥饼

干燥的污泥饼可作为水泥厂的原料，并替代一部分燃料。有各种可行的工艺使脱水污泥干燥至水分更低，但对小型污水厂进行污泥干燥，有一定的困难。有一种称为"深度烤制"或"深度油炸"(deep frying)的技术对解决污泥干化有帮助。

深度烤制污泥干化工艺由五个技术单元组成，包括：①调理；②深度烤制；③油回收；④水分冷凝；⑤脱臭。关键单元是深度烤制，该单元中，含水率约80%的污泥脱水泥饼在85℃的废油中进行约70min的烤制，蒸发的水分回流至污水厂管道进行冷凝与处理；剩余的污泥和废油混合物(含污泥质量分数约为25%)用离心机进行油/固分离，并回收废油再用。

深度烤制的最终产物是干化污泥饼，其含水率约3%。由于烤制温度低，污泥有机质氧化率甚低。产物有机物的热值达22MJ/kg(包括残留油分)，稳定性好(已变性)，并且无臭，应用性很好。

(5) 污泥造粒/干化

污泥造粒/干化作为脱水污泥制波特兰水泥的预处理方法，在欧洲和南非有多个应用实例，此处理方法的工艺流程如图9-12所示。封闭化的工艺特征较好地解决了污泥干燥过程中的臭气污染问题。

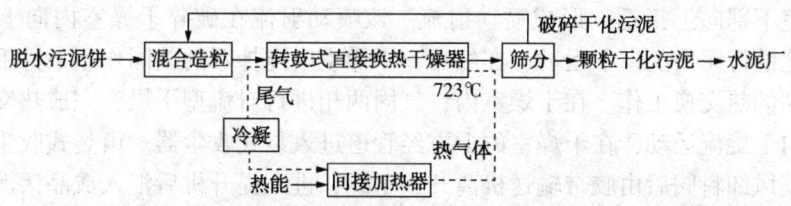

图9-12 封闭化的污泥造粒/干化处理流程

污泥造粒/干化工艺的产物含水率为10%，达到巴氏灭菌的卫生水平，颗粒粒径均匀(2~10mm)，堆积密度为700~800kg/m³，颗粒热值为10.46~14.65MJ/kg。干化颗粒耐储存、运输方便，但能源费用较高。

干化颗粒污泥可用气力输送至水泥窑预热器或直接入窑，所含的有机质可为水泥烧制提供能量，污泥组分则替代部分原料；污泥灰分成为水泥熟料，其中的重金属也能最终有效地固定在水泥构件中。

9.5.2 水泥窑协同处理污泥的工艺流程

水泥窑协同处理污泥的工艺流程如图9-13所示。石灰质、黏土质(由黏土和污泥/污泥灰调和而成)和少量铁质原料按一定的比例(约75:20:5)配合，经过均化、粉磨、调配，即制成生料。经均化和粗配的碎石和黏土，再经计量秤和铁质校正原料按规定比例配合进入烘干兼粉磨的生料磨加工成生料粉。生料用气力提升泵送至连续性空气搅拌库均化，均化后再用气力提升泵送全窑尾悬浮预热器和窑外分解炉，经预热和分解的物料进入回转窑煅烧成熟料。

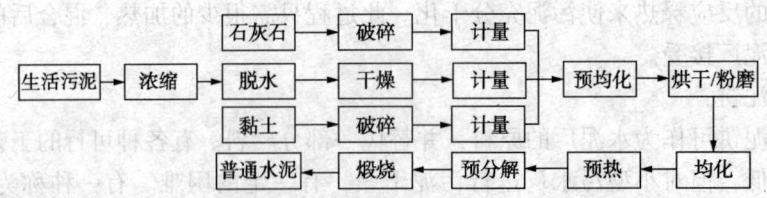

图9-13 水泥窑协同处理污泥的工艺流程

污泥的燃烧过程主要为挥发分和固定碳的燃烧，伴随燃烧反应的同时进行有害气体的分解。水泥生产所用燃烧设备为回转窑，回转窑的主体部分是圆筒体。窑体倾斜放置，冷端高，热端低，斜度为3%~5%。生料由圆筒的高端（一般称为窑尾）加入，由于圆筒具有一定的斜度而且不断回转，物料由高端向低端（一般称为窑头）逐渐运动。因此，回转窑首先是一个运输设备。

回转窑又是一个燃烧设备，固体（煤粉）、液体和气体燃料均可使用。我国水泥厂以使用固体粉状燃料为主，将燃煤事先经过烘干和粉磨制成粉状，用鼓风机经喷煤管由窑头喷入窑内。

污泥干化采用的废热来自现有的熟料生产线预热器出口窑尾废热烟气，通过风机升压后鼓入干燥机的破碎干燥室进口。需要干化的湿污泥由污泥输送专用的高压管输送至污泥储料小仓，在污泥储料小仓内进行污泥的打散搅拌，防止污泥卸料形成拱桥影响下料的稳定性。经过预压螺旋输送机送入破碎干燥机的中部，气流由进口向下通过破碎干燥室底部的缩口，在破碎干燥室下部向上折返，形成喷动射流。该喷动射流在破碎干燥室内向上呈螺旋状移动，需要干化的污泥由上向下运动，在气流、干燥室中搅拌器的共同作用条件下，气固两相进行旋流喷动的热交换工作。在干燥室内，气固两相进行对流型干燥，完成热交换后的污泥和烟气一起向上旋流运动，在干燥室的上方经管道进入袋式收尘器。由袋式收尘器收集的污泥颗粒通过锁风卸料阀后由胶带输送机离开本车间，进入提升机后汇入成品污泥储仓。干燥后尾气经除尘处理后，洁净气体经烟囱排入大气。

水泥窑协同处理污泥，以污泥替代部分燃料及原料，是节能的废物利用生产，符合国家可持续发展战略。该技术的推广对我国这个水泥生产大国的资源综合利用与节能减排具有深远的意义。

9.5.3 产品性能分析

污泥水泥性质与污泥的比例、煅烧温度、煅烧时间和养护条件有关，污泥制备的普通水泥的主要特性如下：

（1）适于早期强度要求较高的工程。制造水泥制品、预制构件、预应力混凝土、装配式建筑的结合砂浆需要在较短的时间内达到较高的强度，可采用这种水泥。

（2）适于冬季施工，但不适于大体积混凝土。由于放热量大，本身的放热可提高温度，防止混合物受冻并维持水分适宜的温度，因此在冬季施工时可考虑选用；制造大体积混凝土时，由于放热量大而不易散发，容易造成混凝土的破坏，因此不宜采用。

（3）适用于地上工程和无侵蚀、不受水压作用的地下工程和水中工程，不适用于受化学侵蚀和受水压、水流作用的水中工程。另外，由于污泥制备的水泥中含氯盐量较高，会使钢筋锈蚀，主要用作地基的增强固化材料即素混凝土，以及水泥花板和水泥纤维板等。

9.5.4 污染物控制

利用水泥窑协同处置污泥过程中，主要的污染物控制问题是污泥中含有的重金属的迁移、有机物在燃烧过程中产生的二噁英、处置过程中散发的恶臭气体等问题。

(1) 重金属

经过高温煅烧，污泥带入的重金属可固化在水泥熟料中，不会产生危害。

(2) 二噁英

利用水泥窑协同处置污泥，通过调整系统的风、料、煤的配比关系，在燃烧条件优越的富氧区域(分解炉)加入废物替代燃料，可以保证污泥在分解炉内的高温燃烧，阻断了二噁英在高温燃烧区域的形成。城市污泥只从高温段进入窑系统，在分解炉内的停留时间长达6s，分解炉内的平均温度在880℃以上，完全可以保证污泥及燃料的完全燃烧。通过调整系统的配风，适当增加系统的氧气含量，可以很好地抑制窑系统出现不完全燃烧反应。二噁英形成需要催化剂，作为催化剂的重金属在窑尾主要以矿物的形式分布在生料粉中，在燃烧灰焦的表面存在很少，催化媒介很少，导致二噁英的形成受到很大的限制。

(3) 恶臭污染

市政污泥本身具有臭味、异味，在处置过程中散发出来的臭味、异味主要来自于微生物需氧/厌氧发酵作用形成的，虽然所处置的废物经过了脱水预处理，但仍具有一定的微生物，在废物替代燃料的运输、储存、计量、入窑焚烧等一系列工艺过程中均存在着臭味、异味气体的处理预防问题。

为降低恶臭污染，应在预处理车间内采用负压操作，维持负压所抽取的空气及异味气体的混合物被送入回转窑焚烧。该部分主要为维持储池及储仓负压的抽取空气总量(约5000m^3/h)，直接作为助燃的二次风经冷却机直接进入窑系统，占用的气体量很小，不会对窑系统的操作产生影响。

输送过程中采用拉链机进行密闭输送，在所有的扬尘点设置收尘装置，保证输送过程中维持微负压，不存在气体及粉尘的泄漏。在进入水泥窑系统后，在850℃以上的高温区域和富氧条件下进行燃烧。与专业的焚烧炉相比，水泥窑分解炉具有更大的湍流度、更高更稳定的温度场、更长的气体和物料停留时间，完全可以保证废物中有机物质的彻底分解，不会在水泥窑烟气中存在着有机恶臭气体的残留。

总之，水泥厂利用市政污泥不会在处置过程中向环境散发恶臭气体，利用水泥窑的高温焚烧可以保证有机物质的彻底分解，不会在排放烟气中出现有机恶臭气体。

9.5.5 水泥窑协同处置污泥的优势

水泥窑协同处置污泥的优势有：

(1) 水泥窑生产温度高，对污泥中的有机物能100%处置。水泥生产过程中的熟料温度在1450℃，气体温度在1800℃左右，燃烧气体在回转窑内的停留时间大于8s，高于1100℃时的停留时间大于4s，燃烧气体的停留时间长达20min，且回转窑内物料呈高度湍流化状态，因此窑内的污泥中有害有机物质能得到充分燃烧，废弃物的焚毁率能达99%以上，即使是稳定的有机物如二噁英等也能被完全分解。

(2) 焚烧污泥采用闭路生产措施，不产生新的废物。干法水泥的生产特点决定污泥焚烧后的废气与粉尘需经过布袋收尘器收集后再进入水泥回转窑内煅烧，形成闭路生产路径，不会产生新的废物。

（3）窑内呈碱性气氛，能抑制二噁英的形成。由于干化污泥喂入点处在高于850℃的分解炉，分解炉内热容大、温度稳定、窑尾的增湿塔能迅速降温等特点，有效抑制了二噁英前驱体的形成。国内外水泥窑处置有毒有害废弃物的实践表明，废弃物焚烧后产生的二噁英排放浓度远低于国家对废气排放要求的限值标准。

（4）水泥生产过程中的熟料吸收重金属。鉴于水泥回转窑生产的自有特性，在焚烧污泥过程中能将灰渣中的重金属固化在水泥熟料的晶格中，达到稳定固化效果。

（5）处置污泥数量多，见效快。水泥生产量大，需要的污泥量多；水泥厂地域分布广，有利于污泥就地消纳，节省运输费用；水泥窑的热容量大，工艺稳定，处理污泥方便，见效快。因此利用水泥窑及时高效处置污泥的优势是专业焚烧炉无法比拟的。

（6）能彻底实现资源化目的。污泥中的有机成分和无机成分都能在水泥生产中得到充分利用，资源化效率高。污泥中的无机成分如氧化钙、氧化硅可以被生产所用；有机成分（55%以上）经过脱水后可以产生热量，抵消一小部分由于蒸发污泥中的水分需要的热能。

9.6 污泥制生化纤维板

随着人民生活水平的日益提高，在建筑装修领域对装饰材料的耐火性能要求越来越高，使用污泥作为基材制备的人造板材可以很好的满足防火需要，同时又可以有效的节约木质材料，符合当前低碳经济的发展需要。

9.6.1 污泥制生化纤维板的反应机理

污泥制作生化纤维板，主要利用活性污泥中所含丰富的粗蛋白（质量分数为30%~40%）与球蛋白（酶）能溶解于水及稀酸、中性盐水溶液这一性质。干化脱水后的活性污泥在碱性条件下加热干燥、加压后发生物理与化学性质的改变，制成活性污泥树脂（又称蛋白胶），其反应式为

$$H_2N-R-COOH+NaOH \longrightarrow H_2N-R-COONa+H_2O \qquad (9-23)$$

生成的水溶性蛋白质钠盐（$H_2N-R-COONa$），延长了活性污泥树脂的活性期，破坏细胞壁，使细胞腔内的核酸溶于水，去除由核酸产生的臭味并洗脱污泥中的油脂。所以反应完全后的黏液不会凝胶，只有在水分蒸发后才能固化。

为了提高污泥树脂的耐水性、胶着强度及脱水性能，可加$Ca(OH)_2$，其反应如下：

$$2H_2N-R-COOH+Ca(OH)_2 \longrightarrow Ca(H_2N-R-COO)_2+2H_2O \qquad (9-24)$$

为了进一步脱臭及提高活性污泥树脂的耐水性和固化速率，可加少量甲醛，使其生成氮次甲基化合物$COOH-R-N=CH_2$，其反应式为

$$H_2N-R-COOH+HCHO \longrightarrow COOH-R-N=CH_2+H_2O \qquad (9-25)$$

蛋白质的成胶是分子逐渐交联增大的过程。当它溶解于碱液形成稀溶液后，即开始凝胶，树枝状大分子逐渐与钙离子、钠离子结合，形成更大的长链。又由于分子之间的缔合作用，枝链与枝链之间互相吸引，成为网状结构；网状结构的发展，牵引溶媒，使其黏滞度增加，成为浓稠的胶液；网状结构不断发展，成为网络和网架，最终整个体系组成凝胶。在凝

胶体系中溶媒被蒸发或吸收，体系变成坚固的凝胶体。活性污泥所含的多糖物质也能起胶合作用。

据测定，20%浓度的活性污泥树脂溶液的等电点为10.55（蛋白质正、负电荷相等时的pH值称等电点）。此等电点也是制作活性污泥树脂的指标。活性污泥树脂的配方见表9-5。

表9-5 活性污泥树脂制造配方表　　　　　　　　　　　　　　　　kg

配方号	活性污泥（干重）	碳酸钠（工业级）	石灰 CaO（70%~80%）	混凝剂			水玻璃波美度（浓度30%）	甲醛（浓度40%）
				$FeCl_3$（工业级）	聚合氯化铝	$FeSO_4$（工业级）		
I	100	8	26	15		4	10.8	5.2
II	100	8	26		43	4	10.8	5.2
III	100	8	26			23	10.8	5.2

将制成的活性污泥树脂与漂白、脱脂后的废纤维（通常为麻纺厂、印染纺织厂的纤维下脚料）按一定比例混合均匀，经预压成型和热压、即可制成污泥基生化纤维板，经裁边整理即可作为成品出售。

9.6.2　偶联剂的增强作用

单纯用活性污泥制造的纤维板，其各项性能很难达到国家标准。添加偶联剂能增加凝胶性能、耐久性与耐水性能。

刘贤淼等利用玻璃纤维增强造纸污泥纤维板，分析了偶联剂施加量和玻璃纤维长度对板材物理力学性能的影响，结果表明，随着偶联剂施加量增大，玻璃纤维增强造纸污泥纤维板的各项性能均有所提高，说明偶联剂能有效改善其性能，但当偶联剂施加量超过1.0%时，性能的增加幅度不明显，这是由于偶联剂有一个最佳使用量，只有在材料表面形成一个完整的偶联剂单分子层，才能达到最佳改性效果。偶联剂用量太少，不能将材料表面完全包覆；偶联剂用量太大，则在材料表面形成多分子层，而这种偶联剂多分子层会对材料的性能产生负面影响。另外，随着玻璃纤维长度的增加，玻璃纤维增强造纸污泥纤维板的各项性能均有所提高，这是因为在相同掺量下，随着玻璃纤维长度的增加，玻璃纤维数量减少，但其长度的增加是以二次方的形式起作用，因此玻璃纤维相互搭接的程度增加，这有利于玻璃纤维增强造纸污泥纤维板各项性能的提高。当玻璃纤维长度为4cm、偶联剂施加量≥1.0%时，玻璃纤维增强造纸污泥纤维板的性能可达到或超过国家中密度纤维板标准。在此基础上，刘贤淼等研究了玻璃纤维增强造纸污泥纤维板的复合机理，认为偶联剂可以改善玻璃纤维的表面极性，使玻璃纤维与酚醛树脂形成共价连接，而且还能增加玻璃纤维表面的粗糙度，进一步改善玻璃纤维表面的润湿性，有利于胶合。

9.7　污泥制作人工轻质填充料和轻质发泡混凝土

轻质填充料和轻质发泡混凝土也是一种以污泥焚烧灰为主要原料的废物建材制品。日本东京都Nambu污泥（焚烧）处理资源化厂已于1996年建成了一套生产性装置，处理能力为500kg/h。每天运行18h，一周运行5天。流化窑检修间隔为1年。

9.7.1 污泥制作人工轻质填充料

污泥焚烧灰先与水(质量分数为23%)和少量的酒精蒸馏残渣(用作成型黏合剂)混合;然后,混合物在离心造粒机中造粒;混合颗粒在270℃的条件下干燥7~10min后,输送到流化床烧结窑烧结,在窑内干燥颗粒被迅速加热至1050℃,加热温度对填充料成品的质量有明显的影响;加热后的颗粒体经过空气冷却后,成为表面为硬质膜覆盖、但内部为多孔体的成品。成品的形态是球形的,密度为 1.4~1.5g/cm³。与市场上的其他人工轻质填料相比,污泥焚烧灰制品的球形度好、密度低,但抗压强度稍差。

利用污泥焚烧灰制作轻质填充料的用途为:①煤油储罐与建筑墙面间清洁层的填充物;②园林绿化、种植花坛等的土壤替代物;③家庭、学校、机关单位养花的添加物;④建筑、厂房的隔热层材料;⑤给水厂快速滤池中沥青填料的替代物;⑥透水性地面铺设物。

近年来,轻质填充料因其有弹性,外观宜人,还能防积水,已被大量用作人行道的表面铺设层材料。

9.7.2 污泥制作轻质泡沫混凝土

发泡混凝土具有质轻、隔热性能优良的特点,常作为保温填充材料。赵春荣等提出了一种利用处理后的淤泥与水泥、粉煤灰等材料混合,生产出发泡轻质混凝土,为城市污泥处理问题提供了一种切实可行的减量化、稳定化的处理途径。

(1) 熟石灰污泥制备

在污泥中加入生石灰粉,充分搅拌,使生石灰粉和污泥中的水发生化学反应,形成熟石灰污泥。在污泥石灰处理的过程中,氧化钙粉末与污泥中的水发生如下反应:

$$CaO+H_2O \longrightarrow Ca(OH)_2+1177kJ \tag{9-26}$$

反应热使一部分水蒸发,反应导致的pH值增大和温度升高起到杀菌效果,保证了污泥在后期利用中的卫生安全性。氢氧化钙使污泥呈碱性,可以结合污泥中的部分金属离子而达到钝化重金属离子的效果,降低其可溶性和活跃程度。

制作熟石灰污泥的污泥原料可以采用未经处理的原污泥,也可采用经过初步脱水、干燥处理的浓缩污泥,此时需要在污泥和生石灰的打碎搅拌过程中加入水。污泥和生石灰的质量比例为(1:1)~(6:1),该比例需根据污泥的实际情况和最终要达到的材料物理力学指标通过试验来确定。

(2) 污泥混凝土制备

在熟石灰污泥中加入水泥和水,充分搅拌,形成污泥混凝土。在拌合的过程中,还可以在熟石灰污泥中加入粉煤灰。

(3) 污泥发泡轻质混凝土制作

通过发泡机和发泡系统将发泡剂用机械方法充分发泡,并将泡沫与污泥混凝土均匀混合,形成污泥发泡轻质混凝土,进行现场浇筑施工或制作成构件。所用的发泡剂是生产普通发泡混凝土所使用的发泡剂,例如松香酸皂类发泡剂、金属铝粉发泡剂、植物蛋白发泡剂、动物蛋白发泡剂或石油磺酸铝发泡剂等。发泡剂用量是污泥混凝土质量的1%~10%。其制备工艺如图9-14所示。

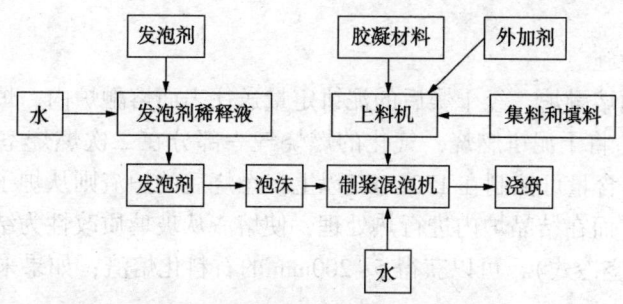

图 9-14 污泥发泡混凝土制作工艺

(4) 污泥发泡轻质混凝土的力学性质

赵春荣等经过反复试验，获得了密度为 600kg/m³ 和 800kg/m³ 的两种轻质污泥发泡混凝土。抗压强度试验结果表明，用相同配比获得污泥发泡混凝土，采用强度等级 42.5 标号水泥获得的混凝土抗压强度比采用 32.5 标号水泥的大 0.1MPa 左右。加入少量的粉煤灰，同时减少水泥和熟石灰污泥的用量，能够获得更高强度的发泡混凝土。两种污泥发泡混凝土的 28 天强度分别在 0.5~1.8MPa 和 0.7~2.4MPa 范围内，若作为填充材料，其承载能力很可观。

(5) 应用

与发泡混凝土相似，污泥发泡轻质混凝土具有质量轻、隔热、隔声等性能，且具有一定的抗压强度，可以作为一般的填充材料。赵春荣等将制作的污泥发泡轻质混凝土材料作为保温材料，成功地将其应用于某存储库房保温层。

9.8 污泥熔融石料化

日本开发的用污泥焚化渣制造结晶石材，是一种污泥高度减容、无害和资源化的代表性技术。

城市废物、污泥等经特殊高温焚烧工艺处理生成的结晶化石材，可制成建筑陶瓷、烧结空心轻质砖、铸石，甚至微晶玻璃，是一个与资源综合利用相关的工业系统。

9.8.1 污泥熔融石料化的工序

日本月岛公司将城市垃圾及工业产品的废弃物，通过破碎、特殊的熔融回转窑工艺焚烧(该系统由回转窑、二次燃烧室和热回收装置构成)，生成一种无毒无害的结晶化石材，用该材料的 50%~75% 加上相应的矿物原料(塑性黏土、长石、硅灰石等)，通过一系列的工艺过程，生产出高质量、高抗冻、低膨胀、耐磨损、高抗腐蚀的优质瓷砖。日本京都市引进了污泥熔融石料化设备，生产的石料化熔渣不是玻璃质的，而是充分结晶化的，所以最终的用户可以将其视作与天然碎石等相同。

污泥熔融系统由如下几个工序组成，各工序的作用分别为：

(1) 脱水泥饼干燥设备

利用加温式低温干燥机以蒸汽作热源对脱水泥饼进行间接加热，使污泥脱水率达到 80%。然后再用一段干燥机将其干燥至含水率为 15% 为止。干燥气经除湿塔除湿后作为载体气体循环利用。

(2) 污泥熔融设施

主要设备为表面熔融炉。经干燥后的泥饼定量送往表面熔融炉内，炉内主燃烧室内温度保持在1300℃以上，将干泥饼燃烧，气化的燃烧气一部分在二次燃烧室内燃烧，泥饼经此二次燃烧后，其NO_x含量可控制在$150×10^{-6}$以上。燃烧后的炉渣则从炉子下部排出。熔渣冷却固化呈玻璃质，进而在结晶炉内进行热处理，使熔渣从玻璃质改性为结晶质。冷却固化方法如果采用徐冷式(空冷式)，可以获得5~200mm的石料化熔渣；如果采用水冷式，则成为不足5mm的碎渣。

(3) 热回收设施

熔融炉内排出的高温气体可作为干燥热源来加热表面熔融炉的燃烧空气，以达到热回收利用的目的。热回收设备主要是废热锅炉及空气预热器，排气温度分别为1150℃与230℃。

(4) 废气处理设施

主要是去除废气中的SO_x、HCl、烟尘等有害成分。废气在排烟处理塔下部经冷却至40~60℃，在塔上部与NaOH循环液接触反应，除去SO_x、HCl等气体。烟尘则经湿式电除尘器最后除去，以达到废气排放标准。

(5) 其他辅助设施

包括重油焚烧锅炉(作全系统蒸汽补充用)、用水系统、空气系统及燃料系统等设施。

9.8.2 污泥熔融石料化使用情况

无论是徐冷式还是水冷式，熔渣都能满足作为骨料的所有规定。就级配而言，徐冷式在6号碎石的级配范围。用徐冷式熔渣代替6号碎石进行沥青混合料配比试验和车辙试验。结果表明，无论是用于基层的粗级配沥青混合料，还是用于面层的密级配沥青混合料，其动稳定度均达到6000次/mm以上，可用于交通量大的行车道。此外，还可以将徐冷式熔渣用作混凝土的粗骨料和细骨料，可获得与使用100%天然石料时相同的抗压强度；将熔渣通过另外的途径分级为1.5~5mm和5~10mm，并分别用于面层和基层的骨料，可以制造透水性的路面砖；将水冷式熔渣作为铺路用烧结砌块的原料，按50%的比率使用，则抗弯强度达到8.0MPa、透水系数为$4.0×10^{-2}$cm/s；将水冷式熔渣作为外墙装饰瓷砖的原料，按50%的比率使用，则抗弯强度达到5.05MPa、吸水率为0.02%，使用功能良好。

结晶化石料生产高档瓷砖的生产工艺过程通常包括几个工段：

(1) 原料破碎与处理工段

矿物原料运入厂内后堆放在露天堆场，堆场的储存能力为一定时间的生产需要量。

硬质料原矿进厂，应限制最大块度，使用时由铲车从堆场送至破碎工段，经二级颚式破碎机进行初、中碎，旋磨机细磨后，达到一定的粒度，送入硬质料仓储存。料仓应有一定量的储存能力。

结晶化石材直接拉入储存室内库存待用。软质料应限制小于一定块度，含水量小于15%，在露天堆场风化6个月，经拣选后用铲车送至室内料库存放。

(2) 称量配料工段

软质料(如黏土)的称量由喂料箱完成。铲车依次把需配制的各种软质料卸入称量箱中，各种软质料经累计计量，经喂料机链板卸出。硬质料(长石和结晶化石材)的称量由料仓下方的皮带秤完成。配好的料通过皮带输送机和卸料斗加入到球磨机内。

(3) 泥浆制备工段

按一定配比将各种坯料、水和稀释剂送入球磨机湿磨。控制球磨周期，磨好的泥浆从球磨机中卸出后，经过筛、除铁后流入装有慢速搅拌机的泥浆池连续搅拌陈化几十小时，再用隔膜泵抽取，经过筛、除铁、流入喷雾干燥塔工作泥浆池，该工作泥浆池也装有慢速搅拌机。

(4) 粉料制备工段

高压柱塞泵从工作泥浆池中抽取泥浆，喷入喷雾干燥塔内，雾滴与热烟气进行热交换后，干燥成一定颗粒级配组成的粉料。经粉料振动筛、皮带输送机、斗式提升机和带式输送机送入粉料仓储存陈化。

(5) 压型和快速干燥工段

将料粉仓内陈化1~3天后的粉料经旋转卸料器、皮带输送机和斗式提升机、粉料振动筛、皮带输送机运送到压机粉料仓中。

压机粉料仓中的粉料经布料器送入模具压制成型。压型后，砖坯由辊台输送，通过翻转机构、刷子，然后排成方阵，经输送链道，送入干燥窑干燥。

(6) 施釉工段

干燥后的干坯经输送线送入多功能施釉线施釉。施釉线具有磨边刷灰、吹尘、甩釉、浇釉、喷釉、擦边、转向、丝网印刷等多种功能。

(7) 烧成工段

釉坯送入单层或双层辊道窑烧成。按一定烧成周期，烧成后的砖通过出窑机组送检选工段检选。

9.9 污泥制聚合物复合材料

热塑性聚合物如废塑料在熔融温度下具有流动和黏结性，在较大范围内可以和其他颗粒材料如污泥进行共混而获得聚合物复合材料。在复合过程中，对聚合物材料进行交联改性和发泡，抑制气体逸出，则可使复合材料微孔化；由于聚合物材料的包覆，污泥得以固化；又由于污泥颗粒的强化，使所得到的微孔聚合物材料在保持轻质的前提下仍具有较高的刚度和强度，使复合材料表现出混凝土的刚度和聚合物的韧性，具有木材的性质，可锯、可钉、可切割、可装饰。经过表面处理和聚合物固化，污泥中的重金属不会渗出，污泥特有的气味可以消除，从而可将其应用于工业及民用建筑领域。

9.9.1 污泥聚合物复合材料的制备工艺

污水处理厂脱水污泥含水率高达80%左右，在利用前必须进行处理，干燥和焚化都必须外加能量；在处理过程中需要配置废水、废气处理设备。以经过脱水处理、表面处理、稳定化处理后的污泥为填充材料，以经过清洁处理、接枝改性后的废塑料为基体材料，通过添加少量功能性添加剂(偶联剂、发泡剂、润滑剂、防老剂、交联剂等)，经计量、混合、挤出、成型、冷却成为聚合物复合材料。

污泥制聚合物复合材料的原料是以污泥、废塑料等固体废物为主，废物综合利用率达到

95%以上，工艺具有很好的柔性化功能，材料用途广泛，附加值高，在资源节约和环境保护方面具有积极意义。

用经过处理的污泥与废塑料复合，可以制备出具有较好物理力学性能的新型复合材料，其在很多方面表现出木材的性能，可以在工业与民用领域获得应用。在制备复合材料过程中，在一定工艺条件下，抑制气体逸出，并采取稳泡措施，就可以得到轻质高强的微孔材料。

根据所制备聚合物复合材料的特征及用途，可分为聚合物复合材料和聚合物微孔材料。聚合物复合材料用于建筑板材、模板、下水管道、市政工程道路砖、流水石、隔离桩、水下材料、化工厂耐腐蚀地砖等。聚合物微孔材料用于隔声材料、保温材料、漂浮材料、缓冲材料、水上种植载体、建筑用房屋隔断材料、设备包装材料等。

9.9.2 影响污泥聚合物复合材料强度的因素

影响污泥聚合物复合材料性能的主要因素有废旧塑料的种类及其用量、污泥的形态及污泥处理方式。

（1）废塑料种类的影响

对于用来制备复合材料的白色污染源类废塑料，其种类不同，所制备的聚合物材料性能有所差异，但都在理想范围内。对于这类白色污染源类废旧塑料，由于原料来源广泛、廉价易得，而且共混改性容易，所以，只要老化不严重，杂质含量低，均可作为理想原材料使用。

（2）废塑料用量的影响

在工艺条件相同的情况下，随着废塑料用量的提高，材料的抗弯强度呈上升趋势，其原因是复合材料的抗弯强度主要取决于废塑料本身的性能和用量。而抗压强度则不同，由于颗粒材料的体积强化，减少了空隙，提高了抵抗外力形变的能力，所以表现出随着污泥用量增加，抗压强度在一定范围内平稳提高的现象。当污泥用量超过临界值时，由于颗粒材料周围没有足够的树脂包裹，造成填充材料的过剩和堆积，会导致抗压强度急剧降低。

（3）污泥处理方式的影响

污泥的表观状况对复合材料的强度有较大影响。在相同状态下，用干燥污泥制备的复合材料，其抗弯强度和拉伸强度比用焚化污泥制备的复合材料好；经过表面处理后，复合材料性能有所改善。其原因是：干燥污泥在加工温度下，因干馏而产生低分子树脂状物质，提高了与聚合物材料的相容性，从而强化了复合效果；对污泥进行表面处理的目的是增加聚合物对颗粒材料的浸润性，降低界面张力，使明显的界面变成具有亚层结构的过渡区域。

9.9.3 污泥聚合物复合材料的微孔化

研究表明，在工艺一定的条件下，直接影响微孔复合材料性能的主要因素有本体材料的种类(低密度聚乙烯或高密度聚乙烯)、聚合物与污泥的配比、发泡剂、交联剂等。张召述等通过正交实验与极差分析表明，上述因素对材料的密度、强度、吸水率具有决定性影响。通过适度交联，提高了本体材料的刚度和强度，可以消除因发泡而产生的强度下降，使复合材料在保持轻质的情况下仍具有理想的强度。

泡沫材料的制备，在工艺参数和成型机理方面与本体材料具有显著不同，传统的热压化学发泡虽然能够得到具有理想气孔形态的泡沫材料，但由于污泥中的杂质异常复杂，可能会抑制各种添加剂效能的发挥。而污泥中含有大量难以脱出的水本身就是发泡剂，因此采用辊炼混料、热压成型的工艺并不合适。由于在辊炼过程中，一方面要让聚合物熔融，但又要限制发泡剂分解和逸出，而在聚合物熔融温度下，水已经汽化，但由于尚未达到交联温度，材料无法提供足够的黏强性保持气体的存在。所以发泡剂（代表了污泥的不同含水率）虽然有一定的作用，但是从测试的密度值看，没有明显差别。

吸水率与孔的结构有关，实际上，聚合物材料本身的吸水率是比较低的，但如果有连通孔，水进入后装满孔洞，短时间内不能流出，则引起吸水率增大的假象。此外，吸水率与材料的表面加工有关，光滑而未经加工的样品吸水率低，机械切割后会引起吸水率增大。

研究表明，通过提高交联度，改变成型方式，并对污泥进行稳定处理，可以得到孔径1mm以下均匀闭孔结构、密度小于 0.4g/cm³ 的微孔材料。

9.10 污泥制木塑复合材料

木塑复合材料（WPC）是一种以木纤维为增强材料，通过预处理使之与热塑性聚合物复合而成的一种新型材料，它同时兼有木材和塑料的优点，具有代木作用，可以减缓我国木材资源贫乏的情况，同时具有塑料的耐水、防腐、易着色等优点。

造纸污泥含有一定量的纤维成分和大量的无机物，特别是含较多的碳酸盐成分，因此可考虑利用其纤维与热塑性基体制备木塑复合材料，并利用其无机成分的填充作用制备发泡包装材料。

热塑性聚合物和木纤维材料之间的复合还存在着许多问题，主要表现为亲水性的生物质纤维与疏水性的聚合物基体间的相容性差，导致应力不能有效传递，使复合材料性能下降。通过添加偶联剂来改变纤维和塑料表面性能，是改善复合材料界面相容性的方法之一。硅烷偶联剂是研究与应用最为广泛的一类偶联剂。覃宇奔等以造纸污泥为原料，PVC 为塑料基体，采用热压成形技术制备木塑复合材料，探讨了污泥填充量、热压时间、温度、压力和偶联剂用量等因素对复合材料力学性的影响。

(1) 污泥填充量对复合材料力学性能的影响

在固定热压温度为 170℃、热压压力为 51MPa、热压时间为 10min 的条件下，考察造纸污泥填充量（质量分数）对复合材料力学性能的影响。结果表明，复合材料的弯曲强度和拉伸强度随污泥填充量的增加而降低。这是因为，一方面，由于污泥中木纤维所含羟基等官能团的存在，在 PVC 中不易分散，表现为二者相容性差，容易发生团聚现象，产生应力集中；另一方面，污泥作为分散相，在 PVC 基体中使得受力截面面积小于纯树脂材料，随着污泥含量的增加，在体系中所占体积增加，破坏了塑料基体的连续性，从而导致复合材料的力学性能下降。污泥含量的增加有助于降低生产成本，但是过量的污泥很难在 PVC 中均匀分散，污泥被塑料基体包覆的程度减小，导致在热压成形过程中存在熔融温度下复合材料的流动性差，所制备复合材料有力学性能差、外观粗糙等缺点。当污泥用量占 50% 时，复合材料的弯曲强度为 20.38MPa，符合《木塑装饰板》（GB/T 24137—2009）的要求（≥20MPa），但其拉伸强度仅为 5.54MPa，远远未达到标准要求（≥10MPa）。当污泥填充量进一步增加，制备的复合材料不成形，容易开裂。考虑通过添加偶联剂等以改善产品的力学性能，从尽可能利用污泥的角度出发，选择污泥填充量为50%。

(2) 热压时间对复合材料力学性能的影响

对于复合材料来说，木纤维和塑料两相界面的形成过程，实质上就是塑料在木纤维表面的浸润和铺展过程。在相同温度下，相同性能塑料的流动性和粘接性是一致的，所以浸润时间是一个重要的因素。覃宇奔等固定造纸污泥填充量为50%，偶联剂占污泥用量的2%，热压温度为170℃，热压压力为5MPa，考察不同热压时间对复合材料力学性能的影响。结果表明，随着成形时间的延长，塑料在熔融状态下铺展和包覆纤维的效果越好，越有利于提高复合材料的弯曲强度和拉伸强度。压板时间在10min后，材料的总体拉伸强度和弯曲强度增强不大，考察实际生产中的成本因素和能源消耗，选择压板时间为10min。

(3) 热压温度对复合材料力学性能的影响

木塑复合材料制备的热压温度，应该控制在PVC的可塑化加工温度与造纸污泥中纤维碳化温度之间。温度达到120℃时，PVC开始出现软化变形现象，在150~210℃时PVC才可塑化加工。覃宇奔等固定造纸污泥填充量为50%，偶联剂占污泥用量的2%，热压时间为10min，热压压力为5MPa，考察不同热压温度对复合材料力学性能的影响。结果表明，随着热压温度的升高，复合材料的力学性能随之增加，这是由于热塑性PVC随着温度的升高而熔融，流动性提高，有利于PVC的铺展和对纤维的包覆。当温度达180℃时，复合材料的弯曲强度达35.04MPa，拉伸强度提高到12.08MPa。温度进一步增加，木塑复合材料的力学性能并没有明显增加。实验发现，当温度超过200℃时，污泥中木纤维及低分子有机胶质物质有降解、烧焦的现象，不利于木塑复合材料力学性能的提高。

(4) 热压压力对复合材料力学性能的影响

覃宇奔等固定造纸污泥填充量为50%，偶联剂占污泥用量的2%，热压时间为10min，热压温度为180℃，考察不同热压压力对复合材料力学性能的影响。结果表明，随着热压压力的增加，复合材料的力学性能呈上升趋势。压力为6MPa时，复合材料的弯曲强度和拉伸强度较3MPa时分别提高了32.06%和38.8%。这是因为压力较小时，PVC受到的促使其向污泥渗透的外部作用力小，不利于PVC对污泥的浸渍，并且不利于共混体系中残余空气的排除，造成热传导受到阻碍，使得复合材料不能充分成形。随着压力的不断增大，PVC和污泥之间相互作用力增加，分子与分子之间不断地挤压，形成紧密的物理结合，内部空隙不断变小，交联密度随着逐渐增大，复合材料的弯曲强度和拉伸强度得到提高，复合材料的可压缩率逐渐增大。当压力继续增加，两相结合压缩率达到极限，甚至由于压力过大导致纤维结构被破坏，造成复合材料增强效果下降，因此选定热压压力为6MPa。

(5) 偶联剂用量对复合材料力学性能的影响

天然纤维增强聚合物复合材料由于其独特的优点，在材料市场上为客户提供了更多的选择。由于纤维基体在界面附着力方面的不足，导致亲水的天然纤维和非极性聚合物之间的不相容性，可能会对复合材料的力学性能产生负面影响。硅烷偶联剂作为一种高效的偶联剂，已经在玻璃纤维增强复合材料和矿物填充高分子复合材料中被成功应用，因此针对具有纤维成分及矿物成分的造纸污泥的改性，有望获得良好效果。

覃宇奔等固定造纸污泥填充量为50%，热压压力为6MPa，热压时间为10min，热压温度为180℃，考察偶联剂用量对复合材料力学性能的影响。结果表明，随着硅烷偶联剂KH560的添加，偶联剂与污泥中纤维表面的羟基以及污泥中的无机成分形成包裹改性，使污泥具有疏水性，再和PVC结合形成桥联结构，增强了污泥与聚合物基体之间的相容性，力学性能也随之增加。当偶联剂用量占污泥用量的2%时，其弯曲强度较未添加偶联剂时提高了53.6%，拉伸性能提高了84.9%。随着偶联剂的继续增加，过多的偶联剂覆盖在污泥表面，影响了污泥中纤维与PVC的桥联，导致其力学性能下降。因此选择偶联剂用量为污泥用量的2%。

综上所述，覃宇奔等确定造纸污泥/PVC木塑复合材料的最佳制备工艺条件为：造纸污泥填充量为50%，硅烷偶联剂占污泥用量的2%，热压压力为6MPa，热压时间为10min，热压温度为180℃，所制备材料的弯曲强度为35.73MPa，拉伸强度为12.75MPa。

参 考 文 献

[1] 王乐乐，杨鼎宜，艾亿谋，等．污泥陶粒的烧制与孔结构研究[J]．混凝土，2016，1：103～107．
[2] 徐雪丽，宋伟．低重金属城市污泥钢渣陶粒的制备[J]．新型建筑材料，2016，43(9)：105～110．
[3] 元敬顺，李铁华，张会芳，等．粉煤灰对粉煤灰－污泥陶粒性能的影响[J]．河北建筑工程学院学报，2016，34(1)：9～14．
[4] 马连涛．"污泥+固废"陶粒制造技术[J]．墙材革新与建筑节能，2016，7：42～43．
[5] 杨飞，陈传飞，杨晓华，等．污泥陶粒绿色自保温混凝土的研究和应用[J]．商品混凝土，2016，2：54～57．
[6] 支楠，刘蓉，宋方方．煤矸石污泥陶粒烧胀性能研究[J]．砖瓦，2016，7：14～7．
[7] 赵春荣，梁林华．污泥发泡轻质混凝土的研究制及应用[J]．北京工业职业技术学院学报，2015，14(1)：5～8．
[8] 高健．利用城市污水污泥制行道砖的工艺技术研究[D]．杨凌：西北农林科技大学，2015．
[9] 陈传，朱才岳，耿健．城市污泥外掺炼钢废渣制备陶粒[J]．城市环境与城市生态，2015，28(3)：12～14．
[10] 朱静．自保温污泥陶粒混凝土砌块的研究[D]．扬州：扬州大学，2015．
[11] 朱静，杨鼎宜，洪亚强，等．自保温污泥陶粒混凝土砌块及其性能研究[J]．混凝土，2015，9：130～134．
[12] 王德兴，卞为林，戴建军，等．物化污泥烧结空心砖的制备及其性能评价[J]．广东化工，2015，42(9)：67～68．
[13] 郭凤琛，陆德明，邹辉煌，等．污泥和石英尾矿制备建材陶粒的烧结温度研究[J]．煤炭与化工，2015，38(1)：94～96．
[14] 郭凤琛，陆德明，邹辉煌，等．污泥和石英尾矿制备建材陶粒的烧结时间研究[J]．材料研究与应用，2015，9(2)：130～133．
[15] 陆在宏，陈咸华，叶辉，等．给水厂排泥水处理及污泥处置利用技术[M]．北京：中国建筑工业出版社，2015．
[16] 魏娜，尚梦．城市污泥与垃圾焚烧飞灰烧制污泥陶粒试验研究[J]．中国农村水利水电，2015，3：158～160，163．
[17] 水落元之，久山哲雄，小柳秀明，等．日本生活污水污泥处理处置的现状及特征分析[J]．给水排水，2015，41(11)：13～16．
[18] 邵青，周靖淳，王俊陆，等．粉煤灰与污泥制备陶粒工艺研究[J]．中国农村水利水电，2015，4：138～152．
[19] 陈冀渝．粉煤灰和下水道污泥在轻质隔热砖中的利用[J]．粉煤灰，2015，27(1)：14～15．
[20] 杨宏斌，沈萍，杨龙辉，等．广西城镇污泥掺烧利用组分特性的分析[J]．环境工程学报，2015，9(3)：1440～1444．
[21] 陈超，江达宣，戴鹏，等．市政污泥在煤矸石烧结砖中的应用研究[J]．砖瓦，2015，8：17～20．

[22] 仇付国, 张传挺. 水厂铝污泥资源化利用及污染物控制机理[J]. 环境科学与技术, 2015, 38(4): 21~16.

[23] 丁庆军, 王永, 刘凯, 等. 利用富含重金属污泥制备防辐射功能集料[J]. 武汉理工大学学报, 2015, 12: 17~22.

[24] 张冬, 董岳, 黄瑛, 等. 国内外污泥处理处置技术研究与应用现状[J]. 环境工程, 2015, 33(A1): 600~604.

[25] 周何铤, 钟振宇, 周萦, 等. 印染污泥粉煤灰底质聚合物的制备与性能研究[J]. 非金属矿, 2015, 38(4): 71~74.

[26] 张雷. 矿渣-污泥残渣底质聚合物胶凝材料的制备及重金属固化效果的研究[D]. 深圳: 深圳大学, 2015.

[27] 刘流, 李军. 城镇自来水厂污泥和污水处理厂污泥联合处理处置[J]. 净水技术, 2015, 34(A1): 20~22.

[28] 刘爽, 白锡庆, 张鹏宇, 等. 我国城市污泥建材资源化利用的问题及对策[J]. 砖瓦, 2015, 6: 43~47.

[29] 黄榜彪, 吴元昌, 朱其珍, 等. 城市污泥烧结页岩砖热工参数的数值计算分析[J]. 新型建筑材料, 2015, 42(5): 54~57, 74.

[30] 张津践, 钱晓倩, 朱蓬莱, 等. 利用污泥焚烧灰烧制硅酸盐水泥熟料研究[J]. 非金属矿, 2015, 38(6): 73~75, 82.

[31] 张瑜, 陶梦娜, 沈涤清, 等. 含重金属污泥制砖毒性的浸出[J]. 环境工程学报, 2015, 9(4): 1984~1988.

[32] 王冰. 兰州地区剩余污泥资源化制砖研究[D]. 兰州: 兰州交通大学, 2015.

[33] 夏阳, 朱华, 余晓军, 等. 江河污泥生产烧结砖资源化利用研究[J]. 新型建筑材料, 2015, 42(10): 41~44.

[34] 王建俊, 王格格, 李刚, 等. 污泥资源化利用[J]. 当代化工, 2015, 44(1): 98~100.

[35] 杨秀林. 含铬污泥制砖的实验研究[D]. 武汉: 武汉科技大学, 2015.

[36] 郭金良. 污泥制砖工艺设计浅析[J]. 砖瓦世界, 2015, 6: 50~51.

[37] 罗广兵. 市政污泥制免烧砖技术探究[J]. 广东化工, 2015, 42(20): 73~74.

[38] 樊臻, 杨鼎宜, 刘亚东, 等. 污泥陶粒坯料热动力学特性[J]. 混凝土, 2015, 9: 87~90.

[39] 田强, 张同辉, 张洪成. 城市污水处理厂污泥制砖项目实践[J]. 中国给水排水, 2014, 30(24): 108~110.

[40] 邓歆玥, 冯昆荣. 污水污泥页岩实心砖砌体轴心抗压性能试验研究[J]. 绵阳师范学院学报, 2014, 33(5): 25~30.

[41] 吴元昌, 朱基珍, 黄榜彪, 等. 城市污水污泥烧结页岩多孔砖砌体轴压试验[J]. 广西大学学报(自然科学版), 2014, 1: 32~37.

[42] 刘继状. 城市污泥固化性能试验研究[J]. 新型建筑材料, 2014, 41(12): 53~55.

[43] 张勇. 东莞市首座城镇污泥处理处置中心工程设计[J]. 中国给水排水, 2014, 30(16): 58~61.

[44] 耿飞, 潘龙, 解建光, 等. 太湖淤泥和自来水厂污泥混合制砖研究[J]. 环境保持科学, 2014, 40(4): 70~74.

[45] 涂兴宇, 王永, 黄修林. 污泥页岩陶粒的熔烧膨胀机理探讨[J]. 新型建筑材料, 2014, 41(11): 1~4, 8.

[46] 孙旭红, 马文彬, 周金倩, 等. 污水处理厂干化污泥的泥质研究[J]. 中国给水排水, 2014, 30(11): 97~99.

[47] 陈萍, 冯彬, 睿良通. 以垃圾焚烧底灰为骨料的脱水污泥固化试验[J]. 中国环境科学, 2014, 34(10): 2624~2630.

[48] 钱觉时, 谢从波, 谢小莉, 等. 城市生活污水污泥建材化利用现状与研究进展[J]. 建筑材料学报, 2014, 17(5): 829~836, 891.

[49] 余江，熊平，刘建泉，等．以污泥、建筑垃圾为基料制备高强轻质发泡环保陶瓷板[J]．四川大学学报(工程科学版)，2014，46(5)：161～67．

[50] 楼映珠，杨飞，杨晓华，等．掺污水处理厂污泥对自密实混凝土和易性的影响[J]．新型建筑材料，2014，41(A1)：65～67．

[51] 刘亚东，杨鼎宜，贾宇婷，等．超轻污泥陶粒的研制及其内部结构特征分析[J]．混凝土，2014，6：65～68．

[52] 黄宏伟，罗冬梅，麦俊明，等．污水处理厂污泥建材资源化利用现状[J]．广东化工，2014，30(2)：33～34．

[53] 黄志中．中小城市生活污水处理厂污泥在制砖工业中应用的探索[J]．污染防治技术，2014，27(1)：17～20．

[54] 陈贺，雷团结，钱元弟，等．化学发泡的污泥陶粒轻混凝土制备与性能表征[J]．安徽工业大学学报(自然科学版)，2014，31(3)：271～275．

[55] 覃宇奔，郑云磊，胡华宇，等．造纸污泥/PVC木塑复合材料的制备工艺[J]．包装工程，2014，35(3)：10～15，27．

[56] 徐瑞寒．污泥资源化制取保温材料的研究[D]．锦州：辽宁工业大学，2014．

[57] 常成．城市污泥制陶粒工艺的分析与研究[D]．西安：长安大学，2014．

[58] 程雪莉．给水厂污泥资源化利用研究[D]．西安：西安建筑科技大学，2014．

[59] 李铖．污泥和淤泥复合烧制陶粒试验研究[D]．杭州：浙江工业大学，2014．

[60] 张瑜．污泥制砖过程的重金属固化与废气控制研究[D]．杭州：浙江大学，2014．

[61] 袁柯馨．城市深度脱水污泥燃料化及制砖资源化技术[D]．泉州：华侨大学，2014．

[62] 涂兴宇．市政污泥处理处置技术评价及应用前景分析[D]．上海：上海交通大学，2014．

[63] 彭效义．利用工业污泥制备蒸压灰砂砖技术和产品性能[D]．南京：东南大学，2014．

[64] 王云峰．一种超轻陶粒及其制备方法的研究[J]．中国新技术新产品，2014，12：85～86．

[65] 张向华．城市污泥烧结页岩多孔砖的研发及其砌体抗压性能分析[D]．南宁：广西科技大学，2013．

[66] 谢从波．城市污水污泥页岩建材利用环境特性研究[D]．重庆：重庆大学，2013．

[67] 徐月龙．页岩浆体调理污泥沉降及重金属在污泥页岩陶粒中的状态研究[D]．重庆：重庆大学，2013．

[68] 冯昆荣．热工性能对污水污泥页岩砖制备的影响[J]．四川建材，2013，39(3)：7～8．

[69] 熊一凡，熊江璐．城市污泥资源化利用与思考[J]．企业经济，2013，9：164～167．

[70] 马宪军，于明，孙建华．污泥制砖存在问题浅析[J]．砖瓦，2013，8：51～52．

[71] 韩永奇．污泥制砖遇到的问题[J]．砖瓦，2013，2：28～29．

[72] 陈钰，邹基．延安污水处理污泥生产烧结砖的实践[J]．砖瓦，2013，5：40～42．

[73] 顾爱军，王历兵．城市污泥制砖的试验研究[J]．江苏技术师范学院学报，2013，19(2)：6～11．

[74] 黄中，黎喜强，朱基珍，等．温度对污泥烧结页岩砖裂缝的影响[J]．新型建筑材料，2013，40(9)：43～45，55．

[75] 谢敏，高丹，刘小波，等．利用给水厂污泥制备透水砖的实验研究[J]．环境工程学报，2013，7(5)：1925～1928．

[76] 范英儒，邓成，罗晖，等．污水污泥制备页岩烧结砖的试验研究[J]．土木建筑与环境工程，2012，34(1)：130～135．

[77] 谢厚礼，彭家惠，郑云，等．成孔剂对烧结页岩砖性能的影响[J]．土木建筑与环境工程，2012，34(2)：149～153．

[78] 钱伟，樊传刚，申松林，等．污泥陶粒次轻混凝土的制备与性能研究[J]．混凝土，2012，4：122～125．

[79] 高丹．利用给水污泥制备环保透水砖的试验研究[D]．长沙：长沙理工大学，2012．

[80] 贾新宁. 城镇污水污泥的建材资源化利用[J]. 砖瓦, 2012, 1: 55~57.

[81] 贾新宁. 城镇污水污泥处理处置现状分析[J]. 山西建筑, 2012, 38(5): 220~222.

[82] 祝成成. 利用净水污泥制备陶粒及其对水中磷的吸附效能研究[D]. 苏州: 苏州科技学院, 2012.

[83] 夏克非. 矿井污泥一步固化法制轻质建材的技术研究[J]. 煤炭技术, 2012, 31(1): 151~153.

[84] 宫厚杰. 城市污水污泥为基料制备透水砖的工艺技术研究[D]. 杨凌: 西北农林科技大学, 2012.

[85] 王佳福, 吕剑明. 利用城市污泥制备陶粒的研究[J]. 硅酸盐通报, 2012, 31(3): 706~710.

[86] 马雯, 呼世斌. 以城市污泥为掺料制备烧结砖[J]. 环境工程学报, 2012, 6(3): 1035~1038.

[87] 马雯. 污水处理厂污泥在建材用砖中的应用研究[D]. 西安: 西北农林科技大学, 2011.

[88] 李玉峰. 造纸污泥用作建筑材料[J]. 中华纸业, 2011, 32(2): 94.

[89] 刘沪滨. 污水污泥处置方法研究[J]. 水工业市场, 2011, 9: 46~52.

[90] 赵友恒, 于衍真, 李玄. 利用污泥制砖的应用研究与现状[J]. 中国资源综合利用, 2011, 29(3): 33~35.

[91] 郑云. 节能型烧结页岩空心砖的研制[D]. 重庆: 重庆大学, 2011.

[92] 沈倩雯. 利用城市给水厂污泥制砖技术研究[D]. 长沙: 长沙理工大学, 2011.

[93] 刘珍珍. 利用工业废渣与城市污泥制作生态砖的试验研究[D]. 合肥: 合肥工业大学, 2011.

[94] 徐子芳, 张明旭, 李金华. 用污泥建筑垃圾研制免烧砖的实验研究[J]. 非金属矿, 2011, 34(5): 11~14.

[95] 杨政成, 吕念南. 三峡库区城镇污水污泥资源化利用潜力分析[J]. 山西建筑, 2011, 37(24): 207~208.

[96] 丁庆军, 杨堃, 黄修林, 等. 污泥防辐射功能集料的制备及表征[J]. 建筑材料学报, 2011, 14(6): 814~818.

[97] 韩莉莉. 城市污泥制生态水泥的应用探讨[J]. 中国给水排水, 2011, 27(2): 107~108.

[98] 刘贤森, 费本华, 江泽慧. 偶联剂对玻璃纤维增强造纸污泥纤维板的影响[J]. 建筑材料学报, 2011, 14(3): 423~426.

[99] 岳燕飞. 污水污泥外掺页岩粉煤灰改性及陶粒制备[D]. 重庆: 重庆大学, 2010.

[100] 罗晖. 污水污泥页岩建筑材料制备与性能研究[D]. 重庆: 重庆大学, 2010.

[101] 罗晖, 钱觉时, 陈伟, 等. 污水污泥页岩陶粒烧胀特性[J]. 硅酸盐学报, 2010, 38(7): 1247~1252.

[102] 钟明峰, 张志杰, 董桂洪. 利用抛光砖污泥制备微晶玻璃研究[J]. 中国陶瓷, 2010, 46(4): 62~64, 68.

[103] 杨晓华, 杨博, 崔清泉, 等. 利用江河淤泥、页岩、生物污泥生产陶粒[J]. 新型建筑材料, 2010, 37(11): 54~56.

[104] 赵德智. 利用造纸污泥烧制建材砖[J]. 中华纸业, 2010, 31(24): 87.

[105] 林子增, 孙克勤. 城市污泥为部分原料制备黏土烧结普通砖[J]. 硅酸盐学报, 2010, 38(10): 1963~1968.

[106] 沈巍, 林子增. 城市污泥制砖技术的研究进展[J]. 环境科学与技术, 2009, 32(B1): 216.

[107] 林子增, 王军, 张林生. 城市污泥为掺料烧结砖的生产性试验研究[J]. 环境工程学报, 2009, 3(10): 1875~1878.

[108] 陈伟. 利用污水污泥制备轻质陶粒[D]. 重庆: 重庆大学, 2009.

[109] 雷一楠. 污水污泥烧制陶粒对重金属固化效果的试验研究[D]. 重庆: 重庆大学, 2009.

[110] 朱斌. 自来水厂脱水污泥用于多孔砖与陶粒生产的资源化研究[D]. 上海: 同济大学, 2009.

[111] 史骏. 城市污水污泥处理处置系统的技术经济分析与评价(上)[J]. 给水排水, 2009, 35(8): 32~35.

[112] 史骏. 城市污水污泥处理处置系统的技术经济分析与评价(下)[J]. 给水排水, 2009, 35(9): 56~59.

[113] 钱觉时, 邓成, 陈平, 等. 三峡库区生活污水污泥的建材利用途径分析[J]. 三峡环境与生态, 2009, 31(1): 17~27.

[114] 徐娜, 章川波, 强西怀, 等. 制革污泥固化用建材初探[J]. 中国皮革, 2009, 38(13): 32.

[115] 于衍真，管丽攀，赵春辉，等. 污泥渗水砖的制备研究[J]. 环境工程学报，2008，2(12)：1691~1694.

[116] 徐淑红，马春燕，张静文，等. 正交设计与回归分析在河道底泥陶粒制备中的应用[J]. 混凝土，2008，12：63~65.

[117] 史君洁. 污水污泥直接用于烧砖的探讨[J]. 砖瓦，2008，1：48~50.

[118] 张静文，徐淑红，姜佩华. 电镀污泥制备陶粒的正交试验分析[J]. 砖瓦，2008，8：12~15.

[119] 李旺，王晨，姜雪丽，等. 高含量城市污泥制备轻质微孔砖的研究[J]. 新型建筑材料，2008，35(3)：45~49.

[120] 朱开金，马忠亮. 污泥处理技术及资源化利用[M]. 北京：化学工业出版社，2007.

[121] 张云锋，盛金聪. 城市污水厂污泥制备陶粒的试验研究[J]. 应用能源技术，2007，4：12~17.

[122] 李振卿，单明阳. 用含重金属的污泥烧制轻骨料并应用于透水混凝土路面砖[J]. 建筑砌块与砌块建筑，2007，1：36~40.

[123] 张国伟. 河道底泥制备陶粒的研究[D]. 上海：东华大学，2007.

[124] 任伯帜，龙腾锐，陈秋南. 粉煤灰-粘土砖烧制过程处理城市污水污泥的试验研究[J]. 环境科学学报，2003，23(3)：414~416.

[125] 张召述，马培舜. 污泥制备聚合物复合材料工艺研究[J]. 新型建筑材料，2003，(11)：21~24.

[126] 高平良，赵安秀. 环保废料：结晶化石材是建筑陶瓷工业的可贵原料[J]. 中国建材装备，2001，6~9.